大数据应用与技术丛书

数据分析技术
（第 2 版）
——使用 SQL 和 Excel 工具

[美] Gordon S. Linoff 著

陶佰明 译

清华大学出版社

北京

Gordon S. Linoff
Data Analysis Using SQL and Excel, Second Edition
EISBN: 978-1-119-02143-8
Copyright © 2016 by John Wiley & Sons, Inc.,Indianapolis, Indiana
All Rights Reserved. This translation published under license.
Trademarks: Wiley, the Wiley logo, Wrox, the Wrox logo, Programmer to Programmer, and related trade dress are trademarks or registered trademarks of John Wiley & Sons, Inc. and/or its affiliates, in the United States and other countries, and may not be used without written permission. All other trademarks are the property of their respective owners. John Wiley & Sons, Inc., is not associated with any product or vendor mentioned in this book.

本书中文简体字版由 Wiley Publishing, Inc. 授权清华大学出版社出版。未经出版者书面许可，不得以任何方式复制或抄袭本书内容。

北京市版权局著作权合同登记号 图字：01-2016-1649

Copies of this book sold without a Wiley sticker on the cover are unauthorized and illegal.

本书封面贴有 Wiley 公司防伪标签，无标签者不得销售。
版权所有，侵权必究。侵权举报电话：010-62782989　13701121933

图书在版编目(CIP)数据

数据分析技术：使用 SQL 和 Excel 工具：原书第 2 版 /(美) 戈登 S.林那夫(Gordon S. Linoff) 著；陶佰明 译．—北京：清华大学出版社，2017(2019.7重印)
(大数据应用与技术丛书)
书名原文：Data Analysis Using SQL and Excel, Second Edition
ISBN 978-7-302-46139-5

Ⅰ.①数… Ⅱ.①戈… ②陶… Ⅲ.①关系数据库系统－应用－统计数据－统计分析 ②表处理软件－应用－统计数据－统计分析 Ⅳ.①O212.1

中国版本图书馆 CIP 数据核字(2017)第 010900 号

责任编辑：王　军　李维杰
封面设计：牛艳敏
版式设计：牛静敏
责任校对：曹　阳
责任印制：宋　林

出版发行：清华大学出版社
　　　　　网　　址：http://www.tup.com.cn，http://www.wqbook.com
　　　　　地　　址：北京清华大学学研大厦 A 座　　邮　编：100084
　　　　　社 总 机：010-62770175　　邮　购：010-62786544
　　　　　投稿与读者服务：010-62776969，c-service@tup.tsinghua.edu.cn
　　　　　质 量 反 馈：010-62772015，zhiliang@tup.tsinghua.edu.cn
印 刷 者：清华大学印刷厂
装 订 者：三河市铭诚印务有限公司
经　　销：全国新华书店
开　　本：185mm×260mm　　印　张：39.5　　字　数：961 千字
版　　次：2017 年 3 月第 1 版　　印　次：2019 年 7 月第 4 次印刷
定　　价：138.00元

产品编号：064477-02

译 者 序

数据分析，目的在于从海量数据中集中信息，总结、探索出信息中的模式。这个模式可以用于学术研究，可以用于决定市场的运作方向，甚至是影响一个行业的走向。因此，数据分析在实际业务中的角色举足轻重。在数据分析中，有两项技能是分析师必备的，分别是计算机相关技术和数据分析方法论。对于计算机从业人员，或许编写复杂的 SQL 语句轻而易举，然而，他们对数据分析方法——例如朴素贝叶斯模型——可能一无所知；而对于统计学家，即便是最简单的查询语句，可能都是让人头疼的事情。

而本书中，计算机技术与统计学的结合，正是本书最大的特色之一。纵观全书，所有的实例都是以统计学的方法进行分析，然后使用 SQL 予以实现。本书同时包含了对分析结果的展示。使用 Excel，以表格和图表的形式展示 SQL 的结果。直观并形象地体现出数据中的模式。本书介绍的关于 Excel 的使用方法和很多实用技巧，值得我们学习和使用。本书结构合理，构思巧妙。作者以实际业务中遇到的问题为起点，逐步引入对知识点的阐述。内容浅显易懂，难度逐渐提高，拥有不同技术等级的读者都可以从本书中受益。本书的作者有丰富的技术背景和行业经验，对于每一个知识点，都精心设计出一个与理论相关的实际业务问题。通过对分析问题、解决问题、展示结果的内容介绍，使读者在不知不觉中了解业务逻辑、理解理论知识、掌握解决问题和展示结果的相关技术。本书偏向对实际业务案例的介绍，毫不枯燥。

本书的翻译工作历经 8 个月，主要内容由我本人单独完成。这其中要特别感谢清华大学出版社的编辑们对本书的校验及审阅。同时，如下人员也参与了本书的翻译：孙宇佳、汪刚、李超华、金桂凤、姜静、王田田、孙玉亮、侯珊珊、高俊英、李显琴、邵丹、孙亚芳、佟秀风、田春红、陶玉霞、孙艳良、王洪波、张连廷、孙永福、孙守学，在此一并表示感谢。此外，整个翻译过程中，妻子默默地陪伴也是支撑我完成本书的动力，我由衷感谢她。

由于译者水平有限，翻译工作中可能会有不准确的内容，如果读者在阅读过程中发现失误和遗漏之处，望多多包涵，并欢迎批评指正。敬请广大读者提供反馈意见，读者可以将意见发到 bmtao0807@gmail.com，我会仔细查阅读者发来的每一封邮件，以求进一步提高今后译著的质量。

序 言

Gordon Linoff 与我共同编著了 3 本半书(如果 *Data Mining Techniques*, *Second Edition* 也算是新书的话,那么就是 4 本书,而且完成这本书要做的工作并不比其他书籍少)。在此之前,我们从未彼此单独著书,因此我也必须承认,当我看到本书封面上 Gordon 的名字旁边没有我的名字时,我的心中泛起阵阵悔意。然而,当记忆中关于写作生活的回忆潮水般涌来时,这份悔意很快就消失了。在写书时,假期里的生活是与键盘相伴,而不是在湖上泛舟,生活中的机会一个个被错过,人际关系变得越来越紧张。更重要的是,这本书只有 Gordon Linoff 可以撰写。他独有的天赋和经验体现在每个章节中。

我与 Gordon 初次见面是在 Thinking Machines Corporation 公司(一家曾经的巨型机制造商),我们在 20 世纪 80 年代末和 90 年代初一起就职于这家公司。作为 Gordon 担当过的职位之一,Gordon 曾经负责管理并行关系型数据库的实现,使它支持在非常庞大的数据库上做复杂的分析查询。从根本上讲,这个数据库的设计与当时的其他关系型数据库系统不同,因为这些数据库并不支持事务处理。前者是对扫描和联接大型数据表的需求,而后者是对快速查找或更新记录的需求。放弃后者的需求,选择支持事务处理,使数据库在用于分析时,变得更加干净、高效。关于 Gordon 这部分的背景介绍,旨在指明 Gordon 对用于数据分析的 SQL 语言有深入了解。

正如数据库的设计,用于回答重要问题的设计,其结构不同于用于处理很多单个事务的数据库的设计,而用于回答重要问题的书籍,也需要不同的 SQL 使用方法。很多关于 SQL 的书籍是为了数据库管理员而撰写。其他书籍是为让读者能够做一些简单的报表。还有一些数据,尝试从每一个细节介绍 SQL 的特殊用法。而本书面向数据分析师、数据挖掘者以及任何想从大型数据库中抽取最大量信息的读者。本书的目的不是解决所有数据库使用者的需求,这使本书的内容更专注于愿意阅读本书的读者。简而言之,这是一本关于如何使用数据库的书籍。

相对于 Gordon 的数据库技术背景,更重要的是他作为数据挖掘顾问以来积累的多年经验。这些经验能使他深度理解不同种类的实际业务,并根据业务提出问题,再从已有数据中回答问题。多年来对数据库的探索,使 Gordon 能够本能地嗅到处理问题的方法,这其中可能要跨越很多不同的业务领域:

- 如何利用地理数据。邮政编码字段中包含的内容可能超乎你的认知。通过邮政编码可以获取经度和纬度值,使用经度和纬度,可以计算距离。邮政编码字段可以和人口统计局的数据做联接以获取重要特性,例如人口密度、中等收入、公共救助区的人口比例等。
- 如何利用日期。订单日期、派送日期、报名日期、生日。公司的数据充满了日期。一旦理解了如何将日期转换为任期，如何按星期分析购买数据，如何追踪完成时间的趋势，这些日期就变得非常有用。当你理解了如何使用这些日期分析时间到事件的问题时，例如距离下一次购买的时间，或客户关系的剩余时间，你就会发现日期更加有用。
- 如何直接在 SQL 中建立数据挖掘模型。本书所展示的 SQL 使用方式，可能是你从未想象过的，包括为超市购物车的分析生成关联规则、建立回归模型、实现朴素贝叶斯模型和分数集。
- 如何为数据挖掘工具准备数据。虽然很多情况下可以使用 SQL 和 Excel 的组合解决问题，然而最终你可能还是会使用一些特殊的数据挖掘工具。这些工具需要特殊格式的数据，即客户签名。本书展示了如何创建这些数据挖掘工具所需要的数据。

本书包含海量的示例，并且它们都是真实数据。这是值得一提的。虚假的数据集将导致虚假的结果集。对于学生来说，这是很容易让他们郁闷的。在真实生活中，你越是理解业务环境，就越能够使用数据挖掘返回正确的结果。项目专家为你开了一个好头。你了解了哪些变量是具有预测性的，并以此判断出新的变量。虚假数据不会给你带来好的思路，因为应该存在于数据库中的模式消失了，相反，不应该存在的模式被虚拟出来。真实数据很难处理，因为真实数据可能会揭露出更多问题。因此，很多书籍和课程使用人工构建出来的数据集。此外，本书中的数据集都可在网站上免费下载，网址为 www.wiley.com/go/dataanalysisusingsqlandexcel2e。

在本书的编著过程中，我审阅书中的内容。在此期间，我对 SQL 和 Excel 的理解更深了，从中受益匪浅。在示例中，对于相当复杂的查询的思考练习，极大地提高了我对 SQL 工作方式的理解程度。通过阅读本书，我不再畏惧嵌套查询、多路联接、庞大的 CASE 语句，以及这门语言中其他令我畏惧的地方。在过去几十年的合作中，每当有 SQL 和 Excel 的问题出现时，我经常向 Gordon 寻求帮助。而现在，我可从本书中找到答案。你也可以。

—Michael J. A. Berry

作者简介

长时间以来，Gordon S.Linoff 一直在致力于处理数据库、大数据和数据挖掘。在高效使用数据的实践中，他拥有数十年的经验，被认为是数据挖掘领域中的专家。

当 Gordon 还是 MIT 的一名学生时，他最初在康柏手提电脑(Compaq Portable)上开始使用电子表格(康柏手提电脑世界上第一批便携电脑)。几年后，他在 Thinking Machines Corporation 公司管理一个开发小组，主要任务是为决策并支持建立一个大型的并行关系型数据库。

Thinking Machines 倒闭后，在 1998 年，他与他的好友兼前同事 Michael J.A.Berry（2012 年离世）创建了 Data Miners。从那以后，他在不同的公司里工作，参与了大量不同种类的项目。通过统计和业务分析软件的领导者 SAS Institute，他传授了超过一百节关于数据挖掘和生存分析的课程。他也是 Stack Overflow 的热心贡献者，特别关注数据库相关的问题，而且他是 2014 年最高分数的持有者。

与 Michael Berry 一起，Gordon 编写了几本关于数据挖掘的很有影响力的书籍，其中包括 *Data Mining Techniques for Marketing, Sales, and Customer Support*，本书是数据挖掘领域第一部实现第三版的书籍。

Gordon 和与他共处 25 年的妻子 Giuseppe Scalia 居住在纽约。

致　　谢

尽管本书的封面上只有我的名字，但是很多人曾经帮助过我完成此书，以及帮助我更宏观地理解数据、分析数据和展示数据。

1990 年，我与 Michael Berry 初次相见。后来我们共同建立了 Data Miners，他在所有战线上都有功劳。他审阅章节、测试示例中的 SQL 脚本、帮助分析数据。他的洞察力和调试能力使示例更为精准。同时也要赞扬他的妻子 Stephanie Jack 的耐心以及无私分享 Michael 的时间。

最初著书的想法来自 Nick Drake，那时他还在 Datran Media 工作。作为一个统计学家，Nick 一直在寻找一本能够帮助他使用数据库来做数据分析的书籍。与此同时，我在 Wiley 的编辑 Bob Elliott 也喜欢这个主意。

纵观所有章节，对于数据处理的理解基于数据流。这个概念是 Ab Initio Corporation 的 Craig Stanfill 在很久以前向我提出的，那时我们还一起在 Thinking Machine Corporation 工作。

一直以来，我从不同的人身上学到了很多。来自 SAS Institute 的 Anne Milley 首次建议我学习生存分析。此后，我很多关于这个主题的知识都承自于 Will Potts，目前他效力于 CapitalOne。Brij Masand 帮助我延伸这个想法并在用于预测的应用程序上得到了实现。针对将生存分析应用于计算客户价值的领域，Chi Kong Ho 和他的团队在《纽约时报》上给予了非常有价值的反馈。

来自《纽约时报》的 Stuart Ward 和 Zaiying Huang 花费了大量时间阐述和讨论统计学概念。同样来自《纽约时报》的 Harrison Sohmer 也教会我很多 Excel 的使用技巧，其中一些技巧已经纳入本书。

来自微软的 Jamie MacLennan 和 SQL Server 团队在产品问题上给我提供了很多帮助。

在过去几年中，我一直是 Stack Overflow 的主要贡献者。一直以来，我学到了大量的关于 SQL 以及如何解释其概念的知识。还有少数未曾见面的人，同样在不同的方面给了我很大帮助。Richard Stallman 创造了编译器 emacs 和 Free Software Foundation；emacs 为日历表提供了基础。书中的几个章节使用了来自 Applications Professional,Inc 的 Rob Bovey 创建的 X-Y 图表标签器。密苏里人口数据统计中心的人们建立了我们所用的人口统计数据。Juice Analytics 启发了第 5 章中关于工作表菜单栏的示例(感谢 Alex Wimbush 帮我指出他们的方向)。Frontline System 的 Edwin Straver 回答了关于 Solver 的一些问题。

多年来，很多同事、朋友和学生都为我提供了灵感、问题和答案。有太多的人士，以至于我无法一一列出，但是我要特别感谢 Eran Abikhzer、Christian Albright、Michael Benigno、

Emily Cohen、Carol D'Andrea、Sonia Dubin、Lounette Dyer、Victor Fu、Josh Goff、Richard Greenburg、Gregory Lampshire、Mikhail Levdanski、Savvas Mavridis、Fiona McNeill、Karen Kennedy McConlogue、Steven Mullaney、Courage Noko、Laura Palmer、Alan Parker、Ashit Patel、Ronnie Rowton、Vishal Santoshi、Adam Schwebber、Kent Taylor、John Trustman、John Wallace、David Wang 和 Zhilang Zhao。同时还要感谢来自 SAS Institute Training 团队的人们，多年以来，他们帮助我组织、审阅、发起了关于数据挖掘的课程，使得我有机会与数据挖掘领域不同有趣的人相遇。

同样要感谢我的朋友和亲人们：我的母亲、父亲、姐姐 Debbie、哥哥 Joe，我的姻亲 Raimonda Scalia、Ugo Scalia 和 Terry Sparacio，以及朋友 Jon Mosley、Paul Houlihan、Leonid Poretsky、Anthony DiCarlo 和 Maciej Zworski，在撰写本书时，我曾拜访过他们，而且他们给予我空间和时间以完成这项任务。另外，我的猫 Luna 曾经蜷缩在我身边很长时间，它或许也会怀念我的写作时光。

最后，没有包含对贤妻 Giuseppe Scalia 的感谢是不完整的。在完成所有 7 本书的过程中，我的妻子确保我的头脑是清醒的。

谢谢每一个人！

前 言

本书的第 1 版使用我们熟悉的工具 SQL 和 Excel，从实用的角度解释数据分析。这本书的指导原则是从问题出发，同时从业务角度和技术角度提供解决方案，以指导读者。这个方法被证明是非常成功的。

从第 1 版到现在已经过去了 10 年，这期间已经发生了很多变化，工具本身也发生了很多变化。例如，当年的 Excel 还没有功能区，而且在当时的数据库中，窗口函数也非常罕见。一些工具，如 Python 和 R，以及 NoSQL 数据库变得越来越常见，它们改变了分析师赖以生存的工具世界。然而，随着技术延伸到大大小小的各项业务中，关系型数据库在今天仍然被广泛使用，而且 SQL 也变得更加至关重要。对于很多商务人士，Excel 工具仍然是做报表和展示的理想之选。大数据不再是未知的领域，它是我们每天都会面临的问题、挑战和机遇。

根据底层软件的变化，在第 2 版中对本书的内容做了调整和更新，同时包含了更多的示例和技术，以及增加了关于数据库性能的一整章新内容。同时，我一直在努力保持本书第 1 版的优势。本书仍然围绕着数据、分析和展示的原则——少见地将三个功能放在一起处理。示例围绕着所提出的问题，同时讨论了这些问题的业务相关性和技术实现。示例使用的是真实的代码。数据、代码以及 Excel 示例都可以在配套网站上找到。

撰写这本书的最初动机来源于我的一个同事——Nick Drake，他是受过培训的统计学家。曾经，他一直在寻找一本书，关于介绍如何使用 SQL 编写可用于数据分析的复杂查询。当时，基于 SQL 的书籍，要么介绍 SQL 的基础查询结构，要么介绍数据库的工作原理。严格地讲，没有从分析数据的角度介绍 SQL 的书籍，也没有基于回答数据问题的书籍。在统计学的众多书籍中，没有一本书能够面对这样一个事实提出解决方案：统计学所用的数据，多数都存储于关系型数据库中，而本书则填补了这一空白。

笔者与 Michael Berry 一起撰写的其他关于数据挖掘的书籍，侧重于高级算法和案例学习。相比之下，本书侧重于"操作方式"。首先描述了存储在数据库中的数据，然后继续完成准备数据和生成结果集的过程。书中穿插的内容，是我在这个领域多年经验的结晶，解释了结果集被应用的可能方式，以及为什么有些事情有效果，而有些事情无效。书中示例非常具有实践性，它们所使用的数据都在本书的配套网站上(www.wiley.com/go/dataanalysisusingsqlandexcel2e)。

关于数据仓库和分析数据库的一个老生常谈的话题是它们实际上没有做任何事。是的，它们存储数据，能够将不同来源的数据汇集在一起，并整理数据使数据变得清晰。是的，它们定义业务维度，存储关于客户的事务，还可能总结重要的数据(是的，所有这些都非常重要！)然而，数据库中的数据存储在旋转的硬盘上，而且数据在计算机内存中的数据结构非常复杂。对于如此多的数据，信息却很少。

我们如何探索这些数据(特别是描述客户的数据)？很多关于统计学建模和数据挖掘的华丽算法都有一条简单的规则："无用输入，无用输出"。即使是最复杂的技术，也只有当数据是好数据时，结果才是好的。数据是理解客户、产品以及市场的中心。

本书中的章节覆盖了数据的不同方面，同时包含了 SQL 和 Excel 支持的重要的数据分析技术。这些数据分析技术的范围涵盖了很多内容，从最初的探索性数据分析到生存分析，从超市购物车分析到朴素贝叶斯模型，从简单的动画到线性回归。当然，本书不可能涵盖所有的数据分析技术。本书所介绍的方法历经时间的考验，被认为是有用的且适用于很多不同的领域。

最后，只有数据和分析还不够，还必须将结果展示给正确的观众。为完整地探索数据值，需要将数据转化为故事和情景、图表、数据指标和透视图。

本书内容和技术综述

本书侧重于三个关键的技术领域，这些技术用于将数据转化为可操作的信息：
- 关系型数据库存储数据。获取数据的最基本的语言是 SQL(注意，变种的 SQL 也用于 NoSQL 数据库)。
- Excel 工作表是展示数据的最常见工具。或许，Excel 最强大的功能是绘图，它能够将包含数字的列转换为图片。
- 统计学是数据分析的基础。

这三种技术一并介绍，是因为它们是彼此相关的。SQL 回答"我们如何访问数据？"统计学回答："数据是如何相关的？"而使用 Excel 可以方便地向人们展示和证明我们所发现的结论。

关于数据处理的描述围绕着 SQL 语言。在实际业务中，Oracle、PostgresSQL、MySQL、IBM DB2，以及微软的 SQL Server 等都是常见的数据库，它们存储海量的业务数据事务信息。好消息是所有的关系型数据库都支持 SQL 作为查询语言。然而，正如英国和美国被称为是"拥有共同语言的两个国家"一样，每种数据库支持一些与众不同的 SQL 方言。附录列出了如何使用不同的 SQL 方言实现一些常见的功能。

相似地，也有其他华丽的展示工具和专业的制图包。然而，对于一台用于工作的电脑，安装 Excel 或类似的电子表格工具是再常见不过的事情了。

统计学和数据挖掘技术通常并不需要高级工具。其中一些非常重要的技术，可以使用 SQL 和 Excel 轻易地实现，包括生存分析、相似模型、朴素贝叶斯模型和关联规则。事实上，本书中介绍的方法通常比这些工具中的方法更强大，因为书中的方法更接近数据，因此它们更精准，而且容易定制。对这些技术的介绍涵盖了基础思想和深度扩展，这是在其他工具中所没有的内容。

本书章节描述了不同的技术，在熟悉工具和数据的前提下，为数据建模和数据探索提供扎实的知识介绍。本书同时强调，当简单工具遇到瓶颈时，高级工具是非常有用的。

内容结构

本书的 14 章可以分为 4 部分。前 3 章介绍 SQL、Excel 和统计学的核心概念。中间 7 章讨论特别适合使用 SQL 和 Excel 的数据探索和数据分析技术。在后续的 3 章中，从统计学和数据挖掘的角度，介绍了关于建模的更正式的思想。最后，新增的第 14 章讨论编写 SQL 查询时的性能问题。

每一章都通过不同的视角，介绍使用 SQL 和 Excel 做数据分析的方方面面，包括：
- 使用数据分析的基础示例
- 分析师需要回答的问题
- 详解数据分析技术的工作原理
- 实现技术的 SQL 语法
- 以表格或图表展示结果，以及如何在 Excel 中创建它们

SQL 是一门精准的语言，以至于有时难以读懂。数据流程图通常有助于理解 SQL 的工作原理。这些数据流程图是 SQL 引擎实际处理数据的合理预测，当然，实际上的数据处理细节由数据库引擎决定。

结果以表格或图表的形式展现，分布在本书的所有章节中。此外，本书强调了 Excel 的一些重要特征，介绍了 Excel 图表的一些有趣用法。每一章都有技术专栏，通常讲述某项技术的重要方面或与正文内容相关的一些有趣历史背景。

章节引导

第 1 章"数据挖掘者眼中的 SQL"从数据分析的角度介绍 SQL，这是 SQL 语言的查询部分，使用 SELECT 查询从数据库中获取数据。

第 1 章介绍了描述数据结构的实体-关系图——表、列，以及它们彼此间的关系。该章同时介绍了用于描述查询处理过程的数据流程图；通过数据流程图，能够可视化地理解数据的处理过程。本章介绍了全书中使用到的一些重要功能——例如联接、聚合和窗口函数。

此外，第 1 章还描述了全书示例所使用的数据集(该数据集也可以从网站自行下载)。数据包括存储零售数据的表，存储手机客户数据的表，以及其他描述邮政编码和日历的引用表。

第 2 章"表中有什么？开始数据探索"介绍使用 Excel 做数据探索和结果展现。在 Excel 的众多功能中，或许最有用的功能就是绘图了。正如一句古老的中国谚语所说，"百闻不如一见"。Excel 的绘图依据是数据。这样的图表不仅美观有用，同时在 Word 文档、PPT 展

示、电子邮件、网站中也非常实用。

图表并非终点，它只是探索数据分析的一个方面。此外，本章还介绍了在表格中汇总列，以及使用 Excel 生成 SQL 查询的有趣想法。

第 3 章"不同之处是如何不同"介绍了一些描述性统计学的核心概念，例如平均值、P 值和卡方检测。本章的目的是展示如何将这些技术应用于数据表中的数据上。至于这些统计学内容和统计学测试方法的选择，是由它们的实用性决定的。同时，本章侧重介绍这些知识的使用方法，而不是它们的理论内容。多数的统计学测试方法都可以使用 Excel(甚至 SQL)来实现。

SQL 技术

一些技术非常适合使用 SQL 和 Excel。

第 4 章"发生的地点在何处？"介绍了地理数据以及如何将地理信息纳入数据分析中。地理信息首先是位置，以经度和纬度描述。位置也可以用不同等级的地理信息描述，例如人口普查区、邮政编码区域，以及其他我们熟悉的国家和省份，这些数据都可从人口统计局(或是其他相似的政府机构)获取。这一章也讨论了如何使用不同地理等级比较结果集。最后，不包含地图的地理信息是不完整的。使用基础的 Excel 功能，可以创建非常初级的地图。

第 5 章"关于时间"讨论了客户行为的另一个关键特征：什么时候发生。该章描述了如何访问数据库中的日期和时间，以及如何使用这些信息来帮助理解客户。该章包含的示例，可以用于准确地比较不同年份的数据，并从历史上计算每天的活跃客户数量。该章最后介绍 Excel 中的一个简单的动画——也是本书中唯——处使用 Visual Basic 的地方。

第 6 章和第 7 章介绍了用于理解客户随时间变化的最重要的数据分析技术。在传统的统计学中，生存分析根深蒂固，而且它也很适合处理与客户相关的问题。

第 6 章"客户的持续时间有多久？使用生存分析理解客户和他们的价值"介绍了风险率和生存率的基本思想，解释了如何使用 SQL 和 Excel 简单地计算它们。或许令人感到惊讶的是，在使用生存分析时，并不需要复杂的统计学工具。第 6 章后续介绍了生存分析应用在实际业务中的重要性，例如平均客户生命周期。然后讲解如何将这些片段拼接在一起，形成对客户值计算的预测。

第 7 章"影响生存率的因素：客户任期"扩展讨论三个不同的领域。第一，它解决了在以客户为中心的数据库中的重要问题：左截断(left-truncation)。第二，它介绍了生存分析领域中的一个非常有趣的思想：竞争风险。这个思想考虑了一个事实，即客户是因不同原因而离开的。第三，将生存分析应用在分析前和分析后。即当客户在其生命周期内发生一些事情时，我们如何量化所发生的事情，例如量化客户加入忠诚计划之后的影响，或量化一次失败的主要计费方法。

第 8 章至第 10 章使用 SQL 和 Excel 介绍如何理解客户正在购买的内容。

第 8 章"多次购买以及其他重复事件"介绍了关于购买事件的所有事——什么时候发生,在哪里发生,发生频率——除了购买的东西。该章介绍了 RFM,一种理解客户购买行为的传统技术。同时介绍了随时间推移,在识别客户时的种种问题。即使是在我们查看详细的购买信息之前,我们也能发现很多关于购买的信息。

在第 9 章"购物车里有什么?购物车分析"中,产品成了焦点。该章介绍了随时间推移,针对购买行为的探索性分析。该章包括了如何识别驱动客户行为的产品,同时介绍了 Excel 中一些有趣的可视化方法。

第 10 章"关联规则"转移到对关联规则的正式讨论。关联规则是指被同时购买或按序购买的产品组合。在 SQL 中建立关联规则是相当复杂的。本章讨论的方法扩展了传统的关联规则分析,介绍更有效的替换指标,并展示如何生成不同事物的组合。例如,单击会导致一次购买行为(使用网站的一个实例)。在本章中解释的关联规则技术,比数据挖掘工具中的技术更强大,因为这里的技术是可以扩展的,并使用支持度、置信度和提升度之外的指标。

建模技术

接下来的 3 章讨论统计学和数据挖掘的建模技术和方法。

第 11 章"SQL 数据挖掘模型"介绍了数据挖掘的建模思想,以及建模相关的名词。同时讨论了一些重要的模型类型,这些模型适用于处理业务问题和 SQL 环境。相似性模型找到与给定示例相似的事物。查找模型使用查找表返回模型评分。

该章同时介绍了一种更复杂的建模技术,即朴素贝叶斯模型。这门技术可以总结不同业务维度的信息来估算未知的数值。

第 12 章"最佳拟合线:线性回归模型"介绍了一种更传统的统计学技术:线性回归。该章介绍了不同种类的线性回归,包括多项式回归、加权回归、多维回归和指数回归。这些内容以 Excel 图表的形式介绍,同时包含 R^2 值,用于衡量模型与数据的拟合度。

对回归的介绍同时用到了 Excel 和 SQL。虽然 Excel 中有几种内置的功能可以处理回归问题,但 Solver 比这些内置功能更强大。本章从线性回归的角度介绍了 Solver(Solver 是可与 Excel 绑定的免费加载项)。

第 13 章"为进一步分析数据创建客户签名"介绍了客户签名。客户签名是一个数据结构,它总结了客户在某个特定的时间点的数据。客户签名在建模时非常强大。

在介绍该章时认识到虽然 SQL 和 Excel 都非常强大,但有时还需要一些更复杂的工具。很多情况下,客户签名是总结客户信息的正确方法,而且 SQL 是完成这类总结的强大工具。

性能

编写 SQL 查询的一个原因是性能——通过至少完成一些分析工作,可以将已有的硬件资源分配给关系型数据库。编写一本关于通用 SQL 而非指定数据库的书籍，其缺点就是缺少关于特定数据库的一些技巧和提示。

令人欣慰的是，很多关于编写 SQL 的最佳实践能够普遍提升查询在不同数据库中的执行速度。第 14 章"性能问题：高效使用 SQL"致力于这个话题。其中特别讨论了索引和如何利用索引，同时还介绍了编写查询的不同方法？——以及为什么有些方法的性能更好。

本书读者对象

本书面向不同技术等级的各类读者。

技术方面不足的管理者，特别是那些负责理解客户或业务单元的管理者。通常情况下，这样的人精通 Excel，然而，他们所需要的数据存储于关系型数据库中。为了帮助他们，本书中的示例提供了有用的结果集。这些示例十分详尽，不仅展示了业务问题，同时展示了技术方法和结果。

另一部分读者，他们的工作是理解数据和客户，通常他们的职位描述中包含"分析师"字样。这些人通常使用 Excel 和其他工具，有时直接访问数据仓库或一些以客户为中心的数据库。本书能帮助他们提高 SQL 查询技巧，展示好的图表示例，以及介绍生存分析和关联规则，以便他们理解客户和业务。

一部分重要的读者是数据科学家，他们精通诸如 R 或 Python 这样的工具，但是他们发现需要学习其他的工具。在业务世界中，以编程为中心的工具可能并不足以解决问题，分析师可能会发现他们不得不直接处理关系型数据库中的数据，并以 Excel 形式展现给用户。

技术等级更高的是统计学家，他们通常使用有特殊功能的工具，例如 SAS、SPSS、R 和 S-plus。然而，数据存储于数据库中。本书可以在 SQL 技术方面为他们提供帮助，并提供数据分析示例以帮助他们解决业务问题。

此外，数据库管理员、数据库设计者和架构师应该会发现本书是非常有趣的。在不同章节中展示的查询，说明了人们对数据的使用方式和方法。这些查询应该可以促进数据库管理员和设计者创建更适合使用的高效数据库。

建议所有的读者，即使是技术专家，阅读或至少浏览前 3 章内容。这些章节全部从分析海量数据的视角，介绍 SQL、Excel 和统计学知识。这个视角与平常所读书籍的视角不同。在这些章节中，有相当一部分的内容和想法贯穿全书，例如样本数据、数据流、SQL 语法和格式转换、出色的图标绘制。

需要的工具

本书是独立的——读者应该可以直接通过书中的内容阅读并学习。

本书中的所有 SQL 语句都经过测试(在微软 SQL Server 数据库上，少量查询在其他数据库(PostgresSQL)上测试)。可以从网上下载数据集和结果，网址为 www.wiley.com/go/dataanalysisusingsqlandexcel2e。对于想要尝试的读者,我们建议下载数据并执行书中的示例代码。

本书中,多数示例是与数据库供应商无关的,因此,它们(或稍作修改后)应该可以在所有的关系型数据库中执行。这里不建议使用 Microsoft Access 或 MySQL,因为它们缺少窗口函数——窗口函数是分析性查询的关键功能。

如果没有数据库,可以下载一些程序包;数据库供应商通常会提供一些免费的单机版本。例如,SQL Server Express 是微软提供的免费 SQL Server 版本,Oracle 也提供免费版本的 Oracle 数据库,可以从 www.postgres.org 下载 PostgresSQL 数据库,其他数据库也有它们的免费版本。

网站内容介绍

配套网站(www.wiley.com/go/dataanalysisusingsqlandexcel2e)上包含本书使用的数据集。这些数据集包含如下信息:
- 引用表。共有 3 个引用表,其中两张表包含人口统计信息(来自于人口统计局 2000 年的统计数据),另一张表包含关于日期的日历信息。
- Subscribers 数据集,用于描述移动电话公司的客户子集。
- Purchases 数据集,用于描述客户购买模式的数据集。

下载这些数据的同时,还可以下载将数据导入 SQL Server 和其他数据库的使用说明。

此外,配套网站的其他页面包含更多的信息。例如,将数据导入常见数据库中的脚本,包含 SQL 查询的工作表,以及本书中使用 Excel 生成的所有表格和图表。

总　结

本书起源于一个同事的问题,他询问是否有一本关于使用 SQL 做数据分析的参考书。然而,所需要的并不是简单的关于 SQL 的参考书,即使它侧重介绍使用 SQL 做数据查询的实际使用。

对于数据分析,不能凭空学习 SQL。一个 SQL 查询,不管它编写的多么精妙,通常不是一个业务问题的完整解决方案。业务问题,需要被转换为可以使用查询回答的问题。然后需要将结果展示出来,通常以表格或 Excel 图表的形式。

笔者想要扩展这个观点。在现实世界中,也不能凭空学习统计学知识。曾经,收集数据不仅花费时间且难以操作。现在,数据量非常足够。例如,本书的配套网站,只需要轻点几下,就能上传几 GB 的数据。数据分析的问题不再局限于几个统计学方法,同时包括管理和抽取数据。

本书将三个核心概念融入到解决问题这一条线中。在笔者的数据挖掘生涯中,笔者发现 SQL、Excel 和统计学是分析数据的关键性工具,比某些特殊的技术更加重要。希望本书可以帮助读者改进他们的技术,并为他们理解客户和理解业务提供新思路。

目　　录

第 1 章　数据挖掘者眼中的 SQL ·············· 1
1.1　数据库、SQL 和大数据 ··············· 2
　　1.1.1　什么是大数据？ ··············· 2
　　1.1.2　关系型数据库 ··············· 3
　　1.1.3　Hadoop 和 Hive ··············· 3
　　1.1.4　NoSQL 和其他类型的数据库 ··· 3
　　1.1.5　SQL ··············· 4
1.2　绘制数据结构 ··············· 4
　　1.2.1　什么是数据模型？ ··············· 5
　　1.2.2　什么是表？ ··············· 5
　　1.2.3　什么是实体-关系图表？ ··············· 8
　　1.2.4　邮政编码表 ··············· 9
　　1.2.5　订阅数据集 ··············· 10
　　1.2.6　订单数据集 ··············· 11
　　1.2.7　关于命名的提示 ··············· 12
1.3　使用数据流描述数据分析 ··············· 12
　　1.3.1　什么是数据流？ ··············· 13
　　1.3.2　数据流、SQL 和关系代数 ··············· 16
1.4　SQL 查询 ··············· 16
　　1.4.1　做什么，而不是怎么去做 ··············· 16
　　1.4.2　SELECT 语句 ··············· 17
　　1.4.3　一个基础的 SQL 查询 ··············· 17
　　1.4.4　一个基本的 SQL 求和查询 ··············· 19
　　1.4.5　联接表的意义 ··············· 20
　　1.4.6　SQL 的其他重要功能 ··············· 26
1.5　子查询和公用表表达式 ··············· 29
　　1.5.1　用于命名变量的子查询 ··············· 29
　　1.5.2　处理统计信息的子查询 ··············· 32
　　1.5.3　子查询和 IN ··············· 33
　　1.5.4　用于 UNION ALL 的子查询 ··············· 37
1.6　小结 ··············· 38

第 2 章　表中有什么？开始数据探索 ··· 39
2.1　什么是数据探索？ ··············· 40
2.2　Excel 中的绘图 ··············· 40
　　2.2.1　基础图表：柱形图 ··············· 41
　　2.2.2　单元格中的条形图 ··············· 45
　　2.2.3　柱形图的有用变化形式 ··············· 47
　　2.2.4　其他类型的图表 ··············· 50
2.3　迷你图 ··············· 53
2.4　列中包含的值 ··············· 55
　　2.4.1　直方图 ··············· 55
　　2.4.2　计数的直方图 ··············· 58
　　2.4.3　计数的累积直方图 ··············· 60
　　2.4.4　数字值的直方图(频率) ··············· 60
2.5　探索更多的值——最小值、最大值和模式 ··············· 64
　　2.5.1　最小值和最大值 ··············· 64
　　2.5.2　最常见的值(模式) ··············· 65
2.6　探索字符串值 ··············· 66
　　2.6.1　长度的直方图 ··············· 66
　　2.6.2　起始或结尾包含空白字符的字符串 ··············· 66
　　2.6.3　处理大小写问题 ··············· 67
　　2.6.4　字符串中存储的字符是什么？ ··············· 67
2.7　探索两个列中的值 ··············· 69

	2.7.1	每个州的平均销售额是多少? …………… 70
	2.7.2	在一个单独的订单中,产品重复出现的频率是多少? ………… 70
	2.7.3	哪个州的 American Express 用户最多? …………… 73
2.8	由一个列的数据扩展到所有列的数据汇总 ………………… 73
	2.8.1	针对单列的汇总 …………… 74
	2.8.2	返回表中所有列的查询 …… 76
	2.8.3	使用 SQL 生成汇总编码 …… 76
2.9	小结 ……………………………… 78

第3章 不同之处是如何不同? …………… 79

3.1	基本的统计学概念 ………………… 80
	3.1.1	虚拟假设 ………………… 80
	3.1.2	可信度和概率 …………… 81
	3.1.3	正态分布 ………………… 82
3.2	平均值的区别有多大? ……………… 85
	3.2.1	方法 ……………………… 85
	3.2.2	子集平均值的标准差 …… 85
	3.2.3	三个方法 ………………… 87
3.3	对表做抽样 ………………………… 89
	3.3.1	随机抽样 ………………… 89
	3.3.2	可重复的随机样本 ……… 90
	3.3.3	分层比例抽样 …………… 91
	3.3.4	平衡的样本 ……………… 92
3.4	计数的可能性 ……………………… 93
	3.4.1	有多少男性成员? ………… 96
	3.4.2	有多少加利福尼亚人? …… 98
	3.4.3	虚拟假设和可信度 ……… 99
	3.4.4	有多少客户仍然是活跃客户? ……………………… 100
	3.4.5	比率或数字? ……………… 103
3.5	概率和它们的统计 ………………… 104
	3.5.1	概率的标准差 …………… 104
	3.5.2	概率的置信区间 ………… 105

	3.5.3	概率的不同 ……………… 106
	3.5.4	保守的下限值 …………… 107
3.6	卡方检验 …………………………… 107
	3.6.1	期望值 …………………… 108
	3.6.2	卡方计算 ………………… 108
	3.6.3	卡方分布 ………………… 109
	3.6.4	SQL 中的卡方检验 ……… 111
	3.6.5	州和产品之间的特殊关系 … 112
3.7	月份和支付类型与不同产品类型的特殊关系 …………… 114
	3.7.1	多维卡方 ………………… 114
	3.7.2	使用 SQL 查询 …………… 115
	3.7.3	结果 ……………………… 115
3.8	小结 ……………………………… 116

第4章 发生的地点在何处? ………… 119

4.1	纬度和经度 ………………………… 120
	4.1.1	纬度和经度的定义 ……… 120
	4.1.2	度数、分钟和秒 ………… 121
	4.1.3	两个位置之间的距离 …… 122
	4.1.4	包含邮政编码的图片 …… 128
4.2	人口统计 …………………………… 131
	4.2.1	极端情况:最富有的和最贫穷的人 ……………………… 132
	4.2.2	分别在使用订单和不使用订单的情况下比较邮政编码 … 137
4.3	地理等级 …………………………… 142
	4.3.1	州中最富有的邮政编码 …… 142
	4.3.2	州中拥有最多订单的邮政编码 ……………………… 143
	4.3.3	地理数据中有趣的层级结构 …………………………… 145
	4.3.4	计算郡的财富 …………… 148
	4.3.5	财富值的分布 …………… 150
	4.3.6	在郡中,哪个邮政编码是相对最富有的? ………………… 151
	4.3.7	拥有最高的相对订单占有

　　　　　份额的郡 ·················· 152
4.4　在 Excel 中绘制地图 ············ 155
　　4.4.1　为什么绘制地图？ ············ 155
　　4.4.2　不能绘图 ·················· 156
　　4.4.3　网络地图 ·················· 156
　　4.4.4　邮政编码散点图之上的州
　　　　　边界 ······················ 157
4.5　小结 ······························ 159

第 5 章　关于时间 ······················ 161
5.1　数据库中的日期和时间 ············ 162
5.2　开始调研日期 ···················· 166
　　5.2.1　确认日期中没有时间 ········ 166
　　5.2.2　根据日期比较计数 ·········· 167
　　5.2.3　订单数和订单大小 ·········· 172
　　5.2.4　星期 ······················ 175
5.3　两个日期之间有多长？ ············ 178
　　5.3.1　以天为单位的持续时间 ······ 178
　　5.3.2　以星期为单位的持续时间 ···· 180
　　5.3.3　以月为单位的持续时间 ······ 180
　　5.3.4　有多少个星期一？ ·········· 181
　　5.3.5　下一个周年纪念日(或生日)
　　　　　是什么时候？ ·············· 184
5.4　跨年比较 ························ 188
　　5.4.1　以天为单位比较 ············ 188
　　5.4.2　以星期为单位比较 ·········· 189
　　5.4.3　以月为单位比较 ············ 190
5.5　以天计算活跃客户数量 ············ 196
　　5.5.1　某天的活跃客户数量 ········ 196
　　5.5.2　每天的活跃客户数量 ········ 196
　　5.5.3　有多少不同类型的客户？ ···· 198
　　5.5.4　不同任期时段的客户数量 ···· 198
　　5.5.5　只使用 SQL 计算活跃客户 ··· 201
5.6　Excel 中的简单图表动画 ·········· 203
　　5.6.1　从订单生成日期到运货
　　　　　日期 ······················ 203
　　5.6.2　订单延时在每年中的变化 ···· 205

5.7　小结 ···························· 208

第 6 章　客户的持续时间有多久？使用
　　　　生存分析理解客户和他们的
　　　　价值 ·························· 209
6.1　生存分析 ························ 210
　　6.1.1　平均寿命 ·················· 211
　　6.1.2　医学研究 ·················· 212
　　6.1.3　关于风险率的示例 ·········· 212
6.2　风险计算 ························ 213
　　6.2.1　数据调研 ·················· 214
　　6.2.2　风险率 ···················· 216
　　6.2.3　客户可视化：时间与任期 ···· 217
　　6.2.4　截尾 ······················ 219
6.3　生存率和保留率 ·················· 220
　　6.3.1　生存率的点的估计 ·········· 220
　　6.3.2　计算任意任期的生存率 ······ 221
　　6.3.3　在 SQL 中计算生存率 ······· 222
　　6.3.4　简单的客户保留率计算 ······ 225
　　6.3.5　保留率和生存率的区别 ······ 226
　　6.3.6　风险率和生存率的简单
　　　　　示例 ······················ 227
6.4　对比不同的客户分组 ·············· 230
　　6.4.1　市场总结 ·················· 230
　　6.4.2　市场分层 ·················· 231
　　6.4.3　生存率比例 ················ 234
　　6.4.4　条件生存率 ················ 234
6.5　随时间变化的生存率 ·············· 236
　　6.5.1　特定风险率随时间的变化 ···· 236
　　6.5.2　按照起始年份分类的客户
　　　　　生存率 ···················· 238
　　6.5.3　之前的生存率什么样？ ······ 239
6.6　由生存率衍生出来的重要
　　　指标 ···························· 241
　　6.6.1　估算生存点 ················ 241
　　6.6.2　客户任期的中间值 ·········· 242
　　6.6.3　客户生命周期的中间值 ······ 242

	6.6.4	风险率的置信度 ············ 243
6.7	使用生存率计算客户价值 ······ 245	
	6.7.1	估算收入 ·················· 246
	6.7.2	对个体的未来收入的估算 ······ 247
	6.7.3	当前客户分组的收入估算 ······ 249
	6.7.4	所有客户未来收入的估算 ······ 251
6.8	预测 ································ 253	
	6.8.1	对已有客户的预测 ············ 254
	6.8.2	对新开始者的预测 ············ 258
6.9	小结 ································ 259	

第 7 章 影响生存率的因素：客户任期 ······ 261

7.1	哪些因素是重要的，何时重要？ ························ 262	
	7.1.1	方法说明 ·················· 262
	7.1.2	使用平均值比较数字因素 ······ 264
	7.1.3	风险比例 ·················· 268
7.2	左截断 ······························ 271	
	7.2.1	认识左截断 ················ 271
	7.2.2	左截断的影响 ·············· 273
	7.2.3	如何从理论上解决左截断问题 ·················· 274
	7.2.4	估算一个任期的风险率 ······ 275
	7.2.5	估算所有任期的风险率 ······ 276
	7.2.6	在 SQL 中计算 ············ 277
7.3	时间窗 ······························ 278	
	7.3.1	一个商业问题 ·············· 278
	7.3.2	时间窗=左截断+右截尾 ······ 278
7.4	竞争风险 ···························· 283	
	7.4.1	竞争风险的示例 ············ 283
	7.4.2	竞争风险的"风险率" ······ 284
	7.4.3	竞争风险的"生存率" ······ 286
	7.4.4	随着时间的变化，客户身上发生了什么？ ············ 287
7.5	事件前后 ···························· 291	
	7.5.1	三种情况 ·················· 291

	7.5.2	使用生存率预测来理解一次性事件 ·················· 293
	7.5.3	比较前后风险率 ············ 294
	7.5.4	基于对列的方法 ············ 294
	7.5.5	基于对列的方法：完全队列·· 295
	7.5.6	事件影响的直接估计 ········ 297
7.6	小结 ································ 301	

第 8 章 多次购买以及其他重复事件 ···· 303

8.1	标识客户 ···························· 304	
	8.1.1	谁是那个客户？ ············ 304
	8.1.2	其他客户信息 ·············· 313
	8.1.3	每一年出现多少新客户？ ···· 316
8.2	RFM 分析 ·························· 325	
	8.2.1	维度 ······················ 325
	8.2.2	计算 RFM 单元格 ·········· 329
	8.2.3	RFM 的有用程度 ·········· 330
8.3	随着时间的变化，哪些家庭的购买金额在增长？ ············ 334	
	8.3.1	最早值和最晚值的比较 ······ 334
	8.3.2	第一年和最后一年的值的比较 ···················· 341
	8.3.3	最佳拟合线的趋势 ·········· 343
8.4	距离下一次事件的时间 ············ 344	
	8.4.1	计算背后的想法 ············ 344
	8.4.2	使用 SQL 计算下一次购买日期 ···················· 345
	8.4.3	从下一次购买日期到时间至事件的分析 ·············· 346
	8.4.4	时间到事件分析的分层 ······ 347
8.5	小结 ································ 347	

第 9 章 购物车里有什么？购物车分析 ··············· 349

9.1	探索产品 ···························· 349	
	9.1.1	产品的散点图 ·············· 350
	9.1.2	产品组的运输年份 ·········· 351

9.1.3 订单中的重复产品 353
9.1.4 单位数量的直方图 358
9.1.5 在一个订单中，哪个产品可能出现多次购买的情况？ 359
9.1.6 改变价格 361
9.2 产品和客户价值 362
9.2.1 订单大小的一致性 362
9.2.2 与一次性客户关联的产品 365
9.2.3 与最好的客户相关的产品 368
9.2.4 剩余价值 370
9.3 产品的地理分布 372
9.3.1 每一个州中最常见的产品 372
9.3.2 哪些产品广受欢迎，哪些产品只在本地受欢迎？ 373
9.4 哪些客户购买了指定产品？ 375
9.4.1 哪些客户拥有最受欢迎的产品？ 375
9.4.2 客户拥有哪个产品？ 376
9.4.3 哪些客户有3个特定的产品？ 381
9.4.4 普遍的嵌套集合的查询 384
9.5 小结 385

第10章 关联规则 387
10.1 项集 388
10.1.1 两个产品的组合 388
10.1.2 更常见的项集 391
10.1.3 家庭，而不是订单 396
10.2 最简单的关联规则 399
10.2.1 关联和规则 400
10.2.2 零项关联规则 400
10.2.3 概率的分布情况 401
10.2.4 零项关联告诉了我们什么？ 402
10.3 单项关联规则 402
10.3.1 单项关联规则的价值 402
10.3.2 生成所有的单项规则 404

10.3.3 包含评估信息的单项规则 405
10.3.4 基于产品组的单项规则 406
10.4 双项关联 407
10.4.1 计算双项关联 408
10.4.2 使用卡方找到最佳规则 409
10.4.3 异质相关 413
10.5 扩展关联规则 416
10.5.1 多项关联 416
10.5.2 一个查询中的多项关联 418
10.5.3 使用产品属性的规则 418
10.5.4 左右两侧项集内容不同的规则 419
10.5.5 之前和之后：有序关联规则 419
10.6 小结 422

第11章 SQL数据挖掘模型 423
11.1 定向数据挖掘介绍 424
11.1.1 定向模型 424
11.1.2 建模中的数据 425
11.1.3 建模应用示例 427
11.1.4 模型评估 429
11.2 相似性模型 429
11.2.1 模型是什么？ 430
11.2.2 最好的邮政编码是哪个？ 430
11.2.3 基础的相似性模型 431
11.2.4 使用Z分数计算相似性模型 433
11.2.5 邻近模型示例 434
11.3 最受欢迎产品的查找模型 435
11.3.1 最受欢迎的产品 435
11.3.2 计算最受欢迎的产品组 436
11.3.3 评估查找模型 437
11.3.4 使用调试查找模型做预测 437

	11.3.5	使用二元分类……439		12.2.3	R^2 的含义……484	
11.4	用于订单大小的查找模型……440		12.3	直接计算最佳拟合线系数……485		
	11.4.1	最基本的模型：无维度模型……440		12.3.1	计算系数……485	
	11.4.2	添加一个维度……441		12.3.2	在 SQL 中计算最佳拟合线……486	
	11.4.3	添加额外的维度……443		12.3.3	价格弹性……487	
	11.4.4	检查不稳定性……443	12.4	加权的线性回归……492		
	11.4.5	使用平均值图表评估模型……444		12.4.1	在第一年停止的客户……492	
11.5	用于响应率的查找模型……445			12.4.2	加权的最佳拟合……493	
	11.5.1	将整体概率作为一个模型……445		12.4.3	图表中的加权最佳拟合线……494	
	11.5.2	探索不同的维度……446		12.4.4	SQL 中的加权最佳拟合线……495	
	11.5.3	模型的精准度……447		12.4.5	使用 Solver 的加权最佳拟合线……496	
	11.5.4	ROC 图表和 AUC……450	12.5	多个输入……498		
	11.5.5	加入更多的维度……453		12.5.1	Excel 中的多维回归……498	
11.6	朴素贝叶斯模型(证据模型)……455			12.5.2	建立包含三个变量的模型……500	
	11.6.1	概率的一些概念……455		12.5.3	使用 Solver 处理多维回归……501	
	11.6.2	计算朴素贝叶斯模型……457		12.5.4	逐个选择输入变量……501	
	11.6.3	朴素贝叶斯模型：评分和提升度……463		12.5.5	SQL 中的多维回归……502	
	11.6.4	朴素贝叶斯模型和查找模型的比较……465	12.6	小结……503		
11.7	小结……466		第13章	为进一步分析数据创建客户签名……505		
第12章	最佳拟合线：线性回归模型……467		13.1	什么是客户签名？……506		
12.1	最佳拟合线……468			13.1.1	什么是客户？……506	
	12.1.1	任期和支付金额……468		13.1.2	客户签名的源数据……507	
	12.1.2	最佳拟合线的属性……469		13.1.3	使用客户签名……510	
	12.1.3	小心数据……473	13.2	设计客户签名……511		
	12.1.4	图表中的趋势线……474		13.2.1	调试和预测……511	
	12.1.5	使用 LINEST()函数的最佳拟合……479		13.2.2	字段的角色……511	
12.2	使用 R^2 衡量拟合程度……483			13.2.3	时间段……512	
	12.2.1	R^2 值……483	13.3	建立客户签名的操作……515		
	12.2.2	R^2 的局限性……484		13.3.1	驱动表……515	

13.3.2　查找数据 ················ 518
　　　13.3.3　最初的交易 ············ 520
　　　13.3.4　旋转 ······················ 521
　　　13.3.5　总结 ······················ 528
　13.4　抽取特征 ······························ 530
　　　13.4.1　地理位置信息 ········ 530
　　　13.4.2　日期时间列 ············ 531
　　　13.4.3　字符串中的模式 ····· 532
　13.5　总结客户行为 ······················ 534
　　　13.5.1　计算时间序列的斜率 ···· 534
　　　13.5.2　周末消费者 ············ 537
　　　13.5.3　下降的使用行为 ····· 540
　13.6　小结 ····································· 541

第 14 章　性能问题：高效使用 SQL ····· 543
　14.1　查询引擎和性能 ··················· 544
　　　14.1.1　用于理解性能的时间
　　　　　　　复杂度 ·················· 544
　　　14.1.2　一个简单的示例 ····· 545
　　　14.1.3　与性能相关的思考 ····· 547
　　　14.1.4　性能的含义和测量 ····· 549
　　　14.1.5　性能提升入门 ········ 549
　14.2　高效使用索引 ······················ 553
　　　14.2.1　什么是索引？ ········ 553
　　　14.2.2　索引的简单示例 ····· 557
　　　14.2.3　索引的限制 ············ 560
　　　14.2.4　高效使用复合索引 ···· 562
　14.3　何时使用 OR 是低效的？····· 566
　　　14.3.1　有时 UNION ALL 比 OR
　　　　　　　更好 ····················· 566
　　　14.3.2　有时 LEFT OUTER JOIN 比
　　　　　　　OR 更高效 ············ 567
　　　14.3.3　有时多个条件表达式
　　　　　　　更好 ····················· 568
　14.4　赞成和反对：表达一件事情的
　　　　不同方法 ··························· 569
　　　14.4.1　在 Orders 表中，哪些州
　　　　　　　没有被识别？ ········ 569
　　　14.4.2　一个关于 GROUP BY 的
　　　　　　　难题 ····················· 571
　　　14.4.3　小心 COUNT(*)=0 ········ 573
　14.5　窗口函数 ······························ 576
　　　14.5.1　窗口函数适用于什么
　　　　　　　地方？ ·················· 576
　　　14.5.2　窗口函数的灵活使用 ····· 576
　14.6　小结 ····································· 582

附录　数据库之间的等价结构 ··············· 583

第 1 章

数据挖掘者眼中的 SQL

数据收集一直都在发生。每一件事务、每一次网页浏览、每一次支付以及更多其他信息都正在以原始数据的形式存储于数据库及相关的类似存储中。计算能力和存储的性价比已经越来越高,今天的智能手机甚至比往年的超级电脑更强大,这已经是一种趋势。数据库不再是数据排序的平台;在将数据转换为关于客户、产品、业务实践相关的有用信息时,数据库是强大的数据转换引擎。

对于数据挖掘的关注起源于统计学家和机器自学专家对复杂算法的开发。曾经,研究数据挖掘需要从研究所或大学下载源代码,编译代码并使之运行,有时甚至需要对代码进行调试。当数据和软件准备好时,业务上的问题早已不再紧急。

本书以数据开始,因此使用了不同的方法。每天有数以亿万计的事务发生——信用卡刷卡、网页浏览、电话等——这些事务通常都存储于关系型数据库中。在业务世界里,关系型数据库引擎可以被认为是最强大、最复杂的软件产品,而关系型数据库的通用语言则是 SQL。

本书的重点更多侧重于数据和如何处理数据,较少侧重于理论。相比于从简单的示例中提取每一个细微信息——多数统计分析的目标——本书的目标是从吉字节和太字节的业务数据中抓取有用信息。相对于要求程序员学习数据分析,本书旨在为数据分析者和其他人使用 SQL 从数据中学习奠定坚实的基础。

本书致力于通过描述使用 SQL 和 Excel 的强大数据分析功能,帮助所有人解决如何分析大型数据中数据的问题。SQL,即结构化查询语言,是从数据中提取数据的语言。Excel 是分析少量数据并能够展示结果的流行且有用的电子数据表格。

本书中的大量章节用于介绍关于 SQL 查询和以图表展示结果集的技巧。纵观全书,从基础的表查询到数据拓展,SQL 查询被应用于越来越复杂的分析中。这些章节还介绍了理解从时间到事件的问题(time-to-event problem)的不同方法,例如,客户什么时候停止,以及用于理解客户购买内容的市场分析。数据分析经常有关创建模型,并且有些模型可以直接在 SQL 中创建(详见第 11 章 "SQL 中的数据挖掘")——这可能会使多数读者感到惊讶。任何分析的重要一步,就是为建模构建可用格式的数据——客户签名。

最后一章由分析转到讨论性能。该章是对在不同表之间做查询的良好性能主题的综述。

本章介绍用来做数据分析和数据挖掘的 SQL。不可否认,该介绍严重偏向于查询数据,而非建立和管理数据。从三个不同的方面介绍 SQL,有些方面可能会与不同的读者产生强烈的共鸣。第一个方面是介绍数据的结构,着重强调实体关系型图表。第二个方面是使用数据流处理数据,这也是多数关系型数据库引擎中的"底层实现"。第三方面是后续章节的主要思路,介绍 SQL 自身的语法。尽管通过关系和实体详细地描述了数据,并以数据流进行处理,但最终目的是在 SQL 中实现数据转换并通过 Excel 展示结果。

1.1 数据库、SQL 和大数据

收集和分析数据是一项主要任务,很多工具也由此而生。这些工具中,有些侧重于"大数据"(暂且忽略它的意思),有些侧重于持续快速地存储数据,有些侧重于深度分析,有些有非常直观的操作界面;其他的则是编程语言。

SQL 和关系型数据库这对组合,在做分析时,是这些工具中的强大组合,特别是对于特定的分析,这对组合:

- 是访问数据的成熟且标准化的语言
- 拥有多个供应商,包括开源
- 扩展性可以涵盖广泛的硬件范围
- 拥有用于操作数据的非编程的操作界面

在继续介绍 SQL 之前,了解 SQL 在其他环境中的作用是很有价值的。

1.1.1 什么是大数据?

在过去的时间里,大数据的定义几经变化。在 19 世纪,最初发明统计学时,研究者只处理几十或几百条数据。这看起来并不多,但如果是使用铅笔和纸张来完成,并通过使用计算尺手动做除法,那就是很多的数据了。

大数据的概念总是相对的,至少在数据处理被发明以前是这样的。与以前不同的是,现在的数据都以吉字节和太字节来估量——字节数量足以存下国会图书馆中的所有书籍——而且我们能够容易地随身携带这些数据。好消息是分析"大数据"时,不再需要将数据塞进容量有限的小容量内存中。坏消息是简单地阅读"大数据"知识并不能真正理解它。

本书不对"大数据"的具体定义进行讨论。关系型数据库显然能够处理好太字节的数据,这比任何人的定义都大。同时还能有效地处理更小的数据集,例如本书中的示例。

1.1.2 关系型数据库

关系型数据库于 20 世纪 70 年代发明，现在已经是海量业务数据的存储仓库。作为巨大的扩展，关系型数据库的普及依赖于事务的 ACID 属性：
- 原子性
- 一致性
- 隔离性
- 持久性

这些属性基本上表明了当数据存储于数据库或是数据被修改时，改变是真实发生的。数据库有事务日志和其他的能力，以确保当数据修改完成时，变更生效且可见(甚至当系统发生错误时，数据仍然能保存)。实践中，数据库支持事务、日志、复制、并发访问、存储过程、安全性以及用于设计真实世界中应用的更多特性。

对于我们来说，关系型数据库的更重要属性是它充分利用硬件的能力——多处理器、内存和硬盘。当执行一条查询语句时，优化器引擎首先将 SQL 查询翻译成适当的低级算法，用于开发利用可用资源。优化器引擎是 SQL 如此强大的原因之一：同一条查询语句运行在有轻微差异的不同机器或不同数据上，其执行计划可能会有很大区别。SQL 保持不变，但优化器引擎为执行代码选择最优的方法。

1.1.3 Hadoop 和 Hive

与大数据高度关联的一个技术就是与 MapReduce 结合的 Hadoop。Hadoop 是开源项目，这意味着它的源码在网上是免费的，其目的是为"可靠的、可实现的分布式计算"开发框架(在 SQL 世界里有免费的开源数据库，如 MySQL、PostgresSQL 和 SQLite；此外，一些商业数据库也有免费版本)。实际上，Hadoop 是处理海量数据的平台，特别是当数据源是网络日志、high-energy 物理学、大量图片以及数据源时。

MapReduce 最初起源于 20 世纪 60 年代，当时有一门语言称为 Lisp。在 20 世纪 90 年代后期，Google 开发出接近 MapReduce 的并行框架，现在它是在大型网格计算机中集中数据任务编程的框架。它得以流行的动因 Google 和 Yahoo 开发出的 MapReduce 引擎；而且这种成功的大型互联网公司所做的事情必然是有趣的。

Hadoop 实际上是一系列相关的技术，MapReduce 只是一个应用。基于 Hadoop 建立的其他工具都有有趣的名字，例如 Hive、Mahout、Cassandra 和 Pig。尽管底层的技术与关系型数据库不同，但是它们处理的问题都有相似之处。Hadoop 领域的语言，例如 CQL，基于 SQL 语法。特别是 Hive，正在被开发成为拥有完整功能的 SQL 引擎，它可以执行本书中的很多查询。

1.1.4 NoSQL 和其他类型的数据库

NoSQL 是指一种数据库，第一感觉可能会认为它与 SQL 是相反的。实际上，"No"是"Not Only"的意思。这个名词可用于指代不同的数据库技术：

- 键值对。在键值对中，不同的行之间的列数据可以变化，而且更重要的是，列本身可以包含一系列的东西。
- 基于图表的数据库，用于展示和处理图表理论相关的问题。
- 文档数据库，用于分析文档和其他文本。
- 地理信息系统(Geographic Information System，GIS)，用于做地理学分析。

这些数据库类型经常会因为特定的功能而被定制化。例如，在网页环境中，键值对数据库为网络会话数据的管理提供卓越的性能表现。

这些技术都是传统关系型数据库的补充，而并非替代技术。例如，在网站上，键值对数据库经常与关系型数据库结合使用，后者用于记录历史。图表和文档数据库经常与数据仓库联合使用，用于支持更多结构化的信息。

进一步讲，好的主意并非局限于一种技术。编写本书第 2 版的动机之一就是因为数据库技术在改进。SQL 和下层的关系型数据库技术在逐步支持类似 NoSQL 数据库的功能。例如，遍历公用表表达式提供遍历图表的功能。全文本索引提供了处理文本的功能。多数数据库提供地理数据的扩展。而且，不断提高的数据库也为嵌套表、可移植数据格式(如 XML、JSON)提供更好的功能。

1.1.5　SQL

SQL 被设计用于处理结构化的数据——列和行定义完善的表，如 Excel 工作表。SQL 的强大多数是源于底层的数据库引擎和优化器。很多人在功能强大的计算机上使用数据库，却从未考虑过底层的硬件。这就是 SQL 的强大之处：在移动设备上运行的查询，也可应用在大型网格计算机上，并在不变动 SQL 语句的基础上充分利用所有的可用资源。

SQL 语言中用于分析的部分是 SELECT 语句。其他语言多数都是关于将数据写入数据库。我们考虑的是从数据库中获取信息以解决业务问题。SELECT 语句描述了结果集的样子，解放分析者的思维，使其从考虑怎么做转换为考虑做什么。

提示：SQL 用于查询时，是描述性语言而不是过程化语言。它描述了需要完成的内容，让 SQL 引擎针对特定的数据、硬件和数据库布局(查询在这里运行)来优化代码，解放分析者的思维，使其更多地考虑业务问题。

1.2　绘制数据结构

数据一开始就存在了。尽管数据看起来混乱且没有格式，但它们仍然是有组织的。这种组织基于表、列和它们之间的关系。关系型数据库存储结构化的数据——定义好行和列的表。

本章通过数据库中的数据来描述数据库。本书将在数据集(关联数据模型)的上下文中介绍实体关系型图表。这些数据集并不代表所有数据的存储形式；相反，它们是用于表达本书观点的一些练习数据。可在配套网站上找到这些数据，它们与本书的所有示例放在一起。

1.2.1 什么是数据模型？

对表、列和它们之间关系的定义组成了数据库的数据模型。实际上，一个定义良好的数据库有两个数据模型。逻辑数据模型用于帮助业务使用者理解数据库。逻辑数据模型描述数据库的内容，因为它定义业务条款及其在数据库中的存储方式。

物理数据模型解释数据库实际上是如何实现的。很多情况下，物理数据模型和逻辑数据模型是相同的或非常相似。那是因为逻辑数据模型中的每个实体都对应数据库中的一个表；每一个属性都对应列。这对于本书中的数据集也是一样的。

另一方面，逻辑数据模型和物理数据模型也可能不同。例如，在更复杂的数据库中，有的性能问题可能会影响物理数据库的设计。一个单独的实体可能会将数据分隔到不同的表中以提升性能、增强安全性、实现备份还原功能或是加快数据库复制。多个相似的实体可能会合并为一个单独的表，特别是当实体有很多公共的属性时。或者，一个单独的实体可能会有不同的列存放在不同的表中，经常访问的列存放在一个表中，较少访问的列存放在另一个表中(这就是垂直分区，有些数据库直接支持垂直分区，而不需要对多个表排序)。通常，这些区别会以视图或其他数据库概念加以掩盖。

对于数据分析而言，逻辑数据模型是非常重要的，因为它从业务视图的角度提供对数据的理解。然而，对数据库的查询则基本代表的是物理数据模型。因此，如果逻辑数据模型和物理数据模型非常相近，将非常方便。

1.2.2 什么是表？

表是行和列的组合，用于描述某种事情的多个实例。每一行代表一个实例——例如，客户的一次购买、对网页的一次访问或是带着人口统计信息的一个邮政编码。每一列包含一个实例的一个属性。SQL 数据表代表未排序的集合，因此表没有第一行或最后一行——除非有一个特殊的列提供了这样的标识信息，如 ID 或创建日期。

对于所有行来说，任意列都包含同样类型的信息。因此在一行数据中，邮政编码列不与发出者邮政编码列或账单寄送邮政编码列相同。尽管都是邮政编码，但是它们代表不同的用途，因此应该存放在不同的列中。

除非有特殊声明，否则列是可以存储 NULL 值的。NULL 代表值不存在或未知。例如，用于描述客户的数据可能包含生日这一列。如果生日未知的话，那么这一列的所有数据都是 NULL 值。

为描述实例，表中可以包含无限多的列。但是出于实用的目的，表中包含几百列的情况都很少见(多数关系型数据库确实对单表中的列数有限定，通常是低于上千列)。表中可以根据需要包含尽可能多的行，而此处的行数经常会升到百万至亿级。

作为一个示例，表 1-1 展示了 ZipCensus 表(从配套网站上可以下载)中的若干行列。这个表展示了每一个分给不同地区的邮政编码,其中地区以缩写后的数据存储于 stab 列。pctstate 列标识邮政编码是否跨越州界。例如,10004 是纽约的一个邮政编码,它覆盖 Ellis Island。在 1998 年,Supreme 法庭将这个岛的管辖权分为两部分,分别归属于纽约和新泽西,但是邮局并没有更改邮政编码。因此,10004 一部分属于纽约,另一个未标出的部分属于新泽西。

表 1-1 ZipCensus 表中的若干行和列

ZCTA5	STAB	PCTSTATE	TOTPOP	LANDSQMI
10004	NY	100%	2780	0.56
33156	FL	100%	31 537	13.57
48706	MI	100%	40 144	66.99
55403	MN	100%	14 489	1.37
73501	OK	100%	19 794	117.34
92264	CA	100%	20 397	52.28

每一个邮政编码也对应一个区域,以平方英里计数,存储于 landsqmi 列。这个列包含一个数字,且数据库不知道这个数字的含义。它可能是英亩、平方公里、平方英寸或 pyongs(韩国的一个面积单位)。数字的真正含义取决于存储在其他地方的数据,这些数据并不在这个表中。元数据是用来描述类似这样的列的含义的术语。相似地,fipco 是为国家和州编码的数字值,最小值为 1001,表示阿拉巴马州的 Alabaster County。

通常,数据库会包含每一个列的元数据信息。通常会有便利的标签或描述(在创建表时填写这些信息是一个好主意)。更重要的是,每一列都有数据类型和用于标识是否可为 NULL 的标志位。下面将介绍这两个话题,因为它们对于分析数据来说非常重要。

1. 允许 NULL 值

可为空是指列是否可以包含 NULL 值。默认情况下,SQL 的任意行都可以包含空或未知的数据。尽管这非常有用,但是 NULL 还有意想不到的副作用。如果值为 NULL,几乎所有的比较都会返回"未知值",而且"未知值"被认为是错误的。

下面是一个非常简单的查询,它看起来是要计算 ZipCensus 表中 fipco 列为非 NULL 的所有数据行数(<>是 SQL 操作符,是"不等于"的意思)。

```
SELECT COUNT(*)
FROM ZipCensus zc
WHERE zc.fipco <> NULL
```

可惜,这个查询永远返回 0。当比较中引入了 NULL 值时——即使是"不等于"——结果集也总会是 NULL,被认为是错误的。

当然,判断数据中是否有 NULL 值是非常有用的,因此 SQL 提供了特殊的操作符 IS NULL 和 IS NOT NULL。它们的结果与预期相似,执行查询会返回 32 854 条记录而不是 0。

当比较列的值时,无论是表内还是表之间的比较,这个问题都变得更难以察觉。例如,fipco 列存储邮政编码的主要郡(美国的行政划分中的一级,级别介于州和市之间),fipco2 列存储相同邮政编码的另一个郡(如果有的话)。下面的查询计算邮政编码的总数,以及当这两个列存储不同值时的数据个数。下面的查询使用条件聚合,即条件语句(CASE)是聚合函数(如 SUM())的参数:

```
SELECT COUNT(*),
       SUM(CASE WHEN fipco <> fipco2 THEN 1 ELSE 0 END) as numsame
FROM ZipCensus zc
```

是这样吗?fipco 列和 fipco2 列总是包含不同的值,因此两个计数应该返回相同的结果。实际上,查询返回的结果是 32 989 和 8904。而且,将"不等于"修改为"等于"后,将返回 0 行,表示值是相等的。那么对于 32 989-8904 条数据行,会发生什么事情呢?再一次,问题归根于 NULL 值,当 fipco2 是 NULL 时,检测总是失败。

当创建表时,有一个选项可以允许表中的任意列使用 NULL 值。这在创建表时,是相对较小的决定。然而,NULL 值出现在列中很容易导致问题。

警告:设计数据库与分析里面的数据是不同的。例如,在分析数据和阅读查询语句时,NULL 值可以引起意想不到的且不准确的结果集返回。小心使用允许为空的列。

NULL 值看起来是个麻烦,但是它解决了一个重要的问题:如何表示不存在的值。一个替换方法是使用特殊值,例如-99 或 0。然而,数据库只会将它们当作常见的数值,因此计算(例如,MIN()、MAX()、SUM())会不精确。

另一种替换方式是使用单独的标志位来表示值是 NULL 或非 NULL。这会使即便是小的查询,也会变得笨重。例如"A+B",就必须书写成如下语句形式="(CASE WHEN A_flag = 1 AND B_flag = 1 THEN A + B END)"。考虑到这些替换方法,在数据库中使用 NULL 值是处理缺失值的可行方法。

2. 列的数据类型

列的第二个重要的特性是它的数据类型,它明确地告诉数据库是如何存储值的。在一个拥有良好设计的数据库中,列的设计通常是吝啬的,所以如果 2 个字符足以满足代码的需求,则不需要保存 8 个字符。关于列的数据类型和列的角色,还有几个重要的方面。

主键列唯一标识出表的数据。换句话说,没有任何两行数据有相同的主键值,且主键值永远不为 NULL。数据库通过拒绝插入重复的主键值来确保主键值是唯一的。第 2 章"表中有什么?开始数据探索"将介绍对于任意给定列,这个情况是否都不会被打破。通常,主键只基于单列,然而 SQL 却允许使用联合主键,即主键由多个列构成。

数值类型值支持算法和其他数学操作。在 SQL 中,数值类型可以有很多种存储方式,如浮点数值、整数和小数。相比这些格式在细节上的不同,更重要的是使用数值数据类型可以做些什么。

在数值类型的种类中,最大的区别是整数和实数之间,前者没有小数部分,而后者有。当在整数类型上做运算时,其结果可以是整数,也可以是实数,这取决于数据库。因此,5/2 可能会等于 2,而非 2.5;而求 1 和 2 之间的平均值,可能是 1,而不是 1.5,这些都取决于数据库。为了避免这类问题，本书中的很多整数数值都被转换为小数，如 1.0。

当然，有些值看起来像是数字，但实际上它们并不是数值类型。美国的邮政编码就是一个示例，它们和以数字形式存储的主键列一样。两个邮政编码的求和是什么？使主键值乘以 2 是什么含义？这些问题的答案毫无意义(尽管仍然可以算出数值)。邮政编码和主键只是看起来是数值，但是它们的行为与数值完全不一样。

本书的数据集使用字符串作为邮政编码，使用数字作为主键。为了区分错误的数值和实数，经常会对这些值填充多个零以确保其长度固定。毕竟，Cambridge，MA 的 Harvard Square 的区号是 02138 而不是 2138。

日期和日期-时间类型正如它们的名字所代表的含义。SQL 提供了常用操作的一些功能，例如，判定两个日期之间的天数，提取出年和月，以及比较两个时间。遗憾的是，在不同的数据库之间这些功能经常不同。附录提供了本书中使用的这些功能在不同数据库中的作用，包括日期和时间函数。

另一种数据类型是字符串数据。它们是常见的代码，例如邮政编码表中的州名缩写，或是一些描述信息，比如产品名或州名全拼。SQL 有几个特别基础的函数用于处理字符串，它们也支持简单的文本处理。字符串后面的空白是被忽略的，条件判断 'NY'='NY ' 等于 TRUE。然而，字符串前面的空白是计算在内的，因此 'NY'=' NY' 返回 FALSE。当处理字符串类型的列时，检查是否开头是否有空格是很有必要的，这个问题在第 2 章中予以讨论。

1.2.3 什么是实体-关系图表？

"关系型数据库"中的"关系型"是指不同数据库表之间通过键相互关联，可以通过列名找到给定行的列对应的数值。例如，任何表中的邮政编码列都可以关联至邮政编码表(与邮政编码有关)。因为这个键，从邮政编码表中查询数据变为可能。图 1-1 介绍了订单数据集中各个表之间的关系。

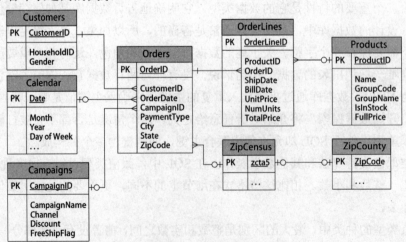

图 1-1 这个实体-关系型图表展示了订单数据集中实体之间的关系，每一个实体对应一个表

这些关系有一个特征，叫基数，它是每一侧对应的项的个数。例如，Orders 和 ZipCensus 实体之间的关系是 0/一对多的关系。它说明 Orders 表中的每一行数据都至多有一个邮政编码。而且，每一个邮政编码对应 0 个、1 个或多个订单。通常这种关系的实现是在前面的表中加入邮政编码这一列，即外键。作为外键的列是另一个表的主键列(在 Orders 表中，ZipCode 是外键；zcta5 是 ZipCensus 表的主键)。如果没有匹配，外键列通常为 NULL。

0/一对一的关系说明两个表之间最多有一个匹配。这通常是子集关系。例如，数据库可能包含网页访问的会话，这可能会导致购买发生。任何会话都可能有 0 或一次购买。任何一次购买都必须有 1 个会话。

另一种关系是多对多关系。一个顾客可以购买多个不同的产品，任何一种产品也可以被多个不同的顾客购买。事实上，在订单数据集中，Orders 表和 Products 表之间是多对多的关系。这个关系是通过 OrderLines 实体实现的，它包含 0/一对多关系。

如果顾客属于一个特殊的邮政编码，这样的情况是一对一关系。随着时间推移，顾客可能会搬家，或者在某个特定的时间，顾客有特定的手机或购买计划，但是这些会随时间而变化。

有了对实体关系型图表的介绍后，下面描述本书中使用的数据集。

1.2.4 邮政编码表

ZipCensus 表包含的列超过 100 列，用于描述每一个邮政编码，或者，严格来说是人口统计局定义的邮政编码表格区域(Zip Code Tabulation Area, ZCTA)。列 zcta5 是邮政编码。这个信息是由密苏里人口统计数据中心收集到的，基于美国人口统计数据，特别是 American Community Survey。

前面的几列由邮政编码的概述信息构成，例如州、国家、人口(totpop)、纬度和经度。由于邮政编码表格区域并不能与实际的邮政编码 100%匹配，因此有一个额外的邮政编码列。除了人口以外，还有 4 个计数：住户(tothhs)、家庭的数量(famhhs)、房屋单元的数量(tothus)、被占有的房屋单元的数量(occhus)。

对于整体的人口来说，下面的信息是有效的：
- 不同年龄分组的比例和计数
- 不同性别的比例和计数
- 不同种族分类的比例和计数
- 外来家庭的比例和计数
- 职业分类和收入来源的信息
- 婚姻状况的信息
- 达成的教育情况
- 更多

关于列和如诸 ZCTA 的名词的严格定义，可以在下面网址找到：http://mcdc.missouri.edu/data/georef/zcta_master.Metadata.html。

第二个邮政编码表是 ZipCounty，它是一个伴生的表，它将邮政编码与国家映射在一起。它包含如下信息：
- 郡名
- 邮局名
- 郡人口
- 郡中住户的数量
- 郡的陆地面积

该表中，每一个邮政编码都有一条数据，因此它可以通过 ZipCode 列与 ZipCensus 表相关联。这两个表来自于不同的时间和数据源，因此并不是两个表中的所有邮政编码都匹配——这在处理数据时是常见的问题。

1.2.5 订阅数据集

订阅数据只有两个实体，如图 1-2 所示。这个数据集描述了在给定时间点(生成快照的日期)订阅者的图片。

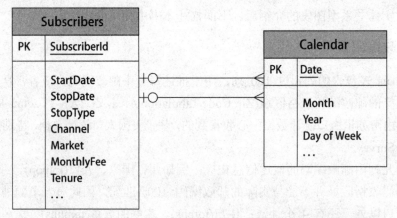

图 1-2 包含两个实体的实体关系图表，描述了顾客快照数据集中的数据

Subscribers 表描述电话公司的顾客。它是一个快照信息，展示了在特定的日期顾客(前顾客)的长相。表中的列用于描述顾客开始和结束的样子。这个特殊的快照表并没有记录中间行为的信息。

Calendar 表是一个通用的表，它存储关于日期的信息，包括：
- 年
- 月份序号
- 月份名字
- 月份中的天
- 周中的天
- 年份中的天
- 假期信息

这个表以日期作为主键，覆盖了从 1950 到 2050 之间的日期。

1.2.6 订单数据集

订单数据集中包含的实体是典型的零售订单；这个数据集中的实体以及它们之间的关系显示在图 1-1 中：

- Customers
- Orders
- OrderLines
- Products
- Campaigns
- ZipCensus
- ZipCounty
- Calendar

数据存储在与零售购买相关的重要实体中。最细节的信息存储于 OrderLines 中，它描述订单中的每一个物品。为了理解每一个表的名字，可以对比想象收据信息。收据中的每一行表示购买中的一个物品。另外，该行中还有其他信息，如产品 ID、价格、数量，这些都存放在表中。

Products 表存储诸如产品组名和产品全价的信息。表中并未包含具体的产品名称信息。为了保护这部分数据，将它们从表中移除。

为将单次购买的所有物品绑定在一起，OrderLines 的每一行数据都有 OrderId。每一个 OrderId 反过来都代表 Orders 表中的一条数据，Orders 表用于存储诸如购买的日期和时间、订单发送地址、支付类型等信息。它包含此次购买的所有钱数，这些钱数由所有单个物品累加而得。每一个订单线都是一个订单，而一个订单有一个或多个订单线。这就是所描述的表之间的一对多关系。

OrderId 将订单线与订单绑定，与之一样的是 CustomerId，它将不同时间点生成的订单分给同一客户。CustomerId 的存在提出了一个问题：它是如何创建的？一种感觉是无论它是怎么被创建的，都不产生任何影响；CustomerId 是数据库中一个简单的给定值，用于定义数据库中的顾客。这样的设计好吗？或者说，多数时候单一顾客的多次购买都会被绑定在一起吗？补充材料"顾客 ID：随时间推移反复标识顾客"介绍了创建客户 ID 的必要性。

> **客户 ID：随时间推移反复标识顾客**
>
> 随着时间的推移，CusomerID 列将多次事务合并为一个单独的组，即顾客(或住户，或相似的实体)。这是如何实现的呢？它取决于业务和业务流程：
>
> - 订单可能包含姓名和地址信息，因此包含匹配的姓名和地址的购买是针对同一顾客 ID 的。
> - 订单可能有电话或 email 地址，因此这些信息可以提供顾客 ID。

> - 客户可能有会员卡或账号，这些提供顾客ID信息。
> - 订单可能发生在网页上，因此浏览器Cookies和登录信息能够标识出顾客。
> - 订单可能是使用信用卡付款，因此使用同一信用卡号的订单可能含有同样的顾客ID。
>
> 当然，上述内容的任意组合或是其他的方法，也可能生成一个内部的顾客ID。而且，由于这些ID会多次改变，因此问题也有了个时间模块。
>
> 而且，所有这些方法都面临着挑战。当用户同时在平板电脑和笔记本电脑上浏览时(不同机器上的Cookies是不同的)，或者当用户删除网页Cookies时，会发生什么？或者用户忘记会员卡(因此订单上没有附加会员卡号)？或是搬家了？修改了电话号码或email地址？或者改名了？持续不断地追踪客户会是一个挑战。

1.2.7 关于命名的提示

本书中的数据集有不同的来源，因此它们有不同的命名惯例。通常，有一些事情应该总是被避免，并且有些事情是好的习惯：

- 经常只使用字母数字字符和下划线作为表和列的名字。其他字符，如空格，当引用时，要求名字是隔离的。通常使用双引号或中括号隔离名字，这使得对查询的读写变得更难。
- 永远不要使用SQL保留字。数据库有自己的特殊词，例如Order、Group和Values，它们是语言中的关键字，应该避免使用。

还有下面一些好的习惯：

- 表的名字通常是复数词(这也避免了使用保留字的问题)，并且强化了表是包含实体的多个实例的概念。
- 主键是单独的表名加"Id"，因此有OrderId和SubscriberId。当列引用另一个表时，例如，OrderLines表中的OrderId(外键关系)，使用同样的名字能使表之间的关系清晰可见。
- 使用"CamelBack"大小写格式(每一个新词的第一个字母大写，剩余的字母小写)。因此有OrderId，而不是Order_Id。通常，表名和列名是不区分大小写的。这样是为了读取方便，同时使得名字更短(对比添加下划线的命名方式)。
- 下划线用于将常见的列绑定在一起。例如，在Calendar表中，以hol_开头的列表示特定宗教的假期信息。

当然，最重要的习惯是保证列名和表名易于理解且保持一致，因此可以直接通过名字推断它们的含义。

1.3 使用数据流描述数据分析

表存储数据，但是表实际上并不做任何事情。表是名词，查询是动词。本书使用SQL

和 Excel 的组合来做数据操作、转换和展示。这两个工具的区别很明显，因为即使是使用不同的方法，它们通常也支持同样的功能。例如，SQL 使用 GROUP By 子句做分组数据统计。而 Excel 用户可能会使用数据透视表，使用求和向导，或者使用 SUMIF()这样的函数直接手动计算；无论如何，在 Excel 中没有"group by"语句。

因为本书想要结合这两项技术，所以有一个公用的方法来表达数据操作和数据转换，还有一门独立于工具的通用语言供使用。数据流通过展示组合起来的转换操作，提供了这门通用语言。它像是数据处理的蓝图架构，描述了需要做的内容，但是不指定用哪个工具来做。这使数据流成为考虑数据转换时的一个强大机制。

1.3.1 什么是数据流？

数据流是可视化数据转换的图表表示方法。数据流有两个重要的元素。数据流图表中的节点转换数据，有零个或多个输入，并产生输出。数据流图表的边缘部分是连接节点的管道。想象数据流通过管道，被"砰的一声"推进和拉入平坦的节点形状。最后，数据被转换为信息。

图 1-3 展示了一个小的添加新列的数据流，新列名为 SCF(Sectional Center Facility，区域中心机构，是美国邮局用于路由信件的机构)。这个列是邮政编码的前三个数字。输出是带有 SCF 值的邮政编码。这个数据流有 4 个节点，通过三个边缘连接。最初的形状是一个圆柱体，它表示数据库表或文件，是数据源。离开这个节点的边缘展示了数据来自这个节点，是 ZipCensus 表。

第二个节点为表附加了一个新列。沿着边缘连接，节点的表和列也是可见的。第三个节点为了输出做查询——在这里查询 zcta5 和 SCF。最后一个节点简单地代表输出。在数据流图表中，想象存在一个放大镜，能看到数据的流动。通过看到数据在节点之间的移动，展示在流程中发生了什么。

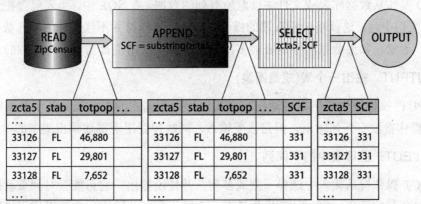

图 1-3 一个简单的数据流，读取邮政编码，计算并附加一个新的字段 SCF，并输出 SCF 和邮政编码

实际的流程既可以通过 SQL 实现，也可以使用 Excel 实现。用 SQL 代码反映出这个数据流：

```
SELECT zc.zcta5, LEFT(zc.zcta5, 3) as scf
```

```
FROM ZipCensus zc
```

相应的,如果数据存储于 Excel 工作表中,邮政编码存储在 A 列中,则下面的公式可以抽取出 SCF:

```
=MID(A1, 1, 3)
```

当然,这个公式需要从上至下地复制到列中。

Excel、SQL 和数据流是三种表达相似的数据转换的不同方法。数据流的优点是能针对数据操作提供直观的可视和思考方法,与使用的处理数据工具独立。数据流便于理解,但是最终,本书对任务的描述都是使用 SQL 或 Excel。

提示:当 A 列有数据而且我们想要将公式复制到 B 列时,下面介绍的是基于键盘快捷键的一个便利的方法:

(1) 在 B 列的第一个单元格中写入公式,确保对应的 A 列包含数据。
(2) 将光标放在 A 列中。
(3) 按 Ctrl+向下箭头键,选中 A 列中直至最后的数据(在 Mac 电脑上,按 Command+向下箭头键)。
(4) 按右箭头键移至 B 列。
(5) 按 Ctrl+Shift+向上箭头键,选中 B 列中的所有数据(在 Mac 电脑上,按 Command+向上箭头键)。
(6) 按 Ctrl+D 组合键将公式复制到整列。

瞧!不需要很多无用的鼠标和菜单操作,就能够把公式复制过来。

1. READ:读数据库表

READ 操作从数据库表或文件中读取所有列的数据。在 SQL 中,当表包含在查询语句的 FROM 子句中时,这就暗示着有读的操作。READ 操作符并不接受任何输入数据流,但是有输出。通常,如果数据流中的表被多次使用,每一次出现都需要一个单独的 READ。

2. OUTPUT:输出一个表(或是图表)

OUTPUT 操作符生成所需的输出,例如以行列为模式的表,或是基于数据的图表。OUTPUT 操作符没有任何输出,但是接受输入,同时接受用于描述输出类型的参数。

3. SELECT:选择表中的不同列

SELECT 操作符从输入中选择一列或多列,并传给输出。它可能会对列重新排序,并且可能会选择列的子集。SELECT 操作符有一个输入和一个输出。它接受用于描述列的参数,以及保证列的顺序。

4. FILTER:基于条件过滤数据

FILTER 操作符通过 TRUE 或 FALSE 条件选择返回数据行。只有满足条件的数据行可以返回,因此通过节点的数据行可能为零。FILTER 操作符有一个输入和一个输出。它接受用于描述过滤条件的参数。

5. APPEND：附加新计算的列

APPEND 用于附加新列，这些列是由已有的列和函数计算而得。APPEND 操作符有一个输入和一个输出。它接受用于描述新列的参数。

6. UNION：将多个数据集合并为一个

UNION 操作符将两个或多个数据集作为输入，将它们的所有数据合并后生成一个输出。输入的数据集需要有严格相同的列。UNION 操作符有两个或多个输入和一个输出。

7. AGGREGATE：聚合值

AGGREGATE 操作符基于零个或多个键值列将输入分组。所有的具有相同键值的行被分为一个单独的组，输出包括聚合键值列和合计。AGGREGATE 操作符获取一个输入并且生成一个输出。它还接受用于描述聚合键值和生成合计值的参数。

8. LOOKUP：在一个表中查找另一个表中的值

LOOKUP 操作符接收两个输入，一个基础表和一个引用表，它们之间有公用的键列。引用表对于每一个键值，最多有一行数据。基于匹配的键值，LOOKUP 操作符在基础表上附加引用表的一列或多列。当没有匹配的键值时，LOOKUP 对应的输出列为 NULL 值。

它接受两个参数。第一个指定键列，第二个指定要附加的列。尽管这也可以通过 JOIN 来实现，但是当没有新数据生成和没有数据被过滤时，对于这种通用的操作，LOOKUP 更简单和易读。

9. CROSSJOIN：生成两个表的笛卡尔积

CROSSJOIN 接受两个输入，并以特定的方式使它们结合在一起。它生成一个更宽的表，表中包含两个输入合并后的列，即两个表的笛卡尔积。输出中的每一行都表示分别来自两个表的一对数据。例如，第一个表有 4 行——A、B、C、D，第二个表有 3 行——X、Y、Z，那么输出由 12 种结果组合而成：AX、AY、AZ、BX、BY、BZ、CX、CY、CZ、DX、DY 和 DZ。CROSSJOIN 是最普通的联接操作。

10. JOIN：通过键列联合两个表

JOIN 操作符接收两个输入和一个联接条件作为参数，并且生成一个包含两个表所有列的输出。联接操作通常指定一个表中的至少一列与另一个表中的列关联，两列通过相同值关联。这种类型的联接被称为等值联接，是最常见的联接类型。

使用等值联接，可能会丢失单个表或两个表的数据。当另一个表中没有匹配值时，就会发生这种情况。联接的变异形式确保了一个表或另一个表中的数据全部出现在输出中。具体来说，LEFT OUTER JOIN 保留第一个输入表的所有数据，RIGHT OUTER JOIN 保留第二个输入表的所有数据。FULL OUTER JOIN 保留两个表的所有数据。

11. SORT：对数据集的结果排序

SORT 操作符基于一个或多个键列对输入做排序。它接受用于排序的键列和排序方向(升序或降序)作为参数。

1.3.2 数据流、SQL 和关系代数

在关系型数据库的表层之下，本质上是一个数据流引擎。数据流聚焦在数据上，SQL 也聚焦在数据上，因此它们是天然的同盟者。

历史上，SQL 有几分像是基于数学集合论的不同的理论基础。这个基础被称为关系代数，它在数学中为无序的元组集合定义操作。元组非常像一行数据，由一对一对的属性-值组成。其中"属性"是列，"值"是行数据中对应列的值。关系代数包含一系列对元组集合的操作，例如全集和交集、联接和投影，与刚刚描述的数据流结构相似。

使用关系代数的概念访问数据库归功于 E.F.Codd。他在 1970 年还是 IBM 研究员时，撰写了一篇论文"A Relational Model of Data for Large Shared Data Banks"。这篇论文成为使用关系代数访问数据的基础，最终导致 SQL 的开发和现代关系型数据库的开发。

元组集合非常像表，但是并不完全一样。两个区别之一是表可以包含重复的行数据，但是元组集合不能重复。集合的一个非常重要的属性是它没有顺序。集合中，没有第一、第二、第三个元素的概念——除非有另一个属性用于定义顺序。对于所有的人来说(至少没有沉浸在集合理论中的大多数人)，表有自然的顺序，该顺序要么是由主键定义的，要么是由最初加载至表中的数据的序列决定的。

由于关系代数的历史原因，SQL 表中没有自然排序。只有当查询中有 ORDER BY 子句时，返回的结果才有排序。

1.4　SQL 查询

本节介绍 SQL 查询语言。SQL 的查询部分是隐藏的一座庞大冰山的可视部分，而隐藏的部分是语言的数据管理语言——表和视图的定义、插入数据、更新数据、定义触发器、存储过程等。作为数据挖掘者和分析者，我们的目的是从数据库中抓取有用信息，发掘冰山的可视部分。

SQL 查询回答指定的问题。是否答非所问，这对于数据库使用者来说是非常重要的。纵观本书中的实例，它们包括问题和回答问题的 SQL。有时，问题或 SQL 中的微小变化会产生非常不同的结果。

1.4.1　做什么，而不是怎么去做

SQL 查询描述结果集，但是不去说明这些是如何实现的。这种方法有几个优点。查询与硬件和其所运行的操作系统无关。同一个查询在不同的环境中，针对同一数据，应该返回同样的结果。

作为非程序化语言，在任何给定的计算机上，SQL 需要被编译为计算机代码。这个编译步骤提供了优化查询的机会，使查询语句能在给定的环境中尽可能快地执行。数据库引擎中包含很多不同的算法，可以用于对应的环境中。然而，对于特别的优化，在不同的环境中可能区别很大。

作为非程序化语言，SQL 的另一个优点是可以并行执行。SQL 语言本身被设计出来时，计算机是非常昂贵的，当时的计算机只有一个处理器、有限的内存以及一块硬盘。事实上，SQL 也适用于当前流行的系统架构，在这些架构中 CPU、内存、硬盘是足够的，这个事实也确实证明了隐藏在关系型数据库范式下的想法的强大和可扩展性。当 Codd 撰写的论文建议为"大数据银行"设计关系代数时，可能他只是想到几兆字节的数据，这种数量级的数据现在可以很容易地写入 Excel 工作表，而且对比移动设备上的 GB 级数据或 TB 级数据，这个量级的数据显得很苍白。

1.4.2 SELECT 语句

本章已经包含了几个关于 SQL 查询的简单示例。更正式地讲，SELECT 语句由子句构成，最重要的子句有：

- WITH
- SELECT
- FROM
- WHERE
- GROUP BY
- HAVING
- ORDER BY

这些子句总是使用这个顺序。它们与前面章节介绍的数据流操作紧密相关。

注意 SELECT 语句可以包含子查询。支持子查询为 SQL 带来更强大的功能。

1.4.3 一个基础的 SQL 查询

开始学习 SQL 的一个好方法是使用最简单的查询，即从一个表中查询一列数据。再一次，考虑使查询返回包含 SCF 的邮政编码：

```
SELECT zc.zcta5, LEFT(zc.zcta5, 3) as scf
FROM ZipCensus zc
```

查询返回一个包含两个列的表，两个列分别是邮政编码和 SCF 列。返回的数据行可能是以任何顺序返回的。如果想要以某个特定的顺序返回数据行，需要加入显式的 ORDER BY 子句：

```
SELECT zc.zcta5, LEFT(zc.zcta5, 3) as scf
FROM ZipCensus zc
ORDER BY zc.zcta5
```

如果没有 ORDER BY 子句，就永远不要假设返回的数据行是有顺序的。

警告 除非查询语句的最外层有 ORDER BY 子句，否则返回结果是无序的。永远不要寄希望于"默认排序"，因为根本没有。

这个简单的查询已经展示了 SQL 语言的一些结构。所有的查询都使用 SELECT 子句开头，列出所有要返回的列。被访问的表写在 FROM 子句中。FROM 子句紧随 SELECT 语句。ORDER BY 子句是查询中最后的子句。

这个示例只使用了一个表 ZipCensus。在查询中，这个表有个别名或者说是缩写：zc。SELECT 语句的第一部分从 zc 中获取列 zcta5。尽管 SQL 中表的别名是可选的，但作为本书的一条规则，别名被广泛使用。因为它们声明了列的来源，使得查询更加易写和易读。

提示：在查询中使用的表的别名是表名的缩写，这使整个查询更加易写和易读。

查询返回的第二列由邮政编码列计算而得，使用了 LEFT() 函数。LEFT() 函数是 SQL 提供的若干函数之一，而且有些数据库通常也支持用户自定义函数。第二列有一个别名，即列名 SCF，它是输出中的列的标题。

简单地修改查询，返回 Minnesota 州的邮政编码和 SCF：

```
SELECT zc.zcta5, LEFT(zc.zcta5, 3) as scf
FROM ZipCensus zc
WHERE stab = 'MN'
ORDER BY 1
```

这个查询有一条额外的子句——WHERE 子句。如果有 WHERE 子句，它总是在 FROM 子句后。WHERE 子句描述一个条件。在这个示例中，只有数据行中的 stab 列等于"MN"的数据才会返回。而后，ORDER BY 数据根据第一列对返回的数据行排序；"1"代替所选择的第一列数据，在本例中为 zc.zcta5。然而，通常倾向使用的方法是在 ORDER BY 子句中使用列名或别名。

修改后的查询对应图 1-4 中的数据流。在这个数据流中，WHERE 子句已经被转换为数据源之后的一个过滤器，ORDER BY 子句变为输出前的 SORT 操作。还要注意到数据流包含几个操作符，即便这只是一个简单的 SQL 查询。SQL 是一门简洁的语言；复杂的操作通常可以非常简单地实现。

警告：当列值为 NULL 时，任何 WHERE 子句中的比较——除 IS NULL 之外——总是会返回未知数据，被当作 FALSE。因此，子句 stab <> 'MN' 的实际含义是 WHERE stab IS NOT NULL AND stab <> 'MN'。

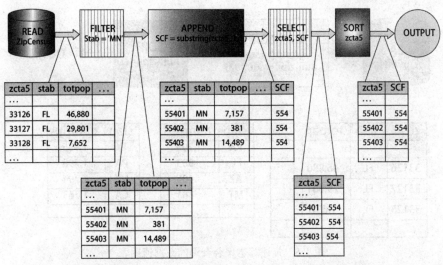

图 1-4 查询中的 WHERE 子句向数据流添加一个过滤器节点

1.4.4 一个基本的 SQL 求和查询

SQL 的一个强大功能是它能够对表中的数据求和。下面的 SQL 对 ZipCensus 表中的邮政编码计数：

```
SELECT COUNT(*) as numzip
FROM ZipCensus zc
```

这个查询与基础 SELECT 查询非常相似。函数 COUNT(*)并不意外，它用于计算数据行的行数。"*"表示所有的数据都用于计数。也可以对列进行计数，例如 COUNT(zcta5)。这个代码用于计算列 zcta5 中包含有效数据(例如，不为 NULL)的行数。

前面的查询是一个聚合查询，它将整个表作为一个单独的组。在组内，查询对所有数据计数，即计算表中数据行的行数。下面这个非常相似的查询返回每一个州中邮政编码的个数：

```
SELECT stab, COUNT(*) as numzip
FROM ZipCensus zc
GROUP BY stab
ORDER BY numzip DESC
```

GROUP BY 子句将表看成由若干组构成，这些组是通过 stab 列中的不同值来决定的。而后，结果以计数的反向顺序(DESC 表示"降序")排序，因此拥有最多邮政编码个数的州(Texas)排在第一位。图 1-5 展示了对应的数据流图表。

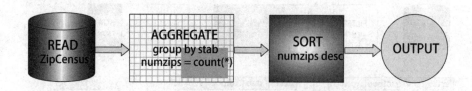

图 1-5　描述基本聚合查询的数据流图表

除 COUNT()外，标准 SQL 还支持其他有用的聚合函数。SUM()、AVG()和 MAX()函数分别计算求和、求平均值、求最小值和求最大值。通常，前两个函数只用于数字值，而 MIN()和 MAX()函数可用于任意数据类型。在计算中，并不是所有的函数都会忽略 NULL 值。

COUNT(DISTINCT)返回不同值的个数。使用它的一个示例是回答下面的问题：每一个州中有多少个 SCF？下面的查询则回答了这个问题：

```
SELECT zc.stab, COUNT(DISTINCT LEFT(zc.zcta5, 3)) as numscf
FROM ZipCensus zc
GROUP BY zc.stab
ORDER BY zc.stab
```

这个查询同样展示了可用于嵌入聚合函数的函数，如 LEFT()。SQL 允许任意复杂的表达式。第 2 章介绍了回答这个问题的另一种方法：使用子查询。

1.4.5　联接表的意义

因为 JOIN 可以将两个表之间的信息关联起来，所以它可能是 SQL 中最强大的功能了。数据库引擎针对这个关键字可能有数十个算法。很多程序和算法都在这个简单的结构之下隐藏。

与其他强大功能一样，使用联接时要非常小心——不用过于保守使用，但是要小心注意。使用联接时非常容易犯错，特别是下面的两个错误：

- "错误地"丢失数据集中的数据，并且
- "错误地"添加意想不到的额外数据。

无论何时，在联接表时，都值得去考虑这些情况是否会发生。这些是很难发现的问题，因为问题的答案取决于被处理的数据，而不是表达式本身的语法。本书中有针对这两个问题的若干示例。

当前的讨论针对联接的功能，而不是实现它们的算法的个数(尽管对于有些人来说，算法非常有趣，但是它们无法帮助我们理解客户和数据)。最普通的联接类型是交叉联接。而后，继续讨论更多常见的变种：查询联接、等值联接和外联接。

警告：无论何时，在做表的联接时，问自己下列两个问题：
1) 因为另一个表没有匹配的数据，其中一个表的数据会意外丢失吗？
2) 因为表之间有多个匹配出现，进而导致结果集中有意外存在的冗余数据吗？
答案要求建立在对底层数据的理解上。

1. 交叉联接：最基本的联接

联接两个表的最基本的形式为交叉联接，或者从更倾向于数学的角度看，是两个表的笛卡尔积。正如前面关于数据流的章节所述，交叉联接导致的输出是由两个表中的所有列相互组合而成。随着两个表中数据的增长，输出的数据数量飞快增长。如果第一个表有 4 行 2 列，而第二个表有 3 行 2 列，那么输出结果有 12 行 4 列。这在图 1-6 中显而易见。

由于输出数据的数量是两个表中数据数量的乘积，因此输出结果集的数量增长迅速。如果一个表有 3000 行数据，另一个表有 4000 行数据，那么结果有 12 000 000 行数据？——这对于图解来说有些庞大。输出中可能的列数是每一个输入表的列数之和。

在业务中，表中通常有上千或数百万数据行，甚至更多的数据行，因此交叉联接经常会难以控制，即便是使用最快的电脑。如果是这种情况，为什么联接还如此有用、重要和实用呢？

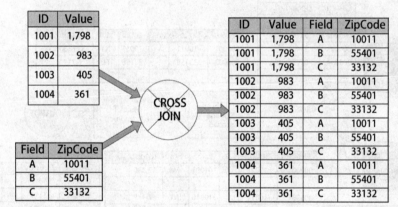

图 1-6　两个表之间的交叉联接，其中一个表有 4 行数据，另一个表有 3 行数据，
生成的新表包含 12 行数据以及两个表的所有列

原因是联接的基本形式并不是常用的，除非其中一个表是已知的，只包含少数几行数据。通过强加一些限制——比如在两个表的列之间强加一个关系——使联接结果变得更加可控。即便特定的联接使用频率更高，交叉联接仍然是解释联接作用的基础。

2. 查找：一个有用的联接

ZipCensus 是一个引用表的示例，这个表总结了邮政编码层面上的信息。每一条数据都用于描述一个邮政编码，且每一个邮政编码只出现在一行数据中。因此，使用 zcta5 列可以从任意其他表中查询关于邮政编码的人口信息。直观上来说，这是最自然的联接操作，在一个表中使用外键来查找引用表中的值。

对于基础表和引用表，查找联接做出如下两种假设：
- 在基础表中键的所有值都存在于引用表中(缺失联接键会导致数据的意外丢失)
- 查找键是引用表中的主键(冗余的查找键会导致意外的数据冗余出现)

遗憾的是，SQL 对查找并没有提供直接的支持，因为查询中没有简单的检查能确保这两个条件为真。然而，联接机制是可以实现查找的，当前面的两个条件为真时，这种方法很有效。

考虑如下 SQL 查询，它将邮政编码对应的人口信息附加到 Orders 表的每一行数据中：

```
SELECT o.OrderId, o.ZipCode, zc.totpop
FROM Orders o JOIN
     ZipCensus zc
     ON o.ZipCode = zc.zcta5
```

上述示例中使用 ON 子句确定两个表之间的条件。通常并不要求使用等价条件，但是对于查找来说是这样的。

从数据流的角度看，查找可以通过 CROSSJOIN 来实现。CROSSJOIN 的输出首先要过滤出正确的数据(两个邮政编码是相等的)和选择想要的列(Orders 表的所有列和 totpop 列)。图 1-7 展示了使用这个方法将人口列附加到 Orders 表中的数据流。

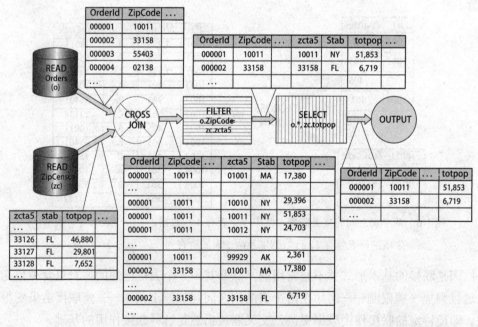

图 1-7　在 SQL 中，在一个表中查询值理论上等价于在两个表之间创建交叉联接后限制结果集

与数据流图表不同，SQL 查询说明了联接必须发生，但是不用解释是如何完成的。尽管交叉联接在实践中并非高效，但它也是一种办法。数据库是实践型的，数据库编写者发明了很多不同的方法使之提速。第 14 章"性能问题：高效地使用 SQL"将接触关于提升

性能部分的细节。应该记住数据库是基于实践的，而不是基于理论的，数据库引擎总是会优化查询的实时性能。

尽管前面的查询确实实现了查找，但是它并不能确定两个条件的真实性。如果在表 ZipCensus 中，给定一个邮政编码会对应多行数据，输出就会有额外的数据行(因为匹配的数据行会出现多次)。可以在表中定义一个约束或唯一索引，确保没有冗余数据。但是在查询中并没有证据能表明是否已有这样的约束。另一方面，如果 Orders 表中的邮政编码值在 ZipCensus 表中找不到，数据也会意外丢失。事实上，当输出的数据行比原始的 Orders 表中的数据行少时，就会发生这种情况。Orders 表中所有的邮政编码数据都能在 ZipCensus 表中找到，这样的条件也可以被另一种约束强制实现，即外键约束。

对于给定的一个邮政编码，在 ZipCensus 表中有多行数据并不是一件奇怪的事情。例如，表中可能同时包含 2000 年和 2010 年的人口信息，这样就能够看到随时间变化的数据。实现这种情况的一个方法是添加另一列，如 CensusYear，用于标识年份对应的人口。现在，主键应该是由 zcta5 和 CensusYear 列组合而成的联合主键。只使用邮政编码列做查询就会导致多行数据，每一行都对应一个年份的信息。

3. 等值联接

等值联接是这样一种联接：至少有一个条件声明不同表中的两列有相等的值，而且所有的条件都通过 AND 联接的(AND 是常见的条件联接符)。在 SQL 中，条件是通过 JOIN 后面的 ON 子句实现的。

等值联接可能会和交叉联接一样，返回额外的数据行。如果第一个表中的列值出现了 3 次，同样的值在第二个表中出现 4 次，则两个表的等值联接针对该列会生成 12 行数据的输出。这与图 1-6 中介绍的交叉联接是相似的。使用等值联接也可能会意外地添加多行数据，特别是当等值联接基于非键列时。

等值联接也可以过滤数据，它发生在当第二个表中没有匹配的键值出现时。这个过滤可以是非常有用的特性。例如，出于某种原因，一个表可能会包含很少的 ID，而等值联接可以将它作为过滤器应用在更大的表中。

尽管以主键做联接更为常见，但也有很多情况下需要使用多对多的等值联接。考虑这个问题：对于每个邮政编码来说，同一个州中有多少邮政编码包含更大的人口数量？

下面的查询使用自联接(以及聚合函数)回答了这个问题。自联接意味着简单地将两个 ZipCensus 表联接在一起。等值联接使用州列作为联接键，而不是使用邮政编码列。

```
SELECT zc1.zcta5,
       SUM(CASE WHEN zc1.totpop < zc2.totpop THEN 1
                ELSE 0 END) as numzip
FROM ZipCensus zc1 JOIN
     ZipCensus zc2
     ON zc1.stab = zc2.stab
GROUP BY zc1.zcta5
```

注意 ZipCensus 表在 FROM 子句中出现了两次。每一次出现都给予不同的表别名以区分在查询中对它们的调用。

图 1-8 描述了这个查询对应的数据流，它两次读取 ZipCensus 表，作为 JOIN 操作符的输入。数据流中的 JOIN 是一个等值联接，因为条件基于 stab 列。而后对联接后的结果做聚合操作。

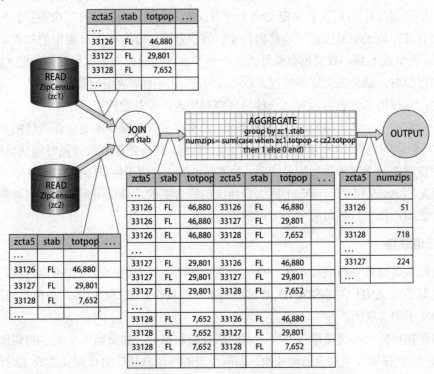

图 1-8　数据流展示了自联接和基于非键列的等值联接

4．非等值联接

非等值联接是指针对两列没有以等值作为条件的联接。非等值联接并不常见。它出现较少是因为没有很多提高性能的诀窍能让它们快速执行。通常非等值联接会导致失误或错误。

注意，当有条件是等值比较且所有的条件都以 AND 联接时，这种情况为等值联接。考虑下面关于 Orders 表的问题：多少订单高于客户居住的平均租金？下面的 SQL 解决了这个问题：

```
SELECT zc.stab, COUNT(*) as numrows
FROM Orders o JOIN
     ZipCensus zc
     ON o.zipcode = zc.zcta5 AND
        o.totalprice > zc.mediangrossrent
GROUP BY zc.stab
```

这个查询中的 JOIN 有两个条件：一个条件指定邮政编码相等，另一个条件指定订单的总金额大于邮政编码中的平均租金。这仍然是一个等值联接的示例，因为邮政编码列的条件是等值比较。

5. 外联接

联接的最后一种类型是外联接，它确保了单表或两个表的数据同时保留在结果集中，即使第二个表中没有匹配行。前面介绍的所有联接都是内联接，这意味着只有匹配的数据行才会包含在结果集中。对于交叉联接，它并没有任何区别，因为它的结果中包含两个表中所有数据行的副本。然而，对于其他类型的联接，丢失单表或两个表中的数据可能并不是预期的结果，因此引入了外联接。

查找联接是介绍外联接(等值联接)的一个良好示例，因为联接声明了一个表中的外键等于引用表中的主键。查找联接返回第一个表中的所有数据行，即使没有匹配的数据行[1]。

外联接有三种情况：

- LEFT OUTER JOIN 确保第一个表的所有数据行都保留在结果集中。
- RIGHT OUTER JOIN 确保第二个表的所有数据行都保留结果集中。
- FULL OUTER JOIN 确保两个表的所有数据行都保留。如果没有匹配的数据行，在结果集中将无匹配的表中对应的列设置为 NULL 值。

这是什么意思呢？假设 Orders 表中包含的邮政编码值并不在 ZipCensus 表中出现。有时候会有这种情况出现。ZipCensus 表包含因人口统计而涉及的邮政编码的快照，新的邮政编码也在人口统计时出现。而且，人口统计局并不会对所有的邮政编码感兴趣，他们将无人居住的区域的邮政编码从表中剔除。或者，或许 Orders 表有问题，ZipCode 列出现错误。或者，Orders 表中包含的订单是美国之外的订单。

无论是什么原因，当 Orders 表中出现的数据行不在 ZipCensus 表中时，使用内联接查询会消除所有这些数据行。这些数据行的丢失可能会成为问题，因此需要外联接来修复。对查询的唯一更改是使用词组 LEFT OUT JOIN(或是等价的 LEFT JOIN)来替换单词 JOIN：

```
SELECT zc.stab, COUNT(*) as numrows
FROM Orders o LEFT OUTER JOIN
     ZipCensus zc
     ON o.ZipCode = zc.zcta5 AND
        o.TotalPrice > zc.mediangrossrent
GROUP BY zc.stab
```

这个查询的结果并不是特别有趣。它的结果与之前查询的结果是一样的，并没有额外的一堆 NULL 出现。当 ZipCensus 表中没有匹配的数据行时，zc.stab 的值为 NULL。

提示：通常查询中可以使用 LEFT OUTER JOIN 和 INNER JOIN。习惯上没有理由在同一个查询中混合使用 LEFT OUTER JOIN 和 RIGHT OUTER JOIN。

左外联接非常实用。当使用左外联接时，基本上是说"保留第一个表中的所有数据行"。

---

[1] 译者注：如果按照"查找：一个有用的联接"中的介绍，基础表的外键是引用表的主键，则不会存在无匹配数据行的情况。此处应该是指基础表中缺少出现在引用表中的数据，即联接时引用表中的数据有多余。

作为一条通用规则，当可以避免时，不要混合使用外连接类型，因为使用 LEFT OUTER JOIN 和 INNER JOIN 能满足几乎所有的目的。例如，如果一个表包含客户信息，而后续的联接可以从其他表中的其他列抓取信息，LEFT OUTER JOIN 就能确保没有意外地丢失客户信息。第 13 章"为进一步分析建立客户签名"中，广泛地使用了外联接。

1.4.6 SQL 的其他重要功能

本书中还使用了 SQL 的其他功能。这里的目的并不是详细讲解 SQL 语言，因为它的参考手册和数据库文档已经做得很好了。此处的目的是对 SQL 的重要功能做个简单的复习，以用于数据分析。

1. UNION ALL

UNION ALL 是将两个表的所有数据行合并在一起的一个集合操作，它只是创建一个表，表中包含每一个输入表的所有数据行。实际上，UNION ALL 总是在子查询中使用，因为常见的两个表不会有完全一致的列。

SQL 中有其他的集合操作，例如 UNION、INTERSECTION 和 MINUS(也称为 EXCEPT)。UNION 操作合并两个表中的数据行，然后移除冗余。这意味着 UNION 比 UNION ALL 低效，考虑避免使用。INTERSECTION 取两个表的重叠部分——两个表中同时出现的数据行。然而，理解两个表之间的关系经常会非常有趣——两个表之间有多少数据相同，有多少数据只存在于一个表中而另一个表中没有。第 2 章将解决这个问题。

2. CASE

CASE 表达式将条件逻辑填入 SQL 语言。最常用的格式是：

```
CASE WHEN <condition-1> THEN <value-1>
     . . .
     WHEN <condition-n> THEN <value-n>
     ELSE <default-value> END
```

<condition>子句看起来像是 WHERE 子句的条件部分，它们可以是任意复杂的条件。<value>子句是通过语句返回的值，这些值都应该是同样的类型。<condition>子句依据书写顺序执行。当没有<else>子句并且前面的判断都不满足时，CASE 语句返回 NULL。

CASE 常用的一种情况是创建指示变量。考虑下述问题：在每一个州中，有多少邮政编码对应的人口超过 10 000 人，且这些邮政编码对应的人口总数是多少？下面的查询可能是回答这个问题最自然的方式：

```
SELECT zc.stab, COUNT(*) as numbigzip, SUM(totpop) as popbigzip
FROM ZipCensus zc
WHERE totpop > 10000
GROUP BY zc.stab
```

这个查询使用 WHERE 子句选择合适的邮政编码数据集。

现在考虑一个相关问题：在每一个州中，有多少邮政编码对应的人口数超过 10 000，又有多少超过 1000，而且这些数据集的总人口数分别是多少？

遗憾的是，WHERE 子句的解决方案不再有效，因为需要两个邮政编码集。一个解决方案是运行两个查询，这很麻烦。使用条件聚合，就能很容易地将结果纳入一个单独的查询中：

```
SELECT zc.stab,
       SUM(CASE WHEN totpop > 10000 THEN 1 ELSE 0 END) as num_10000,
       SUM(CASE WHEN totpop > 1000  THEN 1 ELSE 0 END) as num_1000,
       SUM(CASE WHEN totpop > 10000 THEN totpop ELSE 0 END
          ) as pop_10000,
       SUM(CASE WHEN totpop > 1000  THEN totpop ELSE 0 END
          ) as pop_1000
FROM ZipCensus zc
GROUP BY zc.stab
```

注意在这段代码中，使用 SUM() 函数计算符合条件的邮政编码个数；每当有一行数据满足条件时，计数器加 1。COUNT() 并不是合适的函数，因为它用于计算非空值的个数。

提示： 当在聚合函数中使用 CASE 语句时，适合的函数通常是 SUM() 或 MAX()，有时是 AVG()，以及很少情况下使用 COUNT(DISTINCT)。确保在计数时使用 SUM()。

下面的两条语句近乎一样，但是第二条语句缺少 ELSE 子句：

```
SUM(CASE WHEN totpop > 10000 THEN 1 ELSE 0 END) as num_10000,
SUM(CASE WHEN totpop > 10000 THEN 1 END) as num_10000,
```

每一条语句都计算了当人口超过 10 000 人时的邮政编码的数量。不同的是，当邮政编码没有这么大的人口时会发生什么？第一个查询返回 0。第二个查询返回 NULL。通常在计数时，推荐的返回值是一个数字而不是 NULL，因此通常推荐使用第一种格式的查询。

对比 WHERE 子句来说，CASE 语句更易读，因为 CASE 语句的条件存在于 SELECT 语句中，而不是在查询的后面部分。而另一方面，WHERE 子句提供了更多优化机会。

3. IN

IN 语句用于 WHERE 子句中，其目的是指定从集合中选择的元素。下面的 WHERE 子句从 New England 州选择邮政编码：

```
WHERE stab IN ('VT', 'NH', 'ME', 'MA', 'CT', 'RI')
```

它与下面的查询等价：

```
WHERE (stab = 'VT' OR
       stab = 'NH' OR
       stab = 'ME' OR
       stab = 'MA' OR
       stab = 'CT' OR
```

```
               stab = 'RI')
```

IN 语句更易读和易于修改。

同样，NOT IN 语句选择不在 New England 州的邮政编码：

```
WHERE stab NOT IN ('VT', 'NH', 'ME', 'MA', 'CT', 'RI')
```

IN 语句简单方便地指出内容，避免了复杂的 WHERE 子句。在关于子查询的小节中将介绍关于 IN 的另一个用法。

4. 窗口函数

窗口函数是使用 OVER 子句的一系列函数。这些函数返回的数据放在一行中，但是这些数据基于一组数据行中的所有数据而得。一个简单的示例是 SUM()。假设我们想要每一个邮政编码都返回州人口的总数。使用窗口函数，这很简单：

```
SELECT zc.zcta5,
       SUM(totpop) OVER (PARTITION BY zc.stab) as stpop
FROM ZipCensus zc;
```

PARTITION BY 子句的意思是"对 stab 列相同的数据做求和操作"。这样的结果是，在同一个州对应的不同邮政编码都有同一个值(在结果集中列名为 **stpop**)。

一个特别有趣的窗口函数是 ROW_NUMBER()。它为每一组数据行中的数据分配一个序列值，起始值为 1：

```
SELECT zc.zcta5,
       SUM(totpop) OVER (PARTITION BY zc.stab) as stpop,
       ROW_NUMBER() OVER (PARTITION BY zc.stab
                          ORDER BY totpop DESC
                          ) as ZipPopRank
FROM ZipCensus zc
```

这个查询为结果集中的每一行数据添加一个排序列。数值 1 被分配给每一个州人口最多的邮政编码，2 被分配给第二多的，以此类推。

表 1-2 ROW_NUMBER()、RANK()、DENSE_RANK()的示例

值	ROM_NUMBER()	RANK()	DENSE_RANK()
10	1	1	1
20	2	2	2
20	3	2	2
30	4	4	3
50	5	5	4
50	6	5	4

SQL 为排列提供两个相似的功能：RANK()和 DENSE_RANK()。如表 1-2 所示，它们在处理排列时不同。

所有的函数都为第一行分配数字"1"。ROW_NUMBER()忽略重复,只是给每一行数据一个不同的数字。当有重复数据出现时,RANK()分配重复的数字,但是会跳过下一个数字,因此结果集有空缺。DENSE_RANK()和RANK()相似,除了结果集中没有空缺。

1.5 子查询和公用表表达式

顾名思义,子查询是查询中的查询。它们使得在一条单独的 SQL 语句中,能够完成复杂的数据操作,特别是对于数据分析和数据挖掘所需要的操作。

感觉上,子查询并不需要。所有的操作都可以通过创建中间表并将它们合并得以实现。得到的 SQL 将会是一系列的 CREATE TABLE 语句和 INSERT 语句(或者可能是 CREATE VIEW 或 SELECT INTO),以及更简单的查询。尽管这种方法有时很有用,特别是当中间表被多次引用时,但是也有几个问题。

第一,不去考虑解决特殊问题,先思考做数据处理、中间表的命名、确定列的数据类型、记得当表无用时删除表、判断是否要创建索引,等等。所有的额外动作都在分散对数据和业务问题的注意力。

第二,SQL 优化器经常能找到更优的办法来运行复杂的查询。因此,书写多条 SQL 语句可能会干扰优化器。

第三,维护与表相关的一系列复杂查询是非常笨重的。例如,添加一个新列可能需要在所有的相关地方都添加新列。或者,在运行部分脚本时,并没有意识到其中一个表中存储的是之前运行得到的数据。

第四,本书中占主导的只读 SQL 查询可以被拥有最小权限的用户执行——可以简单地运行查询的权限。运行复杂的脚本,至少需要部分数据库的创建和修改权限。这些权限是危险的,因为数据分析员可能会意外损害数据。没有这些权限了,就不可能引起这样的损害。

子查询可以在查询的不同地方出现,在 SELECT 子句、FROM 子句以及 WHERE 和 HAVING 子句中。无论如何,本节是通过子查询的使用原因来接触子查询的,而不是通过它们在语法上出现的位置。

公用表表达式(经常被称为 CTE,Common Table Expression)是另一个书写查询的方法,它出现在 FROM 子句中。基于两个原因,它比子查询更加强大:第一,它可以在查询中多次使用;其次,它可以引用自身——也称为递归 CTE。下面将列举关于 CTE 和子查询的示例。

1.5.1 用于命名变量的子查询

SQL 在命名变量方面是有缺点的。下面的代码在多数 SQL 语言的语法中都是不正确的:

```
SELECT totpop as pop, pop + 1
```

SELECT 语句为列命名,但是这些名字在同一条子句中不能重复使用。因为在某种程度上，查询至少可以被人理解，也要被数据库引擎理解，这是一个真实存在的缺点。复杂的表达式应该有名字。

幸运的是，子查询提供了解决方案。之前的子查询根据人口数超过 10 000 和 1000 汇总邮政编码，如果使用子查询，就清楚发生了什么事情：

```
SELECT zc.stab,
       SUM(is_pop_10000) as num_10000,
       SUM(is_pop_1000) as num_1000,
       SUM(is_pop_10000 * totpop) as pop_10000,
       SUM(is_pop_1000 * totpop) as pop_1000
FROM (SELECT zc.*,
             (CASE WHEN totpop > 10000 THEN 1 ELSE 0
              END) as is_pop_10000,
             (CASE WHEN totpop > 1000 THEN 1 ELSE 0
              END) as is_pop_1000
      FROM ZipCensus zc
     ) zc
GROUP BY zc.stab
```

这个版本的查询使用两个指示变量：IS_POP_10000 和 IS_POP_1000。分别根据人口数是否超过 10 000 和 1000，它们的值分别为 1 或 0。而后，查询对指示变量求和，对指示变量和人口数的乘积求和，进而得到人口总数。图 1-9 展示了这个程序的数据流。注意数据流并不包括"子查询"。

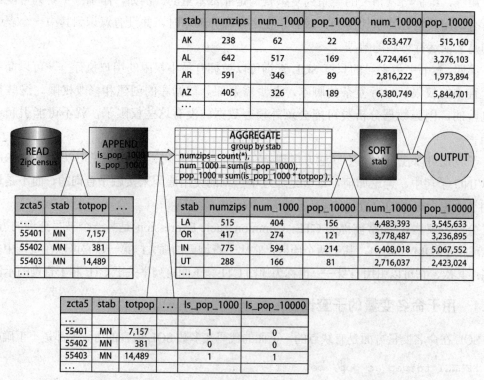

图 1-9　数据流展示了使用指示变量来获取关于邮政编码的信息

提示：使用指示变量(如 IS_POP_1000)的子查询是编写查询的强大且灵活的工具。

指示变量只是使用子查询命名变量的一个示例。纵观全书，有很多其他的示例。目的是让查询更容易被人理解，相对容易修改，甚至说运气好的话，能记住 6 个月前编写的查询的用途。

> **格式化 SQL 查询**
>
> 对于 SQL 查询的格式，并没有一个统一的定论。有一些好的实践经验，例如：
> - 使用表名的缩写作为表的别名
> - 使用 as 来定义列的别名
> - 对大小写、下划线和缩进的使用保持一致
> - 编码要易读，使其他人也可以理解
>
> 编写易读的代码一直是一个好的想法。任何关于编码的指导方针都有必要有主观的元素。其目的应该是解释编码的作用。格式化是重要的：假想当文本没有标点、大小写、段落时，阅读文本是多么难。
>
> 本书中(以及配套网站中)的代码使用下述额外规则，使查询更容易理解：
> - 多数关键字都是大写的，而且多数表名和列名都使用 CamelBack 大小写格式(除了 ZipCensus 表)。
> - SQL 定义的高级子句都在最左面。它们是 WITH、SELECT、FORM、WHERE、GROUP BY、HAVING 和 ORDER BY。
> - 在一条子句中，子查询的排列是在关键字之后，因此每一条子句的范围都明显可见。
> - 子查询使用同样的规则，因此，子查询的所有主子句都很容易识别，而且仍然是在左侧排列。
> - FROM 子句中，表名和子查询另起一行(这些表被排序且清晰可见)。ON 子句另起一行，JOIN 关键字在行末。
> - 通常都指定列，这意味着使用表的别名。
> - 操作符的周围通常有空格。
> - 逗号在一行的末尾。
> - 右括号——在后续的行中——与起始的左括号对齐。
> - CASE 总是包括在括号中。
>
> 应该带着这样的目的来编写查询语句，从而使其他人可以容易地理解这些语句。毕竟，当某一天想要回顾这些查询语句时，可以很快指出它们的作用。

上述查询也可以重写为 CTE：

```
WITH zc as (
      SELECT zc.*,
             (CASE WHEN totpop > 10000 THEN 1 ELSE 0
              END) as is_pop_10000,
```

```
                    (CASE WHEN totpop > 1000 THEN 1 ELSE 0
                     END) as is_pop_1000
             FROM ZipCensus zc
            )
SELECT zc.stab,
       SUM(is_pop_10000) as num_10000,
       SUM(is_pop_1000) as num_1000,
       SUM(is_pop_10000 * totpop) as pop_10000,
       SUM(is_pop_1000 * totpop) as pop_1000
FROM zc
GROUP BY zc.stab
```

这里的子查询是通过 WITH 子句引入的；否则它就与 FROM 子句中的子查询非常相似了。尽管 WITH 可以定义多个 CTE，但是一个查询只能有一条 WITH 子句。参考前面定义的同一条子句中的 CTE。

1.5.2 处理统计信息的子查询

最经典的使用子查询的地方是在 FROM 子句中替换表。毕竟，数据源是表，而本质上查询也是返回表，因此使用这个办法合并查询非常有用。从数据流的角度来看，子查询简单地使用一系列的数据流节点取代一个数据源。

考虑这样一个问题：在每一个州中，有多少邮政编码对应的人口密度比该州所有邮政编码对应的平均人口密度都高？人口密度是指人口数除以土地面积的结果，土地面积存储在 landsqmi 列中。

让我们考虑下使用所需要的不同数据元素来回答这个问题。比较对象是州中的邮政编码对应的平均人口密度，这很容易计算：

```
SELECT zc.stab, AVG(totpop / landsqmi) as avgpopdensity
FROM ZipCensus zc
WHERE zc.landsqmi > 0
GROUP BY zc.stab
```

接下来，是将这部分信息和原始的邮件编码信息合并在 FROM 子句中：

```
SELECT zc.stab, COUNT(*) as numzips,
       SUM(CASE WHEN zc.popdensity > zcsum.avgpopdensity
                THEN 1 ELSE 0 END) as numdenser
FROM (SELECT zc.*, totpop / landsqmi as popdensity
      FROM ZipCensus zc
      WHERE zc.landsqmi > 0
     ) zc JOIN
     (SELECT zc.stab, AVG(totpop / landsqmi) as avgpopdensity
      FROM ZipCensus zc
      WHERE zc.landsqmi > 0
      GROUP BY zc.stab) zcsum
     ON zc.stab = zcsum.stab
GROUP BY zc.stab
```

该查询的数据流图表使用同样的逻辑,如图 1-10 所示。在本章的后面,你会看到另一个方法,使用窗口函数回答这个问题。

一个有趣的观察结果是:每一个州的人口密度与该州的所有邮政编码对应的平均人口密度不同。这是因为前面的问题与下述问题不同:在每一个州中,有多少邮政编码对应的人口密度高于州的人口密度?整个州的人口密度可通过下面的代码计算得到,存储于 zcsum 列中:

```
SUM(totpop) / SUM(landsqmi) as statepopdensity
```

这两个密度之间是有关系的。邮政编码平均值以每一个邮政编码对应的区域为权值 1,不管区域有多大或人口数有多大。州平均值是基于州内所有邮政编码对应的陆地面积平均值的权值。

一部分的邮政编码比平均邮政编码值更稠密,在 North Dakota 是 4%,在 Florida 是 35%。一半的邮政编码永远不会比平均值稠密,尽管理论上这是可能的。一半的邮政编码更稠密以及一小半的邮政编码相对稀疏,这是中间值,它与平均值或平均值的平均值不同。关于平均值、平均值的平均值,以及中间值,它们彼此不同,我们将在第 2 章予以介绍。

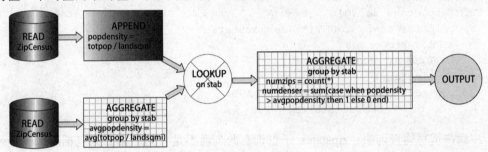

图 1-10　该数据流图表比较每一个州的邮政编码人口密度和平均邮政编码人口密度

1.5.3　子查询和 IN

IN 和 NOT IN 在前面章节中已经介绍过,它们是复杂 WHERE 子句中的便利子句。还有另一个版本的"in"集合,这个集合由子查询指定,而不是固定的列表。例如,下面的查询获取少于 100 个邮政编码的州辖区内所有邮政编码的列表:

```
SELECT zc.zcta5, zc.stab
FROM ZipCensus zc
WHERE zc.stab IN (SELECT stab
                  FROM ZipCensus
                  GROUP BY stab
                  HAVING COUNT(*) < 100
                 )
```

子查询针对 ZipCensus 表中的所有州创建一个集合,这个集合中包括州辖区内邮政编码小于 100 的所有州(即 DC、DE、HI、RI)。HAVING 子句设定限制条件。HAVING 与

WHERE 相似,除了 HAVING 是在聚合后而不是之前做数据过滤。外部的 SELECT 语句选择与 IN 集合匹配的州的邮政编码。对应流程与联接相似,如图 1-11 所示。

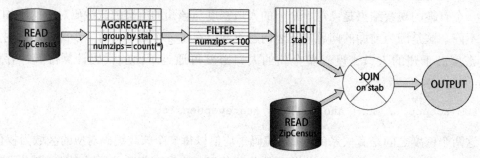

图 1-11　包含了子查询的 IN 的流程图,它实际上使用联接操作

1. 将 "IN" 重写为 JOIN

严格来讲,IN 操作符并不是必需的,因为使用 IN 和子查询的查询语句可以用联接重写。例如,下面的代码与上述查询等价:

```
SELECT zc.*
FROM ZipCensus zc JOIN
     (SELECT stab, COUNT(*) as numstates
      FROM ZipCensus
      GROUP BY stab
     ) zipstates
     ON zc.stab = zipstates.stab AND
        zipstates.numstates < 100
```

注意在重写的查询中,zipstates 子查询有两列而不是一列。第二列包括对每一个州的邮政编码的计数。使用带有子查询的 IN 语句则无法获取这个信息。

另一方面,IN 确实有一个小的优势,因为它确保了输出中没有冗余数据,即使 "in" 集合里面的数据可能有冗余。为确保在使用 JOIN 时也没有冗余,可对子查询做聚合操作,基于其与表联接的列。这种情况下,使用聚合操作返回邮政编码数小于 100 的州,聚合操作保证了子查询没有冗余。

使用 JOIN 重写 IN 子查询的通用方法要求消除冗余,因此查询:

```
SELECT x.*
FROM x
WHERE x.col_a IN (SELECT y.col_b FROM y)
```

可重写为:

```
SELECT DISTINCT x.*
FROM x JOIN
     y
     ON x.col_a = y.col_b;
```

或:

```
SELECT x.*
FROM x JOIN
     (SELECT DISTINCT y.col_b FROM y) y
     ON x.col_a = y.col_b;
```

关键字 DISTINCT 消除输出中的冗余。然而，它需要有额外的操作，因此当不是真正需要 DISTINCT 时，最好避免使用。

2. 关联子查询

当子查询中包含对外部查询的引用时，即发生关联子查询。示例是最好的解释办法。考虑下面的问题：每一个州中，哪个邮政编码对应的人口最大？人口是多少？解决这个问题的一个办法是使用关联查询：

```
SELECT zc.stab, zc.zcta5, zc.totpop
FROM ZipCensus zc
WHERE zc.totpop = (SELECT MAX(zcinner.totpop)
                   FROM ZipCensus zcinner
                   WHERE zcinner.stab = zc.stab
                  )
ORDER BY zc.stab
```

子查询中的"关联"部分发生在内部的 WHERE 子句中，它指定了子查询中处理的州必须与外部表中的州相匹配。

从概念上讲，数据库引擎从 zc(外部查询指向的表)中读取一条数据。然后，引擎找到 zcinner 中所有的数据，返回与 zc 中数据匹配的州。从这些表中，数据库引擎计算最大的人口数。如果最初的数据与计算的最大值匹配，则返回。然后数据库引擎继续处理外部查询的下一条数据。

有时，关联子查询理解起来很难。尽管复杂，但是关联子查询已经不是处理数据的新方法了，它是 JOIN 的另一种实现。下面的查询返回同样的结果：

```
SELECT zc.stab, zc.zcta5, zc.totpop
FROM ZipCensus zc JOIN
     (SELECT zc.stab, MAX(zc.totpop) as maxpop
      FROM ZipCensus zc
      GROUP BY zc.stab) zcsum
     ON zc.stab = zcsum.stab AND
        zc.totpop = zcsum.maxpop
ORDER BY zc.stab
```

这个查询看起来很清楚，基于 stab 列对 ZipCensus 表做统计信息，计算最大人口数。JOIN 找到拥有最大人口数的一个邮政编码(或多个邮政编码)，返回相关信息。此外，这个方法可以包含其他信息，例如达到最大人口的邮政编码个数。这可以通过在 zcsum 中使用 COUNT(*)函数来实现。

本书中的示例倾向于不在 SELECT 查询中使用关联子查询，而是以显式的 JOIN 替代。JOIN 在处理和分析数据上提供更大的便利性，通常，SQL 在优化 JOIN 时做得很好。在某些情况下,关联子查询可能比 JOIN 更能提高性能,而且更易于理解。

3. NOT IN 操作符

NOT IN 操作符也可以使用子查询和关联子查询。考虑下面的问题：Orders 表中的哪些邮政编码不存在于 ZipCensus 表中？再一次,有不同的方法回答这个问题。第一个方法使用 NOT IN 操作符：

```
SELECT o.ZipCode, COUNT(*) as NumOrders
FROM Orders o
WHERE ZipCode NOT IN (SELECT zcta5
                      FROM ZipCensus zc
                      )
GROUP BY o.ZipCode
```

这个查询简单明了,从 Orders 表选择与 ZipCensus 表中不匹配的邮政编码,然后对它们分组,返回每一组中的订单个数。

一个替代办法是使用 LEFT OUTER JOIN 操作符。由于 LEFT OUTER JOIN 保留 Orders 表中的邮政编码信息——即使没有匹配项——再配合使用一个过滤器就可以选择不匹配的数据集：

```
SELECT o.ZipCode, COUNT(*) as NumOrders
FROM Orders o LEFT OUTER JOIN
     ZipCensus zc
     ON o.ZipCode = zc.zcta5
WHERE zc.zcta5 IS NULL
GROUP BY o.ZipCode
ORDER BY NumOrders DESC
```

这个查询使用 LEFT OUTER JOIN 关联两个表,而后只保留不匹配的数据行(通过 WHERE 子句)。它本质上与 NOT IN 一样；到底哪个效果更好,这取决于底层的优化器引擎。图 1-12 展示了对应这个查询的数据流。

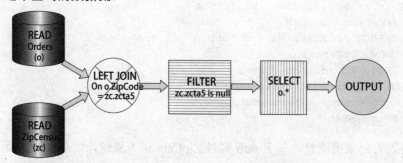

图 1-12 这个数据流图表展示了一个使用 LEFT OUTER JOIN 的 NOT IN 的替换查询

4. EXISTS 和 NOT EXISTS 操作符

在子查询中,EXISTS 和 NOT EXISTS 操作相似。当子查询中存在(或不存在)数据行时,操作符的返回值为真。它们经常与关联子查询合并使用。

要返回 Orders 表中不在 ZipCensus 表中的邮政编码，查询可以重写为：

```
SELECT o.ZipCode, COUNT(*)
FROM Orders o
WHERE NOT EXISTS (SELECT 1
                  FROM ZipCensus zc
                  WHERE zc.zcta5 = o.ZipCode)
GROUP BY o.ZipCode
```

子查询中的"1"并不重要，因为 NOT EXISTS 用于判断是否有数据行返回。它不关心列中的任何值。实际上，有的数据库支持无意义的值，例如 1/0(尽管并不推荐这样做)。

对比 IN，EXISTS 有几个优点。首先，EXISTS 更具表达力——比较可以基于多个列。IN 只用于比较一个列(尽管有些数据库已经将这个功能扩展为多个列)。例如，查询如果同时比较州名和国家名，使用 NOT EXISTS 会更容易编码。

其次，更加微妙，而且只适用于 NOT EXISTS。如果 NOT IN 返回的集合中包含 NULL，那么所有的数据行都会失败。为什么？SQL 认为与 NULL 的比较结果未知。因此，如果比较是 'X' NOT IN ('A' , ' B' , ' X' ,NULL)，结果是 false，因为实际上 'X' 在列表中。如果比较是 'X' NOT IN ('A', 'B',NULL)，那么结果是未知的，因为并不知道 NULL 是否和 X 匹配。重要的是：没有一种情况的返回值是真。等价的 NOT EXISTS 查询更直观。在第二个查询中——使用 NOT EXISTS——返回值为真。

最后，实用。在所有的数据库中，EXISTS 和 NOT EXISTS 优化后比等价的 IN 和 NOT IN 更加有效。一个原因是 IN 本质上会在底层创建整个列表，然后做比较。而 EXISTS 在有第一个值匹配时，结束并返回。

1.5.4 用于 UNION ALL 的子查询

UNION ALL 操作符通常都要求有子查询，因为它要求合并的表都有同样的列。考虑将 ZipCensus 表中的地址名提取出来，并存储在一个拥有同样数据类型的单独列中：

```
SELECT u.location, u.locationtype
FROM ((SELECT DISTINCT stab as location, 'state' as locationtype
       FROM ZipCensus zc
      ) UNION ALL
      (SELECT DISTINCT county, 'county' FROM ZipCensus zc
      ) UNION ALL
      (SELECT DISTINCT zipname, 'zipname' FROM ZipCensus zc
      )
     ) u
```

这个示例使用子查询确保 UNION ALL 使用同样的列。同时，注意列名来自第一个子查询，因此在后续的子查询中不再需要列名。

1.6 小结

本章从对数据挖掘和数据分析而言重要的不同角度介绍了 SQL 和关系型数据库。关注点集中在使用数据库提取数据，而不是建立数据库的技术，或设计数据库的无数种选项，或数据库引擎的复杂的实现算法。

一个非常重要的视图是数据视图——表自身以及表之间的关系。实体-关系型图表有助于直观理解数据库中的数据架构以及表之间的关系。介绍实体-关系型图表的同时，本章还介绍了全书使用的不同数据集。

当然，表和数据库存储数据，但是它们本身并不做什么。查询提取信息，将数据转换为信息。对于有的人来说，考虑数据流图表比理解复杂的 SQL 语句更容易。这些图表展示了不同的操作符是如何转换数据的。在 SQL 中，有大约十几个操作符用于处理集合。数据流不只在解释 SQL 如何处理数据时有用；数据库引擎也通常使用数据流的形式执行 SQL 查询。

最后，无论如何，将数据转换为信息需要 SQL 查询，而不管是简单还是复杂的 SQL 查询。本章的重点，以及纵观本书的重点，都是 SQL 查询。本章介绍了 SQL 的重要功能以及如何表达它，着重强调 JOIN、GROUP BY 和子查询，因为它们在数据分析中扮演重要的角色。

第 2 章通过探索单独表中的数据，开始向使用 SQL 做数据分析迈进。

第 2 章

表中有什么？开始数据探索

前一章从数据分析的角度介绍了 SQL 语言。本章使用 SQL 探索数据，这是任何数据分析项目的第一步。基本上，内容重点已经从数据库上移走。理解数据代表的内容——以及潜在的客户——是本章以及后续章节的共同主题。

到目前为止，最常见的数据分析工具是工作表，特别是 Microsoft Excel。工作表以扁平的表格格式展示数据。它为用户提供了强大的数据处理功能，包括添加列和行、使用函数、汇总数据、创建图表、创建数据透视图，以及通过涂色、高亮显示、修改字体以确保得到更好的显示效果。这样的功能以及所见即所得的操作界面，使工作表自然成为数据分析和展示的理想工具。

然而，对比数据库来说，工作表的功能还稍显逊色。因为数据库的设计目的是用于交互使用。Excel 历史上的限制是数据的行数(曾经的最大值是 65 535 行)和列数(曾经的最大值是 255 列)，它们清晰限定了工作表的适用范围是更小的应用。即使没有这些限制，工作表应用程序一般也只是运行在本地机器上，而且最好使用一张表。它的设计并非用于组合存储不同格式中的数据。用户的本地计算机也限制了工作表应用程序的性能。

本书假设读者具有基本的 Excel 知识，特别是对使用行列工作表展示数据有基本的认识。关于使用 Excel 做基础计算和绘图有很多示例。因为图表对于展示数据集非常重要，所以本章内容从介绍 Excel 的绘图功能开始，提供创建良好图表的技巧。

本章将继续使用单表，一列一列地探索数据。这样的探索依赖于列的数据类型，本章将使用单独的小节着重介绍数值列和可分类列。尽管前面也提及了日期和时间，因为它们非常重要，但第 4 章将予以着重介绍。本章的最后，介绍一种通用的方法，用于自动获取列的描述性统计信息。本章中的多数示例来自于 purchases 数据集，里面描述了详细的交易信息。

2.1 什么是数据探索？

数据库中的数据以比特和字节存储，分布于表和列中，存储在内存和硬盘上。根据不同的业务程序，对数据进行调用。关系型数据库收集来自客户的数据——当客户预订机票、完成电话呼叫、单击网页或是生成账单时生成数据。用于数据分析的数据库，通常是决策支持数据库和数据仓库，为了满足一些业务视图的需要，数据仓库对数据进行重构和清理。

数据探索是一个流程，它用于描绘数据库中数据的真实展现，理解不同列和实体之间的关系。数据探索是需要动手操作的。元数据描述了应该存在什么样的内容，提供描述信息。数据探索用于理解实际上存储什么内容，并且可能的话，理解数据的来源方式和原因。数据探索回答关于数据的下列问题：

- 每一列中存储的数据是什么？
- 每一列中存储的意外数据是什么？
- 是否有任何不规则的数据格式，例如时间戳缺少小时和分钟，或是名字全是大写或小写？
- 列之间的关系是什么？
- 列中的值出现的频率是什么，这些频率是否讲得通？

提示： 文档告诉我们数据库中应该存储的内容，数据探索则是找到实际存储的内容。

几乎任何处理数据的人都有一个关于数据质量的故事，或是曾发现数据库中的意外数据。在一家电信公司，账单系统将客户的电话号码作为数据中的重要字段。这个列存储的是字符串而不是数字，而且有很多电话号码的实际存储内容由数字和字符混合而成。显然，"telephone number"列并不总是存储电话号码。而且事实上，经过许多调研，很多情况下(包括提供给第三方的通信账单)，这个列存储的值并不是数字。

即使对数据已经非常熟悉，数据探索仍然是值得去做的。最简单的方法是直接查看表中的示例数据值。汇总表提供信息的不同类型。统计表中的检测对于描述数据特征非常有用。图表非常重要，因为相比一张包含数字的表格，好的图表能更好地展示信息。下面几节的起始主题是：Excel 中的绘图。

2.2 Excel 中的绘图

Excel 的绘图功能给用户提供了更多的操作，用于直观地展示数据。然而对于结果的出色展示，并不只是单击一个图标，然后插入一张图表。图表应该是精准且包含信息的，同时在外观上要简洁且有说服力。Edward Tufte 的书以"直观展示定量的信息"为起始，阐述了信息展示和表达的基础。

本节介绍不同种类的常用图表，以及使用它们的一些好的方法。这些内容是有必要详细介绍的，因此有些内容是通过一步接一步的操作来讲述的。本节以基础示例为起点，然后介绍推荐的格式化选项。目的是通过解释原因来培养好的使用习惯,而不是手把手介绍 Excel 的详细介绍文档。

2.2.1 基础图表:柱形图

如图 2-1 所示,第一个示例使用简单的聚合查询,返回每一种支付类型的订单的数目。使用的图表格式是柱形图,它展示了每一列的值。在常见的语言中,这些也被称为长条图,但是在 Excel 中,长条图是水平长条,而柱形图是垂直的列。

获取数据的查询如下:

```
SELECT PaymentType, COUNT(*) as cnt
FROM Orders o
GROUP BY PaymentType
ORDER BY PaymentType
```

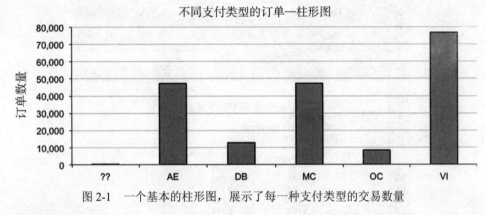

图 2-1 一个基本的柱形图,展示了每一种支付类型的交易数量

上面的图表展示了一些好的习惯:
- 图表有标题。
- 适当的坐标轴上有标签(水平坐标并不需要标签,因为标题已经说明了内容)。
- 超过 1000 的数字使用逗号分隔,因为人们会阅读这些数字。
- 水平的网格线非常有帮助,但它们是浅色的,并不影响数据的显示。
- 其他元素则尽量不用。例如,没必要使用图例(因为只有一个系列),以及没必要使用竖直网格线(与柱形重复)。

多数情况下,本书中使用的图表都坚持使用这些约定,除了标题。本书的图片都有图题,这使得图表中的标题变得没有必要。本章的后续部分将介绍图表中这些元素的创建方式。

1. 插入数据

以运行查询语句作为起始,获取数据并写入 Excel 工作表。假设数据的获取是通过使用能够访问数据库的工具实现的,且该工具支持使用复制-粘贴功能(如果支持 Windows 的话,是 Ctrl+C 和 Ctrl+V,而在 Mac 电脑上是 Command+C 和 Command+V)或其他功能,能够将数据复制到 Excel 中。之前的查询返回两列数据。同样,也可以通过建立数据源,在 Excel 中直接运行 SQL 查询。尽管这样能自动生成报表，但是对于需要运行很多临时特定查询的数据探索来说，这样的数据连接并不是特别有用。

一个好习惯是在将数据复制到 Excel 工作表中时，同时将查询语句加进来。在数据之上添加查询语句的目的是便于理解数据是如何获取的。即使是在运行查询之后的几个小时、几天甚至几个月之后，也仍然能通过查询语句理解数据的来源。

提示： 将查询语句和结果放在一起是一个好主意。因此，将数据复制到 Excel 工作表中时，同时复制查询语句。

技术专栏"复制数据到 Excel 工作表中的常见问题"介绍了在复制数据时可能会发生的问题。最后，工作表的结果如图 2-2 所示。注意，数据结果中包含生成数据的查询语句。

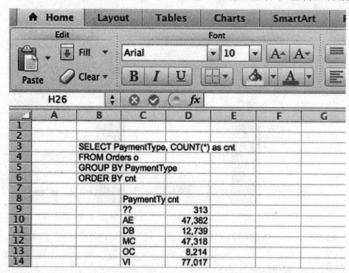

图 2-2　这个工作表包含了支付类型和订单数量信息

复制数据到 Excel 工作表中的常见问题

每一个访问数据库的工具都有自己的方法，用于将数据复制到 Excel 中。一种方法是将数据导出到文件中，再将文件导入到 Excel 中。将数据从剪贴板复制到 Excel 中时，第一个问题是数据会在一个单独的列中定位。第二个问题是数据中缺少标题。第三个问题是列自身的格式。

在有些情况下，Excel 会将复制的数据存放在单独的列而不是多个列中。这个问题的发生是因为 Excel 认为数据是文本而不是列。

通过将文本分列之后，能够轻易地解决该问题：

(1) 使用鼠标或键盘，选中想要转换为列的数据。如果使用键盘，选择第一个单元格，使用 Shift+Ctrl+向下箭头键(在 Mac 系统上是 Command+Shift+向下箭头键)。

(2) 启动 Data 功能区中的 Text to Columns 向导，选择 Text to Columns 工具(也可以在 Data 菜单中找到该工具)。

(3) 选择合适的选项。数据可能通过 Tab 或逗号分列，或是每一列都有固定的宽度。通过向导上面的按钮选择合适的格式。

(4) 完成向导。通常剩下的选项都不重要。只有一种例外情况，导入的数据看起来是数字，但实际并不是数字。为了保留前面的 0 和负号，设置数据格式为文本。

(5) 完成后，数据被转换为列，原始数据以正常格式分布在不同的列中。

第二个问题是缺少列标题。例如，在很多老版本的 SQL Server Management Studio 中，就没有能够简单地复制标题的方法。在这些版本中，在 SQL Server Management Studio 的设置中，可以通过如下设置使复制的数据中包含标题。打开 Tools | Options | Query Results |SQL Server | Results to Grid，选中 Include column headers when copying or saving the results。

第三个问题是格式化列。列的格式非常重要，人们阅读数据时，格式可以展示数据$10,011 的含义，而这个含义与邮政编码 10011 的含义相差甚远。

默认情况下，大的数字并没有逗号。插入逗号的方法之一是选中该列，右击并选择 Format，切换到 Number 选项卡，选择 Number，设置小数点位置为"0"，然后选择 Use 1000 Separator 选项。日期字段通常需要对它们的格式进行变更。对于它们来说，选择 Custom 选项，而后输入 yyyy-mm-dd，将日期格式设置为标准格式。为了设置美元数额，选择 Currency 选项，使用"2"作为小数点位置，选择"$"(或合适的字符)作为标志。

2. 创建柱形图

创建柱形图——或者任何其他类型的图表——需要考虑两点。第一点是插入图表；第二点是定制图表，使其简洁且包含有效信息。

最简单的图表创建方式如下：

(1) 选中需要加入到图表中的数据。在本例中，查询结果有两列——支付类型编码和计数，而且这两列(包含列的标题)要同时加入图表。如果在标题和数据之间有非数据行，删除它们(或是将标题复制到紧邻数据的上一行中)。使用键盘而不是鼠标，选中第一个单元格，然后使用 Shift+Ctrl+向下箭头键(或在 Mac 系统上，使用 Shift+Command+向下箭头键)。

(2) 打开 Chart 向导。使用 Charts 功能区，选择 Column chart，它是第一个选项。

(3) 选择第一个选项 Clustered Column，将图表显示出来。

(4) 为添加标题，在 Chart Format 功能区选择 Chart Title | Title Above Chart。三次单击文本框，选中所有文本后输入 Number of Orders by Payment Type。

(5) 设置 Y 坐标轴，选择 Axis Titles | Vertical Axis Title | Rotated Title，三次单击文本框(选中当前值)，输入 Num Orders。

(6) 根据喜好，设置合适的图表尺寸。

现在，一个使用默认格式的图表出现在工作表中。可以复制这个图表并粘贴到其他应用中，例如 PowerPoint、Word 以及邮件应用。当复制图表至其他应用时，将图表作为图片进行粘贴更方便。为此，使用 File | Paste Special 菜单选项，并选择图片选项。

3. 格式化柱形图

下面是应用于柱形图的一些格式惯例：
- 调整图表窗口的大小
- 格式化图例
- 调整字体
- 调整边框
- 调整水平游标

作为参考，图 2-3 展示了图表中不同部分的名字，例如图表区域、绘图区域、水平网格线、图表标题、X 坐标轴标签、Y 坐标轴标签、X 坐标轴标题和 Y 坐标轴标题。

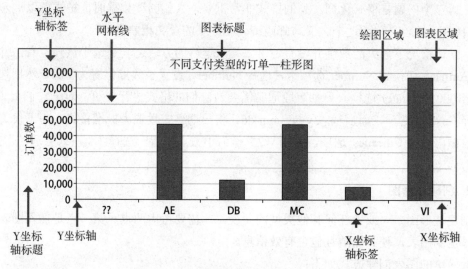

图 2-3　包含不同组成部分的 Excel 图表

调整图表窗口中图表的大小

默认情况下，图表不会占据图表窗口的所有空间。为什么浪费空间？单击灰色区域以选择绘图区域，扩大它的范围，但是要注意不要覆盖图表标题和坐标轴标签。

格式化图例

默认情况下，Excel 自动添加图例，包含图表中每一个系列的名字。默认情况下，图例在图表的旁边，虽然它占用一些位置并且缩小了绘图区域，但是包含图例是一件好事情。在多数情况下，图例和绘图区域最好有重叠。为了这样做，可以选择绘图区域(图表窗口中的真正图形部分)，然后扩展绘图区域。最后单击图例，将它移至合适的位置，保证它不会覆盖数据值。

当只有一个系列时，图例并不是必需的。为了移除它，简单地单击选中图例，然后按 Delete 键。

修改字体

如果要修改图表中所有文字的字体，双击白色区域选中整个图表窗口，并且显示可以操作的选项。在 Font 选项卡中，取消选中左下方的 Auto scale 选项。文字的大小和字体完全依据个人喜好而设定。但是使用字号大小为 8 的 Arial 是一个不错的选择。

这个调整修改了整个窗口的所有字体。图表标题应该更大、颜色更深(例如，字号大小为 12 的加黑字体)，坐标轴标题应该稍微加大、颜色加深(例如，字号大小为 10 的加黑字体)。可通过单击图表标题，在 Home 功能区做简单修改。

修改边框

为了移除整个绘图区域的边框，双击白色区域打开 Format Chart Area 对话框，选择 Line 选项，设置 Color 为 None。

调整网格线

网格线应该是可见的，以增强图表值的可读性。然而，网格线并不是图表的主要部分，它应该是模糊的，所以它不会影响或操控数据点的显示。在柱形图中，只需要水平网格线，通过网格线能够很容易地匹配数据点和坐标上的标尺。在其他图表中，建议同时使用水平网格线和竖直网格线。

默认情况下，Excel 包含水平网格线，不包含竖直网格线。为选择或移除网格线，前往 Chart Layout 功能区，使用 Gridlines 选项。Major Gridlines 选项对于 X 和 Y 坐标轴非常有用。Minor Gridlines 选项很少使用。同时也可使用 Gridlines Options 调整网格线的颜色，使用白色叠加淡灰色投影是一个不错的选择。注意，同时可以在网格线上右击以打开同样的菜单。

调整水平游标

对于柱形图来说，每一个分类都应该是可见的。默认情况下，Excel 可能只显示一些分类的名称。为修改它，双击水平坐标轴打开 Format Axis 对话框，然后进入 Scale 选项卡，设置 Number of categories between tick-mark labels 和 Number of categories between tick-marks 为 1。它们控制坐标轴和标签之间的距离。注意，也可以通过 Chart Layout 功能区的 Axes 选项进入同样的菜单。

提示：为了在图表中添加文本，使文本的内容随着另一个单元格中内容的变化而变化。可以在图表中插入一个文本框，然后选中该文本框，输入等号(=)，然后选择包含想要的值的单元格。然后带着文本的文本框就出现了，可以根据需要格式化或移动它。同样的操作对于其他文本框也适用，例如标题。在 Mac 系统中，可以做相似的操作，但是需要插入一个图形(使用 Insert | Picture | Shape 命令)，然后将它赋给一个单元格。

2.2.2 单元格中的条形图

Excel 图表的功能非常强大，但有时在表达简单信息时有些过于强大。Excel 也提供直接在单元格中插入图表的方法。最简单的是条形图，它将单独的条而不是值存储于一个单元格中。有两种方法创建这种"单元格内"的图表。第一种是基于字符串，直接创建条形图。第二种方法是使用条件格式。

1. 基于字符的条形图

通过重复一个字符来生成可行的条形图，如图 2-4 所示。这种图表的强大之处在于它同时展示了数据和数据对应的值。条形清楚地显示了 MC 和 AC 的使用程度基本相等，而 VI 是最常用的支付方式。

这个“图表”只是使用 Excel 函数 REPT()创建的字符串。这个函数接受一个字符后对其复制：

```
REPT("|", 3)   ⇒ |||
REPT("-", 5)   ⇒ -----
```

字符的重复使它们看起来像是一个条形图。竖线和破折号在这种情况下很有用。

在图 2-4 中，中间图表的创建使用了一个小技巧。这个技巧是使用小写的“g”作为重复字符，然后将字体变换为 Webdings。小写的“g”会显示成黑色方块，从而形成一个更好看的条形图。

图 2-4 的底部显示了图表中使用的公式。公式中的“20”并无特殊之处，它只是条形的最大长度。

AE	47,382	
DB	12,739	
MC	47,318	
OC	8,214	
VI	77,017	
AE	47,382	
DB	12,739	
MC	47,318	
OC	8,214	
VI	77,017	
AE	47382	=REPT("g", 20*D9/MAX($D$8:$D$13))
DB	12739	=REPT("g", 20*D10/MAX($D$8:$D$13))
MC	47318	=REPT("g", 20*D11/MAX($D$8:$D$13))
OC	8214	=REPT("g", 20*D12/MAX($D$8:$D$13))
VI	77017	=REPT("g", 20*D13/MAX($D$8:$D$13))

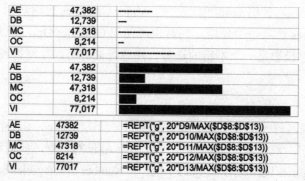

图 2-4　可以通过使用可变长度的字符串在单元格中创建条形图

2. 基于条件格式的条形图

单元格中的条形图非常有用，Excel 也将它开发成了一个内置功能。在 Home 功能区，在 Format 下找到条件格式选项(也可以通过菜单选项 Format | Conditional Formatting 实现)。在这个选项下，有一个菜单选项 Data Bars。

图 2-5 展示了使用数据条后的效果。条形的长度是自动确定的，并不需要额外计算。这里有一个问题：单元格中的值和条形有重叠。移除数值显示的一个解决方案是使用格式规范。理想化的格式规范是使用空字符串，但这是不允许的。取而代之的办法是前往 Number Format 菜单，选择 Custom，然后输入一个、两个或三个分号。

AE	47,382	
DB	12,739	
MC	47,318	
OC	8,214	
VI	77,017	

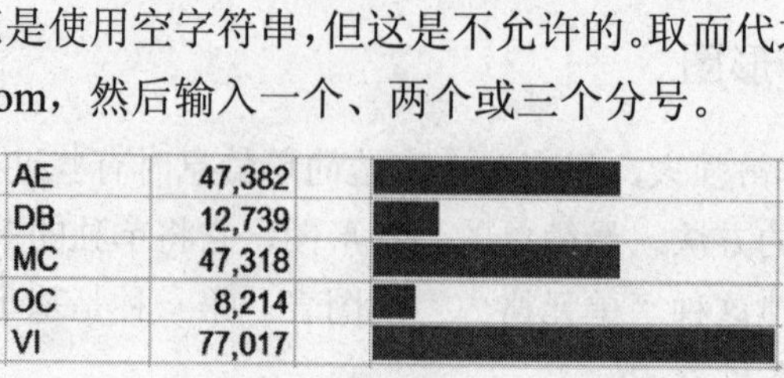

图 2-5　可以通过条件格式创建数据条

为什么这会生效？针对正数、负数、零值和文本值，单元格的格式规范可能会有不同的格式。分号用于分离这些可能出现的值的不同格式。因为分号之间并没有任何字符，所以没有任何内容显示，但是通过条件格式创建的条形图仍然显示。

提示：格式规范非常强大。它们甚至可以阻止显示单元格中的内容(在使用条件格式为单元格上色或是在单元格中创建条形图时，使用格式规范尤其方便)。

2.2.3 柱形图的有用变化形式

简单的柱形图展示了在 Excel 中使用图表的基本原则。为了展示一些有用的变化，需要更丰富的数据集。

1. 新的查询

更丰富的数据集提供了更多关于支付类型的信息，如下：

- 每一个编码的订单数量
- 价格分布在如下区间的订单数量：$0~$10、$10~$100、$100~$1,000 和高于$1,000
- 每一个编码的整体税收

下面的查询使用条件聚合来计算这些值：

```
SELECT PaymentType,
       SUM(CASE WHEN 0 <= TotalPrice AND TotalPrice < 10
                THEN 1 ELSE 0 END) as cnt_0_10,
       SUM(CASE WHEN 10 <= TotalPrice AND TotalPrice < 100
                THEN 1 ELSE 0 END) as cnt_10_100,
       SUM(CASE WHEN 100 <= TotalPrice AND TotalPrice < 1000
                THEN 1 ELSE 0 END) as cnt_100_1000,
       SUM(CASE WHEN TotalPrice >= 1000 THEN 1 ELSE 0 END) as cnt_1000,
       COUNT(*) as cnt, SUM(TotalPrice) as revenue
FROM Orders
GROUP BY PaymentType
ORDER BY PaymentType
```

依据订单的大小，将所有的订单分为 4 组。这是使用柱形图展示不同数据对比的一个适当数据集。

2. 并排的柱形图

如图 2-6 中的第一个图表所示，并排的柱形图是用于数据对比的第一个方法。这个图表展示了不同分组的实际订单数量。其中有若干个列太小，甚至都无法看到。

这个图表清晰表达了如下两点。第一，三种支付方式占主导地位：AE(American Express)、MC(MasterCard)以及 VI(Visa)。第二，订单主要分布在$10~$100 区间内。

为了创建并排的柱形图，选择 Clustered Column 图表选项，并选择多列。

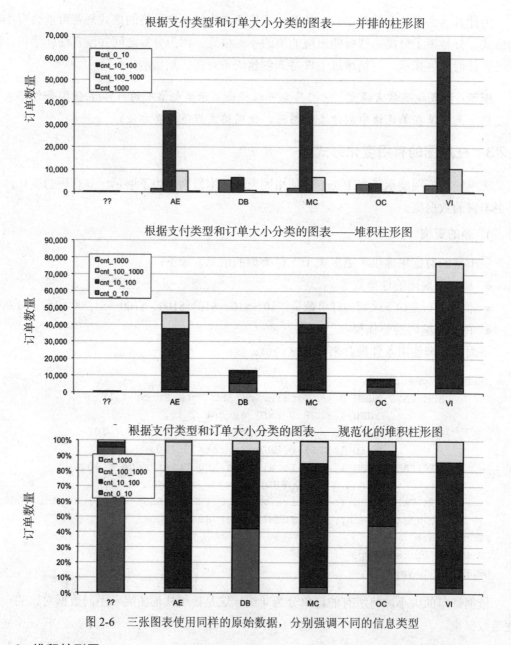

图 2-6 三张图表使用同样的原始数据,分别强调不同的信息类型

3. 堆积柱形图

图 2-6 中间的图表展示了堆积柱形图。它展示了每一种支付类型的账单总数,通过它可以轻易发现,例如,哪种支付机制最受欢迎。堆积柱形图保存了实际值;然而它并不擅长展示比例,对于更小的分组而言尤其如此。

可以使用 Stacked Columns 图表选项创建堆积柱形图。

4. 规范化的堆积柱形图

规范化的堆积柱形图展示了不同分组的比例,如图 2-6 底部的图表所示。它的缺点是那些小数值——在这个示例中，少见的支付类型——与其他常见的支付类型在视觉上有相同的权重。这些值可能会主导图表。

一个解决方案是引入只有少量订单的支付类型编码。通过 Data 功能区选择过滤器以过滤数据(或者使用 Data | Filter | Autofilter 菜单选项)。或者依据总额对数据进行降序排序，然后选择前几行数据加入图表。

可以使用"百分比堆积柱形图"创建这种图表。

5. 订单数量和税收

图 2-7 展示了另一种变化形式，一个列包含订单的数量，另一个列包含订单的税收总和。订单数量的数值变化区间为几万，税收的数值变化区间为几百万美元。在图表的两个系列中，订单数量会消失，因为对比几百万，几万的数值太小了。

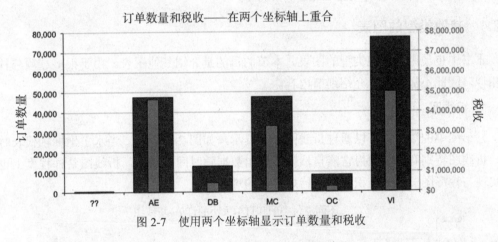

图 2-7　使用两个坐标轴显示订单数量和税收

这里的技巧是使用两个不同的标尺，在 Excel 中这意味着使用不同的坐标轴绘图。在图表中，将订单数量放在左侧，将税收放在右侧。设置与列相符合的轴线颜色和坐标轴标签。

对于通过在柱形图中使用两个坐标轴所创建的柱形图，柱形图中的列是重叠的。为了绕过这个问题，代表订单数量的列是宽的，代表税收的列是窄的。同样，这个图表也可以被修改为其他类型的图表，用于展示不同的效果。

为了制作这样的图表，首先将关于税收和订单数量的数据加入到图表中。可以先选择所有的数据，然后一个接一个地移除(或反选)其他系列的数据。在插入图表后，右击并选择 Select Data 菜单，打开一个对话框，其中对话框的左侧包含所有的系列。将不需要的系列一个接一个地移除(除了上述两列之外的其他所有系列)。另一种替换方法是将这两个系列分别单独加入图表。

第二步，税收系列需要放在第二个坐标轴上。通过右击并选择系列，或是前往 Chart Layout 功能区，在左侧的 Current Selection 区域中选择系列。然后选择 Format Data Series(如果右击的话)或 Format Selection(如果在功能区中的话)。选择 Axis 选项卡，并单击 Secondary axis。

第三步，在 Chart Format 功能区选择 Axis Titles，通过选择底部的 Secondary Vertical Axis Title 添加标题。修改两个坐标轴的颜色，使之与系列的颜色相匹配。通过颜色匹配，可以消除图例,使图表看起来整洁。

在创建拥有两个Y坐标轴的图表时,网格刻度线需要与两个坐标轴对齐,这通常需要手动进行调整。在当前示例中,设置右面坐标轴的最大值为$8,000,000,而不是默认的$6,000,000。为了进行这样的设置,双击坐标轴,进入Scale选项卡,修改Maximum值。然后,网格线就与两边的刻度相匹配了。

提示: 当图表的系列分布在两个坐标轴上时,尝试通过调整刻度使网格线与两边的刻度对齐。

最后一步是实现列的宽窄效果。为了设置宽列,双击订单数据列,在Options选项卡中,设置Overlap为0%,设置Gap Width为50%。为了设置窄列,双击税收数据系列,设置Overlap为100%,设置Gap Width为400%。

2.2.4 其他类型的图表

本书中也使用了其他类型的图表。本节的目的是介绍其他图表。由于很多选项与柱形图相似,因此不需要重复介绍细节内容。

1. 折线图

柱形图中的数据也可以通过折线图予以展示,如图2-8所示。当水平坐标轴代表时间时,折线图特别有用,因为它能自然地展现出数据随时间的变化。折线图某种程度上也可以实现与柱形图一样的堆积图,包括规范化的堆积图。

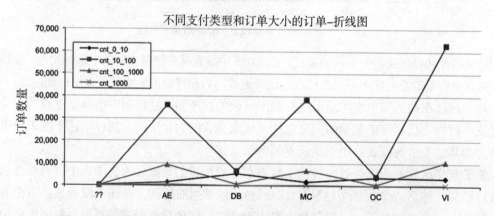

图2-8 折线图可以用于替换柱形图,折线图可轻易绘制出关于数据的趋势

折线图有一些有趣变化,在后续章节中会用到它们。比如一个最简单的示例,决定折线的端点是否应该有图标,或是简单地使用折线来做连接。这可以通过使用图表子类型来控制。

折线图也可以添加趋势线和误差线,这些功能会在后续章节中穿插介绍。

2. 面积图

面积图以阴影区域来展示数据。它们与柱形图相似,与柱形图不同的是它只为区域上色,且数据点之间没有空白。需要谨慎使用这类图表,因为它们通过颜色来填充绘图区域,但是并没能表现太多的信息。它们的主要用途是作为背景色,应用于次要坐标对应的系列。

图 2-9 以柱形图展示订单数量(图中的列没有填充),在次坐标轴 Y 上,以面积图展示税收总和。这个图表着重强调三种主要支付方式贡献了多数的订单和税收。注意,AE 和 MC 的订单数量几乎相同,而 AE 拥有更多的税收。这说明使用 American Express 支付的平均税收值大于使用 MasterCard 支付的平均税收值。

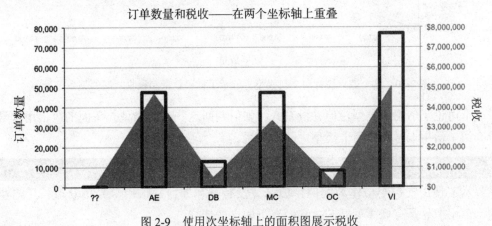

图 2-9 使用次坐标轴上的面积图展示税收

为了创建这样的图表,使用图 2-7 的步骤。单击选中税收总和系列,然后右击并选择 Change Series Chart Type…。然后选择 Charts 功能区中的 Area。如果要修改颜色,双击带颜色的区域,选择合适的边框和颜色填充。

为了将柱形图中的列设置为无填充,双击订单数量系列,打开 Format Data Series 对话框。单击 Fill,为 Color 选择 No Fill。

3. X-Y 图(散点图)

散点图非常强大,它们被应用于很多示例中。图 2-10 是一个简单的散点图,它展示了每种不同支付类型的订单数量和税收。这个图表同时包含了水平和垂直网格线,这在散点图中是推荐使用的。

遗憾的是,Excel 不允许在散点图上使用代码或其他信息对数据点进行标识。如果想要知道这些数据点代表的内容,就必须查看原始数据。趋势线上面的点是 American Express——通过 American Express 支付的订单贡献了超过趋势线所建议的税收。

这个示例明显展示了两个系列之间的关系——订单更多的支付类型贡献了更多的税收。根据趋势线的方程式,每多成交一个订单,多贡献$75 额外的税收。为看到两者的关系,添加趋势线(将在第 12 章详细介绍)。单击选中系列,然后右击并选择 Add Trendline…。在 Options 选项卡中单击 Display equation on Chart 旁边的按钮,则可以看到公式。单击 OK 按钮,则趋势线显示在图表上。将趋势线的颜色设置为和数据相近的颜色,但是更浅一点,可以使用虚线。双击趋势线可以打开这些选项的设置。

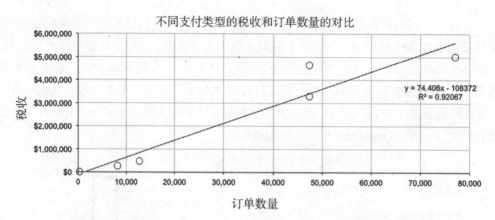

图 2-10 这个散点图针对支付类型，展示了订单数量和税收之间的关系

本节讨论了信用卡类型，但并没有介绍如何判断这些卡的类型。下面的"信用卡号"部分介绍了信用卡号和信用卡类型之间的关系。

> **信用卡号**
>
> 本节使用支付类型作为案例，但是并没有解释如何从信用卡号中获取信用卡类型。信用卡号是有规律可循的；它们有下面这些结构：
> - 前 6 个数字是银行标识数字(Bank Identification Number，BIN)。这些是特殊的标识数字，由国际标准 ISO 7812 定义。
> - 后续的账号数字由信用卡的发行方控制。
> - 最后的校验位验证卡号是否有效。
>
> 信用卡号本身非常有趣，但是不要使用它们！以未加密的形式将信用卡号存储于数据库中，会暴露隐私且存在安全风险。然而，在卡号中有两个有趣的条目：信用卡类型以及信用卡是否在不同的交易中使用。
>
> 获取信用卡类型(如 Visa、MasterCard 或 American Express)是一项挑战，因为发布 BIN 码的人对信用卡的发行方守口如瓶。然而，在过去的几年中，最常见的信用卡类型已经变得众所周知(Wikipedia 是获取信息的好途径)。常见信用卡的 BIN 码如表 2-1 所示：
>
> 表 2-1 常见信用卡的 BIN 码
>
> | 前缀 | 信用卡类型 |
> | --- | --- |
> | 34、37 | AMEX |
> | 560、561 | DEBIT |
> | 300~305、309、36、38、39、54、55 | DINERS CLUB |
> | 6011、622126~622925、644-649、65 | DISCOVER |
> | 2014、2149 | enRoute |
> | 3528~3589 | JCB |
> | 50~55 | MASTERCARD |
> | 4 | VISA |

通常，前缀的长度在 1 到 4 之间，这增加了在 Excel 中查找的难度。下列 CASE 语句在 SQL 中分配信用卡类型：

```
SELECT (CASE WHEN ccn LIKE '34%' OR ccn LIKE '37%'
            THEN 'AMEX'
            WHEN ccn LIKE '560%' OR ccn LIKE '561%'
            THEN 'DEBIT'
            WHEN LEFT(ccn, 3) IN ('300', '301', '302', '303', '304',
                                   '305', '309' OR
                 LEFT(cnn, 2) IN ('36', '38', '54, '44')
            THEN 'DINERS CLUB'
            WHEN ccn LIKE '6011%' OR ccn LIKE '65%' OR
                 LEFT(ccn, 3) BETWEEN '644' and '649' OR
                 LEFT(ccn, 6) BETWEEN '622126' and '622925'
            THEN 'DISCOVER'
            WHEN LEFT(ccn, 4) IN ('2014', '2149')
            THEN 'ENROUTE'
            WHEN LEFT(ccn, 4) BETWEEN '3528' AND '3589'
            THEN 'JCB'
            WHEN LEFT(ccn, 2) BETWEEN '50' and '55'
            THEN 'MASTERCARD'
            WHEN ccn LIKE '4%'
            THEN 'VISA'
            ELSE 'OTHER'
       END) as cctypedesc
```

注意，条件判断使用联合操作符，包括 LIKE、LEFT()、BETWEEN 和 IN。

在不同的事务中识别同一信用卡号可能简单且有风险的，或是稍微有困难。简单的方案是在数据库中存储信用卡号。但是基于安全的原因，这并不是一个好主意。

更好的方法是将信用卡号转换成其他数字，使之看起来并不是信用卡号。一种方法是对卡号加密(如果数据库支持的话)。在 SQL Server 中，通常 CHECKSUM()足够使用，尽管还有更多高级函数可用。

2.3 迷你图

迷你图[1]是存储在一个单独的单元格中的特殊图表类型。通常，它们是柱形图或折线图，用于显示数据随时间的变化。Excel 提供格式化迷你图的一些选项，与单元格内的柱形图一样，它们有展示数据的极大优势。

提示：迷你图在显示趋势时特别有用。

不同支付类型的每个月订单数量的范围是多少？为了回答这个问题，下面关注 2015

---

[1] 译者注：迷你图是 Office Excel 2010 版本开发的新功能，在之前的 Excel 版本中并不支持。另外，只有使用 Excel 2010 创建的数据表才能创建迷你图，对于低版本的 Excel 文档，即使是使用 Excel 2010 打开也不能创建迷你图。只有将数据复制到 Excel 2010 文档中才能使用该功能。

年的数据。目的是总结每个月的订单数据，然后创建迷你图，展示整年的变化。

下面的查询使用条件聚合返回数据：

```
SELECT PaymentType,
       SUM(CASE WHEN MONTH(OrderDate) = 1 THEN 1 ELSE 0 END) as Jan,
       . . .
       SUM(CASE WHEN MONTH(OrderDate) = 12 THEN 1 ELSE 0 END) as Dec
FROM Orders o
WHERE YEAR(OrderDate) = 2015
GROUP BY PaymentType
ORDER BY PaymentType
```

"..."并不是 SQL 内容的一部分，而表示对其他 10 个月的省略。

图 2-11 展示了与这些数据相关的迷你图。其中三个图几乎是完全平滑的。这是因为所有的迷你图都使用同一个垂直标尺，而这些图中并没有足够大的数据使图表产生变化。对于另外三个图表，可以看到在 12 月份有明显上升，其中 American Express 的上升幅度更大。

为了插入迷你图，在 Insert 功能区选择 Sparklines，然后选择输入单元格和目标单元格。与前面讨论的条形图不同，每一个迷你图都有自己的单元格。Sparklines 功能区有若干种不同的格式，示例中使用的是折线迷你图。默认情况下，每一个折线图的纵坐标轴都不同，这并不利于查看不同数据之间的模式。为了让纵坐标轴保持一致，选择一组迷你图，选择 Sparklines 功能区右侧的 Axis 选项。在纵坐标轴的两个选项中(最小值和最大值选项)，选择 Same for All Sparklines。

PaymentType	Jan	Feb	Mar	Apr	May	Jun	Jul	Aug	Sep	Oct	Nov	Dec	
??	56	6	116	6	3	8	7	2	7	4	4	6	
AE	613	421	618	399	510	656	422	487	496	581	1,355	1,514	
DB	196	110	110	67	60	109	71	80	86	79	75	183	
MC	692	504	667	419	491	744	487	447	477	623	1,265	1,466	
OC	65	45	201	230	54	108	46	33	35	60	110	137	
VI	1,095	751	926	605	719	1,004	737	716	716	1,018	1,813	2,086	

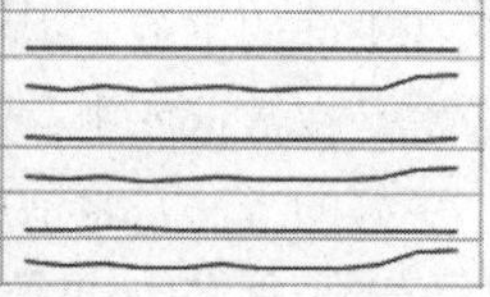

图 2-11 展示每月订单数量的迷你图

图 2-11 展示了相似的信息，它使用按月的平均购买数量作为数据。查询语句是相似的：

```
SELECT PaymentType,
       AVG(CASE WHEN MONTH(OrderDate) = 1 THEN TotalPrice END) as Jan,
       . . .
       AVG(CASE WHEN MONTH(OrderDate) = 12 THEN TotalPrice END) as Dec
FROM Orders o
WHERE YEAR(OrderDate) = 2015
GROUP BY PaymentType
ORDER BY PaymentType
```

注意，CASE 语句没有 ELSE 子句。当没有匹配项时，CASE 返回 NULL。取平均值函数能完美地解决这个问题，因为它忽略 NULL 值。

这些迷你图使用的是柱形图，在某种程度上展示了不同的内容。对于更大的订单来说缺少季节性信息，而且相对于其他支付类型，使用 AE 的付款人拥有更大的平均订单值。

或许 American Express 用户比平均值更加富有。作为一种选择，更多的小规模交易可能使用 American Express，而且它们的订单可能在平均值上比其他订单大。

2.4 列中包含的值

基本的绘图机制是查看数据的好方法，但是我们想看的内容是什么？本章的后面部分将讨论探索单表数据时发现的有趣内容。尽管讨论基于单表，但是因为 SQL 可以轻易地连接多表使之看起来是一个单表，因此这个方法也适用于多表。

本节首先探索研究数据值出现的频率，使用直方图展示分类和数值。然后继续讨论有趣的列的测量(统计)。最后，介绍如何将这些统计整合在一起，而不是使用复杂的查询。

2.4.1 直方图

直方图是一个图表——通常是柱形图——展示某一列中值的分布。例如，下面的查询计算每个州的订单数量和人口，回答如下问题：每一个州的订单分布是什么，它与相关的州的人口关系如何？

```
SELECT State, SUM(numorders) as numorders, SUM(pop) as pop
FROM ((SELECT o.State, COUNT(*) as numorders, 0 as pop
       FROM Orders o
       GROUP BY o.state
      ) UNION ALL
      (SELECT zc.stab, 0 as numorders, SUM(totpop) as pop
       FROM ZipCensus zc
       GROUP BY zc.stab
      )
     ) summary
GROUP BY State
ORDER BY numorders DESC
```

该查询综合了 ZipCensus 和 Orders 表中的信息。第一个子查询计算订单的数量，第二个子查询计算人口数量。通过 UNION ALL 将两个子查询组合起来，确保在两个表中出现的州都包括在最终结果集中。另一种方法是将两个子查询返回的结果集放入 Excel 中进行合并。

结果如图 2-12 所示。注意人口数通过次坐标轴对应的面积图展示，颜色更淡；而订单数量通过柱形图展示；州以订单数量为排序。

图表展示了一些信息。California 拥有最大的人口数，在订单数量中排名第三。或许，这是在 California 扩展市场的一个机会。无论如何，这张图表建议了应该加强在东北区域的市场和销售，因为 New York 和 New Jersey 有更大的订单数量。这张图表同时指出，以人口数作为基数，订单数量在每一个州的市场占有份额(尽管更好的方法可能是使用唯一的客户或家庭总数除以州的家庭总数作为基数)。

由于水平坐标轴上有太多的州名缩写，因此增加了阅读图表的难度。可以将水平坐标轴延长，设置字体大小，使州名缩写刚好能够适合展示。这种方法对于州名的缩写有效，但并不一定对于所有变量都有效，特别是有几十种值时。

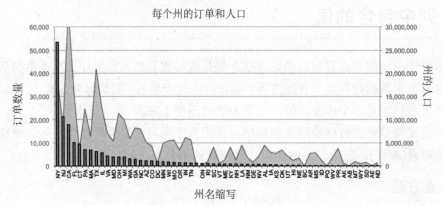

图 2-12　图表中以订单数量为柱形图，以人口数量为面积图，展示了州的情况

使结果集更为智能的一种方式是对数据分组。即将订单数量少的州分到"其他"组；而订单数量多的州保持独立。假设我们将订单数少于 100 的州分组至"其他"组。对于订单数量超过 100 的州，订单在州之间的分布情况如何？

```
SELECT (CASE WHEN cnt >= 100 THEN State ELSE 'OTHER' END) as state,
       SUM(cnt) as cnt
FROM (SELECT o.State, COUNT(*) as cnt
      FROM Orders o
      GROUP BY o.State
     ) os
GROUP BY (CASE WHEN cnt >= 100 THEN state ELSE 'OTHER' END)
ORDER BY cnt DESC
```

这个查询将数据存储在两个列中，列的格式与前面直方图所用的列相同。注意 GROUP BY 中条件的使用。

这个方法有一个缺陷，因为它要求在比较中有一个固定的值"100"。一种可能的修改方向是轻微的变换问题：对于拥有订单数超过 2%的州，订单在州之间的分布情况如何？

```
SELECT (CASE WHEN bystate.cnt >= 0.02 * total.cnt
             THEN state ELSE 'OTHER' END) as state,
       SUM(bystate.cnt) as cnt
FROM (SELECT o.State, COUNT(*) as cnt
      FROM Orders o
      GROUP BY o.State
     ) bystate CROSS JOIN
     (SELECT COUNT(*) as cnt FROM Orders) total
GROUP BY (CASE WHEN bystate.cnt >= 0.02 * total.cnt
               THEN state ELSE 'OTHER' END)
ORDER BY cnt desc
```

第一个子查询计算每一个州的整体订单数。第二个子查询计算总的订单数。因为这个子查询只生成一行数据，查询使用了 CROSS JOIN。然后使用 CASE 语句选择订单数量超过%2 的，进行聚合计算。

实际上，这个查询不仅回答了上述问题，还多做了一步。它没有将订单数小于 2%的州过滤掉。相反，将这些州分组至"其他"组，确保没有订单被过滤掉。保留所有数据有助于理解数据，避免错误。

注意随着这两种方法的使用，"其他"组戏剧性地有了变化。在前一个版本中，"其他"组并不是非常重要。合并而得的 422 个订单排列在 Kansas 和 Oklahoma 之间。第二个"其他"分组介于 New York 和 New Jersey 之间，订单数量为 42 640。

提示：当编写查询语句来分析数据时，通常情况下，保留所有数据比将数据过滤掉更可行。使用特殊的组来存储被过滤掉的数据。

另一个方法是分离一些州，如前 20 个州，将其他所有的州都存储于"其他"分组。订单数量最大的前 20 个州的订单分布情况如何？遗憾的是这个查询太复杂。简单的方法是使用数据行数进行计算：

```
SELECT (CASE WHEN seqnum <= 20 THEN state ELSE 'OTHER' END) as state,
       SUM(numorders) as numorders
FROM (SELECT o.State, COUNT(*) as numorders,
             ROW_NUMBER() OVER (ORDER BY COUNT(*) DESC) as seqnum
      FROM Orders o
      GROUP BY o.State
     ) bystate
GROUP BY (CASE WHEN seqnum <= 20 THEN state ELSE 'OTHER' END)
ORDER BY numorders DESC
```

上述代码中使用 ROW_NUMBER()来完成聚合查询。

这个查询也可以在 SQL Server 中使用 TOP 选项完成(在其他数据库上通常使用 LIMIT 或 ANSI 标准的 FETCH FIRST<X> ROW ONLY)：

```
SELECT TOP 20 o.State, COUNT(*) as numorders
FROM Orders o
GROUP BY o.State
ORDER BY COUNT(*) DESC
```

在这个版本中，子查询对订单数量进行降序排序，然后使用 TOP 选项返回前 20 行数据，且只返回这些数据。这个方法不生成"其他"分类，因此结果集中不包含其他州。

这个直方图的一个有趣变化是累积直方图，通过它可以计算，例如有多少州贡献了一半的订单？可以在上述查询中添加累积求和功能，例如：

```
SELECT TOP 20 o.State, COUNT(*) as numorders,
       SUM(COUNT(*)) OVER (ORDER BY COUNT(*) DESC) as cumesum
FROM Orders o
GROUP BY o.State
```

```
ORDER BY COUNT(*) DESC
```

注意一些支持窗口函数的数据库不支持累积求和。尤其是 SQL Server 2012 之前的版本并没有这个功能。

累积求和也可以在 Excel 中计算。以降序排列的订单数(订单数最大的州在最上面)作为分类开始对结果排序。为了添加累积求和，假设订单数量存在 B 列，数据自 B2 列开始。一个简单的方法是在 C2 中输入公式=C1+B2，然后将这个公式复制至整列。另一个替换方法不依赖于前面的单元格，公式为=SUM($B$2:$B2)。如有需要，也可以使用累计值除以总订单数，获取平均值，如图 2-13 所示。

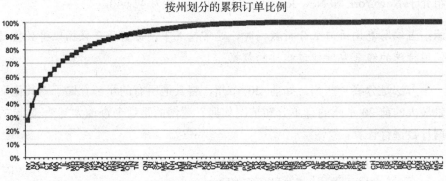

图 2-13　累积直方图展示了四个州贡献了超过一半的订单数

2.4.2　计数的直方图

州的数目是已知的。美国人很早就知道美国联邦由 50 个州组成。邮局识别 62 个州——因为一些地方，例如 Puerto Rico (PR)、District of Columbia (DC)、Guam(GM)以及 Virgin Islands (VI)也被作为州——以及另外三个州的缩写作为军用邮局。一些公司的数据库可能会包含更多，有时将加拿大的省和美国的州同等对待，甚至包含其他国家或省的编码。

然而，与成千上万的邮政编码相比，州的数量仍然是相对较少的。但是邮政编码太多，无法在一个直方图中展示出来。如何开始这样的列？有一个好的关于计数的直方图的问题：对于给定的订单数量，邮政编码的数量是什么？下面的查询回答了这个问题：

```
SELECT numorders, COUNT(*) as nmzips, MIN(ZipCode), MAX(ZipCode)
FROM (SELECT o.ZipCode, COUNT(*) as numorders
      FROM Orders o
      GROUP BY o.ZipCode
     ) bystate
GROUP BY numorders
ORDER BY numorders
```

子查询为每一个邮政编码计数。外层的 SELECT 语句计算每一个计数结果出现的频率。结果集说明了有多少个邮政编码只有一个订单，有多少个邮政编码有两个订单，以此类推。例如，在数据中，有 5,954 个邮政编码只有一个订单。查询同时返回最小和最大的邮政编码值。它们为每一个计数结果提供了邮政编码的示例。第一行数据的两个示例并不是有效的邮政编码,这意味着数据中的一些或是所有的一次性邮政编码都是错误的。

提示:对于主键的累计计数总是返回 1 行,数据中的计数结果为 1,因为主键永远不会重复。

另一个示例使用表 OrderLines(订单详情)。当产品共出现一次、两次、三次及更多次时,订单详细信息的数量是多少?回答这个问题的查询仍然使用直方图计数:

```
SELECT numol, COUNT(*) as numprods, MIN(ProductId), MAX(ProductId)
FROM (SELECT ProductId, COUNT(*) as numol
      FROM OrderLines
      GROUP BY ProductId
     ) op
GROUP BY numol
ORDER BY numol
```

子查询为每个出现的产品计算订单详情的数量。外层查询为这个数值创建直方图。

查询返回 385 行数据,前几行数据和后几行数据在表 2-2 中列出。最后的数据列出了最常见的产品,ID 为 12820,且出现 18 648 行详细信息。最不常见的产品出现在第一行,有 933 个产品只在订单详情里出现 1 次——约占整个产品数量的 23.1%。无论如何,这些少见的产品只出现在 933 个订单中,约占整个订单的 0.02%(订单总数为 286017)。

表 2-2 OrderLines 表中产品计数的直方图

订单数量	产品数量	最小产品 ID	最大产品 ID
1	33	10017	14040
2	679	10028	14036
3	401	10020	14013
4	279	10025	14021
5	201	10045	13998
6	132	10014	13994
7	111	10019	13982
8	84	10011	13952
...			
18 648	1	12820	12820

这里面有多少不同的 ProductID?这是对表 2-2 中第二个列的求和,结果为 4040。有多少订单详情?这是对前两个列的求和,结果为 286017。这两个数值的比例是 70.8,代表每一种产品的平均订单数量,即对于给定的产品,平均有 70.8 个订单详情。在 Excel 中,计算使用的是 SUMPRODUCT()函数,它的输入是两个列,一个接一个单元格地计算,然后将结果累加。公式是"=SUMPRODUCT(C13:C397, D13:D397)"。

2.4.3 计数的累积直方图

贡献了一半订单的产品比例是什么？回答这个问题要求两个累计列——订单详情的累计数量和产品的累计数量，如表 2-3 所示。

从表 2-3 中可以看出，拥有 6 个或更少个订单的产品占所有产品的 65.0%，而且它们只有 2.2% 的订单。我们必须到第 332 行(共 385 行)数据中找到中间值。在这行数据中，产品出现在 1190 个订单详情中，而且订单详情的累计比例也超过了半数。这个中间的数值——称为中间值——说明 98.7% 的产品贡献了一半的订单数，另一半由 1.3% 的产品贡献。换句话说，常见的产品比少见的产品出现的频率高太多。这个示例只是处理上千或上百万个产品的缩影。

表 2-3 在 OrderLines 表中，包含产品数量和累计订单详情的产品计数的直方图

数量		累计值		累计百分比	
订单详情	产品	订单详情	产品	订单详情	产品
1	933	933	933	0.3%	23.1%
2	679	2291	1612	0.8%	39.9%
3	401	3494	2013	1.2%	49.8%
4	279	4610	2292	1.6%	56.7%
5	201	5615	2493	2.0%	61.7%
6	132	6407	2625	2.2%	65.0%
...					
1190	1	143 664	3987	50.2%	98.7%
...					
18 648	1	286 017	4040	100.0%	100.0%

产品的累计值是数量列中产品列的数值的总和。这个计算的简单公式是=SUM($D$284:$D284)。当将这个公式复制至整个列时，前半部分保持不变(即保持$D$284)，后半部分会自动增长(变为$D284，然后是$D285，以此类推)。这个累计求和也可以使用格式=H283+D284，但是由于单元格 H283 中包含的是列的标题并不是数字，第一个求和会产生问题。避免这种问题的方法是为公式添加 IF() 判断：=IF(ISNUMBER(H283), H283, 0) + D284。

订单详情的累计值是产品的详细订单数量与产品 numol 和 numprods 值(C 列和 D 列)的求和。公式为：

```
SUMPRODUCT($C$284:$C284, $D$284:$D284)
```

比率是每一个单元格的值除以最后一行的总值。

2.4.4 数字值的直方图(频率)

与分类相同，数字值也可以使用直方图。例如，在一个订单中，NumUnits 包含一个产

品中不同组件的数量,它只存储少量的值。我们是怎么知道的呢?下面的查询回答了这样的问题:NumUnites 包含多少个不同的值?

```
SELECT COUNT(*) as numol, COUNT(DISTINCT NumUnits) as numvalues
FROM OrderLines
```

列中只有 158 个不同的值。另一方面,TotalPrice 列包含超过 4000 个值,虽然累计直方图仍然十分有用,但是这个数量对于直方图来说,有些棘手。

查看数字值的一种自然方式是按照范围将它们分组。下面将介绍实现这个目标的一些方法。

1. 使用数字技术,基于数字个数分区

计算数值的主要数字位——小数点左侧的数字——是对数值分区的一个好方法。例如数值"123.45",小数点的左侧有三个数字。对于大于 1 的数值,数字的个数是 1 加上数值的 log 值除以 $\log_{10}$ 的结果值,再向下取整:

```
SELECT FLOOR(1+ LOG(val) / LOG(10)) as numdigits
```

然而,并不是所有的值都大于 1。对于-1 和 1 之间的值,数字个数为 0。对于负数,我们也可以通过负号予以计算。下面的表达式处理了这个示例:

```
SELECT (CASE WHEN val >= 1 THEN FLOOR(1 + LOG(val) / LOG(10))
             WHEN -1 < val AND val < 1 THEN 0
             ELSE - FLOOR(1 + LOG(-val) / LOG(10)) END) as numdigits
```

将上述逻辑用于查询 Orders 订单中的 TotalPrice,如下:

```
SELECT numdigits, COUNT(*) as numorders, MIN(TotalPrice),  MAX(TotalPrice)
FROM (SELECT (CASE WHEN TotalPrice >= 1
                   THEN FLOOR(1 + LOG(TotalPrice) / LOG(10))
                   WHEN -1 < TotalPrice AND TotalPrice < 1 THEN 0
                   ELSE - FLOOR(1 + LOG(-TotalPrice) / LOG(10)) END
             ) as numdigits, TotalPrice
        FROM Orders o
     ) a
GROUP BY numdigits
ORDER BY numdigits
```

在这种情况下,数字的个数是 0 到 4 之间的数。因为 TotalPrice 永远不会是负数,并且它总是小于$10000。注意这个查询也返回区域中的最小值和最大值——这对于数值来说是有用的检查。

下面的表达式返回数字个数来对应数值的上限和下限,假设永远没有负数:

```
SELECT SIGN(numdigits) * POWER(10, numdigits - 1) as lowerbound,
       POWER(10, numdigits) as upperbound
```

表达式使用 SIGN()函数,根据参数值小于零、等于零或大于零,返回-1.0 或 1。可以

在 Excel 中使用相似的表达式。表 2-4 展示了查询返回的结果。

表 2-4 Orders 表中 TotalPrice 值的区间

数字个数	下限值	上限值	订单数量	最小值	最大值
0	$0	$1	9130	$0.00	$0.64
1	$1	$10	6718	$1.75	$9.99
2	$10	$100	148 121	$10.00	$99.99
3	$100	$1,000	28 055	$100.00	$1,000.00
4	$1,000	$10,000	959	$1,001.25	$9,848.96

2. 使用字符串技术，基于数字个数分区

表 2-4 中有一个小错误。数字"1000"的计算结果有 3 个而不是 4 个有效数字。这些差值来自于计算中的取整函数。取而代之，使用字符串函数更为精准。

字符串函数可以计算代表数字的字符串长度，只使用小数点左侧的数字。SQL 表达式如下：

```
SELECT LEN(CAST(FLOOR(ABS(val)) as INT)) * SIGN(FLOOR(val)) as numdigits
```

这个表达式使用了非标准的 LEN()函数，并且假设整数部分已经转换为字符值(尽管所有的数据库都有这样的函数，有时它的名字为 LENGTH())。参考附录以了解其他数据库中的等价函数。

3. 更多细化的分区：第一个数字加上数字的个数

表 2-5 依据细化的分区，展示了 Orders 表中的 TotalPrice 在不同分区中的值，该分区标准基于第一个数字和数字的个数。假设数值一直是非负数(数据库中的多数数字值是非负数)，计算下限值和上限值的表达式如下：

```
SELECT lowerbound, upperbound, COUNT(*) as numorders, MIN(val), MAX(val)
FROM (SELECT (FLOOR(val / POWER(10.0, SIGN(numdigits)*(numdigits - 1))) *
              POWER(10.0, SIGN(numdigits)*(numdigits - 1))
             ) as lowerbound,
             (FLOOR(1 + (val / POWER(10.0, SIGN(numdigits)*(numdigits - 1)))) *
              POWER(10.0, SIGN(numdigits)*(numdigits - 1))
             ) as upperbound, o.*
      FROM (SELECT (LEN(CAST(FLOOR(ABS(TotalPrice)) as INT)) *
                    SIGN(FLOOR(TotalPrice))) as numdigits,
                    TotalPrice as val
            FROM Orders o
           ) o
     ) o
GROUP BY lowerbound, upperbound
ORDER BY lowerbound
```

该查询包含两个子查询。最里层的计算 numdigits，中间的计算 lowerbound 和 upperbound。

在计算上下限的复杂表达式中，SIGN()函数用于处理数值为 0 的情况。

4. 将数字分入相同大小的组

大小相同的分区可能是最常用的分区方式。例如，列表中间的值(中间值)将整个列表分为大小相同的两个组。

表 2-5　Orders 表中 TotalPrice 值的分区，其中分区使用数值的第一个数字和数字的个数

下限值	上限值	订单数量	最小总价	最大总价
$0	$1	9130	$0.00	$0.64
$1	$2	4	$1.75	$1.95
$2	$3	344	$2.00	$2.95
$3	$4	2	$3.50	$3.75
$4	$5	13	$4.00	$4.95
$5	$6	152	$5.00	$5.97
$6	$7	1591	$6.00	$6.99
$7	$8	2015	$7.00	$7.99
$8	$9	1002	$8.00	$8.99
$9	$10	1595	$9.00	$9.99
$10	$20	54 382	$10.00	$19.99
$20	$30	46 434	$20.00	$29.99
$30	$40	20 997	$30.00	$39.99
$40	$50	9378	$40.00	$49.98
$50	$60	6366	$50.00	$59.99
$60	$70	3629	$60.00	$69.99
$70	$80	2017	$70.00	$79.99
$80	$90	3257	$80.00	$89.99
$90	$100	1661	$90.00	$99.99
$100	$200	16 590	$100.00	$199.98
$200	$300	1272	$200.00	$299.97
$300	$400	6083	$300.00	$399.95
$400	$500	1327	$400.00	$499.50
$500	$600	1012	$500.00	$599.95
$600	$700	670	$600.00	$697.66
$700	$800	393	$700.00	$799.90
$800	$900	320	$800.00	$895.00
$900	$1,000	361	$900.00	$999.00
$1,000	$2,000	731	$1,000.00	$1,994.00
$2,000	$3,000	155	$2,000.00	$2,995.00
$3,000	$4,000	54	$3,000.00	$3,960.00
$4,000	$5,000	20	$4,009.50	$4,950.00
$5,000	$6,000	10	$5,044.44	$5,960.00
$6,000	$7,000	12	$6,060.00	$6,920.32
$8,000	$9,000	1	$8,830.00	$8,830.00
$9,000	$10,000	3	$9,137.09	$9,848.96

哪个值在中间？遗憾的是，没有用于计算中间值的聚合函数，已有的函数用于计算平均值。

一个方法是使用 ROW_NUMBER()。如果有 9 行数据，排序从 1 至 9，中间值则是第 5 条数据。

五等分和十等分分区的方法与找到中间值的方法相同。五等分将数值分为 5 个大小相等的组；需要 4 个分割点——第 1 个分割点用于前 20%的数据，第 2 个用于接下来 20%的数据，以此类推。创建十等分使用的是相同的流程，但是需要 9 个分割点。

下面的查询提供实现五等分的框架，使用排序窗口函数 ROW_NUMBER()：

```
SELECT MAX(CASE WHEN seqnum <= cnt * 0.2 THEN <val> END) as break1,
       MAX(CASE WHEN seqnum <= cnt * 0.4 THEN <val> END) as break2,
       MAX(CASE WHEN seqnum <= cnt * 0.6 THEN <val> END) as break3,
       MAX(CASE WHEN seqnum <= cnt * 0.8 THEN <val> END) as break4
FROM (SELECT ROW_NUMBER() OVER (ORDER BY <val>) as seqnum,
             COUNT(*) OVER () as cnt,
             <val>
      FROM <table>) t
```

通过对目标列按顺序枚举数据，将返回的数据行数与总行数做对比。这项技术对于任意类型的列都适用。例如，可以找到分割点，将日期区间和字符串分到大小相等的组。

2.5 探索更多的值——最小值、最大值和模式

列有其他有趣的特征。本章讨论极端值和最常见值。

2.5.1 最小值和最大值

对于表中的任何数据类型，使用 SQL 可以非常方便地找到最小值和最大值。字符串的最小值和最大值基于字母排序。查询很简单：

```
SELECT MIN(<col>), MAX(<col>)
FROM <tab>
```

一个相关的问题是某列中最大值和最小值出现的频率。在 SELECT 子句中使用子查询可以回答这个问题：

```
SELECT SUM(CASE WHEN <col> = minv THEN 1 ELSE 0 END) as freqminval,
       SUM(CASE WHEN <col> = maxv THEN 1 ELSE 0 END) as freqmaxval
FROM <tab> t CROSS JOIN
     (SELECT MIN(<col>) as minv, MAX(<col>) as maxv
      FROM <tab>) vals
```

这个查询使用之前的查询作为计算最大值和最小值的子查询。因为只有一条数据，使用 CROSS JOIN 作为联接操作符。这个技术可以继续扩展。例如，计算最大值或最小值 10%

内的数值数量。这个计算可以简单地用 MAX(<col>)乘以 0.9，用 MIN(<col>)乘以 1.1，并分别以 ">=" 和 "<=" 替换 "=" 来实现。

有时，查找整行数据包含某列的最大值或最小值是有趣的。为了达到这个目的，使用 ORDER BY 子句。例如，下面的查询返回一行数据，该数据中包含指定列的最大值：

```
SELECT TOP 1 t.*
FROM <tab> t
ORDER BY col DESC
```

对于最小值，将最后一行修改为 ORDER BY col。

2.5.2 最常见的值(模式)

最常见的值被称为模式。模式与我们已经见到的其他数据不同。只有一个最大值、一个最小值和一个平均值，另外，通常情况下也只有一个中间值。然而，可以有多个模式。例如一个常见但并不是特别有趣的示例——主键，因为主键永远都不会重复。所有的值的频率都是 1，因此所有的值都是模式。

在标准 SQL 中计算模式是有点难度的。下面介绍两个不同的计算方法。

1. 使用基础 SQL 计算模式

计算列中的模式，以计算列值出现的频率开始：

```
SELECT <col>, COUNT(*) as freq
FROM <tab>
GROUP BY <col>
ORDER BY freq
```

模式是最后一行(或是降序排列的第一行)。

为了获取这一行，可以选择使用 SELECT TOP 1，而不是使用简单的 SELECT。

哪些列的频率与列中值的最大频率相同？下面的子查询可以回答这个问题：

```
SELECT <col>, COUNT(*) as freq
FROM <tab>
GROUP BY <col>
HAVING COUNT(*) = (SELECT TOP 1 COUNT(*) as freq
                   FROM <tab>
                   GROUP BY <col>
                   ORDER BY COUNT(*) DESC)
```

在这个查询中，HAVING 子句实现了几乎所有的功能。它选择频率与最大频率相同的分组(列值)。什么是值的最大频率？它通过子查询获得。结果是一系列值，这些值的频率与最大频率相同，它们都是模式。

相反，如果对最小值出现的频率感兴趣，将 MAX(freq)表达式转换为 MIN(freq)。这样的值为反模式值。

这个查询轻易完成了任务。然而，它相当复杂，有多层子查询以及对表的两个引用。在编写这样复杂的查询时，很容易出现失误，而且很难对其优化。下面将介绍更简单的替换方法。

2. 使用窗口函数计算模式

下面的查询使用 MAX()作为窗口函数，以查找模式：

```
SELECT t.*
FROM (SELECT <col>, COUNT(*) as freq, MAX(COUNT(*)) OVER () as maxfreq
      FROM <tab>
      GROUP BY <col>
     ) t
WHERE freq = maxfreq
```

注意 COUNT(*)是窗口函数 MAX() OVER()的参数。这个表达式计算计数的最大值，即最大频率。最外层的 WHERE 选择与最大频率匹配的数据行。

2.6 探索字符串值

字符串值为数据探索带来了特别的挑战，因为它们可以是任意值。特别是当字符串是任意形式的字符串时，例如地址和名字，它们不可以被清除。本节关注对字符串长度和字符的探索。

2.6.1 长度的直方图

熟悉字符串值的简单方法是为这些值的长度做一个直方图。在 Orders 表中，City 列中值的长度是多少？

```
SELECT LEN(City) as length, COUNT(*) as numorders, MIN(City), MAX(City)
FROM Orders o
GROUP BY LEN(City)
ORDER BY length
```

这个查询不止提供字符串长度的直方图，同时返回两个实例——每个长度的最小值和最大值。对于 City 列，长度从 0 到 20，20 是该列中存储的值的最大长度。

2.6.2 起始或结尾包含空白字符的字符串

以空白字符起始的字符串可能会导致意想不到的问题。"NY"与" NY"并不相同，因此比较操作符或联接操作符会失败——即使在人们眼中这两个值是相等的。

下面的查询回答了这个问题：首尾包含空白字符的字符串出现的次数是多少？

```
SELECT COUNT(*) as numorders
FROM Orders o
WHERE City IS NOT NULL AND LEN(City) <> LEN(LTRIM(RTRIM(City)))
```

这个查询首先将字符串首尾的空白字符删掉，然后与原字符串的长度进行比较。

2.6.3 处理大小写问题

数据库可能是大小写敏感的，也可能是大小写不敏感的。大小写敏感意味着大小写不同的字符是不相等的；大小写不敏感则意味着它们相同。不要将字符串的大小写问题与语法的大小写问题混淆在一起。SQL 关键字可以是任何大小写("SELECT"、"select"、"Select")。这里的讨论只针对列中存储的值。

例如，在大小写不敏感的数据库中，下列值之间彼此相等：

- FRED
- Fred
- fRed

默认情况下，多数数据库都是大小写不敏感的。然而，这可以通过设置来加以改变，通过设置全局选项或者为特殊的查询传递提示参数(例如，在 SQL Server 中使用 COLLATE 关键字)。

在大小写敏感的数据库中，下面的查询可以回答如下问题：值是全部大写、全部小写或大小写混合的三种情况出现的频率是多少？

```
SELECT SUM(CASE WHEN City = UPPER(City) THEN 1 ELSE 0 END) as uppers,
       SUM(CASE WHEN City = LOWER(City) THEN 1 ELSE 0 END) as lowers,
       SUM(CASE WHEN City NOT IN (LOWER(City), UPPER(City))
                THEN 1 ELSE 0 END) as mixed
FROM Orders o
```

在大小写不敏感的数据库中，前两个值是相等的，第三个值是 0。在大小写敏感的数据库中，这三个值的组合是整个数据的行数。

2.6.4 字符串中存储的字符是什么？

有时，知道字符串中存储什么样的字符是很有趣的。例如，提供给客户的邮件地址是否包含不应该出现的字符串？这样的问题很自然地引导出如下问题：字符串中包含哪些字符？

对 SQL 的设计并不能用于回答这个问题，至少是不能简单地回答这个问题。幸运的是，可以做出一个尝试。答案始于一个更简单的问题：字符串中第一个位置的字符是什么？

```
SELECT LEFT(City, 1) as onechar, ASCII(LEFT(City, 1)) as asciival,
       COUNT(*) as numorders
FROM Orders o
GROUP BY LEFT(City, 1)
ORDER BY onechar
```

返回的数据包含三列：字符、代表字符的数字(称为 ASCII 码)以及 City 列中存储的值的第一个字符出现的频率。ASCII 码用于区分看起来相等的字符串，例如空白和 tab。

警告：当查看单独的字符时，无法打印的字符和空白字符(空白和 tab)相同。为了查看字符的真实值，使用 ASCII()函数。

字符和排序规则

SQL 中的字符串比看起来更复杂，这是因为 SQL 致力于支持所有类型的写入系统。英语中的拉丁字母是一个简单的示例。虽然其中很多字母增加了多种口音，以及有一些少见的特殊字符加入，但多数欧洲语言使用相似的系统，而且支持全世界上百种字符。有些从右向左读取，有些自左向右读取。而且类似中文的语言，并不使用字母，相反，它们有上万个字符。

在计算机中，字符本身由 0 和 1 的组合表示。为了便于理解这种表现形式，有三个相关的概念非常有用。第一个概念是字符集或字符映射，通常是指二进制比特值。另一个概念是指常见的英文字母系统 ASCII，例如 ASCII 码中的 65 表示字母"A"。

排序规则是指字母是如何排序的，以及两个特定的字符串是否相等。例如，当排序规则是大小写不敏感时，大写 A 和小写 a 可能相等。第三个概念是字体，表示字符在屏幕上或打印出来时的表现形式。SQL 并不支持字体，但是 Excel 支持。

对于给定长度的字符串，SQL 有以下 4 种存储类型：

- CHAR()
- VARCHAR()
- NCHAR()
- NVARCHAR()

第一种类型是固定长度字符串。如果是较短的字符串存储在 CHAR() 中，空缺部分由空格填充。因此，"NY"存储在 CHAR(5) 中时，实际存储值为"NY＿＿＿"。通常，固定长度的字符串用于长度较短的值，特别是当所有值都有固定长度时。VARCHAR() 可以用于存储变长字符串。在存储时，这些字符串的右侧不需要填充空白。对于每一个字符，这些字段都使用字节来存储。

下面两种类型用于国际字符，对比 CHAR() 和 VARCHAR()，这两种类型需要更多空间来存储给定的值。然而，它们更灵活，可以存储混合的字符，或是复杂写入系统中的字符，例如中文或日语。

在数据库中，列的"排序规则"同时决定排序(比较规则)以及数据集(显示规则)。结果集通常针对对应的语言而定制(因此特殊的字符可以展示)，而且在对应的语言中自然排序。

排序和结果集影响到查询，从比较排序到聚合操作。幸运的是，通常使用默认的排序就足够了。特别是当数据库用于多语言应用程序时，它们变得特别有用(也很讨厌)。多数情况下，对于排序的唯一兴趣就是决定比较过程是否大小写敏感。

下面的查询扩展上述示例，查看 City 列中的前两个字符：

```
SELECT onechar, ASCII(onechar) as asciival, COUNT(*) as cnt
FROM ((SELECT SUBSTRING(City, 1, 1) as onechar
       FROM Orders WHERE LEN(City) >= 1)
UNION ALL
      (SELECT SUBSTRING(City, 2, 1) as onechar
```

```
       FROM Orders WHERE LEN(City) >= 2)
      ) cl
GROUP BY onechar
ORDER BY onechar
```

在子查询中,使用 UNION ALL 将所有的第一个字符和第二个字符组合在一起。然后将这个集合分组,返回最终结果。将这个查询扩展到 City 列中的所有 20 个字符,也仅仅是需要在 UNION ALL 中添加更多的子查询。

在某种情况下,这个查询的变体可能会更有效。这个变体先对每一个子查询做聚合,而不是仅仅将字符放在一起,然后做聚合。它计算第一个位置出现的频率,然后计算第二个位置,最后将结果整合:

```
SELECT onechar, ASCII(onechar) as asciival, SUM(cnt) as cnt
FROM ((SELECT SUBSTRING(City, 1, 1) as onechar, COUNT(*) as cnt
       FROM Orders WHERE LEN(City) >= 1
       GROUP BY SUBSTRING(City, 1, 1) )
      UNION ALL
      (SELECT SUBSTRING(City, 2, 1) as onechar, COUNT(*) as cnt
       FROM Orders WHERE LEN(City) >= 2
       GROUP BY SUBSTRING(City, 2, 1) )
     ) cl
GROUP BY onechar
ORDER BY onechar
```

这两个形式的选择是对便利性和高效性的取舍,包括编写查询以及执行查询。

如果最初的问题是这样:字符出现在第一个位置和第二个位置的频率对比如何?它与最初的问题非常相近,回答这个问题使用的是基于字符位置的条件聚合:

```
SELECT onechar, ASCII(onechar) as asciival, COUNT(*) as cnt,
       SUM(CASE WHEN pos = 1 THEN 1 ELSE 0 END) as pos_1,
       SUM(CASE WHEN pos = 2 THEN 1 ELSE 0 END) as pos_2
FROM ((SELECT SUBSTRING(City, 1, 1) as onechar, 1 as pos
       FROM Orders o WHERE LEN(City) >= 1 )
      UNION ALL
      (SELECT SUBSTRING(City, 2, 1) as onechar, 2 as pos
       FROM Orders o WHERE LEN(City) >= 2)
     ) a
GROUP BY onechar
ORDER BY onechar
```

对于这种变体,先在子查询中使用聚合也是可行的。

2.7 探索两个列中的值

对于数据探索和数据分析,比较多个列中的值是重要的一部分。本节侧重于描述内容。

两个州的销售情况不同吗?经常购买的客户有更大的平均购买额吗?下面将介绍在统计学上,比较是否是显著的。

2.7.1 每个州的平均销售额是多少?

下面的两个问题是比较分类数值的良好示例:
- 每个州订单总额的平均值是多少?
- 州的邮政编码的平均人口是多少?

SQL 特别擅长使用聚合函数回答上述问题。

下面的查询返回每个州的平均销售额:

```
SELECT State, AVG(TotalPrice) as avgtotalprice
FROM Orders
GROUP BY State
ORDER BY avgtotalprice DESC
```

示例中使用聚合函数 AVG() 计算平均值。

也可以使用下面的表达式:

```
SELECT state, SUM(TotalPrice)/COUNT(*) as avgtotalprice
```

尽管看起来这两个方法是做同样的事情,但它们之间也有轻微的区别,因为它们在处理 NULL 值上是不同的。在第一个示例中,NULL 值被忽略了。在第二个示例中,NULL 值用于 COUNT(*),但是不用于 SUM()。用 COUNT(TotalPrice) 替换 COUNT(*) 可以解决这个问题,它对非 NULL 值计数。

即使使用了这个解决方法,当所有的值都是 NULL 时,也仍然会有细微的区别。在这种情况下,AVG() 函数返回 NULL。直接使用除法则返回除数为 0 的错误。为了解决这个问题,使用 NULL 替换 0:NULLIF(COUNT(TotalPrice),0)。

提示:这两种计算平均值的方法看起来相近,而且总是返回同样的结果。然而 AVG(<col>) 和 SUM(<col>)/COUNT(*) 对于 NULL 值的处理不同。

2.7.2 在一个单独的订单中,产品重复出现的频率是多少?

不管订单中的产品组件数量,每一个产品在一个订单里只有一条订单详情,这是一个合理的假设;其中多个产品组件实例是在列 NumUnits 中予以呈现,而并不是通过在 OrderLines 表中添加多条数据。

1. 直接计数方法

第一个方法直接回答问题:一个订单中有多少订单详情包含同样的产品?这是一个简单的计数查询,使用两个不同的列而不是一个列:

```
SELECT cnt, COUNT(*) as numorders, MIN(OrderId), MAX(OrderId)
FROM (SELECT OrderId, ProductId, COUNT(*) as cnt
```

```
        FROM OrderLines ol
        GROUP BY OrderId, ProductId
     ) op
GROUP BY cnt
ORDER BY cnt
```

这里，cnt 表示给定的 OrderId 和 ProductId 同时出现在 OrderLines 表的一行数据中的次数。

结果显示有些产品在一个订单中重复出现多次，最多有 40 次。这引起了更多的问题。出现重复产品信息的订单示例有哪些？对于这个问题，OrderId 的最小值和最大值提供了示例。

在一个订单里，哪个产品更可能出现多次？包含下面信息的结果表可能有助于回答这个问题：

- ProductId，用于标识产品
- 包含任意次产品信息的订单的数量
- 包含多次产品信息的订单的数量

第二和第三列对比给定产品的整体出现率和订单中产品多次出现的出现率。

下面的查询完成了计算：

```
SELECT ProductId, COUNT(*) as numorders,
       SUM(CASE WHEN cnt > 1 THEN 1 ELSE 0 END) as nummultiorders
FROM (SELECT OrderId, ProductId, COUNT(*) as cnt
      FROM OrderLines ol
      GROUP BY OrderId, ProductId
     ) op
GROUP BY ProductId
ORDER BY numorders DESC
```

结果集(包含上千行数据)表明，有些产品确实在一个订单中出现了多次。由于很多产品都在一个订单中出现了多次，因此产品重复的原因并不是几个偶尔的产品问题。

2. 对比不同数据的计数和整体计数

回答问题"一个订单中重复出现的产品的频率是多少？"的另一个方法，是考虑对比一个订单内的订单详情数量和同一订单内的不同产品数量。即计算每一个订单中的订单详情数量，以及订单中不同产品 ID 的累计数量；当订单中没有重复产品时，这两个数字是相等的。

实现这个计算的一种方法是使用 COUNT(DISTINCT)：

```
SELECT OrderId, COUNT(*) as numlines,
       COUNT(DISTINCT ProductId) as numproducts
FROM OrderLines ol
GROUP BY OrderId
HAVING COUNT(*) > COUNT(DISTINCT ProductId)
```

在 HAVING 子句返回的订单中，产品在多个订单详情中出现。

另一个方法是使用子查询：

```sql
SELECT OrderId, SUM(numproductlines) as numlines,
       COUNT(*) as numproducts
FROM (SELECT OrderId, ProductId, COUNT(*) as numproductlines
      FROM OrderLines ol
      GROUP BY OrderId, ProductId) op
GROUP BY OrderId
HAVING SUM(numproductlines) > COUNT(*)
```

子查询使用 OrderId 和 ProductId 聚合订单详情信息。中间结果可用于为产品数量和订单详情数量计数。通常，使用 COUNT(DISTINCT)的查询语句可以使用子查询进行重写，但是 COUNT(DISTINCT)更方便。

在 4878 个订单中，订单详情的数量超过产品的出现次数，这说明在这些订单中，有多个订单详情中包含的是重复的产品。

或许，包含很多产品的订单是罪魁祸首。下面的查询计算包含多个产品的订单数量，以订单详情中的数量为突破口：

```sql
SELECT numlines, COUNT(*) as numorders,
       SUM(CASE WHEN numproducts < numlines THEN 1 ELSE 0
           END) as nummultiorders,
       AVG(CASE WHEN numproducts < numlines THEN 1.0 ELSE 0
           END) as ratiomultiorders,
       MIN(OrderId), MAX(OrderId)
FROM (SELECT OrderId, COUNT(DISTINCT ProductId) as numproducts,
             COUNT(*) as numlines
      FROM OrderLines ol
      GROUP BY OrderId
     ) op
GROUP BY numlines
ORDER BY numorders;
```

这个查询使用 COUNT(DISTINCT)和 COUNT()计算产品数量和订单详情数量。

表 2-6 展示了结果中的前几行数据。随着订单大小的增长，出现多订单的比例也在增加。然而，并不是所有的订单中都有同一产品重复出现的情况。基于这个信息，看起来多个订单详情中出现同一产品的情况是因为订单大小，而不是订单中特定产品的问题。

表 2-6　在 Order 表中，每一个订单的产品详情中出现同一产品的次数

订单中的订单详情数量	订单数量	订单出现的次数超过订单详情的数量	
		数量	%
1	139 561	0	0.0%
2	32 758	977	3.0%
3	12 794	1407	11.0%
4	3888	894	23.0%
5	1735	532	30.7%
6	963	395	41.0%

(续表)

订单中的订单详情数量	订单数量	订单出现的次数超过订单详情的数量	
		数量	%
7	477	223	46.8%
8	266	124	46.6%
9	175	93	53.1%
10	110	65	59.1%

2.7.3 哪个州的 American Express 用户最多？

整体上，有 24.6%的订单是通过 American Express(支付类型 AE)支付的。在不同的州之间，这个比例的区别大吗？下面的查询回答了这个问题：

```
SELECT State, COUNT(*) as numorders,
       SUM(CASE WHEN PaymentType = 'AE' THEN 1 ELSE 0 END) as numae,
       AVG(CASE WHEN PaymentType = 'AE' THEN 1.0 ELSE 0 END) as avgae
FROM Orders o
GROUP BY State
HAVING COUNT(*) >= 100
ORDER BY avgae DESC
```

这个查询计算每一个州使用 American Express 支付的订单数量和订单百分比，按百分比由高到低排序，返回每个州的数据。查询只选择订单数量超过 100 的州，消除对主要数据无用的州的编码。注意，计算平均值时，使用 1.0 而不是 1。有些数据库(特别是 SQL Server)对于整数只做整数运算。因此，1 和 2 的平均值是 1 而不是 1.5。表 2-7 返回了依照百分比排序的前 10 个州。

表 2-7 订单数量超过 100 的前 10 个州中，American Express 支付方式占整体的百分比

州	订单数量	AE 数量	AE 所占百分比
GA	2865	1141	39.8%
PR	168	61	36.3%
LA	733	233	31.8%
FL	10 185	3178	31.2%
NY	53 537	16 331	30.5%
DC	1969	586	29.8%
NJ	21 274	6321	29.7%
MS	215	63	29.3%
MT	111	29	26.1%
UT	361	94	26.0%

2.8 由一个列的数据扩展到所有列的数据汇总

到目前为止，对数据分析的探索都集中在单列数据上。本章首先针对单列，将不同的

结果合并汇总在一起。然后由单列扩展到多列。在这个过程中，使用 SQL(或是 Excel)生成 SQL 查询，返回数据汇总。

2.8.1 针对单列的汇总

对于探索数据，下面的信息十分适合单列汇总：
- 列中不同值的数量
- 最大值和最小值
- 最常见的值的示例(模式)
- 最少见的值的示例(反模式)
- 最大值和最小值出现的频率
- 模式和反模式出现的频率
- 只出现一次的值的个数
- 模式的数量(因为最常见的值并不一定是唯一的)
- 反模式的数量

这些汇总统计适用于所有数据类型。对于其他数据类型，也可能需要其他感兴趣的信息，例如字符串长度的最大值和最小值、数值的平均值，以及不包含时间的日期数据出现的次数。

下面的查询计算 Orders 表中关于 State 列的上述信息：

```
WITH osum as (
     SELECT 'state' as col, State as val, COUNT(*) as freq
     FROM Orders o
     GROUP BY State
     )
SELECT osum.col, COUNT(*) as numvalues,
       MAX(freqnull) as freqnull,
       MIN(minval) as minval,
       SUM(CASE WHEN val = minval THEN freq ELSE 0 END) as numminvals,
       MAX(maxval) as maxval,
       SUM(CASE WHEN val = maxval THEN freq ELSE 0 END) as nummaxvals,
       MIN(CASE WHEN freq = maxfreq THEN val END) as mode,
       SUM(CASE WHEN freq = maxfreq THEN 1 ELSE 0 END) as nummodes,
       MAX(maxfreq) as modefreq,
       MIN(CASE WHEN freq = minfreq THEN val END) as antimode,
       SUM(CASE WHEN freq = minfreq THEN 1 ELSE 0 END) as numantimodes,
       MAX(minfreq) as antimodefreq,
       SUM(CASE WHEN freq = 1 THEN freq ELSE 0 END) as numuniques
FROM osum CROSS JOIN
     (SELECT MIN(freq) as minfreq, MAX(freq) as maxfreq,
             MIN(val) as minval, MAX(val) as maxval,
             SUM(CASE WHEN val IS NULL THEN freq ELSE 0 END) as freqnull
      FROM osum
     ) summary
GROUP BY osum.col
```

这个查询遵从一个简单的逻辑。CTE(公用表表达式，详见第 1 章)osum 按州汇总数据。第二个子查询汇总累积，为下面的内容返回值：
- 最小值和最大值频率
- 最小值和最大值
- NULL 值的数量

外层查询合并结果，出色地使用 CASE 语句。

与 State 列相关的结果如下：

- 值的数量： 92
- 最小值： " "
- 最大值： YU
- 模式： NY
- 反模式： BD
- NULL 值出现的频率： 0
- 最小值出现的频率： 1119
- 最大值出现的频率： 2
- 模式出现的频率： 53537
- 反模式出现的频率： 1
- 唯一值出现的次数： 14
- 模式出现的次数： 1
- 反模式出现的次数： 14

如前所述，上述汇总适用于所有数据类型。

查询已经写好，所以只需要替换 CTE 的第一行来替换为另一个列。因此很容易获得其他列的结果，如 TotalPrice：

- 值的数量： 7653
- 最小值： $0.00
- 最大值： $9,848.96
- 模式： $0.00
- 反模式： $0.20
- NULL 值出现的频率： 0
- 最小值出现的频率： 9128
- 最大值出现的频率： 1
- 模式出现的频率： 9128
- 反模式出现的频率： 1
- 唯一值出现的次数： 4115
- 模式出现的次数： 1
- 反模式出现的次数： 4115

TotalPrice 列中最常见的值是$0。一个原因是其他所有的值都有美元和美分值。订单为 $0 的比例很小。建议是做同样的分析，但是只用 TotalPrice 列中的美元值。这是通过使用 FLOOR(TotalPrice) as val 替换 TotalPrice as val 而实现的。

下面两节解决了如何为表中所有列生成此信息的问题。目的是从数据库中查询表的所有列，然后使用 SQL 或 Excel 来书写查询。

2.8.2 返回表中所有列的查询

在多数数据库中，列名和表名都存放在特殊的系统表和视图中。下面的查询返回 Orders 表的表名，以及表中所有列的列名，使用的常见语法如下：

```
SELECT (table_schema + '.' + table_name) as table_name, column_name,
       ordinal_position
FROM INFORMATION_SCHEMA.COLUMNS c
WHERE LOWER(table_name) = 'orders'
```

参考附录以了解其他数据库中的机制。

结果集展现在表 2-8 中，它简单地列出了表名和所有的列。INFORMATION_SCHEMA.COLUMNS 也包含查询中没有用到的信息，例如列是否允许 NULL 值，以及列的数据类型。

表 2-8 Orders 表中的列名

表名	列名	顺序位置
Orders	OrderId	1
Orders	CustomerId	2
Orders	CampaignId	3
Orders	OrderDate	4
Orders	City	5
Orders	State	6
Orders	ZipCode	7
Orders	PaymentType	8
Orders	TotalPrice	9
Orders	NumOrderLines	10
Orders	NumUnits	11

2.8.3 使用 SQL 生成汇总编码

目的是汇总一个表中的所有列，针对所有列使用信息汇总子查询。这样的查询对于 Orders 表有以下模式：

```
(INFORMATION SUBQUERY for orderid)
UNION ALL (INFORMATION SUBQUERY for customerid)
UNION ALL (INFORMATION SUBQUERY for campaignid)
UNION ALL (INFORMATION SUBQUERY for orderdate)
UNION ALL (INFORMATION SUBQUERY for city)
```

```
UNION ALL (INFORMATION SUBQUERY for state)
UNION ALL (INFORMATION SUBQUERY for zipcode)
UNION ALL (INFORMATION SUBQUERY for paymenttype)
UNION ALL (INFORMATION SUBQUERY for totalprice)
UNION ALL (INFORMATION SUBQUERY for numorderlines)
UNION ALL (INFORMATION SUBQUERY for numunits)
```

INFORMATION SUBQUERY 与之前的版本相似，移除了模式和反模式值(只是为了简化对查询语句的解释)。

查询中有其他 4 处修改。第一处是移除 CTE。UNION ALL 语句只能有一条 WITH 子句，而不是每个子查询中都有一条。第二处改动是在起始位置包含了名为 <start> 的占位符。第三处修改是将最大值和最小值转换为字符串，这是为了将任意给定列都转换为同一类型，因为 UNION ALL 接受的值的类型必须是一致的。修改后的查询大体上有如下格式：

```
<start> SELECT '<col>' as colname, COUNT(*) as numvalues,
       MAX(freqnull) as freqnull,
       CAST(MIN(minval) as VARCHAR(255)) as minval,
       SUM(CASE WHEN <col> = minval THEN freq ELSE 0 END) as numminvals,
       CAST(MAX(maxval) as VARCHAR(255)) as maxval,
       SUM(CASE WHEN <col> = maxval THEN freq ELSE 0 END) as nummaxvals,
       SUM(CASE WHEN freq = 1 THEN freq ELSE 0 END) as numuniques
FROM (SELECT <col>, COUNT(*) as freq
      FROM <tab>
      GROUP BY <col>) osum CROSS JOIN
     (SELECT MIN(<col>) as minval, MAX(<col>) as maxval,
             SUM(CASE WHEN <col> IS NULL THEN 1 ELSE 0 END) as freqnull
      FROM <tab>
     ) summary
```

下一步就是将这个查询写入单独的一行，只要还是同一条查询语句。

为了构建最终的查询，使用字符串函数 REPLACE()，将占位符替换为表名和列名：

```
SELECT REPLACE(REPLACE(REPLACE('<start> SELECT ''<col>'' as colname,
COUNT(*) as numvalues, MAX(freqnull) as freqnull, CAST(MIN(minval) as
VARCHAR(255)) as minval, SUM(CASE WHEN <col> = minval THEN freq ELSE 0
END) as numminvals, CAST(MAX(maxval) as VARCHAR(255)) as maxval, SUM
(CASE WHEN <col> = maxval THEN freq ELSE 0 END) as nummaxvals, SUM(CASE
WHEN freq = 1 THEN 1 ELSE 0 END) as numuniques FROM (SELECT <col>,
COUNT(*) as freq FROM <tab> GROUP BY <col>) osum CROSS JOIN (SELECT
MIN(<col>) as minval, MAX(<col>) as maxval, SUM(CASE WHEN <col> IS NULL
THEN 1 ELSE 0 END) as freqnull FROM <tab>) summary',
                      '<col>', column_name),
                '<tab>', table_name),
        '<start>',
           (CASE WHEN ordinal_position = 1 THEN ''
                 ELSE 'UNION ALL' END))
FROM (SELECT table_name, column_name, ordinal_position
      FROM INFORMATION_SCHEMA.COLUMNS
      WHERE lower(table_name) = 'orders') tc
```

这个查询使用适当的值替换了查询中的三个占位符。来自于 INFORMATION_SCHEMA.COLUMNS 的列名替换了字符串"<col>"。使用表名替换占位符"<tab>"。而且，使用"UNION ALL"替换字符串"<starting>"(第一行除外)。这就是不同子查询的合并。

可以将这个查询粘贴至查询工具。表 2-9 展示了查询返回的结果。

注意，我们也可以在 Excel 中构建这个查询。它起始于从元数据表中查找表名和列名。SUBSTITUTE()可以用于替换操作，并返回最终查询。

表 2-9 Orders 表中列的信息

列名	值的个数	NULL 值的个数	最小值个数	最大值个数	唯一值个数
OrderId	192 983	0	1	1	192 983
CustomerId	189 560	0	3424	1	189 559
CampaignId	239	0	5	4	24
OrderDate	2541	0	181	2	0
City	12 825	0	17	5	6318
State	92	0	1119	2	14
ZipCode	15 579	0	144	1	5954
PaymentType	6	0	313	77 017	0
TotalPrice	7653	0	9128	1	4115
NumOrderLines	41	0	139 561	1	14
NumUnits	142	0	127 914	1	55

2.9 小结

数据库非常适用于做数据探索，因为数据库与数据紧密相关。多数关系型数据库本质上是并行的——这意味着它们可以充分地利用多处理器和多硬盘的优势——因此，从性能上考虑，数据库通常也是最好的选择。Excel 绘图是一个有用的伙伴，因为业务人员对它十分熟悉，而且它也是一个展示结果的强大工具。本章介绍了几种图表，包括柱形图、折线图、散点图和迷你图。

数据探索始于对表中不同列中存储的值的研究。直方图是一种很好的方法，可以看到特定列中值的分布，虽然数值经常需要进行分组，以查看它们的分布情况。有很多方法可以实现对数值的分组，包括分区式——创建等值的分组，如五等分或十等分。

对于描述列中的数据，有很多其他有趣的指标。例如，最常见的值是模式，可以使用 SQL 计算出模式。

最后，对比每次只研究单列数据，一次研究多列数据更加有效。本章的结尾提出了一个机制，这个机制使用单个查询来返回所有列的汇总信息。这个方法是使用 SQL 或 Excel 创建复杂的查询，然后执行查询以获取表中所有列的汇总信息。

接下来几章的内容将由单纯的数据探索，到理解数据并确定数据中的模式，实际上，更具有统计意义。

第 3 章

不同之处是如何不同？

前两章介绍了如何使用 SQL 和 Excel 做各种计算和展示。本章内容将从计算结果转移到理解测量结果的意义。在什么情况下可以认为两个接近的值在本质上是相等的？在什么情况下两个值相距足够远，以至于我们可以确信它们是不相等的？

对于测量的研究和解释属于统计学的应用科学。尽管统计学理论是难以理解的，但这里我们只是关注对计算结果的应用，通过使用从统计学借来的工具，从数据中了解客户。只要我们遵循常识和若干规则，不需要深入学习理论或是使用晦涩难懂的术语，就能完成对结果的应用。

"统计学"(statistics)这个词本身经常被错误理解。它是"统计"(statistic)的复数形式，而统计只是一种测量，例如之前计算而得的平均值、中间值和模式。统计学中的一大挑战，是从一个小群体的结果中归纳出更大群体的统计信息。例如，民意调查显示，可能会有 50%的投票者支持某一位政党候选人，通常民意调查员也会公布一个误差范围，例如 2.5%。这个误差范围被称为抽样误差。它意味着民意调查员询问一定数量的人(样本抽样)一个问题，其目的是从样本人口中归纳出整体人口的民意。如果另一个候选人有 48%的支持率，那么两位候选人都在误差范围内。民意调查的结果并不能显示出明确的支持率。

在业务中，一组客户的偏好或行为可能与其他群体相似或不同，这些测量是通过数据库计算而得，而不是从样本数据而得。当然，对任意两组客户的任意计算都会是不同的，哪怕是在第 5 位或第 6 位小数位置上。但是这个区别重要吗？这样的测量说明这两组是相等的吗？或者，这样的测量能证明这两组是不等的吗？统计学可以帮助回答这类问题。

本章介绍的统计学知识用于回答问题"不同的(数据)是如何不同"，重点强调应用，而不是理论推导。自始至终，都是通过使用 Excel 和 SQL 示例来解释说明概念。关键的统计概念，例如可信度和正态分布，被应用于所有常见的统计平均值。

同时，介绍两个统计学技术。一个是比例之间的区别，通常用于比较不同客户群体的响应率。另一个是卡方检验，它也用于对不同客户群体的比较，同时判断这些群体本质上是否相同。本章提供的简单示例，通过少量的数据来阐述观点。也有使用 purchase 和 subscriptions 数据库的更复杂的示例，以说明对数据库中存储的真实数据集的应用。

3.1 基本的统计学概念

在过去两个世纪，统计学深入研究理解和解释数学中的测量。尽管关于这个主题的理论方面不在本书讨论范围内，但是一些基本概念非常有用。事实上，不使用统计学基础是疏忽大意，因为很多如此聪明的人已经回答了所提出的问题。当然，一个世纪前发明这些技术的伟大思想家们既不能使用现代计算机，也不能访问现有的大量数据。但是统计学的很多方法经受住了时间的考验。

本节讨论统计学中的一些重要概念，介绍有用的思想和术语：
- 虚拟假设
- 可信度(与概率)
- 正态分布

本章后面的内容基于这些想法，将结果应用于真实数据。

3.1.1 虚拟假设

统计学家天生是多疑的，而这是一件好事。当查看数据时，他们默认的假设是没有不寻常的事情发生。这反过来意味着，样本组之间的差异是偶然发生的。因此，如果一名候选人的得票率是 50%，另一名候选人的得票率是 45%，统计学家的初始假设是两名候选人的支持率相同。其他人可能会很震惊，因为看起来 50% 和 45% 的差别很大。而在统计学家的最初假设中，不同的得票率是因为偶然，可能有些特殊的人群包含在了民意调查中。

提示：或许，统计学中最重要的一课就是怀疑和提问。在默认的假设中，区别的产生是因为偶然；数据分析员必须解释这样的假设是几乎不可能的。

这种"没有什么是不寻常"的假设有一个名字：虚拟假设(Null Hypothesis)。这里的"Null"是统计学术语，与数据库无关。为分辨清楚，"虚拟假设"是一个统计学名词，而任何使用"NULL"的地方都是指 SQL 关键字。

虚拟假设是多疑论的特点，而且它通常是一段对话的开始。多疑论引出一个问题：对于虚拟假设是真的定论，我们有多少可信度？或者，稍微调整一下：对于样本值，我们有多少可信度认为它是偶然导致的？这样的问题是有答案的。P 值用于估算虚拟假设为真的可能。当 P 值非常小时，如 0.1%，结论"我们有极小的可信度认为样本区别是由偶然导致的"是合理的。这反过来也暗示了样本的区别是由其他因素导致的。在民意投票示例中，低的 P 值说明："民意调查结果显示两名候选人的支持率差距很明显"。

统计结果明显，等价于说 P 值小于一些较小的数字，通常是 5% 或 10%。当 P 值更大时，虚拟假设更站得住脚。正确的思考方法是："没有确凿的证据证明有事情发生，因此我们假设区别是偶然导致的"，或者"民意调查结果显示两名候选人的支持率相差不多"。在对小群体的抽样统计中，一名候选人的支持率稍微高于另一名候选人。但是这个区别并不够大，以至于我们可以可信地认为在更大的群体中，这名候选人仍然有更高的支持率。

假设同时举行多个民意投票，使用同样的问题和同样的方法。唯一变化的是投票的人，每个人都是整体民意的一个随机样本。在每一个投票结果中，两名候选人的支持率都有细微的差别。如果我们假设两名候选人有同样的支持率，会出现一种情况，即两名候选人的得票区别至少大于第一次投票结果，而这种情况在所有投票中出现的比例，即为 P 值。

有时，将虚拟假设公式化是有价值的，因为它能以一个可衡量和可测试的方法有力地展示业务问题。本章涵盖了虚拟假设的不同种变化，例如：

- New York 的平均订单数量与 California 的平均值相同。
- 选择包含 5 名成员的委员会，不考虑性别。
- 起始于 2005-12-28 的客户的停止率是相同的，忽略他们开始时所在的市场。
- 客户购买的产品与客户居住的州之间没有关系。即所有的客户，不管他们居住在什么地方，他们都可能购买某一产品。

这些假设使用清晰的业务术语。通过有效数据的验证，它们可以是正确的。然而，答案并不是简单的"对"或"错"，而是所叙述内容为真的可信度。非常低的 P 值(可信度值)意味着较低的可信度，暗示着所观察到的样本区别是明显的。

3.1.2 可信度和概率

可信度(Confidence)的概念是理解两件事情相同或不同的核心。统计学家不会问"它们不同吗？"相反，他们会问"判断它们相同的可信度是什么？"当这个可信度非常低时，可以合理假设两者之间的区别是确实存在的。

可信度和概率通常看起来是一样的，因为它们都以同样的单元来衡量：0 到 1 之间的数值，通常以百分比的形式书写。与概率不同，可信度包括观察者的主观意见。概率本身来自正在发生的事情。今天有一定的概率会下雨。掷硬币时有一定的概率出现包含头像的一面，或者竞争者有一定概率会在游戏中赢得头奖，或者在下一分钟，某个特定的铀原子有一定的概率呈放射性衰退。这些示例都有自己的流程，其中观察者的意见并不重要。

另一方面，在选举之后和计票之前，可能会对选举结果非常自信。选票已经投出，因此已经有了结果。选举中的两名候选人可能会很自信，认为各自都会得选。然而，两个 90% 的可信度并不意味着整体的可信度是 180%！尽管看起来像是概率，但它只是一个可信度值，因为它包含主观成分。

有一种趋势，认为可信度是一种概率。这并不是完全正确的，因为概率是准确的，包含测量中的不确定成分。可信度看起来可能是准确的，但是其不确定成分至少包含了观察者的意见。稍后介绍的"蒙提霍尔悖论(Monty Hall Paradox)"是简单的"概率"的悖论，说明了两者之间的区别。

"不同之处是如何不同"的相反概念是"什么情况下两件事情是相等的？"即我们判

断区别是 0 或非 0 的可信度有多大？在民意调查示例中，一名候选人有 50%的支持率，另一名有 45%，对于区别的虚拟假设是"两名候选人的支持率差别为 0"，这意味着两名候选人在整体选民中的支持率是相等的。如果多个投票同时发生，使用同样的方法，唯一的不同之处是参加与选民是随机的，而且假设两名候选人的支持率相同，那么 P 值为 1%，意味着我们期望 99%的投票都小于样本的区别。即样本的区别很大，因此说明在整体选民中，两名候选人之间的支持率确实存在区别。如果 P 值为 50%，那么即使区别很明显，也很难说明两名候选人中的那一位支持率更高。

3.1.3 正态分布

正态分布又称为钟形曲线和高斯分布，它在统计学中扮演着特殊的角色。很多情况下，正态分布可以回答下面的问题：给定样本(例如，民意调查)的观察值，判断整体选民的实际值落在某一特定范围的可信度有多大？例如，如果 50%的被调查者宣布他们支持候选人 A，这对候选人 A 在整体选民中的支持率来说意味着什么？民意测验专家实际上的报道内容为："有 95%的可信度，候选人的支持率在 47.5%和 52.5%之间。"

在这个特殊案例中，置信区间(confidence interval)为 47.5%至 52.5%，可信度为 95%。不同的可信度将导致不同的置信区间。当可信度为 99.99%时，置信区间会更宽。当可信度为 90%时，置信区间会变得更窄。

衡量置信区间使用的是正态分布，如图 3-1 所示，它展示了选举示例中的数据。在这个示例中，平均值是 50%，47.5%和 52.5%之间有 95%的可信度。图 3-1 中的两个点标识了可信区间，在两个点之间，曲线以下的面积标识的是可信度。尽管纵坐标轴显示了单位数，但是它们并不重要。它们的存在只是为了确保曲线下的整个区域等于 100%。

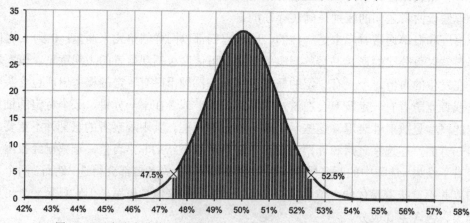

图 3-1　正态分布曲线以下和两个点之间的面积代表着可信度，用于测量整体人口落入这个区间的比例

蒙提·霍尔悖论(Monty Hall Paradox)

蒙提·霍尔(Monty Hall)于 1963 年至 1986 年，担任美国电视节目 *Let's Make a Deal* 的著名主持人。这个广受欢迎的节目将提供的奖品放在三扇门之中。其中，一扇门中

隐藏的是大奖,例如汽车或免费度假。另外两扇门中隐藏的是较小的奖品,如山羊或橡胶鸡。在这个游戏的简化版本中,参赛者首先选择一扇门,但并不打开它。然后主持人会打开另外两扇门中的一扇,并展示出较小的礼品,如橡胶鸡,然后询问参赛者,是否要保留当前的选择,或是要选择另一扇未开启的门。

假设不管参赛者选中的门是否包含大奖,参赛者都会接受同样的询问,那么他或她应该选择保持原有决定还是选择打开另一扇门?下面的内容会提供答案,因此如果你还在思考答案的话,那么可以停止思考了。

可以简单地按照如下步骤对这个问题进行分析。当参赛者首先做出一个决定后,因为一共有三扇门,所以参赛者最初的获奖概率是三分之一(约 33.3%)。打开一扇门之后,还有两扇门,这两扇门包含大奖的概率各为 50%。因为概率是相等的,所以换或不换并没有区别。两扇门包含大奖的概率是一样的[1]。

尽管这种分析很有说服力,但是由于一个细微的原因,它并不正确。这个原因涉及可信度和概率之间的区别相似:虽然有两扇门,但是并不意味着概率是相等的。

蒙提知道大奖在哪扇门后,因此他能确定每次打开的门都展示的是小奖。打开某扇门并展示门后没有大奖,这并没有提供新的信息。不管大奖在哪扇门之后,蒙提总是可以这样做。由于打开一扇没有大奖的门并没有提供新的信息,因此最初的概率并没有受影响。

概率是多少?大奖存在于最初所选的门之后的概率为 33.3%,存在于另外两扇门之一的概率是 66.7%。这些并没有变,因此交换选择,能够使概率翻倍。

可信度等级可以用于帮助理解这个问题。最初,参赛者有 33.3%的可信度,认为大奖出现在所选的门中,有 67%的可信度认为大奖存在于另外两扇门之一。当打开一扇没有大奖的门后,这种可信度并没有改变,因为参赛者应该意识到打开的门总是不包含大奖的。所以什么都没有变。给了可以改变选择的机会,那么参赛者就应该这样做,使他或她获取大奖的概率翻倍。

正态分布是由两个数、平均值和标准差定义的曲线族。平均值决定了分布的中间位置,因此,平均值更小的曲线更靠近左侧,平均值更大的曲线更靠近右侧。标准差决定曲线中间的驼峰部分的窄和高,或者说宽和平。标准差小时,曲线更陡峭,更大的标准差能使曲线变平缓。另外,曲线中的阴影保持不变,所有曲线下的总面积永远是 1。

正态分布的属性很好理解。在样本的平均值中,约 68%落入整体平均值的标准差中,约 95.5%落入两个标准差中,约 99.73%落入三个标准差中[2]。依照惯例,统计显著性经常使用 95%这个级别,它是平均值的 1.96 个标准差。

表 3-1 展示了标准差的不同置信区间对应的可信度。一个数与平均值之间的距离,以

---

[1] (译者注:在蒙提·霍尔悖论中,主持人打开的门一定是不包含大奖的)。

[2] (译者注:参考公式 $P(\mu-\sigma<x<\mu+\sigma)$。其中 x 为某一具体分数,$\mu$ 为平均数,σ 为标准差)。

标准差衡量,称为 Z 分数(z-score)[3]。它实际上是任何一组数据的简单转换,一个数值与平均值求差,再除以标准差。Z 分数通常比较拥有不同分区的变量,例如一组人的平均年龄和收入。在数据挖掘时,使用 Z 分数做数据转换也非常有用。

表 3-1 中的数据使用如下 Excel 公式计算而得:

`<confidence> = NORMSDIST(<z-score>) - NORMSDIST(- <z-score>)`

表3-1 不同 Z 分数对应的可信度等级(一半的置信度区间除以标准差)

Z 分数	可信度
1.00	68.269%
1.64	89.899%
1.96	95.000%
2.00	95.450%
2.50	98.758%
3.00	99.730%
3.29	99.900%
3.89	99.990%
4.00	99.994%
4.42	99.999%
5.00	100.000%

在 Excel 中,函数 NORMSDIST()用于计算在正态分布曲线之下,到某一特定 Z 分数的面积。即,它定义从负无穷到 Z 分数之间的置信区间。为了获取平均值任意一侧的有限的置信区间,计算从负无穷到<value>之间的数值,然后减去从负无穷到 Z 分数之间的值,如图 3-2 所示。

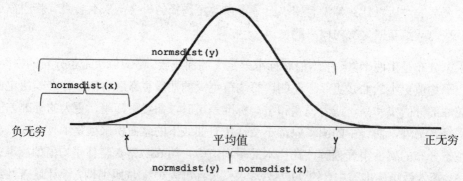

图 3-2 Excel 函数 NORMSDIST()可以用于计算平均值周围的置信区间

上述公式适用于 Z 分数为正数的情况。适用于所有 Z 分数的公式为:

`<confidence> = ABS(NORMSDIST(<z-score>) - NORMSDIST(- <z-score>))`

---

[3] (译者注:参考公式 z=(x-μ)/σ。其中 x 为某一具体分数,μ 为平均数,σ 为标准差)。

从前面的投票选举示例中，可以对标准差做逆向工程。可信度是95%，意味着置信区间平均值任意一侧的1.96个标准差。因为置信区间是平均值任意一侧的2.5%，标准差是2.5%/1.96或1.276%。此信息可用于计算99.9%的置信区间，它是标准差的3.29倍。因此，投票的可信度为99.9%的置信区间是从50%-3.29×1.276%到50%+3.29×1.276%，或是从45.8%到54.2%。

作为最后的解释，正态分布取决于已知的平均值和标准差。我们所拥有的只有数据，它们并不包含上述信息。幸运的是，统计学中提供的方法可以从数据中计算出这些信息，参考本章中介绍的示例。

3.2 平均值的区别有多大？

关于零售购买的数据来自于所有50个州，甚至更多的州。而在本章中将解决的问题是：每个州的平均购买金额(存储在TotalPrice列中)是否不同。使用统计学可以回答这个问题，而且多数计算都可通过SQL实现。

让我们从已经观察到的样本的平均购买金额入手，在来自于California的17 839个订单中，平均购买金额是$85.48。在来自于New York的53 537个订单中，平均购买金额是$70.14。区别显著吗？

3.2.1 方法

我们首先将New York和California的订单放在一个大桶中，它们的平均价格为$73.98。问题是：在这个桶中，有17 839个订单的平均TotalPrice是$85.48的可能性有多大？如果这个可能性非常大，那么来自California的订单就如同一个随机样本，它们没有任何特殊之处。另一方面，小的P值则说明来自于California的订单与所有订单中的随机样本不同，导致得出California的订单不同这一结论。

考虑极端的情况能够帮助理解这个方法。假设所有来自California的订单金额都是$85.48，来自于New York的所有订单金额都是$70.14。在这种情况下，当一组订单的平均值是$85.48时，这组的订单都是由California的订单构成。如果订单有两个值，就说明New York和California的订单之间的区别并非偶然。这是因为某种原因导致的。

如果粗略地查看数据，又是另外一种情况了。给定的TotalPrice范围在$0到$10000之间，我们还能说两者之间的区别是因为偶然，抑或因为市场的原因吗？

3.2.2 子集平均值的标准差

前面的问题是关于样本的平均值。统计学中有一个定理Central Limit Theorem，它精确解释了随机样本的平均值问题。这个定理的意思是，如果重复抽取给定大小的样本，这些样本的平均值的分布接近于正态分布，这些平均值和标准差基于三个因素：

- 原始数据的平均值

- 原始数据的标准差
- 样本数量

注意，Central Limit Theorem 并没有描述原始数据的分布情况。而对这个定理的探索，是研究基本上可以用于原始数据的任意分布。Central Limit Theorem 的内容是关于样本平均值的分别，而不是原始数据的分布。

考虑随机获取 10 个订单的平均 TotalPrice。如果重复这个过程，平均值接近于正态分布。如果使用 100 个订单而不是 10 个订单，平均值仍然符合正态分布，但是标准差会更小。随着样本数量的增加，分布在原始数据的平均值周围的平均值分布会变得越来越窄。图 3-3 展示了一些 TotalPrice 平均值的分布情况，使用的是来自 California 和 New York 的订单中不同大小的分组。

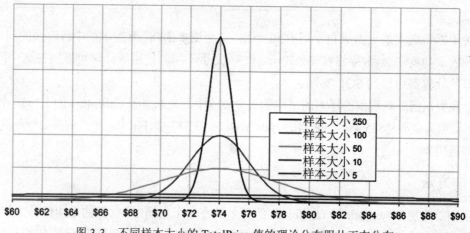

图 3-3　不同样本大小的 TotalPrice 值的理论分布服从正态分布

根据 Central Limit Theorem，分布的平均值是原始数据的平均值，标准差是原始数据除以样本大小的平方根。随着样本变大，标准差变小，分布变得更高、更窄、更集中。这说明大的样本的平均值更接近整体平均值。用统计学的术语说，样本平均值的标准差也称为(样本的)标准误差。因此，前面的公式说明样本的标准误差等于人口的标准差除以样本大小的平方根。

现在，关于 California 和 New York 的平均值的问题变得有一点复杂。使用 SQL 聚合函数 AVG()和 STDDEV()计算两者订单的平均值和标准差，变得不那么重要了。而我们想要回答的问题有一点轻微改变：随机从整体结果中抽取 17839 个值的平均值为$85.48，而抽取 53537 个值的平均值为$70.14，这样的可能性有多大？

查看每一个州的值的分布情况有助于理解这个问题。下面的查询返回以 5 美元作为增长单位的 TotalPrice 计数：

```
SELECT 5 * FLOOR(TotalPrice / 5),
       SUM(CASE WHEN State = 'CA' THEN 1 ELSE 0 END) as CA,
       SUM(CASE WHEN State = 'NY' THEN 1 ELSE 0 END) as NY
FROM Orders o
WHERE o.State IN ('CA', 'NY')
```

数据结果展示在图 3-4 中，其中以每一个州的平均值作为图例。直观上，两个直方图非常相近，说明这两个州的平均值很可能在误差范围内。然而，分析并没有结束。

3.2.3 三个方法

至少有三个统计学方法，可以判断 New York 和 California 两地的平均购买额是否相等。

第一个方法是将订单作为来自于同一地区的两个样本，提出下面这个熟悉的问题：区别是来自于随机变化的可能性有多大？第二个方法是使用两个平均值的区别，提出如下问题：区别为零的可能性有多大？但如果区别可以合理归零，那么说明这两个样本的结果非常相近，可以认为彼此等价。

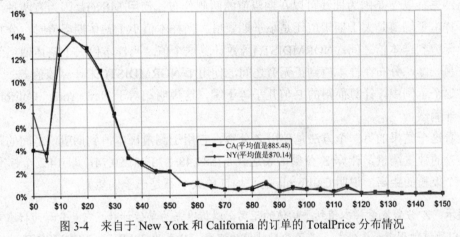

图 3-4　来自于 New York 和 California 的订单的 TotalPrice 分布情况

第三个方法是列出所有订单的不同的可能组合，计算它们的平均值。通过所有可能组合而得的信息，可以判断两个组的平均值超过所得的平均值的频率。在这个示例中，由于这个直接的计数方法包含大量的计算，因此本章不做详细描述。本章后面的一个示例使用了这样的计数方法。

1. 基于两个样本的估算

New York 和 California 共有 71376 个订单，平均订单大小为$73.98，标准差为$197.23。California 的订单是整体订单的一个子集，由 17839 个订单构成，订单平均值为$85.48。这个子集是数据中随机抽取的可信度有多大(意味着所得的区别只是偶然导致)？

如前所述，样本平均值的标准差是整体数据的标准差除以样本的平方根。例如，由整体订单中得到的 17839 个 California 订单组成了一个样本。基于整体数据，平均期望值为$73.98，标准差为$197.23，标准差除以 71376 的平方根，结果为$0.74。

平均值$85.48 看起来与$73.98 相差很远，因此看起来 California 的结果并不是"随机"导致的。可能有某些原因导致这个问题。或许，对于不同的产品，加州人比纽约人有更密切的关系。或许是两个州的市场活动不同，还可能是两个州的居民对于品牌的认知度不同。

使用 Excel 的 NORMDIST()函数可以量化这个可信度。NORMDIST()函数的第一个参数是得到的平均值，第二个参数是期望值，然后是标准差，最后一个参数告诉 NORMDIST()

返回的是否是从负无穷到所得平均值之间的累计面积。

量化可信度需要给定要查找的值。获取平均值的任意特定值——不管是$85.48、$73.98、$123.45 还是其他值——是极为不可能的。相反，问题是：随机样本的平均值与期望值之间的距离和所得样本平均值与期望值之间的距离至少相等，这样的概率是多大？注意，描述中并没有说样本值与平均值的大小问题，只是说距离。计算表达式为：

```
=2*MIN(1-NORMDIST(85.14, 73.98, 0.74, 1), NORMDIST(85.14, 73.98, 0.74, 1))
```

上面的表达式计算了在平均值的分布中，随机样本的平均值的概率。其中，这个随机样本的平均值到期望值的距离，与所得样本平均值与期望值之间的距离相等或更远[4]。

将结果乘以 2 是因为曲线可以在期望值的两侧分布。使用 MIN() 是因为有两种可能，取决于样本平均值是大于期望值还是小于期望值。当样本值小于整体期望值时，分布曲线是从负无穷到样本值之间；NORMDIST()函数计算这个值。当样本值大于整体期望值时，曲线在另一侧，分布在样本值到正无穷之间，使用 1-NORMDIST()来计算该值。

在这个示例中，计算而得的 P 值几乎等于零，这说明相对于 New York，California 的高值并非偶然。

查看这个结果的另一个方法是使用 Z 分数，它用于测量样本值到期望值之间的距离，以标准差的数量测量。计算 Z 分数的表达式是($84.48-$73.98)/$0.74，即 14.2 个标准差。这是一个很长的距离，说明 California 的平均订单大小不是出于偶然。

提示：Z 分数测量样本值到平均值的距离，以标准差为单位计数。它是分母为标准差的差值。可以通过使用 Excel 公式，将 Z 分数转换为概率，公式为 2*MIN(1-NORMSDIST(z-score), NORMSDIST(z-score))。

2. 基于区别的估算

上面的计算将一个州的结果与两个州的总结果作比较，而下面的一系列问题则为另一个方法提供了线索：

- New York 和 California 的平均 TotalPrice 相同吗？
- 两个州的平均 TotalPrice 的区别是零吗？
- 两个州的 TotalPrice 的区别是零，这样的虚拟假设的可信度是多少？

即，可以避开查看 New York 和 California 各自的值是多少，通过计算差值来比较这两个州。差值为$15.34=$85.48 - $70.14。对于两个组的给定信息，从统计上看，这样的差值具有意义吗？

再一次强调，两个平均值的差值满足一个分布，这个分布的平均值为 0(因为来自于相同分布的样本有同样的期望值)。使用统计学的另一个公式计算标准差。差值的标准差是每一个样本标准差的平方求和后，再求平方根。这个公式与高中几何学的毕达哥拉斯公式相

---

[4] (译者注：详见 Microsoft 对于 NORMDIST 函数的解释)。

似。与直角三角形的区别是，这里的公式是关于标准差的。

在示例中，California 的标准误差是$1.70，纽约是$0.81，两者平方的和的平方根为$1.88。

观察所得的样本差值$15.34，约等于 0 到 8 个标准差。对应的 P 值基本等于 0，这意味着区别非常明显。这个结果与之前的分析相同；来自 California 和 New York 的订单的区别并非来自于偶然。

对订单分布的调查也突出强调了一些区别。在 New York 的订单中，TotalPrice 为 0 的订单比例是 California 的两倍，这说明州之间是有区别的。对于小于$100 的订单，两个州看起来相同。而另一方面，California 相对有更多超过$100 的订单。

3.3 对表做抽样

然而，相对于只是比较平均值，对数据进行抽样更为有用。这里通过示例介绍不同样本的使用方式。

订单数据的样本可以用于数据可视化。假设一个散点图有成百上千的点，这样的散点图并不合理，它看起来像是涂了一大团颜色在一起。然而，从这些数据中获取随机样本，再用样本数据绘图，则可以展示重要的信息。

有时，我们可能想要重复随机抽样，因此可以随时重建图表。这种情况是可能的——由于权限原因——我们不能将样本数据存储起来。

顾名思义，随机样本是随机的。因此，给定样本的统计是分布于平均值周围的，例如，平均订单大小分布于整体的订单的平均值周围。有时，我们希望针对某一列，数据能够尽可能具有代表性。例如，我们可能希望平均订单大小与整体期望值尽可能相近，或者性别和通道混合起来能够对应整体值。通过使用分层抽样能够处理这些情况。

一个平衡的样本，有助于比较整体的不同子集之间的区别，例如竞选活动中的应答者和非应答者。通常，一种分类会占主导地位，因此对于数据的可视化通常是关注占主导地位的分类。这里的方法使用的是平衡的样本，这些样本中每一个组的大小是相等的。平衡的样本也可以作为数据挖掘算法的示例数据集。

3.3.1 随机抽样

随机抽样与在表中选择任意数据集合是不同的，例如，在表中选择前 10%的数据。在统计学上，"随机"意味着每一行数据都有一定的概率被选中。很多数据库都有一个随机数生成器，可以用于这种目的。常见的函数是 RAND()，在调用时，可以不使用任何参数。有时，该函数使用一个参数，这个参数是一个种子，可以在不同的时间生成数字的相同序列。

下面的编码(或是使用类似函数的其他代码)可以应用于多数数据库中，获取 10%的随机样本数据：

```
SELECT t.*
FROM <t> t
WHERE RAND() < 0.1
```

注意，这并不能准确地返回数据行的 10%。这只是一个估计值。随机数生成器应用于更大的数据集时，通常可以良好地运行，返回非常接近 10% 的数据。

这条查询语句并不能应用于 SQL Server。因为在 SQL Server 中，RAND() 函数只为整个查询语句返回一个值。10% 的情况返回所有数据，90% 的情况不返回数据。解决方法是使用 NEWID()，它能确保每次调用时返回不同的值：

```
SELECT TOP 10 PERCENT t.*
FROM <t> t
ORDER BY NEWID()
```

这个查询精确返回数据的 10%(在一条记录中)。

在这个版本中，必须为表中的所有记录排序，对比使用 WHERE 子句，这是相当昂贵的。另一个方法是为 RAND() 函数传递随机数作为种子，每次传递的种子都不同。遗憾的是，种子是整数，而 NEWID() 的返回值不是整数。幸运的是，函数 CHECKSUM() 可以弥补这个缺陷：

```
SELECT t.*
FROM <t> t
WHERE RAND(CHECKSUM(NEWID())) < 0.1
```

这个查询为随机数生成器提供种子，每次调用时的种子都不同，以满足每次调用时对不同值的需求。

3.3.2 可重复的随机样本

有时，需要重复抽取的随机样本。即，可以在任何需要时，重建同样的随机样本。实现这种情况的一种方法是使用 ID 作为随机数生成器的种子：

```
SELECT t.*
FROM <t> t
WHERE RAND(id) < 0.1
```

每次输入某个 ID 时，都会生成同样的随机数。为获取不同的样本，可通过如下方法修改种子：

```
WHERE RAND(id + 1) < 0.1
```

使用种子加上一个数字作为新的种子，这样获得的样本是不同的样本。遗憾的是，由于随机数生成器自身的问题，这个方法在 SQL Server 中的效果并不好。

另一个方法是使用基于 ROW_NUMBER() 的模块算法。技术上称为伪随机数生成器。它使用某个算法计算数据行的行号，并返回数据：

```
WITH t as (
    SELECT t.*, ROW_NUMBER() OVER (ORDER BY col) as seqnum
    FROM <t> t
    )
```

```sql
SELECT t.*
FROM t
WHERE (t * 17 + 57) % 101 <= 10;
```

表达式%是模运算符。它计算第一个数除以第二个数之后的余数，因此 5%2 的结果为 1。同样，120%101 等于 19。

通过调整 WHERE 表达式中的值，可以修改得到的样本。通常，最好使用素数作为常量。

3.3.3 分层比例抽样

分层比例抽样而得的样本，能够尽可能保证列值的分布与整体分布相近。考虑 Subscribers 表，在这个表中，有 47.18%的活跃的订阅者，如下面查询返回的结果：

```sql
SELECT AVG(1.0 * IsActive)
FROM Subscribers s;
```

随机样本的平均值将会与这个值相近，但会有一点不同。例如，下面执行相同的计算，使用的是通过伪随机数而得的 1%数据：

```sql
WITH s as (
      SELECT s.*, ROW_NUMBER() OVER (ORDER BY SubscriberId) as seqnum
      FROM Subscribers s
     )
SELECT AVG(1.0 * IsActive)
FROM s
WHERE (seqnum * 17 + 59) % 101 < 1;
```

它的返回值是 47.28%。这与期望值有些许不同。随机样本的平均值是会变化的。然而，准确地符合原始分布的样本更适用于数据分析或数据可视化。

在 SQL 中，实现这种情况的方法是对原始数据排序，然后返回每 N 条数据：

```sql
WITH s as (
    SELECT s.*, ROW_NUMBER() OVER (ORDER BY IsActive) as seqnum
    FROM Subscribers s
    )
SELECT AVG(1.0 * IsActive)
FROM s
WHERE seqnum % 100 = 1;
```

CTE 依次为非活跃者和活跃者分配连续的数字。然后每隔 99 个数据抽取第 100 个数据，这个程序精准从每 100 个非活跃者中抽取一条数据，从每 100 个活跃者中抽取一条数据。这个版本的查询的返回值为 47.18%，与原始数据相同。

分层抽样的魅力在于可以应用于不止一个变量。例如，下面的查询中的分层抽样，包含以市场和活跃度划分的与原始数据相同比例的样本：

```sql
WITH s as (
    SELECT s.*, ROW_NUMBER() OVER (ORDER BY Market, IsActive) as seqnum
    FROM Subscribers s
```

```
)
SELECT AVG(IsActive)
FROM s
WHERE seqnum % 100 = 1;
```

注意，ORDER BY 子句中包含用于分层的所有变量。

分层也可以应用于数值和日期变量。通过对变量对应的值排序，返回第 N 个数据作为样本，能够保证样本的分布与原始数据的分布几乎一样。

3.3.4 平衡的样本

按比例分层样本是分层样本的一种。在这类样本中，列的每一个值(或者多个列的组合值)都以预定义比率抽样。平衡的样本是另一种分层样本。在平衡的样本中，每一个值出现的次数相等。特别是对于二元变量来说，平衡的样本十分有用，可以使用这类样本做可视化或建模。

例如图 3-5，上图展示了订单小于$200 的 200 个订单的散点图。其中一些点代表的是使用 American Express 的支付者，另一些点代表使用其他支付方式的支付者。这个表并没有展示很多关于 American Express 的信息，可能只是说明 AE 仅在少量的订单中使用。

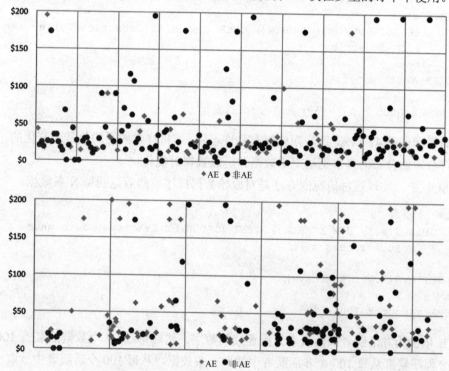

图 3-5　基于支付方式，对 200 个客户的比较结果。上图展示了随机样本的结果，下图展示了平衡的样本的结果

表中的数据来自下面的查询：

```
SELECT TOP 200 OrderDate,
       (CASE WHEN PaymentType = 'AE' THEN TotalPrice END) as AE,
```

```
              (CASE WHEN PaymentType = 'AE' THEN NULL
                    ELSE TotalPrice END) as NotAE
FROM Orders
WHERE TotalPrice <= 200
ORDER BY NEWID()
```

注意，这个查询使用同样逻辑的 CASE 语句来判断支付类型是 AE 还是非 AE，其中置换了 THEN 和 ELSE 子句的内容。这确保了每一条记录都被处理。特别是它在没有显式判断 NULL 的情况下处理了 NULL 值出现的情况。

结果集是一个包含 3 个列的表。这种格式特别适用于创建包含两个系列的散点图：一个是 AE，另一个是非 AE。图 3-5 的下图展示了相似的图表，但是这次使用的是平衡的样本。平衡的样本更清晰地展示了 AE 与更大的订单相关。尽管上图中的显示也是正确的，但是表现并不明显。在上图中，AE 和非 AE 的订单有同样数量的高值。因为 AE 的订单比例小于总体订单的 30%，不应该期望对两个组做相同的展示。

提示：在若干个分组之间，可以使用平衡的样本展示它们的区别，这能够定性地指出区别。

通过使用 ROW_NUMBER()，查询为每一个组分配随机序列数，然后返回数据：

```
WITH o as (
     SELECT o.*,
            ROW_NUMBER() OVER (PARTITION BY isae
                               ORDER BY NEWID()) as seqnum
     FROM (SELECT o.*,
                  (CASE WHEN PaymentType = 'AE' THEN 1 ELSE 0
                   END) as IsAE
           FROM Orders o
           WHERE TotalPrice <= 200
          ) o
     )
SELECT OrderDate,
       (CASE WHEN isae = 1 THEN TotalPrice END) as AE,
       (CASE WHEN isae = 0 THEN TotalPrice END) as NotAE
FROM o
WHERE seqnum <= 100
```

另一个精明之处是将 WHERE 子句放在子查询而不是外部查询中。查询在执行 ROW_NUMBER() 之前过滤订单数据，确保每个组选择 100 条数据。

3.4 计数的可能性

平均值很有趣，但是很多比较涉及的是计数。例如，回应一份报价的客户的数量，或者谁停止了，或者谁喜欢某一特定的产品。计数是一个简单的流程，它正是计算机所擅长的领域。

计数不只是针对个体的计数，也针对组合进行计数。例如，如果棒球联盟有 10 支队伍，有多少种不同的比赛？图 3-6 说明了联盟中任意两队可能出现 45 种不同的组合，每一种组合都是连接两个矩形的一条线。这种类型的图表被称为联接图，可以在 Excel 中创建，参见侧栏"使用 Excel 绘图工具创建联接图"。

对这种组合的研究被称为组合学，它横跨概率和统计学两门学科。本章剩余的部分介绍统计模型逼近，用以质疑和讨论组合，其中近似值(逼近)对于日常使用是足够好的。

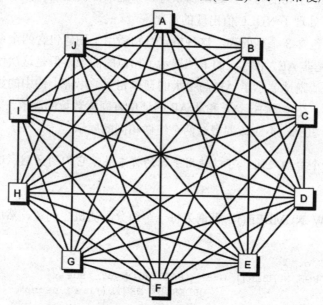

图 3-6　在一个拥有 10 支队伍的联盟俱乐部中，有 45 种不同的比赛组合。在这个图表中，连接两个矩形的任意一条线代表一种比赛

本节首先以简单的示例入手，以便你能够很容易地理解和计数。然后扩展思路，处理客户数据库中更大的数字，同时使用 SQL 和 Excel 做计算。

使用 Excel 绘图工具创建联接图

图 3-6 中的图表是一个联接图，它展示了每两个事物之间的联系(在这个示例中，是团队)。你可能会惊讶，但这是一个 Excel 散点图。对比使用 PowerPoint 或其他工具绘制这张图，使用 Excel 有两个优点。第一，矩形和线可以被精确放在它们应该放在的位置，这可以让图表看起来更整洁、专业。第二，更容易对图表做细微调整，例如，移动矩形或是修改标签，这是因为图表中的每一项内容都是通过数据生成的。

当绘制复杂的、非传统的图表时，将问题分为可控的几部分，这个图表就被分成三个部分：

- 10 支队伍，以矩形代表，分布成一个环形。
- 以字母代表每一支队伍，字母写在矩形内。
- 使用线将各支队伍联接在一起。

第一步是绘制代表团队的矩形。这里使用三角法，设置 X 坐标为某一角度的正弦值，Y 坐标轴使用余弦值。计算第 N 支队伍的公式如下：

```
<x-coordinate> = SIN(2*PI()/<n>)
<y-coordinate> = COS(2*PI()/<n>)
```

在实际图表中，通过设置 SIN() 和 COS() 中的偏移值，循环计算对应的坐标值。这个公式为队伍提供位置，即以 X 坐标和 Y 坐标标识的点。

为这些点标记队伍名则更具有挑战性。有三种选择可以为这些点添加标签。其中两种使用 X 坐标和 Y 坐标，但它们总是数字。第三种选择，即 Series name 选项，是唯一返回名字的方法。遗憾的是，它需要对每个点创建一个单独的系列，因此每个点都有唯一的名字。可以通过下面的步骤来实现：

(1) 将 X 坐标写入一个列。
(2) 连续地为右面的列添加标签(A、B、C 等)。这些列包含点的 Y 坐标值。
(3) 在 "A" 队伍的列中，所有的值都为 NA()，除了一个对应 A 的值，以此类推。

在该表中，设置这样的值的公式如下：

```
=IF($G3=J$2, $E3, NA())
```

这个公式假设 Y 坐标在 E 列中，队伍标签在第二行第 G 列中。注意使用绝对引用和相对引用(在单元格引用中使用$)。这个公式可以被复制至所有单元格。

结果是一组单元格，如表 3-2 所示。第一列是 X 坐标，第二列是 Y 坐标，其余部分列出某一队伍的 Y 坐标，并对其他列值标记 #N/A。

从 X 值开始选择整个表，插入仅带数据标记的散点图。第一个系列展示所有的 10 支队伍。对于它们，设置数据标记为矩形，使用白色填充，设定阴影，设定数据标记的大小为 15。剩下的系列用于标签，必须单独插入。为达到这个目的，选择图表上的系列，设置线和数据标记选项为 None。然后单击 Data Labels 选项卡，选择 Series name，单击 OK 按钮。当显示数据标签时，右击并选择 Format Data Labels。在 Alignment 选项卡中，设置标签位置为 Center。使用这个方法后，矩形和标签则显示在图表中。

最后一步是画线，用以连接矩形。想法是使用包含 X 值和 Y 值的表，将新的系列添加到散点图中，但是不使用数据标记。遗憾的是，散点图是一个接一个点地画图，就像是在纸上不间断地画线一样。这很难。幸运的是，当点包含 #N/A 值时，散点图不会为这个点绘图，就像是在画线时将笔提离了纸张。因此，相互连接的每两个点，都不包含 #N/A。

表 3-2　为绘制循环联接图轮转 Y 值

Y	X 值	Y 值						
		ALL	A	B	C	D	...	J
A	0.00	1.00	1.00	#N/A	#N/A	#N/A	#N/A	#N/A
B	0.59	0.81	#N/A	0.81	#N/A	#N/A	#N/A	#N/A
C	0.95	0.31	#N/A	#N/A	0.31	#N/A	#N/A	#N/A

(续表)

Y	X 值	Y 值						
		ALL	A	B	C	D	…	J
D	0.95	−0.31	#N/A	#N/A	#N/A	−0.31		#N/A
E	0.59	−0.81	#N/A	#N/A	#N/A	#N/A		#N/A
F	0.00	−1.00	#N/A	#N/A	#N/A	#N/A		#N/A
G	−0.59	−0.81	#N/A	#N/A	#N/A	#N/A		#N/A
H	−0.95	−0.31	#N/A	#N/A	#N/A	#N/A		#N/A
I	−0.95	0.31	#N/A	#N/A	#N/A	#N/A		#N/A
J	−0.59	0.81	#N/A	#N/A	#N/A	#N/A		0.81

图表中有 45 个唯一的线段，因为每一支队伍都需要与它后面的队伍相连，例如，"A"与"B"、"C"以及后面的队伍相连。到最后，"I"只需要与"J"相连。这些线段被存放在表中，使用三行数据定义线段。其中两行数据定义线的起始，第三行包含函数 NA()。表中的点控制线在图表上的显示。

作为结果，图表使用 12 种不同的系列。一个系列定义点，以矩形的形式展示。10 个系列定义矩形中的标签。第 12 个系列定义连接点的线段。

3.4.1 有多少男性成员？

第一个计数示例是关于拥有 5 个成员的委员会，它提出下面两个问题：
- 委员会中刚好有两位男性的概率是多大？
- 委员会中至多有两位男性的概率是多大？

在这个示例中，男人和女人出现在委员会中的概率相等。

表 3-3 列出了委员会成员的组成，可能有 32 种组合，以性别作为划分维度。其中，全是男性和全是女性分别为一种组合，只有一名男性或是只有一名女性的组合各自有 5 种。共有 32 种组合，是 2 的 5 次方：因为有两种可能，男性或女性，所以底数为 2，因为有 5 个人，所有指数为 5。

表 3-3 包含 5 个人的委员会中，出现男性的 32 种可能

	第 1 个人	第 2 个人	第 3 个人	第 4 个人	第 5 个人	男性的数量	女性的数量
1	M	M	M	M	M	5	0
2	M	M	M	M	F	4	1
3	M	M	M	F	M	4	1
4	M	M	M	F	F	3	2
5	M	M	F	M	M	4	1
6	M	M	F	M	F	3	2
7	M	M	F	F	M	3	2
8	M	M	F	F	F	2	3
9	M	F	M	M	M	4	1

(续表)

	第1个人	第2个人	第3个人	第4个人	第5个人	男性的数量	女性的数量
10	M	F	M	M	F	3	2
11	M	F	M	F	M	3	2
12	M	F	M	F	F	2	3
13	M	F	F	M	M	3	2
14	M	F	F	M	F	2	3
15	M	F	F	F	M	2	3
16	M	F	F	F	F	1	4
17	F	M	M	M	M	4	1
18	F	M	M	M	F	3	2
19	F	M	M	F	M	3	2
20	F	M	M	F	F	2	3
21	F	M	F	M	M	3	2
22	F	M	F	M	F	2	3
23	F	M	F	F	M	2	3
24	F	M	F	F	F	1	4
25	F	F	M	M	M	3	2
26	F	F	M	M	F	2	3
27	F	F	M	F	M	2	3
28	F	F	M	F	F	1	4
29	F	F	F	M	M	2	3
30	F	F	F	M	F	1	4
31	F	F	F	F	M	1	4
32	F	F	F	F	F	0	5

所有这些组合出现的概率都是相等的，它们可以回答最初的问题。表中有10条数据，其中每条数据都刚好包含两位男性：数据行数为8、12、14、15、20、22、23、26、27和29。即10/32或31%的组合中刚好包含两位男性。另外，有6行数据包含0位或1位男性，加起来有16种组合包含最多2位男性。因此，刚好有一半的可能出现委员会中最多有两位男性的情况。

列举出所有的组合能够一目了然，这对于简单情况或许可以，但如果是复杂的情况，此方法就有些笨重了。幸运的是，Excel有两个函数可以完成这个任务。函数COMBIN(n, m)计算n中出现m的次数。"拥有5个人的委员会中，包含两位男性的情况是多少？"，这个问题实际是问"从5件事(委员会成员个数)中选出2件事(男性)的方法有几种？"Excel计算公式为=COMBIN(5, 2)。

该函数返回组合的个数，但是最初的问题是刚好包含两位男性和最多包含两位男性的概率。这个概率被称为二项式方程，在Excel中，对应函数为BINOM.DIST()。该函数有如下4个参数：

- 组的大小(较大的数字)。
- 所选择的个数(较小的数字)。
- 出现被选情况的概率(在这个示例中是50%)。
- 标志位,值为0时返回概率密度函数,即等于所选个数的概率;值为1时返回累积分布函数,即小于等于所选个数的概率。

因此,下面的两个公式回答了初始问题:

```
=BINOM.DIST(5, 2, 50%, 0)
=BINOM.DIST(5, 2, 50%, 1)
```

这些公式简化了对每一个问题的答案的探索。这里的目的并不是要介绍BINOM.DIST()函数执行计算的实际步骤(包含很多杂乱的算法)。相反,目的是直观地说明委员会成员的组合。二项式分布函数只是简化了计算。

3.4.2 有多少加利福尼亚人?

第二个示例提出了关于5人委员会的一个相似问题,即人们来自于哪儿。我们假设,十分之一的成员可能是来自于California(非常粗略的估计,约十分之一的美国人住在California)。

- 委员会中刚好有两位是加州人的概率是多少?
- 委员会中最多有两位是加州人的概率是多少?

表3-4列出了所有的可能性。这个表与性别示例中的表相似,但是有两处不同。第一,每一行包含5个概率,对于每一个人都有不同的可能。成员来自于California的概率为10%,或有90%的概率该成员来自其他地方。

表3-4 委员会中5位成员所在的州的32种可能

	#1	#2	#3	#4	#5	概率	加州人的数量	非加州人的数量
1	10%	10%	10%	10%	10%	0.001%	5	0
2	10%	10%	10%	10%	90%	0.009%	4	1
3	10%	10%	10%	90%	10%	0.009%	4	1
4	10%	10%	10%	90%	90%	0.081%	3	2
5	10%	10%	90%	10%	10%	0.009%	4	1
6	10%	10%	90%	10%	90%	0.081%	3	2
7	10%	10%	90%	90%	10%	0.081%	3	2
8	10%	10%	90%	90%	90%	0.729%	2	3
9	10%	90%	10%	10%	10%	0.009%	4	1
10	10%	90%	10%	10%	90%	0.081%	3	2
11	10%	90%	10%	90%	10%	0.081%	3	2
12	10%	90%	10%	90%	90%	0.729%	2	3
13	10%	90%	90%	10%	10%	0.081%	3	2

(续表)

	#1	#2	#3	#4	#5	概率	加州人的数量	非加州人的数量
14	10%	90%	90%	10%	90%	0.729%	2	3
15	10%	90%	90%	90%	10%	0.729%	2	3
16	10%	90%	90%	90%	90%	6.561%	1	4
17	90%	10%	10%	10%	10%	0.009%	4	1
18	90%	10%	10%	10%	90%	0.081%	3	2
19	90%	10%	10%	90%	10%	0.081%	3	2
20	90%	10%	10%	90%	90%	0.729%	2	3
21	90%	10%	90%	10%	10%	0.081%	3	2
22	90%	10%	90%	10%	90%	0.729%	2	3
23	90%	10%	90%	90%	10%	0.729%	2	3
24	90%	10%	90%	90%	90%	6.561%	1	4
25	90%	90%	10%	10%	10%	0.081%	3	2
26	90%	90%	10%	10%	90%	0.729%	2	3
27	90%	90%	10%	90%	10%	0.729%	2	3
28	90%	90%	10%	90%	90%	6.561%	1	4
29	90%	90%	90%	10%	10%	0.729%	2	3
30	90%	90%	90%	10%	90%	6.561%	1	4
31	90%	90%	90%	90%	10%	6.561%	1	4
32	90%	90%	90%	90%	90%	59.049%	0	5

此外，每一种情况发生的综合概率列在额外的一列中。在性别示例中，每一种性别的可能性相同，因此所有的行都有相同的权重。在这个示例中，来自 California 的概率小于来自其他地方的概率。因此，数据有不同的权重。对于任意一行，整体的概率是每一列概率的乘积。委员会中所有成员都来自于加州的概率是 10%*10%*10%*10%*10%，即 0.001%。所有人都不是来自加州的概率是 90%*90%*90%*90%*90%，约为 59%。概率不再相等。

再次强调，细节很有趣。在这个小示例中，对于所有不同的可能性的计算是很灵活的。例如，表 3-5 显示出了委员会中包含 0 至 5 位加州人的概率。这些数字可以通过 Excel 中的 BINOM.DIST()函数计算，例如使用 BINOM.DIST(5, 2, 10%, 0)，计算成员中刚好有 2 位加州人的概率。

3.4.3 虚拟假设和可信度

让我们回到关于委员会成员性别的示例中。这个示例中，即使男性和女性的概率是等同的，也仍然有可能成员都是同一性别(都是男性或者都是女性)。事实上，如果假设样本是随机抽选的，有 6.2%的可能成员是同一性别的。如果有足够的成员，假设从男女数量相等的池子里随机抽取，那么这些成员中的 6.2%是同一性别。

如果委员会成员是同一性别的，能说明在选择成员时，也引入了性别的因素吗？或者说，成员是随机选择的，这样合理吗？我们可能会直观地认为选择条件中包含了性别这一项。如果只包含一种性别,看起来很明显其他性别是被过滤掉了。这个直观判断在超过 6% 的情况下是错误的,而且没有任何其他信息,判断成员的选取是否有个人偏见就只能依靠我们自己的可信度了。

表 3-5 5 个成员中包含 n 位加州人的概率

加州人的数量	非加州人的数量	概率
0	5	59.049%
1	4	32.805%
2	3	7.290%
3	2	0.810%
4	1	0.045%
5	0	0.001%

虚拟假设:委员会成员是随机选择的,没有性别因素。假设有一个委员会且委员会的成员都是同一性别,这种情况下的虚拟假设的可信度是多少?在 32 种性别组合中,有两种情况的成员的性别一致。随机抽取,这种情况的概率是 2/32 或 6%。因此它超过了常见的统计阈值。共同的统计检验是 5%,使用这个级别的统计显著性,即便是同性别组成的委员会也不能证明委员选取有偏见。

另一方面,同一性别为男性或女性。只关注一种性别,概率则减少至 1/32(有三十二分之一的可能全体成员为女性;有三十二分之一的可能性全体成员为男性)。考虑性别的因素后,可信度约为 3%,这种情况下,使用标准的统计显著性等级,则成员全为男性或全为女性意味着虚拟假设是错误的。查看问题的细微变化,导致了不同的结果。这也告诉我们要注意面对的是真实世界中的问题。

注意:轻微的调整问题(例如,查看同性别的成员对比查看全为男性成员或全为女性成员)能够改变问题的答案。要清晰地陈述所需要解决的问题。

下面讨论第二个关于加州人的示例。所有的成员都来自加州的情况如何?虚拟假设:委员会成员的选取与地域无关。只存在 0.001%的可能性,随机选择的 5 个成员都是加州人。这种情况下,我们能非常自信地判断这个虚拟假设是错误的。相反,这说明在选择成员时是存在偏见的。在这种情况下,我们认为 99.999%的情况中,对成员的选择都是有偏见的。

3.4.4 有多少客户仍然是活跃客户?

从分析委员会成员的示例中,我们深入了解了通过计算可能性来获取概率和可信度等级。更有趣的示例是使用客户数据。我们假定在 subscription 数据库中,客户刚好是在结算日的前一年开始的,而且其中的部分客户在第一年就停止了。在该表中,STOP_TYPE 值为 NULL 时表示为活跃客户。下面的 SQL 计算汇总信息:

```
SELECT COUNT(*) as numstarts,
       SUM(CASE WHEN StopType IS NOT NULL THEN 1 ELSE 0 END) as numstops,
       AVG(CASE WHEN StopType IS NOT NULL THEN 1.0 ELSE 0 END
```

```
            ) as stoprate
FROM Subscribers
WHERE StartDate = '2005-12-28'
```

注意，查询中使用浮点数常量 1.0 作为平均值，而不是使用 1。这确保了平均值是浮点数。

查询返回如下结果：
- 有 2409 位顾客刚好是在结算日的前一年开始。
- 这些顾客中，484 为顾客在结算日当天停止。
- 停止率为 20.1%。

停止的顾客的数量和停止率，都准确地衡量了在 2005-12-28 当天开始的 2409 位客户的情况。这些数值的置信区间是多少(假设我们想要以此概括整体人口的概率)？

假设有一个过程导致客户停止购买。这个过程是随机的并且与彩票行为相似。有正确的彩票的客户停止(或者，也可能是有错误的彩票的顾客停止)；其余保持活跃。我们的目的是更好地理解这个过程。

第一种方法假设停止的顾客的数量是固定的。给定停止的客户的数量，什么样的停止率区间能够对应刚好有这个数量？

第二种方法假设停止率是固定的，为 20.1%。如果是这种情况，有多少顾客应该停止？回顾委员会那个示例。即使成员为男性或女性的概率相同，委员会也仍然可能有不同的性别组合。在这里是相同的。下面从细节上验证这些方法。方法与我们理解委员会示例的方法相似。然而，内容有些不同，因为这里的数据量更大。

1. 给定数量，概率是多少？

对于一年的订阅者，样本对应的概率是 20.1%。我们假设过程导致的停止率为 15%，而不是 20.1%。假设得到的 484 位停止的顾客刚好是局外人，这与前面示例中委员会随机选取的成员都是女性的情况相同。

图 3-7 展示了停止的顾客的值的分布，假定停止率为 15%，同时使用离散直方图和累积分布图。离散直方图展示不同数量对应的停止率，称为分布。累计分布图展示了累计一定停止数量的概率。

15%的停止率应该导致平均有 361 位停止者(2409 的 15%)，这个整体平均值被称为期望值。实际有 484 位停止者，比期望值多了 123 位，这导致一个问题：出现超过期望值 123 或更多停止者的概率(P 值)是多少？这个问题是有答案的。作为非常接近的预估，概率为 0%。实际值约为 0.0000000015%，使用计算公式 2*MIN(1-BINOM.DIST(484, 2409, 15%, 1), BINOM.DIST(484, 2409, 15%, 1))。P 值是分布的尾部分布的两倍。

因此，15%的初始停止率是非常不可能的。事实上，我们也不可以轻易地忽略这个概率和假设停止率更高。既然停止率不是 15%，那么是 16%吗？或 17%？表 3-6 说明了不同停止率对应的分布概率。根据这个表中的数据，可以合理地认为潜在的停止流程对应的停止率在 18.5%和 21.5%之间。

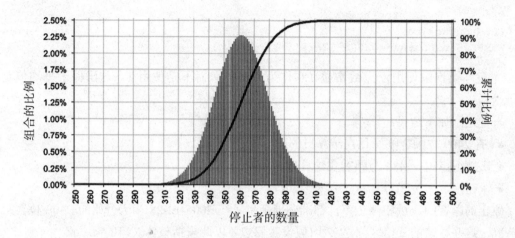

图 3-7 假设停止率为 15%、初始为 2409 位起始者这种情况下组合的比例，该比例使用二项式分布的组合的比例

表 3-6 给定不同的停止率，在 2409 名起始者中，有 484 名停止者的概率

停止率	停止者的期望值	区别	位置对应的概率
17.00%	409.5	−74.5	0.01%
18.00%	433.6	−50.4	0.77%
18.50%	445.7	−38.3	4.33%
18.75%	451.7	−32.3	8.86%
19.00%	457.7	−26.3	16.56%
19.25%	463.7	−20.3	28.35%
19.50%	469.8	−14.2	44.70%
19.75%	475.8	−8.2	65.23%
19.90%	479.4	−4.6	79.06%
20.00%	481.8	−2.2	88.67%
20.10%	484.2	0.2	98.42%
20.25%	487.8	3.8	87.01%
20.50%	493.8	9.8	64.00%
20.75%	499.9	15.9	44.12%
21.00%	505.9	21.9	28.43%
21.25%	511.9	27.9	17.08%
21.50%	517.9	33.9	9.56%
21.75%	524.0	40.0	4.97%
22.00%	530.0	46.0	2.41%
22.50%	542.0	58.0	0.45%
23.00%	554.1	70.1	0.06%

这是一条非常重要的思路，值得我们重新总结整个过程。首先，提出假设。假设声明停止流程的停止率为 15%，而非所观察到的样本的 20.1%。假定这个假设是正确的，然后查看 15% 对应的所有组合的个数。当然，列出所有的组合是笨重的；使用二项式公式能够

简化计算过程。基于这些计数,我们看到样本中的停止个数为 484,这与期望值 361 的差距很大。事实上,出现超过期望值 123 或更多停止者的概率为 0%。

关于为什么 15% 不是正确值,正确值存在于 19%~21% 之间,这其中没有什么神奇的或一般的原因。可信度取决于数据中最初的数据个数。如果只有 100 个起始者,15% 和 20% 之间的区别就不那么明显了。

2. 给定概率,停止者的数量是多少?

第二个问题与第一个问题相反:假设潜在的停止流程的停止率为 20.1%,停止者的数量是多少?这是二项式方程的直接应用。函数 BINOM.DIST(484, 2409, 20.1%, 0) 的返回值为 2.03%,这说明 50 次里面,只有 1 次与 484 位停止者的结果相同。即使停止率是 20.1%,如果使用随机程序,所期望的停止者人数为 484,而实际只达到了 2%。因为起始者比较多,结果多一点或少一点都是合理的,这里假设潜在的过程是随机的。

可以通过二项式公式计算对应概率为 95% 的计数区间。这个区间为 445 至 523,对应的停止率为 18.5% 至 21.7%。表 3-7 介绍了在 484 位停止者周围,不同数量停止者区间对应的概率。

表 3-7　20% 停止率对应值的变化范围集中在期望值 484 附近

宽度	下限	上限	概率
3	483.0	485.0	4.42%
15	477.0	491.0	27.95%
25	472.0	496.0	45.80%
51	459.0	509.0	79.46%
75	447.0	521.0	93.91%
79	445.0	523.0	95.18%
101	434.0	534.0	98.88%
126	421.0	546.0	99.86%
151	409.0	559.0	99.99%

3.4.5 比率或数字?

是时候稍作休息,讨论一下哲学了。这个分析起始于非常艰难的数字:在总人数为 2409 的顾客中,刚好有 484 位在第一年就停止了。在应用一些统计学和概率的思想后,艰难的数字变得温和一些了。准确的计数成为特定区间的值的可信度。我们使用统计分析的能力变强了吗?

情况比看起来更加合理。最初的结果是 445 到 523 位停止者之间的范围看起来很大。事实上,这个距离相当大。然而,如果最初的顾客有 100 万人,如果停止率为 20.1%,那么对应的范围会更加紧凑。等价的置信区间是 200127 和 201699——或 20.01%~20.17%。更多的数据意味着更窄的置信区间。

为什么有置信区间?这是一个重要的问题。原因是顾客的停止是由某个看不见的过程导致的，这个过程影响每一位顾客的概率相同。然而，某位顾客停止的原因就像投骰子或掷硬币，换句话说，可能会有不寻常的幸运条(较低的停止率)或不寻常的霉运条(较高的停止率)，与随机选择 5 个同性委员的情况相同。

随机的过程不同于确定的过程，例如，在确定的过程中，每第 5 个顾客都会在第一年中停止，或者说在第 241 天时，我们会取消名为"Pat"的所有人的账户。这些来自于确定过程的结果是准确的，忽略小的偏差可能引起操作上的错误。例如，对于已经开始的客户，开始流程是确定的，从准确的 2409 位顾客开始。这里没有置信区间，数字就是 2409。统计衡量"决定停止"的流程，这些内容只能通过停止动作的实际影响来观察到。

本节以 5 个成员的委员会示例作为起始，然后转移到拥有数千起始者的更大示例。随着总人数的增加，结果中的可信度也增加，对应的置信区间变得更窄。随着总人数的变大，关注比例和关注实际数字两者之间的区别变得不再重要，只是因为两者都变得非常准确。幸运的是，数据库中存储海量的数据，因此对应的置信区间通常是特别小的，以至于可以忽略。

提示：在大型数据集中，对于不同的顾客组，如果图表显示出可见的区别，就说明这些区别是具有统计显著性的。

3.5 概率和它们的统计

二项式分布计算所有不同的组合的个数，并决定符合特定条件的组合的比例。这对于找到随机流程的置信区间非常有用，如前面的章节所述。本节介绍计算概率的标准差的替换方法，并使用标准分布来粗略估计可信度的比例。

对比二项式分布，使用正态分布有两个优点。第一，正态分布适用于更多情况，例如，这里的方法更适用对比两个概率并判断它们是否相同。第二，SQL 不支持二项式分布所需要的计算，但是支持几乎所有这个方法所需要的内容。

本节介绍估计概率的标准偏差(这实际上是源于概率的标准差)的方法。然后，用它来比较不同的概率。最后，本节介绍了如何使用这个方法生成概率的下限，可用于对不同组进行适当的保守比较。

3.5.1 概率的标准差

记住标准差只是某种统计的标准误差，该统计是针对整体数据的样本测量。在这个示例中，统计是两个变量的概率，例如，停止者的数量除以开始者的数量。这个标准差的公式很简单，可以在 SQL 或 Excel 中轻易地表达：

```
STDERR = SQRT(<ratio> * (1 - <ratio>) / <number of data points>)
```

即，标准差是样本概率与 1 减样本概率的结果的乘积，除以样本大小后再求平方根。下面的 SQL 计算了标准差以及置信区间为 95%的下限和上限：

```
SELECT stoprate - 1.96 * stderr as conflower,
```

```
            stoprate + 1.96 * stderr as confupper,
            stoprate, stderr, numstarts, numstops
FROM (SELECT SQRT(stoprate * (1 - stoprate) / numstarts) as stderr,
             stoprate, numstarts, numstops
      FROM (SELECT COUNT(*) as numstarts,
                   SUM(CASE WHEN StopType IS NOT NULL THEN 1 ELSE 0
                       END) as numstops,
                   AVG(CASE WHEN StopType IS NOT NULL THEN 1.0 ELSE 0
                       END) as stoprate
            FROM Subscribers
            WHERE StartDate = '2005-12-28') s
     ) s
```

这个 SQL 查询使用两个嵌套的子查询定义列 numstops、stoprate 和 stderr。也可以避免使用子查询，但这样会使查询语句更为复杂。

查询中使用 1.96 定义 95%置信区间。结果是 18.5%至 21.7%之间的区间。在使用二项式分布作为计算方法时，置信区间刚好也是 18.5%至 21.7%。幸运的是，两个结果非常相近，这在意料之中，也是值得注意的。概率的标准差是使用正态分布的一种估计，它是一个非常好的估计方法。

标准差也可以反过来用。在更前面的投票选举示例中，标准差是 1.27%，概率的期望值是 50%。这说明参与投票的人数是多少？对于这个问题，计算是反向的。公式为：

```
<number> = <ratio> * (1 - <ratio>) / (<stderr>^2)
```

对于这个示例，值为 1522，这是一个合理的数值。

对于标准差和整体样本数值，有一个重要结论。标准差二等分等价于将样本数值扩大 4 倍。换句话说，这是在花销和精准度之间的平衡。想要将投票选举示例中的标准差降至 0.635%，即 1.27%的一半，需要投票人数增加 4 倍，即超过 6000 人。增加 4 倍的选民，有可能会增加花销。减少标准差会增加花销。

3.5.2 概率的置信区间

可以由标准差生成置信区间。在订阅者数据中，对于从日期 2015-12-26 开始的客户，三个市场有下列停止率(这个示例中的停止率与前面的有少许不同)：

- Gotham，35.2%
- Metropolis，34.0%
- Smallville，20.9%

我们可以认为这些停止率不同吗？或者，它们都相等的？尽管看起来它们不一样，因为 Smallville 比其他两个小太多了，但是记住 5 人小组的示例中，5 个人甚至有 5%的情况是同一性别。即使 Smallville 的停止率较低，但这也可能是另一个合理的示例。

分析起始于计算各自市场的置信区间。下面的查询完成计算：

```
SELECT Market, stoprate - 1.96 * stderr as conflower,
       stoprate + 1.96 * stderr as confupper,
```

```
              stoprate, stderr, numstarts, numstops
FROM (SELECT Market,
             SQRT(stoprate * (1 - stoprate) / numstarts) as stderr,
             stoprate, numstarts, numstops
      FROM (SELECT market, COUNT(*) as numstarts,
                   SUM(CASE WHEN StopType IS NOT NULL THEN 1 ELSE 0
                       END) as numstops,
                   AVG(CASE WHEN StopType IS NOT NULL THEN 1.0 ELSE 0
                       END) as stoprate
            FROM Subscribers
            WHERE StartDate IN ('2005-12-26')
            GROUP BY Market) s
     ) s
```

这个查询与计算整体样本数的查询相似,只是多了对市场进行的聚合操作。

表 3-8 中的结果清晰说明了 Smallville 的停止率与 Gotham 和 Metropolis 的不同。Smallville 的 95%的置信区间与其他两个市场的置信区间并没有重叠,如图 3-8 所示。这是一个强有力的条件。当置信区间不重叠时,概率很可能不同。

表 3-8 对于从 2015 年 12 月 26 日开始的客户,不同市场的置信区间

市场	开始者	停止者		标准差		标准差
		数量	比例	下限	上限	
Gotham	2256	794	35.2%	33.2%	37.2%	1.0%
Metropolis	134	385	34.0%	31.2%	36.7%	1.4%
Smallville	666	139	20.9%	17.8%	24.0%	1.6%

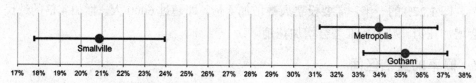

图 3-8 当置信区间没有重叠时,有很高的可信度认为样本值是真正不同的。因此,Smallville 与 Gotham 和 Metropolis 是明显不同的

图 3-8 是 Excel 散点图。X 轴标记每一个市场的停止率,Y 轴就是简单的 1、2 和 3(因为 Excel 不允许以名字作为散点);Y 轴本身已经被移除,因为它不包含任何有用信息。区间使用的是 X-误差线功能,点上的标签是手动添加的,在所需位置添加标签并输入文本。

3.5.3 概率的不同

对于 Metropolis 和 Gotham,情况是不一样的,因为它们的置信区间有重叠。它们之间的样本停止率的差别是 1.2%。如果虚拟假设是这两个市场的停止率完全相等,那么这个差值是偶然产生的可能性有多大?

针对两个不同概率之间区别的标准差,我们可以合理地称之为概率的区别的标准差。

在 Excel 和 SQL 中的公式表述很简单：

STDERR = SQRT((<ratio1>*(1-<ratio1>)/<size1>) + (<ratio2>*(1-<ratio2>)/<size2>))

即，两个概率区别的标准差是每一个概率的标准差的平方之和，再求平方根。计算结果为 1.7%。样本对应的差值为 1.2%，对应 Z 分数为 0.72(Z 分数为 1.2%/1.7%)。这样小的 Z 分数完全在一个合理的区间内，因此两个概率的区别并不明显。

另一种方法是使用 95%置信区间。下限为样本差值减去 1.96*1.7%，上限为样本差值加上 1.96*1.7%，范围为-2.2%至 4.6%。由于置信区间既有负数也有正数，它包含零。即，Gotham 和 Metropolis 实际上可能会有相同的停止率，或者 Metropolis 的停止率可能比 Gotham 的停止率高(与样本所得的情况相反)。样本所显示的区别可能是由于潜在的停止过程的随机性导致的。

示例显示了使用标准差的不同方法。当置信区间不重合时，样本值是显著不同的。也可以使用概率的差值的标准差来计算两个值不同的可信度。当结果的置信区间中包含 0 时，说明两者的区别不显著。

技术只能测量某种显著性，这与潜在的过程的随机性相关。样本观察值仍然可以提供指导。有一些证据表明 Gotham 的停止率比 Metropolis 高，证据是存在的，但不足以支持可信度。如果我们必须选择一个市场以实行客户保留程序，Gotham 可能是一个不错的选项，因为它的停止率更高。做出这样的选择是因为两者的统计显著性不明显，依照不充分证据证明，选择了 Gotham。

3.5.4　保守的下限值

注意三个市场的置信区间都有不同的标准差。这主要是因为每一个市场的大小是不同的(也有一少部分原因是因为所得的停止率是不同的)。保守来讲，有时使用样本值减去方差比使用样本值更有用。这可以改变不同组的相对值，特别是因为小的分组的标准差比大的分组的标准差要大。有时，使用保守估计值改变了不同组的顺序，虽然在本例中并非如此。

提示：当比较不同大小的分组的概率时，用于比较的保守估计值是样本概率减去标准差。

3.6　卡方检验

问题："不同之处究竟在哪里？"卡方检验为处理这个问题提供了另一个方法。卡方检验适合比较两者之间的多个维度的区别。对比只是关注顾客的"停止率"，还可将顾客分至两个不同的分组，分别为已停止的客户和活跃客户。可以通过不同维度对两个分组进行比对，例如渠道、市场或者开始的时间区间。

卡方检验并不创建置信区间，因为置信区间在比较多维数据时并没有多少意义。相反，它通过比较样本计数和期望计数，计算样本计数是由偶然因素导致的可信度。因为卡方检验不使用置信区间，它避免了发生在边界上的一些逻辑上的难题，例如，比例的置信区间跨越 0%或 100%。概率在 0%到 100%之间，它们的置信区间也应该如此。

3.6.1 期望值

考虑开始于日期 2015-12-06 的客户。这三个市场中每一个市场的停止客户的期望值是多少?计算这个期望值的简单方法是使用整体的停止率。因此,给定 Gotham 有 2256 位起始者,那么应该有 733.1 位停止者(32.5%*2256)。换句话说,假设所有市场的行为一致,停止者应该是在这三个市场间均匀分布的。

实际情况中,Gotham 有 794 位停止者,并不是 733.1 位,超出了期望值 60.9。样本值和期望值之间的差值为偏差;表 3-9 介绍了三个市场的样本值、期望值和偏差。

期望值有一些有用的属性。例如,期望值的和等于样本值的和。此外,预期的停止者的总数与观察到的停止者的总数相等;并且每一个市场的观察值的总数和期望值的总数是相同的。期望值包含相同数量的活跃者和停止者,只是他们的区分不同。

每一行数据的偏差都是相同的绝对值,但是如果一个是正数,那么另一个就是负数。对于 Gotham,"活跃客户"的偏差是-60.9,停止客户的偏差为+60.9,偏差之和为 0。这个属性并不是巧合。对于每一行,列对应的偏差值之和总是为 0,不管有多少行或列。

从原始的列表数据中计算期望值是轻而易举的。表 3-9 介绍了 Excel 公式。首先计算每行每列的总数,以及表中所有单元格的总数。对于每一个单元格,期望值是单元格对应的行数据总和乘以对应的列数据总和,然后除以所有数据总和。通过巧妙使用相对和绝对单元格引用,可以很容易地编写方程,并复制到其他单元格中。

在此背景下,卡方问题是:严格地讲,偏差是由于偶然导致的可能性是多少?如果可能性很低,我们就能自信地认为市场之间是有区别的。如果可能性比较高(例如,超过 5%),那么可能市场之间是有区别的,但是样本测量无法提供充分的证据以总结出严格的结论。

表 3-9 以市场分类,活跃客户和停止客户的样本观察值和期望值

	样本观察值		期望值		偏差	
	活跃客户	停止客户	活跃客户	停止客户	活跃客户	停止客户
Gotham	1462	794	1522.9	733.1	−60.9	60.9
Metropolis	749	385	765.5	368.5	−16.5	16.5
Smallville	527	139	449.6	216.4	77.4	−77.4

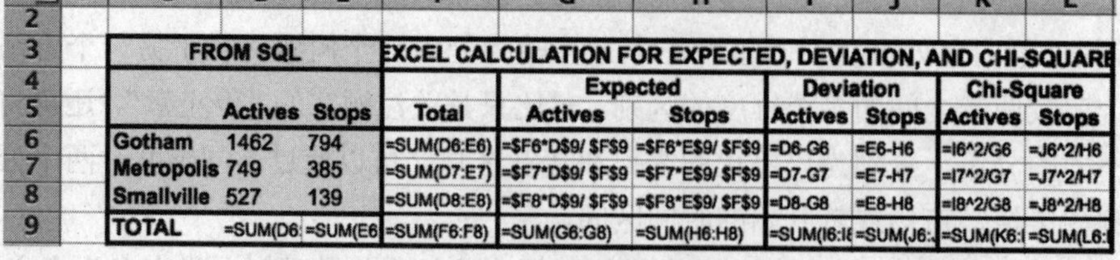

	B	C	D	E	F	G	H	I	J	K	L
2											
3			FROM SQL		EXCEL CALCULATION FOR EXPECTED, DEVIATION, AND CHI-SQUARE						
4						Expected		Deviation		Chi-Square	
5			Actives	Stops	Total	Actives	Stops	Actives	Stops	Actives	Stops
6		Gotham	1462	794	=SUM(D6:E6)	=$F6*D$9/$F$9	=$F6*E$9/$F$9	=D6-G6	=E6-H6	=I6^2/G6	=J6^2/H6
7		Metropolis	749	385	=SUM(D7:E7)	=$F7*D$9/$F$9	=$F7*E$9/$F$9	=D7-G7	=E7-H7	=I7^2/G7	=J7^2/H7
8		Smallville	527	139	=SUM(D8:E8)	=$F8*D$9/$F$9	=$F8*E$9/$F$9	=D8-G8	=E8-H8	=I8^2/G8	=J8^2/H8
9		TOTAL	=SUM(D6)	=SUM(E6)	=SUM(F6:F8)	=SUM(G6:G8)	=SUM(H6:H8)	=SUM(I6:I	=SUM(J6:	=SUM(K6:	=SUM(L6:

图 3-9 在 Excel 中轻而易举地计算期望值

3.6.2 卡方计算

单个单元格的卡方计算是使用偏移值的平方除以期望值。整个表的卡方值是表中所有

卡方值之和。

表 3-10 扩展了表 3-9 中的内容，添加了单元格的卡方值。所有卡方值之和为 49.62。注意卡方值不再包含属性：每一行的和或是每一列的和为 0。很明显，卡方值永远不能为负数。除数和被除数总是正数：平方值为整数，计数的期望值也总是正数。

卡方值是有趣的，但是它并不能告诉我们值是预期的还是非预期的。对于这一点，我们需要将这个值与分布进行对比，将卡方值 49.62 转换为 P 值。然而，卡方值并不服从正态分布。它服从另外一个广为人知的分布。

表 3-10 不同市场的卡方值

	样本观察值		期望值		偏差		卡方值	
	活跃客户	停止客户	活跃客户	停止客户	活跃客户	停止客户	活跃客户	停止客户
Gotham	1462	794	1522.9	733.1	−60.9	60.9	2.4	5.1
Metropolis	749	385	765.5	368.5	−16.5	16.5	0.4	0.7
Smallville	527	139	449.6	216.4	77.4	−77.4	13.3	27.7
总计	2738	1318	2738.0	1318.0	0.0	0.0	16.1	33.5

3.6.3 卡方分布

计算的最后一步是将卡方值转换为 P 值。与标准差相似，对它最好的理解是使用潜在的分布，即卡方分布。

实际上，卡方分布是众多分布的一种，基于一个参数：自由度。计算表的自由度是很简单的。即表的行数减 1 乘以表的列数减 1。在这个示例中，有三行（每一行代表一个市场）两列（分别代表活跃客户和停止客户）数据，因此自由度为(3-1)*(2-1)=2。下面的"卡方检验的自由度"部分详细描述了这个概念。

图 3-10 展示了不同自由度的卡方分布。随着自由度的数量的增加，卡方分布的波峰向右移动。事实上，波峰所在的位置为自由度减 2。括号中的数字为对应曲线的 95%可信度。如果卡方值超过这个可信度，可以很合理地认为分布对应的值并非偶然产生。

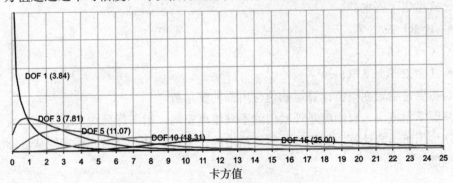

图 3-10 随着自由度的增长，卡方分布变得更为平缓；括号中是 95%的置信区间的边界

Excel 函数 CHIDIST()计算卡方值在给定自由度的情况下的可信度值。CHIDIST(49.62, 2)返回极小的值 0.0000000017%。这个值非常小，这说明我们只有非常小的信心认为活跃客户和停止客户的分布是由市场控制的。似乎有一些其他因素存在。

如前面的图 3-9 所示，从期望值到卡方值的计算，都可以在 Excel 中进行。自由度的公式使用 Excel 中的函数，返回表中的行数和列数，因此给定范围的单元格的自由度是(ROWS(<table>)-1)*(COLUMNS(<table>)-1)。CHIDIST()函数通过适当的参数，计算对应的概率。

卡方检验的自由度

卡方检验的自由度并不是一个难以理解的想法，但是理解它需要一些代数知识。历史上首位研究自由度的人是英国的统计学家 Ronald Fisher 先生，或许他是 20 世纪最杰出的统计学家。因为对统计学和科学的卓越贡献，他曾被授予爵位。

自由度解决了如下问题：在给定期望值、行列约束的前提下，为了描述所得到的数据，需要多少个独立的变量。这听起来像是一个晦涩的问题，但是它对于理解很多不同类型的统计问题非常重要(基本上，假设这些变量遵守正态分布)。本节介绍特定公式的计算方式。

第一个猜测是每一个样本值都是独立的变量。即，自由度是 r*c，这里 r 代表行数，c 代表列数。然而，约束加强了变量之间的关系。例如，每一行数据的和与对应行的期望值的和相同。因此，用于描述样本值的变量个数因为行数而减少。加入行约束对自由度的削减，自由度变为 r*c-r。由于列有相似的约束，自由度减少至 r*c-r-c。

然而，行和列上的约束本身是冗余的，因为所有行数据的总和等于列数据的总和——在这两个情况中，和等于所有单元格的总和。其中一个约束是不必要的，前面的公式多计算了 1。计算自由度的公式变为 r*c-r-c+1。它等价于之前给出的公式(r-1)*(c-1)。

使用一个实例来说明这个问题。假设一个普通的 2×2 表格，单元格中的值分别为 a、b、c、d，约束为 R1、R2、C1、C2 和 T。R1 对应的事实是第一行观察值的总和等于期望值的总和，a+b。

这个示例中的自由度是 1。它说明知道一个观察值和期望值，则能定义其他的观察值。我们成观察到的值分别为 A、B、C、D，假设 A 是已知的。其他值为多少？下面的公式给定了答案：

- B=R1-A
- C=C1-A
- D=C2-B=C2-R1+A

自由度是给定期望值计算原始值时所需的变量数。

从数学角度讲，自由度是观察值的不同维度空间，指向行列约束。关于如何将这个想法应用于卡方计算，我们并不需要精准的定义。但是，自由度确实能从基础层面描述问题。

3.6.4 SQL 中的卡方检验

卡方检验使用的基础算法可以轻而易举地使用 SQL 实现。其中的挑战是保留对中间值的追踪，例如期望值和方差。对于两个维度，需要 4 种类型的汇总：

- 分别对行和列两个维度的聚合。计算每一个单元格的观察值。
- 对行的聚合。计算每一行数据的和，用于计算期望值。
- 对列的聚合。计算每一列数据的和，用于计算期望值。
- 对所有值的求和。

卡方计算后续会使用这些值。

实现这样的 SQL 的一个方法是使用显式的汇总。下面的 SQL 针对每一个聚合使用子查询：

```
SELECT Market, isstopped, val, x, SQUARE(val - x) / x as chisquare
FROM (SELECT cells.Market, cells.isstopped,
             (1.0 * r.cnt * c.cnt /
              (SELECT COUNT(*) FROM Subscribers
               WHERE StartDate IN ('2005-12-26'))
             ) as x,
             cells.cnt as val
      FROM (SELECT Market,
                   (CASE WHEN StopType IS NOT NULL THEN 1 ELSE 0
                    END) as isstopped, COUNT(*) as cnt
            FROM Subscribers
            WHERE StartDate IN ('2005-12-26')
            GROUP BY Market,
                     (CASE WHEN StopType IS NOT NULL THEN 1 ELSE 0 END)
           ) cells LEFT OUTER JOIN
           (SELECT Market, COUNT(*) as cnt
            FROM Subscribers
            WHERE StartDate IN ('2005-12-26')
            GROUP BY Market
           ) r
           ON cells.Market = r.Market LEFT OUTER JOIN
           (SELECT (CASE WHEN StopType IS NOT NULL THEN 1 ELSE 0
                    END) as isstopped, COUNT(*) as cnt
            FROM Subscribers
            WHERE StartDate IN ('2005-12-26')
            GROUP BY (CASE WHEN StopType IS NOT NULL THEN 1 ELSE 0 END)
           ) c
           ON cells.isstopped = c.isstopped
     ) a
ORDER BY Market, isstopped
```

SQL 与使用 Excel 计算卡方值的逻辑相同。行数据通过子查询获得，别名为 r。列的总和的别名为 c。期望值为 r.cnt 与 c.cnt 的乘积除以整个表的总和。

3.6.5 州和产品之间的特殊关系

整体的卡方值告诉我们每一个单元格的值的可能性。每一个单元格的值都可以用于衡量特定组合的可能性。购买数据涵盖了 8 个产品组，超过 50 个州。对于不同的产品组，哪个州与其有不寻常的关系(积极的或是消极的)？即，对产品的偏好是与地域相关的吗？

设想订单数据被汇总至表中，其中贯穿产品组和州的信息，每一个单元格存储的是在某个州购买了某个产品的客户的数量。这看起来像是用于卡方计算的审计表。那个单元格拥有最大的卡方值？

1. 数据调查

第一步是调查数据的特征。第 2 章介绍了不同州的订单的分布情况。图 3-11 展示了不同产品组的订单分布。生成这个分布的典型查询是：

```
SELECT p.GroupName, COUNT(*) as numorderlines,
       COUNT(DISTINCT o.OrderId) as numorders,
       COUNT(DISTINCT o.CustomerId) as numcustomers
FROM Orders o LEFT OUTER JOIN
     OrderLines ol
     ON o.OrderId = ol.OrderId LEFT OUTER JOIN
     Products p
     ON ol.ProductId = p.ProductId
GROUP BY p.GroupName
ORDER BY p.GroupName
```

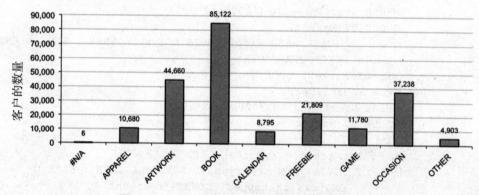

图 3-11 一些产品组比其他产品组更能吸引客户

结果表明 BOOK 是最受欢迎的产品组。这在州与州之间都是真的吗？确实是这样的。除了仅有的几个例外，在每个州最受欢迎的产品是书籍。

下面的 SQL 回答了这个问题，它通过计算每个州购买书籍的客户的数量，选择每一个州最大的数值。它使用 ROW_NUMBER()，如第 2 章所述。

```
SELECT State, GroupName, numcustomers
FROM (SELECT o.State, p.GroupName,
             COUNT(DISTINCT o.CustomerId) as numcustomers,
             ROW_NUMBER() OVER (PARTITION BY state
                      ORDER BY COUNT(DISTINCT o.CustomerId) DESC
```

```
                            ) as seqnum
       FROM Orders o LEFT OUTER JOIN
            OrderLines ol
            ON o.OrderId = ol.OrderId LEFT OUTER JOIN
            Products p
            ON ol.ProductId = p. ProductId
       GROUP BY o.State, p.GroupName) a
WHERE seqnum = 1
ORDER BY numcustomers DESC
```

结果肯定了到目前为止，书籍是所有州最受欢迎的产品。第一个例外的州是"AE"，有 9 名顾客购买 ARTWORK。顺便提一下，州名"AE"并不是错误的，它指的是欧洲的一个军用邮局。

2. 使用 SQL 计算卡方值

计算针对州-产品组这样的组合的卡方值，需要编写一个长的 SQL 查询。下面的查询与前面查询的格式相同，使用三个子查询分别做聚合操作：按照州和产品组、单独针对组、单独针对产品组。查询将三个表联接起来，然后再做适当的聚合操作。

```
SELECT State, GroupName, val, exp,
       SQUARE(val - expx) / expx as chisquare
FROM (SELECT cells.State, cells.ProductGroupName,
             1.0 * r.cnt * c.cnt /
                (SELECT COUNT(DISTINCT CustomerId) FROM Orders) as expx,
             cells.cnt as val
      FROM (SELECT o.State, p.GroupName,
                   COUNT(DISTINCT o.CustomerId) as cnt
            FROM Orders o LEFT OUTER JOIN
                 OrderLines ol
                 ON o.OrderId = ol.OrderId LEFT OUTER JOIN
                 Products p
                 ON ol.ProductId = p.ProductId
            GROUP BY o.State, p.GroupName
           ) cells LEFT OUTER JOIN
           (SELECT o.State, COUNT(DISTINCT o.CustomerId) as cnt
            FROM Orders o
            GROUP BY o.State
           ) r
           ON cells.State = r.State LEFT OUTER JOIN
           (SELECT p.GroupName,
                   COUNT(DISTINCT o.CustomerId) as cnt
            FROM Orders o LEFT OUTER JOIN
                 OrderLines ol
                 ON o.OrderId = ol.OrderId LEFT OUTER JOIN
                 Products p
                 ON ol.ProductId = p.ProductId
            GROUP BY p.GroupName
           ) c
           ON cells. GroupName = c.GroupName) a
ORDER BY chisquare DESC
```

针对 Cells 的子查询计算每一个单元格的观察值。子查询 r 计算行数据的汇总，子查询 c 处理列数据。有了这些信息后，计算卡方值只是一个计算问题了。

3. 关系结果

表 3-11 展示了基于卡方值的州和产品组的组合，列出了前 10 个最意想不到的组合。表中的第一行说明最意想不到的组合是 New York 的 GAMES。基于数据库中的信息，我们期望有 3306.1 位顾客在这个州购买游戏。然而，实际上只有 2598 位顾客，差值为 708。另一方面，Massachusetts 的顾客更喜欢购买游戏，这比期望值高。

表 3-11 意料之外的产品组和州的组合关系

州	组	观察值	期望值	卡方值
NY	GAME	2599	3306.4	151.4
FL	ARTWORK	1848	2391.6	123.5
NY	FREEBIE	5289	6121.4	113.2
NY	ARTWORK	13 592	12 535.2	89.1
NJ	ARTWORK	5636	4992.6	82.9
NY	OCCASION	9710	10 452.0	52.7
NJ	GAME	1074	1316.9	44.8
AP	OTHER	5	0.5	44.2
FL	APPAREL	725	571.9	41.0
MA	GAME	560	428.9	40.1
NJ	CALENDAR	785	983.2	40.0

这个表也建议对比 New York 和 Massachusetts 两个州之间的区别，以解释为什么居住在后者的顾客更喜欢购买游戏。或者为什么对比 Florida 州，ARTWORK 在 New Jersey 更受欢迎。或许改变营销实践，能够在 New York 销售更多的游戏产品，在 Florida 销售更多的 ARTWORK。

3.7 月份和支付类型与不同产品类型的特殊关系

这个问题与前面介绍的问题相似，除了一点：这个问题是使用三列而不是两列。解决这个问题需要使用多维卡方计算。它与二维卡方计算非常相似，唯一的区别是对公式进行了一些调整。

3.7.1 多维卡方

添加额外的维度不会改变卡方值的计算方法，仍然是使用观察值和期望值之差的平方除以期望值。

改变的部分是计算期望值的公式。对于二维情况，期望值是两个维度求和后的乘积除以总数。这个公式可以推广至更多的维数。对于三维的情况，期望值是三个维度求和后的乘积除以总数的平方值。注意是"平方值"。

多维卡方的自由度的计算也是相似的。它是每一个维度大小减 1 之后的乘积。因此，在 2×2×2 示例中，它的自由度仍然是 1。

3.7.2 使用 SQL 查询

对公式的修改相对较小，而且很容易在 SQL 中调整。在这个版本的查询语句中，使用窗口函数计算每一个维度：

```
WITH pmg as (
     SELECT o.PaymentType, Month(o.OrderDate) as mon, p.GroupName,
            COUNT(*) as cnt
     FROM Orders o JOIN
          OrderLines ol
          ON o.OrderId = ol.OrderId JOIN
          Products p
          ON ol.ProductId = p.ProductId
     GROUP BY o.PaymentType, Month(o.OrderDate), p.GroupName
    ),
    pmgmarg as (
     SELECT pmg.*,
            SUM(cnt) OVER (PARTITION BY PaymentType) as cnt_pt,
            SUM(cnt) OVER (PARTITION BY mon) as cnt_mon,
            SUM(cnt) OVER (PARTITION BY GroupName) as cnt_gn,
            SUM(cnt) OVER () as cnt_all
     FROM pmg
    ),
    pmgexp as (
     SELECT pmgmarg.*,
            (cnt_pt*cnt_mon*cnt_gn)/POWER(cnt_all, 2) as ExpectedValue
     FROM pmgmarg
    )
SELECT pmgexp.*,
       SQUARE(cnt - ExpectedValue) / ExpectedValue as chi2
FROM pmgexp
ORDER BY chi2 DESC;
```

第一个 CTE 根据三个维度——支付类型、月份、组名——通过聚合，计算每一个单元格的计数。

第二个 CTE(pmgmarg)计算每一个维度的总和。它使用窗口函数，避免了额外的连接。第三个 CTE(pmgexp)计算期望值。最后的查询计算卡方值。

这个结构很容易推广至更多维度。唯一的改变是在每一个子查询中添加额外的维度，然后在 POWER()中增加第二个参数。

3.7.3 结果

表 3-12 展示了查询返回的前 10 行数据。这些都包含高度意料之外的计数。例如，第

一行针对：

- 支付类型=OC
- 月份=8
- 组名=Apparel

计数结果为 2120，而期望值只是 29。区别很明显。OC 代表的是"其他卡"，即不常见的信用卡。

表 3-12 意料之外的支付类型——月份-产品组的组合

支付类型	月份	产品	实际值	期望值	卡方值
OC	8	APPAREL	2120	29.5	148 287.4
??	3	APPAREL	110	1.0	11 704.3
OC	10	APPAREL	612	32.9	10 197.3
DB	7	#N/A	8	0.0	2044.2
OC	4	APPAREL	204	23.2	1406.8
MC	6	OCCASION	1755	790.7	1176.0
VI	6	OCCASION	2456	1258.8	1138.6
VI	12	GAME	2712	1455.6	1084.6
OC	9	APPAREL	186	26.6	956.6

进一步的调查揭露出所有的超额都是一个产品在一年内发生的：在 2014 年 8 月，ProductId 12510 对应的产品销售了 2106 个。所有这些产品都出售给不同的顾客。这可能是产品的某个特定升级，或是针对特殊的产品，市场与信用卡公司组织的活动。

关于这些产品的详细信息的查询如下：

```
SELECT YEAR(o.OrderDate), ol.ProductId, COUNT(*) as cnt
FROM Orders o JOIN
     OrderLines ol
     ON o.OrderId = ol.OrderId JOIN
     Products p
     ON ol.ProductId = p.ProductId
WHERE o.PaymentType = 'OC' AND MONTH(o.OrderDate) = 8 AND
      p.GroupName = 'APPAREL'
GROUP BY YEAR(o.OrderDate), ol.ProductId
ORDER BY cnt DESC
```

这个查询简单地替代了 WHERE 子句中的值，然后基于年和产品做聚合。

3.8 小结

本章致力于解决问题"不同之处是如何不同？"由这个问题引出统计学相关的主题。在过去的两个世纪，这些统计学主题被深入研究和解答。

正态分布由平均值和标准差定义，是统计学中的重要概念。它用于衡量一个值到平均值之间的距离，以标准差的形式，这种衡量实际上是 Z 分数。大的 Z 分数对应低的可信度。即，值的产生不是由于偶然，有其他的事情在发生。

对于客户数据库来说，计数是非常重要的。有三种方式用于判断针对不同组的计数是否相同。二项分布计算每一种可能的组合，因此它是非常精准的。概率的标准差在生成 Z 分数时非常有用。卡方检验直接从多个维度对计数进行比较。这些对于评估结果中的可信度是非常有用的。

卡方值和 Z 分数都可能非常有用。尽管它们使用不同的方法，但是它们都能从数据中找到意外数据。这能够帮助理解一些问题，例如，指定的产品在哪些地方的购买力比较强。

第 4 章将从统计测量的区别转移到地理上的区别，因为对于区分客户组来说，地理位置是最重要的因素之一。

第4章

发生的地点在何处？

从外交政策到政治、房地产和零售业，许多人会同意拿破仑的观点："地理即命运"。客户居住的地方和对应的地域特征，是客户最翔实的特点：居住在东海岸、西海岸或在它们之间？红州还是蓝州？城市、乡村还是郊区？阳光地带还是多雪地带？好的学区还是退休社区？地理位置很重要。

把这些丰富的信息源加入数据分析中，为我们带来了一些挑战。其一是地理编码，它用于识别地理位置。它包括纬度和经度，以及对一些地理区域的识别，例如邮政编码、地区、州和国家。利用这些信息可以判断哪些是邻居，哪些不是。

另一个挑战是合并丰富的地理区域的信息。在美国，人口统计局提供不同层次的地理位置和经济信息。人口统计局将国家划分为非常具体的地理块，例如人口普查区和块组以及邮政编码列表区(ZCTA)，ZCTA 密切但不完全对应着邮政编码。而后，人口统计局统计总结这些区域的信息，例如家庭数量、家庭的平均收入，使用太阳能的住房的百分比。人口普查数据的最大优点是，它们是免费的，并且容易在网络上访问。

ZipCensus 表包含的只是人口数据的一部分。这些数据本身都是有趣的。更重要的是，这样的人口统计数据补充了客户数据。两者结合，为洞察客户提供新的内容。

本章介绍地理编码提供的信息，以及将地理编码应用到数据分析。本章将继续添加客户数据。本章节的示例使用 purchases 数据集，因为它包含邮政编码信息。邮政编码与 ZCTA 的映射生成了地理编码的基础表格。

没有对地图的讨论，单独讨论地理是不完整的。地图是一种非常强大的信息传播方式。虽然本章并未使用，但是 Excel 的 Power View 功能包含地图功能。即便没有这个功能，也可以通过将 Excel 连接至网络来实现。本章开始讨论地理数据，末尾概要介绍绘制地图在数据分析中所起的作用。

4.1 纬度和经度

地球表面的任何一点都是由两个坐标描述的：纬度和经度。由于地球基本上是一个球体，而不是平面，因此纬度和经度与高中几何有些不同。本章通过使用 ZipCensus 来学习研究它们。

4.1.1 纬度和经度的定义

纬度线和经度线实际上是绕地球的圆周。所有的经度线都穿过北极和南极。所有的纬度线都是并行于赤道的圆周。实际上的测量是角度，以地球中心到本初子午线(经度)或赤道(维度)为基准。本初子午线也称为格林威治子午线，穿过伦敦中心，在 1884 年，通过国际约定将它作为区分东西方的界限。图 4-1 介绍了纬度和经度的示例。

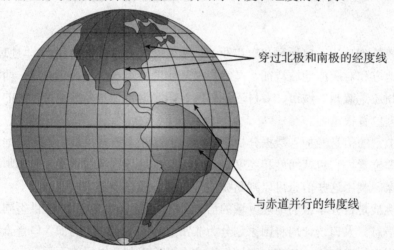

图 4-1 通过纬度线和经度线可以确定地球表面任意一个点的位置

尽管纬度和经度看起来非常相近，但是它们有一些重要的区别。其中之一是历史上的区别。如果没有准确的计时装置，很难测量经度(向东或向西多远)，这个计时装置是相当现代化的发明。

而人们对纬度(向南或向北多远)的理解已经有几千年的历史了，它可以通过天空中星星的角度来测量，也可以通过头上的太阳的位置来测量。在几千年前，通过观察夏至日正午太阳的位置，古希腊天文学家 Eratosthenes 估算出地球的周长。他注意到三个事实。在夏至日的正午，太阳正好在城镇 Syene(现为埃及的 Aswan)的正上方。在同一时间，在城镇 Alexandria，太阳偏离垂直距离 7.2 度，而 Syene 与 Alexandria 之间有一定的距离。根据现代的测量方法，他对地球周长的估算误差在 2%以内——这在 25 个世纪之前是相当了不起的精度。

与经度线不同，纬度线不相交。纬度线相差 1 度，对应的实际距离为 68.7 英里(整个地球的圆周被划分为 360 度)。另一方面，两条差值为 1 度的经度线之间的距离是随着纬度的变化而变化的。在赤道周围，两条经度线之间的距离为 68.7 英里，而在极地则为 0。

回忆高中几何中的定义，两点之间的直线距离是最短的。在球体上，经度线是有这个属性的。因此对于两个地址，如果它们正好在彼此的正南正北方向，则沿着两个地址的经度线是它们之间的最短距离。

纬度线没有这个属性(因此它在球型几何学中，并不是严格意义上的直线)。对于拥有同样维度的两个地址，例如(芝加哥，伊利诺伊州)和普罗维登斯(罗得岛州)、迈阿密(佛罗里达州)和布朗斯维尔(得克萨斯州)，连接它们的纬度线并不是它们之间的最短距离。这也就解释了为什么美国东部和西部之间的航线会经过加拿大领空，为什么从美国到亚洲和欧洲的航线经常会临近北极。偏离向北之后的航向的路线最短。

4.1.2 度数、分钟和秒

纬度和经度的单位是度，范围通常是负 180 度到正 108 度之间。对于纬度，极限值分别在北极和南极。通常，赤道以南的度数为负数，赤道以北的度数为正数，或许这是因为生活在北半球的人第一次提出这个用法。

经度的范围也是负 180 度到正 180 度之间。历史上，在英国格林威治的西面的经度为负，在格林威治的东面的经度为正，因此除了美国西部阿拉斯加州的一小部分之外，全美的经度都是负的。

自古以来，角的单位是度、分和秒。1 度包含 60 分。1 分包含 60 秒，不管这里的分是关于度数还是关于小时。这并不是一个巧合。数千年前，古巴比伦人并不使用我们熟悉的十进制，而是以 60 作为计数的进位(这很可能源自更古老的苏美尔人)。它们将时间和角度分为 60 等份，这也解释了为什么小时和角度是由 60 分组成的。这样的系统被称为六十进制数字系统，除了部分内容，通常它与数据分析无关紧要。

在处理度数时，数据库和 Excel 都倾向于处理十进制度数。如何实现度、分、秒和十进制度数之间的相互转换？将度、分、秒转换为十进制度数比较简单。作者出生的坐标约为北纬 25°43′32″ 和西经 80°16′22″。将之转换为十进制度数，需要将分对应的数值除以 60，将秒对应的数值除以 36000，结果为 25.726°N 和 80.273°W。这在 Excel 和 SQL 中都可以轻易地实现。

尽管十进制度数已经完全能满足我们的需要，但是了解如何反向计算也是很值得的。下面的表达式从十进制度数中分别计算出度、分、秒对应的数值，使用 Excel 函数(假设十进制度数的数值存储于单元格 A1 中)：

```
<degrees> = TRUNC(A1)
<minutes> = MOD(TRUNC(ABS(A1)*60), 60)
<seconds> = MOD(TRUNC(ABS(A1)*3600), 60)
```

函数 MOD()返回第一个参数除以第二个参数之后的余数。例如，当第二个参数是 2、第一个数是偶数时，MOD()返回 0，当第一个数是奇数时，MOD()返回 1。TRUNC()移除小数部分，对正数和负数的操作是一样的。它与 FLOOR()函数相似，只是 FLOOR()函数在处理负数时向下取整，而不是向上取整。因此，TRUNC(-18.2)的返回值是-18，而 FLOOR(-18.2,1)的返回值为-19。

遗憾的是，Excel 针对度、分和秒并没有对应的数字格式。相反，可以使用下面的表达式：

```
<degrees>&CHAR(176)&" "&<minutes>&"' "&<seconds>&""""
```

函数 CHAR(176)返回度的符号。分的符号是单引号。秒的符号是双引号。将双引号放在字符串中时，将出现 4 个双引号。

提示：Excel 文本值包含任意字符。添加字符的一个方法是使用 CHAR()函数。另一个方法是使用菜单选项插入->符号。

4.1.3 两个位置之间的距离

本章介绍两个计算方法，用来计算以纬度和经度描述的点之间的距离：一种方法很简单但是相对不够精准，另一种方法则更加精准。这个距离用于后面回答关于邮政编码的问题；每一个邮政编码对应的区域的中心坐标都可以在 ZipCensus 中找到。

本章使用的是三角函数，其中的参数的单位是弧度，而不是常见的度。度和弧度的换算公式如下：

```
<radians> = <degrees>*PI()/180
<degrees> = <radians>*180/PI()
```

这个换算非常简单，因为 π 的弧度正好为 180 度。SQL 和 Excel 都支持 PI()函数。Excel 中还包括函数 RADIANS()，也可以用于这个换算。

警告：在处理角时，注意其单位是角度还是弧度。通常用于计算度数的函数使用弧度作为参数。

1. 欧几里得方法

毕达哥拉斯公式计算直角三角形的长边等于两条短边平方和的平方根(毕达哥拉斯公式即为勾股定理)。对应到求两点之间距离的公式，距离等于 X 坐标和 Y 坐标之差的平方和再开根号。当两个点处于一个平面上时，有灵活的计算公式。

同样的公式可以直接应用到纬度和经度，但是结果毫无意义——纬度和经度的测量单位是度，度之间的距离并没有实际意义。更常见的测量单位是英里或千米，因此需要使用一些方法处理度和英里(或千米)之间的相互转换。不管经度，南北两条纬度线之间，每一度对应的距离是 68.7 英里。东西之间，相差度数为 1 的两条经度线之间的距离取决于维度；距离值约为 68.7 英里乘以维度的余弦值。

对于地球表面上的两个点，南北距离和东西距离是直角三角形的两条边，如图 4-2 所示。注意，地球表面的直角三角形并不需要和平面上的三角形一样。

距离美国大陆地理中心的最近的 10 个邮政编码是哪些？地理中心是 Kansas 的中部，

对应维度为-98.6°、经度为38.9°。通过将坐标转换为英里，下面的查询返回距离地理中心最近的10个邮政编码：

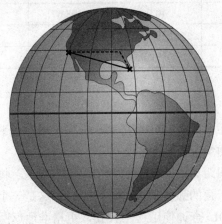

图4-2　对地球表面上两点之间距离的计算，可以通过将纬度和经度转换为英里，再使用毕达哥拉斯定理来实现

```
WITH zc as (
    SELECT zc.*, (latitude - 39.8) as difflat,
           (latitude + 39.8) * PI() / (2 * 180) as avglatrad,
           longitude - (-98.6) as difflong,
           latitude * PI() / 180 as latrad
     FROM ZipCensus zc
    )
SELECT TOP 10 zcta5, stab, totpop, latitude, longitude,
       SQRT(SQUARE(difflat*68.9)+SQUARE(difflong*COS(avglatrad)*68.9)
       ) as disteuc
FROM zc
ORDER BY disteuc
```

公用表表达式定义有用的变量，例如以弧度为单位的纬度和经度(或许这是最复杂的部分)。外部查询计算距离。

表4-1列出了距离美国地理中心最近的10个邮政编码。

表4-1　距离美国地理中心最近的10个邮政编码

邮政编码	州	纬度	经度	欧几里得距离	曲面距离
66952	KS	39.82	-98.59	1.56	1.56
66941	KS	39.84	-98.44	8.87	8.88
66967	KS	39.79	-98.79	9.87	9.87
66936	KS	39.91	-98.31	16.83	16.84
66932	KS	39.77	-98.92	17.04	17.05
67638	KS	39.64	-98.85	17.17	17.18
67474	KS	39.57	-98.72	17.21	17.22

(续表)

邮政编码	州	纬度	经度	欧几里得距离	曲面距离
68952	NE	40.09	-98.67	20.18	20.19
66956	KS	39.79	-98.22	20.24	20.25
67437	KS	39.50	-98.55	20.53	20.54

2. 精准计算方法

上述对两个位置之间距离的计算并不精准，因为使用的是平面几何的计算公式。计算结果并没有考虑地球的曲面情况。

对于曲面上两个点之间距离的计算基于一个简单的想法。将两个点连接至地球中心，以此形成一个角。距离等于角的弧度乘以地球的半径。这是一个简单的想法，但是实现它的公式很复杂。下面的 SQL 查询使用这个公式，更精准地返回距离美国地理中心最近的 10 个邮政编码：

```
WITH zc as (
    SELECT zc.*, (latitude - 39.8) as difflat,
        (latitude + 39.8) * PI() / (2 * 180) as avglatrad,
        longitude - (-98.6) as difflong,
        latitude * PI()/180 as latrad,
        longitude * PI() / 180 as longrad,
        39.8 * PI() / 180 as centerlatrad,
        (-98.6) * PI() / 180 as centerlongrad,
        3949.9 as radius
    FROM ZipCensus zc
    )
SELECT TOP 10 zcta5, stab as state, totpop as population, latitude,
        longitude,
    SQRT(SQUARE(difflat*68.9) + SQUARE(difflong*COS(avglatrad)*68.9)
        ) as disteuc,
    ACOS(COS(centerlatrad)*COS(latrad)*COS(centerlongrad - longrad) +
        SIN(centerlatrad)*SIN(latrad))*radius as distcirc
FROM zc
ORDER BY distcirc
```

这个公式使用了若干三角函数，最内层的查询将纬度和经度转换为弧度。此外，这个方法使用了地球半径，即 3949.9 英里。

表 4-1 显示了曲面距离和欧几里得距离。由于距离太短，两个数值几乎相同。毕竟 20 英里看起来很远，但实际只是地球半径的 0.5%。

随着距离的增大，两个距离之间的差别变得更大。距离中心最远的是位于夏威夷的一个邮政编码 96766。估算方法返回的结果为 3798 英里，相比 3725 更加精准。

球形计算方法是更好的估算方法，但也不是最完美的计算方法；因为地球本身并不是一个完美的球体。更好的估算方法是要考虑到地球表面的高地凸起。对于很多应用程序，或许计算沿路的实际旅行距离要比计算理想距离更为有用。这样的计算要求使用特殊的工具，以及关于公路的数据库，通常很难在 Excel 和 SQL 中灵活实现。

3. 找到给定距离的所有邮政编码

计算两个位置之间的距离是有用的。能够定位到距离客户居住地最近的沃尔玛超市；距离汽车抛锚最近的维修中心；或是计算客户从家到所消费的餐馆的距离。这些类型的应用经常是实时生效的，通过移动终端提供位置信息，而且这个信息只是针对特定时间的特定客户。距离可以直线测量，或是沿着已有路线测量。

找到某个位置的给定范围内的邮政编码是一种典型的分析应用。以前，报纸商对于为哪里提供送报上门服务感兴趣。一部分印刷的报纸被送至大学校园，另一部分被安排为上门送报。有一些大学收到报纸，然而它们周围的地方却不在送报范围内。为什么载着报纸的卡车已经开到大学所在的城镇了，却还不提供送报上门服务呢？聪明的想法提出了这样一个问题：对于大学的一组邮政编码，哪个邮政编码距离它们在 8 英里以内？

回答这个问题的一个方法是使用更大的地图，或是使用网站地图(例如，Google Maps、MapQuest、Yahoo! Maps 或是 Microsoft Live)。这可以是一个手动的过程，通过每一个邮政编码找到它们周围的邮政编码，也可以使用 Java、Python 或相似的语言编写一个应用程序。手动的过程容易导致错误。既然人口统计局提供了每一个邮政编码中心的纬度和经度，那么为什么不利用这些信息呢？

实际解决方案是使用 Excel 工作表，通过处理人口统计信息计算每一个邮政编码距离指定的邮政编码之间的距离。然后，工作表会建立距离小于 8 英里的数据表。

虽然这样的数据表对于手动操作非常有帮助，但是这个流程也可以通过 SQL 实现。下面的查询计算距离新罕布什尔州的汉诺威市的 Dartmouth 大学小于 8 英里的所有邮政编码：

```
WITH zc as (
     SELECT zc.*, latitude * PI() / 180 as latrad,
            Longitude * PI() / 180 as longrad, 3949.9 as radius
     FROM ZipCensus zc
     )
SELECT z.zcta5 as zipcode, z.stab as state, z.zipname, distcirc,
       z.totpop, z.tothhs, z.medianhhinc
FROM (SELECT zips.*,
             ACOS(COS(comp.latrad) * COS(zips.latrad) *
                  COS(comp.longrad - zips.longrad) +
                  SIN(comp.latrad) * SIN(zips.latrad)
                 ) * zips.radius as distcirc
      FROM zc zips CROSS JOIN
           (SELECT zc.* FROM zc WHERE zcta5 IN ('03755')) comp
     ) z
WHERE distcirc < 8
ORDER BY distcirc
```

公用表表达式将纬度和经度转换为弧度。这个表与自身做联接，其中一次是为了所有的邮政编码，另一次是为了 Dartmouth(03755)。通过扩展 comp 子查询中的列表，可以加入更多的邮政编码。

最接近的邮政编码列在表 4-2 中。有些属于新罕布什尔州，有些属于佛蒙特州，因为汉诺威市接近边界线。

可以对表 4-2 中列出的邮政编码进行查询，查询距离它们最近的邮政编码。单就查询语句来说，只需要做一次简单的修改在(在 comp 中选择所有的邮政编码)。然而，这个查询花费的时间会特别长。问题在于，对比所有的 32038 个邮政编码需要的计算量超过一亿次。佛罗里达州和华盛顿州之间的距离也要计算，即使它们的邮政编码并不相近。

表 4-2 距离新罕布什尔州的汉诺威市小于 8 英里的邮政编码

邮政编码	邮局名以及州名	距离	人口	家庭 数量	家庭 平均收入
03755	Hanover, NH	0.00	10 268	2524	$90,100
05055	Norwich, VT	2.30	3423	1468	$94,342
03750	Etna, NH	2.49	1048	313	$138,036
03766	Lebanon, NH	5.35	9379	4175	$55,750
03784	Lebanon, NH	5.69	3859	1759	$54,101
05001	White River Junction, VT	6.51	9301	4329	$51,611
05043	East Thetford, VT	7.29	888	373	$74,345
05075	Thetford Center, VT	7.40	1072	458	$74,926

通常，SQL 本身不能加快查询语句的运行速度。使用索引也没有用，因为对于距离的计算需要两个列——纬度和经度。传统的索引一次只能加快对一个列的查询速度，不能同时处理两个列。现在，很多数据库支持对地理特征的扩展，称为 GIS 或空间索引。然而本书并不对此做细节介绍。

4. 使用 Excel 找到距离最近的邮政编码

本小节介绍在 Excel 中做相似的计算，找到距离给定邮政编码的最近的邮政编码。Excel 工作表包含以下内容：

- 输入区域，用于输入邮政编码。
- 输出区域，用于输出最近的邮政编码和距离。
- 包含所有邮政编码的表，每个邮政编码都包含纬度和经度。

用户在工作表的输入区域输入邮政编码。Excel 使用 VLOOKUP()函数找到纬度和经度。另一个额外的列将用于计算给定邮政编码和每一个邮政编码之间的距离。

图 4-3 展示了工作表中的函数。使用 MIN()函数选出最近距离的邮政编码。最小的距离明显是 0，表示给定邮政编码与它自身之间的距离。因此计算时，使用嵌套 IF()函数排除输入的邮政编码。这是数组函数的一个示例，详见下方"Excel 中的数组函数"中的描述。计算出最小距离之后，通过组合使用 MATCH()函数返回邮政编码所在的行，使用 OFFSET()函数返回正确的列中的值。

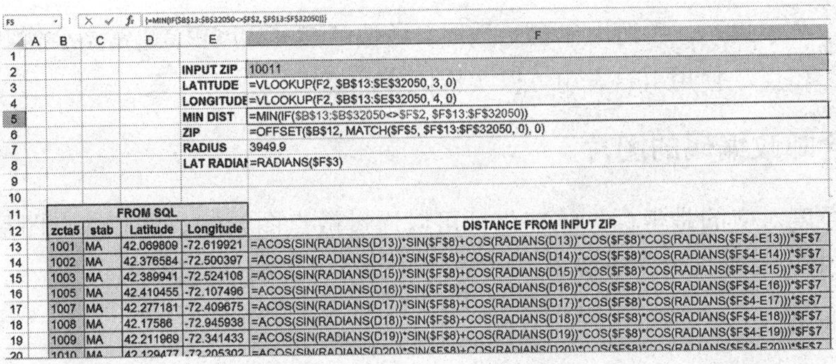

图 4-3　Excel 工作表计算距离任意邮政编码最近的邮政编码。公式栏中的花括号说明这个公式是一个数组函数

Excel 中的数组函数

Excel 提供等价于条件聚合的两个函数：SUMIF()和 COUNTIF()。这个功能非常强大，但是在很多情况下，仍然有些不足。它们的条件被限定于做简单的比较，对应的功能也被限定于汇总和计数方面。

为了扩展这个功能，Excel 提出了数组函数的概念。这些功能处理一组单元格数据，通常是以列为组。数组函数可以嵌套，以此拥有 Excel 所有函数的功能。其中一些数组函数还可以返回多个单元格值，然而这部分内容在第 12 章之前还没有介绍。

使用示例或许能更好地解释这个问题。下面两种方法用于计算两列单元格的乘积的和：

```
=SUMPRODUCT($A$2:$A$10, $B$2:$B$10)
{=SUM($A$2:$A$10 * $B$2:$B$10)}
```

这两个方法返回同样的结果。第一种方法使用自带函数 SUMPRODUCT()，它实现了想要的计算。第二种方法将 SUM()函数和乘积操作合并在一起作为一个数组函数。它的过程是针对每一行做乘积，然后对结果求和。想想这个函数读取每一行数据，对 A 列和 B 列的对应值做乘积，并将结果存储于某一位置。而后，这个位置将所有乘积结果传递给 SUM()函数。

输入数组函数需要熟练的技术。数组函数的输入与输入其他表达式的方式相似。在输入公式后，并不是敲击 Return 键，而是同时按下 Ctrl+Shift+Return。在公式输入栏中，Excel 使用花括号将公式括起来，以说明它是一个数组函数。其中花括号并不是公式的一部分，它是在同时按下 Ctrl+Shift+Return 时出现的。

数组函数的一个特殊应用是使用函数的组合，例如 SUM()、MIN()和 IF()的混合使用。这与 SQL 中的条件聚合等价。在上文中，问题是对于非给定的邮政编码，找到距离它的最短距离。Excel 公式为：

```
{=MIN(IF($A$7:$A$32044<>B2, $E$7:$E$32044))}
```

公式说明，当 A 列的对应值不等于单元格 B2 时，将最小值存入 E 列。

尽管数组函数很容易表达，但是包含上千行数据的数组函数的计算要花些时间。

然后会有一个小提示。当使用嵌套函数时，函数 AND()和 OR()通常不会像我们期望的那样工作。相反，使用 IF()语句可以实现同样的逻辑。

4.1.4 包含邮政编码的图片

纬度和经度对应的是坐标，这些坐标可以通过散点图绘制。这些散点图是穷人的地理信息系统(GIS)。本节介绍这个概念，以及关于这个过程的一些警示。

1. 散点地图

美国有足够的邮政编码，如图 4-4 所示，这些邮政编码是整个美国轮廓的中心点。在这张图中，每一个邮政编码以空心圆代替；通过空心圆可以更容易地看到邮政编码之间的彼此距离。

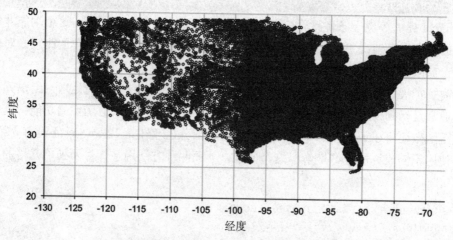

图 4-4　邮政编码的聚集形成了一张可识别的美国地图

地图所用的数据与距离计算所用的数据相同。在散点图中，Y 坐标代表纬度，X 坐标代表经度。为了将绘图部分集中在中部，水平刻度的区间为-65 至-125，垂直刻度的区间为 20 至 50。在这两个刻度中，每隔 5°画一条线。虽然远不够完美，但是邮政编码聚集起来的形状形成了一张可识别的美国大陆地图。

制图师——研究地图以及如何表达地图信息的人——有很多关于如何制作出好地图的标准。这个简单的邮政编码分布散点图几乎满足所有的标准。它扭曲了距离和区域，例如，北部的小区域陆地看起来更大了，赤道附近的大区域变小了。它不包含边界或地貌，例如，山、城市和道路。而且，如果地图的维度不正确，则地图的延伸方向也不同。

虽然如此，其结果仍然是可以识别的，而且实际在传递信息方面也很有用。它的创建也很容易。即使是简单的邮政编码地图，也说明了哪里邮政编码密集(沿海岸地区)、哪里邮政编码稀疏(西部山区，位于南佛罗里达州的大沼泽地)。

2. 谁在使用太阳能加热？

人口统计局提供关于人口、户籍、家庭、房屋单元的多维属性。其中之一为居民使用的热源。列 hhfsolar 用于存储在一个邮政编码范围内使用太阳能的房屋单元个数。对应的比例存储在对应的字段 pcthhfsolar 中。

一张简单的邮政编码地图就能很好地展示太阳能的分布。哪个邮政编码对应的区域使用太阳能？图4-5 展示了这个信息。浅灰色区域内的住户并没有使用太阳能，更大的深色三角区域显示了使用太阳能的邮政编码。

将数据放入工作表能够更容易地创建地图。第一列是绘图对应的 X 值，第二列是 Y 值。数据展示应该是：

- 经度，沿着 X 轴。
- 不使用太阳能的纬度。
- 使用太阳能的纬度。

在对应的列中，每一行数据只有一个纬度值。

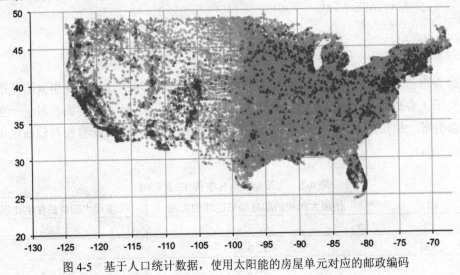

图4-5 基于人口统计数据，使用太阳能的房屋单元对应的邮政编码

下面的查询返回上述格式的数据：

```
SELECT zcta5, longitude,
       (CASE WHEN hhfsolar = 0 THEN latitude END) as nosolarlat,
       (CASE WHEN hhfsolar > 0 THEN latitude END) as solarlat
FROM ZipCensus
WHERE latitude BETWEEN 20 and 50 AND
      longitude BETWEEN -135 AND -65
```

WHERE 子句将查询结果限制在美国大陆范围内。

一种替换方法是通过查询返回"太阳能"指示符，包含纬度和经度。通过使用 Excel 公式以及 IF() 函数，将数据以正确的格式存放在 Excel 中。这两种方法都可以，但是如果可以在 SQL 中实现的话，就没必要再在 Excel 中做一次了。

提示：在 SQL 查询过程中，如果返回的数据是正确的格式，则在 Excel 中经常能够省下很多时间和精力。

图中的小三角形代表了使有太阳能的邮政编码区域。并不惊讶，佛罗里达州和加利福尼亚州高度密集地使用太阳能，因为这两个州阳光充足而且人口稠密。多云的东北方有很多太阳能邮政编码区域，但这可能是因为这些区域的邮政编码基数大。一些州在西部，例如新墨西哥州、亚利桑那州以及科罗拉多州，它们有相对较高的数值，但是因为这些州并不密集，因此有较少的三角形。

对于了解正在发生的事情，地图是非常有用的。其自身的数据可以通过下面的问题来验证：每一个州中，至少有一处住宅使用太阳能的邮政编码的比例是多少？下面的查询能够回答这个问题，使用人口统计局对州的定义数据：

```
SELECT TOP 10 stab,
       SUM(CASE WHEN zc.HHFSolar > 0 THEN 1.0 END)/COUNT(*) as propzips,
       SUM(zc.HHFSolar * 1.0) / SUM(zc.TotHUs) as prophhu
FROM ZipCensus zc
GROUP BY stab
ORDER BY prophhu DESC
```

这条查询语句计算两个数值：使用太阳能的邮政编码区域的比例和使用太阳能的住户比例。对于大多数的州，这两者之间是紧密相关的，如表 4-3 所示。然而，对于一些州，例如怀俄明州，太阳能只集中在几个邮政编码区域(不到 14%)，但是却有相对较高比例的房屋使用(0.10%)。

表 4-3　太阳能使用分布前 10 名的州

州	使用太阳能的邮政编码区域的比例	使用太阳能的住宅比例
HI	72.3%	1.36%
NM	22.0%	0.30%
CO	26.7%	0.14%
WY	7.3%	0.09%
CA	28.5%	0.08%
AZ	26.7%	0.08%
ME	7.9%	0.07%
VT	7.1%	0.06%
NV	12.0%	0.05%
NH	12.1%	0.05%

3. 客户都在哪儿？

对邮政编码的查询并不局限于人口信息。Orders 表包含用户在下订单时所在的位置信息。下面的查询总结每个邮政编码的订单数量，然后使之与 ZipCensus 表中的纬度和经度相关联：

```
SELECT zc.zcta5, longitude, latitude, numords,
       (CASE WHEN tothhs = 0 THEN 0.0 ELSE numords * 1.0 / tothhs
```

```
         END) as penetration
FROM ZipCensus zc JOIN
    (SELECT ZipCode, COUNT(*) as numords
      FROM Orders
      GROUP BY ZipCode) o
    ON zc.zcta5 = o.zipcode
WHERE latitude BETWEEN 20 and 50 AND
      longitude BETWEEN -135 AND -65
```

图 4-6 以气泡图的形式展示查询结果。气泡的大小对应该邮政编码区域发生订单的大小；X 坐标轴为经度，Y 坐标轴为纬度。与散点图相似，气泡图只是一张基础地图。然而对比散点图，气泡图可用的配置选项较少(例如，气泡图的形状不可变)。图表中的气泡形如光盘，外面有颜色，中间是中空的。这很重要，因为气泡之间可能会相互重叠。重叠部分体现了气泡的稠密度。

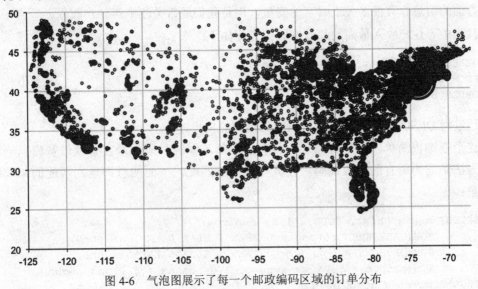

图 4-6 气泡图展示了每一个邮政编码区域的订单分布

对比之前的地图，这张地图的邮政编码数量较少，因为只有 11000 个邮政编码包含订单。而在这些邮政编码中，多数都分布在东北方，因此这个区域也被过度地标识。

通过使用多个系列，例如不同产品对应的订单，或不同订单数量对应的客户，这样的地图传递了关于客户的有趣信息。

4.2 人口统计

关于太阳能的数据很有趣，但是对于理解客户来说，还远不及经济信息有趣。本节查看可用的其他类型信息，以及将这类信息与购买数据绑定在一起的方式。当然，ZipCensus 只包含来自于人口统计局的所有信息的子集。

4.2.1 极端情况:最富有的和最贫穷的人

有几个列与财富相关,它们对于理解客户来说非常具有价值。你可能不知道客户的财富有多少,但是却能够知道他们的邻居是多么富有。

1. 中等收入

在一个邮政编码区域内,中等住户的收入是指收入的平均值,其中一半住户的收入高于平均值,一半低于平均值。这是给定区域相对富有或相对贫穷的有用的衡量方法。住户是合理的单元,因为它们对应经济市场个体——在经济上绑定在一起的个体的组合(例如,多个家庭成员的组合)。

中等收入不只是一个衡量标准。人口统计局同时还提供了平均住户[1]收入,以及不同的收入区间(例如,有多少家庭的收入在$45,000和$50,000之间)。这个信息的提供基于住户层面、家庭层面以及个人层面。同时还有关于收入来源、额外收入、社会保障收入以及政府福利方面的信息。有很多关于财富的变量,但是我们通常关注中等住户收入。

找到中等住户收入最高的邮政编码的查询如下:

```
SELECT TOP 1 zcta5, medianhhinc
FROM ZipCensus
ORDER BY medianhhinc DESC
```

通过将 DESC 替换为 ASC,可以找到最穷的住户。

这个查询很简单,但是有瑕疵:将有多个邮政编码对应为最富有或最贫穷。一个更好的方法是遍历所有的邮政编码,使其与极限值匹配。下面的查询返回匹配的邮政编码的数量:

```
SELECT medianhhinc, COUNT(*) as numzips,
    SUM(CASE WHEN totpop = 0 THEN 1 ELSE 0 END) as pop0,
    SUM(CASE WHEN tothhs = 0 THEN 1 ELSE 0 END) as hh0,
    AVG(totpop * 1.0) as avgpop, AVG(tothhs * 1.0) as avghh
FROM ZipCensus zc JOIN
    (SELECT MAX(medianhhinc) as hhmax, MIN(medianhhinc) as hhmin
     FROM ZipCensus) minmax
    ON zc.medianhhinc IN (minmax.hhmax, minmax.hhmin)
GROUP BY medianhhinc
```

这个查询返回一些额外的信息,例如,人口为 0 的邮政编码数量,哪里的住户数量为 0,邮政编码的平均人口。

表 4-4 显示 866 个邮政编码的平均收入为 0。尽管有些人居住在这些邮政编码对应的区域内,多数人都不是住户。这些邮政编码对应的区域包含的设施可能是群体住房(例如,监狱、学生宿舍),而不是私有住房,或者邮政编码对应的区域可能是商业占主体,例如纽

---

[1] 译者注:此处"住户"的原文为 household,可以认为它对应中国的"户口"的概念。一个户口中可以有多个家庭、多个家庭成员。

约的 Rockefeller Center。在不包含住户的邮政编码对应的区域内，住户的收入为 0，对应占位符为 NULL。

拥有最大中等收入的住户的 12 个邮政编码列在表 4-5 中。它们都有较小的人口。通常，对应的中等家庭的收入也非常高，但并不总是如此，因此对住户和家庭的定义并不相同。

2. 富人和穷人的比例

中等住户的收入是有趣的，但是与所有的中间值一样，它只提供一个家庭住户，对应收入在中等水平。一种替换方法是考虑收入的分布，查看非常富有的人或非常穷的人的比例。列 famhhinc0 定义最穷的组，组中家庭收入每年小于 1 万美金。另一个极端情况是最富有的人，定义这个标准为每年收入超过 20 万美金，以 famhhinc200 表示。查询如下：

```
SELECT zcta5, stab, medianhhinc, medianfaminc, totpop, tothhs
FROM ZipCensus zc CROSS JOIN
    (SELECT MAX(famhhinc200) as richest, MAX(famhhinc0) as poorest
     FROM zipcensus
     WHERE tothhs >= 1000) minmax
WHERE (zc.famhhinc200 = richest OR zc.famhhinc0 = poorest) AND
      zc.tothhs >= 1000
```

表 4-4 最穷的和最富有的邮政编码信息

住户中等收入	邮政编码数量	人口数量	住户数量	平均人口	平均住户
$0.00	866	336	586	434.0	5.3
$250,001.00	12	0	0	341.2	60.4

表 4-5 在 2000 年人口普查中，根据住户收入划分的最富有的邮政编码

邮政编码	邮政编码名以及州名	人口	住户	家庭	中等收入	
					住户	家庭
02457	Wellesley, MA	1343	10	10	$250,001	$250,001
20686	Saint Marys City, MD	754	22	22	$250,001	$250,001
21056	Gibson Island, MD	141	57	57	$250,001	$250,001
21405	Annapolis, MD	435	139	122	$250,001	$250,001
32461	Rosemary Beach, FL	28	13	13	$250,001	$250,001
33109	Miami Beach, FL	482	179	130	$250,001	$52,378
69335	Bingham, NE	18	11	7	$250,001	$250,001
70550	Lawtell, LA	377	99	99	$250,001	$250,001
79033	Farnsworth, TX	30	16	11	$250,001	$250,001
82833	Big Horn, WY	179	67	20	$250,001	$0

值得注意的是外部 WHERE 子句中的括号。若不使用括号，子句变为：

```
WHERE (zc.faminc200 = richest) OR (zc.faminc000_010 = poorest AND
      zc.hh >= 1000)
```

即，针对住户数量的条件只应用至最穷住户，而没有考虑最富的情况——这并不是想要的结果。错放或漏放括号，可能改变查询的含义和性能。

提示：在 WHERE 子句中，如果出现 AND 和 OR 混合使用的情况，利用括号确保子句的逻辑。

结果与前面的结果相似。最贫穷的邮政编码已经切换到一条内部的城市街道，东临纽约市附近的布鲁克林。有趣的是，平均家庭收入比平均住户收入要高出很多，这说明虽然邮政编码区域内有很多贫穷的居住着，但是也有很多富人(或者至少是中间阶层)；富人居住在"家庭"住户中，但穷人不是。

3. 使用卡方分布计算收入的相似性和相异性

收入的分布超出平均收入。人口统计局将收入分为 10 个分区，最低的家庭收入为小于$10,000，最高的为超过$200,000。每一个分区中的家庭比例存储在邮政编码层面，这很好地描述了关于收入的分布。

哪个邮政编码区域的收入分布与整个国家的收入分布相同？这些邮政编码遍布于全美国地区。这样的代表区域可能是非常有用的。适用于这些区域的方法，将也会适用于整个美国。另一个极端示例是邮政编码的分布与整个国家的分布不同，是最不具有代表性的地区。

卡方计算是衡量两种案例的一个方法。使用卡方计算，需要一个期望值，它来自于整个国家的收入分布。计算国家数据的关键是计算家庭的数量，可以通过使用家庭总数乘以对应不同分区的家庭的比例来计算。以邮政编码为基础对总数做聚合操作，然后除以家庭的数量，获取整个国家的分布，如下面的查询所示：

```
SELECT SUM(famhhinc0 * 1.0) / SUM(famhhs) as faminc000,
       . . .
       SUM(famhhinc150 * 1.0) / SUM(famhhs) as faminc150,
       SUM(famhhinc200 * 1.0) / SUM(famhhs) as faminc200
FROM ZipCensus
WHERE totpop >= 1000
```

通过如下问题，找到最相似的(或最不相似的)邮政编码：随机给定一个邮政编码，对应的收入分布与全美的收入分布成正比的可能性多大？或者，稍微简化计算：对比全美的收入分布，邮政编码对应区域的收入分布的卡方值是什么？卡方值越接近 0，邮政编码越具有代表性。高卡方值说明所得的分布并不是偶然得到的。

计算过程需要很多算法。对于给定的收入列的卡方值，如 famhhinc0，是不同值与期望值的差再除以期望值后的平方。对于每一个分区，下面的表达式分别计算每一个分区对整体卡方值的贡献值：

```
POWER(zc.famhhinc0 - usa.famhhinc000, 2) / usa.faminc000
```

对于所有的分区，整体卡方值是所有分区的卡方值之和。

作为一个实例，下面的查询返回最接近全美收入分布的前 10 个邮政编码，且这些邮政编码的人口都大于1000：

```
SELECT TOP 10 zcta5, stab as state,
       SQUARE(zc.famhhinc0*1.0/zc.famhhs-usa.faminc000)/usa.faminc000+
       . . .
       SQUARE(zc.famhhinc150*1.0/zc.famhhs-usa.faminc150)/usa.faminc150+
       SQUARE(zc.famhhinc200*1.0/zc.famhhs-usa.faminc200)/usa.faminc200
       ) as chisquare,
       totpop, medianfaminc
FROM ZipCensus zc CROSS JOIN
     (SELECT SUM(famhhinc0 * 1.0) / SUM(famhhs) as faminc000,
             . . .
             SUM(famhhinc150 * 1.0) / SUM(famhhs) as faminc150,
             SUM(famhhinc200 * 1.0) / SUM(famhhs) as faminc200
      FROM ZipCensus
      WHERE totpop >= 1000) usa
WHERE totpop >= 1000 AND famhhs > 0
ORDER BY chisquare ASC
```

这个查询使用子查询计算全美范围的分布情况，使用 CROSS JOIN。实际的卡方值由最外层的查询表达式计算而得。注意，这个卡方计算使用的是比例，而不是计数。结果也是如此。

最接近全美收入分布的邮政编码遍布在全美境内，如表 4-6 所示。

表 4-7 列出与全美分布偏差最大的 10 个邮政编码。这些邮政编码比接近全国分布的 10 个邮政编码都小。

直观地查看这些邮政编码的收入值能够帮助解释它们不同的原因。图 4-7 是一张并行多维图，其中每一个邮政编码都是图中的一条线，线上每一个点都是收入值。最拥挤的线是美国的平均值。

表 4-6 根据卡方计算，与全美收入分布相似的前 10 个邮政编码

邮政编码	州	收入的卡方值	人口	家庭平均收入
07002	NJ	0.0068	63 164	$68,532
85022	AZ	0.0069	46 427	$61,219
32217	FL	0.0075	20 200	$62,865
11420	NY	0.0076	48 226	$63,787
93933	CA	0.0078	22 723	$63,999
91748	CA	0.0084	46 946	$63,374
77396	TX	0.0085	43 861	$64,118
83706	ID	0.0090	31 289	$65,265
33155	FL	0.0092	46 603	$61,797
29501	SC	0.0095	43 004	$61,417

表 4-7 根据卡方计算，与全美收入分布不相同的 10 个邮政编码

邮政编码	州	收入的卡方值	人口	家庭平均收入
37315	TN	30.3	1242	$0
90089	CA	30.3	3402	$0
97331	OR	30.3	2405	$0
06269	CT	30.3	9009	$0
19717	DE	20.7	4091	$2,499
30602	GA	20.7	2670	$2,499
02457	MA	15.4	1343	$250,001
01003	MA	15.1	11 286	$0
02912	RI	15.1	1898	$0
38738	MS	14.6	2881	$14,342

有些邮政编码与全美的收入分布不同，这是因为多数家庭集中在少数的分区中——相反，很多分区都是空的或接近于空。这些邮政编码地域要么太过贫穷，要么太过富有。然而，一些拥有中等收入的邮政编码也有很高的卡方值——例如，邮政编码 15450、18503 和 32831 地域的中等收入非常接近全美的中间值，但是其卡方值仍然很高。

图 4-7 的数据源是对卡方查询修改后的查询结果。它使用 UNION ALL 取代 CROSS JOIN，并没有卡方计算，而且显式地列出邮政编码：

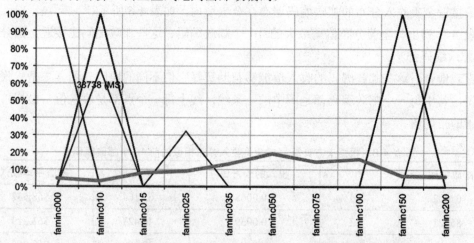

图 4-7 这张并行多维图比较了最接近全美收入分布的前 10 个邮政编码

```
SELECT zcta5, famhhinc0 * 1.0 / famhhs as famhhinc0,
       . . .
       famhhinc200 * 1.0 / famhhs as famhhinc200
FROM ZipCensus
WHERE zcta5 IN ('41650', '25107', '97345', '87049', '10006', '44702',
                '64147', '10282', '98921','40982')
UNION ALL
SELECT 'USA', SUM(famhhinc0 * 1.0) / SUM(famhhs) as famhhinc0,
       . . .
```

```
        SUM(famhhinc200 * 1.0) / SUM(famhhs) as famhhinc200
FROM ZipCensus
```

UNION ALL 和 CROSS JOIN 的区别是前者在保证列相同的前提下，多添加 1 行数据，因此结果有 11 行数据。10 行是邮政编码的数据，第 11 行是整个美国的数据。相比之下，CROSS JOIN 不添加新的数据(假设第二个表只有一行数据)。相反，它在结果集上附加额外的列。

4.2.2 分别在使用订单和不使用订单的情况下比较邮政编码

在 purchases 数据集中，订单表包含邮政编码信息。多数的订单都有人口统计数据。不符合的是由过失导致或它们都不是美国地址。本节探讨订单数据和人口统计数据的邮政编码的交集。

1. 不包含在人口统计文件中的邮政编码

有两个表都含有邮政编码信息，分别是 Orders 表和 ZipCensus 表。有多少邮政编码只在一个表中，有多少存在于两个表中？这个问题是关于两个数据集的关系。

回答这个问题的一个好方法是比较两个表中的邮政编码，使用 UNION ALL 语句：

```
SELECT inorders, incensus, COUNT(*) as numzips,
       SUM(numorders) as numorders, MIN(zipcode) as minzip,
       MAX(zipcode) as maxzip
FROM (SELECT zipcode, MAX(inorders) as inorders,
             MAX(incensus) as incensus, MAX(numorders) as numorders
      FROM ((SELECT ZipCode, 1 as inorders, 0 as incensus,
                    COUNT(*) as numorders
             FROM Orders o
             GROUP BY ZipCode)
            UNION ALL
            (SELECT zcta5, 0 as inorders, 1 as incensus, 0 as numorders
             FROM ZipCensus zc)
           ) ozc
       GROUP BY ZipCode
     ) b
GROUP BY inorders, incensus
```

UNION ALL 中的第一个子查询为 Orders 表中的所有邮政编码设置一个标志位，然后计算每一个邮政编码中的订单数量。第二个子查询为 ZipCensus 表中的所有邮政编码设置一个标志位。它们对邮政编码做聚合，为每个邮政编码生成了两个标志位，其一说明邮政编码是否存在于 Orders 表，其二说明邮政编码是否存在于 ZipCensus 表。每一个邮政编码同时还有订单的数量。在外部查询中，再对这些标志位进行汇总，获取两个表中重复出现的邮政编码。

表 4-8 说明 ZipCensus 表中多数的邮政编码都没有订单。另一方面，多数的订单对应的邮政编码都存储于 ZipCensus 表中。而且，多数订单的邮政编码都是可识别的。对于不

可识别的邮政编码，很可能这些订单来自于国外。

表 4-8 人口统计信息和购买信息中，邮政编码重合的部分

在订单中	在人口统计局中	计数	订单数量	最小邮政编码	最大邮政编码
0	1	21 182	0	01005	99929
1	0	3772	6513		Z5B2T
1	1	11 807	186 470	01001	99901

2. 有订单的邮政编码和没有订单的邮政编码的对比

有订单的邮政编码和没有订单的邮政编码是不同的吗？如下信息可以帮助区分这两个组：

- 住户的估计数量
- 平均收入估计值
- 政府救助区的住户比例
- 拥有本科学历的人口比例
- 房主所占比例

表 4-9 展示了这两个组的综合统计信息。没有订单的邮政编码更小、更贫穷、有更多的房主。有订单的邮政编码人口更加稠密、富有且受教育程度更高。由于两个组中的邮政编码数非常大，所得的这些区别是具有统计显著性的。

表中的数据是由如下查询计算返回的：

```
SELECT (CASE WHEN o.ZipCode IS NULL THEN 'NO' ELSE 'YES'
        END) as hasorder,
       COUNT(*) as cnt, AVG(tothhs * 1.0) as avg_hh,
       AVG(medianhhinc) as avg_medincome,
       SUM(numhhpubassist * 1.0) / SUM(tothhs) as hhpubassist,
       SUM(bachelorsormore * 1.0) / SUM(over25) as popcollege,
SUM(ownerocc * 1.0) / SUM(tothhs) as hhowner
FROM ZipCensus zc LEFT OUTER JOIN
     (SELECT DISTINCT ZipCode FROM Orders) o
     ON zc.zcta5 = o.ZipCode
GROUP BY (CASE WHEN o.ZipCode IS NULL THEN 'NO' ELSE 'YES' END)
```

表 4-9 有订单和没有订单的邮政编码之间的地域信息对比

衡量维度	有无订单	
	无	有
邮政编码数量	21 182	11 807
平均住户数量	1273.2	7475.0
平均收入	$44,790	$60,835
政府救助区的住户	2.9%	2.7%
拥有本科学历的人口比例	16.8%	32.1%
房主所占比例	72.5%	63.4%

为了保留 ZipCensus 表中的所有数据行，查询使用 LEFT OUTER JOIN。在 Orders 表中，只需要不重复的邮政编码，通过使用关键字 DISTINCT 和显式的 GROUP BY 确保不会因为失误创建重复的数据行。

注意，对使用的统计值进行计数。尽管表中同时包含了计数和百分比，但是对于聚合来说，计数更加适合。计数结果除以总数——聚合操作之后——计算每一个组中的所有邮政编码的百分比。分母变量取决于特殊变量。受教育水平基于人口超出 25 的人口数，住房拥有关系和政府救助区取决于住户数。使用比例的平均值会导致不同的结果，这个结果倾向于包含更小人口的邮政编码。

因此，发生更多订单的邮政编码更大、更富有。然而，这样的分析是稍有偏见的。订单看起来多数来自于更大的邮政编码，很简单，因为在更大的邮政编码中，有更多可能会发生购买行为的人。小的邮政编码更可能对应的是乡村和贫穷地区。这是样本偏差的一个实例。邮政编码因其大小而异，有时邮政编码的特征也因为它的大小而受影响。

限制对相当大的邮政编码的查询能够消除这种偏见。例如，任何拥有 1000 个住户的区域，其住户都有合理的可能性发生购买行为，因为全国的订单率为 0.23%。表 4-10 展示了使用这种约束后的邮政编码特性。即使是在这些邮政编码中，其结果也显示同样的模式，更大、更富有、受教育更好的区域产生更多的订单。

表 4-10　在住户超过 1000 的邮政编码中，有订单和没有订单的邮政编码之间的地域信息对比

衡量维度	有无订单	
	无	有
邮政编码数量	6628	10 175
平均住户数量	3351.8	8 603.5
平均收入	$46,888	$61,823
政府救助区的住户	3.0%	2.7%
拥有本科学历的人口比例	17.2%	32.2%
房主所占比例	71.2%	63.2%

3. 分类和比较邮政编码

更富有的邮政编码产生订单，贫穷的邮政编码不产生订单。扩展这个观点，引发如下问题：在产生订单的邮政编码中，更富有的邮政编码产生的订单会更多吗？

一个方法是通过透视分析订单，为订单分类。透视数等于邮政编码中的订单数量除以住户总数。基于前面的分析，我们认为平均住户收入会随着透视数的增长而增长。相似地，我们认为受过大学教育的人的比例也会增长，在政府救助区的住户比例会下降。这些都是在有订单和没有订单的邮政编码中所得出结论的扩展。

首先，我们关注的是平均家庭收入。图 4-8 展示以平均家庭收入为基准的邮政编码透视数散点图，包含最佳拟合线和对应的方程式。这张图表中，每一个点都是一个邮政编码。

尽管数据看起来是一大块，但是却确实展示了更高的透视数的邮政编码位于更高的收入一侧。

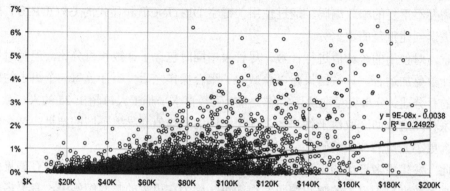

图 4-8 展示了平均家庭收入和邮政编码透视数的关系，其中邮政编码区域的住户超过一千。

这张图形是值得注意的，但并不具有绝对优势

最佳拟合线展示了等式和 R^2 值，它是衡量一条线好坏的方法(第 12 章讨论最佳拟合线和 R^2 的细节内容)。值 0.26 说明中等收入和透视数之间的关系，但是这个关系并不是无法忍受的。注意，水平刻度使用巧妙的 Excel 绘图技巧移除中等收入的后三个零，并使用字母 "K" 代替。这是通过使用数字格式 "$#,K" 实现的。

提示：数字格式 "$#,K" 删除数字的后三位，并使用字母 "K" 作为替换。

生成该图所需要的数据由如下代码提供：

```
SELECT zc.zcta5, medianhhinc,
       (CASE WHEN o.numorders IS NULL THEN 0
             ELSE o.numorders * 1.0 / zc.tothhs END) as pen
FROM ZipCensus zc LEFT OUTER JOIN
     (SELECT ZipCode, COUNT(*) as numorders
      FROM Orders o
      GROUP BY ZipCode) o
     ON zc.zcta5 = o.ZipCode
WHERE zc.tothhs >= 1000
```

另一个方法是以透视数为维度，对邮政编码分组，然后比较这些组的人口信息变量。总体上，在全美范围内，有 0.23%的住户产生订单。所有的邮政编码可以分为如下 5 组：

- 不包含订单的邮政编码(见前面章节的内容)
- 小于 1000 个住户的邮政编码
- 透视数小于 0.1%的邮政编码(低透视数)
- 透视数大于 0.1%小于 0.3%的邮政编码(中等透视数)
- 透视数高于 0.3%的邮政编码(高透视数)。

下面的查询汇总这些组的信息：

```
SELECT (CASE WHEN o.ZipCode IS NULL THEN 'ZIP MISSING'
             WHEN zc.tothhs < 1000 THEN 'ZIP SMALL'
```

```
              WHEN 1.0 * o.numorders / zc.tothhs < 0.001
              THEN 'SMALL PENETRATION'
              WHEN 1.0 * o.numorders / zc.tothhs < 0.003
              THEN 'MED PENETRATION'
              ELSE 'HIGH PENETRATION' END) as ziptype,
       SUM(numorders) as numorders,
       COUNT(*) as cnt, AVG(tothhs * 1.0) as avg_hh,
       AVG(medianhhinc) as avg_medincome,
       SUM(numhhpubassist * 1.0) / SUM(tothhs) as hhpubassist,
       SUM(bachelorsormore * 1.0) / SUM(over25) as popcollege,
       SUM(ownerocc * 1.0) / SUM(tothhs) as hhowner
FROM Zipcensus zc LEFT OUTER JOIN
     (SELECT ZipCode, COUNT(*) as numorders
      FROM Orders o
      GROUP BY ZipCode) o
     ON zc.zcta5 = o.ZipCode
GROUP BY (CASE WHEN o.ZipCode IS NULL THEN 'ZIP MISSING'
              WHEN zc.tothhs < 1000 THEN 'ZIP SMALL'
              WHEN 1.0 * o.numorders / zc.tothhs < 0.001
              THEN 'SMALL PENETRATION'
              WHEN 1.0 * o.numorders / zc.tothhs < 0.003
              THEN 'MED PENETRATION'
              ELSE 'HIGH PENETRATION' END)
ORDER BY ziptype DESC
```

这个查询与前面的查询相似，但是有两点不同。第一，针对 Orders 表的内部查询使用聚合，因为不仅需要订单的出现，同时需要订单的数量。第二，外部聚合更加复杂，定义了列出的 5 个组。

表 4-11 中的结果展示了我们期待的内容。随着透视数的增加，邮政编码变得更加富有、受教育程度更高，而且在政府救助区中有更少的住户。

表 4-11　随着透视数的增长，邮政编码变得更加富有且受教育程度更高

高透视数	邮政编码分组				
	小的邮政编码	缺失的邮政编码	小的人口	中等人口	大的人口
订单数量	4704	0	21 204	33 431	127 131
邮政编码数量	1632	21 182	6107	2263	1805
平均住户数量	438.8	1273.2	8941.5	8462.3	7637.0
平均中等收入	$54,676	$44,790	$53,811	$64,078	$86,101
在政府救助区的住户	2.0%	2.9%	3.0%	2.4%	1.7%
拥有本科毕业生的比例	29.0%	16.8%	25.1%	38.4%	52.1%
房主所占比例	76.8%	72.5%	64.6%	61.5%	60.5%

4.3 地理等级

邮政编码信息自身带有层级结构：例如，邮政编码属于区域，区域属于州。这样的层级结构对于理解和高效使用地理信息非常重要。本节讨论对不同层级的地理结构的比较。

4.3.1 州中最富有的邮政编码

美国的财富分布不均。由于实际收入等级可能会差距很大，相对财富总是比绝对财富更加重要。这引发一个问题：每一个州中最富有的邮政编码是什么？

这个问题是关于地理层级的。不同的位置是属于多个区域的，邮政编码存在于区域中，区域属于州。有的人居住在曼哈顿的邮政编码 10011 对应的区域，同时他还生活在纽约州的纽约市。当然，也有屈指可数的邮政编码跨越州和区域的边界，如第 1 章所述，但是每个这样的邮政编码都有分配给它的州和区域。

下面的查询返回每一个州的最富有的邮政编码：

```
SELECT zc.*
FROM (SELECT zc.*,
             ROW_NUMBER() OVER (PARTITION BY stab
                                ORDER BY medianhhinc DESC) as seqnum
      FROM ZipCensus zc
     ) zc
WHERE seqnum = 1;
```

查询以平均家庭收入作为排序，使用函数 ROW_NUMBER() 枚举每一个州的邮政编码，然后选择第一个。如果有相同值，就随机选择一个。

图 4-9 展示了邮政编码的散点图，其中邮政编码是每个州中的平均收入最高的邮政编码。一些州，如佛罗里达州，有多个邮政编码都满足最大值。在这种情况下，只选择一个。这张图包含了州边界，这个机制将在本章的后面予以介绍。

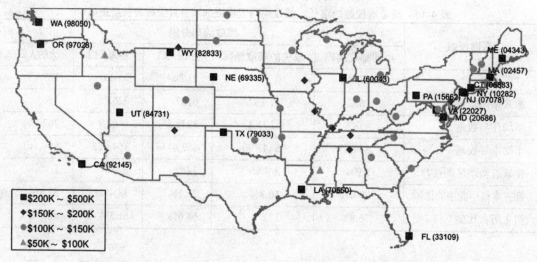

图 4-9 每个州的最富有的邮政编码分布于整张地图，这里将它们分为 4 类

这张图中，基于最高平均家庭收入，将邮政编码分为 4 类：

- 高于$200,000
- $150,000～$200,000
- $100,000～$150,000
- $50,000～$100,000

该图有 4 个系列，每一个系列代表一个分类。第一个系列——最富有的邮政编码——以州名和邮政编码作为标签。遗憾的是，Excel 不能为图中的散点做标签。但幸运的是，可以使用一个加载项实现这个功能，见下面的“使用标签标记散点图中的点”部分。

图表所用的数据来自于图 4-10 所展示的工作表。数据源自于描述邮政编码的表，表中的列包含邮政编码、州、纬度、经度和平均家庭收入。数据包含 5 列，经度为第 1 列。后续的 4 列包含邮政编码对应的纬度或 NA()。列标题为定义分类的区间。然后可以通过这 5 个列创建散点图。

	C	D	E	F	G	H	I	J	K	
12								Lower	200001	150000
13								Upper	500000	=K12
14										
15	FROM SQL									
16	Zip	State	Long	Lat	Med Inc	Pop		Long	=TEXT(K12, "$#,K")&IF(K13>K12+1, " to "&TEXT(K13, "$#,K"), "")	=TEXT(L
17	99516	AK	-149.7806	61.091074	140571	20818		=E17	=IF(AND($G17>=K$12, $G17 < K$13), $F17, NA())	=IF(AND
18	35649	AL	-86.87243	34.62406	195547	93		=E18	=IF(AND($G18>=K$12, $G18 < K$13), $F18, NA())	=IF(AND
19	72749	AR	-94.43759	35.868416	115577	69		=E19	=IF(AND($G19>=K$12, $G19 < K$13), $F19, NA())	=IF(AND
20	85262	AZ	-111.8201	33.788355	128947	10567		=E20	=IF(AND($G20>=K$12, $G20 < K$13), $F20, NA())	=IF(AND
21	92145	CA	-117.0188	32.925191	224423	1381		=E21	=IF(AND($G21>=K$12, $G21 < K$13), $F21, NA())	=IF(AND
22	80454	CO	-105.2602	39.630935	133594	1092		=E22	=IF(AND($G22>=K$12, $G22 < K$13), $F22, NA())	=IF(AND
23	6883	CT	-73.37300	41.215991	213423	10203		=E23	=IF(AND($G23>=K$12, $G23 < K$13), $F23, NA())	=IF(AND
24	20015	DC	-77.06729	38.965376	149909	15796		=E24	=IF(AND($G24>=K$12, $G24 < K$13), $F24, NA())	=IF(AND
25	19807	DE	-75.60365	39.78145	171155	7337		=E25	=IF(AND($G25>=K$12, $G25 < K$13), $F25, NA())	=IF(AND
26	33109	FL	-80.13966	25.760179	250001	482		=E26	=IF(AND($G26>=K$12, $G26 < K$13), $F26, NA())	=IF(AND
27	30327	GA	-84.42376	33.857151	135660	22715		=E27	=IF(AND($G27>=K$12, $G27 < K$13), $F27, NA())	=IF(AND

图 4-10　Excel 工作表为之前的图提供数据并分配系列名(图 4-10 中展示了第 1 个分类的公式)

工作表为每一个系列创建合理的名字。整个分类由两个值定义：收入区间的最小值和最大值。标签是通过 Excel 的字符串函数创建的：

```
=TEXT(L7, "$#,K")&IF(L8>L7+1, " to "&TEXT(L8, "$#,K"), "")
```

这个公式使用 TEXT()函数将数字转换为字符串。第二个参数是数字格式，将后三位以字母 K 替换("$#,K")。IF()处理没有上限的分类。

4.3.2　州中拥有最多订单的邮政编码

当然，没有理由限制体现邮政编码地理特征的示例。同样的方法可以用来找出每一个州中订单最多的邮政编码，以及每户的最多订单数。

图 4-11 中的地图展示了每个州中拥有最多订单的邮政编码。通常，拥有最多订单的邮政编码很大，是城市中的邮政编码。如果测量方法是使用透视数据，每户拥有最多订单的邮政编码可能是小的邮政编码，这些邮政编码对应的区域内只有很少的住户。

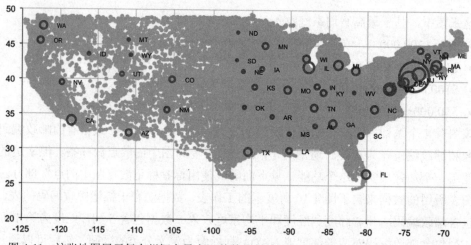

图 4-11 这张地图展示每州拥有最大订单数的邮政编码，圆的大小代表订单数量的大小

获取数据的查询是一个聚合查询，使用 ROW_NUMBER()。基于 ORDER BY 子句计数：

```
SELECT zc.zcta5, zc.stab as state, longitude, latitude, numorders
FROM (SELECT Zipcode, State, COUNT(*) as numorders,
             ROW_NUMBER() OVER (PARTITION BY state
                                ORDER BY COUNT(*) DESC) as seqnum
      FROM Orders
      GROUP BY ZipCode, State
     ) ozip JOIN
     ZipCensus zc
     ON zc.zcta5 = ozip.ZipCode
WHERE seqnum = 1 AND
      latitude BETWEEN 20 and 50 AND longitude BETWEEN -135 AND -65
ORDER BY zc.stab
```

使用标签标记散点图中的点

在散点图和气泡图中添加标签(见图 4-9)是一个非常有用的技能。幸运的是，Rob Bovey 为此编写了一个小应用程序。更棒的是这个应用程序可以免费下载，下载地址为 www.appspro.com/Utilities/ChartLabeler.htm。

XY-Labeler 在 Excel 中添加了新的功能——位于菜单 Tools 下的 XY Chart Labels，它具有如下功能：

- 为图表添加标签，其中标签由工作表中的列定义。
- 修改已有标签。
- 为任意系列中的单独点添加标签。

在图表中，标签与其他系列上的标签相同。如同其他的文本一样，该标签可以按需要格式化，设置字体、颜色、背景和方向。可以通过选中标签后使用 Delete 键删除该标签。

在插入标签时，图表标签工具需要知道一些选项的信息。第一，它需要一些系列用来做标签。第二，需要标签内容，这些内容通常是在同一个表中的一个列中。第三，它需要知道标签的放置位置：上、下、左侧、右侧，或是在数据点之上。

标签自身是一个列中的值，因此它们可以是任意文本。在这个示例中，每个点的标签由州名缩写和邮政编码构成，使用下面的公式创建：

=D10&" ("&TEXT(C10, "00000")&")"

其中，单元格 D10 存储州名，单元格 C10 存储邮政编码。TEXT()函数在邮政编码的前面添加 0，确保邮政编码以 0 起始。

使用窗口函数，计算变得与没有聚合函数的情况一样简单。没有这些函数，仍然可以使用 SQL 来实现，但是会更复杂一些。

4.3.3 地理数据中有趣的层级结构

州中的邮政编码只是地理等级中的一个示例。本章讨论地理的其他层级，即使多数信息都不在数据集中。

1. 郡

每一个州都被分为若干郡。有的州，如德克萨斯州，有几百个郡(254 个)。相比之下，特拉华州只有 3 个，夏威夷州和罗德岛只有 5 个。郡是十分精准有用的，因为每一个地址，不管是在乡村、城镇或城市，都有一些相关联的郡。表 ZipCounty 存储每个邮政编码的主要郡。ZipCensus 针对每一个邮政编码也存储了郡的信息。

不同州的郡可能有相同的名字。以前，作者从地图上看到明尼苏达州北部有两个高亮显示的郡时，作者感到很惊讶，因为它们有很大的潜在市场。这两个郡拥有小于 20000 的人口，这一点都不高。尽管 Lake 郡和 Cook 郡都小，而且不在明尼苏达州管辖区内(距离很远)，它们是全国人口最稠密的郡，坐落于伊利诺伊州。

为了避免这样的困惑，人口统计局发明了针对地理区域的数字编号系统，称为 FIPS(联邦信息处理标准)。FIPS 中的郡编码由 5 个数字组成。前两位存储州的信息，后三位存储郡的信息。通常，州的编号是州名按字母排序后依次分配序列号，阿拉巴马州是第一位，序号为 01。在每一个州中的郡也是用同样的方法编号的，因此 Alabaster 郡的 FIPS 编码是 01001。对于每一个邮政编码，FIPS 的郡编码存储在 ZipCensus.fipco 列和 ZipCounty.fipco 列中。

对于其他目的，郡也是非常有用的。例如，销售税收通常在郡的级别做设置。

2. 指定的市场区域

指定的市场区域(DMA)是尼尔森市场调研的发明，最初用于电视广告。由郡构成的小组形成市场区域，它们是大都市区域的近似估算。在美国，有 210 个 DMA。最大的一个包含纽约市 740 万的住户(在 2012 年)，拥有涵盖 4 个州的 29 个郡。

以郡为单位组成 DMA 是一个好主意，因为在美国所有的地方都在某个郡内。因此，所有的地方都在某个 DMA 内。遗憾的是，这个定义是私有的，因此郡与 DMA 的映射或邮政编码与 DMA 的映射需要付费获得(尽管可以在网上查阅到定义信息)。

每一个公司对于市场区域都有自己的定义。报纸和电台也有指定的市场区域。在这些区域中，它们竞争获取更多的读者，并且在"本地"市场做广告。

3. 人口结构

美国的人口统计局有一项重大的挑战。由宪法授权，统计局负责每隔十年"计算"(计数)每个州的人口数量。目的是决定分给每一个州的众议院的座席数。计算居民数量的同时，美国人口统计局还在每十年一次的普查和近几年的普查中，估算不同的地理和经济统计信息。

美国人口统计局将美国分为小的拼接的地理实体，例如：

- 人口统计块
- 人口统计块组
- 人口统计地带

人口统计块是最小的单元，通常包含一个小区域的几十个人(例如，一个街道或居住大楼的一层住户)。整个美国被划分为超过 1100 万个的人口统计块。在人口统计块层面，美国人口统计局只公布了非常有限的统计信息，因为这样的统计信息可能包含的是小区域的个体私人信息。

人口统计块组是人口统计块的集合，通常包含约 4000 人。随着人口的增长、减少和移动，美国人口统计局根据需要修改人口统计块和人口统计块组。

人口统计地带是不变的统计区域，包含约 2000～8000 人(虽然人数可能更多)。与邮政编码不同，对人口统计地带的设计在统计上是均匀的，而且与当地政府相关。相比之下，邮局的目的是服务不同的区域。可以在网上了解到关于人口统计划分的进一步信息。网址为 www.census.gov。

低级的人口统计层级被汇聚到分组中，例如城市统计区、居住区、新英格兰市和城镇区域、联合的统计区域以及更多。关于这些结构的问题归根于一个词：政治。不同的美国联邦程序的资金支持与人口紧密相关。或许是这个原因，行政管理和预算局(OMB)取代人口统计局定义这些。例如，在 2000 年的人口统计中，伍斯特被包含在波士顿城市调查区域。到 2003 年，它被分离出来，属于自己的区域。

4. 其他的地域细分信息

对于其他地域细分信息，还有很多，对于一些特定的目的，它们可能非常有用。下面的内容讨论这些信息。

邮政编码+2 和邮政编码+4

在美国，5 位邮政编码增加了额外的 4 个数字，通常称为邮政编码+4。在这额外的 4 个数字中，前两位是运载路线编码，后两位是路线上的停止站。因为邮政编码+4 随着邮局的决定而变更，通常在做历史比较时并不是十分有用。

选举区

公民参与投票，而且公民投票时的保密区是在议会区，以及州和当地选举区。这样的信息对于政治竞选非常有用。然而，至少每十年选举区就会改变，因此对于超过更长时间的竞选来说，此信息就不那么有用了。

学区

学区是另一个地理分组。每一个分区都有自己的学校。什么时候给客户发送"返校"信息？什么时候提供迪士尼世界的假期折扣？有些学区在8月初开学。其他的在劳动节后。相似地，有些学区在5月初停止授课，有些会继续上课至6月。另外，学区的质量(通常以测试成绩为准)可以说明很多关于地域的信息。

顾客来源区

顾客来源区是指零售公司吸引的顾客的所在区域。顾客来源区的定义可以是非常复杂的，包含商店地址、路线、与公交站的距离以及竞争对手。零售公司通常了解它们自己的顾客来源区和区域内的竞争者。

5. 网络上的地理

最初发明网络时，人们认为它将终结地理的存在。使用者可以在任何地方浏览网页，而不需要知道公司的实际地址。

在某种程度上，这是正确的：网页自身没有地理，至少没有比国家更详细的信息(这从法律上考虑是很重要的)。另一方面，地理仍然是很重要的。地理信息包含文化、语言、产品偏好、货币和时区。有证据表明，即使在网络世界中，信息的传播最初也是发生在特定的物理地理区域内——朋友、邻居和同事之间的相互交流，即使这种交流也是通过社交媒体进行。

我们如何才能从网络交互中获取地理信息呢？有4种不同的基础方法：

- 自行汇报地址
- IP地址查询
- 移动设备上的定位
- 来自于其他方法的辅助信息

这些方法中没有一个是完美的，而且没有一个方法能够一直有效。然而，有用的地址信息通常可以被推断出来。

自行汇报地址

有的网站要求填写注册信息或其他信息。而且，这样的注册经常要求填写实际地址作为配置信息的一部分。支付系统的网站——当支付手段是通过刷信用卡时——通常要求刷卡地址或邮寄地址。应该将这样的地址存储起来，基于地址可以编写地理代码，提供纬度、经度以及其他信息。

IP地址查找

所有的网络交互都是通过网络协议地址(IP地址)来标识计算机或其他设备的网络位置。从分析的角度，地址本身是可以用于分析的。在最初的标准(称为IPv4)中，IP地址由0到255之间的4位数字组成，并以点作为分隔(新标准IPv6拥有更多数字)。典型的IP地址如下：

- 164.233.160.0

而且你可能会认为这个地址与164.233.160.1很接近。或许你是对的，因为这两个地址都来自于Google。

然而，并不能完全肯定，因为IP地址不是根据地理位置来分配的。得到ICANN(Internet Corporation for Assigned Names and Numbers)许可的组织在对物理地域分配IP时，只有稍微思考或是根本没有任何思考。当数字被分配后，物理地址和对应的组织名也会被同时收集，因此基于地址的这些信息是可得到的。可以通过一些云服务指向包含这些信息的表或是找到关于这些内容的实时信息。

IP地址信息可能非常有用——但仅限于当它们与实际情况配合时。最重要的问题是地址展示的是在网络上出现的点，而不是设备的实际位置。例如，Delta航空公司在飞行器上为乘客提供上网服务。不管乘客的实际位置在哪儿，他们的地址是亚特兰大机场。而且，该服务只有在高于10 000英尺的高空时提供，几乎完全不在哈慈菲尔德国际机场范围内。同理，这也适用于一定的ISP和企业网络。

虚拟私有网络(VPN)是另一个问题。很多公司使用VPN将所有的网络传输导向到一个单独的网口。用户可以轻易地切换网络，例如，有时可以将移动设备的网络从移动供应商转到WiFi。VPN对应的点可能与个体的实际位置相距非常远。有一些极端的情况，例如，作者曾看到用户在纽约登录，然后又从伦敦登录——登录间隔不超过10分钟。

无论如何，IP地址确实提供了一个较好的地理位置检测方法。然而，在严格使用时，不能保证它是精准的。

移动设备上的定位

对于定位用户，移动设备提供了另一个解决方案：设备本身的定位服务。这个服务提供设备所在位置的纬度和经度。该纬度和经度可以被用于找到任意层级的地理信息。定位服务的问题是用户并不总是使用定位服务，或是关掉它。因此，尽管这个信息比IP地址更加可靠，但它并不总是存在的，而且它依赖于终端设备。

辅助信息

关于地理的一些信息也可能通过其他手段获得。例如，网页浏览器可以根据电脑或设备所在的位置，自动提供语言和时区信息。这个信息在后续的分析中非常有用。

使用这种数据的一个有趣示例是计算机蠕虫，称为Conficker。这个特殊的蠕虫在被感染的电脑中查找键盘布局是否为乌克兰布局，如果是的话，程序会删除自身——蠕虫病毒的作者来自于乌克兰，他想要保护他们自己的电脑。当有人在浏览网页时，这样的信息是可以获取的——然而对比传播破坏性恶意软件来说，这些信息有更好的用途。

4.3.4 计算郡的财富

本节侧重讨论郡的财富，以此可以对不同的地理层级作比较。本节以标识郡作为开始。

1. 标识郡

如果 Orders 表中包含完整的地址信息，而且地址信息是经过地理编码的，那么可以从中获取郡名以及邮政编码(以及人口统计地带和其他信息)。然而，数据包含的是邮政编码而不是地址信息。可以通过 ZipCounty 表查询邮政编码对应的郡(这个信息也可以在 ZipCensus 中获取)。这是一个近似的映射，基于 1999 年存在的邮政编码。即使邮政编码可以跨越州和县，这个表为每一个邮政编码都分配了一个郡。

ZipCounty 和 ZipCensus 的重复部分是什么？这个问题与下面的问题相似：Orders 和 ZipCensus 中的重复部分是什么？查询也非常相似：

```
SELECT inzc, inzco, COUNT(*) as numzips, MIN(zipcode), MAX(zipcode),
       MIN(countyname), MAX(countyname)
FROM (SELECT zipcode, MAX(CountyName) as countyname, SUM(inzc) as inzc,
             SUM(inzco) as inzco
      FROM ((SELECT zcta5 as zipcode, '' as countyname,
                    1 as inzc, 0 as inzco
             FROM ZipCensus)
            UNION ALL
            (SELECT ZipCode, countyname, 0 as inzc, 1 as inzco
             FROM ZipCounty)) z
      GROUP BY zipcode) zc
GROUP BY inzc, inzco;
```

这个查询是典型的判断方法，用于查找两个或多个表的重叠部分。使用额外的郡名和邮政编码返回信息。

表 4-12 说明，在 ZipCensus 表中几乎所有的邮政编码都存储于 ZipCounty 表中。约有一万个邮政编码只出现在 ZipCounty 表中，而没有出现在 ZipCensus 表中，因为只有美国人口统计局维护的邮政编码列表才存储在 ZipCensus 表中。邮政编码列表是所有邮政编码的子集，只有存在居住人口的邮政编码才会列在其中。额外出现的邮政编码也证明了第二个表是有用的。

表 4-12 ZipCensus 和 ZipCounty 表中重复的邮政编码

在 ZipCensus 表中	在 ZipCounty 表中	邮政编码数量	最小邮政编码	最大邮政编码	最小的郡	最大的郡
0	1	9446	00773	99950	Acadia	Ziebach
1	0	343	01434	99354		
1	1	32 646	01001	99929	Abbeville	Ziebach

2. 衡量财富

财富的经典属性是 medianhhinc——中等家庭收入。遗憾的是，没有郡级对应的数据。幸运的是，郡中所有邮政编码的平均中等收入是可以计算的，它一个合理的估计。虽然这个平均值只是一个估计值，但是这样的估计值在做相对比较时已经足够好了。下面的查询计算每个郡的中等家庭收入的平均值：

```
SELECT zco.countyfips, zco.countyname,
       (SUM(medianhhinc * tothhs) / NULLIF(SUM(tothhs), 0)) as income
FROM ZipCensus zc JOIN
     ZipCounty zco
     ON zc.zcta5 = zco.zipcode
GROUP BY zco.countyfips, zco.countryname
```

注意，这个查询使用的是加权平均值(权重为住户的数量)，而不仅仅是平均值。另一个替换算法是 AVG(medianhhinc)，它的计算结果是一个不同的值。对于每一个邮政编码，不管它的人口有多大，其权重是相同的。

提示：当平均比例处于高聚合等级时，通常使用汇总的比例而不是比例的平均值。

NULLIF()函数计算包含 0 个住户的郡的数量，这不是寻常的情况。这个数据中唯一的示例是维吉尼亚州的威廉斯堡市，它是维吉尼亚州的独立市(即州中只包含一个市)。它的 5 个邮政编码中，有 3 个是在相邻的郡中。威廉斯堡市中仅有的两个邮政编码被分配给威廉与玛丽学院，在大学中，只有集体住房，没有"住户"。这就是人口统计数据：准确、详细，而且有时带有惊喜。

4.3.5 财富值的分布

郡和邮政编码的中等家庭收入分布如图 4-12 所示。这个分布是一个直方图，其中的值以 1 千美元为单位增长。纵坐标为邮政编码或郡的比例，这些邮政编码或郡的中等家庭收入落在每一个区间内。虽然分布有点向左侧倾斜，但是整体来看，这个分布看起来像是一个正态分布，这说明有更多的区域还是非常富有的(左侧的峰值说明还有很多分布在右侧)。倾斜的一个原因是家庭中等收入永远不能为负数，因此，它不可能下降得特别低。

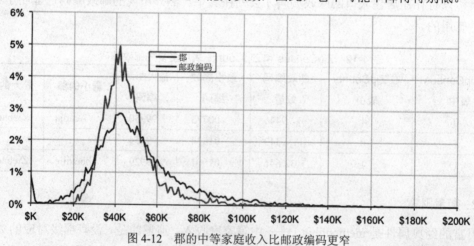

图 4-12 郡的中等家庭收入比邮政编码更窄

对于邮政编码和郡，峰值位于区间$30000 和$31000 之间。然而，郡的峰值比邮政编码的峰值要高一些。而且郡的曲线要更窄，有更少的大值或非常小的值。这能否说明关于郡的什么问题吗?

实际答案是:否。我们可以将郡当作一个邮政编码的样本。如前面章节所述,样本平均值的分布比原始数据更窄,更靠近中间值。地理结构通常也遵循这个模式。

图 4-12 中的数据来自于 SQL 和 Excel 中的计算。SQL 查询汇总数据,然后 Excel 将数据比例转换为图表:

```
SELECT bin, SUM(numzips) as numzips, SUM(numcounties) as numcounties
FROM ((SELECT FLOOR(medianhhinc / 1000) * 1000 as bin,
              COUNT(*) as numzips, 0 as numcounties
       FROM ZipCensus zc
       WHERE tothhs > 0
       GROUP BY FLOOR(medianhhinc / 1000) * 1000
      ) UNION ALL
      (SELECT FLOOR(countymedian / 1000) * 1000 as bin, 0 as numzips,
              COUNT(*) as numcounties
       FROM (SELECT CountyFIPs,
                    (SUM(medianhhinc * tothhs * 1.0) /
                     SUM(zc.tothhs) ) as countymedian
             FROM ZipCensus zc JOIN
                  ZipCounty zco
                  ON zc.zcta5 = zco.ZipCode AND
                     zc.tothhs > 0
             GROUP BY CountyFIPs) c
       GROUP BY FLOOR(countymedian / 1000) * 1000
     ) ) a
GROUP BY bin
ORDER BY bin
```

这个查询以 bin 存储中等收入,并且只获取数字的千位以上。因此,数值为$31948 的收入存放在$31000 对应的 bin 中。这个数学计算是使用 FLOOR()函数完成的。查询分别针对郡和邮政编码计算 bin。

4.3.6 在郡中,哪个邮政编码是相对最富有的?

探索本地区域与周围区域的明显区别是很有趣的:在一个郡中,哪个邮政编码是相对最富有的?

回答这个问题需要对问题本身有深刻的理解。一种可能是中等收入之间的区别。另一个可能是比例上的区别。这两种区别都是合理的解释。而后者引出了对不同地理等级的值进行比例计算的想法,这是一个有用的想法。

提示:以一个地理等级上的值除以更大的区域中的值,是一个关于比例的示例。它可以用于发现数据中的有趣模式,例如郡中最富有的邮政编码。

下面的查询返回前 10 个邮政编码,这些邮政编码对应区域的住户都超过 1000 人,而且这些邮政编码的比例是郡中最大的:

```
SELECT TOP 10 zc.zcta5, zc.state, zc.countyname, zc.medianhhinc,
```

```
            c.countymedian, zc.medianhhinc / c.countymedian, zc.tothhs, c.hh
FROM (SELECT zc.*, zco.CountyFIPs, zco.CountyName
      FROM ZipCensus zc JOIN
           ZipCounty zco
           ON zc.zcta5 = zco.ZipCode) zc JOIN
     (SELECT zco.CountyFIPs, SUM(tothhs) as hh,
            SUM(medianhhinc * tothhs * 1.0) / SUM(tothhs) as countymedian
      FROM ZipCensus zc JOIN
           ZipCounty zco
           ON zc.zcta5 = zco.ZipCode AND
              tothhs > 0
      GROUP BY zco.CountyFIPs) c
     ON zc.countyfips = c.countyfips
WHERE zc.tothhs > 1000
ORDER BY zc.medianhhinc / c.countymedian DESC
```

这个查询有两个子查询。第一个为 ZipCensus 表中的每行数据附加 FIPS 郡编码。第二个子查询估算郡的中等家庭收入。然后使用 FIPS 编码联接起来。通过 ORDER BY 子句对比例进行降序排序，选出最大值。

直观上看，这些富有的邮政编码(在表 4-13 中)所在的郡的收入都高于平均值，人口都很大(有十万或是百万住户)。这些富有的区域包括在高度城市化的郡中。

表 4-13 郡中相对最富有的邮政编码

邮政编码	郡名	中等收入			住户	
		邮政编码	郡	比例	邮政编码	郡
07078	Essex County, NJ	$234,932	$65,516	3.59	3942	277 630
60022	Cook County, IL	$190,995	$57,780	3.31	2809	1 878 050
10282	New York County, NY	$233,409	$74,520	3.13	2278	703 100
33158	Miami-Dade County, FL	$142,620	$46,660	3.06	2082	826 183
90077	Los Angeles County, CA	$182,270	$60,784	3.00	3195	3 191 944
76092	Tarrant County, TX	$181,368	$60,756	2.99	8279	631 364
10007	New York County, NY	$210,125	$74,520	2.82	2459	703 100
38139	Shelby County, TN	$136,603	$50,416	2.71	5411	328 973
60093	Cook County, IL	$156,394	$57,780	2.71	6609	1 878 050
75225	Dallas County, TX	$141,193	$53,861	2.62	8197	921 715

4.3.7 拥有最高的相对订单占有份额的郡

地理层级结构也可以用于与客户相关的信息。例如：在每一个州中，哪些郡的订单占有份额最高？

除了计算订单的占有份额之外，后续的查询也计算了一些关于郡和州的其他统计数据：

- 估算住户的数量

- 估算中等收入
- 在政府救助区的住户比例
- 拥有本科学历的人口比例
- 房主的比例

目的是对比郡和州的最高透视数据，查看其他信息是否与高占有份额相关。

表4-14列出了前10个郡，这些郡在自己的州中有相对最高的占有份额。多数情况中，这些郡比较小，而且有较小的订单数量。然而，以住户划分的占有份额非常高。有趣的是，拥有相对较高的占有份额的郡都比其他郡更富裕。然而，有些较小的郡更贫穷。整体上，这些郡的受教育水平都较高，较少的人在政府救助区。

返回这些郡的查询语句如下：

```
SELECT c.*, s.*, c.orderpen / s.orderpen
FROM (SELECT zcounty.*, ocounty.numorders,
             (CASE WHEN numhh > 0 THEN numorders * 1.0 / numhh ELSE 0
              END) as orderpen
      FROM (SELECT zco.CountyFIPs, zco.State,
                   MIN(countyname) as countyname, COUNT(*) as numorders
            FROM Orders o JOIN
                 ZipCounty zco
                 ON o.ZipCode = zco.ZipCode
            GROUP BY CountyFIPs, zco.State) ocounty JOIN
           (SELECT zco.countyfips, zco.state, SUM(zc.tothhs) as numhh,
                   (SUM(medianhhinc * zc.tothhs)/
                    SUM(zc.tothhs) ) as hhmedincome,
                   (SUM(numhhpubassist * 1.0)/
                    SUM(zc.tothhs) ) as hhpubassist,
                   SUM(bachelors * 1.0) / SUM(over25) as popcollege,
                   SUM(ownerocc * 1.0) / SUM(zc.tothhs) as hhuowner
            FROM ZipCensus zc JOIN
                 ZipCounty zco
                 ON zc.zcta5 = zco.ZipCode
            WHERE zc.tothhs > 0
            GROUP BY zco.countyfips, zco.state) zcounty
           ON ocounty.countyfips = zcounty.countyfips) c JOIN
     (SELECT zstate.*, ostate.numorders,
             numorders * 1.0 / numhh as orderpen
      FROM (SELECT o.state, COUNT(*) as numorders
            FROM Orders o JOIN
                 ZipCensus zc
                 ON o.ZipCode = zc.zcta5 AND zc.tothhs > 0)
            GROUP BY o.state) ostate JOIN
           (SELECT zc.stab, SUM(zc.tothhs) as numhh,
                   SUM(medianhhinc*zc.tothhs) / SUM(zc.tothhs) as
                       hhmedincome,
```

```
                    SUM(numhhpubassist*1.0) / SUM(zc.tothhs) as hhpubassist,
                    SUM(bachelors * 1.0) / SUM(zc.over25) as popcollege,
                    SUM(ownerocc * 1.0) / SUM(zc.tothhs) as hhuowner
              FROM ZipCensus zc
              WHERE zc.tothhs > 0
              GROUP BY zc.stab) zstate
              ON ostate.state = zstate.stab) s
        ON s.stab = c.state
ORDER BY c.orderpen / s.orderpen DESC
```

表4-14 在州中，拥有相对最高的订单占有份额的郡

郡 FIPS 编码或州名	住户					订单占有份额	比例
	数量	中等收入	在政府救助区	房主	拥有本科学历的人口比例		
56039	7142	$69,620	0.49%	61.40%	34.28%	0.48%	11.7
WY	221 523	$57,937	1.55%	70.29%	16.16%	0.04%	
16013	9126	$62,727	1.88%	68.15%	31.25%	0.39%	11.6
ID	577 434	$47,580	2.84%	70.09%	16.97%	0.03%	
46027	5294	$36,628	3.57%	56.44%	22.40%	0.19%	10.3
SD	320 310	$49,854	2.61%	68.62%	18.27%	0.02%	
08097	6164	$67,710	1.31%	64.44%	40.79%	0.96%	9.0
CO	1 962 800	$61,291	2.09%	65.93%	23.45%	0.11%	
37135	42 762	$58,973	1.47%	57.55%	25.67%	0.56%	8.8
NC	3 693 221	$48,490	1.89%	67.08%	17.82%	0.06%	
08079	366	$56,731	0.00%	85.52%	26.08%	0.82%	7.7
CO	1 962 800	$61,291	2.09%	65.93%	23.45%	0.11%	
51610	6 120	$126,885	0.57%	73.17%	32.39%	1.01%	7.5
VA	3 006 262	$69,888	1.97%	67.80%	20.28%	0.13%	
45013	50 482	$56,540	1.35%	68.20%	22.55%	0.35%	7.3
SC	1 768 255	$46,001	1.77%	69.46%	15.81%	0.05%	
28071	14 672	$44,074	0.98%	61.87%	22.05%	0.12%	6.7
MS	1 087 728	$40,533	2.53%	69.91%	12.76%	0.02%	
49043	13 631	$88,867	0.98%	75.06%	30.64%	0.24%	6.2
UT	880 631	$59,777	2.13%	70.43%	20.12%	0.04%	

这个复杂的查询由4个子查询组成。前两个子查询计算每个郡的订单数量和住户，用于计算郡的订单占有份额。后两个表针对州执行相同的计算。然后使用结果值计算订单占有份额比例。这个查询的数据流如图4-13所示，图中展示了4个子查询是如何合并在一起的。

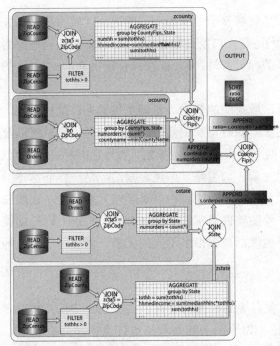

图 4-13 计算郡的订单占有份额在其所属州中的比例；这个比例介于郡中的订单占有份额和州中的订单占有份额之间

在郡和州的层面上，对人口统计比例的计算使用本章之前介绍的同样的方法。使用比例乘以合适的参数，获取计数值(住户的数量、人口数、受教育的人口数)。然后对这些计数进行聚合，除以总数。

4.4 在 Excel 中绘制地图

在处理地理数据时，地图非常有用。本节讨论的内容是在 Excel 中创建地图。简短来说，如果绘制地图很重要，那么 Excel 不是正确的工具，至少在没有加载项或扩展的情况下不行。然而，往长远看，使用 Excel 中的基础绘图是一个不错的开始。

4.4.1 为什么绘制地图？

绘制地图的目的是使趋势和数据变得形象化，能够更容易理解为什么在这里发生，而不是在那里发生。本章之前的邮政编码地图(太阳能和财富邮政编码示例)包含上千个邮政编码，其格式易于理解。地图能够体现出不同层面上的信息——展示不同区域的区别、城市和乡村的区别，以及特殊地理区域的区别。然而，这还只是基本邮政编码地图。

此外，绘图软件还应该做几件事情。绘图软件应该能够展示不同地理层级的信息。在美国，这意味着至少可以看到州的边界、郡以及邮政编码对应的边界。在整个世界的范围内，这意味着可以看见不同国家、国家中的区域以及不同的语言区域。此外，看到其他指示信息也很重要，例如湖泊、河流和高速公路。

另一个重要功能，是能够基于数据为不同的地理区域涂色并高亮显示，显示出数据来源是业务数据(订单数量)还是人口统计数据(人口和财富)。充满想象力的绘图软件能让你对特殊数据类型设置特殊的标记符号。Excel 在没有使用 Power View 的情况下，只能实现第一种功能。

地图应该包含地理区域对应的数据。特别是包含人口统计计数，因此可以衡量透视数据。其他的人口统计变量，如财富和受教育程度、家庭供热系统以及通勤时间，也都非常有用。而且获取这些数据不应该是特别费事的，因为它们在统计局网站上都可以免费下载。在地图上能够看见其他元素，如道路、河流、湖泊，是一件非常棒的事情。

这个列表是一个极其简单的讨论，内容是哪些元素将显示在地图中。高级绘图软件有很多其他功能。例如，绘图软件通常拥集成 GPS(全球定位系统)功能，沿着道路追踪两点之间的路线，合并卫星镜像，覆盖很多不同的元素，以及一些其他的高级功能。

4.4.2 不能绘图

以前，Excel 确实含有绘制地图的功能，与 Excel 中的绘图功能相似。Excel 可以创建地图，根据数据属性，为地图上的州和郡进行上色和高亮显示。这个产品是 Mapinfo (www.mapinfo.com)产品的一个修改版本。然而，微软在 Excel 2002 中移除了这个功能，将绘制地图的功能独立成一个产品，称为 MapPoint。MapPoint 是面向市场的产品之一，其他的产品包括来自 Mapinfo 和 ESRI's ArcView 的其他产品。也可以通过 Power View 和 Power Pivot 使用地图绘制功能。

在 Excel 中创建和调整地图需要购买额外的产品。本章介绍用于数据可视化的基础地图，这对于数据分析来说通常足够用了。当然，更漂亮的地图更利于描述信息。对于基础数据可视化，所需的内容比专业软件需要的高级内容更加基础。

4.4.3 网络地图

很多网站提供地图，如 Yahoo!、Google、MapQuest 以及 Microsoft Live。可能多数读者对于这些网站都很熟悉，可以在地图中找到地址和方向。这些网站还包括一些很帅气的功能，例如卫星镜像、道路网络以及一些其他功能，如地图上的本地业务、地标。

或许，对于读者稍微陌生的是这些网站的应用编程接口(API)，通过这些接口，地图可以被更广泛地应用。一个好的示例是 www.wikimapia.org，它能够在 Google 地图上做注释。Wikimapia 与 Google 的交互是通过一个 API 实现的，这个 API 也可以通过其他网络应用调用，甚至可以通过 Excel 调用。

与网络地图交互的优势是可以根据实时数据创建图形。缺点是需要编程。然而，这不是数据分析的主要内容。这些系统的设计是用于为网站创建地图，而不是用于数据可视化。当然，也可以使用这些系统做数据可视化，只是它们的设计目的并非如此。

警告：使用编程实现数据可视化(例如，使用网络地图软件提供的 API)通常会将注意力从数据分析上转移。数据分析很容易就变成一个编程项目。

4.4.4 邮政编码散点图之上的州边界

邮政编码散点图绘制功能性的地图，而且它们能够标记地图上的特殊点。通过这张地图可以查看州之间的边界，这使得地图变得更加有用。本节讨论实现这一目的的两个方法，通过它们凸显 Excel 的强大功能。

1. 绘制州边界

州的边界取决于地理位置——纬度和经度。Excel 散点图能够将图中的点连接起来。例如，图 4-14 展示了宾夕法尼亚州的边界，这条边界由可数的若干个点连接而得。有的部分只有很少的点(因为这条边界是直线)。有些部分的点比较多，通常是因为边界沿着自然地理特征，例如河流。宾夕法尼亚州的边界有一个不寻常的特征。它和特拉华州形成了一个半圆，是全美唯一的弧形边界。在这张地图中，弧线通过线段预估显示。

用于连接线段的点由纬度和经度定义。科罗拉多州是一个特别简单的州，因为它的形状像是一个矩形。表 4-15 列出了科罗拉多州的边界数据。该数据中，第一个点和最后一个点是相同的，因此它是一个完整的循环。为了创建科罗拉多州的地图，在散点图中绘制这些点，使用线将点连接在一起，所有的点都不使用标记。这些选项可以在 Format Data Series 对话框中找到。

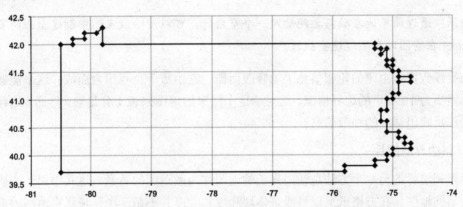

图 4-14 通过连接若干个点的线绘制而得的宾夕法尼亚州的边界

表 4-15 定义科罗拉多州的点的纬度和经度

州	经度	维度
CO	−107.9	41.0
CO	−102.0	41.0
CO	−102.0	37.0
CO	−109.0	37.0
CO	−109.0	41.0
CO	−107.9	41.0

对其他州边界的绘制要求提供对应的点的坐标，而且要确保不会出现额外的线。例如，图 4-15 展示的情况中，科罗拉多州的轮廓图中添加了怀俄明州的边界。额外的边界线出现了。Excel 不会区分数据点，因此它将所有的点连接在一起，这导致额外的线段出现。幸运的是，通过 Excel 可以很容易地去除额外的线段，只需要在两条边界之间导入空的单元格，并不需要针对每一张地图创建一个系列。图 4-9 使用这项技术处理地图上的州边界。

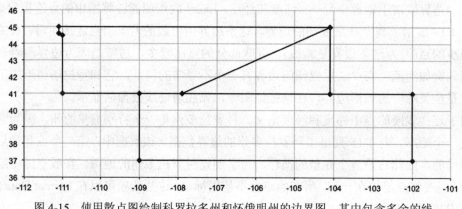

图 4-15　使用散点图绘制科罗拉多州和怀俄明州的边界图，其中包含多余的线

提示：通过简单地在数据之间插入一个空白行，可以消除散点图中创建出来的多余的线。Excel 在绘图时会跳过这些线段。

边界线数据是由州的轮廓信息手动修改而得。它由数千个点组合而成。这个能够反映出实际距离为 10 英里的边界情况，这对于这个国家的地图来说十分足够。然而，这样的边界图无法反映出详细的细节信息。

2. 州边界的图片

显示州边界的另一个方法是使用真正的地图作为散点图的背景。这其中第一个挑战是找到合适的地图。在方格纸上以直线来体现纬度和经度并不是一个体现真实地图的推荐方法，因为这样的地图在距离和区域上有失真。遗憾的是，通常情况下，网络上的地图就是这样显示的。其中，美国国家地图集是一个例外，它由 www.nationalatlas.com 提供，使用曲线表示纬度和经度。

网络上的地图通常不能以图片的形式直接复制。取而代之的方法是首先将网络上的地图保存为一个图片文件，或是做屏幕截图(使用 PrintScreen 键)，然后粘贴在其他软件中，如 PowerPoint，最后将图片裁剪为合适的尺寸。PowerPoint 可以将图片保存为图片文件(右击图片，选择 Save as 选项)。第二个挑战是设置地图的标尺。这是一个不断尝试和失败的过程，通过对比两个地图上的州边界能够更容易地完成。

图 4-16 是使用 Wikimapia 地图的一个示例，它模仿图 4-9 中的数据。在图表中右击并选择 Format Plot Area，选择 Fill，然后选择 Picture or Texture 选项卡。选择一个图片，在这个示例中，选择的是从网络上复制下来的图片。当然，这个功能适用于所有的图片而不只

是地图。

　　图片的优点是它可以包含任何地图上已有的特征。但是使用图片后,不能改变标尺,例如扩大某一块区域。另一个缺点是地图和数据点可能不会严格对应。

图 4-16　在地图(来自于 Wikimapia)上绘制的数据点。这个方法面临的挑战是对齐纬度和经度,
　　　　　使点安放在适合的位置

　　提示：图表的背景图片可以是任意图片。可以简单地通过 Fill Effects 对话框的 Picture 选项卡中的 Format Plot Area 菜单插入背景图片。

4.5　小结

　　本章讨论客户最重要的一个特征——他们生活的地方。地理是一个复杂的话题,本章介绍了如何在 SQL 和 Excel 中使用地理数据。

　　对地理数据的使用起始于地址编码,地址编码用于标识该地址在世界上的位置。地址编码将点转换为纬度和经度,并标识出人口统计块、人口统计地带以及郡,以及其他地理实体。使用 Excel 的散点图可以为纬度和经度创建图表,从而聚集成为一张地图。

　　使用地理信息的一个优势,是人口统计局提供统计信息以及关于客户的邻居和其他区域的数据信息。幸运的是,人口统计的一个层面是邮政编码表格区域(ZCTA),它与数据库中的邮政编码相对应。从人口统计局可以免费获取如下信息：区域的人口、中等收入、供热类型、受教育水平——以及更多其他信息。

　　任何给定的地址都在多个地理信息中。一个地址必然存在于一个邮政编码中,存在于郡中、州中以及国家中。在不同层级结构比较数据能够提供很多信息。例如,通过比较找到每个州中最富有的邮政编码,或是每个州中占有份额最高的郡,这些问题使用的是地理层级结构信息。

　　没有介绍地图的地理知识是不完整的。然而很遗憾,Excel 不支持绘制地图,需要使用其他软件或是添加加载项。对于简单地定位一个点，有很多网络资源可用。对于丰富的地图，有更多的关于绘制地图的程序包。

然而，基础的地图绘制是非常有用的，而且它对于数据分析来说也足够用了。这种情况下，Excel 可以充当一个有用的可视化工具，因为它可以通过散点图，显示出纬度和经度对应的位置以及边界。通过使用背景地图，可以在地图中添加很多其他的特征。

第 5 章将不再讨论地理信息，而是讨论用于理解客户的另一个重要部件：时间。

第 5 章

关 于 时 间

  与地理一样，时间是描述客户和业务的另一个重要维度。本章讨论日期和时间，并以此作为理解客户的工具。这是一个宽泛的主题。下面两章将扩展讨论这个思想，引入生存分析——统计学的分支，也称为由时间到事件的分析。

  本章通过若干不同的角度接近时间。一个角度是日期和时间的表示值，即年、月、日、小时和分钟。另一个角度是事件发生的时间点，以及随时间推移产生的变化和每年的数据比较。然而，还有一个角度是持续时间，两个日期之间的差值，甚至是随时间增长，持续时间是如何变化的。

  示例中使用两个数据集——purchases 和 subscribers——其中的时间戳精确到日期，而不是分钟、秒钟甚至是秒的小数位。这并不是意外选择的。对于多数业务，日期是最重要的部分，因此本章侧重于整个日期。当然，上述想法可以很容易地由日期扩展至时间，精确至小时、分、秒。

  时间和日期是复杂的数据类型，有 6 个不同组成部分和第 7 个可选组成部分构成。年、月、日、小时、分和秒是其中的 6 项。此外，还可能有时区信息。幸运的是，数据库有关于日期和时间的相似函数，例如，从给定时间值中获取每一个组件对应的值。但是，遗憾的是，每个数据库都有一套自己的函数和特性。本章呈现的数据分析并不依赖于任何数据库的方法，相反，数据分析提供的方法适用于很多系统。采用的是 SQL Server 的语法。附录 A 提供了其他数据库的等价语法。

  本章首先概要介绍 SQL 中的日期和时间数据类型，并讨论关于这些数据类型的一些基本问题。然后关注列值及其随时间的变化，其中包含关于每年的数据比较的技巧。两个日期之间的差值代表持续时间，持续时间与客户在一段时间发生的事情紧密相关。分析随时间变化的日期能够引入新的问题，因此本章依据以时间为基数的分析建议，加入了一些其他临时性的任务。

  本章以两个有用的示例收尾。第一个示例判断在给定时间点上，活跃客户的数量。第二个示例依赖于 Excel 中的动画,展示随时间推移产生的变化。毕竟,动画绘图能够在展示结果时加入时间维度,而且这样的动画是非常强大的、有说服力的且适时的。

5.1 数据库中的日期和时间

首先介绍的是计时系统:如何测量一段时间。在一天之中,计时系统是相当标准化的,24 小时一天,每小时 60 分钟,每分钟 60 秒。最大的问题是时区,即它有国际化的标准。

对于日期,格里高利日历(阳历)是多数发达国家广为使用的日历。2 月紧随着 1 月,在 8 月或 9 月开学,南瓜在 10 月末成熟(至少在北半球多数地区都是如此)。每 4 年为闰年,在 2 月份多加 1 天。这个日历在几个世纪内,几乎是欧洲的标准日历。但它并不是唯一的日历。

几千年以来,人类根据月亮每月出现的周期、太阳每年出现的周期、金星的周期(玛雅人的恩赐)、电子绕铯原子的频率,发明了上千种的日历。即使是在现代社会中,全球使用了实时沟通,格里高利日历仍然是多数人使用的日历,然而这其中存在不规则的情况。一些基督教的节日,每年大约有一点点的不同,正统基督教假期与其他宗教的假期不同。犹太族的假期在从一年到下一年的时间内,不断变化,而穆斯林假期的周期贯穿所有季节,因为清真教的日历比阳历要短。中国春节大约比阳历新年晚一个月。

甚至一些明智的公司会发明自己的日历。很多公司发现财年并非始于 1 月 1 号,而且有的公司使用 5-4-4 系统作为财年日历。5-4-4 系统描述一个月份中的星期数,忽略实际上的日历的情况。这些都是日历系统的示例,其中的特殊属性是为了满足不同的需要。

根据日历的不同情况,数据库在处理日期和时间上有不同的方式。每个数据库都使用自己的格式存储日期数据。数据库支持的最早日期是什么?一个日期列需要的存储空间有多大?时间戳的精度是多少?这些问题都与数据库本身的实现和数据库所支持的数据类型相关。然而,数据库使用的框架是统一的,都是格里高利日历,每年中有 12 个月,每 4 年为一次闰年。下面的几节讨论日期和时间数据类型的用法。

数据库中日期和时间的基础知识

日期和时间有自己的数据类型。ANSI 标准类型是 DATETIME 和 INTERVAL,分别标识值为绝对时间还是持续时间。每一种类型都有指定的精度,通常是天数、秒或更小的单位。ANSI 标准提供理解数据类型的详细说明,但是每个数据库对于这些数据类型的处理不同。稍后的"在数据库中存储日期和时间"介绍了物理存储中,日期和时间的不同存储方法。

本节讨论抽取时间的组成部分、测量时间区间、处理时区问题。此外,还引入 Calendar 表,它描述日期的特征。也可以在配套网站上找到这个表。

1. 获取日期和时间的组成部分

日期和时间的 6 个重要组成部分是年、月、月中的日期、小时、分钟和秒。其中,年和月通常是用于分析客户的重要部分。月能够统计客户每一季度的行为，而年则能够提供更长时间周期内的客户变化。

Excel 提供了一些函数，能从时间中获取上述组成部分，函数名为 YEAR()、MONTH()、DAY()、HOUR()、MINUTE()和 SECOND()。前三个函数也是多数数据库中的函数。ANSI 标准函数是 EXTRACT()，其中使用一个关于日期部分的参数。例如，EXTRACT(year FROM <col>)，等价于 YEAR(<col>)这些函数返回的是数字，而不是特殊的时间值或字符串。

在数据库中存储日期和时间

日期和时间值以人们可读的格式展示。例如，关于千禧年的起始年的争论，是 2000-01-01 还是 2001-01-01，无论如何，我们能理解的是这些日期的意思。这种展示日期的格式符合国际标准 ISO 8601(详细内容可以从 http://en.wikipedia.org/wiki/ISO_8601 获取，或者通过国际标准组织购买)，且本书也是使用这个标准。幸运的是，多数数据库中的日期常量也是这种格式。

在底层，数据库以多种不同的方法存储日期和时间，多数看起来像是毫无意义的二进制字符串。一个共用的方法是将日期存储为距离某个指定日期的天数，例如，1899-12-31。在这个模式下，千禧年始于指定日期后的第 36526 天，还是第 36892 天？在人们看来，这两个数字都不如日期更易于理解。Excel 恰巧可以使用这个机制，它知道如何将内部格式转为可读的日期，单元格使用的是"数字"格式。

存储时间的一个方法是使用天数的小数位；因此，2000 年第一天的中午存储为 36526.5。Excel 也使用这种格式，将 1899-12-31 以来的日期和时间展示为天数和天的小数位。

另一个能同时处理日期和时间的方法是存储距离指定日期的秒数。在 Excel 中使用同样的指定日期，2000 年第一天的中午可以简单地表示为 3 155 889 600。这样的方法只是对于软件很方便，对人们毫无意义。Unix 系统和其他数据库使用的指定日期是 1970-01-01，以整数值表示的秒数和微秒数作为时间计数。在指定日期之前的日期为负数。SAS 使用另一个指定日期，1960-01-01。

另一个方法避免使用指定日期，而是直接存储格里高利日历中的日期。即分别存储年、月、日的数据，通常是半个字节或一个字节的数字。在商业世界中，2000 年之前的日期是安全的，它在我们使用的数据之前。即便如此，随着数据库存储的信息的增多，之前的数据也是有用的，多数数据库是支持存储古老的数据的。

对于日期和时间，SQL Server 有几种数据类型。最常见的类型是 DATETIME，可以表示 1753 年至 9999 年之间的日期，精确到 10 毫秒。稍微欠缺精准度的 SMALLDATETIME 支持的日期范围从 1900 年到 2079-06-06，精准到 1 分钟。在这两个示例中，国际格式包含两个整数部分：日期，代表指定日期之后的天数；时间，表示午夜之后的微秒数或分钟数。持续时间的存储使用的是同样的数据类型。其他数据库对日期和时间的存储使用完全不同的方法。

内部编码系统的多样性是对软件工程师的创造性的测试。相比内部编码系统更重要的是，从信息中剥离出来的日期和时间，以及这些数据的使用方式。不同的数据库提供相似的功能，然而其中的语法可能差距很大。附录 A 中介绍了一些数据库中的不同语法，这些语法用于本章以及整本书中。

2. 转换为标准格式

ISO(国际标准化组织)对日期定义的标准格式为"YYYY-MM-DD"(或"YYYYMMDD")，其中每一部分如果不足位，以数字 0 补位。因此，2000 年的第一天是"2000-01-01"而不是"2000-1-1"。包含数字 0 有若干原因。第一，所有的日期都由 10 个字符构成。第二，也是最实际的原因，对日期按照字母排序与实际的日期排序结果一样。按照字母排序，"2001-02-01"在"2001-01-31"之后，正好说明 1 月 31 号的下一天是 2 月 1 号。然而，"2001-1-31"对应的下一天则是"2001-10-01"而不是"2001-2-1"，与实际日期不符。

在 Excel 中，将数值转换为标准日期的最简单方法是设置单元格的格式，设置为 YYYY-MM-DD。也可以通过公式设置：TEXT(NOW(),"YYYY-MM-DD")。函数 NOW()返回当前 Excel 中的日期和时间，以天数表示，指定日期为 1899-12-31。

然而，在 SQL 中做同样的转换，其语法依赖对应的数据库。避开数据库独有特征的方法如下，将标准格式的日期转换为数字：

```
SELECT YEAR(OrderDate)* 10000 + MONTH(OrderDate) * 100 + DAY(OrderDate)
FROM Orders
```

结果为数字，如 20040101，这个数字是可读的日期。在 Excel 中，可以给予这样的数字自定义格式"0000-00-00"，这样的值看起来更像日期了。

将日期转换为数字的方法可以用于日期的任何部分，例如年、月或小时。当日期的组成部分存在时，这很简单。但是你不会想要构建一个完整的日期——例如，以月和年为基础做聚合。

例如下面的查询，它返回一年中，每个日历天的订单数量和平均订单大小，订单以美元为单位：

```
SELECT MONTH(OrderDate) * 100 + DAY(OrderDate) as monthday,
       COUNT(*) as numorders, AVG(TotalPrice) as avgtotalprice
FROM Orders
GROUP BY MONTH(OrderDate) * 100 + DAY(OrderDate)
ORDER BY monthday
```

图 5-1 以折线图的形式展示了一年中每一天的结果值，其中订单数量在左侧的坐标轴上，平均订单值在右侧坐标轴上。在一年中，虽然 8 月前的平均订单大小比 8 月后的稍微大一点，但是在整年中，平均订单值变化不大。另一方面图表在订单数量方面展示了预期的季节性。在 12 月初的峰值说明有提前购物，客户在节日之前订货，确保及时送达。这张图说明，减少预售时间可能会增加圣诞节前两三个星期的冲动购物。

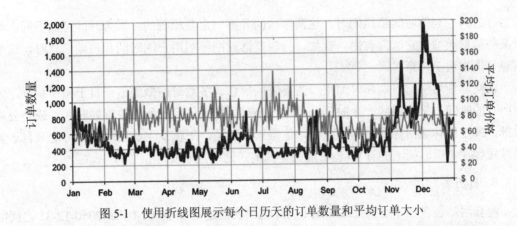

图 5-1　使用折线图展示每个日历天的订单数量和平均订单大小

绘制这张图的一个挑战是水平坐标轴上的标尺。绘制成散点图的效果更好，但是这样的图表看起来十分尴尬，因为在散点图看来，这样的"日期"值是数字。例如，0131 和 0201 相差的数字为 70。尽管实际上只是相差 1 天，但是体现在散点图上则是 70 个单位。

提示： 水平坐标轴上出现日期或时间时，建议使用折线图或柱形图而不是散点图。散点图认为这些值是数字，而折线图和柱形图能够以日期来处理。

为了解决这个问题，使用下面的函数将数字转换为 Excel 中的日期：

`=DATE(2000, FLOOR(<datenum> / 100, 1), MOD(<datenum>, 100))`

这个公式获取数字中的月和日期部分，然后与年份 2000 合并在一起。年份是随意给定的，因为本图中并没使用年份。折线图可以识别水平坐标轴上的日期，因此"数字格式"可以设置为"Mmm"，根据合适的间隔设定坐标轴标签，例如，每月一个标签。

右侧坐标轴(次坐标轴)也使用一个 Excel 技巧。注意，所有数字的 0 都排列整齐。这样做的原因是在小于$100 的数字中，"$"和数字之间有空隙。这个排列的格式是"$??0"。注意，没有"$"符号时也可以使用。

3. 间隔(持续时间)

两个日期或时间的差值为持续时间。ANSI SQL 使用 INTERVAL 数据类型表示持续时间，其中包含指定的日期或时间精度。然而，不是所有的数据库都支持间隔，因此有时使用的是基础数据类型。

逻辑上讲，持续时间和日期彼此是不同的。例如，持续时间可以是负值(4 天前，而不是未来 4 天)。它的值也可能比日期和时间大很多。例如，两个时间点的差值，可能超过 24 小时。而且，小时级别的持续时间可以用小数点表示，而不是小时、分钟、秒。

对于分析客户数据，这些区别都不重要。多数分析基于日期，持续时间以天数计算就足够了。单个单元的持续时间可以轻易用数字衡量，例如天数。

4. 时区

现实中的日期和时间发生在特定的时区中。ANSI SQL 支持时区，因此，当出现不同数据行的同一列的时间值相同时，这两个时间并不一定是相等的，因为时区可能不同。对于某些数据类型，它非常有用。例如，当浏览器返回终端用户的时间和日期信息时，这个信息可能来自于任意时区。

在实际使用中，日期和时间很少需要时区信息。多数时间戳的值来自于操作系统，因此所有的时间值都使用同一个时区。通常这个时区是操作系统所在位置的时区，或是公司总部，或是格林威治标准时间。然而，值得记住的是，午夜发生的网购交易可能来自于新加坡顾客在午饭时间下的订单(也可能是在纽约，这取决于实际位置)。

5. 日历表

配套网站包含一个名为 Calendar 的表，这个表描述从 1950-01-01 到 2050-12-31 之间的日期。表中包含如下列：

- 日期
- 年份
- 月份及缩写
- 星期几
- 距离年初的天数
- 不同节日的名字
- 节日类别

这个表的目的是展示日历表可能包含的内容。纵观本章，不同的查询使用日期特征，例如星期几或是一个月份中的第几天，可以通过 SQL 函数或是直接与 Calendar 表做连接来获取答案。

Calendar 表是非常有用的，但不是必需的。然而，在单一的业务中，日历表可能扮演更重要的角色，它维护关于业务的重要信息，例如，财年结束日是哪天、重要的节日、产品版本发布日期，等等。日历表的节日和分类信息来自于名为 emacs 的编辑器，它支持命令 list-holidays。Free Software Foundation 通过使用 GNU 项目发布 emacs(http://www.gnu.org/software/emacs)。

5.2 开始调研日期

本节介绍处理日期列的基本知识。配套数据集中包含若干关于日期的列。Subscriptions 中包含订阅者的起始日期和结束日期。Orders 中包含订单日期，相关的 OrderLines 中包含订单中每一项的账单日期和邮寄日期。纵观本章，所有这些日期都在示例中有所提及。这里先从日期值本身入手，并以此为起始学习并研究相关知识。

5.2.1 确认日期中没有时间

有时，查询的结果集只显示日期部分，没有时间部分。日期部分通常更受关注，而且消除时间部分能够减少输出内容的宽度。看不到非零的时间值，有时可能会产生误解。例如，两个日期看起来可能相等，如 2014-01-01。而在比较时，两个日期可能又不同，因为一个是中午，一个是午夜。而且，当以日期-时间列为基础做聚合操作时，每个唯一的时间值都会生成额外的一列——当日期与时间相关联时，这将导致意料之外的数据产生。

验证日期列只包含日期部分是一个好主意：日期列包含非预期的时间值吗？一个解决方案是查看日期的时间部分：小时、分钟和秒。当这些部分的值不为 0 时，将这个日期归类为"MIXED"；否则，将这个日期归类为"PURE"。下面的查询基于 OrderLines 表中的 ShipDate 列，返回混合的和纯日期的数据计数：

```
SELECT (CASE WHEN DATEPART(HOUR, ShipDate) = 0 AND
             DATEPART(MINUTE, ShipDate) = 0 AND
             DATEPART(SECOND, ShipDate) = 0
        THEN 'PURE' ELSE 'MIXED' END) as datetype,
       COUNT(*), MIN(OrderLineId), MAX(OrderLineId)
FROM OrderLines ol
GROUP BY (CASE WHEN DATEPART(HOUR, ShipDate) = 0 AND
               DATEPART(MINUTE, ShipDate) = 0 AND
               DATEPART(SECOND, ShipDate) = 0
          THEN 'PURE' ELSE 'MIXED' END)
```

这个查询使用较长的 CASE 子句，判断日期中的时间部分是否为 0。在 SQL Server 中，第一个传递给 DATEPART() 的参数是日期部分的名字。尽管 SQL Server 支持使用缩写，如 HH 和 MM，但是当使用 HOUR、MINUTE 这样的全名时，SQL 的可读性更强。这个查询实际上并非在 SQL Server 上运行，因为 ShipDate 的存储类型为 DATE 而不是 DATETIME；SQL Server 不能从 DATE 类型中获取时间组成部分。

在 ShipDate 列中，所有的值都是纯日期。如果有任何混合的日期，应该进一步调研对应的 OrderLineIds。事实上，在配套数据库表中，所有的日期列都是纯日期。如果某些日期是混合日期，那么在使用这些日期之前，应该消除它们的时间部分。

另一个方法是将日期列中的时间部分移除，然后比较移除操作前后两个值的区别。如果它们相等，那么最初值的时间部分为 0。SQL Server 通过将列转换为 Date 类型来实现这个方法：

```
SELECT (CASE WHEN ShipDate = CAST(ShipDate as DATE)
        THEN 'PURE' ELSE 'MIXED' END) as datetype,
       COUNT(*), MIN(OrderLineId), MAX(OrderLineId)
FROM OrderLines ol
GROUP BY (CASE WHEN ShipDate = CAST(ShipDate as DATE)
          THEN 'PURE' ELSE 'MIXED' END)
```

这也证明列不包含时间部分。

5.2.2 根据日期比较计数

通常，只是查看在某一天发生的事情的件数也是非常有用的。下面的查询返回给定日期的发货订单数目：

```sql
SELECT ShipDate, COUNT(*)
FROM OrderLine
GROUP BY ShipDate
ORDER BY ShipDate
```

这是一个基础的运货时间查询,在第 2 章进行过讨论。相似的查询能够生成账单日期直方图。下面的内容介绍在一个查询中,计算多列日期的情况,同时为其他内容做计数,如客户。

1. 已经发货并入账的订单明细

每天发货的数目,以及生成账单的数目是多少?运货日期和账单日期都是 OrderLines 表中的列。这看起来可能需要两个查询。尽管这个方案可能解决问题,但是两个查询会比较混乱,因为必须使用 Excel 将结果合并在一起。

更好的方案是在一个查询中返回结果。然而,这比它看起来要复杂得多。这里介绍两个不同的方法,一个是使用联接和聚合,另一个使用合并和聚合。进一步的难度在于包含不带账单和运货信息的日期。

查询的起始,是将所有的运货日期映射到账单日期:

```sql
SELECT s.ShipDate as thedate, s.numship, b.numbill
FROM (SELECT ShipDate, COUNT(*) as numship
      FROM OrderLines
      GROUP BY ShipDate
     ) s LEFT OUTER JOIN
     (SELECT BillDate, COUNT(*) as numbill
      FROM OrderLines
      GROUP BY BillDate
     ) b
     ON s.ShipDate = b.BillDate
ORDER BY thedate
```

这个查询有一个问题:有些日期可能有账单,但是没有运货信息。当发生这种情况时,这些数据对应的日期在联接过程中丢失了。相反情况,日期包含运货信息,但是没有账单信息,可以通过 LEFT OUTER JOIN 解决。解决方法是使用 FULL OUTER JOIN 替代 LEFT OUTER JOIN,如下:

```sql
SELECT COALESCE(s.ShipDate, b.BillDate) as thedate,
       COALESCE(s.numship, 0) as numship,
       COALESCE(b.numbill, 0) as numbill
FROM (SELECT ShipDate, COUNT(*) as numship
      FROM OrderLines
      GROUP BY ShipDate
     ) s FULL OUTER JOIN
     (SELECT BillDate, COUNT(*) as numbill
      FROM OrderLines
      GROUP BY BillDate
     ) b
     ON s.ShipDate = b.BillDate
ORDER BY thedate
```

注意 FROM 子句中 COALESCE()的使用。当使用 FULL OUTER JOIN 时，经常使用这个函数，因为结果列中可能有 NULL。

提示：LEFT 和 RIGHT OUTER JOIN 保留其中一个表的数据，而不是两个表都保留。当需要两个表中的数据时，正确的方案可能是 UNION ALL(紧接着使用聚合)或 FULL OUTER JOIN。

另一个方法是使用 UNION ALL 和 GROUP BY。先将所有的值合并在一起，然后做聚合操作：

```
SELECT thedate, SUM(isship) as numships, SUM(isbill) as numbills
FROM ((SELECT ShipDate as thedate, 1 as isship, 0 as isbill
       FROM OrderLines
      ) UNION ALL
      (SELECT BillDate as thedate, 0 as isship, 1 as isbill
       FROM OrderLines)
     ) bs
GROUP BY thedate
ORDER BY thedate
```

第一个子查询选择运货日期，设置 isship 标志位为 1，设置 isbill 标志位为 0。第二个子查询选择账单日期，设置相反的标志位。而后，使用聚合操作计算每一个日期的运货数和账单数，只用 SUM()就足够了。如果在某一天，没有任何运货记录，只有账单生成记录，这个日期对应的 numships 值为 0。当某一天既没有运货记录，也没有账单生成记录时，输出中不包含这条记录。

为了包含从开始到最后的所有日期，我们需要收集什么都没发生的日期。Calendar 表的存在解决了这个问题：使用 Calendar 作为 LEFT OUTER JOIN 的第一个表。也可以使用 UNION ALL 来实现：

```
SELECT thedate, SUM(isship) as numships, SUM(isbill) as numbills
FROM ((SELECT date as thedate, 0 as isship, 1 as isbill
       FROM Calendar c CROSS JOIN
            (SELECT MIN(ShipDate) as minsd, MAX(ShipDate) as maxsd,
                    MIN(BillDate) as minbd, MAX(BillDate) as maxbd
             FROM OrderLines) ol
       WHERE date >= minsd AND date >= minbd AND
             date <= maxsd AND date <= maxbd
      ) UNION ALL
      (SELECT ShipDate as thedate, 1 as isship, 0 as isbill
       FROM OrderLines
      ) UNION ALL
      (SELECT BillDate as thedate, 0 as isship, 1 as isbill
       FROM OrderLines
      ) ) bsa
GROUP BY thedate
ORDER BY thedate
```

这个查询为 Calendar 表添加了一个额外的子查询，其中 isship 和 isbill 的值都为 0。

这是典型的一类问题，添加时间部分就能产生很大的不同。添加时间部分之后，两个订单明细的运货日期和账单日期相同，但是时间不同，在输出中会生成两行数据，而不是一行。

图 5-2 以折线图显示 2015 年的结果(垂直坐标轴为日期)。这个图表很难阅读，因为运货数量和账单数量彼此接近。事实上，两者之间通常有一天的延迟，因此很难看出其中的模式。

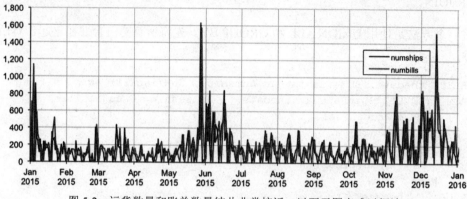

图 5-2　运货数量和账单数量彼此非常接近，以至于图表难以阅读

Excel 中的 CORREL()函数计算关联关系(技术上称为皮尔森关系)，它计算两条曲线接近的程度。结果值在-1 和 1 之间，0 表示完全不相关，-1 表示负相关，1 表示正相关。这两个系列的关联关系为 0.46，这是一个较高的数值。另一方面，numbills 延迟 1 天，与 numships 的关联关系为 0.95，即 ShipDate 与 BillDate 减 1 的关系非常接近。

2. 客户收货和账单

或许，相比之下，客户方的确认收货和确认账单更为有趣：每一天有多少客户收到货物和账单？一个客户的订单可能有多个运货日期和账单日期。这样的客户应该被计算多次，每次都基于一个日期。

这个问题的解决方案与前面的查询相似。然而，UNION ALL 语句中的子查询语句在 UNION ALL 之前使用聚合操作，这个聚合操作为不同客户做聚合计数：

```
SELECT thedate, SUM(numship) as numships, SUM(numbill) as numbill,
       SUM(numcustship) as numcustship, SUM(numcustbill) as numcustbill
FROM ((SELECT ol.ShipDate as thedate, COUNT(*) as numship, 0 as numbill,
              COUNT(DISTINCT o.CustomerId) as numcustship,
              0 as numcustbill
       FROM OrderLines ol JOIN Orders o ON ol.OrderId = o.OrderId
       GROUP BY shipdate
      ) UNION ALL
      (SELECT ol.BillDate as thedate, 0 as numship, COUNT(*) as numbill,
              0 as numcustship,
              COUNT(DISTINCT o.CustomerId) as numcustbill
       FROM OrderLines ol JOIN Orders o ON ol.OrderId = o.OrderId
       GROUP BY BillDate)) a
GROUP BY thedate
ORDER BY thedate
```

这个查询基本上与前面查询的结果一致,对于多数客户,一个订单只有一个运货日期和一个账单日期。

3. 每个订单的不同账单日期和运货日期

最后值得确认:订单有多少不同的账单日期和运货日期?这个问题虽然不是关于时间序列,但是也非常有趣:

```
SELECT numbill, numship, COUNT(*) as numorders
FROM (SELECT OrderId, COUNT(DISTINCT BillDate) as numbill,
             COUNT(DISTINCT ShipDate) as numship
      FROM OrderLines
      GROUP BY OrderId) o
GROUP BY numbill, numship
ORDER BY numbill, numship
```

这个查询在子查询中使用 COUNT(DISTINCT)计算每一个订单的账单日期和运货日期。然后对这些计数做综合计算。

表 5-1 表明,几乎所有的订单都只有一个订单日期和一个运货日期。这是合理的,因为多数订单只有一个订单明细(即一个产品)。这个表也说明拥有多个日期的订单,通常也有同样数量的账单日期和运货日期。结账原则是,客户只有在收货后才签收账单。其中的 61 个异常违反了这个规则,可能值得对此做深入调研。

表 5-1 账单日期为 b 且运货日期为 s 的订单数量

订单日期数量	运货日期数量	订单数量	订单百分比
1	1	181 637	94.1%
1	2	8	0.0%
2	1	35	0.0%
2	2	10 142	5.3%
2	3	1	0.0%
3	2	10	0.0%
3	3	999	0.5%
3	4	2	0.0%
4	3	3	0.0%
4	4	111	0.1%
5	4	1	0.0%
5	5	23	0.0%
6	4	1	0.0%
6	6	9	0.0%
17	17	1	0.0%

5.2.3 订单数和订单大小

业务经常会随时间而改变,理解这些变化对于管理业务非常重要。两个典型的问题:每个月中有多少个客户下订单?客户每月的平均订单大小是如何随着时间变化的?第一个问题很清楚,下面的聚合查询可以回答:

```
SELECT YEAR(OrderDate) as year, MONTH(OrderDate) as month,
       COUNT(DISTINCT CustomerId) as numcustomers
FROM Orders o
GROUP BY YEAR(OrderDate), MONTH(OrderDate)
ORDER BY year, month
```

第二个问题则比较模糊。在每一次客户购买中,有多少单位数量的"项"?在每一个客户订单中,有多少个不同的产品(以 ProductID 作为区分)?客户订单的平均花费是如何改变的?下面解决这些问题。

1. 以单位数量计量的项

使用 Orders 表可以轻易地判断单位数量,而且这是一个简单的查询。SELECT 语句需要加入下面的额外变量:

```
SELECT SUM(NumUnits) as numunits,
       SUM(NumUnits) / COUNT(DISTINCT CustomerId) as unitspercust
```

这个查询将单个客户在一个月中的所有订单合并在一起,而不是逐个研究每一个订单。如果在一个月中,客户下了两个订单,每一个订单有三个单位,查询返回的是 6 而不是 3。最初的问题的模糊之处,在于没有说清楚如何处理一段时间内一个客户有多个订单的情况。

相反,如果我们忽略上述情况,按照客户有 3 个单位来计算,查询如下:

```
SELECT SUM(NumUnits) as numunits,
       SUM(NumUnits) / COUNT(*) as unitspercustorder
```

这个查询计算所有的单位数量之和,然后除以订单总数而不是客户的人数。在计算订单平均单位数和客户的平均花费时,这两种方法稍有不同。这两个方法都很容易计算,但可能会产生(些许的)不同结果。

2. 以不同产品计量的项

在第 2 章的示例中,一些订单包含同一产品、多个订单明细。按照这个思路,接近原始问题的另一个方法是计算两个值。第一个值是一个月中,每个订单中的平均产品数量。第二个值是每个顾客每月购买的平均产品数量。下面的 SQL 使用双层聚合:首先在订单层做聚合,然后针对年和月做聚合。

```
SELECT YEAR(OrderDate) as year, MONTH(OrderDate) as month,
       COUNT(*) as numorders, COUNT(DISTINCT CustomerId) as numcusts,
       SUM(prodsperord) as sumprodsperorder,
```

```
            SUM(prodsperord) * 1.0 / COUNT(*) as avgperorder,
            SUM(prodsperord) * 1.0 / COUNT(DISTINCT CustomerId) as avgpercust
FROM (SELECT o.OrderId, o.CustomerId, o.OrderDate,
             COUNT(DISTINCT ProductId) as prodsperord
      FROM Orders o JOIN OrderLines ol ON o.orderid = ol.orderid
      GROUP BY o.orderid, o.customerid, o.orderdate ) o
GROUP BY YEAR(OrderDate), MONTH(OrderDate)
ORDER BY year, month
```

在这个查询中，一个值得注意的特征是与 1.0 相乘，确保除法操作基于浮点数而不是整数。SQL Server(并不一定是所有的数据库)做整数除法，因此 3 除以 2 等于 1 而不是 1.5。

以月为计量单位，每个订单的平均产品数量和每个客户的平均产品数量相同。图 5-3 展示了查询的结果，左侧坐标轴为订单数量，右侧为订单对应的平均产品数量。图表展示了一个订单的平均产品数量的峰值。图表中，在多数月份的订单中，平均产品数量都稍微高于 1，但是在 2014 年 10 月和 2015 年 5 月，一个订单的平均产品数量达到平时值的两倍。

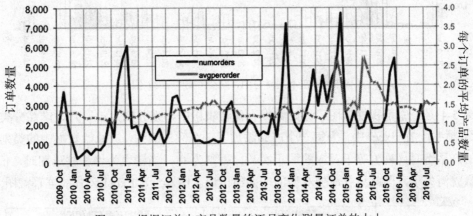

图 5-3　根据订单中产品数量的逐月变化测量订单的大小

这样意想不到的峰值意味着进一步的分析：在这些月份中，预定的产品有什么不同吗？回答这个问题的一个方法，是调研在每个月中最受欢迎的产品是什么。每个月中，最受欢迎的产品是什么？

使用 ROW_NUMBER()，由高到低枚举所有的产品，找到最受欢迎的产品：

```
SELECT ymp.yr, ymp.mon, ymp.cnt, p.GroupName
FROM (SELECT YEAR(o.OrderDate) as yr, MONTH(o.OrderDate) as mon,
             ol.ProductId, COUNT(*) as cnt,
             ROW_NUMBER() OVER (PARTITION BY YEAR(o.OrderDate),
                                             MONTH(o.OrderDate)
                                ORDER BY COUNT(*) DESC
                               ) as seqnum
      FROM Orders o JOIN OrderLines ol ON o.OrderId = ol.OrderId
      GROUP BY YEAR(o.OrderDate), MONTH(o.OrderDate), ol.ProductId
     ) ymp JOIN
     Products p
     ON ymp.ProductId = p.ProductId AND seqnum = 1
ORDER BY yr, mon
```

子查询使用 ROW_NUMBER()实现枚举。外部查询使用条件 seqnum=1，选择每个月的最高值。

图 5-4 展示每个月最受欢迎的产品系列以及对应的购买频率。在 2014 年 10 月，FREEBIE 首次上线，11 月和 12 月的峰值对应的是 FREEBIE 产品。可以推测，市场供应方在这个阶段，为客户提供了免费产品(FREEBIE)，附赠在订单中。这也解释了在这个时间区间内，为什么平均每个订单的产品数量增加值约为 1。看起来 6 个月后也发生了同样的事情，但是效果有些逊色。

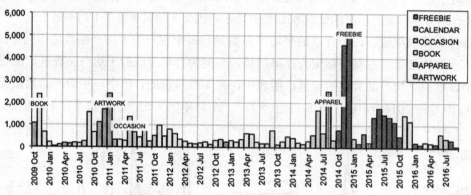

图 5-4 在不同月份中，最受欢迎产品组不同

图 5-4 是一幅堆积柱形图。原始数据存储在表格中，列分别为年、月、产品分类和购买次数(频率)。在 Excel 中，为每一个产品添加了一个额外的列，当原始数据中的类别等于指定的产品组时，列值等于对应的购买次数，否则为 0[1]。当图表为堆积柱形图时，值为 0 的计数就消失了，因此只有最受欢迎的产品组出现。图 5-5 为 Excel 公式的屏幕截图。

	B	C	D	E	F	G	H	I
27			FROM SQL				EXCEL CALCULATION	
28	DATE	yr	mon	cnt	GroupName		ARTWORK	APPAREL
29	=DATE(C29, D29, 1)	2009	10	1063	ARTWORK		=IF($F29=H$28, $E29, 0)	=IF($F29=I$28, $E29, 0)
30	=DATE(C30, D30, 1)	2009	11	2353	BOOK		=IF($F30=H$28, $E30, 0)	=IF($F30=I$28, $E30, 0)
31	=DATE(C31, D31, 1)	2009	12	658	BOOK		=IF($F31=H$28, $E31, 0)	=IF($F31=I$28, $E31, 0)
32	=DATE(C32, D32, 1)	2010	1	226	BOOK		=IF($F32=H$28, $E32, 0)	=IF($F32=I$28, $E32, 0)
33	=DATE(C33, D33, 1)	2010	2	47	OCCASION		=IF($F33=H$28, $E33, 0)	=IF($F33=I$28, $E33, 0)
34	=DATE(C34, D34, 1)	2010	3	97	BOOK		=IF($F34=H$28, $E34, 0)	=IF($F34=I$28, $E34, 0)
35	=DATE(C35, D35, 1)	2010	4	180	ARTWORK		=IF($F35=H$28, $E35, 0)	=IF($F35=I$28, $E35, 0)
36	=DATE(C36, D36, 1)	2010	5	145	ARTWORK		=IF($F36=H$28, $E36, 0)	=IF($F36=I$28, $E36, 0)
37	=DATE(C37, D37, 1)	2010	6	202	OCCASION		=IF($F37=H$28, $E37, 0)	=IF($F37=I$28, $E37, 0)
38	=DATE(C38, D38, 1)	2010	7	184	BOOK		=IF($F38=H$28, $E38, 0)	=IF($F38=I$28, $E38, 0)
39	=DATE(C39, D39, 1)	2010	8	255	OCCASION		=IF($F39=H$28, $E39, 0)	=IF($F39=I$28, $E39, 0)
40	=DATE(C40, D40, 1)	2010	9	1564	BOOK		=IF($F40=H$28, $E40, 0)	=IF($F40=I$28, $E40, 0)
41	=DATE(C41, D41, 1)	2010	10	660	BOOK		=IF($F41=H$28, $E41, 0)	=IF($F41=I$28, $E41, 0)

图 5-5 在 Excel 中计算 ARTWORK 和 APPAREL 两个分类的数据，这些数据将用于绘制堆积柱形图，对其他分组的计算公式是相似的

提示：堆积柱形图可用于显示每一个分类的值，例如每个月最受欢迎的产品组。

---

1 (译者注：如图 5-5 所示，单元格 H29 中的公式判断单元格 F29 中的 GroupName 是否为 ARTWORK，如果是，将对应行的 cnt 值复制过来，否则该单元格为 0，其他值以此类推)。

3. 以美元衡量的订单大小

回到对订单大小的衡量上。或许最自然的衡量方式就是使用美元了。因为 Orders 表包含 TotalPrice，计算每个订单的平均花销或一个月中每个客户的平均花销很容易：

```
SELECT YEAR(OrderDate) as year, MONTH(OrderDate) as month,
       COUNT(*) as numorders, COUNT(DISTINCT CustomerId) as numcust,
       SUM(TotalPrice) as totspend,
       SUM(TotalPrice) * 1.0 / COUNT(*) as avgordersize,
       SUM(TotalPrice) * 1.0 / COUNT(DISTINCT CustomerId) as avgcustorder
FROM Orders o
GROUP BY YEAR(OrderDate), MONTH(OrderDate)
ORDER BY year, month
```

注意这个查询同时计算上述两个平均值。在这两种情况中，使用了显式的除法，而不是使用 AVG() 函数。AVG() 函数返回平均订单大小，而不是每个客户的平均花销。

图 5-6 展示结果的"单元格"图表。虽然在早期，有几个月的平均订单大小很大，但是整体来看，订单大小是随着时间的增长而增长的。

结果中使用了一个聪明的方法，便于直接在单元格中创建柱形图，而不是单独创建一张图表。在展示行数据的汇总信息时，这个方法非常有用。它最初来自于 Juice Analytics 的博客。

这个方法非常简单。柱形图由重复的竖线组成，这些竖线的字体为 Ariel，大小为 8 磅(另一个方法是使用 4 磅大小的 Webdings 字体，字符为 g)。对应的公式为=REPT("|", <cellvalue>)。函数 REPT() 通过重复一定数量(由第二个参数指定数量)的字符，创建一个字符串。因为只使用计数的整数部分，小数部分不体现在柱形图中。当然，也可以创建相似的迷你图。

Year	Month	Num Orders	Num Cust	Total Spend	Avg Order	Avg Customer	
2012	1	2,676	2,654	$116,203.10	$43.42	$43.78	|||||||||||||||||||||||||||||||||||||||||||
2012	2	2,227	2,203	$106,719.55	$47.92	$48.44	|||||||||||||||||||||||||||||||||||||||||||||
2012	3	1,822	1,798	$89,272.70	$49.00	$49.65	|||||||||||||||||||||||||||||||||||||||||||||||
2012	4	1,125	1,111	$64,056.72	$56.94	$57.66	||||||||||||||||||||||||||||||||||||||||||||||||||||
2012	5	1,150	1,138	$62,787.74	$54.60	$55.17	|||||||||||||||||||||||||||||||||||||||||||||||||
2012	6	1,033	1,025	$71,591.29	$69.30	$69.85	||||||||||||||||||||||||||||||||||||||||||||||||||||||||
2012	7	1,080	1,067	$70,964.26	$65.71	$66.51	|||||||||||||||||||||||||||||||||||||||||||||||||||||
2012	8	1,221	1,204	$88,913.55	$72.82	$73.85	||||||||||||||||||||||||||||||||||||||||||||||||||||||||||
2012	9	1,082	1,064	$78,597.14	$72.64	$73.87	||||||||||||||||||||||||||||||||||||||||||||||||||||||||
2012	10	1,138	1,110	$75,874.69	$66.67	$68.36	||||||||||||||||||||||||||||||||||||||||||||||||||
2012	11	2,803	2,761	$265,415.97	$94.69	$96.13	||||||||||||||||||||||||||||||||||||||||||||||||||||||||||||||||||||||||
2012	12	3,171	3,131	$313,752.39	$98.94	$100.21	||||||||||||||||||||||||||||||||||||||||||||||||||||||||||||||||||||||||
2013	1	1,962	1,942	$173,661.90	$88.51	$89.42	||||||||||||||||||||||||||||||||||||||||||||||||||||||||||||||||

图 5-6 该柱形图显示在 Excel 单元格中而不是在图表中。当图表中包含较多的行时，这是展示数据的一个好方法

5.2.4 星期

很多的商业事件以星期作为周期，一星期之中的每一天(DOW,Day of Weeks)都有不同的特点。星期一可能是繁忙业务的开始和结束，因为令人沉闷的需求往往产生于周末。业务操作也能决定一周之中每一天的不同效果。在处理账单时，通常可以判断客户是否为延迟付款(例如，被迫停止)，这个流程通常在一个月的某个指定日期或一周中的某一天执行。

本节使用不同方法分析一个星期中的每一天。在本章的后面，我们关注的是如何计算两个日期之间，某个星期出现的次数。

1. 由星期决定的账单日期

在一星期之中的每一天(DOW)，有多少订单明细被开出账单？这看起来是一个简单的问题，但症结在于 SQL 没有判定 DOW 的标准方法。一个变通方案是使用 Excel 做同样的计算。前面已经计算过账单日期的直方图，这个方法可以利用这部分数据。在 Excel 中，按照下面的步骤总结一星期之中每一天对应的数据：

- 对于每一天，判断是星期几，使用 TEXT()函数。TEXT(<date>, "Ddd")返回三个字符缩写。
- 使用 SUMIF()或数据透视表汇总数据。

表 5-2 说明星期三是最常见的账单日期，星期日第二常见。也可以在 SQL 中计算这些结果。最简单的方法是使用一种自定义的方式来弄清是星期几，例如在这个版本中，使用的 SQL Server 语法如下：

```
SELECT billdow, COUNT(*) as numbills
FROM (SELECT ol.*, DATENAME(dw, BillDate) as billdow
      FROM OrderLines ol) ol
GROUP BY billdow
ORDER BY (CASE WHEN billdow = 'Monday' THEN 1
               WHEN billdow = 'Tuesday' THEN 2
               WHEN billdow = 'Wednesday' THEN 3
               WHEN billdow = 'Thursday' THEN 4
               WHEN billdow = 'Friday' THEN 5
               WHEN billdow = 'Saturday' THEN 6
               WHEN billdow = 'Sunday' THEN 7
          END)
```

表 5-2　按照星期汇总的账单数量

星期几	账单数量
星期一	17 999
星期二	61 019
星期三	61 136
星期四	54 954
星期五	49 735
星期六	32 933
星期天	8241

在这条 SQL 语句中，最有趣的部分是 ORDER BY 子句。以字母对它们排序，那么结果是：Friday(星期五)、Monday(星期一)、Saturday(星期六)、Sunday(星期日)、Thursday(星期四)、Tuesday(星期二)——这个顺序毫无意义。SQL 不能根据实际意义理解这个排序。一个方案是在 ORDER BY 子句中，使用 CASE 语句，显式地为一个星期中的每一天分配一个数字，然后以这个数字进行排序。

另一个替换方法是使用 CHARINDEX()函数，它能定位一个字符串在另一个字符串中的位置，并返回这个位置：

```
ORDER BY CHARINDEX(billdow,
          'MondayTuesdayWednesdayThursdayFridaySaturdaySunday')
```

因此，Monday 返回的值为 1，因为 Monday 在最前面。Tuesday 返回的结果为 7(因为首字母 T 在整个字符串的第 7 位)，而且这个顺序符合一周之中每一天的顺序。在使用这个方法时，需要谨慎处理，因为返回值为匹配的第一个子串的位置。在这个示例中，这个方法能完美地处理一周内星期的排序，但是当处理"pineapple"和"apple"时，可能会产生混乱。

提示：在 ORDER BY 语句中，可以使用 CASE 语句来做自定义排序，例如对一周内星期的排序。

2. 按星期统计数据在每年中的变化

每年中，一个星期中每天对应的账单比例有变化吗？可以通过在 Excel 中手动调整每天的数据来回答这个问题。也可以直接通过 SQL 解决这个问题。下面的查询返回一个数据表，其中行为年、列为星期：

```
SELECT YEAR(BillDate) as theyear,
       AVG(CASE WHEN dow = 'Monday' THEN 1.0 ELSE 0 END) as Monday,
       ...
       AVG(CASE WHEN dow = 'Sunday' THEN 1.0 ELSE 0 END) as Sunday
FROM (SELECT ol.*, DATENAME(dw, BillDate) as dow FROM OrderLines ol) ol
GROUP BY YEAR(BillDate)
ORDER BY theyear
```

表 5-3 显示了查询结果。星期一和星期三在每年中的变化尤为突出。这说明在每年中存在着变化，例如结账操作的日期有变化。或者，也可能是系统原因，导致所记录的订单日期有变化，而操作日期并没有变化。结果只告诉我们有变化，但是没有说明原因。

表 5-3 每年中，星期对应的账单比例

年份	星期一	星期二	星期三	星期四	星期五	星期六	星期日
2009	0.1%	21.1%	22.0%	15.2%	25.5%	14.1%	2.1%
2010	1.4%	27.5%	17.1%	22.0%	17.5%	13.1%	1.5%
2011	11.2%	21.9%	25.9%	18.4%	13.6%	5.0%	4.1%
2012	4.8%	22.9%	19.3%	18.5%	17.2%	14.7%	2.6%
2013	1.4%	20.2%	19.3%	16.3%	20.8%	17.3%	4.7%
2014	1.5%	18.6%	22.5%	21.0%	18.5%	15.5%	2.4%
2015	16.1%	22.8%	19.7%	19.8%	14.2%	4.0%	3.3%
2016	4.7%	19.5%	24.7%	18.4%	19.2%	13.1%	0.3%

3. 起始星期和终止星期对应日期的比较

在 Subscribers 表中，StartDate 和 StopDate 列存储一家移动电话公司的顾客的起始日期和终止日期。当有两个日期描述客户数据时，很自然引出如下问题：客户的起始星期与终止周之间的关系是什么？

SQL 能提供答案：

```
SELECT startdow,
       AVG(CASE WHEN stopdow = 'Monday' THEN 1.0 ELSE 0 END) as Mon,
       . . .
       AVG(CASE WHEN stopdow = 'Sunday' THEN 1.0 ELSE 0 END) as Sun
FROM (SELECT s.*, DATENAME(dw, StartDate) as startdow,
             DATENAME(dw, StopDate) as stopdow
      FROM Subscribers s) s
WHERE startdow IS NOT NULL AND stopdow IS NOT NULL
GROUP BY startdow
ORDER BY (CASE WHEN startdow = 'Monday' THEN 1
          . . .
          WHEN startdow = 'Sunday' THEN 7 END)
```

表 5-4　起始星期和终止星期对应的停止比例

起始星期	终止周						
	星期一	星期二	星期三	星期四	星期五	星期六	星期日
星期一	13.7%	11.0%	5.2%	22.4%	18.7%	15.0%	13.9%
星期二	12.9%	10.7%	7.6%	22.9%	18.2%	14.5%	13.2%
星期三	12.6%	9.9%	7.4%	23.9%	18.6%	14.7%	13.0%
星期四	13.5%	9.5%	4.4%	21.5%	20.4%	16.1%	14.4%
星期五	13.9%	9.6%	4.2%	21.3%	18.6%	16.9%	15.5%
星期六	14.7%	9.8%	4.4%	21.5%	18.4%	15.2%	16.0%
星期日	15.4%	10.3%	4.6%	21.9%	18.5%	15.0%	14.3%

表 5-4 中的结果说明，客户的起始日期和终止日期之间似乎没有联系。无论顾客是何时开始订阅的，但是更多的顾客倾向于在星期四停止，其次是星期三。

5.3　两个日期之间有多长？

或许两个日期之间最自然的关系就是它们之间的持续时间了。本节关注日期之间的区别，其中日期以不同的时间单位体现：天、月、年以及星期。意想不到的是，对不同层级的持续时间的调研会产生有趣的结果。

5.3.1　以天为单位的持续时间

列 BillDate 和 ShipDate 为我们提供了很好的数据来源，特别是在它们与 Orders 表的

OrderDate 列结合之后。两个问题：下单之后多久发货？送货多长时间之后生成账单？

这些问题与持续时间有关。在多数的 SQL 语言中，简单地计算日期之差，可以计算两者之间的天数(在 SQL Server 中，DATETIME 数据类型可以使用这个方法，但是 DATE 类型不行)。同样的方法也可以应用在 Excel 中，但是 Microsoft SQL 使用 DATEDIFF()函数处理 DATE 和 DATETIME。

下面的查询计算订单日期和发货日期之间的持续时间：

```
SELECT DATEDIFF(day, o.OrderDate, ol.ShipDate) as days,
       COUNT(*) as numol
FROM Orders o JOIN
     OrderLines ol
     ON o.OrderId = ol.OrderId
GROUP BY DATEDIFF(day, o.OrderDate, ol.ShipDate)
ORDER BY days
```

注意，这个查询基于订单明细计算，这是合理的，因为一个订单中可能包含多个运货日期。

图 5-7 展示了结果。在少数的情况中，存在发货日期超过订单生成日期的现象。或许，这是客户洞察和服务的神奇证明——在客户下订单之前发送其想要的产品。或者，这个结果本身就是不科学的，暗示所收集到的 28 个订单中存在问题。在另一个极端情况中，有几个订单的发货日期比订单日期延迟超过百天，这确实是很长的时间。

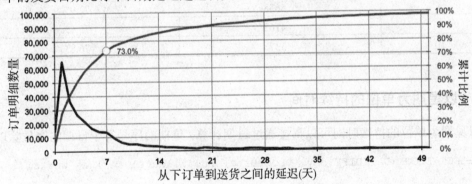

图 5-7　本图显示订单时间和送货时间的延迟，两者使用的都是堆积直方图

图表中的累计比例说明，超过四分之三的订单明细在一周之内结束。这个结束时间对于商业领域来说是一个重要的衡量指标。然而，对于一个订单来说，它的结束意味着最后一个产品运送完毕，而不是第一个产品运送完毕。计算整个订单的完成时间需要使用额外的聚合操作：

```
SELECT DATEDIFF(day, OrderDate, fulfilldate) as days,
       COUNT(*) as numorders
FROM (SELECT o.OrderId, o.OrderDate, MAX(ol.ShipDate) as fulfilldate
      FROM Orders o JOIN
           OrderLines ol
```

```
            ON o.OrderId = ol.OrderId
      GROUP BY o.OrderId, o.OrderDate) o
GROUP BY DATEDIFF(day, OrderDate, fulfilldate)
ORDER BY days
```

这个查询处理子查询中的订单，计算订单的完成日期。通过同时使用 OrderId 和 OrderDate 做聚合。严格来讲，只有 OrderId 是必要的，因为每一个订单只有一个日期。然而，在 Group By 语句中添加 OrderDate，比在 SELECT 语句中加入 MIN(OrderDate)更加简单。

表 5-5 展示下单后的 10 天之内，订单的累计完成数。约有 70%的订单在一周之内完成送货。

表 5-5 完成整个订单的天数

天数	计数	累计比例
0	10 326	5.4%
1	42 351	27.3%
2	22 513	39.0%
3	17 267	47.9%
4	14 081	55.2%
5	11 115	61.0%
6	9294	65.8%
7	8085	70.0%
8	5658	72.9%
9	4163	75.1%
10	3373	76.8%

5.3.2 以星期为单位的持续时间

以星期为单位的持续时间可以直接通过日期计算。星期的序号等于日期的序号除以 7：

```
SELECT FLOOR(DATEDIFF(day, OrderDate, fulfilldate) / 7) as weeks, . . .
. . .
GROUP BY FLOOR(DATEDIFF(day, OrderDate, fulfilldate) / 7)
```

注意这个查询使用 FLOOR()函数消除小数部分，另一个替换方法为 DATEDIFF(week, OrderDate,fulfilldate)。

当数据比较稀疏时，以星期为单位统计数据比以天为单位更有利。另一个优势来自于以星期为周期的业务。例如，如果订单没有在周末发货或签收，那么这会导致另一个星期的周期。以星期为单位能够消除一星期之内额外的周期，使较长周期的模式可见。

5.3.3 以月为单位的持续时间

计算以月为单位的持续时间，比以天和星期为单位的计算更具挑战性。问题在于两个日期可能正好差一个月(例如，4 月 15 号和 5 月 15 号)，或者有的日期相差 0 个月(例如，1

月 1 号和 1 月 31 号)。一个好的方法是以日期之差除以 30.4，这个数字是一个月中的平均天数。

SQL Server 的 DATEDIFF()函数以 month 作为第一个参数，但结果不直观。它计算日期中的月份部分，例如计算 2000-01-31 和 2000-02-01 之间的月份，返回的结果为 1 个月。这两个日期的月份部分的差值为 1。对于 2000-01-01 和 2000-01-31，返回的结果为 0。

更精准的计算需要一些规则：
- 同一个月份中的两个日期之间的持续时间为 0 个月。因此，2000-01-01 和 2000-01-31 之间的时间是 0 个月。
- 两个月份中的不同日期之间的月数取决于日期。当第二个月份中的日期数字小于第一个月份中的日期数字时，持续时间是 0 个月。因此，2000-01-01 和 2000-02-01 之间的持续时间是 1 个月，2000-01-31 和 2000-02-01 之间的持续时间是 0 个月。

这些规则可以通过下面的查询实现：

```
SELECT ((YEAR(s.StopDate) * 12 + MONTH(s.StopDate)) -
        (YEAR(s.StartDate) * 12 + MONTH(s.StartDate)) -
        (CASE WHEN DAY(s.StopDate) < DAY(s.StopDate)
             THEN 1 ELSE 0 END)
       ) as tenuremonths, s.*
FROM Subscribers s
WHERE s.StopDate IS NOT NULL
```

这个查询计算月数，从第 0 年起，计算给定日期之间的月数。月份的计算等于，年数乘以 12 加上日期对应的月份，两个结果求差，则为两个日期之间的持续月数。其中的一个必要调整，是处理起始日期大于停止日期的情况，这种情况需要将计算结果减 1。

5.3.4 有多少个星期一？

通常，持续时间是以时间为单位，例如，两个日期之间的天数、星期数、月数。有时，理解两个日期之间的特殊时间节点是很重要的，如生日的个数或学期的天数。

本节讨论一个特殊的情况，找到两个日期之间，某天出现的次数。问题来源于特殊的业务。本节通过实际问题来介绍知识点，同时介绍一些所观察到的内容和问题，以及这些问题的解决方案，将观察到的问题转换为规则，在 SQL 中实现这些规则，进而解决问题。

1. 关于星期中某一天的业务问题

问题最初来源于报纸公司对上门送报的调研。报纸订阅数据库通常包含每一个客户订阅的起始和结束日期，与 Subscribers 中的信息相似。在报纸行业，一个星期中的每一天是不同的。例如，星期天的报纸内容更多，价格更贵，甚至是发行都由不同的机构审核——媒体审计联盟(前身为美国审计局)。

报纸行业非常有兴趣知道：享受送报上门服务的客户，收到多少份星期天印刷的报纸？这个问题可以扩展到一星期之中的其他天，不止星期天。而且更常见的是，对于任意两个日期，使用同样的技术可以计算两个日期之间的星期天(或其他天)的个数。本节介绍如何使用 SQL 和订阅数据做计算。为什么使用 SQL 而不是 Excel? 原因是起始日期、结束日期以及它们的组合的数量过多。工作表无法存储、处理所有的数据，因此当数据量较大时，使用 SQL 处理。

2. 解决方案

第一个观察到的内容是，完整的星期的计算很简单，客户的终止日期和起始日期之差，除以 7，就是两个日期间星期天(或其他天)的出现次数。对于任意两个日期，都可以从第二个日期中计算而得，计算后剩余 0 到 6 天。问题已经解决了一半。

减去完整的星期之后，剩下的问题是：给定起始星期和 0 至 6 天的结余，那么在这个期间，一星期之中某一天出现的频率是多少？注意，持续时间超过 6 天的部分，已经通过减去完整星期处理了。

表 5-6 显示的查找表解决了这个问题，它罗列出星期三出现的情况。第一行表明起始日期为星期天，那么至少给定的天数等于 4 天，才会出现星期三。注意，第一列对应的值为 NO，因为当总天数为 7 的整数倍时，没有额外的天数剩余。

表 5-6 针对星期三的查找表，给定起始星期和剩余的天数

起始星期	剩余天数						
	0	1	2	3	4	5	6
星期日(1)	NO	NO	NO	NO	YES	YES	YES
星期一(2)	NO	NO	NO	YES	YES	YES	YES
星期二(3)	NO	NO	YES	YES	YES	YES	YES
星期三(4)	NO	YES	YES	YES	YES	YES	YES
星期四(5)	NO	NO	NO	NO	NO	NO	NO
星期五(6)	NO	NO	NO	NO	NO	NO	YES
星期六(7)	NO	NO	NO	NO	NO	YES	YES

然而，使用这个方法，需要一星期中的每一天都有一个自己的表。是否可以避免使用额外的查找表，从而判断该信息呢？

有一个办法，尽管略显笨重，但是可以完美地诠释所观察到的规则，并且在 SQL 中予以实现。这个方法依赖于另外两条规则，分别对应两个参数。第一个是 leftover，计算完整星期之后剩余的天数。第二个参数是星期，以数字表示，星期天为起始星期，数值为 1，星期六对应数值为 7(这是 Excel 函数 WEEKDAY()的默认规定)。

有了这个信息，下面的规则能够告诉我们，星期三(对应数字为 4)是否出现在剩余的天数中：

- 如果起始星期为星期三或星期三之前，那么当起始星期数加剩余天数大于 4 时，就说明包含星期三。例如，如果起始星期为星期日(值为 1)，那么剩余天数(leftover)至少为 4，才能包含星期三。

- 如果起始日期在星期三之后,那么当起始星期数加剩余天数大于 11 时,就说明包含星期三。例如,如果起始星期为星期六(值为 7),那么剩余天数至少为 5,才能包含星期三。

对上述内容的扩展推导出下面的规则,我们查找的 DOW 在哪儿?

- 如果起始星期为 DOW 或小于 DOW,那么当起始星期加剩余天数大于 DOW 时,说明这个时间区间包含 DOW。
- 如果起始星期大于 DOW,那么当起始星期加剩余天数大于 7+DOW 时,说明这个时间区间包含 DOW。

下面的部分以 SQL 实现这些规则。

3. SQL 中的实现方案

在 SQL 的实现中,计算三个值:

- weeksbetween 是两个日期之间的完整星期数,首先计算持续天数,然后除以 7,得到的商为该值,忽略余数。
- leftover 是计算完整星期数之后剩余的天数。
- downum 是星期,通过 CASE 语句和星期名称判定。

下面的查询使用嵌套子查询完成计算:

```
SELECT s.*,
       (weeksbetween +
        (CASE WHEN (downum <= 1 AND downum + leftover > 1) OR
                   (downum > 1 AND downum + leftover > 7 + 1)
              THEN 1 ELSE 0 END)) as Sundays,
       (weeksbetween +
        (CASE WHEN (downum <= 2 AND downum + leftover > 2) OR
                   (downum > 2 AND downum + leftover > 7 + 2)
              THEN 1 ELSE 0 END)) as Mondays
FROM (SELECT daysbetween, FLOOR(daysbetween / 7) as weeksbetween,
             daysbetween - 7 * FLOOR(daysbetween / 7) as leftover,
             (CASE WHEN startdow = 'Monday' THEN 1
                   . . .
                   WHEN startdow = 'Sunday' THEN 7 END) downum
      FROM (SELECT s.*, DATENAME(dw, StartDate) as startdow,
                   DATEDIFF(day, StopDate, StartDate
                           ) as daysbetween
            FROM Subscribers s
            WHERE s.StopDate IS NOT NULL
           ) s
     ) s
```

最外层的查询计算起始日期和终止日期之间星期天和星期一的个数,应用的是上述两条规则。其他情况遵循同样的逻辑。

4. 使用 Calendar 表替代

作为替代,也可以使用 Calendar 表:

```
SELECT s.CustomerId,
       SUM(CASE WHEN c.dow = 'Mon' THEN 1 ELSE 0 END) as Mondays
FROM Subscribers s JOIN
     Calendar c
     ON c.date BETWEEN s.StartDate AND DATEADD(day, -1, s.StopDate)
WHERE s.StopDate IS NOT NULL
GROUP BY s.CustomerId
```

这个查询更加易读和易于理解。缺点是性能。联接操作为每一行对应的日期创建一个中间结果，这一结果可能是上百或上千行数据的乘积。这个查询的性能非常差。

如果计算星期很重要，有一个高效的方法，在表现和性能上都非常卓越。Calendar 表有 7 个列，计算自某个指定日期以来，一周 7 天中每天的数量。即，Mondays 是自指定日期以来星期一出现的次数。

下面的查询使用这些列：

```
SELECT s.*, (cstop.Mondays - cstart.Mondays) as mondays
FROM Subscribers s JOIN
     Calendar cstart
     ON cstart.Date = s.StartDate JOIN
     Calendar cstop
     ON cstop.Date = s.StopDate
WHERE s.StopDate IS NOT NULL
```

这个方法中，对 Subscribers 表和 Calendar 表做了两次联接，一次是查找起始日期的 Mondays，一次是查找终止日期的 Mondays。两个日期对应的 Mondays 之差，为两个日期之间星期一出现的次数。

5.3.5 下一个周年纪念日(或生日)是什么时候？

周年纪念日非常重要——作为钻石的广告和喜剧演员的笑料，在商业中也非常重要。有的公司在顾客的生日或纪念日当天，为顾客提供特殊的服务。有的公司以此来追踪顾客，将他们分在按年循环的组中。而且在一些业务上，周年纪念日与客户购物直接绑定——因为合约的期限。

提出问题：对于每一个顾客，下一个周年纪念日是什么时候？这个问题比它听起来要更难一些。毕竟，周年纪念日可能是当年，也可能是下一年。

1. 本月的第 1 个周年纪念日

有多少订阅者在当月中有他们的第 1 个(或第 10 个)周年纪念日？这个问题不难回答，因为不需要对日期的很多计算。其逻辑简单：

- 起始日期中的月份是当月。
- 起始日期中的年份正好是一年之前。

一个重要的点是需要考虑当前日期。多数数据库提供获取当前日期的函数，例如 SQL Server 中的 GETDATE()函数。ANSI 标准定义表达式 CURRENT_TIMESTAMP 为当前日期。

SQL 如下：

```
SELECT COUNT(*)
FROM Subscribers s
WHERE MONTH(StartDate) = MONTH(CURRENT_TIMESTAMP) AND
      YEAR(StartDate) = YEAR(CURRENT_TIMESTAMP) - 1
```

当然,由于数据都是历史数据,因此这个查询返回的结果为 0——没有这样的顾客。通过调整-1,可以找到拥有不同周年纪念日的顾客。

2. 下个月中的第 1 个周年纪念日

有多少订阅者在下个月中有他们的第 1 个(或第 10 个)周年纪念日?这个问题看起来和前面的问题相同,但是其中有细微的区别。如果当前月份是 12 月,下个月则是第二年的 1 月份。被计算在内的顾客实际上来自于当年,而不是去年。

一个解决方案是使用 CASE 单独处理 12 月份,WHERE 子句为:

```
WHERE (MONTH(CURRENT_TIMESTAMP) <> 12 AND
       MONTH(StartDate) = MONTH(CURRENT_TIMESTAMP) + 1 AND
       YEAR(StartDate) = YEAR(CURRENT_TIMESTAMP) - 1
      ) OR
      (MONTH(CURRENT_TIMESTAMP) = 12 AND
       MONTH(StartDate) = 1 AND
       YEAR(StartDate) = YEAR(CURRENT_TIMESTAMP)
      )
```

这个查询肯定能够完成任务,然而,它有一点混乱,很难跟进。

相反,我们可以只是为当前日期添加 1 个月份,然后使用新的日期作为表达式。避免书写表达式两次,下面的查询版本使用 CTE 做一次性计算:

```
WITH params as (
     SELECT DATEADD(MONTH, 1, CURRENT_TIMESTAMP) as nextmonth
     )
SELECT COUNT(*)
FROM params CROSS JOIN Subscribers s
WHERE MONTH(StartDate) = MONTH(nextmonth) AND
      YEAR(StartDate) = YEAR(nextmonth) - 1
```

这个查询在 CTE 中定义下个月为 params。在这里使用的 CROSS JOIN 恰到好处,因为 params 只有 1 行。使用 CTE 对查询所做的修改,便于将来应用于任意月份。

提示:CTE 在定义整个查询中使用的常量时,非常方便。当然,必须将它与其他表联接。

3. 巧妙处理日期,计算下一个周年纪念日

基本上有三种方法计算下一个周年纪念日。第一个方法是使用"创建日期"的方法,其中的下一个日期是由不同的部分按照逻辑构成。第二个方法是"添加足够的年"。第三个方法是使用日历表。

创建日期字符串来表示周年纪念日

由于格式转换的存在，第一个方法看起来比较凌乱。在下面的查询中，使用 REPLACE() 函数将字符串格式化为日期格式：

```
SELECT s.*,
       (CASE WHEN MONTH(StartDate)*100 + DAY(StartDate) <=
                  MONTH(CURRENT_TIMESTAMP)*100 + DAY(CURRENT_TIMESTAMP)
             THEN REPLACE(REPLACE(REPLACE('YYYY-MM-DD', 'YYYY',
                                          YEAR(CURRENT_TIMESTAMP)
                                          ),
                                  'MM', MONTH(CURRENT_TIMESTAMP)
                         ), 'DD', DAY(CURRENT_TIMESTAMP)
                 )
             ELSE REPLACE(REPLACE(REPLACE('YYYY-MM-DD', 'YYYY',
                                          1 + YEAR(CURRENT_TIMESTAMP)
                                          ),
                                  'MM', MONTH(CURRENT_TIMESTAMP)
                         ), 'DD', DAY(CURRENT_TIMESTAMP)
                 )
        END) as NextAnnivesary
FROM Subscribers s
```

查询返回值的字符串的格式为 YYYY-MM-DD。可以轻易地使用 CAST(as DATE)函数将它转换为日期。

WHEN 子句中的逻辑值得注意。它将 StartDate 中的月份和日期部分转换为数字。所以 3 月 7 号等于 307、11 月 11 号等于 1111。然后使用这个数字作比较，判断哪个日期更早或是更晚。

这个逻辑看起来是合理的，然而它有一个问题。对于闰年，它会失败。例如，2016-02-29 的下一年是 2017-02-29，然而，这个日期并不存在。当然，可以用适当的 CASE 逻辑处理这种情况。下面提出更整洁的替换方法。

为计算下一个纪念日添加年份

第二个方法是在起始日期上添加足够的年份，获取一个将来的日期。这个方法可以使数据库处理闰年的情况。有些人可能坚持认为 2 月 29 号的周年纪念日是 2 月 28 号。其他人可能认为应该是 3 月 1 号。对于业务逻辑来说，二者都可以。

添加的年数，是当前日期和起始日期对应的年份之差——或是差值加 1：

```
SELECT s.*,
    (CASE WHEN MONTH(StartDate) * 100 + DAY(StartDate) <=
               MONTH(CURRENT_TIMESTAMP) * 100 + DAY(CURRENT_TIMESTAMP)
          THEN DATEADD(YEAR, YEAR(CURRENT_TIMESTAMP) - YEAR(StartDate),
                       StartDate)
          ELSE DATEADD(YEAR,
                       YEAR(CURRENT_TIMESTAMP) - YEAR(StartDate) + 1,
                       StartDate)
     END) as NextAnnivesary
FROM Subscribers s
```

这个查询中使用 CASE 语句判断是否需要添加额外的 1 年。

对 CASE 条件稍作调整,为年份部分添加差值,然后与当前日期作比较:

```
WITH params as (
    SELECT YEAR(CURRENT_TIMESTAMP) as curyear
   )
SELECT s.*,
       (CASE WHEN DATEADD(YEAR, curyear - YEAR(StartDate),
                          StartDate) >= CURRENT_TIMESTAMP
           THEN DATEADD(YEAR, curyear - YEAR(StartDate), StartDate)
           ELSE DATEADD(YEAR, curyear - YEAR(StartDate) + 1, StartDate)
         END) as NextAnnivesary
FROM params CROSS JOIN Subscribers s
```

这个版本的查询在逻辑上存在优点,看起来像是最终的计算方法。

使用 Calendar 表计算下一个周年纪念日

乍一看,使用日历表应该可以简化这个计算。然而,其逻辑仍然有些复杂。查找下一个日期时,可以使用与起始日期包含同样月份和同样日期的日期:

```
SELECT s.*,
       (SELECT TOP 1 c.date
        FROM Calendar c
        WHERE c.month = MONTH(s.StartDate) AND
              c.dom = DAY(s.StartDate) AND
              c.date >= CURRENT_TIMESTAMP
        ORDER BY c.date
       ) as FirstAnniversary
FROM Subscribers s
```

该查询使用相关的子查询返回匹配的日期。它同样存在闰年的问题:对于 2 月 29 号,它返回 4 年后的同一天,而不是 1 年之后的日期。

对于闰年问题,并没有简单的解决办法。一个方案是添加显式的逻辑,将 2 月 29 号转换为 3 月 1 号:

```
SELECT s.*,
       (SELECT TOP 1 c.date
        FROM Calendar c
        WHERE c.month = MONTH(s.NewStartDate) AND
              c.dom = DAY(s.NewStartDate) AND
              c.date >= CURRENT_TIMESTAMP
        ORDER BY c.date
       ) as FirstAnniversary
FROM (SELECT s.*,
             (CASE WHEN MONTH(s.StartDate) = 2 and DAY(s.StartDate) = 29
                   THEN DATEADD(day, 1, StartDate)
                   ELSE StartDate
              END) as NewStartDate
      FROM Subscribers s
     ) s
```

在这种情况中，日历表基本上没有帮助计算——除了这个表显式存储了未来某年的日期外。获取下一个周年纪念日的最简单方法，可能就是第二个方法：添加年份。

5.4 跨年比较

对于今年将发生的事情，去年的信息通常是最好的比较对象。本节讨论关于这样的跨年比较，重点强调一个难题。本年的数据通常是不完整的，因此，怎么做一个有效的比较呢？

5.4.1 以天为单位比较

首先，我们以天为单位作比较，比较每年的相同日期的数据。下面的方法大部分在 Excel 中实现：

(1) 查询数据库，以日期做聚合。
(2) 将数据载入 Excel，将所有的日期都写入一列。
(3) 将数据汇总在 366 行(一年中的每一天)和一列(年)中。

实际上，并不需要做这么多的工作。另一个简单的方法是使用 SQL 中的 MONTH()、DAY()、YEAR()函数，直接创建结果表。例如下面的查询，使用 Subscribers 中的起始日期：

```sql
SELECT MONTH(StartDate) as mon, DAY(StartDate) as dom,
       SUM(CASE WHEN YEAR(StartDate) = 2004 THEN 1 ELSE 0 END) as n2004,
       SUM(CASE WHEN YEAR(StartDate) = 2005 THEN 1 ELSE 0 END) as n2005,
       SUM(CASE WHEN YEAR(StartDate) = 2006 THEN 1 ELSE 0 END) as n2006
FROM Subscribers s
WHERE YEAR(StartDate) IN (2004, 2005, 2006)
GROUP BY MONTH(StartDate), DAY(StartDate)
ORDER BY mon, dom
```

图 5-8 以折线图显示这三个系列。在所有的三年数据中，都有以星期为周期的高峰和低谷。图表说明，在 2006 年的起始个数同比其他年份是最低的。

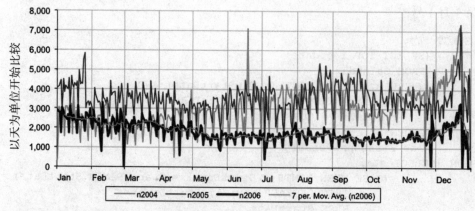

图 5-8 该折线图展示一年中每天的数据，共包含三年

水平坐标轴只有月份的名字。在折线图中，这个水平坐标轴也可以是日期，使用 DATE()

函数在每一行中在月份和日期值上计算。图表设置 Number 格式为 "Mmm"，用以显示月份。标尺设置为显示每个月份的标识。

添加移动平均趋势线

图表中体现出来的以星期为周期的模式掩盖了宏观的趋势。添加 7 天的移动平均趋势线能够解决这个问题，如图 5-8 所示。7 天的移动平均趋势线消除了星期模式。

为了添加趋势线，单击选中一个系列。然后右击并选择 Add Trendline…选项。在左侧窗格中选择 Type，在右侧窗口中选择 Moving Average 选项，它包含一个 Period 选项。将周期的默认值设置为 7，消除星期模式，然后单击 OK 按钮。

5.4.2 以星期为单位比较

使曲线变得平缓的另一个方法，是以星期为单位做聚合操作，取代以天为单位做聚合操作。使用距离年初的日期的序号除以 7，可以计算星期的序号：

```
WITH s as (
     SELECT s.*,
            (CASE WHEN YEAR(StartDate) = 2004
                  THEN FLOOR(DATEDIFF(day, '2004-01-01', StartDate) / 7)
                  WHEN YEAR(StartDate) = 2005
                  THEN FLOOR(DATEDIFF(day, '2005-01-01', StartDate) / 7)
                  WHEN YEAR(StartDate) = 2006
                  THEN FLOOR(DATEDIFF(day, '2006-01-01', StartDate) / 7)
             END) as weekofyear
     FROM Subscribers s
     WHERE YEAR(StartDate) in (2004, 2005, 2006)
)
SELECT weekofyear,
       SUM(CASE WHEN YEAR(StartDate) = 2004 THEN 1 ELSE 0 END) as n2004,
       SUM(CASE WHEN YEAR(StartDate) = 2005 THEN 1 ELSE 0 END) as n2005,
       SUM(CASE WHEN YEAR(StartDate) = 2006 THEN 1 ELSE 0 END) as n2006
FROM s
GROUP BY weekofyear
ORDER BY weekofyear
```

CTE 使用 DATEPART()函数定义 weekofyear，这对于每一年来说是显式的区别。

使用日期的序号的另一个替换方法是：

```
SELECT DATEPART(dayofyear, StartDate) / 7 as weekofyear
```

星期的序号简单地等于日期的序号除以 7。

这个查询返回的数据与前面的图表相似。主要的区别是对水平坐标的计算，取代 DATE()函数，使用 7*weekofyear 加基础日期(如 2000-01-01)作为日期。

Excel 也可以处理每天的数据和每星期的数据之间的转换，使用同样的方法计算日期的序号，除以 7，然后使用 SUMIF()做总结。

5.4.3 以月为单位比较

以月为单位做年之间的比较,与以天、星期为单位的结构一样:

```sql
SELECT MONTH(StartDate) as month,
       SUM(CASE WHEN YEAR(StartDate) = 2004 THEN 1 ELSE 0 END) as n2004,
       SUM(CASE WHEN YEAR(StartDate) = 2005 THEN 1 ELSE 0 END) as n2005,
       SUM(CASE WHEN YEAR(StartDate) = 2006 THEN 1 ELSE 0 END) as n2006
FROM Subscribers
WHERE YEAR(StartDate) IN (2004, 2005, 2006)
GROUP BY MONTH(StartDate)
ORDER BY month
```

基于月的数据通常更适合使用柱形图表示,将不同年的数据放在一起,如图 5-9 所示。

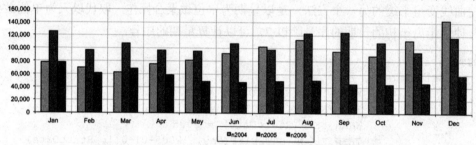

图 5-9　柱形图适用于展示不同年份的每个月的数据,例如,本图展示 Subscriptions 中起始订阅者的数量

下面的示例检验 Orders 表中的 TotalPrice。到目前为止,它与已有的示例都不同,这有两点原因。第一,结果不是计数值,而是美元。第二,数据的最后一天是 9 月 20 号,尽管 9 月 7 号之后的数据是不完整的。换言之,中断的数据看起来真的是 2016-09-07,在这个日期之后,有零星的数据。未完成的 9 月份数据为我们提出了一个挑战。

下面的 SQL 查询抽取出所有月份的订单:

```sql
SELECT MONTH(OrderDate) as month,
       SUM(CASE WHEN YEAR(OrderDate)=2014 THEN TotalPrice END) as r2014,
       SUM(CASE WHEN YEAR(OrderDate)=2015 THEN TotalPrice END) as r2015,
       SUM(CASE WHEN YEAR(OrderDate)=2016 THEN TotalPrice END) as r2016
FROM Orders
WHERE OrderDate <= '2016-09-07'
GROUP BY MONTH(OrderDate)
ORDER BY month
```

表 5-7 显示的结果表明,在最后的月份中,销售额急速下滑。这是具有误导性的,当然,这是因为第三年中只包含了 9 月份前几天的数据。有两个办法可以解决这个数据问题,使不完整的月份(通常是最近的月份)的比较变得有效。第一个方法是查看去年数据中,利用月份到日期(Month-To-Date,MTD)的比较。第二个方法是推断到月末的值。

表 5-7 每个月的订单收益

月份	2014 年	2015 年	2016 年
1	$198,081.37	$201,640.63	$187,814.13
2	$125,088.95	$191,589.28	$142,516.49
3	$171,355.72	$215,484.26	$251,609.27
4	$188,072.17	$140,299.76	$193,443.75
5	$239,294.02	$188,226.96	$247,425.25
6	$250,800.68	$226,271.71	$272,784.77
7	$206,480.10	$170,183.03	$250,807.38
8	$160,693.87	$157,961.71	$164,388.50
9	$234,277.87	$139,244.44	$26,951.14
10	$312,175.19	$170,824.58	
11	$394,579.03	$409,834.57	
12	$639,011.54	$466,486.34	

1. 月份到日期(MTD)的比较

在图 5-10 的第一张图表中，显示月份到日期的比较。2014 年和 2015 年的 9 月份对应的柱形图有重合的列，其中较短的柱形为月份到日期的值，较高的柱形代表整月的收益。这些月份到日期的数字与 2016 年 9 月的比较处于同一等级。

这些重合的列是如何创建的？然而在 Excel 中，不能同时创建并排且堆积的柱形图，但是我们可以临时使用两个数据集处理这三个系列。第一个数据集用于主坐标轴，包含整月的收益值。第二个数据集用于次坐标轴，只包含 9 月份中月份到日期的收益值。两个组必须同时包含同样数量的列，确保列宽度是相同的，然后列会完全重合。

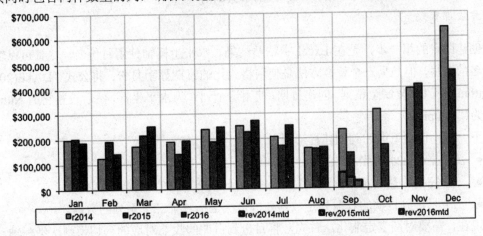

图 5-10 上图使用重合的柱形图展示月份到日期的比较，下图展示使用 Y 误差线估算月底的值

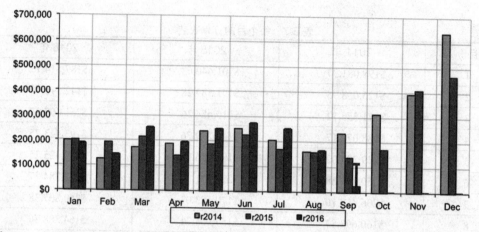

图5-10 上图使用重合的柱形图展示月份到日期的比较，下图展示使用Y误差线估算月底的值(续)

通过为前面的SQL语句添加如下三列，计算该图表所需的数据：

```
SUM(CASE WHEN OrderDate >= '2014-09-01' AND OrderDate < '2014-09-08'
         THEN TotalPrice END) as rev2014mtd,
SUM(CASE WHEN OrderDate >= '2015-09-01' AND OrderDate < '2015-09-08'
         THEN TotalPrice END) as rev2015mtd,
SUM(CASE WHEN OrderDate >= '2016-09-01' AND OrderDate < '2016-09-08'
         THEN TotalPrice END) as rev2016mtd
```

这个子查询使用条件聚合计算每一年对应的月份到日期的值(每一年9月1日到9月8日的值)。虽然最后一列是冗余的(因为它包含的数据与主坐标轴的数据相同，是整月的收益)，但是它的存在为次坐标轴提供了第三个系列的数据，简化了绘图过程。注意，比较使用的是">=第一天"且"<最后一天+1"。这个结构是故意使用的。当比较日期时，不使用BETWEEN。当日期中包含时间部分时，会出现如下问题：BETWEEN的结果与期望值不符。

提示：当处理区间中的日期时，使用显式的比较(>=和<)。不管日期是否包含时间部分，这个方法都有效。

创建图表的第一步，是在Excel中粘贴结果。水平坐标轴使用月份名，尽管可以输入月份名的缩写，但是另一个替换方法是使用格式化的日期显示月份：将公式"DATE(2000, <monthnum>, 1)"复制至整列，创建日期。使用这个列作为水平坐标，然后设置它的Number格式为"Mmm"。

下一步，使用下面的列创建柱形图：

- 新数据列在水平坐标轴上。
- 三个完整收益列是数据列，是主坐标轴上三个系列的数据。
- 三个月份到日期的收益列是数据列，是次坐标轴上三个系列的数据。

现在，需要对图表定制化。首先，将月份到日期的收益对应的列切换到次坐标轴。为此，右击每一个系列并选择Format Data Series…，在左窗格中选择Axis并单击Secondary axis。

为了清理次坐标轴：

- 月份到日期的数值所在的标尺，应该与另一个坐标轴的标尺相同。选中次坐标轴，设置最大值与主坐标轴的最大值相同。
- 次坐标轴上的标记需要移除，选中这些标记后按 Delete 键。

最后，应该为月份到日期系列着色，使它们可视。

提示：在 Excel 中如果出现误操作，只需使用 Ctrl+Z 撤消操作。可以不断尝试，然后撤消看起来不正确的操作。

2. 推断月份中的日期

图 5-10 中的下图展示了一个不同的方法。这里的比较对象是月底的估计值，而不是月份到日期的值。最简单的月底估计是使用线性计算，用当前值除以它对应的天数，再乘以当月的总天数。对于 9 月份的数据，使用$26,951.14 除以 7，获取每天的平均值，然后乘以 30(9 月份的总天数)，得到值$115,504.89。

图 5-10 中，通过使用 Y 误差线展示差值。这个条形的长度是月底估计值和当前值的差值，即$88,553.75 = $115,504.89−$26,951.14。

柱形图中包含三个系列，分别为每一年的数据。在此基础上，使用下面的步骤添加 Y 误差线：

(1) 在 Excel 表中添加 1 列，其中除了 9 月份之外，所有的单元格都为空。这个单元格使用不同的值。

(2) 双击 2016 年对应的系列以添加误差线，在弹出的 Format Data Series 对话框的左窗格中选择 Error Bars。在 Y-Error Bars 选项卡中，为 End Style 选择 Plus(第二个选项)和 Cap 选项。选择底部的选项 Custom，设置误差线的尺寸，之后单击 Specify Value。将 Positive Error Value 系列设置为差值列。

(3) 也可以双击误差线来设置它的格式。

差值计算可以在 Excel 中完成。然而，在 SQL 中的实现，能够体现数据库处理日期的能力。

遗憾的是，SQL 缺少计算月份中日期的序号的简单方法。解决方案来自于下面的观察结果：

- 月份的第一天是日期减去本月的天数，再加 1。
- 下个月的第一天是本月第一天加 1 个月。
- 差值是月份中的天数。

组合到一个查询中，查询语句如下：

```
WITH o as (
      SELECT o.*, YEAR(OrderDate) as ordyy, MONTH(OrderDate) as ordmm,
             DAY(OrderDate) as orddd
      FROM Orders o
     )
SELECT ordmm,
       SUM(CASE WHEN ordyy = 2014 THEN TotalPrice END) as r2014,
```

```
                SUM(CASE WHEN ordyy = 2015 THEN TotalPrice END) as r2015,
                SUM(CASE WHEN ordyy = 2016 THEN TotalPrice END) as r2016,
                (SUM(CASE WHEN ordyy = 2016 AND ordmm = 9 THEN TotalPrice END) *
                    ((MAX(daysinmonth)*1.0/MAX(CASE WHEN ordyy = 2016 AND ordmm = 9
                                    THEN orddd END)) - 1)
                ) as IncrementToMonthEnd
FROM (SELECT o.*, DATENAME(dayofweek, OrderDate) as dow,
             DATEDIFF(day, DATEADD(day, - (orddd - 1), OrderDate),
                        OrderDate) as daysinmonth
      FROM o
     ) o
WHERE OrderDate <= '2016-09-07'
GROUP BY ordmm
ORDER BY ordmm
```

这个查询能够计算直到月底的线性趋势。子查询计算月份中的天数(有的数据库提供更简单的计算方法)。然后计算 IncrementToMonthEnd 列，它的计算方法是使用目前为止的总值，乘以当月总天数减 1，再除以到目前为止的天数。"减 1"是因为我们想要增量超过当前值，而不是月底估计值自身。

3. 基于星期的估计

使用线性方法估算到月末的全部数据可能并不是最好的估算方法。如果存在以星期为模式的周期，那么使用一星期之内的数据做估算，可能更加精准。上面的示例中包含 9 月份前几天的数据。如果周内的情况和周末的情况不同，那么如何通过已有的$26,952.14 推断出 9 月份整月的收益值？这种估算方法的前提是已经至少经过了一周的时间(周内和周末)，或者是借用上一个月或去年的同一时间的数据。

这个计算分为两个部分。第一部分介绍 9 月份的周内平均值和周末平均值。第二部分计算 9 月份中，周内日期和周末出现的次数。我们将使用 SQL 实现第一部分，使用 Excel 实现第二部分。下面的额外两列分别为 2016 年 9 月份的周内平均值和周末平均值：

```
(SUM(CASE WHEN ordyy = 2016 AND ordmm = 9 AND
             orddow NOT IN ('Saturday', 'Sunday')
          THEN totalprice END) /
 COUNT(DISTINCT (CASE WHEN ordyy = 2016 AND ordmm = 9 AND
                         orddow NOT IN ('Saturday', 'Sunday')
                      THEN OrderDate END)) ) as weekdayavg,
(SUM(CASE WHEN ordyy = 2016 AND ordmm = 9 AND
             dow IN ('Saturday', 'Sunday') THEN totalprice END) /
 COUNT(DISTINCT (CASE WHEN ordyy = 2016 AND ordmon = 9 AND
                         orddow IN ('Saturday', 'Sunday')
                      THEN OrderDate END)) ) as weekendavg
```

注意，对周内平均值的计算，使用所有的周内日期的订单之和，再除以天数。这个方法提供了整体的周内平均订单值。相比之下，AVG()函数计算另一个数值：平均订单大小。

如果没有 Calendar 表，那么在 SQL 中，判断给定日期为周内日期或周末日期的方法相当复杂。在这方面，Excel 更善于定义查找表，例如表 5-8。在给定起始日期和月内天数的情况下，这个表中包含一个月内周末的天数。

下面的 Excel 公式计算月内的天数：

```
days in month = DATE(<year>, <mon>+1, 1) - DATE(<year>, <mon>, 1)
```

表 5-8　通过起始日期和月的长度查找周内天数和周末天数

每个月 第一天的星期	周内天数				周末天数			
	28	29	30	31	28	29	30	31
星期一	20	21	22	23	8	8	8	8
星期二	20	21	22	23	8	8	8	8
星期三	20	21	22	23	8	8	8	8
星期四	20	21	22	22	8	8	8	9
星期五	20	21	21	21	8	8	9	10
星期六	20	20	20	21	8	9	10	10
星期日	20	20	21	22	8	9	9	9

即使是对于 12 月份，Excel 也能处理，因为 Excel 将下一年的 1 月份当作 13 月份。通过下面的公式计算月的起始日期对应的星期：

```
startdow = TEXT(DATE(<year>, <mon>, 1), "Dddd")
```

得到这个信息后，可以通过下面的公式，在前面的表 5-8 中找到周内天数：

```
VLOOKUP(<startdow>, <table>, <daysinmonth>-28+2, 0)
```

图 5-11 展示了这些公式的 Excel 界面截图。计算周内和周末之后，至月底的估计值是 \$109,196.45，它只比线性估计值\$115,504.89 少了一点。

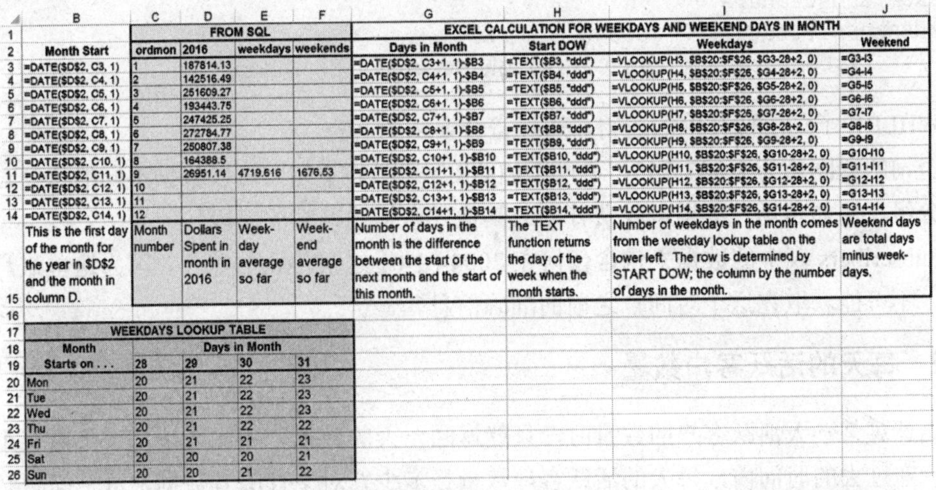

	B	C	D	E	F	G	H	I	J
1		FROM SQL				EXCEL CALCULATION FOR WEEKDAYS AND WEEKEND DAYS IN MONTH			
2	Month Start	ordmon	2016	weekdays	weekends	Days in Month	Start DOW	Weekdays	Weekend
3	=DATE($D$2, C3, 1)	1	187814.13			=DATE($D$2, C3+1, 1)-$B3	=TEXT($B3, "ddd")	=VLOOKUP(H3, $B$20:$F$26, $G3-28+2, 0)	=G3-I3
4	=DATE($D$2, C4, 1)	2	142516.49			=DATE($D$2, C4+1, 1)-$B4	=TEXT($B4, "ddd")	=VLOOKUP(H4, $B$20:$F$26, $G4-28+2, 0)	=G4-I4
5	=DATE($D$2, C5, 1)	3	251609.27			=DATE($D$2, C5+1, 1)-$B5	=TEXT($B5, "ddd")	=VLOOKUP(H5, $B$20:$F$26, $G5-28+2, 0)	=G5-I5
6	=DATE($D$2, C6, 1)	4	193443.75			=DATE($D$2, C6+1, 1)-$B6	=TEXT($B6, "ddd")	=VLOOKUP(H6, $B$20:$F$26, $G6-28+2, 0)	=G6-I6
7	=DATE($D$2, C7, 1)	5	247425.25			=DATE($D$2, C7+1, 1)-$B7	=TEXT($B7, "ddd")	=VLOOKUP(H7, $B$20:$F$26, $G7-28+2, 0)	=G7-I7
8	=DATE($D$2, C8, 1)	6	272784.77			=DATE($D$2, C8+1, 1)-$B8	=TEXT($B8, "ddd")	=VLOOKUP(H8, $B$20:$F$26, $G8-28+2, 0)	=G8-I8
9	=DATE($D$2, C9, 1)	7	250807.38			=DATE($D$2, C9+1, 1)-$B9	=TEXT($B9, "ddd")	=VLOOKUP(H9, $B$20:$F$26, $G9-28+2, 0)	=G9-I9
10	=DATE($D$2, C10, 1)	8	164388.5			=DATE($D$2, C10+1, 1)-$B10	=TEXT($B10, "ddd")	=VLOOKUP(H10, $B$20:$F$26, $G10-28+2, 0)	=G10-I10
11	=DATE($D$2, C11, 1)	9	26951.14	4719.616	1676.53	=DATE($D$2, C11+1, 1)-$B11	=TEXT($B11, "ddd")	=VLOOKUP(H11, $B$20:$F$26, $G11-28+2, 0)	=G11-I11
12	=DATE($D$2, C12, 1)	10				=DATE($D$2, C12+1, 1)-$B12	=TEXT($B12, "ddd")	=VLOOKUP(H12, $B$20:$F$26, $G12-28+2, 0)	=G12-I12
13	=DATE($D$2, C13, 1)	11				=DATE($D$2, C13+1, 1)-$B13	=TEXT($B13, "ddd")	=VLOOKUP(H13, $B$20:$F$26, $G13-28+2, 0)	=G13-I13
14	=DATE($D$2, C14, 1)	12				=DATE($D$2, C14+1, 1)-$B14	=TEXT($B14, "ddd")	=VLOOKUP(H14, $B$20:$F$26, $G14-28+2, 0)	=G14-I14
15	This is the first day of the month for the year in $D$2 and the month in column D.	Month number	Dollars Spent in month in 2016	Week-day average so far	Week-end average so far	Number of days in the month is the difference between the start of the next month and the start of this month.	The TEXT function returns the day of the week when the month starts.	Number of weekdays in the month comes from the weekday lookup table on the lower left. The row is determined by START DOW; the column by the number of days in the month.	Weekend days are total days minus week-days.
16									
17	WEEKDAYS LOOKUP TABLE								
18	Month	Days in Month							
19	Starts on . . .	28	29	30	31				
20	Mon	20	21	22	23				
21	Tue	20	21	22	23				
22	Wed	20	21	22	23				
23	Thu	20	21	22	22				
24	Fri	20	21	21	21				
25	Sat	20	20	20	21				
26	Sun	20	20	21	22				

图 5-11　该 Excel 截图展示了月内的总天数、周内天数以及周末天数。通过这些数据，可以估算整月的平均值

4. 基于上一年数据的估算

另一个整月收益估算方法是使用上一年月份到日期的数据的比例和上一年的整月总数。通过应用这个比例，估计当前月份的整月收益。这个计算方法在处理节假日方面有优势，因为两年的日期相同，通常节假日也相同。当然对于节假日变更的情况，它可能没作用，例如复活节和犹太新年。

例如，在上一年中，整月的总值为$139,244.44，该月的前 7 天的收益为$41,886.47，约为总值的 30.1%。当前月份中，到目前为止是$26,951.14。这个值是$89,594.48 的 30.1%。使用这个方法得到的整月收益值比线性估计要小很多。

5.5 以天计算活跃客户数量

计算到数据库的截止日期为止的活跃客户数量是很简单的，数据库中的状态标识能说明客户是否是活跃客户，因此只需要对这些活跃客户计数即可。本节内容将扩展这个简单的计算机制，尝试计算历史时间段的活跃客户。通过处理过去某一天的活跃客户数量，计算所有天数的活跃客户数量。最后，将客户分到任期时段，并计算这些时段在某一天的大小。

5.5.1 某天的活跃客户数量

在过去的某一天，活跃客户有两个特征：
- 他们的起始日期在这一天之前。
- 结束日期在这一天之后。

下面的查询回答这样的问题：在 2005 年的情人节那天，有多少订阅者是活跃客户？

```
SELECT COUNT(*)
FROM Subscribers
WHERE StartDate <= '2005-02-14' AND
      (StopDate > '2005-02-14' OR StopDate IS NULL)
```

WHERE 子句实现其中的逻辑，选择符合要求的客户。

查询的返回值为 2 387 765。通过添加 GROUP BY 子句，可以依据不同的特征对这些顾客分组，例如市场、渠道、收费计划或其他任意描述顾客的字段。

Subscribers 表中的数据不包含任何在 2004-01-01 之前停止的账户。因为这些账户都丢失了，不可能获取在这个时间点之前的准确信息。

5.5.2 每天的活跃客户数量

当计算某一天活跃客户的数量时，只能返回一天的数据。相比之下，一个更有用的问题是：在过去的时间内，每天的活跃客户数量是多少？对于订阅者数据，这个问题必须有所保留：因为只能获取 2004-01-01 之后的准确数据，在此之前的客户信息并没有存储。

回答这个问题依赖于如下观察结果：在某一天的活跃客户数量，等于在这一天或这一天之前开始的客户数量，减去在这一天或这一天之前结束的客户数量。前面的问题可以简化为两个问题：在给定日期之前，有多少客户开始？在给定日期之前，有多少客户停止？

在 SQL 中，使用易读的编码分别回答这两个问题。然后用 Excel 计算累计数字，用开始的客户数量减去结束的客户数量。下面的查询按天统计客户数量，将早于 2004 年的起始客户归并到一个分类中：

```
SELECT thedate, SUM(nstarts) as nstarts, SUM(nstops) as nstops
FROM ((SELECT (CASE WHEN StartDate >= '2003-12-31' THEN StartDate
                    ELSE '2003-12-31' END) as thedate,
              COUNT(*) as nstarts, 0 as nstops
       FROM Subscribers
       WHERE StartDate IS NOT NULL
       GROUP BY (CASE WHEN StartDate >= '2003-12-31' THEN StartDate
                      ELSE '2003-12-31' END) )
       UNION ALL
      (SELECT (CASE WHEN StopDate >= '2003-12-31'
                    THEN StopDate ELSE '2003-12-31' END) as thedate,
              0 as nstarts, COUNT(*) as nstops
       FROM Subscribers
       WHERE StartDate IS NOT NULL AND StopDate IS NOT NULL
       GROUP BY (CASE WHEN StopDate >= '2003-12-31'
                      THEN StopDate ELSE '2003-12-31' END) )
     ) a
GROUP BY thedate
ORDER BY thedate
```

这个查询分别统计起始数量和结束数量，通过 UNION ALL 合并在一起，然后为每一天计算起始数量和结束数量。如果没有子查询，这些数字是无法计算的，因为聚合所用的列不同。早于 2004 年的数据以 2003-12-31 标记。查询使用 UNION ALL 而不是 JOIN，因为有的日期可能没有开始者，有的日期可能没有结束者。

在 Subscribers 表中，有 181 条数据的 StartDate 是 NULL。没有起始日期，要么将数据移除(这里的选择)，要么用一个合理的日期替换 NULL。在上面的语句中，两个子查询都以非 NULL 作为起始日期的限制条件。两个子查询需要包含完全一样的客户群体，才能获得准确的结果。因为第二个子查询计算停止数量，它对于停止客户有额外的约束。

之后，Excel 计算起始和结束的客户数量，如图 5-12 所示。两者之差是每一天的活跃客户(自 2004 年以来的客户)。

	C	D	E	F	G	H
32		FROM SQL		EXCEL CALCULATION		
33	thedate	nstarts	nstops	cum starts	cum stops	actives
34	37986	2006134	0	=SUM(D$34:D34)	=SUM(E$34:E34)	=F34-G34
35	37987	349	1691	=SUM(D$34:D35)	=SUM(E$34:E35)	=F35-G35
36	37988	3062	2853	=SUM(D$34:D36)	=SUM(E$34:E36)	=F36-G36
37	37989	2865	5138	=SUM(D$34:D37)	=SUM(E$34:E37)	=F37-G37
38	37990	2653	2737	=SUM(D$34:D38)	=SUM(E$34:E38)	=F38-G38
39	37991	2561	2104	=SUM(D$34:D39)	=SUM(E$34:E39)	=F39-G39
40	37992	2710	1276	=SUM(D$34:D40)	=SUM(E$34:E40)	=F40-G40
41	37993	1545	706	=SUM(D$34:D41)	=SUM(E$34:E41)	=F41-G41

图 5-12　该 Excel 截图展示了计算每天客户数量的工作表

5.5.3 有多少不同类型的客户？

每一天的客户总数可以根据客户属性分类。下面的查询是对前面查询的修改，以市场划分客户：

```sql
SELECT thedate, SUM(numstarts) as numstarts,
       SUM(CASE WHEN market = 'Smallville' THEN numstarts ELSE 0
           END) as smstarts,
       . . .
       SUM(numstops) as numstops,
       SUM(CASE WHEN market = 'Smallville' THEN numstops ELSE 0
           END) as smstops,
       . . .
FROM ((SELECT (CASE WHEN StartDate >= '2003-12-31' THEN StartDate
              ELSE '2003-12-31' END) as thedate,
           market, COUNT(*) as numstarts, 0 as numstops
       FROM Subscribers s
       WHERE StartDate IS NOT NULL
       GROUP BY (CASE WHEN StartDate >= '2003-12-31' THEN StartDate
                 ELSE '2003-12-31' END), market
      ) UNION ALL
      (SELECT (CASE WHEN StopDate >= '2003-12-31'
                THEN StopDate ELSE '2003-12-31' END) as thedate,
           market, 0 as numstarts, COUNT(*) as numstops
       FROM Subscribers
       WHERE StartDate IS NOT NULL AND StopDate IS NOT NULL
       GROUP BY (CASE WHEN StopDate >= '2003-12-31'
                 THEN StopDate ELSE '2003-12-31' END), market )
     ) s
GROUP BY thedate
ORDER BY thedate
```

每一个子查询同时以日期和市场做聚合。此外，外部查询分别针对每一个市场，统计起始客户和终止客户的数量。这个数据在 Excel 中以同样的方式处理，计算开始者和终止者的累计总数，它们的差值为每一天每个市场的活跃客户数量。

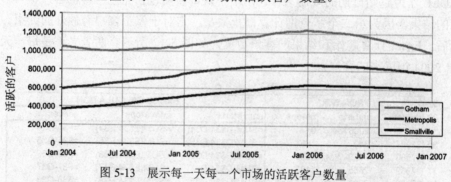

图 5-13　展示每一天每一个市场的活跃客户数量

5.5.4 不同任期时段的客户数量

根据客户的任期将客户划分为不同的任期时段。例如，客户可能被分为三个这样的时段：第一年时段，包含活跃期小于一年的客户；第二年时段，包含活跃期为一年到两年的客户；以及长期时段。

本节在对活跃客户计数的基础上，扩展到计算任期时段的客户数量。任期时段的定义可以不同。对于将时间节点设置为一年或两年，是可以调整的。对于给定的日期，有多少订阅者的活跃时间为一年、两年或超过两年？

回答这个问题，依赖于对任期时段大小的几个观察结果。这个逻辑使用了一种叫作感应的数学方法。

对于某一天，处在第一年时段的客户数量由下面的情况组成：

- 在第一年时段前一天的所有客户。
- 减去第一年时段中，在这一天已经毕业的客户(通过传递一年时间节点)。
- 减去第一年时段中，在这一天停止的客户。
- 加上在这一天新开始的客户。

第二年时段的客户数量由下面的情况组成：

- 在这一天之前的所有第二年时段的客户。
- 减去第二年时段中，在这一天已经毕业的客户(通过传递两年时间节点)。
- 减去第二年时段中，在这一天停止的客户。
- 加上在第一年时段中，在这一天毕业的客户。

最后，在长期时段中的客户为：

- 在这一天之前的所有长期时段的客户。
- 减去长期时段中停止的客户。
- 加上第二年时段中毕业的客户。

这些规则暗示了按天追踪时段所需要的信息。首先，是在每一天进入每一个时段的客户数量。对于第一年时段，是开始的客户数量。对于第二年时段，是超过时间节点为 365 天的客户数量。对于长期时段，是超过时间节点 730 天的时段。而且，需要计算在这些时段中停止的客户数量。

图 5-14 为计算过程的流程图。前三个子查询在给定的时间单位上，计算进入每一个时段的客户数量。最后一行计算停止客户的时段。通过使用 UNION ALL 合并计算结果，然后汇总输出。

下面的 SQL 对应上面的流程图：

```
SELECT thedate, SUM(numstarts) as numstarts, SUM(year1) as enters1,
       SUM(year2) as enters2, SUM(year0stops) as stops0,
       SUM(year1stops) as stops1, SUM(year2plstops) as stops2pl
FROM ((SELECT (CASE WHEN StartDate >= '2003-12-31' THEN StartDate
                    ELSE '2003-12-31' END) as thedate,
              COUNT(*) as numstarts, 0 as YEAR1, 0 as YEAR2,
              0 as year0stops, 0 as year1stops, 0 as year2plstops
       FROM Subscribers s
```

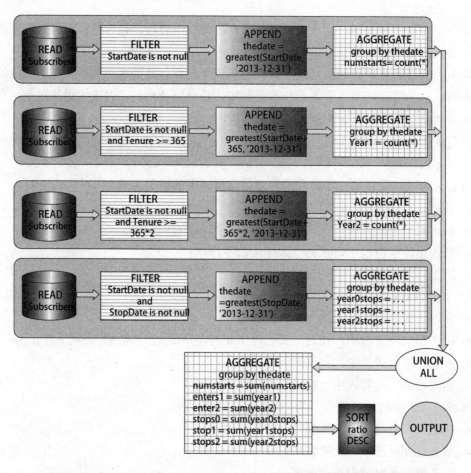

图 5-14　该流程图展示了如何计算进入或离开每一个任期时段的客户数量

```
    WHERE StartDate IS NOT NULL
    GROUP BY (CASE WHEN StartDate >= '2003-12-31' THEN StartDate
                ELSE '2003-12-31' END))
    UNION ALL
    (SELECT (CASE WHEN StartDate >= '2002-12-31'
                THEN DATEADD(day, 365, StartDate)
                ELSE '2003-12-31' END) as thedate,
            0 as numstarts, COUNT(*) as YEAR1, 0 as YEAR2,
            0 as year0stops, 0 as year1stops, 0 as year2plstops
    FROM Subscribers s
    WHERE StartDate IS NOT NULL AND Tenure >= 365
    GROUP BY (CASE WHEN StartDate >= '2002-12-31'
                THEN DATEADD(day, 365, StartDate)
                ELSE '2003-12-31' END))
    UNION ALL
    (SELECT (CASE WHEN StartDate >= '2001-12-31'
                THEN DATEADD(day, 365 * 2, StartDate)
                ELSE '2003-12-31' END) as thedate,
            0 as numstarts, 0 as year1, COUNT(*) as year2,
            0 as year0stops, 0 as year1stops, 0 as year2plstops
    FROM Subscribers s
```

```
            WHERE StartDate IS NOT NULL AND Tenure >= 365 * 2
            GROUP BY (CASE WHEN StartDate >= '2001-12-31'
                           THEN DATEADD(day, 365 * 2, StartDate)
                           ELSE '2003-12-31' END))
      UNION ALL
      (SELECT (CASE WHEN StopDate >= '2003-12-31' THEN StopDate
                    ELSE '2003-12-31' END) as thedate,
              0 as numstarts, 0 as YEAR0, 0 as YEAR1,
              SUM(CASE WHEN Tenure < 365 THEN 1 ELSE 0 END
                  ) as year0stops,
              SUM(CASE WHEN Tenure BETWEEN 365 AND 365 * 2 - 1
                       THEN 1 ELSE 0 END) as year1stops,
              SUM(CASE WHEN tenure >= 365 * 2 THEN 1 ELSE 0 END
                  ) as year2plstops
       FROM Subscribers s
       WHERE StartDate IS NOT NULL AND StopDate IS NOT NULL
       GROUP BY (CASE WHEN StopDate >= '2003-12-31'
                      THEN StopDate ELSE '2003-12-31' END) )
      ) a
GROUP BY thedate
ORDER BY thedate
```

这个查询的结构与流程图完全相同。前三个子查询计算进入每一个时段的客户数量。分别需要单独的子查询，因为进入日期不同。起始于 2005-04-01 的客户，在同一天进入第一年时段。同一客户在一年后的 2006-04-01 进入第二年时段。每一个子查询基于 tenure 列，使用 WHERE 子句选择合适的时段。第一年时段没有限制。对于第二年时段，任期为最后一年。对于第三年时段，任期至少为 2 年。

第 4 个子查询计算所有三个时段中的停止数量。因为停止日期不会变，只用一个子查询就足以计算三个时段。之后的 Excel 计算继续遵循本节列出的规则。

图 5-15 以累计面积图展示三个时段的客户。本图显示随时间变化的客户整体数量，以及不同时段的数值。

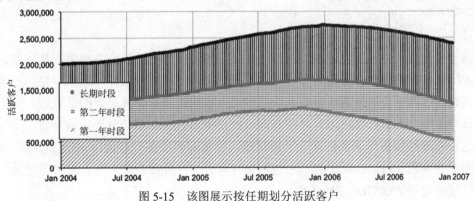

图 5-15　该图展示按任期划分活跃客户

5.5.5　只使用 SQL 计算活跃客户

对于计算给定日期的活跃客户数量，可以完全在 SQL 中实现。对于所有的天数，使用

Calendar 表非常低效,但是对于几天来说,可以使用:

```
SELECT c.date,
       (SELECT COUNT(*)
        FROM Subscribers s
        WHERE s.StartDate <= c.date AND
              (s.StopDate > c.date OR s.StopDate IS NULL)
       ) as NumSubs
FROM Calendar c
WHERE c.date BETWEEN '2006-01-01' AND '2006-01-07'
```

其中,子查询计算每个日期的订阅者数量。唯一细微的差别是,这个子查询检查终止日期是否为 NULL。

虽然这个方法可用,但是更有效的方法是使用累积求和:计算在每一天中,起始和终止的客户数量。然后求累积和。差值为这一天活跃客户的数量。

转换为查询语句:

```
SELECT Dte, MAX(cumestarts) as numstarts, MAX(cumestops) as numstops,
       (MAX(cumestarts) - MAX(cumestops)) as numactive
FROM ((SELECT StartDate as Dte, COUNT(*) as numstarts, 0 as NumStops,
              SUM(COUNT(*)) OVER (ORDER BY StartDate) as cumestarts,
              0 as cumestops
       FROM Subscribers
       GROUP BY StartDate
      ) UNION ALL
      (SELECT COALESCE(StopDate, '2007-01-01'), 0, COUNT(*), 0,
              SUM(COUNT(*)) OVER (ORDER BY COALESCE(StopDate,
                                                    '2007-01-01'))
       FROM Subscribers
       GROUP BY StopDate
      )
     ) s
WHERE Dte >= '2004-01-01'
GROUP BY Dte
ORDER BY Dte
```

这个查询有一些细微的区别。基础结构是使用 UNION ALL 合并结果,然后做聚合。UNION ALL 将两个聚合查询合并在一起,其中的两个聚合分别计算起始和终止的客户数量。注意,这两个查询是通过窗口函数和聚合函数的组合来计算聚合的总数的。由于是在子查询中做聚合汇总计算,因此外部查询可以使用 WHERE 子句且不影响计算。

这个查询结构适用于求任意一天的数值。如果需要按某一字段(如渠道)对结果分类,只需要对查询稍作改动,在子查询中使用条件聚合,在外部查询中包含更多的字段,在计算累计值时使用 PARTION BY 子句。

这个查询适用于所有日期,因为每一天都至少有一个开始者和一个结束者。如果这种情况不是真的,那么查询需要联合所有日期,在内部查询和外部查询之间,使用另一个子查询做统计计算。

5.6 Excel 中的简单图表动画

本节回到 purchases 数据集，调研从生成订单到最后一个货物配送完毕的延迟时间。调研订单完成日期非常复杂，因为其他的特征(如订单大小)毫无疑问会影响送货时间。得到可视化的结果具有挑战性，因为有两个时间维度：持续时间和订单日期。

这个示例展示 Excel 基础图表动画，使用 Visual Basic 宏。这是本书中唯一使用宏的地方，因为即使没有宏，SQL 和 Excel 也足以处理数据分析和可视化。然而，动画也非常强大，而且对于任何人来说，宏是可以简单实现的。

5.6.1 从订单生成日期到运货日期

在订单日期和订单完成日期之间的延迟时间有多久？下面的 SQL 查询回答这个问题，订单中的延迟时间按照单位数来划分：

```
SELECT DATEDIFF(day, OrderDate, fulfilldate) as delay, COUNT(*) as cnt,
       SUM(CASE WHEN numunits = 1 THEN 1 ELSE 0 END) as un1,
       . . .
       SUM(CASE WHEN numunits = 5 THEN 1 ELSE 0 END) as un5,
       SUM(CASE WHEN numunits >= 6 THEN 1 ELSE 0 END) as un6pl
FROM Orders o JOIN
     (SELECT OrderId, MAX(ShipDate) as fulfilldate
      FROM OrderLines ol
      GROUP BY OrderId) ol
     ON o.OrderId = ol.OrderId
WHERE OrderDate <= fulfilldate
GROUP BY DATEDIFF(day, OrderDate, fulfilldate)
ORDER BY delay
```

这个查询汇总 OrderLines 信息，获取最后一单运货日期。提示一下，单位数与不同项的数量不同。如果客户购买 10 本同一本书，那么只是项数为 1，但是单位数为 10。

数据有一些异常，例如，有 22 个订单在客户下单之前就配送完成。很明显，这必然有一个解释，例如运货后，订单被"处理"了，但是日期对应错了。对于这个讨论，少数外在的情况不在考虑之内，使用 WHERE 子句排除它们。注意，待办订单不包含在数据库中，因为 OrderLines 中的每一个订单都有有效的 ShipDate。

图 5-16 针对每个订单包含的单位数，按天展示已完成订单的累计比例。对于所有的组，超过一半的订单在一周内全部完成。最常见的订单只有一个单位，对于这种情况，70%的订单在一周之内完成。

包含多个单位的订单确实会花费更长的时间。到第 50 天时，约有 98%的小型订单被完成，对比之下，更大订单的完成比例为 94%。从另一个角度看，少于 2%的小型订单需要这么长的时间，然而，约 6%的更大型订单需要长时间。

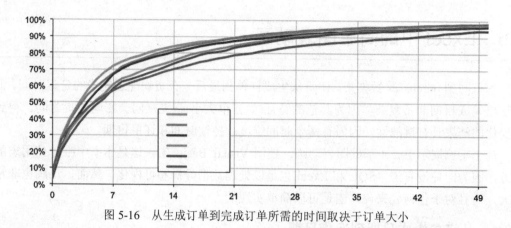

图 5-16 从生成订单到完成订单所需的时间取决于订单大小

尽管很难从图表上看出什么，但是在前几天，有一些有趣的事情发生。对于包含 6 个或更多单位数的订单，它们在生成订单当天就发货的比例最大。这说明最大的订单穿过了所有其他的曲线。这样的曲线通常非常有趣。有什么事情正在发生吗？

提示：有交集的曲线通常说明有趣的事情正在发生，建议进一步调研。

为了调研这个情况，我们提出如下问题：订单中的单位数量和不同产品的数量之间关系是什么？假设是，更大的订单更可能只包含一种产品，因此发货速度很快。包含一个单位的订单只能是一种产品，因此这些情况不用于比较。下面的 SQL 计算在包含多个单位的订单中只包含一种产品的订单比例：

```
SELECT numunits, COUNT(*),
       AVG(CASE WHEN numprods = 1 THEN 1.0 ELSE 0 END) as prop1prod
FROM (SELECT OrderId, SUM(NumUnits) as numunits,
             COUNT(DISTINCT ProductId) as numprods
      FROM OrderLines ol
      GROUP BY OrderId) o
WHERE numunits > 1
GROUP BY numunits
ORDER BY numunits
```

该子查询计算每一个订单中的单位数和不同产品数。单位数量由 **NumUnits** 统计。另一个方法是使用 **Orders** 表中的 **NumUnits** 列，但它需要额外的联接操作。

图 5-17 以气泡图展示结果。水平坐标轴为订单中的单位数。垂直坐标轴是只包含一种产品的订单比例。每一个气泡的大小是订单数量的 log 值(使用 Excel 中的 LOG()函数)。气泡越大，订单越大。但是订单的大小比气泡显示的大小还大，因为气泡大小基于订单的 log 值。

最大的气泡不在，因为它表示订单只有 1 个单位数的产品的情况。对于稍大点的订单，只包含一种产品的订单比例相当低。例如，对于包含 2 个单位数的产品的订单，比例为 21.8%，3 个单位订单的比例为 13.9%。然而，这个比例紧接着开始增长。在包含 6 个或更多单位数的订单中，几乎有三分之一(32.1%)的订单中包含一种产品。这些只包含一种产品的订单，就是很快发货的订单，通常在生成订单当天就会发货。相比之下，包含多种不同产品的订单,需要更长时间才能完成。

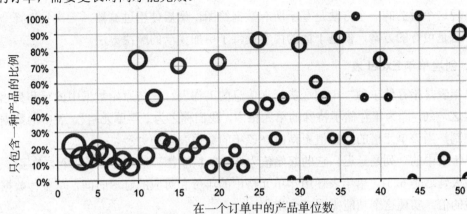

图5-17 气泡图展示随着订单中单位数的增加,更多的订单只有一种产品

5.6.2 订单延时在每年中的变化

前面介绍了在订单派送中,时间延迟的整体情况。随着时间推移,问题中加了一些变化:订单生成日期和订单完成日期之间的时间延迟,在每年中是否变化?为了计算某年的延迟时间,扩展延时查询中的 WHERE 子句,将结果限制为某一年,例如 AND YEAR(OrderDate) = 2014。

这里提出另一种解决方案,将所有数据导入 Excel。然后,将数据子集放在另外一组单元格中,生成一张"单年"表,用于绘制图表。通过改变工作表中单元格的内容,图表可以切换展示不同年份的数据。注意,也可以使用过滤器实现同样的方案,但是要求输入更多的内容。

1. 查询数据

在下面的查询中,简单地添加 YEAR(OrderDate)作为聚合计算,并返回结果:

```
SELECT YEAR(OrderDate) as yr,
       DATEDIFF(day, OrderDate, fulfilldate) as delay,
       COUNT(*) as cnt,
       SUM(CASE WHEN numunits = 1 THEN 1 ELSE 0 END) as un1,
       ...
       SUM(CASE WHEN numunits >= 6 THEN 1 ELSE 0 END) as un6pl
FROM Orders o JOIN
     (SELECT OrderId, MAX(ShipDate) as fulfilldate
      FROM OrderLines
      GROUP BY OrderId) ol
     ON o.OrderId = ol.OrderId AND o.OrderDate <= ol.fulfilldate
GROUP BY YEAR(OrderDate), DATEDIFF(day, OrderDate, fulfilldate)
ORDER BY yr, delay
```

结果中包含几乎 1000 行数据和 3 个维度,这对绘图提出了挑战。虽然可以将数据绘制在一张图表中,但是还不知道怎么能让图表更易于理解。水平坐标轴已经有几种不同的曲线了,如单位数量、离开的年份、延迟时间。为每一年单独绘制一张图表,如图 5-15 所示，可能更容易展示。

实现这个目的的一个方法是基于所有数据绘图，然后使用过滤器，一次只选择一年的数据。这是可行的方案，但是下面的内容提供了更加灵活的解决方法。

2. 创建单年 Excel 表

单年表是指存储单独一年的送货延迟信息的工作表。它与原始数据中的行和列相同，除了年这一列，因为年存储于特殊的单元格中，我们称之为"年单元格"。表中的数据由输入值控制，当该单元格的数据值更新时，该年的数据表自动更新。

单年表中的一列是延迟。它的起始值为 0，按 1 递增，直到增长至某个大数字(在数据中的最大延迟是 625)。单年表使用年单元格中的年份和对应的延迟时间，从整体数据中查找合适的值。实现这个功能需要三个步骤。

第一步，在查询结果中添加查找键，用于根据年份和延迟时间定位原始数据中合适的数据。这一步添加了额外的列，该列由年份和延迟时间连接在一起，形成唯一的标识符：

```
<key> = <year>&":"&<delay>
```

例如，对于第一个值是"2009:1"——使用冒号分开两个值。

第二步，在表中找到匹配查找键的偏移量。Excel 函数 MATCH()在列表中找到匹配它的第一个参数的值，返回这个值对应的偏移量。如果没有匹配值且第三个参数是 FALSE，返回 NA()：

```
<offset> = MATCH(<year cell>&":"&<delay>, <key column>, FALSE)
```

第三步，使用 OFFSET()函数，直接跳过<offset>-1 行数据，返回单年表中的正确数据。图 5-18 为 Excel 截图，展示了"1 个单位" (1 Unit)列对应的公式。

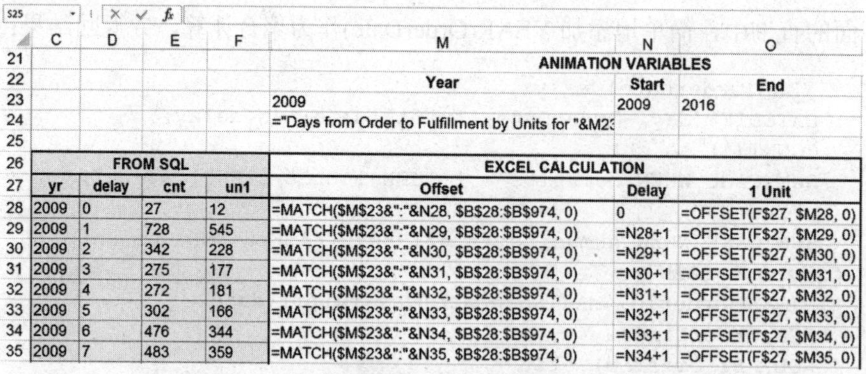

	C	D	E	F	M	N	O
21						ANIMATION VARIABLES	
22					Year	Start	End
23					2009	2009	2016
24					="Days from Order to Fulfillment by Units for "&M23		
25							
26		FROM SQL				EXCEL CALCULATION	
27	yr	delay	cnt	un1	Offset	Delay	1 Unit
28	2009	0	27	12	=MATCH($M$23&":"&N28, $B$28:$B$974, 0)	0	=OFFSET(F$27, $M28, 0)
29	2009	1	728	545	=MATCH($M$23&":"&N29, $B$28:$B$974, 0)	=N28+1	=OFFSET(F$27, $M29, 0)
30	2009	2	342	228	=MATCH($M$23&":"&N30, $B$28:$B$974, 0)	=N29+1	=OFFSET(F$27, $M30, 0)
31	2009	3	275	177	=MATCH($M$23&":"&N31, $B$28:$B$974, 0)	=N30+1	=OFFSET(F$27, $M31, 0)
32	2009	4	272	181	=MATCH($M$23&":"&N32, $B$28:$B$974, 0)	=N31+1	=OFFSET(F$27, $M32, 0)
33	2009	5	302	166	=MATCH($M$23&":"&N33, $B$28:$B$974, 0)	=N32+1	=OFFSET(F$27, $M33, 0)
34	2009	6	476	344	=MATCH($M$23&":"&N34, $B$28:$B$974, 0)	=N33+1	=OFFSET(F$27, $M34, 0)
35	2009	7	483	359	=MATCH($M$23&":"&N35, $B$28:$B$974, 0)	=N34+1	=OFFSET(F$27, $M35, 0)

图 5-18 对于 1 Unit 列，使用 Excel 公式构建一年数据的中间表

单年表是由输入值控制的，改变单元格的值，整个表会自动更新。

3. 创建并定制图表

图 5-19 展示关于一年数据的结果图表。注意，这个图表的标题体现了具体年份。它是通过将标题指向存储年份的单元格来实现的，使用下面的步骤：

(1) 在单元格中输入标题文本，它可以是一个公式：

="Days from Order to Fulfillment by Units for "&<year-cell>.

(2) 在图表中右击，为图表添加任意标题。选择 Chart Option，进入 Titles 选项卡，在 Chart Title 对话框中输入一些文本。之后退出该对话框。

(3) 单击图表标题，选中标题框，然后在公式栏中输入=，单击包含标题的单元格(或输入单元格的地址)。单元格的内容则变为图表标题。

使用这个机制，当年单元格值有所变化时，图表标题和图表内容同时更新。稍后的"使用 Excel 宏的简单动画"介绍了如何使用基础的动画，进一步绘制图表。

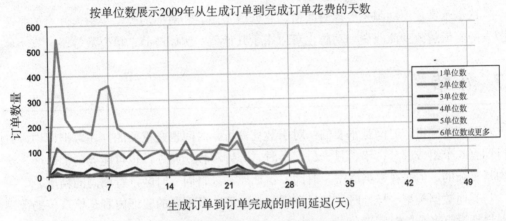

图 5-19　该图表展示一年的延迟信息

使用 Excel 宏的简单动画

Excel 宏是 Excel 的一个非常强大的组件。它为使用者提供定制化 Excel 的能力，即使用强大的编程语言 Visual Basic。因为本书的重点是分析数据，宏基本上在这个范围之外。然而，有一个宏非常有用，它很简单且令人印象深刻，值得深入介绍：动画宏。

这里，图表使用的数据取决于年单元格中的值。为图表生成动画，只需要使年单元格中的值做自增长，起始于一个值，终止于另一个值，以及设置在此期间的等待秒数。为了设置这些，我们输入起始值、终止值和时间增量，显示如下：

宏自动为年单元格设置新值。

首先，在 Developer 功能区选择 Macro | View Macros 命令或者选择 Tools 菜单项并选择 Macro 命令，通过打开的 Macro 对话框创建宏。在 Macro Name 文本框中，输入名字，如"animate"，然后单击 Create 按钮，打开 Visual Basic 编辑器。

下面的宏编码创建宏(自动显示的模板已经包含编码的第一行和最后一行)：

```
Sub animate()
    Dim startval As Integer, endval As Integer
    startval = ActiveCell.Offset(0, 1).Value
    endval = ActiveCell.Offset(0, 2).Value
    For i = startval To endval
```

```
            ActiveCell.Value = i
            Application.Wait(Now() +
                TimeValue(ActiveCell.Offset(0, 3).Text))
    Next i
End Sub
```

输入编码后,通过单击 File(或 Mac 系统上的 Excel),并选择 Close and Return to Microsoft Excel(或按 Alt+Q 组合键),离开 Visual Basic 编辑器。宏被加入到当前 Excel 文件中,与工作表一同被保存在 Excel 工作簿中。

为了使用这个宏,将鼠标移至年单元格,单击查看宏,选择 Run。也可以通过对话框中的 Options 为宏设置快捷键。

这个示例使用动画来处理时间值,它修改了图表和对应的表。更引人注意的是,图表随着值的改变而改变。动画也可以用于其他值,例如产品、单位数等。

5.7　小结

对于理解宇宙,时间是重要的;对于数据分析,时间也是重要的。在数据库中,时间和日期有 6 个组成部分:年、月、日、小时、分钟和秒。此外,也可能会附加时区。这个结构是复杂的,但是在数据库中,时间和日期通常来自同一时区,有相同的精度。

与其他数据类型一样,时间和日期需要被验证。最重要的验证内容是检查值的范围,确保日期没有多余的时间部分。

对日期的分析起源于值及其计数。查看一段时间内的累计计数和聚合数据是充满信息量的,不论是针对客户数量、订单大小还是花费金额。数据中展示的季节性模式,进一步说明客户实际上正在做的事情。很多业务以星期为周期。例如,在周内的终止者数量高于周末的终止者数量。以天为基数的比较能够显示这些区别。使用趋势线或每周的总结能够消除星期的周期,更突显长期时间范围内的模式。另一个挑战是对于给定日期,判断下一个周年纪念日。

单独时间值是有趣的;更有趣的是两个值之间的持续时间。持续时间可以通过很多方法衡量,例如两个日期之间的天数或月份。一个挑战是计算一段时间内星期出现的次数,例如,两个日期之间星期一出现的次数。无论如何,这些都是可以在 SQL 和 Excel 中实现的。

本章介绍了两个重要的应用,它们都涉及时间。第一个是计算某一个日期的活跃客户数量,即截止到这一天的起始客户数量减去终止客户数量。这些客户可以被分为不同的组,包括任期分组。

最后一个示例介绍了随时间推移,持续时间的变化,持续时间为客户生成订单到订单完成的时间延迟。有两个时间维度,一个较好的可视化方法是使用 Excel 动画,这需要少量的宏编程。

第 6 章继续通过生存分析探讨关于时间的内容。生存分析是统计学的一部分,用于处理时间事件问题。

第 6 章

客户的持续时间有多久？使用生存分析理解客户和他们的价值

灯泡的寿命有多长？什么因素会影响对癌症病人病情的预判？硬盘的平均失败时间(MTTF)是多少？这些问题看起来是彼此不相关的，但是它们确实有一个共同点：它们都涉及对某一事件的时间估计，因此可以使用生存分析回答这些问题。而且，同样的思想也可以应用于客户、客户任期以及他们的价值。

生存分析的科学和工业起源解释了这个名字。它强调的是"失败"、"风险"、"死亡率"和"重复发生"，这也可能是最初商业和市场领域没有应用生存分析的原因。然而，这个时代已经过去。现在，生存分析被公认为用于理解客户的强大分析技术。而且，SQL 和 Excel 的组合也足以将这些技术应用在庞大的客户数据库上。

生存分析预估在某件事情发生之前需要多长时间。客户开始之后，什么时候结束？假设历史情况与将来的情况相似，则历史客户的行为能帮助我们理解现在将要发生的事情，包括事件的发生时间。

订阅关系有定义好的起始和终止。对于这种情况，最重要的时间事件问题是客户什么时候终止。丰富的示例如下：
- 客户收到一份贷款抵押，除非客户还完所有贷款(或默认还款日期)，否则客户一直存在。
- 客户收到信用卡，除非客户停止使用信用卡(或停止支付)，否则客户一直存在。
- 客户使用电话，除非取消电话服务，否则客户一直存在。
- 客户订阅一个网站，除非取消订阅(或停止支付)，否则客户一直存在。

本章侧重于处理这些关系类型。第 8 章将处理其他领域的时间事件问题，例如零售关系，其中客户返回多次，但是关系中没有显式的终止。

生存分析是一条路，包含很多层面的内容。本章介绍它的一些重要概念，以及使用 SQL 和 Excel 将它们应用于客户数据。首先，由一个历史故事引入主题，理解时间事件分析。示例中的生存分析结果非常具有说服力，因为它是洞察客户的强有力工具，无论是从质量上还是从数量上。

当然，生存分析本身的内容远不止如此。下面的内容描述如何做计算，从风险率，继而转到生存率，然后从生存率中获取有用的手段。示例展示了如何使用生存分析估算客户价值，或者至少估算未来的收益。最后的示例讨论了使用生存分析做预测。下一章继续讨论，并包含关于这个主题的更多内容。

6.1 生存分析

生存分析最早可以追溯到 1693 年由 Edmund Halley 发表的一篇论文，如下面的"生存分析的早期背景"部分所述。这项技术在 19 世纪末和 20 世纪得到进一步发展，特别是应用到了社会科学、工业流程控制和医学研究。这些应用最初使用较少的数据做研究，因为数据都是通过手工收集的。例如，一个典型的医学研究含有几十或上百名病人，而不是像今天这样，在数据库中存放海量的客户信息。

本章没有严格地定义专业术语，例如风险率、生存率，而是介绍生存分析的几个示例。这些示例以平均寿命作为开始，然后扩展到医学领域的生存解释，最后给出风险率的示例，以及如何使用它们揭示客户的行为。

> **生存分析的早期背景**
>
> 生存分析早于统计学两个世纪。我们所说的统计学始于 19 世纪和 20 世纪，而生存分析的起源可以追溯到 17 世纪，甚至追溯到伦敦皇家协会在 1693 年发表的论文。这篇论文发表在皇家协会的《哲学汇刊》上，标题为"人类死亡率的程度估计"，数据来源于布莱斯劳市的出生和葬礼表格，目的是尝试确定养老金的金额。可以在网络上访问这篇文章，网址为 http://www.pierre-marteau.com/editions/1693-mortality.html。
>
> 然而论文的作者，Edmund Halley 却因另一个原因而出名。1758 年，Halley 死后的 16 年，他预测的哈雷彗星确实返回了。不仅如此，哈雷彗星每隔 76 年返回一次。
>
> 在论文中，Halley 演绎了生存分析的基本计算，其数据来自于政府部门收集到的死亡率(波兰西南部的城市，现在的波兰名字为弗罗茨瓦夫)，至今为止，这项技术仍在使用。
>
> 另一方面，这篇论文是非常超前的。计算机技术的创新激活了 Halley 的分析。不，并不只是计算器或电子计算机。在 17 世纪初发明的对数和计算尺，也前所未有地提高了乘法和除法的计算效率。
>
> Halley 也说明了数据的来源。"出生和死亡表"说明，当时的布莱斯劳市在追踪出生和死亡情况。为什么是布莱斯劳市而不是其他城市？原因是未知的。或许，布莱斯

劳市收集这些数据是为了反宗教改革(当时欧洲的天主教和新教正在进行宗教战争)。天主教堂统计这些信息，确保每个人在出生和死亡时都是天主教徒。

什么是新技术的应用，使用新技术处理最新的数据？养老金或退休金的金额计算，这无疑是我们可以探讨的一个应用。事实上，这个计算生存值的方法，也被称为寿命表格法，因为人寿保险公司在超过两个世纪以来就一直在使用同样的技术。

然而，同样的事情会变化。他的观点"三分之二的妇女应该每年生一个孩子"和"应该使用额外的赋税和兵役限制单身"已经不再是主流。论文中同时包含了对婴儿死亡率的介绍，这恐怕是对婴儿死亡率最早的介绍。在当时，布莱斯劳市每 1000 个婴儿中，有 281 个婴儿死亡，这意味着有 281 个婴儿在一周岁生日前死亡。相比之下，在现代社会中，拥有婴儿死亡率最高的国家——安哥拉、阿富汗和索马里——的死亡率低于 20%。波兰在这方面取得了令人尊敬的进步，每 1000 个初生儿中，婴儿死亡数为 6.24。同样的事情，在向着更好的方向发展。

6.1.1 平均寿命

平均寿命是生存分析最自然的应用，它告诉我们能生存多长时间。图 6-1 中，分别展示了不同性别和不同种族的美国人口的平均寿命曲线(http://www.cdc.gov/nchs/data/dvs/LEWK3_2009.pdf)，这些数据是 2009 年美国人口统计局计算而得。例如，曲线显示 90%的黑人男性平均年龄为 55 岁。相比之下，90%的白人女性的平均寿命接近 70 岁。超过 40%的女性(不管是黑人还是白人)的平均寿命为 90 岁，这比男性的比例要高很多。

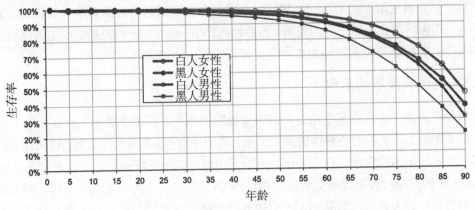

图 6-1 平均寿命曲线是生存曲线的一个实例

平均寿命曲线是生存曲线的实例。它们的起始值永远是 100%，然后减少，直到终止值 0%。平均寿命曲线为我们提供信息，例如，几乎所有人的寿命都超过 50 岁。之后，曲线的走势变得更加陡峭，随着年龄的增长，人们死亡的风险急剧增加。即使是在 50 岁，图 6-1 显示不同组的生存率也不同，黑人男性对比其他组的生存率有明显下降。

对于 4 个分组，生存率为 50%的点都不同：

- 黑人男性，生存率为 50%，对应的年龄为 80 岁。
- 白人男性，生存率为 50%，对应的年龄为 85 岁。

- 黑人女性，生存率为 50%，对应的年龄为 87 岁。
- 白人女性，生存率为 50%，对应的年龄为 89 岁。

生存率为 50%对应的年龄，也称为中间年龄，它是比较不同组的有用手段。

6.1.2 医学研究

据说，一直以来有一篇关于生存分析的经典论文，在科学界，被引用的次数排前 10 位。这篇论文是"退化模型和寿命表讨论"。它发表于 1972 年，作者是 David Cox 先生——追加"先生"尊称是因为他在统计学中获得的声望——他发明了一门技术，现在称为 Cox 比例风险回归(proportional hazards regression)，这门技术提供了一种测量手段，用于衡量影响生存率的不同因素。

例如，考虑刑满释放的牢狱人员在出狱后，他们的身上会发生什么事情。通过纵向研究，长期关注出狱人员，了解他们身上都发生了什么事情。这些调研用于理解重复犯罪问题。出狱后，有的人重返犯罪生活，有的人恢复了正常生活，还有其他人由于某种原因，无法对其跟踪调查。

什么因素影响了最终结果？是服刑时间的长短？劳教减少重复犯罪了吗？他们还是犯同样的罪吗？性别？前科？刑满释放后，是否有有效的咨询？找到工作的能力？家人是否支持他们？使用纵向调研而得的数据，分析哪些因素是这些人再次犯罪的最重要因素，哪些不是。这个分析通常使用的是 David Cox 先生在 1972 年发明的技术(正是因为如此，任何关于这方面的研究，都引用了他最初的论文)。

这个思想被应用于很多不同的领域，从吸烟和糖尿病对寿命的影响，到影响人们失业的因素，从影响商业周期长度的因素，到药物(如 Vioxx)对心脏病的影响和英国议会选举的时间长度。判断哪个因素影响生存——更好或更差——是非常有用的。

6.1.3 关于风险率的示例

风险率是指一个人在某个给定时间遭受风险的概率。图 6-2 展示了两条风险率曲线。

图 6-2 的上图展示的是整体的死亡风险，基于 2009 年美国人口数据。这张图表以年为间隔，展示每年的死亡率。在第一年，风险是相对较高的。所谓的出生死亡率为 0.64%(这比 1680 年的安哥拉和布雷斯劳要低几倍)。在第一年之后，死亡率客观下降，然后随着年龄的增长和年轻人开始学习驾车，死亡率开始升高。曲线的起始点有点高，然后下降，然后再增长，这样形状的曲被称为"浴缸形"曲线。这个名字来源于与浴缸相似的曲线形状(想象排水口在左边)。

图 6-2 的下图展示更复杂的风险率，它是关于客户在开始订阅的一定时间之后，停止订阅的概率。这张图表也有若干特征。第一，当任期为 0 时，停止订阅的风险值非常高，因为很多客户被记录为已经开始，但实际上他们没有开始——或许他们的信用卡还在验证中，或是他们的地址是不正确的，或是他们立刻改变了决定。在 60 天和 90 天之间的两个峰值，分别对应客户未支付和客户在推广期之后停止订阅。

这条风险曲线崎岖不平，包含明显的星期模式和每 30 天的波峰。其原因是账单周期：客户更倾向于在收到账单之后终止订阅。最终，长期的趋势表明风险率下降并趋于稳定，这说明客户持续的时间更长，终止的情况减少。长期的下降趋势是衡量忠诚度的好方法，它说明客户长时间保持活跃，很少的客户选择离开。

提示：风险概率的长期走向是测量忠诚度的好方法，因为它表明客户在熟悉之后，仍然没有离开。

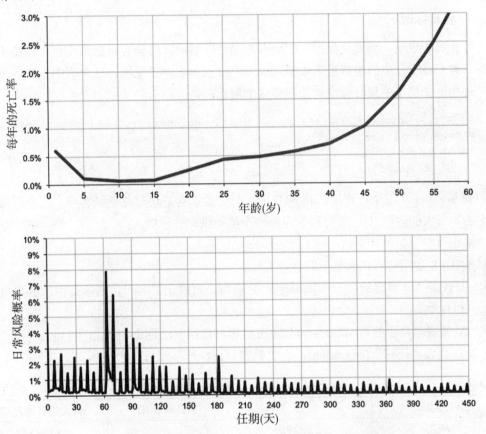

图 6-2　关于风险率的两个示例：上图为死亡率，下图为订阅的停止率

6.2　风险计算

本章后续的部分进一步探索、讨论用于生存分析的不同计算，侧重于使用 SQL 和 Excel 完成这些计算。在后续的示例中，示例使用的数据集是 Subscriptions，它由来自三个市场的移动电话公司的客户组成。

风险计算是生存分析的基础，它依赖于起始日期、终止日期和终止类型列。这里首先探索这些列，然后进入风险计算。

6.2.1 数据调研

生存分析基本上依赖于关于客户的两个信息：停止标记(标识客户是已经停止还是活跃客户)和任期(客户保持活跃的时长)。通常，这些列必须从数据库的其他列中获取。例如，在 Subscribers 中，已经存有计算后的任期，但是停止标记必须从其他列中获取。

因为数据来源非常重要，所以做数据探索是一个好的起点。即便有的字段已经计算好了，也仍然需要做数据探索，因为这个计算可能与我们需要的数据并不完全符合。

1. 停止标记

停止标记说明，到截止日期，哪些客户是活跃客户，哪些客户已经终止。在截止日期之后，客户身上发生的事情是未知的。StopType 列包含停止原因。这个列中包含的值是什么？使用一个简单的聚合查询就能回答这个问题：

```
SELECT StopType, COUNT(*) as n, MIN(SubscriberId), MAX(SubscriberId)
FROM Subscribers
GROUP BY StopType
ORDER BY StopType
```

表 6-1 展示了三个终止类型和 NULL，后者说明客户仍然是活跃客户。这个查询包含最小的和最大的客户 ID，这有利于为每一个值提供一些示例。

终止类型有如下含义：

- NULL 说明客户仍然是活跃客户。
- I 代表"非自愿的"(involuntary)，它表明公司终止了客户，通常是由于客户没有支付订单。
- V 代表"自愿的"(voluntary)，它表明客户自己主动终止。
- M 代表"迁移"(migration)，它表明客户已经迁移到另一个产品。

表 6-1 Subscription 数据中的终止类型

终止类型	计数	小的订阅者 ID	最大的订阅者 ID
NULL	2 390 959	2	115 985 522
I	790 457	217	115 960 366
M	15 508	9460	115 908 229
V	1 871 111	52	115 962 722

当客户的终止类型是 NULL 时，客户是活跃的。否则，说明客户已经终止使用。在 SQL 中实现这条规则的语法如下：

```
SELECT (CASE WHEN StopType IS NOT NULL THEN 1 ELSE 0 END) as isstop
```

与停止标记相反的是活跃标记，它等于 1 减停止标记。在统计学中，活跃标记有一个特殊的名字：截尾标记(censor flag)，稍后将详述有关它的内容。这两个标记简单相关，任何一种都可以用于计算。

最初,终止类型有几十种值,对应五花八门的停止原因("服务差"、"没有上门服务"、"账单争议"等)。这些具体原因被划分为三个主要的情况,存储于 StopType 列中。

2. 任期

任期是指客户起始日期和终止日期之间的时间长度。通常,任期需要计算而得,值为两个日期的差值。然而,Subscription 表已经定义任期列。使用 Microsoft SQL 函数做日期减法,实现定义如下:

```
SELECT DATEDIFF(day, StartDate,
            (CASE WHEN StopType IS NOT NULL THEN '2006-12-28'
                ELSE StopDate END)) as tenure
```

当客户已经终止时,客户的任期是已知的。然而,如果客户尚未停止,任期则为一个截止日期(通常为当前日期或是最近的结算日期)。

警告:客户的终止日期可以是客户不再活跃的第一天,或是客户保持活跃的最后一天——这个定义取决于数据库。对于这两种情况,任期的计算稍有不同。在第一种情况中,任期等于起始日期和终止日期之差。在第二种情况中,任期等于差值加 1。

作为公正的计算,起始日期和终止日期必须精准,而且来自于同样的样本。有很多因素可能会影响日期的精准度,特别是对于更早的日期:

- 终止的客户的数据载入数据库失败。
- 以其他日期代替起始日期,如账号创建日期。
- 在客户终止之后,终止日期被其他日期重写,例如未支付的账户的注销日期。
- 起始日期被其他日期重写,例如客户切换到其他产品的日期。

对日期的调研是非常重要的。

开始调研的着手点是随时间变化的起始者和终止者的数据的直方图。下面的查询按年返回直方图数据:

```
SELECT the year, SUM(isstart) as starts, SUM(isstop) as stops
FROM ((SELECT YEAR(StartDate) as theyear, 1 as isstart, 0 as isstop
       FROM Subscribers s)
      UNION ALL
      (SELECT YEAR(StopDate), 0 as isstart, 1 as isstop
       FROM Subscribers s)
     ) s
GROUP BY theyear
ORDER BY theyear
```

这个查询的返回结果在表 6-2 中。注意,有超过 200 万的客户的终止日期为 NULL,这说明他们还是活跃客户。前两行数据说明有 182 位顾客有令人质疑的起始日期——日期为 NULL,或为 1958 年。这些客户的数据是无效的。在无线电话发明之前,不会出现客户。

由于数据量过小，最好的办法是将这些数据过滤掉。

表 6-2 逐年统计起始者和终止者

年份	起始者	终止者
<NULL>	181	2 390 959
1958	1	0
1988	70	0
1989	213	0
1990	596	0
1991	1011	0
1992	2288	0
1993	3890	0
1994	7371	0
1995	11 638	0
1996	22 320	0
1997	42 462	0
1998	66 701	0
1999	102 617	0
2000	146 975	0
2001	250 471	0
2002	482 291	0
2003	865 219	0
2004	1 112 707	793 138
2005	1 292 819	874 845
2006	656 194	1 009 093

2004 年以前，这些数据中是没有客户的。是因为卓越的商业实践，导致 0 客户终止吗？或许不是。是因为公司忘记将终止使用的数据存储在数据库中吗？或许不是。最可能的原因是数据在 2004 年载入数据库，而且当时只是上载了活跃客户的数据。这是左截断(*left truncation*)的一个示例。基于终止日期将数据过滤掉。下一部分介绍如何处理左截断。

为了获取无偏差的风险估计和生存率，起始日期和终止日期需要来自同一时期。对于现在的情况，解决方案是过滤数据，移除在 2004 年之前开始使用的客户数据。此外，客户不会有负的任期。纵观全书，与 WHERE StartDate >= '2004-01-01' AND Tenure >= 0 类似的表达式经常出现在对 Subscribers 表的查询中，因此查询返回无偏差的风险。

6.2.2 风险率

任期 t 的风险率是两个值的比例：遭遇风险的客户数量除以可能遇到风险的客户总数。分母被称为在任期 t 内可能遇到风险的人数。风险率总是在 0%和 100%之间。永远不能为负值,因为遭遇风险的人数和风险人口总数都不为负数。不能超过 100%,因为风险人口总数总是包含已经承受风险的客户。这个计算不难,对于任意任期,简单地获取两个数字即可。然而,具有挑战的是如何获取正确的数字。

我们假设一个简单的示例,考虑在 1 月 1 日开始的 100 名客户,他们在 1 月 31 日仍然是活跃客户。如果这些客户中,有两名客户在 2 月 1 日停止,那么 31 天的风险概率为 2%。共有 100 名客户可能出现风险,其中 2 名客户遇到了风险,比例为 2%。

无论有多少名客户在 1 月 1 日开始,31 天风险概率保持不变。在 1 月中停止的客户不具有这个 31 天风险,因为他们已经停止了。这些提前终止的客户不受 31 天风险的影响。

下面的查询计算客户任期为 100 的风险率:

```
SELECT 100 as tenure, COUNT(*) as popatrisk,
       SUM(CASE WHEN Tenure = 100 AND StopType IS NOT NULL
                THEN 1 ELSE 0 END) as succumbtorisk,
       AVG(CASE WHEN Tenure = 100 AND StopTYpe IS NOT NULL
                THEN 1.0 ELSE 0 END) as h_100
FROM Subscribers
WHERE StartDate >= '2004-01-01' AND Tenure >= 100
```

这个风险的样本由任期大于等于 100 的客户组成。在 2 589 423 名客户中,2199 名客户在任期为 100 天时停止。100 天风险为 0.085%。注意,因为左截断的原因,这个计算只考虑 2004 年之后的客户。

6.2.3 客户可视化:时间与任期

图 6-3 展示了两张图片,它们的数据来源是同一组客户。在每一张图片中,使用线段代表客户,其中,使用小竖线表示客户的起始点,圆表示客户的终止日期或当前日期(针对活跃客户)。空心圆说明客户仍然是活跃客户,账户仍然存在。实心圆说明客户已经停止,账户已经关闭。

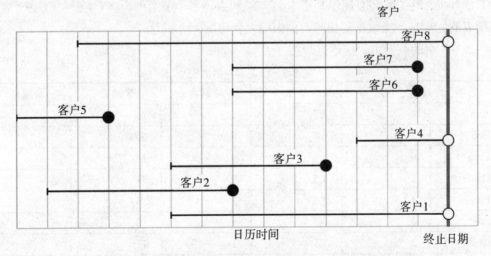

图 6-3 分布于日历时间轴和任期时间轴上的客户信息

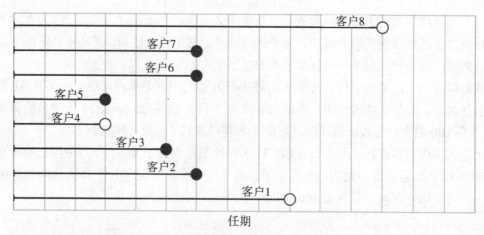

图 6-3 分布于日历时间轴和任期时间轴上的客户信息(续)

这两张图从不同的角度展示了同样的客户信息：日历时间和任期时间。在第一幅图中(日历时间)，客户在任意时间开始，而且活跃客户在右侧排列——客户到截止日期时仍然是活跃的。在第二幅图中，客户被移到左侧，因此他们的任期都是从 0 开始。活跃客户分布在所有客户之中。长期的客户中，有些不再活跃，有些仍然活跃。短期客户也是如此。下面的"使用 Excel 展示客户生存"部分介绍了如何在 Excel 中绘制这些图表。

两个时间结构都展示了客户和他们的任期。生存分析侧重于任期时间，因为在保留客户上，这个时间通常更具有意义。毕竟，客户只有在经历过任期之后才能结束。而且，很多事情都是在任期之内发生的，例如每月的账单、续签合同、初期推广的结束。

日历时间也非常重要。它同时受季节性和其他方面的影响。生存分析中的挑战之一，就是整合关于这两个时间的所有有用信息。

使用 Excel 展示客户生存

图 6-3 是使用 Excel 创建的。每一幅图是包含两个系列的散点图。一个系列用于所有的客户，这个系列有尾巴，是 X 误差线和点。另一个系列为客户绘制空心圆。使用图表的优势是，当数据变化时，图表随之变化。

表 6-3 中的数据用于描述客户：

表 6-3 描述客户的数据

名字	ID	Y 值	X 起始	X 终止	长度
Ann	8	7.5	12	14	2
Bob	7	6.5	6	13	7
Cora	6	5.5	6	13	7
Diane	5	4.5	0	3	3
Emma	4	3.5	3	14	11
Fred	3	2.5	5	10	5
Gus	2	1.5	1	7	6
Hal	1	0.5	9	14	5

X 起始、X 终止和 Y 值列用于描述每一条线的起始和终止。Y 值的起始值为 0.5，以 1 递增，这样的设计纯粹是为了美观。这些值控制图表中线之间的距离以及从上到下客户的距离。也可以通过调整 Y 轴控制间距，但是设置为 0.5 更简单。

以 X 终止列作为 X 值，以 Y 值列作为 Y 值绘制散点图中的点。符号是圆，大小为 10，背景颜色为白色(如果没有设置背景色，网格线会出现在圆中)。为了完成这样的设置，右击系列，选择 Format Data Series…，然后在 Marker 选项卡的最左边找到 Marker Options 图标，将标记设置为圆，使用 Fill 下的选项以纯白色填充圆。

接下来使用 Error Bars 添加尾巴，单击功能区上的 Add Chart Element，之后选择 Error Bars | More Error Bar Options，或者单击图表右上角附近的＋。在选项对话框中，选择 Error Bar Options | X error bars，将方向设置为 Minus。现在可以使用 Custom 选项输入合适的系列值。注意，需要将 Y 误差线设置为固定值 0，以及 No Cap 格式，确保它们不会出现在图表中。

下一步，为线添加标签，方法是右击系列并选择 Add Data Label | Add Data Labels 命令。当出现值时，单击并选择一个值，然后右击并选择 Format Data Labels。

在替换数据标签上，没有非常便利的方法，因此我们必须即兴发挥一下。在 Label Options 中，设置 Label Position 为 Left，因此文本出现在圆的左侧。然后设置文本，方法是使用 Number 中的 Custom 格式，取消选中 Linked to source，并在 Format Code 框中输入 Customer 0。线仍然会穿过标签。为了解决这个问题，我们将标签设置为上标。在 Home 功能区选择该图标，扩展字体选项。选择 Effects 区域中的 Superscript，因此文本现在处于线之上(可以通过调整 Offset 控制文字向上或向下)。增大字体，例如 12 磅 Arial。此外，在第 4 章中介绍的 XY 标签，也可以为线做标签，显示客户名字。

使用另一个数据系列添加实心圆，设置 Marker 和 Marker Fill 上的选项，填充圆。复制 3 位活跃客户(客户 1、4、8)的数据，并添加系列。这里不需要设置 X 误差线和数据标签。

下一步，添加截止线。这是一条简单的线，使用坐标(14,0)和(14,8)。这些值可以写入单元格，或者直接作为 Data Series({14,14}为 X 系列，{0,8}为 Y 系列)。设置 Marker Style 为 No Marker，并为 Line 设置合适的颜色。

调整坐标轴，设置垂直坐标轴的最大值为 8、水平坐标轴的最大值为 15。可以在 Chart Layout 功能区为 X 和 Y 轴选择 Axis Options，并设置相应的值。

最后一步是添加垂直网格线(在 Format 功能区选择 Gridlines | Vertical Gridlines | Major Gridlines)，并且移除两个坐标轴(选中它们后按 Delete 键)。

看！最终结果是一张使用 Excel(一款意想不到的绘图工具)描绘客户数据的图表。

6.2.4 截尾

图 6-3 中，客户的可视化体现在两个时间结构中，这也暗示了生存分析中的一个重要概念。已经终止的客户的任期是可知的，因为这些客户同时有起始日期和终止日期。然而，

活跃客户的任期是未知的。他们的任期至少等于他们已经存在的时间长度，但最终值是未知的。任何一位客户都可能在明天终止，也可能在 10 年之后终止。

任期是截尾数据的一个示例。截尾数据是统计学的一个术语，它说明任期的最终值超过某个值。在图 6-3 中，已经截尾的客户由右侧的空心圆表示，截尾等于说客户处于活跃状态。截尾也可能有其他原因，我们会在本章的后续内容和第 7 章中介绍。

截尾的数据值是生存分析的核心内容。有三种不同类型的截尾：

- 右截尾，如上所述，它发生在客户任期大于某个 T 值的情况中。右截尾是最常见的截尾类型。
- 左截尾，与右截尾正好相反，它发生在当任期小于某个 T 值的情况中。左截尾并不常见，当我们忘记客户的起始日期，但能确定这个起始日期一定发生在某一天之前时，出现左截尾。另一个情况是数据只是客户的快照数据，包括停止标记，但是没有终止日期。这样的数据包含起始日期和快照日期，以及说明客户已经停止的数据。我们唯一能知道的是客户在快照日期之前已经停止了。
- 区间截尾，是左截尾和右截尾的联合使用。当对客户的数据收集发生在较长区间时，适用区间截尾。例如，研究人员对刑满释放人员的数据采集，可能只是每年采集一次。如果犯人在中途退出参与，则任期只能持续到最近的一年。

在客户数据库中，起始日期通常是已知的。有一种情况，起始日期是未知的，它发生在病人发现癌症之后。"起始"日期是癌症的确诊日期，但并不是癌症首次出现的时间。这是左截尾的一个实际示例，因为实际起始日期未知，但是能确定它发生在诊断日期之前。令人讽刺的是，基于诊断书的统计表明，好的诊断结果能够延长病者 5 年的生命，即使是使用同样的治疗。如果癌症可以更早被确诊，就能延长病人的生存时间(这是相当正确的，特别是在 20 世纪 90 年代发明 MRI 和 CT 扫描之后)。

在客户数据库中，左截尾和区间截尾并不常见。在客户数据库中，最典型的情况是已知起始日期，且活跃客户是右截尾的。

6.3 生存率和保留率

风险率是人们在某一时间遭受风险的概率。生存率是指人们在同一时间没有遭受风险的概率。换言之，生存率是风险率的累积信息，或者说是风险率的相反情况。

6.3.1 生存率的点的估计

任期 t 的生存率，等于这个任期内的活跃客户数量除以总客户数量。直到任期 t，有多少客户生存下来，有多少客户终止，生存率是多少？对于任意给定任期，可以很容易地使用 SQL 回答这个问题：

```
SELECT 100 as tenure, COUNT(*) as popatrisk,
       SUM(CASE WHEN Tenure < 100 AND StopType IS NOT NULL
```

```
                 THEN 1 ELSE 0 END) as succumbtorisk,
       AVG(CASE WHEN tenure >= 100 OR StopType IS NULL
                 THEN 1.0 ELSE 0 END) as s_100
FROM Subscribers
WHERE StartDate >= '2004-01-01' AND Tenure >= 0 AND
      StartDate <= DATEADD(day, -100, '2006-12-28')
```

这个计算与风险率的计算相似，包含了将 2004-01-01 之前的客户过滤掉的情况。风险人口总数中，客户的起始日期在截止日期之前，且超过 100 天。只有这些客户的生存时间超过 100 天。生存下来的这些客户，仍然是活跃客户，而且任期超过 100 天。生存率等于生存下来的客户数量除以总客户数量。

6.3.2 计算任意任期的生存率

任期为 t 的生存率，等于 1 分别减去任期小于 t 的风险率之差的乘积。1 减去某一任期的风险率等于该任期的生存率，可以称之为累计生存率，因为它对应任期为 t 到 t+1 的生存率。任期为 t 的总生存率为从 0 到 t 的累计生存率的乘积。

使用 SQL 和 Excel 的组合能够容易地完成计算。第一步是计算所有任期的风险率，然后计算累计生存率，最后计算乘积。

计算使用下面两项内容：

- 遭受风险的人数：刚好在任期 t 停止的客户数量。
- 风险人口总数：任期大于或等于 t 的客户数量。

任期为 t 时的风险人口总数是累积求和的一个示例，因为它计算的是任期大于或等于 t 的客户。

使用 SQL 计算每一个任期的值：

```
SELECT Tenure, COUNT(*) as popt,
       SUM(CASE WHEN StopType IS NOT NULL THEN 1 ELSE 0 END) as stopt
FROM Subscribers
WHERE StartDate >= '2004-01-01' AND Tenure >= 0
GROUP BY Tenure
ORDER BY Tenure
```

将结果复制到 Excel 中之后，一个列为 Tenure，另一个列为 popt，最后一个列为 stopt。假设结果已经被复制在 Excel 中，数据起始于 C27 单元格。对于给定的某一个任期，风险人口总数是多少？这个人数等于这个任期以及更长任期的 popt 值(D 列)的和。

为了完成计算，且不用在所有的 1093 行中单独输入公式，构建一个随着复制自动变化的公式。对于单元格 F27，这样的公式为=SUM($D27:$D$1119)。这个公式的范围是$D27:$D$1119，因此这个求和从单元格 D27 开始，一直到单元格 D1119 结束。"$" 符号保留单元格中的不变部分。将公式复制下来(选中区域，输入 Ctrl+D)，后续的公式会改变对第一个单元格的引用。单元格 F30 中的公式为=SUM($D30:$D$1119)，直到=SUM($D1121:$D$1119)。

然后，风险率是等于停止的客户数量占总客户数量的比例，对于单元格 G29 来说是 E29/

F29。图 6-4 展示了 Excel 中的这些公式。

	C	D	E	F	G	H
25		FROM SQL		CALCULATED IN EXCEL		
26	Tenure	popt	stopt	POPCUM	h	S
27	0	2383	508	=SUM($D27:$D$1119)	=E27/F27	=IF($C27=0, 1, H26*(1-G26))
28	1	18354	17306	=SUM($D28:$D$1119)	=E28/F28	=IF($C28=0, 1, H27*(1-G27))
29	2	16730	15091	=SUM($D29:$D$1119)	=E29/F29	=IF($C29=0, 1, H28*(1-G28))
30	3	13283	11346	=SUM($D30:$D$1119)	=E30/F30	=IF($C30=0, 1, H29*(1-G29))
31	4	9544	9500	=SUM($D31:$D$1119)	=E31/F31	=IF($C31=0, 1, H30*(1-G30))
32	5	11746	9152	=SUM($D32:$D$1119)	=E32/F32	=IF($C32=0, 1, H31*(1-G31))
33	6	12649	9409	=SUM($D33:$D$1119)	=E33/F33	=IF($C33=0, 1, H32*(1-G32))
34	7	13466	10298	=SUM($D34:$D$1119)	=E34/F34	=IF($C34=0, 1, H33*(1-G33))
35	8	11862	9560	=SUM($D35:$D$1119)	=E35/F35	=IF($C35=0, 1, H34*(1-G34))

图 6-4 Excel 工作表中的公式，用于计算风险率和生存率

下一步是计算生存率，它是所有 1 减风险率的乘积。下面的公式在单元格 H27 中计算生存率：=IF($C27=0,1, H26*(1-G26))。其中，"IF"部分处理任期为 0 的情况，对应的生存率是 100%。每一个后续的生存率都等于上一个生存率值乘以 1 减上一个风险率值。列的某一行数据的计算，基于该列的前一行数据，这种类型的公式被称为递归公式。在将这个公式向下复制到整个列时，公式为所有的任期计算生存率。图 6-5 显示了生存率结果曲线。

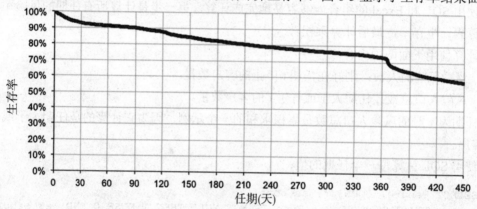

图 6-5 订阅数据的生存曲线

在这个示例中，所有的任期值都出现在表中，因此任期列没有间隔。然而，当客户是活跃客户时，或当客户有特殊的任期时，可能出现间隔。对于没有任期的行，风险率是 0，生存率与上一个生存率相等。这对计算并不产生任何影响。然而，它使散点图更适合生存曲线而不是折线图。当出现间隔值时，散点图在 X 轴上添加标签的能力更强。

6.3.3 在 SQL 中计算生存率

在 SQL 中计算风险率和生存率比在 Excel 中计算更加方便。结果可以存放在 SQL 表中，不需要导入到工作表中。

SQL 中的计算使用窗口函数，还有一个为了实现聚合乘法的小技巧。下面的版本使用公用表表达式(CTE)计算风险率，然后计算生存率：

```
WITH h as (
    SELECT Tenure, SUM(1 - IsActive) as numstops,
```

```
              COUNT(*) as tenurepop,
              SUM(COUNT(*)) OVER (ORDER BY Tenure DESC) as pop,
              LEAD(Tenure) OVER (ORDER BY Tenure) as nexttenure,
              (LEAD(Tenure) OVER (ORDER BY Tenure) - Tenure) as numdays,
              SUM(1.0 - IsActive) /
                  SUM(COUNT(*)) OVER (ORDER BY Tenure DESC) as h
       FROM Subscribers
       WHERE StartDate >= '2004-01-01' AND Tenure >= 0
       GROUP BY Tenure
      )
SELECT h.*,
       COALESCE(EXP(SUM(LOG(1 - h)) OVER
                         (ORDER BY Tenure
                          ROWS BETWEEN UNBOUNDED PRECEDING AND
                                        1 PRECEDING
                         )), 1
               ) as S
FROM h
ORDER BY Tenure
```

CTE 首先计算每个任期的停止数和客户数量。风险人口总数等于大于等于任期的所有客户数量的总和,通过窗口函数计算。每个任期的风险率等于停止数除以风险人口总数。

nexttenure 和 numdays 变量展示非当前行数据,防止任期出现间隔的情况。分组的使用,使查询结果像查找表一样更加有用。

生存率的计算有两个组件:第一个是对乘积的计算;第二个是在窗口函数中的额外子句,用于说明窗口范围。

1. 计算列值的乘积

遗憾的是,SQL 没有 PRODUCT()聚合函数,能够像 SUM()做求和操作一样,计算数字的乘积。为了解决这个问题,我们必须回到高中代数,回忆如何使用对数:自然对数之和等于对数字做乘积。

因此,PRODUCT()基本上可以通过下面的计算而得:

```
SELECT EXP(SUM(LOG(1 - s2.hazard)))
```

这个表达式求增量生存率的 log 值的和,然后反向计算 log,这是一种迂回的但是高效的计算聚合乘积的方法。注意,在某些数据库中,函数名可能不同,例如,可能是 LN()而不是 LOG()。

这个计算乘积的公式是一个简单化的公式,因为所有的风险率都非负且小于 1。常见的聚合乘积需要考虑正负数以及一个事实,即对于负数和 0,是没有定义好的算法的。

下面的查询处理这个逻辑:

```
SELECT (1 - 2 * MOD(SUM(CASE WHEN col < 0 THEN 1 ELSE 0 END), 2)) *
       MIN(CASE WHEN col = 0 THEN 0 ELSE 1 END) *
       SUM(EXP(LOG(ABS(CASE WHEN col = 0 THEN 1 ELSE col END))))
```

这个公式中的三行代码包含了三个表达式。第一个表达式处理结果标识，通过计算小于 0 的数值的个数。如果计数结果为偶数，结果为 1；如果为奇数，结果为-1。第二个表达式处理 0 值——如果为 0，那么结果为 0。第三个表达式是实际处理乘积运算的表达式，添加了很多处理，以防止 LOG()报错。ABS()确保 LOG()的参数永远为正数。CASE 确保参数不为 0——防止报错。前两个表达式已经处理了负数和 0 的情况。

控制窗口范围

生存率等于小于给定任期的增量生存率的乘积。默认计算中，会包含当前行的数据。ROWS 子句能够剔除当前行，确保只处理这一行之前的数据——子句中的 PRECEDING 部分。

对于窗口范围，SQL 提供了两条相似的子句——ROWS BETWEEN 和 RANGE BETWEEN。它们之间有些相似，但是又有不可忽略的区别。ROWS 从数据行的角度定义窗口范围。RANGE 从值的角度定义范围。这是它们之间的细微区别。

下面的简单示例更加具体地解释了这些定义：

```
WITH t as (
    select 1 as i, 1 as col union all
    select 2, 1
    )
SELECT t.*,
       SUM(col) OVER (ORDER BY col
                      ROWS BETWEEN UNBOUNDED PRECEDING AND CURRENT ROW
                     ) as ROWSresult,
       SUM(col) OVER (ORDER BY col
                      RANGE BETWEEN UNBOUNDED PRECEDING AND CURRENT ROW
                     ) as RANGEresult
FROM t
```

上述代码包含两行两列，第一列的值不同，第二列相同。这两个列的结果如表 6-4 所示。ROWS 子句计算每一行，因此第一行的结果为 1，第二行的结果为 2。RANGE 子句计算具有相同值的数据，其窗口范围由当前行的值决定。因为两个行源数据都是同样的值，这两行数据都包含在窗口范围之内。实际上，ROWS 比 RANGE 更常见。

表6-4 计算结果

I	COL	ROWSRESULT	RANGERESULT
1	1	1	2
2	1	2	2

另一个替换方法不需要窗口范围。通过除法移除当前值：

```
SELECT h.*,
       EXP(SUM(LOG(1 - h)) OVER (ORDER BY Tenure)) / (1 - h) as S
FROM h
```

这个公式得到的是同样的结果，只是方法不同。

2. 添加更多的维度

可以在聚合操作和窗口函数中加入其他维度。例如，按市场计算生存率：

```
WITH h as (
    SELECT Market, Tenure,
           SUM(1 - IsActive) as numstops, COUNT(*) as tenurepop,
           SUM(COUNT(*)) OVER (PARTITION BY Market
                               ORDER BY Tenure DESC) as pop,
           LEAD(Tenure) OVER (PARTITION BY Market
                              ORDER BY Tenure) as nexttenure,
           SUM(1.0 - IsActive) /
             SUM(COUNT(*)) OVER (PARTITION BY market
                                 ORDER BY Tenure DESC) as h
    FROM Subscribers
    WHERE StartDate >= '2004-01-01' AND Tenure >= 0
    GROUP BY Tenure, Market
)
SELECT h.*,
       EXP(SUM(LOG(1 - h)) OVER (PARTITION BY Market
                                 ORDER BY Tenure)) / (1 - h) as S
FROM h
ORDER BY Market, Tenure
```

唯一的变化是 GROUP BY 子句中添加了 Market 条件，以及窗口函数中添加了 PARTITION BY 语句。

6.3.4 简单的客户保留率计算

生存率是理解客户停留时长的一种方法。客户保留率是另一种方法。这里的目的是通过比较另一种有效方法，更好地理解生存率。

典型的客户保留问题是：在已经开始×××天的客户中，还有多少仍然是活跃客户？通过 SQL 可以直接回答这个问题。

```
SELECT DATEDIFF(day, StartDate, '2006-12-28') as daysago,
       COUNT(*) as numstarts,
       SUM(CASE WHEN StopType IS NULL THEN 1 ELSE 0 END) as numactives,
       AVG(CASE WHEN StopType IS NULL THEN 1.0 ELSE 0 END) as retention
FROM Subscribers s
WHERE StartDate >= '2004-01-01' AND Tenure >= 0
GROUP BY DATEDIFF(day, StartDate, '2006-12-28')
ORDER BY daysago
```

这个查询计算在某天开始的客户数量，以及仍然活跃的客户比例。

结果有三列数据。第一列是客户起始日期到截止日期的天数。使用其他的时间单位，如月、星期，可能会更合适。第二列是在当天开始的客户数。第三列为到目前为止仍然是活跃客户的客户数。图 6-6 绘制了客户的保留率曲线，这条曲线是截止日期之前仍然活跃的客户数。

首先，与生存率曲线相似，保留率曲线的初始值为 100%，因为刚开始的客户一定是活跃客户。其次，它通常是下降的，虽然下降曲线可能是参差不齐的。例如，在起始于 90 天之前的客户中，到截止日期时，仍然活跃的客户的比例为 80.1%。在起始于 324 天之前的客户中，活跃客户的比例为 80.4%。或者说有 19.9%的客户在第 90 天停止，有略少(19.6%)的客户在第 324 天停止。

直观地看，结果并不合理。在第 90 天停止的客户，在第 324 天也是停止的。实际上，这个结果可能说明，在第 324 天获得了相当数量的优质客户，在第 90 天，获得了相当多的不佳客户。保留率曲线中的这种锯齿是违反直觉的：保持活跃的老客户应该比新客户的这种锯齿更少。

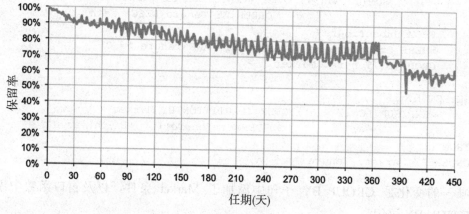

图 6-6　订阅数据的保留率曲线

6.3.5　保留率和生存率的区别

图 6-7 使用同一张图展示保留率和生存率，它结合了图 6-5 和图 6-6 中的曲线。两条曲线的起始值都是 100%，然后下降。然而，生存率曲线没有锯齿，它总是平缓或下降——数学上，这种属性被称为单调递减，生存率曲线总是单调递减的。生存率曲线是平滑的，它并不展示与保留率曲线一样的锯齿。

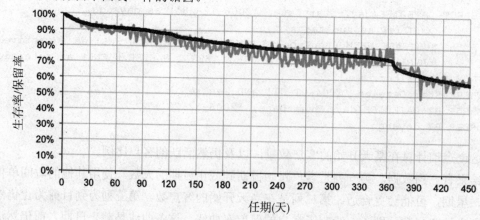

图 6-7　相同数据集的保留率曲线和生存率曲线

在很多方法中，生存率是保留率的期望值(对于任何给定任期)。这条保留率曲线中的锯齿引发了下面这个问题：为什么保留率有时会比生存率更高(或更低)?回答这个问题需更深入地了解客户。通过使用变化的平均值，可以尝试消除锯齿。更好的方案是计算生存响应曲线。

6.3.6 风险率和生存率的简单示例

最简单的生存率是常量风险率。尽管这样的简单情况不会发生在客户身上，但是常量风险率出现在很多领域，例如放射性领域。放射性元素通过发射亚原子粒子，以恒定的速率衰变，从而转换为其他元素。衰变率通常用半衰期来描述。例如，铀的最常见同位素U-238，它的半衰期约为4.5亿年，即在这个时间内，有一半的U-238衰减。另一方面，另一种同位素U-239的半衰期为23分钟。半衰期越长，衰变率越低，同位素越稳定。

出于几种原因，放射性在这里是一个有用的示例。因为放射率是常量(至少现代物理学理论是如此定义的)，放射性示例能为人类行为领域之外的生存率提供简单的示例。而且，常量风险率是理解复杂风险率的基础。对于给定的任期，我们总是可以问，什么样的常量生存率可以导致所观察到的生存率。

常量风险率也可以用于理解未观察的异质性。这个现象是生存分析领域的重要现象。然而，顾名思义，它不是通过观察直接得到的，这增加了认识和理解它的难度。

1. 常量风险率

当风险率是常量时，使用 Excel 就足以应付所有的计算。半衰期和风险率是等价的。如果 A1 单元格存储以天数计数的半衰期，则可以在单元格 B1 中使用下面的公式，将半衰期转换为每天的风险率：

```
=1-0.5^(1/A1)
```

相反地，如果单元格 B1 中包含每天的风险率，则单元格 C1 使用下面的公式，将风险率转换为按天计数的半衰期：

```
-1/LOG(1-B1, 2)
```

考虑镭的两个放射性元素：RA-233 和 RA-224。前者的半衰期为 11.43 天，而后者为 3.63 天。它们对应的每天的风险率(衰变率)分别为 5.9%和 17.4%。在 1 天之后，约有 95.1%的 RA-233 保留，约有 82.6%的 RA-244 保留。图 6-8 展示了这两个元素的生存率曲线。

生存率曲线呈现指数分布，这种情况通常发生在风险率是常量的情况下。在这些生存率曲线中，RA-224 在几周之内几乎消失殆尽。而另一方面，RA-223 还有保留，因为它的衰变较慢。

2. 混合元素的变化

假设样本中包含 100 克的 RA-233 和 100 克的 RA-224。这个元素混合体会发生怎样的变化？表 6-5 展示了每一种同位素在一定时间后的剩余情况(样本的实际质量——如果保存在封闭环境中——保持不变，接近于 200 克，因为镭只是转换为其他元素，主要为氡，在转换过程中，几乎没有损耗)。

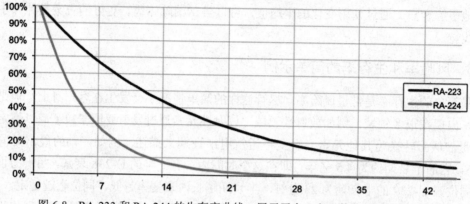

图 6-8 RA-233 和 RA-244 的生存率曲线，展示了在一定天数之后剩余的元素

剩余的镭的质量等于 RA-223 和 RA224 的质量之和。镭的剩余比例等于它的剩余质量除以 200 克。事实上，这个比例是生存率的加权平均，权重为初始样本中的比例。因为两种同位素的初始样本的质量相同，所以权重是相等的。

给定比例，那么整个混合体的风险率是多少？一种猜测是两种原始风险率的平均值，等于常量风险率 11.6%。虽然感觉上是对的，但实际上是错误的。拥有不同常量风险率的混合体，是没有常量风险率的。

提示：风险率是复杂的。两个拥有不同常量风险率的混合体，是没有常量风险率的。

反过来，也可以通过生存率的值计算风险率。给定时间 t 的风险率，是在时间 t+1 之前停止数量占总数的比例(或者，在放射性示例中，等于衰变率)。风险率等于时间 t+1 的生存率除以时间 t 的生存率。

表 6-5 假设最初有 100 克的 RA-223 和 100 克的 RA-224，剩余的镭的质量

天	RA-223(克)	RA-224(克)	总计(克)	RA-223%
0	100.0	100.0	200.0	50.0%
1	94.1	82.6	176.7	53.3%
2	88.6	68.3	156.8	56.5%
3	83.4	56.4	139.8	59.7%
4	78.5	46.6	125.1	62.7%
5	73.8	38.5	112.3	65.7%
6	69.5	31.8	101.3	68.6%
7	65.4	26.3	91.7	71.3%
8	61.6	21.7	83.3	73.9%
9	57.9	17.9	75.9	76.4%
10	54.5	14.8	69.3	78.6%

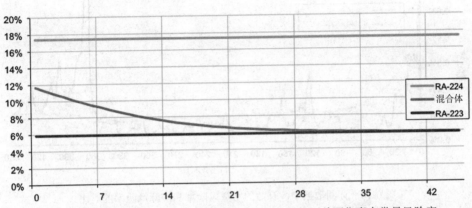

图 6-9 RA-223 和镭 RA-224 的混合体的风险率,虽然两种同位素有常量风险率,但是它们的混合体没有常量风险率

图 6-9 展示了风险率,其中同时包含两个同位素的常量风险率。混合体的风险率根本不是常量。它的初始值等于两者的平均值,后续逐渐下降,直到趋近于 RA-223 的风险率,因为到最后混合体几乎全部由 RA-223 组成。RA-224 已经衰变为其他元素。随着时间的增长,RA-223 占混合体的比例逐渐增大。表 6-5 中也体现出了这样的过程。

这个示例的目的在于展示整体由不同元素构成的情况。如果是计算关于镭的风险率,它遵循图 6-9 中的模式,我们可以假设其风险率不是常量。事实上,它也证明了混合体的风险率为非常量风险率。这个现象被称为未观察的异质性。未观察的异质性意味着影响生存率的因素并没有被考虑。

同样的情况也适用于客户。如果有两种获取客户的方法,一种在短期内获取较多的"不佳"客户,另一种长期获得"优质"客户,从长远看,哪种方法更好?假设,最初同时有 1000 位"不佳"客户和 100 位"优质"客户。一年之后,可能只留下 20 位"不佳"客户,而有 60 位优质客户保留下来。即使最初获得的"优质"客户只是"不佳"客户的十分之一,但是一年之后,"优质"客户的数量是"不佳"客户的三倍。

3. 生存率对应的常量风险率

生存率曲线中的每一个点都有一个常量风险率,它生成在这个任期内的生存率。为了计算对应的常量风险率,假设 A1 单元格包含天数,B1 单元格包含当天的生存率,则 C1 单元格中计算每天的风险率的公式为:

```
=1-B1^(1/A1)
```

对于不同的任期,风险率随之改变。因为在现实世界中,风险率并不是常量。"有效的常量"风险率在形式上符合指数生存函数在生存率曲线上的每一个点。

图 6-10 针对订阅数据,对比"有效的常量"风险率和实际风险率。在整个任期内,常量风险率均匀分布,提供风险率的期望值。当实际风险率低于常量时,客户离开的速度比期望的更慢。相似地,当平均风险率高于常量风险率时,客户离开得更快。

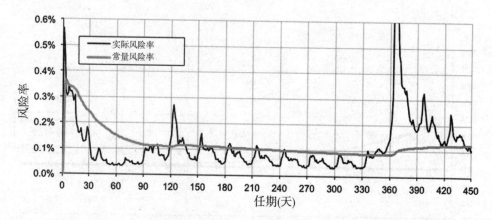

图 6-10 订阅数据中，有效的常量风险率和实际风险率的对比

生存率曲线(或保留率曲线)描述了一幅可爱的图片。当然，生存率不只是创建可爱的图片，它还可以用于对比计算不同客户分组，如下面将要介绍的内容。

6.4 对比不同的客户分组

本节介绍对比不同订阅者分组的示例，使用开始订阅时就已知的属性。这些属性被称为零时间的协变量，因为变量获取时间的任期为 0。下面探讨依赖时间的协变量的处理方法。

6.4.1 市场总结

在订阅数据中，包含三个市场：Gotham、Metropolis 和 Smallville。开始数据分析的一个入手点是查看到截止日期为止每个市场的活跃客户的比例。下面的查询按照市场生成统计信息：

```
SELECT Market, COUNT(*) as customers, AVG(Tenure) as avg_tenure,
    SUM(CASE WHEN StopType IS NULL THEN 1 ELSE 0 END) as actives,
    AVG(CASE WHEN StopType IS NULL THEN 1.0 ELSE 0 END
       ) as ActivesRate,
    MIN(StopDate) as minStopDate
FROM Subscribers s
WHERE StartDate >= '2004-01-01' AND Tenure >= 0
GROUP BY market
```

结果显示在表 6-6 中。

表 6-6 按市场对比客户和活跃客户

市场	客户	任期	活跃客户	活跃客户百分比	日期
Gotham	1 499 396	383.5	685 176	45.7%	2014-01-02
Metropolis	995 572	415.3	519 709	52.2%	2014-01-02
Smallville	566 751	464.3	390 414	68.9%	2014-10-27

从客户保留方面看，有两点证据能够证明 Gotham 是做得最差的市场，而 Smallville 是做得最好的市场。第一，Gotham 市场的客户的平均任期为 81 天，比 Smallville 少。第二，对于 Gotham 市场，从 2004 年开始的客户约有 46%仍然是活跃客户；而对于 Smallville，这个比例接近于 70%。

这两个证据强有力说明 Smallville 的客户更好。然而，在解释这些证据时一定要小心仔细。最后一列展示了另一个可能的原因：Smallville 与其他两个市场的左截断日期不同，它的日期为 2014-10-27，而不是 2014-01-02。这使得生存率看起来更好，因为在几乎 11 个月中，没有停止者。

6.4.2 市场分层

使用 WHERE 子句计算一个市场的生存率：

```
WITH h as (
    SELECT Tenure,
           SUM(1 - IsActive) as numstops, COUNT(*) as tenurepop,
           SUM(COUNT(*)) OVER (ORDER BY Tenure DESC) as pop,
           LEAD(Tenure) OVER (ORDER BY Tenure) as nexttenure,
           SUM(1.0 - IsActive) /
             SUM(COUNT(*)) OVER (ORDER BY Tenure DESC) as h
    FROM Subscribers
    WHERE StartDate >= '2004-01-01' AND Tenure >= 0 AND
          Market = 'Gotham'
    GROUP BY Tenure
)
SELECT h.*,
       EXP(SUM(LOG(1 - h)) OVER (ORDER BY Tenure)) / (1 - h) as S
FROM hORDER BY Tenure
```

这个程序对于重复计算每一个市场的数据略显笨重。

更好的方法是旋转数据，使列中包含每一个市场的信息。期待的结果包含任期、每个市场的总人数(存在于三个列中)、每个市场的停止数(存在于另外三个列中)。SQL 语句如下：

```
WITH s as (
    SELECT s.*,
           (CASE WHEN Market = 'Gotham' THEN 1.0 ELSE 0 END) as isg,
           (CASE WHEN Market = 'Metropolis' THEN 1.0 ELSE 0 END) as ism,
           (CASE WHEN Market = 'Smallville' THEN 1.0 ELSE 0 END) as iss,
           (CASE WHEN Market = 'Smallville'
                 THEN CAST('2004-10-27' as DATE)
                 ELSE '2004-01-01' END) as LeftTruncationDate
    FROM Subscribers s
),
h(Tenure, stopg, popg, stopm, popm, stops, pops) as (
    SELECT Tenure,
           SUM(isg * (1.0 - IsActive)),
           NULLIF(SUM(SUM(isg)) OVER (ORDER BY Tenure DESC), 0),
           SUM(ism * (1.0 - IsActive)),
           NULLIF(SUM(SUM(ism)) OVER (ORDER BY Tenure DESC), 0),
           SUM(iss * (1.0 - IsActive)),
```

```
                    NULLIF(SUM(SUM(iss)) OVER (ORDER BY Tenure DESC), 0)
      FROM s
      WHERE StartDate >= LeftTruncationDate AND Tenure >= 0
      GROUP BY Tenure
     )
SELECT h.*,
       EXP(SUM(LOG(1 - stopg / popg)) OVER
              (ORDER BY Tenure)) / (1 - stopg / popg) as Sg,
       EXP(SUM(LOG(1 - stopm / popm)) OVER
              (ORDER BY Tenure)) / (1 - stopm / popm) as Sm,
       EXP(SUM(LOG(1 - stops / pops)) OVER
              (ORDER BY Tenure)) / (1 - stops / pops) as Ss
FROM h
ORDER BY Tenure
```

注意，关于 h 的第二个 CTE 使用替换方法指定列名，在定义 CTE 时，将列名写在括号中。通常直接在子查询中定义列名会更安全，因为添加或移除列不影响名字。

第一个 CTE 定义适合的左截断日期，这个日期在第二个 CTE 中的 WHERE 子句中使用。S 中定义的指示变量指出客户是否属于特定的市场。逻辑如下：

```
SUM(CASE WHEN Market = 'Gotham' THEN 1.0 - IsActive ELSE 0 END) as stopg
```

可以替换为：

```
SUM(isg * (1.0 - IsActive)) as stopg
```

在较短的那个表达式中，使用乘法而不是条件逻辑。它的性能会比第一个表达式更好。指示变量使编程变得易读和易写，而且编码更加一致。

提示：指示变量是值为 0 或 1 的变量，用于标识某一分类。通常，它们可以消除重复的 CASE 语句，从而简化查询语句。

查询结果对应的生存曲线如图 6-11 所示。图例中，市场名后面的括号内包含总人数。将总人数附加到市场名之后，只是为了实现这样的显示效果。令人惊讶的是，对于 Smallville 市场，使用正确的左截断日期和以 2004-01-01 作为左截断日期的差值非常小——因为在这 11 个月中，几乎没有客户离开 Smallville。

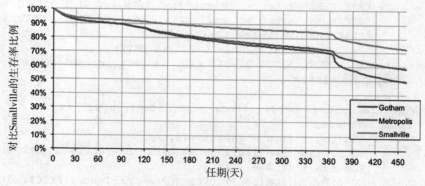

图 6-11 按市场显示订阅数据，该图说明 Smallville 的生存率最好，Gotham 的最坏

第 6 章 客户的持续时间有多久？使用生存分析理解客户和他们的价值

这些曲线确认了早期的观察结果，Gotham 在生存率上比其他两个市场要差。在第一年时，三个市场的生存率都有明显下降，对应的是合同到期日期。在第 450 天——合同过期后的稳定日期——只有 50.1% 的 Gotham 客户保留，相比之下，Metropolis 的活跃客户比例为 59.2%，Smallville 为 73.3%。

也可以通过在 Excel 中处理 SQL 返回的数据，计算这些生存率：

```
SELECT Tenure,
       SUM(isg) as popg, SUM(ism) as popm, SUM(iss) as pops,
       SUM(isg * isstopped) as stopg, SUM(ism * isstopped) as stopm,
   SUM(iss * isstopped) as stopg
FROM (SELECT s.*,
             (CASE WHEN Market = 'Gotham' THEN 1 ELSE 0 END) as isg,
             (CASE WHEN Market = 'Metropolis' THEN 1 ELSE 0 END) as ism,
             (CASE WHEN Market = 'Smallville' THEN 1 ELSE 0 END) as iss,
             (CASE WHEN StopType IS NOT NULL THEN 1 ELSE 0 END
             ) as isstopped,
             (CASE WHEN Market = 'Smallville'
                   THEN CAST('2004-10-27' as DATE)
                   ELSE '2004-01-01' END) as LeftTruncationDate
      FROM Subscribers s) s
WHERE StartDate >= LeftTruncationDate AND Tenure >= 0
GROUP BY Tenure
ORDER BY Tenure
```

图 6-12 展示了 Gotham 结果表的前几行，包含用于计算的公式。分组显示列，先列出的是总人数，然后是停止数，因此只需要输入一次风险率和生存率的计算公式，然后将这个公式复制至相邻的单元格中——右侧和下面。

	FROM SQL						CALCULATED IN EXCEL		
	Gotham	Metro	Smallville				POP	h	S
Tenure	popg	popm	pops	stopg	stopm	stopg	Gotham (1,499,396)	Gotham (1,499,396)	Gotham (1,499,396)
0	966	986	431	52	409	47	1,499,396	0.00%	100.0%
1	8,951	6,155	3,248	8,588	5,770	2,948	1,498,430	0.57%	100.0%
2	9,463	4,858	2,409	8,697	4,334	2,060	1,489,479	0.58%	99.4%
3	6,830	4,361	2,092	6,039	3,667	1,640	1,480,016	0.41%	98.8%
4	5,243	3,032	1,265	5,213	3,024	1,259	1,473,186	0.35%	98.4%
5	6,301	3,696	1,746	5,218	2,771	1,160	1,467,943	0.36%	98.1%
6	6,798	4,069	1,779	5,403	2,938	1,065	1,461,642	0.37%	97.7%
7	7,057	4,297	2,109	5,695	3,307	1,293	1,454,844	0.39%	97.4%
8	5,805	4,252	1,798	5,118	3,296	1,139	1,447,787	0.35%	97.0%

图 6-12 该截图展示了数据和计算市场生存率的 Excel 公式(这里显示的内容只关于 Gotham 市场，Metropolis 和 Smallville 部分隐藏了)

6.4.3 生存率比例

不同生存曲线之间的比例为不同组做了定性比较。假设以最好的生存率为标准。图6-13展示了三个市场的生存率比例。在这幅图中，我们对 Smallville 的生存率比例毫不关心，因为它永远是1。

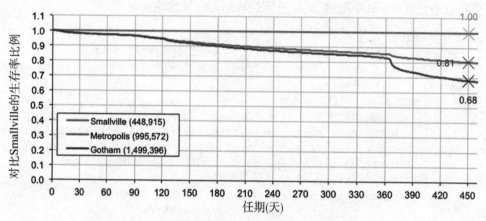

图 6-13 生存率比例是指每个市场对比 Smallville 的生存率

提示：在 Excel 中，可以为一个系列的单独的点添加标签。首先单击并选择系列，然后再次单击，选择点。右击并选择 Add Data Label。然后双击文本，设置格式。一个较好的方法是设置字体颜色与系列的颜色一致。

这幅生存率比例图说明，Gotham 的生存率在所有的点上都低于 Smallville。因为比例一直小于1，因此说"低于" Smallville。在第一年，Metropolis 的生存率与 Gotham 一样差，但是后面有改进。虽然这个图表没有明确说明发生的事情，但是时间点暗示出问题。例如，一些客户签订的是一年合同，一些客户是两年合同，还有一些客户根本没有签订任何合同。更进一步，签订一年合同的客户更倾向于在一周年之前停止。因此，或许 Metropolis 和 Gotham 之间的区别来自于一年合同客户的比例。无论是什么原因，不同任期的生存率比例不同。曲线之间的关系随着任期的变化而变化。

有时，生存率比例提供的结果可能具有误导性。例如，如果一个市场在户外的信号覆盖非常差，那么来自于这些区域的客户可能在开始服务之后，很快就停止了——因为电话无法使用。假设15%的客户因为信号覆盖不强，在前几个月之后就停止了，这15%的客户在生存曲线中来回徘徊。因此，即使两个市场是完全一致的——除了户外覆盖问题之外——这个比例也总是会展示出第一个市场更差。

6.4.4 条件生存率

生存率比例带来另一个关于生存率的问题。在第一年，两个市场有相同的生存率特征，但是随着第一年合同期的到来，它们的生存率变得不同。合同到期后，客户做了什么事情？客户在查找更相似或更不同的产品吗？

条件生存率回答如下问题：在经过一段时间后，给定客户的生存率是多少？合同到期通常发生在一年之后。然而，通常会有客户延迟发生，因此比一年稍长一点的时间更有效，例如 13 个月(390 天)。

一种蛮力计算是重新计算生存率，只包含生存时间超过 390 天的客户。将下面的 WHERE 子句加入生存率的查询语句中：

```
WHERE Tenure >= 390
```

这个方法的缺点是需要重新计算所有的生存率值。

有一个更简单的方法。通过下面两条规则计算条件生存率：

- 对于任期<=390 天的客户，条件生存率是 100%(因为假设的前提是所有的客户都持续到 390 天之后)。
- 对于任期>390 天的客户，条件生存率等于客户在任期 t 的生存率除以在第 390 天的生存率。

使用 EXCEL 的 LOOKUP()函数能够容易地返回第 390 天的生存率。条件生存率等于任期生存率除以第 390 天的生存率。

图 6-14 展示了三个市场的生存率和第 390 天的条件生存率。在 13 个月之后，三个市场的比较结果相似，Smallville 的生存率最高，Gotham 的生存率最低。

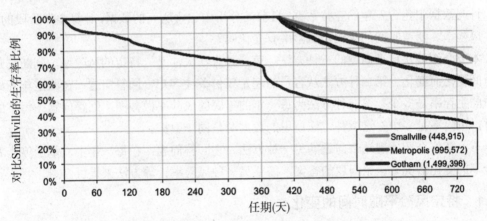

图 6-14　13 个月之后的条件生存率，其中 Smallville 仍然是生存率最高的市场，Gotham 最低

同样的计算也可以在 SQL 中实现：

```
WITH h as (
    SELECT Tenure,
    SUM(1.0 - IsActive) /
        SUM(COUNT(*)) OVER (ORDER BY Tenure DESC) as h
    FROM (SELECT s.*,
            (CASE WHEN Market = 'Smallville'
                THEN CAST('2004-10-27' as DATE)
                ELSE '2004-01-01' END) as LeftTruncationDate
        FROM Subscribers s
```

```
            ) s
      WHERE StartDate >= LeftTruncationDate AND Tenure >= 0
      GROUP BY Tenure
     ),
     s as (
      SELECT h.*, EXP(SUM(LOG(1-h)) OVER (ORDER BY Tenure)) / (1-h) as S
      FROM h
     )
SELECT s.*,
       (CASE WHEN Tenure < 390 THEN 1.0
             ELSE S / MAX(CASE WHEN Tenure = 390 THEN S END) OVER ()
        END) as S390
FROM s
ORDER BY Tenure
```

这个查询使用窗口函数获取第 390 天对应的生存率。OVER()子句在整体结果集的基础上完成计算。计算任期为 390 天的生存率的"最大值"。只有一个这样的值，因此最大值是我们所需要的值。查询中也可以用 JOIN 子句。

6.5 随时间变化的生存率

订阅数据中包含三年的完整数据。目前的分析中包含所有的数据，计算整个阶段的"平均"风险率。随着时间的变化，风险率有变化吗？

本节介绍解决这个问题的三种方法。第一种方法关注某一特定的风险率，判断它是否随时间变化而变化。第二种方法从客户的起始年份关注客户，回答问题：在给定年开始的客户的生存率是多少？第三种方法为每一年的年底的风险率做截图，回答问题：每年的年底时，风险率是多少？这三种方法使用的数据源是同一数据。

下一章将介绍处理这个问题的另一种方法。它回答问题：在每一年中，基于停止者，风险率的变化情况？这个问题的答案，需要另一种风险率计算方法来提供。

6.5.1 特定风险率随时间的变化

风险率的计算是特定风险率在某一个阶段的平均值。到目前为止，这个平均值来自于自 2004 年以来的三年的数据。风险率的走向与业务相关，能够反映出重要信息。

图 6-15 展示了在 2005 年和 2006 年的停止者中，任期为 365 天的风险率的走向。这个风险率是有趣的，因为它与每年的结算相关——客户通常在开始后的一年以后离开。在图表中，周年结算在 2005 年年底达到峰值，然后随着进入 2006 年变得趋于稳定。其中的 28 天移动平均值，移除数据的短期差别，以平均值的形式更宏观地显示了数据走向。

计算风险率要求详细思考在每一个时间点，可能遭受风险的人口总数。在任何一个给定任期，可能遭受 365 天风险的人口总数是任期为 365 天的客户总数。很容易计算给定日期的这个数据，如计算 2006 年 2 月 14 日：

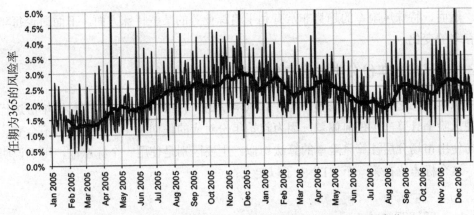

图 6-15　任期为 365 天的风险率在 2005 年和 2006 年之间的变化

```
SELECT COUNT(*) as pop365,
       SUM(CASE WHEN StopDate = '2006-02-14' THEN 1 ELSE 0 END) as s365,
       AVG(CASE WHEN StopDate = '2006-02-14' THEN 1.0 ELSE 0 END) as h365
FROM Subscribers s
WHERE StartDate >= '2004-01-01' AND Tenure >= 0 AND
      (StopDate >= '2006-02-14' OR StopDate IS NULL) AND
      DATEDIFF(day, StartDate, '2006-02-14') = 365
```

在这个计算中，几乎所有的内容都是在 WHERE 子句中实现的。前两个条件是标准条件，用于过滤出现左截断的数据(在本例中，这些条件是多余的。我们不需要担心 Smallville，因为在起始日期上的条件限制能够确保终止日期在左截断日期之后)。紧接着的条件说明，只考虑在 2006 年 2 月 14 日开始的客户。最后的条件确保只选择任期刚好为 365 天的客户。

将这个思路扩展到所有的任期并非难事。客户在 365 天的风险，正好是他们开始后的第 365 天对应的风险率。下面的 SQL 查询扩展计算 2005 年和 2006 年之间的所有日期：

```
SELECT date365, COUNT(*) as pop365,
       SUM(CASE WHEN StopDate = date365 AND StopType IS NOT NULL
                THEN 1 ELSE 0 END) as stop365,
       AVG(CASE WHEN StopDate = date365 AND StopType IS NOT NULL
                THEN 1.0 ELSE 0.0 END) as h365
FROM (SELECT s.*, DATEADD(day, 365, StartDate) as date365
      FROM Subscribers s) s
WHERE StartDate >= '2004-01-01' AND Tenure >= 365
GROUP BY date365
ORDER BY date365
```

在这个查询中，多数计算是在 GROUP BY 子句和 SELECT 子句中实现的。感兴趣的日期是开始后的 365 天。在 365 天后的所有活跃客户，是可能会遭受 365 天风险的所有人口总数。当然，有的客户在开始后的第 365 天停止。由于不需要做累计计算，风险率可以通过非常易读的程序计算而得。

特殊的风险率——即使是与周年合同相关的风险率——对于整体生存率变化的影响非

常小。然而，特殊风险率的趋势非常有利于追踪业务的某些特殊方面。下面讨论每年的整体生存率的变化。

6.5.2 按照起始年份分类的客户生存率

按照客户的起始年份过滤客户是计算风险率的一种可行方法，按照起始年份进行分类不会使风险率计算产生任何偏差，因为起始年份对应的任期为 0，而且永远不会变。算法本身与使用市场分层计算风险率的算法相似。主要区别是使用一个标志位，用于说明起始年份，这个标志位在第一个 CTE 中予以定义：

```
WITH s as (
    SELECT s.*,
           (CASE WHEN yr = 2004 THEN 1 ELSE 0 END) as is2004,
           (CASE WHEN yr = 2005 THEN 1 ELSE 0 END) as is2005,
           (CASE WHEN yr = 2006 THEN 1 ELSE 0 END) as is2006,
           (CASE WHEN Market = 'Smallville'
                 THEN CAST('2004-10-27' as DATE)
                 ELSE '2004-01-01' END) as LeftTruncationDate
     FROM (SELECT s.*, YEAR(StartDate) as yr FROM Subscribers s) s
),
h as (
    SELECT Tenure,
           SUM(is2004 * (1.0 - IsActive)) as stop2004,
           NULLIF(SUM(SUM(is2004)) OVER (ORDER BY Tenure DESC),
               0) as pop2004,
           SUM(is2005 * (1.0 - IsActive)) as stop2005,
           NULLIF(SUM(SUM(is2005)) OVER (ORDER BY Tenure DESC),
               0) as pop2005,
           SUM(is2006 * (1.0 - IsActive)) as stop2006,
           NULLIF(SUM(SUM(is2006)) OVER (ORDER BY Tenure DESC),
               0) as pop2006
    FROM s
    WHERE StartDate >= LeftTruncationDate AND Tenure >= 0
    GROUP BY Tenure
)
SELECT h.*,
       EXP(SUM(LOG(1 - stop2004 / pop2004)) OVER
           (ORDER BY Tenure)) / (1 - stop2004 / pop2004) as S2004,
       EXP(SUM(LOG(1 - stop2005 / pop2005)) OVER
           (ORDER BY Tenure)) / (1 - stop2005 / pop2005) as S2005,
       EXP(SUM(LOG(1 - stop2006 / pop2006)) OVER
           (ORDER BY Tenure)) / (1 - stop2006 / pop2006) as S2006
FROM h
ORDER BY Tenure
```

NULLIF()函数避免除数为 0。如果两个参数相同，这个函数的返回值为 NULL——非常有效地避免程序报错的一种方式。这个函数等价于(CASE WHEN A=B THEN NULL ELSE A END)。

图 6-16 展示每一年的起始者的生存曲线。曲线的长度因起始年份不同而不同。因为截止日期发生在 2006 年，因此在 2006 年开始的客户的生存率只有约一年的曲线。同理，2005 年开始的客户的生存曲线为两年，2004 年开始的客户的生存曲线为三年。

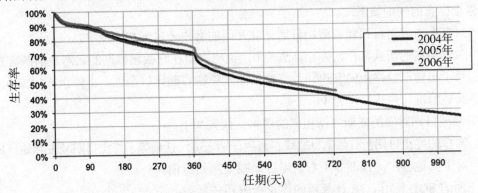

图 6-16　基于起始年份的生存率曲线

6.5.3　之前的生存率什么样？

这个问题比上一个问题更加具有挑战性，因为将截止日期移至之前的日期，可能会同时改变任期和停止标志；此外，在截止日期之后开始的客户，不计算在内。图 6-17 展示了所发生的变化。已经停止的客户，如客户 3、客户 6、客户 7，由于截止日期前移，变成了活跃客户。相应的，多数客户的任期也有所改变。技术上讲，截止日期前移等价于将右截尾日期提到截止日期之前的日期。这里使用的"截止日期"为数据库中的最新日期，"右截尾日期"代表更早的日期。到目前为止，这两个日期是相同的[1]。

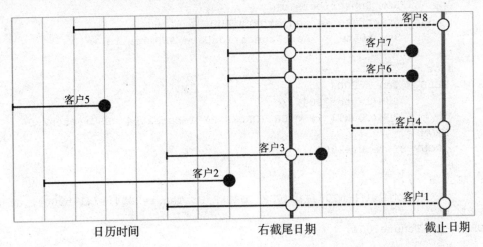

图 6-17　将右截尾日期移到过去的日期，这改变了任期、停止标志和包含在生存率计算中的客户分组

考虑起始于 2004-01-01、终止于 2006-01-01 的客户。这个客户的任期为两年，停止标

---

[1] (译者注：这里简单地将图 6-17 中的右截尾日期当作移动后的截止日期，图表内容就简单明了了)。

志为 1。在 2004 年年底，这个客户的状态如何？客户在这个日期仍然是活跃客户，这说明当前的停止标志是不正确的。而且，客户的任期是一年，而不是两年。换言之，考虑某时间点的具体情况，需要重新计算停止标志和任期。

停止标志的规则如下：
- 只有在右截尾日期和右截尾日期之前开始的客户才包含在计算中。
- 对于当前的活跃客户，停止标志为 0，说明客户在右截尾日期的状态是活跃客户。
- 对于当前已经终止的客户，且终止日期发生在右截尾日期之后，停止标识为 0。
- 其他情况，停止标志为 1。

右截尾日期对应的任期遵循相似的逻辑，规则如下：
- 客户的终止日期在右截尾日期或右截尾日期之前，任期等于终止日期减去起始日期。
- 对于其他客户，任期等于右截尾日期减去起始日期。

下面的 SQL 使用 CTE 计算新的停止标志和任期列：

```sql
WITH s as (
     SELECT s.*,
            (CASE WHEN StopType IS NULL OR StopDate>censordate THEN 0.0
                  ELSE 1 END) as isstop2004,
            (CASE WHEN StopType IS NULL OR StopDate > censordate
                  THEN DATEDIFF(day, StartDate, censordate)
                  ELSE Tenure
             END) as tenure2004
     FROM (SELECT s.*, CAST('2004-12-31' as DATE) as censordate,
                  (CASE WHEN Market = 'Smallville'
                        THEN CAST('2004-10-27' as DATE)
                        ELSE '2004-01-01' END) as LeftTruncationDate
           FROM Subscribers s) s
     WHERE StartDate <= censordate AND
           StartDate >= LeftTruncationDate AND Tenure >= 0
),
    h as (
    SELECT Tenure2004,
           SUM(isstop2004) /
           SUM(COUNT(*)) OVER (ORDER BY Tenure2004 DESC) as h2004
    FROM s
    GROUP BY Tenure2004
    )
SELECT h.*,
       EXP(SUM(LOG(1-h2004)) OVER (ORDER BY Tenure2004))/(1-h2004) as S
FROM h
ORDER BY Tenure2004
```

注意 censordate 只在子查询中定义一次，这降低了查询中出错的可能性。而且，计算基于"停止"标志而不是"活跃"标志，因此查询中没有出现"1-活跃标志"。

图 6-18 展示截至 2004 年年底、2005 年年底和 2006 年年底的生存率曲线。每条曲线的长度不同，其中，截至 2004 年的曲线只包含一年的生存率数据，2005 年的曲线包含两年

的数据，2006 年的曲线包含三年的数据。2004 年的曲线只对应 2004 年开始的客户，而其他曲线则对应多年的起始者。截至 2005 年年底和 2006 年年底的生存率曲线彼此相似，因为用于计算两条曲线的客户多数是重复的客户。

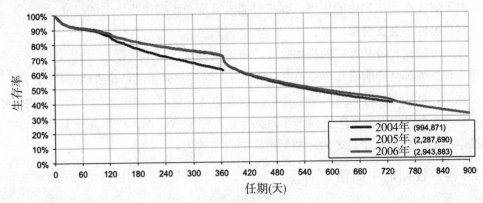

图 6-18　将右截尾日期提至每一年的年底，重构截至 2004 年底、2005 年底、2006 年底的生存率曲线

6.6　由生存率衍生出来的重要指标

生存率曲线和风险率曲线提供了随时间变化的客户统计信息图。这些曲线不仅能够有效地表达信息，以及从量上比较不同的分组的数据，而且生存率分析同时能够提供定量指标。本节讨论三个特殊的指标：估算生存点、客户生命周期的中间值、客户剩余的生命周期的平均值。末尾讨论风险值中的置信度。

6.6.1　估算生存点

生存点是在某一任期的生存率值。它简单回答了如下问题：经过给定时间之后，仍然活跃的客户的数量是多少？这个计算很简单——查找某个任期的生存率值。

估算生存点有时是最好的指标。例如，很多公司在获取客户方面投入很大，因此客户必须能够长时间保持活跃，这样才能补偿最初的投入。例如，电话公司赠送耳机、保险公司向代理商支付佣金，等等。相对于付出，更重要的问题是，有多少客户在经历了优惠阶段之后，剩余下来。

详细回答这个问题，需要理解每一个客户的资金流和处理期望任期、期望收益、期望花费的多个模型。这对于分析已有的客户尚且非常困难，更何况是预测未知值。更简单的方法是查看哪个客户在特定任期后仍然保持活跃——这个任期可能是：

- 客户已经过推广阶段，开始支付完整账单。
- 从客户返回的收益已经偿还初始的推广费用。例如，支付给代理商的佣金或是耳机的花销。
- 固定的任何一个时间段，例如一年。

这个估算点是衡量推广活动的效果的重要指标。

例如，主流报纸印刷商使用生存分析来理解上门送报客户(包含网上读者)。很多事情发生在客户注册送报服务的初始阶段，例如：
- 由于居住在无法到达的区域，客户可能永远不会收到送货上门的报纸。
- 客户可能不会支付第一单。
- 客户可能只在最初推广的折扣阶段注册该服务。

每一种情况都会影响前几个月的生存率情况。对客户分析的结论表明，4 个月是一个重要的里程碑，而且这个时间对长期生存率的预测非常有帮助。对比之前分析中使用的指标：相比一年，4 个月的生存率能提前 8 个月揭示生存率规律。即，使用 4 个月的生存率，能够在推广活动之后的几个月之内，衡量推广的收益效果。

6.6.2 客户任期的中间值

生存率的另一个指标是客户任期的中间值，或称为客户的半衰期。这个任期是指一半客户离开时的时间。这个中间值很容易计算。它是生存率曲线与垂直坐标轴中 50%对应的水平线的交点，如图 6-19 所示。为什么是 50%？这里没有特殊的含义，只因为它是"中间值"。有时，其他百分比可能更加重要，如 90%或 20%。

客户任期的中间值与其他中间值一样，遭遇同一个问题。它只为我们提供一个客户，即中间的客户。考虑下面三种不同的情况：
- 情况 1：所有客户刚好活跃一年，然后所有客户都停止。
- 情况 2：在前两年，所有客户的停止步调一致，一半的客户一年之后停止，剩余的客户在第二年保留。
- 情况 3：半数减 1 的客户在第一天停止，一个客户在一年后停止，剩余的客户无限期保持活跃。

所有这些情况都有相同的客户任期的中间值，一年，因为在所有的客户中，有一半的客户是在一年后停止的，虽然在第三种情况中，几乎半数的客户都立刻结束了。在第一种情况中，所有客户的任期都不超过一年；在第二种情况中，没有客户活跃超过两年；在第三种情况中，客户无限期活跃。这些示例说明，任期的中间值不提供所有客户的信息。它只告诉我们一个客户的信息，这个客户停止时，刚好有半数的客户停止。

对比生存率曲线，任期的中间值同时揭露了保留率曲线的一个缺点。因为保留率曲线是锯齿状的，它可能多次与 50%水平线相交。保留率曲线的中间值的正确值是哪个？正确的答案是使用生存率而不是保留率。

6.6.3 客户生命周期的中间值

客户生命周期的中间值只提供一个客户的信息，即处于中间的客户的信息。这个中间值非常有用，因为财务计算中可以包含它。因此，如果客户每年产生$200 的收益，而且平均生命周期为两年，那么客户的平均收益为$400。

平均截断任期是客户开始后、给定时间区间段的任期，用于回答下面这样的问题：在开始后的第一年中，客户活跃的平均期望天数是多少？限定时间为一年，既考虑了业务原因，也考虑了技术原因。在业务方面，一年后可以验证结果。在技术方面，由于是有限的时间段，平均截断任期可以容易地计算出来。

从生存率曲线中计算平均截断任期非常简单。为了说明这个过程，以简单的示例入手：1 天的平均任期。从开始到开始后的第一天，客户的平均任期是多少？在第一天活跃下来的客户数，等于开始的客户总数乘以第一天的生存率。如果客户在一天的生存率为 99%，那么在开始后的第一天内，客户任期的平均值为 0.99 天。

2 天的平均任期是多少？它是从开始到开始后的第二天、客户的平均活跃天数。客户活跃的天数，等于第一天的活跃天数加上第二天的活跃天数。因此，整体天数等于第一天的生存率乘以开始的客户总数，加上第二天的生存率乘以开始的客户总数。2 天的平均任期等于第一天的任期加上第二天的任期。

依此推广到任意任期：客户开始后的任意给定时间的平均任期，等于这一任期之前的所有平均任期之和。

另一个计算方法导致观察结果：生存率曲线下面的区域是平均截断任期。图 6-20 展示了如何计算这个区域面积，它是通过每一个生存率周围的矩形区域计算的。每一个矩形区域的面积等于底部乘以高度。底部是一个时间单位。高度是生存率值。曲线下面的区域是这些矩形之和，正如我们所见的一样，是平均截断任期。

提示：生存率曲线下面的面积，是客户在某段时间内的平均生命周期。例如，包含两年数据的生存率曲线，从 0 到 730 之间的生存率覆盖的面积，是两年的平均任期。

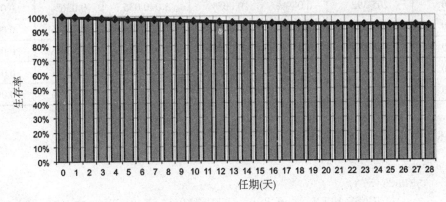

图 6-20　客户的平均生命周期是生存率曲线下面的面积

6.6.4 风险率的置信度

风险率是统计学的估算结果，因此它也有置信区间。统计学家可能会提出这样的问题：所得到的风险率与实际风险率的接近程度如何？对于非统计学家，这个问题看起来有些难以理解。难道计算返回的结果不准确吗？

那么，让我们换个问法。计算风险率时使用的是一年的数据。那么，为什么使用一年的数据而不是两年的数据呢?直观上讲,计算两年的风险率,能够包含两年的数据,因此结果更加可信。而另一方面,一年的估算是基于最近一年的数据,数据更新,更接近于正在发生的情况。

第 3 章讨论了置信区间,其中特别介绍了比例的标准差。表 6-7 将标准差应用在不同的风险率上,包含一年和两年的数据对比。

首先,标准差非常小,通常可以安全地忽略。其次,从理论上考虑,标准差对实际风险率有夸大作用。对于更大的任期,处于风险中的人口总数更小,因此标准差变得更大。当人口总数为 100 万时,标准差几乎可以忽略。但是当人口总数为数百时(如最后一行),标准差是相对很大的数值。

表 6-7 包含一年数据和两年数据的风险率计算的标准差

任期	一年			两年		
	累计人口总和	H	标准差	累计人口总和	H	标准差
0	656 193	0.016%	0.002%	1 292 819	0.016%	0.001%
30	544 196	0.158%	0.005%	1 203 641	0.148%	0.004%
60	492 669	0.042%	0.003%	1 183 680	0.033%	0.002%
90	446 981	0.070%	0.004%	1 169 947	0.054%	0.002%
120	397 010	0.110%	0.005%	1 142 629	0.157%	0.004%
150	339 308	0.097%	0.005%	1 105 942	0.065%	0.002%
180	290 931	0.076%	0.005%	1 081 174	0.046%	0.002%
210	246 560	0.073%	0.005%	1 059 359	0.046%	0.002%
240	205 392	0.049%	0.005%	1 040 035	0.036%	0.002%
270	159 290	0.058%	0.006%	1 023 114	0.034%	0.002%
300	108 339	0.051%	0.007%	1 008 171	0.030%	0.002%
330	59 571	0.045%	0.009%	993 844	0.033%	0.002%
360	4272	0.094%	0.047%	965 485	0.173%	0.004%

上述数据由下面的查询返回:

```
WITH s as (
      SELECT s.*,
             (CASE WHEN yr = 2005 THEN 1.0 ELSE 0 END) as is2005,
             (CASE WHEN yr = 2006 THEN 1.0 ELSE 0 END) as is2006,
             (CASE WHEN StopType IS NULL THEN 0.0 ELSE 1 END) as isstop,
             (CASE WHEN Market = 'Smallville'
                   THEN CAST('2004-10-27' as DATE)
                   ELSE '2004-01-01' END) as LeftTruncationDate
      FROM (SELECT s.* YEAR(StartDate) as yr FROM Subscribers s) s
     ),
     su as (
      SELECT Tenure,
```

```
                NULLIF(SUM(SUM(is2006)) OVER (ORDER BY TENURE DESC),
                       0) as pop1yr,
                NULLIF(SUM(SUM(is2005)) OVER (ORDER BY TENURE DESC),
                       0) as pop2yr,
                SUM(is2006 * isstop) as stop1yr,
                SUM(is2005 * isstop) as stop2yr
         FROM s
         WHERE StartDate >= LeftTruncationDate AND Tenure >= 0
         GROUP BY Tenure
        )
SELECT Tenure, pop1yr, stop1yr, h1, SQRT((h1*(1.0-h1)/pop1yr)) as se1,
       pop2yr, stop2yr, stop2yr/pop2yr as h2,
       SQRT((h2 * (1.0 - h2) / pop2yr)) as se2
FROM (SELECT su.*, stop1yr/cast(pop1yr as float) as h1,
             stop2yr / cast(pop2yr as float) as h2
      FROM su
     ) su
WHERE Tenure % 30 = 0
ORDER BY Tenure
```

这个查询与前面计算风险率的查询非常相似,额外计算了概率的标准差。

警告:如果生存率和风险率是基于海量数据计算而得,那么数值相对准确。随着任期对应的数据点的减少(甚至是减少至数百客户),结果值的误差将变得非常大。

6.7 使用生存率计算客户价值

计算客户价值理论上比较简单。客户价值等于单位时间的预计税收乘以预估的持续时间。只有一个小小的挑战:预测未来。我们可以利用历史数据做出合理推测。

未来有多远?一个可能是"永远";然而,一个有限的时间段——通常为一年、两年或 5 年——通常是足够的。未来收入,是一个猜测的过程。通常,目的是理解客户而不是一个完整的财务预期模型(其中包含很多检验以及企业会计余额)。

选择收入,而不是利润或净收入,这是刻意选择的。通常,客户可以控制他们的收入流,因为收入与产品使用模式相关。此外,因为客户是实际的消费者,它们更关心收入而不是成本。

通常,客户对成本的控制很小(这或许是内部资源分配的主题)。实际的盈利能力计算必然需要对未来做出很多假设,这些假设可能会很大程度上影响客户价值和客户行为。虽然这样的能力分析是有趣的,而且对于财务模型来说可能是必要的,但是它未必能从单独的客户层面获得收益。

假设一个关于杂志的示例。客户订阅杂志,其对杂志的支付成为杂志公司的收入。客户能够看到这个订阅所带来的价值,因此持续订阅。然而,收益取决于收入和成本,其中成本包含广告、纸张、邮寄费用。这些成本不受客户控制;另一方面,收入基于客户的起始和终止时间,这是由客户控制的。

本节讨论客户价值，特别强调使用生存分析估算客户的持续时间。首先估算收入，并将估算结果应用到对未来数据的预测上。之后，将这个方法应用到现有客户的身上。客户价值的目的在于横向比较不同客户分组的区别，或纵向比较随时间产生的变化。客户价值能够确保公司在客户投入方面的决策正确。

6.7.1 估算收入

估算的收入等价于一定速率的资金流，例如$50/月。可以通过一个或一组客户的历史数据，计算速率。也可以估算产品的未来使用所带来的资金流的速率。实际上的财务计算通常对未来的收入打折扣。当客户价值计算用于分析而不是财务账单时，折扣操作只能让我们分散注意力。

在生存分析示例中的订阅者都没有单独的收入历史，因此，本节以最初的每月的收入作为合理的收入流。也可以考虑使用实际账单数据或支付数据，但是这些数据并不是已知的。

我们假设未来的客户数量是根据市场和渠道预测而得。这个预测并不包含每月的收入。未来客户的收入是多少？这个问题被转换为：根据市场和渠道划分的近期开始的客户的平均月收入是多少？下面的查询回答这个问题：

```sql
SELECT Market, Channel, COUNT(*) as numsubs,
       AVG(MonthlyFee) as avgmonthly,
       AVG(MonthlyFee) / 30.4 as avgdaily
FROM Subscribers s
WHERE StartDate >= '2006-01-01' AND Tenure >= 0
GROUP BY Market, Channel
ORDER BY Market, Channel
```

这个查询使用常量 30.4 作为每月中的固定天数。一个合理的估计值能够简化基于任期的计算。

表 6-8 列出 12 个分组的平均收入，包含日收入和月收入。注意，收入的差别并不大。忽略市场，渠道"Chain"的收入最低。Metropolis 的收入比其他两个市场的收入更高。

表 6-8 按市场和渠道划分的平均月收入和日收入

市场	渠道	订阅者人数	月平均收入	日平均收入
Gotham	Chain	9032	$36.10	$1.19
Gotham	Dealer	202 924	$39.05	$1.28
Gotham	Mail	66 353	$37.97	$1.25
Gotham	Store	28 669	$36.80	$1.21
Metropolis	Chain	37 884	$36.86	$1.21
Metropolis	Dealer	65 626	$38.97	$1.28
Metropolis	Mail	53 082	$39.61	$1.30
Metropolis	Store	65 582	$38.19	$1.26
Smallville	Chain	15 423	$37.48	$1.23

(续表)

市场	渠道	订阅者人数	月平均收入	日平均收入
Smallville	Dealer	44 108	$37.82	$1.24
Smallville	Mail	24 871	$38.43	$1.26
Smallville	Store	42 640	$37.36	$1.23

6.7.2 对个体的未来收入的估算

生存分析可以估算未来的客户的生命周期——因此可以估算收入。其关键是为每一个市场和渠道组合生成单独的生存率曲线，然后使用前面章节得到的日收入。

表 6-9 列出了一个示例：假设明天有 100 个客户开始，市场为 Gotham，渠道为 Dealer。第一天的客户总数为 100，然后按照生存率曲线递减。某天的收入等于生存率乘以客户数量。第一年的整体收入是日收入的累计值。

表 6-9 市场 Gotham 和渠道 Dealer 组合的前几天的生存率计算

天	生存率	客户数量	日收入	累计收入
0	100.00%	100.0	$128.46	$128.46
1	100.00%	100.0	$128.46	$256.92
2	99.51%	99.5	$127.84	$384.76
3	99.12%	99.1	$127.34	$512.10
4	98.80%	98.8	$126.92	$639.02
5	98.50%	98.5	$126.54	$765.56

1. 第一年的值

当然，按天查看收入并没有按照某个时间段查看收入更有趣。表 6-10 展示了 12 个分组的第一年的收入总和。从客户数据上看，Gotham-Chain 产生的收入最少，Smallville-Dealer 产生的收入最多。这些第一年的收入值，可以用于判断继续追加$1,000 投入的回报产出。

表 6-10 市场/渠道组合的第一年总收入

市场	不同渠道的第一年总收入			
	Chain	Dealer	Mail	Store
Gotham	$283.78	$392.53	$331.31	$385.13
Metropolis	$349.10	$399.52	$349.64	$408.33
Smallville	$396.05	$415.31	$370.62	$411.99

2. 使用 SQL 逐天计算

关于生存率和收入的计算可以合并在一个单独的查询中。在本章的前面部分，已经完成了这些计算。

下面的查询将这些计算合并在一起，包含估算客户自开始以来 365 天之内的收入：

```sql
WITH rmc as (
     SELECT Market, Channel, COUNT(*) as numsubs,
            AVG(MonthlyFee) / 30.4 as avgdaily
     FROM Subscribers s
     WHERE StartDate >= '2006-01-01' AND Tenure >= 0
     GROUP BY Market, Channel
     ),
     hmc as (
     SELECT Market, Channel, Tenure,
            SUM(1 - IsActive) as numstops, COUNT(*) as tenurepop,
            SUM(COUNT(*)) OVER (PARTITION BY Market, Channel
                                ORDER BY Tenure DESC) as pop,
            LEAD(Tenure) OVER (PARTITION BY Market, Channel
                               ORDER BY Tenure) as nexttenure,
            (LEAD(Tenure) OVER (PARTITION BY Market, Channel
                                ORDER BY Tenure) - Tenure) as numdays,
            SUM(1.0 - IsActive) /
             SUM(COUNT(*)) OVER (PARTITION BY Market, Channel
                                 ORDER BY Tenure DESC) as h
     FROM (SELECT s.*,
                  (CASE WHEN Market = 'Smallville'
                        THEN CAST('2004-10-27' as DATE)
                        ELSE '2004-01-01' END) as LeftTruncationDate
           FROM Subscribers s
           ) s
     WHERE StartDate >= LeftTruncationDate AND Tenure >= 0
     GROUP BY Tenure, Market, Channel
     ),
     smc as (
     SELECT hmc.*,
            EXP(SUM(LOG(1 - h)) OVER (PARTITION BY Market, Channel
                                      ORDER BY Tenure)) / (1 - h) as S
     FROM hmc
     )
SELECT s.Market, s.Channel, SUM(s.s * numdays365 * avgdaily) as estRev
FROM (SELECT smc.*,
             (CASE WHEN nexttenure > 365 THEN 365 - tenure
                   ELSE nexttenure - tenure END) as numdays365
      FROM smc
     ) s JOIN
     rmc r
     ON s.Market = r.Market AND s.Channel = r.Channel
WHERE s.Tenure BETWEEN 0 and 365
GROUP BY s.Market, s.Channel
ORDER BY s.Market, s.Channel
```

这个最终查询基本上是将两个查询结果集合并在一起。它使用WHERE子句获取前365天的数据，使用GROUP BY子句对结果做聚合。结果集是我们已经见过的CTE。

收入的计算使用的是 NUMDAYS365，因为在生存率结果集中，有些任期值可能被跳过。例如，如果没有长度为 101 天和 102 天的任期，任期 100 的下一条数据 nexttenure 为 103。这说明任期 100 和 103 之间的生存率相同。收入计算需要包含这些丢失的任期。

当丢失的任期是第一年的年底时，那就需要 NUMDAYS365 了。例如，任期 364 的下一个任期 nexttenure 为 374，需要对这个任期的生存率计算 10 次而不是 1 次。NUMDAYS365 解决了这个边界问题。

对于本节剩余的部分，可以重复使用表别名 rms、hmc 和 smc。

6.7.3 当前客户分组的收入估算

对比新开始的客户，已有的客户为我们带来了不同的难题。历史收入的获取，简单地等于客户已支付金额的累加。然而对于未来收入，有些麻烦。已有客户的未来收入对应的起始任期并不是 0，因为这些客户已经开始，并且经历过一定的任期。因此，直接应用生存率并不是正确的方法。解决方法是使用条件生存率，即在客户已经经历过一定任期后的生存率。

1. 估算同一组客户的第二年收入

为了说明这个流程，我们以简单的示例开始。在这个示例中，所有的客户到截止日期为止，刚好经历过一年的任期。这些客户第二年的收入是多少？

由于这组客户已经经历过第一年，需要计算第一年的条件生存率。任期为 t 的一年条件生存率等于任期为 t 的生存率除以第 365 天对应的生存率。下面的查询计算下一年的条件生存率：

```
WITH hmc as ( <see definition on page 302> ),
     smc as ( <see definition on page 302> )
SELECT s.*,
       (CASE WHEN Tenure < 365 THEN 1.0
             ELSE S / MAX(CASE WHEN Tenure = 365 THEN S END) OVER
                       (PARTITION BY Market, Channel)
        END) as S365
FROM smc s
WHERE Tenure >= 365 AND Tenure <= 365 + 365
ORDER BY Tenure, Market, Channel
```

这个查询的结构与其他查询相同。最后的除法计算条件生存率而不是总生存率。

使用联接(join)将条件生存率应用在当前客户上。每一个客户的数据都与第 365 天和第 730 天之间的条件生存率相关联。

- 需要定义客户分组。这个客户分组由刚好开始 365 天之后的活跃客户组成。共有 1982 位。
- 需要计算条件生存率。通过使用生存率除以任期为 365 天的生存率，这个条件生存率只适用于任期大于等于 365 天的情况。
- 每一个客户都与生存率表联接，对应 365 天和 730 天之间的所有任期(即客户在第二年的所有任期)。

- 根据市场和渠道做聚合操作。

查询语句为：

```
WITH oneyear as (
    SELECT market, channel, COUNT(*) as numsubs,
        SUM(CASE WHEN StopType IS NULL THEN 1 ELSE 0
            END) as numactives
    FROM Subscribers
    WHERE StartDate = '2005-12-28'
    GROUP BY market, channel
),
    rmc as ( <see definition on page 302> ),
    hmc as ( <see definition on page 302> ),
    smc as ( <see definition on page 302> )
SELECT ssum.market, ssum.channel, oneyear.numsubs, oneyear.numactives,
    oneyear.numactives*ssum.survdays*r.avgdaily as year2revenue
FROM oneyear JOIN
    (SELECT s.market, s.channel, SUM(numdays730 * s365) as survdays
     FROM (SELECT s.*,
                (CASE WHEN nexttenure > 730 THEN 730 - tenure
                    ELSE numdays END) as numdays730,
                S / MAX(CASE WHEN Tenure = 365 THEN S END) OVER
                    (PARTITION BY Market, Channel) as S365
           FROM smc s
           WHERE tenure >= 365 and tenure < 365 + 365
          ) s
     GROUP BY Market, Channel
    ) ssum
    ON ssum.Market = oneyear.Market and
       ssum.Channel = oneyear.Channel JOIN
    rmc r
    ON ssum.Market = r.Market AND ssum.Channel = r.Channel
ORDER BY ssum.Market, ssum.Channel
```

这个查询在关联其他信息之前，对任期结果集做聚合操作。因为 Subscribers 包含百万级的数据，在联接(join)操作之前做聚合更加高效。

提示：关联多个表并做聚合操作时，通常更高效的方法是先做聚合操作，然后做联接(join)操作。

表 6-11 列出了同一组客户的第二年的收入。有两种方法可以实现对逐个客户的收入的计算。"起始者的第二年的收入"列，基于最初的起始者的数量；"经历过第一年的客户的第二年的收入"列，基于经历过第一年任期的客户。对比表 6-10，第二年的收入要低于第一年的收入，因为随时间的增长，客户在逐年流失。一些分组，如 Smallville/Store，有很高的保留率，因此他们的第二年收入几乎与第一年的收入持平。

表 6-11 按市场/渠道分组划分的客户第二年的收入

市场	渠道	订阅者数量		第二年的收入		
		起始者	一年后的活跃客户数量	总收入	起始者平均收入	一年后活跃客户的平均收入
Gotham	Chain	29	23	$7,179.80	$247.58	$312.17
Gotham	Dealer	1091	883	$252,336.63	$231.29	$285.77
Gotham	Mail	15	9	$3,314.24	$220.95	$368.25
Gotham	Store	55	44	$16,269.76	$295.81	$369.77
Metropolis	Chain	348	239	$79,047.43	$227.15	$330.74
Metropolis	Dealer	192	148	$46,307.53	$241.19	$312.89
Metropolis	Mail	19	7	$2,702.21	$142.22	$386.03
Metropolis	Store	169	148	$57,627.20	$340.99	$389.37
Smallville	Chain	161	144	$56,558.29	$351.29	$392.77
Smallville	Dealer	210	179	$62,062.77	$295.54	$346.72
Smallville	Mail	13	6	$2,424.49	$186.50	$404.08
Smallville	Store	107	95	$38,564.71	$360.42	$405.94

6.7.4 所有客户未来收入的估算

对当前客户下一年收益的估算，将难度又提升了一个层次。尽可能多的预计算是有帮助的。所需要的信息是包含如下列的生存率表：

- 市场
- 渠道
- 以天为单位的任期
- 后续 365 天的条件生存率

最大的问题是如何处理最早期的客户。

最大任期是 1091 天。不会有超过这个值的任期，那我们怎么办呢？

- 假设所有客户都终止。这是不合理的，因为长期留下的客户通常是高质量客户。
- 假设没有客户终止。因为没有客户终止，这个方法过高地估算了长期客户的收入。虽然如此，但这个方法仍然是我们所采取的方案。
- 计算长期下降率，或者使用常量风险率。在生存率表中添加额外的数据，用以结合这个信息。

第三个方法是最精准的方法，且不难实现。它直接使用生存率表中的值。

下面的查询计算后续 365 天的条件生存率，使用了自连接(self-join)：

```
WITH hmc as ( <see definition on page 302> ),
     smc as ( <see definition on page 302> )
SELECT s.market, s.channel, s.tenure, s.nexttenure,
       SUM((s1year.s / s.s) *
           (CASE WHEN s1year.nexttenure - s.tenure >= 365 or
```

```
                        s1year.nexttenure is null
                   THEN 365 - (s1year.tenure - s.tenure)
                   ELSE s1year.numdays END)) as sumsurvival1year
FROM smc s LEFT OUTER JOIN
    smc s1year
    ON s.market = s1year.market AND
       s.channel = s1year.channel AND
       s1year.tenure BETWEEN s.tenure AND s.tenure+364
GROUP BY s.market, s.channel, s.tenure, s.nexttenure
ORDER BY s.market, s.channel, s.tenure
```

下一步是将这个结果联接至收入表和原始数据。为了方便,对原始数据按照市场、渠道、任期做聚合。

```
WITH subs as (
     SELECT market, channel, tenure, COUNT(*) as numsubs,
          SUM(CASE WHEN StopType IS NULL THEN 1 ELSE 0 END
             ) as numactives
     FROM Subscribers
     WHERE StartDate >= '2004-01-01' AND Tenure >= 0
     GROUP BY market, channel, tenure
   ),
   rmc as ( <see definition on page 302> ),
   hmc as ( <see definition on page 302> ),
   smc as ( <see definition on page 302> ),
   ssum as (
    SELECT s.market, s.channel, s.tenure, s.nexttenure,
         SUM((s1year.s / s.s) *
             (CASE WHEN s1year.nexttenure - s.tenure >= 365 OR
                       s1year.nexttenure is null
                  THEN 365 - (s1year.tenure - s.tenure)
                  ELSE s1year.numdays END)
            ) as sumsurvival1year
     FROM smc s LEFT OUTER JOIN
         smc s1year
         ON s.market = s1year.market AND
            s.channel = s1year.channel AND
            s1year.tenure BETWEEN s.tenure AND s.tenure+364
     GROUP BY s.market, s.channel, s.tenure, s.nexttenure
   )
SELECT subs.market, subs.channel, SUM(subs.numsubs) as numsubs,
     SUM(numactives) as numactives,
     SUM(subs.numactives*ssum.sumsurvival1year*r.avgdaily) as revenue
FROM subs LEFT OUTER JOIN
    ssum
    ON subs.market = ssum.market AND
       subs.channel = ssum.channel AND
       (subs.tenure >= ssum.tenure AND
        (subs.tenure < ssum.nexttenure OR ssum.nexttenure is null)
      ) LEFT OUTER JOIN
```

```
    rmc r
    ON subs.market = r.market AND
        subs.channel = r.channel
GROUP BY subs.market, subs.channel
ORDER BY subs.market, subs.channel
```

表 6-12 列出每一个分组的下一年的收入，基于始于 2004 年的客户。这个表同时展示了每个起始者的收入和每个当前活跃客户的收入。

表 6-12 当前客户的下一年收入

市场	渠道	订阅者数量		收入		
		起始者	活跃客户	总收入	起始者平均收入	活跃客户平均收入
Gotham	Chain	67 054	18 457	$6,354,927	$94.77	$344.31
Gotham	Dealer	1 089 445	480 811	$170,636,341	$156.63	$354.89
Gotham	Mail	236 886	117 230	$44,200,098	$186.59	$377.04
Gotham	Store	106 011	68 678	$26,109,568	$246.29	$380.17
Metropolis	Chain	226 968	103 091	$36,711,583	$161.75	$356.11
Metropolis	Dealer	301 656	140 632	$51,799,400	$171.72	$368.33
Metropolis	Mail	204 862	102 085	$40,388,696	$197.15	$395.64
Metropolis	Store	262 086	173 901	$69,210,279	$264.07	$397.99
Smallville	Chain	68 448	49 903	$20,557,418	$300.34	$411.95
Smallville	Dealer	240 753	152 602	$60,622,309	$251.80	$397.26
Smallville	Mail	100 028	65 007	$27,583,248	$275.76	$424.31
Smallville	Store	157 522	122 902	$51,511,268	$327.01	$419.12
总计		3 061 719	1 595 299	$605,685,105	$197	$379

对于这些客户，有三个影响下一年收入的因素。第一个因素是分组的平均收入。第二个因素是下一年的估算生存率。第三个因素是客户开始的时间。例如，一个分组现在的生存率可能很低。然而，如果两年前有很多客户加入，并且有相当可观数量的客户保留下来，那么下一年的收入可能会非常好，因为收入基于第一年之后保留下来的客户。每个起始者的平均收入将会比每个活跃客户的平均收入低很多，例如 Gotham-Chains 分组中的客户。

这样的表引发的问题，通常比它能够回答的问题还多：不同收费计划的混合，对收入有什么影响？在每一个分组中，按年划分的起始者的收入是多少？影响收入的其他因素是什么？

6.8 预测

在未来的某天，预期有多少活跃客户？以生存率为基础的预测方法是回答这个问题以及相关问题的强大工具。生存率预测建立在单独客户的基础之上。相比之下，其他的预测方法通常基于统计数字——这种方法难以交叉分析验证结果。本节概要介绍如何利用生存率，预测在未来某天的活跃客户数量。

关于这个预测，有两个基础组成部分：当前已有的客户和未来的客户。记住，即使是新客户，在预测的时间段内，也可能会终止，这种情况也需要考虑在内。

本节关注如下问题：自左截断日期开始，到 2006-07-01，活跃客户数量是多少？下面解决左截断的相关问题。

1 月 1 号后的第 181 天是 7 月 1 号。因此，这个问题等价于：有多少客户能保留至 181 天之后？而且，有多少新客户能够持续至 7 月 1 号。

6.8.1 对已有客户的预测

预测已有客户需要合并两条信息。第一条是已有的客户基础——客户数量，按照任期分组；第二条是任期为额外 181 天的生存率。

我们通过示例说明计算流程。在 1 月 1 号，假设有 100 位订阅者，他们的任期为 200。生存率曲线说明这 200 位订阅者中，在 181 天之后(任期为 381 天)保留下来的客户为 83%。这说明到 7 月 1 号，在 200 位客户中有 83%的活跃客户。接着对所有任期做同样的计算，并将结果累加。

这里有一个很大的挑战，风险率数值基于当前的最大任期——但是这个计算需要使用最大任期加 181 天之后的任期对应的风险率。

1. 对已有客户的计算

截至 2006-01-01，使用包含 WHERE 子句的聚合计算已有客户。其中的一个难点是重新计算任期：

```
SELECT (CASE WHEN StopType IS NOT NULL AND StopDate <= censordate
             THEN Tenure ELSE DATEDIFF(day, StartDate, censordate)
        END) as tenure2006, COUNT(*)
FROM (SELECT s.*, CAST('2005-12-31' as DATE) as censordate,
             (CASE WHEN Market = 'Smallville'
                   THEN CAST('2004-10-27' as DATE)
                   ELSE '2004-01-01' END) as LeftTruncationDate
      FROM Subscribers s) s
WHERE StartDate <= censordate AND
      StartDate >= LeftTruncationDate AND Tenure >= 0
GROUP BY (CASE WHEN StopType IS NOT NULL AND StopDate <= censordate
               THEN Tenure ELSE DATEDIFF(day, StartDate, censordate)
          END)
ORDER BY tenure2006
```

在后续的内容中，会重复使用这个查询，用于返回"当前人口总数"。将它定义成名为 ep 的 CTE。

2. 计算 7 月 1 号的生存率

本节前面的示例介绍了如何计算某个特定日期的生存率——例如，2005 年的最后一天。下面的问题是：给定包含特定任期的客户分组，有多少人能够保留至181天之后？

简单的解决方案是，对于每一个任期，计算后续181天的生存率。假设S包含生存率计算：

```
SELECT S.*, S181.S / S.S as S181
FROM S JOIN
     S S181
     ON s.tenure2006 + 181 >= s181.tenure2006 AND
        (s.tenure2006+181 < s181.nexttenure or s181.nextTenure IS NULL)
ORDER BY Tenure2006
```

在这个计算中，可以通过任意方式计算生存率。

图6-21体现了这个问题的一个方法。最初，它正常工作。但是，由于在最长任期没有停止者，最长任期的风险率为0。这说明生存率增至100%。

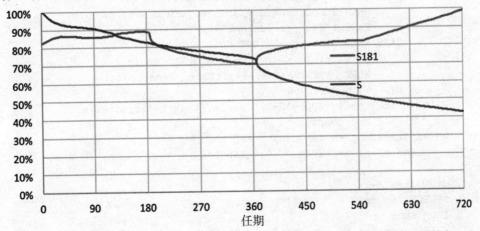

图6-21 尽管生存率持续下降，但181天的生存率开始上升。主要原因是经历过最长任期之后，数据中的风险率为0

我们不妨做一些假设。设定对于700天或更长任期，应该使用常量风险率0.1%做计算。这个值与长任期风险率的值一致。使用这个常量，我们可以利用0.999(这个值等于1-0.1%)的功能计算生存率。

然后，从长度为520天的任期开始，"S181"需要包含这个任期的生存率计算。对于任期700天，整个计算使用新的风险率。下面的变化实现了这个想法：

```
SELECT S.*,
       (CASE WHEN S181.tenure2006 <= const.maxt THEN S181.S
             ELSE POWER(1 - const.h, 181 - (maxt - s.tenure2006)) * S700
        END) / S.S as S181ratio
FROM S JOIN
     S S181
     ON s.tenure2006 + 181 >= s181.tenure2006 AND
        (s.tenure2006 + 181 < s181.nexttenure OR
         s181.nextTenure IS NULL) CROSS JOIN
```

```
        (SELECT 700 as maxt, 0.001 as h, S as S700
         FROM S
         WHERE 700 >= s.tenure2006 and 700 < s.nexttenure) const
ORDER BY Tenure2006
```

在这个版本的查询中，包含对 700 天任期的处理，以及设置长期风险率和截止任期。然后，SELECT 使用这个信息，计算超过 700 天的任期的生存率。

3. 计算至 7 月 1 号的已有客户的数量

对客户数量的计算，包括 1 月 1 日的总人数和 7 月 1 日的生存值。下面的查询实现计算过程：

```
WITH subs as (
    SELECT s.*,
           (CASE WHEN StopType IS NULL THEN 0.0
                 WHEN StopDate > censordate THEN 0
                 ELSE 1 END) as isstop2006,
           (CASE WHEN StopType IS NOT NULL AND
                      StopDate <= censordate THEN Tenure
                 ELSE DATEDIFF(day, StartDate, censordate)
            END) as tenure2006
    FROM (SELECT CAST('2005-12-31' as DATE) as censordate, s.*
          FROM Subscribers s) s
    WHERE StartDate <= censordate AND
          StartDate >= '2004-01-01' AND Tenure >= 0
),
pop2006 as (
    SELECT tenure2006, COUNT(*) as pop
    FROM subs
    WHERE StopDate >= censordate or StopDate IS NULL
    GROUP BY tenure2006
),
h as (
    SELECT Tenure2006,
           LEAD(Tenure2006) OVER (ORDER BY Tenure2006) as nexttenure,
           SUM(isstop2006) /
             SUM(COUNT(*)) OVER (ORDER BY Tenure2006 DESC) as h2006
    FROM subs
    GROUP BY Tenure2006
),
S as (
    SELECT h.*,
           EXP(SUM(LOG(1 - h2006)) OVER (ORDER BY Tenure2006)) /
             (1 - h2006) as S
    FROM h
),
S181 as (
    SELECT S.*,
           (CASE WHEN S181.tenure2006 <= const.maxt THEN S181.S
                 ELSE POWER(1-const.h, 181-(maxt-s.tenure2006)) * S700
```

```
                    END) / S.S as S181
          FROM S JOIN
              S S181
              ON s.tenure2006 + 181 >= s181.tenure2006 AND
                  (s.tenure2006 + 181 < s181.nexttenure OR
                   s181.nextTenure IS NULL) CROSS JOIN
              (SELECT 700 as maxt, 0.001 as h, S as S700
               FROM S
               WHERE 700 >= s.tenure2006 and 700 < s.nexttenure
              ) const
     )
SELECT pop2006.tenure2006, (pop2006.pop * S181.S181) as pop
FROM pop2006 LEFT JOIN
     S181
     ON pop2006.tenure2006 = S181.tenure2006
ORDER BY Tenure2006
```

这个查询看起来很复杂——确实如此。但它是通过相当简单的部分组合而成：

- **subs**：这是截至 2005-12-31 的数据情况。注意两点：它包含这个日期之后停止的客户；而且，它只包含左截断日期之后的客户。
- **Pop2006**：这是截至 2006-01-01 的客户总数，包含了客户停止的情况。
- **H、S、S181**：这些计算风险率、生存率和条件生存率。

最后的 SELECT 计算客户总数和 181 天生存率的乘积。

这个预测计算了 181 天之后，预期的活跃客户数量。结果只是浮点数，而不是整数。使用实际的起始者数量减去期望数量，可以获取停止者数量。

这个预测同时将结果分割成不同的任期。这个任期是基于时间段的起始日期，当然也可以是基于时间段的终止日期。后者便于从客户离开的角度分析问题。

4. 这个方法有多好？

这个预测是最基础的预测，它的计算中只包含任期因素。在 1 月 1 号的客户总数是 1 597 956，在 7 月 1 号的客户总数为 1 313 944。约 17.8% 的客户停止。

预测值为 1 278 378.0。比实际值小了 2.7%。预测中，有 20% 的客户停止。

导致错误的一个原因是长期客户的生存率。0.1% 的估计值只是对长期客户风险率的一个猜测——虽然它非常接近实际估算值。错误的另一个来源是 2006 年业务上的调整，影响了风险率。

5. 估算长期客户的风险率

有一个简单地估算长期客户风险率的方法。累加所有大于 700 天的任期，除以这个分组中的终止客户数量。在极端数据中，长期的订阅者很少。

另一个计算方法使用所有达到 700 天任期的客户(同时是左截断日期之后的客户)。这个方法计算左截断日期之后，客户到达 700 天任期之后，每一个客户的生存天数：

```
WITH subs as (
    SELECT s.*,
```

```
                    DATEDIFF(day, StartDate, LeftTruncationDate) as TenureAtLT
            FROM (SELECT s.*,
                         (CASE WHEN Market = 'Smallville'
                               THEN CAST('2004-10-27' as DATE)
                               ELSE '2004-01-01' END) as LeftTruncationDate
                  FROM Subscribers s) s
            WHERE Tenure >= 0
       )
SELECT (SUM(CASE WHEN StopType is not null THEN 1.0 ELSE 0 END) /
        SUM(CASE WHEN TenureAtLT >= 700 THEN Tenure - TenureAtLT
                 ELSE Tenure - 700 END)
       ) as h700
FROM subs
WHERE tenure >= 700
```

停止者数量除以生存天数得到的比例,是长期客户风险率的最好估算。对于本例,这个值为 0.837%——与猜测值 0.1%相距很近。

6.8.2 对新开始者的预测

对新开始者的预测,依赖于对每天的新开始者数量的估计值。时间介于 1 月 1 号和 7 月 1 号之间。一个解决办法是使用去年的起始者数据。对于本例,我们使用从 2006 年开始的客户数据。通常,业务流程产生这些估计值,因为实现这些目标是管理者的责任。

第二个部分是生存率。对比已有客户的分析示例,新客户的生存率更简单。我们只需要知道客户是否会保留至 7 月 1 号。如果客户始于 1 月 1 号,生存率是 181 天任期生存率。如果客户始于 6 月 30 号,生存率对应 1 天的生存率。换言之,为每一个起始者计算生存天数,从而计算生存率。查询语句如下:

```
WITH subs as ( . . . ),
     ns2006 as (
       SELECT DATEDIFF(day, censordate, StartDate) as daysafter,
              COUNT(*) as pop
       FROM (SELECT CAST('2005-12-31' as DATE) as censordate, s.*
             FROM Subscribers s) s
       WHERE StartDate >= censordate AND StartDate <= '2006-07-01'
       GROUP BY DATEDIFF(day, censordate, StartDate)
     ),
     h as ( . . . ),
     S as ( . . . )
SELECT ns2006.daysafter, ns2006.pop, S.tenure2006, S.S,
       ns2006.pop * S.S as pop
FROM ns2006 LEFT JOIN
     S
     ON s.tenure2006 = 181 - ns2006.daysafter
ORDER BY ns2006.daysafter
```

这个查询由熟悉的元素组成。唯一的新的组成部分是 ns2006,在时间段中按照天数计算的起始者。

在 2006 年 7 月 1 号之前开始的 362 641 位订阅者中,预测显示有 321 237.0 位客户生存到 7 月 1 号。实际数值是 316 208——1.6%的预测误差。

6.9 小结

本章介绍了理解客户的方法:生存分析。生存分析起源于对死亡率的统计,后来扩展到计算金融产品的价值。这在 1693 年时是相当复杂的课题。从那时开始,这项技术被用于多个领域,包括制造业、医疗研究以及对出狱人员的分析。

生存分析中有两个主要的概念:风险率,即对于给定任期,遭受风险的概率;生存率,没有遭受风险的人口比例。对于以客户为基础的生存率,可以为所有任期计算这两个值。生存率和风险率图表包含丰富的信息,能够帮助我们理解客户和实际业务。

生存率也可以量化。客户任期中间值(或客户的半衰期)是指当半数客户停止时的时间长度。生存率估算点,如一年生存率,是生存至一年的客户的比例。平均截断任期是客户在某个时间段的平均任期。

生存率的一个强大应用,是通过预测未来的客户收入来估算客户价值。这个方法适用于已有客户和新客户。尽管计算有些复杂,但其思想是相当简单的——只是使用生存率的平均期望值乘以收入。另一个强大的应用是预测——基于生存率预测已有客户和新客户的数据。

第 7 章将深入理解生存分析,引入时间窗(处理左截断)和竞争风险的概念。

第 7 章

影响生存率的因素：客户任期

前面章节介绍了生存分析，用以理解客户以及他们的停止行为；介绍了风险率估算，为每一个任期单独计算风险率；介绍了生存率应用的示例以及扩展内容，将生存率应用到业务问题中，包括对客户价值的估算和对未来活跃客户数量的预测。

本章在上述内容的基础上，介绍基础生存分析的三个扩展。这些扩展可以解决实际生活中遇到的常见问题。而且通过这些扩展，我们能够理解任期之外的其他因素对生存率的影响。

第一个扩展关注任期之外，影响生存率的因素。这里最复杂的问题是影响因素可能很多。例如，Gotham 和 Metropolis 的客户的第一年的生存率相同。在第一个周年时，Gotham 的客户以更快的速度离开。换言之，市场对生存率的影响与任期相关。

在这个领域中，最杰出的统计学技术(Cox 比例风险回归)做出了如下假设：假设影响不随时间的变化而变化。尽管这个方法在本书的讨论范围之外，但它确实鼓励我们查看当任期不同时，每一个因素对生存率影响的变化。本章介绍几种不同的方法，用于理解这些因素对生存率的影响，分别从影响时间和影响方式上予以说明。

第二个扩展是使用时间窗计算风险率。本章介绍的时间窗，是解决问题的方法，它处理很多数据源的问题，包括订阅数据：对比停止者，起始者来自于一个更长的时间段。时间窗不仅能够解决左截断问题，它也是估算客观风险率的强大工具，它能通过基于客户行为的时间窗计算风险率，而不是基于起始客户的时间窗。

第三个扩展走不同的方向。因素对生存率的影响发生在起始阶段或客户生命周期中。在生命周期末尾，客户停止，而且他们是因为某种原因停止的。这个原因可能是客户自愿的(客户选择竞争对手的产品)；也可能是被强制执行的(客户停止支付账单)；或是客户使用另一个不同的产品。竞争风险是将这些不同的结果纳入生存分析的方法。

竞争风险回答如下问题："对于所有的客户，接下来会发生什么？"即，在未来的某个给定时间点，每一种竞争风险导致客户停止的比例是多少？这个问题是第 6 章介绍的预测内容的延续。预测内容不只可以包含剩余客户的数量，同时包含停止客户身上所发生的事情。在开始研究"客户接下来会发生什么"之前，我们先从头开始。在客户关系的最初阶段，已知的因素是如何影响生存率的？

7.1 哪些因素是重要的，何时重要？

生存分析可以用于比较不同分组的客户，其实现方法是为每一个分组创建一条单独的生存率曲线。这个过程被称为分层，定性地说明市场、收费计划、渠道或这些内容的组合对生存率的影响。

本节介绍分别按任期为影响因素做定性分析。对于数字因素(数字变量)，比较方法使用停止客户和未停止客户在不同任期的变量平均值；对于分类因素(分类变量)，比较方法使用不同任期的风险比例。关键的想法是，这些因素的效果在客户任期的某一段可能会比较强，在其他段比较弱。能够看到不同任期的影响，就能够清楚地说明这些变量对客户关系的影响。

7.1.1 方法说明

图 7-1 展示了任期时间轴上的一组客户。这个图表与第 6 章中计算风险率的图表相似。然而在这里，我们从不同的角度来看这个图表。图表中列出 8 位客户。在任期 3，刚好有 1 位客户停止，其他客户仍然是活跃客户。停止客户与其他活跃客户的区别是什么？

一部分答案是很明显的：他们之间的区别在于一组客户停止了，另一组客户没有停止。另一个问法是，这两个分组在其他变量上的区别是什么？目的是估算、理解以及可视化其他因素在给定任期内对客户的影响。

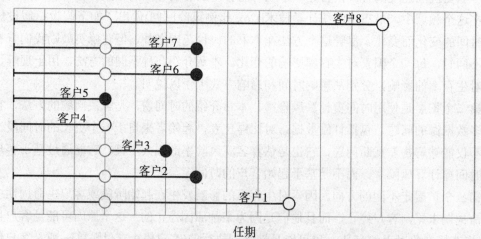

图 7-1 对于任意给定任期，停止客户和活跃客户的区别是什么？

导致客户停止的因素，可能会因为任期的变化而变化。例如，在某个任期时间段，客户因为初始的推广结束而停止。在其他任期，客户由于没有支付第一个账单而停止。在这些任期中，停止者分组是不同的。对于没有停止者的任期，我们没有答案，因为其停止者分组是空的。

对特定任期中停止客户和活跃客户的比较，最初由 David Cox 先生调查研究(David Cox 是比例风险回归的发明者)。"每吸一支烟，生命缩短 11 分钟"，诸如这样的结论都是通过这一技术获取。下面的"比例风险回归"部分介绍了它的基础概念。

下面两节介绍一些合理的方法，用于比较客户数据中的不同因素导致的影响。在某种意义上，这些技术相比比例风险回归更加强大，因为它们消除了对比例的假设。同时，这些方法更适合理解和可视化因素的影响。另一方面，比例风险回归更擅长将影响归纳为一个单独的数字，统计学中称之为系数。

比例风险回归

1972 年，David Cox 教授在英国剑桥大学发表了一篇论文，标题为"Regression Models and Life-Tables"。据称，这篇论文是科学界引用次数最多的论文，因为这项技术被广泛应用于医学研究。由于 David Cox 对统计学的卓越贡献，他被授予爵位，被世人尊称为 David Cox 先生。

为什么这篇论文如此重要？Cox 先生的方法在不计算风险率的情况下，能够衡量不同因素对生存率的影响。虽然几乎所有的统计学工具中都应用了这个方法，但是想在 SQL 和 Excel 中实现它，是不现实的。实际上，这样是没问题的，因为这个方法所依赖的假设通常在客户数据中是不成立的。这个比例假设(*proportionality assumption*)是：影响因素在所有任期中的作用是相同的。然而，对于订阅数据，其中市场、渠道、收费计划以及每月的花销，这些都与任期相关，因此在这个示例中，假设不成立。通常，出于技术原因，这个假设很重要。然而很遗憾，在多数实际情况中假设不成立。

然而，至少有三点原因能够证明比例风险回归是重要的。首先，虽然比例假设是违反实际情况的，但结果往往是正确的。其次，这个方法允许变量的正向选择，因此可以选出对生存率的影响最大的变量。最后，比例风险回归激励我们查看影响随时间的变化，正文中将详述内容。

我们假设每一个客户都有自己的风险率函数。生存率是等于表达式的乘积。这是个方法已在第 6 章描述。

Cox 的天才想法在于从不同的角度看风险率。他没有问客户可能会停止的任期，相反他的问题是：给定任期停止的客户和实际上确实停止的客户是相同客户的可能性多大？因此，如果有 4 个客户，且第 3 个客户在任期 5 停止，那么任期 5 的可能性表达式为：$(1 - h_1(5))*(1 - h_2(5))*h_3(5)*(1 - h_4(5))$。其中，每一个客户的风险函数通过变量函数描述。然后，将该表达式应用于所有任期(至少是包含停止者的任期)。

这是一个复杂的等式。风险率本身是协变量的函数。假设对于所有任期，任意协变量的影响相同，Cox 能够计算每一个协变量的影响。本质上，简单地取消风险率，剩下的是协变量的复杂函数以及它们的参数。一项名为最大可能性估计(Maximum Likelihood Estimation, MLE)的技术可以实现对这些参数的估算，从而使观察到的结果

> 更准确。
>
> 结果衡量了每个参数对生存率的重要性。这个衡量作为整体指标，是非常有用的。因为对于客户数据，比例假设并不是必要的。无论如何，我们都需要使用正文中描述的方法做额外的调研。

7.1.2 使用平均值比较数字因素

有一个很好的方法用于查看数字因素对生存率的影响，那就是比较每一个任期内的停止者和活跃客户的平均值。这些平均值可以绘制在图表中，从而更容易做比较。

订阅数据有一个数字变量 MonthlyFee。对于所有任期，停止客户和活跃客户的月费用的平均值之差是多少？

1. 答案

图 7-2 展示了每月费用的图表。这个图表有两个系列：一个是停止客户的平均月费用，另一个是活跃客户的平均月费用。

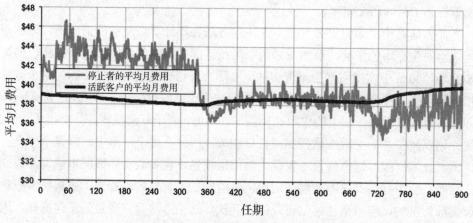

图 7-2 本图列举出在每一个任期内停止客户和活跃客户的平均月费用对比

在第一年中停止的客户的平均月费用比保留下来的活跃客户高。这可能是因为对价格敏感的客户所需要支付的月费用过高。虽然几乎所有签订一年或两年合同的客户，单方面毁约时都会受到处罚，但处罚的目的是阻止客户在合同期限内停止。然而，对于月费用较高的客户，处罚的金额比月费用低，因此合同处罚对于支付高额费用的客户来说，影响甚微。

到第一个周年时，活跃客户和停止客户的曲线相交。停止客户最初有更高的月费用；在一年之后，活跃客户的平均月费用更高。推测起来，想在第一年结束的客户的月费用较少，因此他们在周年日期左右停止。经历过一两个月的淘汰，在第二年剩余的日期中，两组的数据相对持平。在第二年之后，它们再次逆转。然而到第三年时，数据变得稀疏，因为只分析开始了 3 年的客户。

注意图中一条曲线是平滑曲线，另一条曲线是锯齿曲线。活跃客户是平滑曲线，因为在任期中，活跃客户的数量是上百万级的。此外，两个相邻任期有明显的相同客户——因为较长任期的活跃客户在较短任期内必然也是活跃客户。停止客户的曲线来回跳动，是因为有给定任期的停止客户较少(只有数百或上千的客户),并且不同任期没有重复的停止客户。

2. 使用 SQL 和 Excel 回答这个问题

对于每个任期,这个图表要求两个数值:停止客户的平均值和活跃客户的平均值。第一个值很容以计算,因为当客户停止时,对应任期的数据就生成了:

```
SELECT Tenure, AVG(MonthlyFee) as AvgMonthlyFee
FROM (SELECT s.*,
             (CASE WHEN Market = 'Smallville'
                   THEN CAST('2004-10-27' as DATE)
                   ELSE '2004-01-01' END) as LeftTruncationDate
      FROM Subscribers s
     ) s
WHERE StopType IS NOT NULL AND StartDate >= LeftTruncationDate AND
      Tenure >= 0
GROUP BY Tenure
ORDER BY Tenure
```

这个计算考虑了左截断。对于停止的客户,这个逻辑不会对结果产生任何影响,因为在左截断日期之前,没有客户停止。但是,对于活跃客户是有影响的。停止的客户会被过滤掉,但是他们在停止之前的任期内,这些客户也是活跃客户;不包含这些客户,可能会造成结果上的偏差。

对停止客户的计算是简单的,而对活跃客户的计算更加复杂。在任意给定任期,活跃客户的平均月费用,等于所有活跃客户的月费用之和除以活跃客户数量。

我们怎么计算这两个数值呢?其思想与计算风险率的人口总数一致,使用迭代计算。给定任期的活跃客户数量,等于之前任期的活跃客户数量减去停止的客户。相似的,给定任期的月费总和,等于前一任期的活跃客户的月费用总和减去停止客户的月费用总和。

这个结论引出下面的变量:

- 任期
- 每一个任期的客户数量
- 每一个任期的停止客户的数量
- 每一个任期的客户月费用之和
- 每一个任期的停止客户的月费用之和

使用 SQL 计算上述变量的值:

```
SELECT Tenure, COUNT(*) as pop, SUM(isstop) as numstops,
       SUM(MonthlyFee) as mfsumall, SUM(MonthlyFee * isstop) as   mfsumstop
FROM (SELECT s.*,
             (CASE WHEN StopType IS NULL THEN 0 ELSE 1 END) as isstop,
             (CASE WHEN Market = 'Smallville'
                   THEN CAST('2004-10-27' as DATE)
                   ELSE '2004-01-01' END) as LeftTruncationDate
      FROM Subscribers s) s
WHERE StartDate >= LeftTruncationDate AND Tenure >= 0
```

```
GROUP BY Tenure
ORDER BY Tenure
```

每个任期的客户总数分为两组:在该任期停止的客户(查询返回的 5 个变量之一)以及其他客户。

使用相似的方法拆分月费用的总和。这些值用于计算每个分组的平均值。图 7-3 展示了计算过程。

	FROM SQL					CALCULATED IN EXCEL					
Tenure	pop	numstops	mfsumall	mfsumstop		Pop at Risk	Actives	STOPS	SUM MF	Actives MF	Stops MF
0	2383	508	89712	19687		=I15+D14	=I14-E14	=E14	=SUM(F14:F$1107)-G14	=L14/J14	=G14/E14
1	18354	17306	728195	690405		=I16+D15	=I15-E15	=E15	=SUM(F15:F$1107)-G15	=L15/J15	=G15/E15
2	16730	15091	673535	614020		=I17+D16	=I16-E16	=E16	=SUM(F16:F$1107)-G16	=L16/J16	=G16/E16
3	13283	11346	541877	470617		=I18+D17	=I17-E17	=E17	=SUM(F17:F$1107)-G17	=L17/J17	=G17/E17
4	9540	9496	403080	401500		=I19+D18	=I18-E18	=E18	=SUM(F18:F$1107)-G18	=L18/J18	=G18/E18
5	11743	9149	487410	393245		=I20+D19	=I19-E19	=E19	=SUM(F19:F$1107)-G19	=L19/J19	=G19/E19
6	12646	9406	515245	398945		=I21+D20	=I20-E20	=E20	=SUM(F20:F$1107)-G20	=L20/J20	=G20/E20
7	13463	10295	544330	430375		=I22+D21	=I21-E21	=E21	=SUM(F21:F$1107)-G21	=L21/J21	=G21/E21
8	11855	9553	485455	402590		=I23+D22	=I22-E22	=E22	=SUM(F22:F$1107)-G22	=L22/J22	=G22/E22

图 7-3 这个 Excel 表格计算活跃客户和停止客户的平均月费用

3. 使用 SQL 完整地回答问题

可以在 SQL 中使用累积求和完成整个过程的计算:

```
WITH t as (
    SELECT Tenure, COUNT(*) as pop, SUM(isstop) as numstops,
           SUM(MonthlyFee) as mfsumall,
           SUM(MonthlyFee * isstop) as mfsumstop
    FROM (SELECT s.*,
                 (CASE WHEN StopType IS NULL THEN 0 ELSE 1
                  END) as isstop,
                 (CASE WHEN Market = 'Smallville'
                       THEN CAST('2004-10-27' as DATE)
                       ELSE '2004-01-01' END) as LeftTruncationDate
          FROM Subscribers) s
    WHERE StartDate >= LeftTruncationDate AND Tenure >= 0
    GROUP BY Tenure
    )
SELECT Tenure, SUM(pop) OVER (ORDER BY Tenure DESC)-numstops as actives,
       (SUM(mfsumall) OVER (ORDER BY Tenure DESC) ¨C
        mfsumstop) as mfsumactives,
       ((SUM(mfsumall) OVER (ORDER BY Tenure DESC) - mfsumstop) /
        (SUM(pop) OVER (ORDER BY Tenure DESC) - numstops)
       ) as MFActiveAvg,
       mfsumstop / NULLIF(numstops, 0) as MFStopAvg
FROM t
ORDER BY Tenure
```

前面的查询用于定义 t。外部的 SELECT 实现累积求和,这部分也可以在 Excel 中实现。注意使用 NULLIF()函数防止除数为 0。

4. 扩展包含置信区间

计算而得的结果值，只是示例数据的平均值。如第 3 章所讨论的内容，这样的平均值有基于标准误差的置信区间，因此一个合理的扩展方案是在图表中加入标准误差或置信区间。

图 7-4 展示了置信区间为 95%的平均月费用，展示对象为停止的客户。活跃客户的置信区间非常小，可以忽略。因此图表中并未展示活跃客户的置信区间。因为依赖于图表中的每一个点，图中的数据采集于每周的数据而不是每天的数据，这样更利于展示数据。

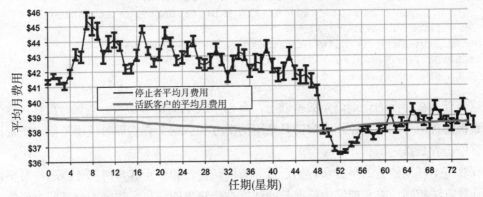

图 7-4　平均值的对比可以包含误差线，用于显示平均值的置信区间。在这个示例中，
　　　　使用 95%的置信区间标识停止客户的平均月费用

该图清晰地说明，在第一年中，停止客户的平均月费用明显高于活跃客户。在一年零几个月之后，两个平均值趋于接近。

在第一年中，即使两条曲线的置信区间有重合部分，它们之间的区别也仍然是相当明显的，因为曲线的走势是如此的一致。重合的置信区间，说明在某些随机情况下，两条曲线的数值的大小是随机的。然而，稳定一致的曲线走势，弱化了这种情况。如果两个分组之间的差值是由于偶然因素导致的，那么并不意味较长的序列就表明一个值总是比另一个值大。

提示：对于系列的置信区间，在查看重合的置信区间的同时，查看曲线走势也是非常重要的。

置信区间使用的是样本标准误差的统计学公式。区间等于 1.96 乘以标准误差。回忆第 3 章中的内容，样本平均值的标准误差等于样本标准差除以样本大小的平方根。标准差的计算如下：

(1) 计算月费用的平方和。
(2) 减去平均月费用的平方除以值的个数。
(3) 差值除以值的个数减 1。
(4) 然后通过计算平方根估算标准差。

这个方法需要在已有值的基础上计算一些聚合值。

下面的查询做了必要的计算：

```sql
SELECT FLOOR(Tenure / 7) as tenureweeks, COUNT(*) as pop,
       SUM(isstop) as numstops, SUM(MonthlyFee) as mfsumall,
       SUM(MonthlyFee * isstop) as mfsumstop,
       SUM(MonthlyFee * MonthlyFee) as sum2all,
       SUM(MonthlyFee * MonthlyFee * isstop) as mfsum2stop
FROM (SELECT s.*,
             (CASE WHEN StopType IS NULL THEN 0 ELSE 1 END) as isstop,
             (CASE WHEN Market = 'Smallville'
                   THEN CAST('2004-10-27' as DATE)
                   ELSE '2004-01-01' END) as LeftTruncationDate
      FROM Subscribers s) s
WHERE StartDate >= LeftTruncationDate AND Tenure >= 0
GROUP BY FLOOR(Tenure / 7)
ORDER BY tenureweeks
```

这个查询在前面的查询语句的基础上，为 SELECT 语句中加入一些聚合操作；这个版本的查询包含所有客户和停止客户的月费用的平方和。这个查询同时使用了指示变量，用于计算停止者数据。

计算每个任期的值的平方和，然后拆分为活跃客户和停止客户两部分；这与月平均费用的计算方法相同。求和能够为标准差的计算补充缺失的信息。剩余的计算减去值的个数乘以平均值的平方，再除以值的个数减 1 后的差值。标准误差等于标准差除以停止者数量的平方根。而且，95%的置信区间等于 1.96 乘以标准误差。

使用正负 Y 误差栏将置信区间显示在图表中。选择系列，添加标准误差线，右击误差线，打开 Format Data Series 对话框，并在左窗格中选择 Error Bars。在这个选项卡中，选择 Both 选项，然后选择底部的 Custom，设置误差值。在"＋"和"-"框中设置显示置信区间的单元格范围，单元格的范围适用于两者。

7.1.3 风险比例

平均值适用于数值因素(或数值变量)，但是并不适用于分类因素(或分类变量)：返回 Gotham、Smallville、Metropolis 字符串的平均值并没有意义。然而，问题仍然存在：在不同任期中，分类因素(如市场、收费计划)对生存率的影响是什么？由于平均值不再适用，需要新的方法：风险率的比例。

1. 风险比例解释

图 7-5 包含两个风险比例的图表。上图展示市场的风险比例，分别为 Smallville 比 Gotham 和 Metropolis 比 Gotham。Gotham 与自身的比例毫无意义，因为值永远为 1。

Smallville 的生存率高于 Gotham，因此，毫无意外，Smallville 比 Gotham 的结果全部低于 1。这个结果在第一年非常明显，从第二年开始，比例值开始有所上升。虽然 Smallville 的客户相对于 Gotham 的客户是优质客户，但是从长期来看，这些客户变得稍显逊色。

Metropolis 的情况恰恰相反。在第一年中，比例接近于 1，因此在第一年中，Metropolis 的客户几乎与 Gotham 的客户一样差。在第二年，这个比例从 0.96 下跌至 0.75。这说明，

Smallville 的客户质量下降的同时，Metropolis 的客户质量在上升。然而，两年后，Smallville 的客户停止率仍然低于 Metropolis。

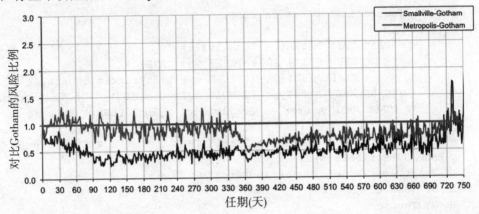

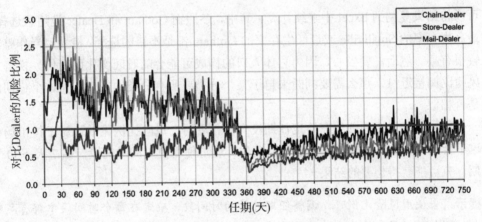

图 7-5　上图展示市场的风险比例，对比对象为 Gotham；下图展示渠道的风险比例，对比对象是 Dealer

图 7-5 中的下图展示渠道的风险比例，分别为 Chain 比 Dealer、Store 比 Dealer、Mail 比 Dealer。Store 的风险率几乎一致地低于 Dealer，这说明 Store 的客户的生存率比 Dealer 要高。这是合理的，因为渠道 Store 由自己的品牌专卖店组成，其全体成员都是电话公司自己的职工。使用这个渠道购买产品的客户通常是忠于这个品牌的。这些商店吸引并保留最好的客户，尤其优于独立的经销商客户。

Mail 和 Chain 的风险比例比较有趣，因为这些比例在第一年大于 1，然后在第二年变得低于 1。一种可能的原因是独立的经销商在第二年中故意搅动他们的客户。独立的经销商将满一年的客户转到另一个运营商，从而获得第二个运营商的奖金。通过全国连锁店加入的客户和通过电话、网络注册的客户不会遭受这种策略的影响。

2. 使用 SQL 和 Excel 计算风险比例

计算风险比例基本上与计算风险率相似。可以通过 SQL 和 Excel 实现计算。根据市场和渠道计算风险率的查询如下：

```
SELECT Tenure,
       SUM(isms) as ms, SUM(ismm) as mm, SUM(ismg) as mg,
       . . .
       SUM(isms * isstop) as ms_stop, . . .
FROM (SELECT s.*,
             (CASE WHEN Market = 'Smallville '
                   THEN CAST('2004-10-27' as DATE)
                   ELSE '2004-01-01' END) as LeftTruncationDate,
             (CASE WHEN StopType IS NULL THEN 0 ELSE 1 END) as isstop,
             (CASE WHEN market = 'Smallville' THEN 1 ELSE 0 END) as isms,
             . . .
             (CASE WHEN channel = 'Mail' THEN 1 ELSE 0 END) as iscm
      FROM Subscribers s) s
WHERE StartDate >= LeftTruncationDate AND Tenure >= 0
GROUP BY Tenure
ORDER BY Tenure
```

可以将结果复制到 Excel 中继续计算。其中，参照物 Gotham 和 Dealer 是随意选择的。拥有最高生存率的 Smallville 或最低生存率的 Gotham 都是不错的选择。将人口当作整体来做比较很有趣。然而，要当心，因为总体人口的构成可能会随时间变化而变化。换言之，如果风险比例接近 1，那么需要判断来自于某个分类或所有分类的人口，在这个任期内的变化是否相似。

一个警告：当对比的分组在给定任期没有停止者时，风险比例无效。对于按市场作比较，这不会发生。在其他情况下，这可能发生。通过使用更大的时间段，如 7 天、30 天作为任期，有可能获得想要的结果。

提示：当使用风险比例时，调整任期计算的时间段，确定在每个时间段中都有足够的停止者。例如，以星期为单位做汇总计算，而不是以天作为时间单位。

3. 在 SQL 中计算风险比例

这个计算也可以在 SQL 中实现，使用窗口函数：

```
SELECT Tenure, SUM(IsStop) / NULLIF(SUM(COUNT(*)) OVER
                                    (ORDER BY Tenure DESC), 0) as pop,
       SUM(isms * isstop)/NULLIF(SUM(SUM(isms)) OVER
                                    (ORDER BY Tenure DESC), 0) as h_ms,
       . . .
       SUM(iscd * isstop)/NULLIF(SUM(SUM(iscd)) OVER
                                    (ORDER BY Tenure DESC), 0) as h_cd
FROM (SELECT s.*,
             (CASE WHEN Market = 'Smallville'
                   THEN CAST('2004-10-27' as DATE)
                   ELSE '2004-01-01' END) as LeftTruncationDate,
             (CASE WHEN StopType IS NULL THEN 0 ELSE 1.0 END) as isstop,
             (CASE WHEN Market = 'Smallville' THEN 1 ELSE 0 END) as isms,
             . . .
             (CASE WHEN Channel = 'Dealer' THEN 1 ELSE 0 END) as iscd
      FROM Subscribers s) s
```

```
WHERE StartDate >= LeftTruncationDate AND Tenure >= 0
GROUP BY Tenure
ORDER BY Tenure
```

这个查询组合使用窗口函数和聚合函数，结果在嵌套的 SUM() 调用中。ORDER BY Tenure DESC 从任期的末尾而非开头计算累积求和。

4. 为什么是风险比例？

对于某些读者，可能会引发这样的问题：为什么是风险率而不是生存率？首先，通过直接比较生存率的估计点，生存率也是可以包含很多信息的。如果一个组中有 40%生存到给定任期，而另一个组对该组的生存比例为 0.5，则第二个组的生存率为 0.5 * 40% = 20%。

风险比例有两个优点：一个是理论上的，另一个是实际上的。理论优点是风险率与 Cox 比例风险回归相关。两个技术关注的都是每个任期的停止者的特点。这个关系从理论上引起人们的兴趣。

更实际的原因是，风险比例为每一个任期提供的信息是独立的，正好与生存率相反，生存率是每一个任期的数据累计信息。在图表中，在第一年标志处，风险比例翻转过来。这个现象能够更加缓慢地显示出来，因为这个信息是多个任期共同呈现出来的。事实上，风险比例说明 Smallville 逐渐变差，而 Metropolis 逐渐变好。然而，两年之后，Metropolis 仍然没能超过 Smallville，这主要是由于第一年的结果导致；而生存比例曲线根本不会这样清楚地展示出这个现象。

风险比例的一个缺点，是任意给定任期包含的数据量可能很小。这个问题可以解决。通过将任期扩大，例如不以天为任期单位，而是以星期或几个星期作为任期单位。

7.2 左截断

本节讨论另一个话题，哪一个是精准的风险率计算方法？如上一章所述，Subscribers 表中的客户数据有一个非预期的属性：在某个日期(取决于市场)之前停止的客户数据被排除在表外。这个现象，即根据客户停止日期移除客户，被称为左截断(Left Truncation)。而且，基于左截断的数据计算而得的风险率结果可能是有偏差的。在上一章，处理左截断的方法是引入 LeftTruncationDate。本节介绍更为灵活的方法，这个方法基于时间窗的思想。

左截断会成为问题，是因为基于左截断数据计算而得的风险率是不正确的。处理左截断问题的解决方案仅仅是使用行为的"时间窗"——这个计算只使用时间窗内的客户数据。这项技术是对生存分析的强大功能扩展。在整体介绍时间窗之前，我们首先看下它能够解决的左截断问题。

7.2.1 认识左截断

在上一章中，通过查看市场的最小终止日期，发现左截断问题。即使当左截断是一个问题时，这个方法也略显不足——一些客户虽然在左截断之前结束，但是他们也可能会出现在数据中。

更好的确定左截断的方法是针对开始客户和停止客户绘制直方图。图表本身与其他直方图相似，唯一的不同点是两条曲线在同一个图表中。解决办法是为每一个直方图单独返回数据，然后在 Excel 中合并数据。然而，在 SQL 中提供正确的格式能够简化 Excel 中的工作。下面的查询返回每个月的开始客户和停止客户：

```
SELECT YEAR(thedate) as year, MONTH(thedate) as month,
       SUM(numstarts) as numstarts, SUM(numstops) as numstops
FROM ((SELECT StartDate as thedate, COUNT(*) as numstarts, 0 as numstops
       FROM Subscribers
       GROUP BY StartDate)
      UNION ALL
      (SELECT StopDate as thedate, 0 as numstarts, COUNT(*) as numstops
       FROM Subscribers
       GROUP BY StopDate)) a
WHERE thedate IS NOT NULL
GROUP BY YEAR(thedate), MONTH(thedate)
ORDER BY year, month
```

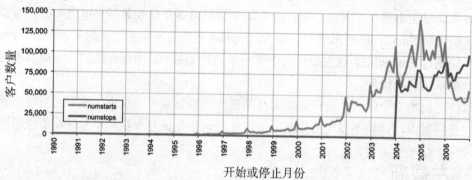

图 7-6　开始客户和停止客户的直方图，说明在 2004 年之前有开始客户，但是没有停止客户

这个直方图的数据查询使用 UNION ALL 确保包含所有的月份。

图 7-6 中的直方图说明开始客户的历史要比停止客户的历史更长。通过提出另一个问题确认这个结论：有多少年(月或天)中的数据同时包含开始客户和停止客户，有多少年(月或天)中的数据只包含一种客户？

下面的查询描述年中是否有停止客户或开始客户：

```
SELECT (CASE WHEN numstarts = 0 THEN 'NONE' ELSE 'SOME' END) as starts,
       (CASE WHEN numstops = 0 THEN 'NONE' ELSE 'SOME' END) as stops,
       COUNT(DISTINCT yy) as numyears,
       MIN(yy) as minyear, MAX(yy) as maxyear
FROM (SELECT yy, SUM(numstarts) as numstarts, SUM(numstops) as numstops
      FROM ((SELECT YEAR(StartDate) as yy, COUNT(*) as numstarts,
             0 as numstops
             FROM Subscribers
             GROUP BY YEAR(StartDate) )
            UNION ALL
```

```
          (SELECT YEAR(StopDate) as yy, 0, COUNT(*) as numstops
           FROM Subscribers
           GROUP BY YEAR(StopDate) )) ss
      GROUP BY yy) ssy
GROUP BY (CASE WHEN numstarts = 0 THEN 'NONE' ELSE 'SOME' END),
         (CASE WHEN numstops  = 0 THEN 'NONE' ELSE 'SOME' END)
ORDER BY starts, stops
```

表 7-1 中列出的结果进一步确认了已知的信息。在 2004 年之前，数据库中记录了起始者数据，但是没有停止者数据——而且，对应的准确日期因市场的不同而不同(上述查询可以轻易被扩展到返回其他维度的信息，如市场、渠道)。第 6 章绕过了这个问题，方法是忽略左截断之前的开始客户。计算过程使用的是同时包含开始者和停止者的数据。

表 7-1 通过开始者和停止者的出现情况描述的年数

开始者	停止者	年数	最小年份	最大年份
SOME	NONE	17	1958	2003
SOME	SOME	3	2004	2006

Subscribers 中包含相当明显的左截断的形式，因为所有的停止客户都被排除在外了。通常，左截断并非如此明显。例如，数据库中可能包含一些停止者，或许因为他们在截止日期当天处于待定状态。或者，左截断只存在于单独的市场中或某个客户分组中。也可能是一家小公司被收购过来，而且这家公司的数据库中只保留活跃客户的信息。幸运的是，可以增强处理左截断的技术，从而为每一个客户处理单独的左截断日期。

7.2.2 左截断的影响

通常，左截断使风险率产生误差，它能使误差率变小，因为风险人口总数变大了。对于一些任期，客户可能已经停止，本不应该计算在人口总数中。例如，开始于 2001 年的客户，会被计算在第一个任期的风险人口总数中。如果这个客户在第一个任期中停止了，则人口总数中不应该包含此人。然而，在数据中，如果有客户的终止日期，那么这个日期也是左截断日期之后的日期。因此，很容易犯下错误，将这个客户纳入第一个任期的风险人口总数。

结果将导致风险比例变大，因此风险率变小，从而导致生存率的估计偏大。图 7-7 比较了所有客户的生存率曲线和左截断日期之后的客户的生存率曲线。生存率值还算乐观。远离实际的估算值可能导致错误的决定和假设。当然，我们更倾向于无误差的估算。

警告：风险率计算对左截断的天真处理，通常会导致低估风险率、高估生存率。

虽然左截断通常会导致低估风险率，但是风险率结果可能高于或低于无误差的估计值。考虑在第 730 天的风险率。通过构造数据，可以将日期设置为左截断日期之前的任意值。因此考虑在 2001-01-01 开始的客户。如果所有的客户都在第 730 天停止，那么他们都在左截断日期之前停止(2003-01-01 在 2004-01-01 之前)，这些信息没有存储在数据库中。

然而，相对于观察到的结果，这些停止会增加 730 天的风险率。如果相反，这些客户都在第 731 天停止，则说明他们都生存到了第 731 天，这降低了 730 天的风险率。由于数据不存在，我们无法判断到底发生了哪种情况。

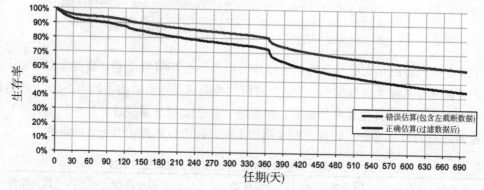

图 7-7　对左截断数据的计算，过高地估计生存率；使用过滤器是获取无误差估算的一种方法

在作生存分析时，我们假设风险率根本不会随时间变化而变化——风险率是稳定的。前面段落描述的情况违反了任期 730 天的风险率的稳定性。图 6-15 确实说明风险率是随时间变化的，然而这个变化非常平缓，因此这个风险率看起来并没有严格打破风险率不变的假设(对于所观察的数据)。假设风险率是稳定的或相对稳定，通常由左截断数据计算而得的风险率偏低、生存率偏高。

提示：通常，我们假设风险率是稳定的，不会随时间变化而剧烈变化。对于客户数据，尽管还需要验证，但这通常是合理的假设。

7.2.3　如何从理论上解决左截断问题

图 7-8 展示了日历时间轴上的若干客户。这里高亮显示两个日期：前一个是左截断日期，后一个是截止日期。仅有截断日期之后的活跃客户存储在数据库中。

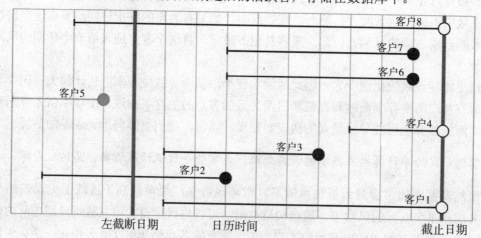

图 7-8　在左截断日期之前停止的客户不包括在数据库中

客户 5 的开始时间和停止时间都发生在左截断日期之前。这个客户不包含在数据库中。我们甚至无从考证这个客户，因为数据库中没有他的数据。客户 2 大约在同一时间开始，他出现在数据库中是因为他成功生存至左截断日期之后。后者是存在的，而前一个客户不存在，这是由数据本身的属性决定的。这是一种潜在的丢失数据的情况，因为整条记录都丢失了，而不只是某一列的数据丢失了。

当有这种数据丢失的情况发生时，如何无偏差地计算风险率？记住，任期的风险率等于在该任期停止的客户数量除以任期中的风险人口总数。风险人口总数是这个任期中有可能停止的活跃客户。

左截断带来一个难题。考虑左截断数据中，任期为 0 的风险人口总数。在左截断任期之前开始且到左截断日期立刻停止的客户的任期为 0。但是这些客户并不在数据库中。既不在停止客户统计中，也不在风险人口总数中。任期 0 的风险人口总数，只包含左截断日期之后的客户。

考虑任期 1 的风险人口总数。这些客户的任期必须为 1，且他们的停止行为发生在左截断日期之后。因此，任期 1 需要发生在左截断日期当天或左截断日期之后。换言之，客户必须在左截断日期前一天和截止日期前一天之间的日期开始。

通常对于给定任期，客户属于这个任期对应的风险人口总数的规则，是任期发生在左截断日期当天或左截断日期之后，而且在截止日期之前。下面两条规则判断客户是否符合任期 t 的风险人口总数的统计规则：

- 客户的起始时间在某个时间段之内，这个时间段等于左截断日期减 t 和截止日期减 t 之间的时间。
- 客户在任期 t 中是活跃客户。

这两条规则合并在一起，说明在这个任期中，客户是风险人口总数中的一员。

7.2.4 估算一个任期的风险率

将前面的规则转换为 SQL 语言，计算给定任期的风险率——如任期 100 对应的风险率：

```
SELECT t, COUNT(*) as poprisk_t,
       SUM(CASE WHEN tenure = t THEN isstop ELSE 0 END) as numstops,
       AVG(CASE WHEN tenure = t THEN isstop*1.0 ELSE 0 END) as haz_t
FROM (SELECT s.*,
             (CASE WHEN StopType IS NULL THEN 0 ELSE 1 END) as isstop,
             (CASE WHEN Market = 'Smallville'
                   THEN CAST('2004-10-27' as DATE)
                   ELSE '2004-01-01' END) as LeftTruncationDate
      FROM Subscribers s) s CROSS JOIN
     (SELECT 100 as t) const
WHERE Tenure >= t AND
      DATEADD(day, t, StartDate) >= LeftTruncationDate AND
      DATEADD(day, t, StartDate) <= '2006-12-31'
GROUP BY t
```

结果为 0.092%。注意，这个查询使用子查询指定感兴趣的任期(t)。改变这个参数值可以返回其他任期的数据。例如，将值改为 1460，则返回 4 年(1460=365*4)任期的结果值(0.073%)。

计算这么长的任期的风险率是相当了不起的。这里要说明，风险率的计算限定于 3 年之内的任期，因为 2014-01-01 之前的起始者已经被过滤掉了。然而，通过使用时间窗，可以精准估算任意任期的风险率。

7.2.5 估算所有任期的风险率

估算单一任期的风险率的方法并不能被轻易扩展到计算所有任期的风险率。高效计算所有任期的风险率，要求对风险人口总数的观察结果有睿智的理解。通过从不同角度进行观察，我们发现了某一任期的风险人口总数与前一任期风险人口总数的关系。

观察结果：
- 任期 t 的风险人口总数等于任期 t-1 的风险人口总数；加上
- 带着任期 t 进入时间窗的客户(即，在左截断日期当天的生存任期为 t)；减去
- 带着任期 t-1 离开时间窗的客户(即，在前一个任期停止或被截尾的客户)。

这些观察结果使用进入和离开时间窗的客户数量，其中时间窗由左截断日期和截止日期定义。可以很容易地计算以给定任期进入时间窗的客户数量。在左截断日期当天或左截断日期之后开始的客户以任期 0 进入时间窗。在左截断日期之前开始的客户，进入时间窗的任期截止于左截断日期。只有进入时间窗的客户才会被计算在风险人口总数中。

计算在给定任期离开时间窗的客户数量更加简单。这是包含给定任期的客户数量，不管他们是否已经停止。任何在左截断日期之前停止的客户，都应该被排除在"进入"和"离开"计算之外。对于这里的数据，这一步有些冗余，因为在左截断日期之前停止的客户根本就没有被存储在数据库中。

下面的 SQL 语句用于计算所有小于 1000 的任期的 numenters、numleaves 和 numstops，它将所有的长任期客户分在一个组中(这只是为了便于计算，并不是处理左截断的必要操作)：

```
SELECT (CASE WHEN t < 1000 THEN t ELSE 1000 END) as tenure,
       SUM(enters) as numenters, SUM(leaves) as numleaves,
       SUM(isstop) as numstops
FROM ((SELECT (CASE WHEN StartDate >= LeftTruncationDate THEN 0
                    ELSE DATEDIFF(day, StartDate, LeftTruncationDate)
              END) as t,
           1 as enters, 0 as leaves, 0.0 as isstop, StartDate, Tenure
     FROM (SELECT s.*,
                  (CASE WHEN Market = 'Smallville'
                        THEN CAST('2004-10-27' as DATE)
                        ELSE '2004-01-01' END) as LeftTruncationDate
           FROM Subscribers s) s
    ) UNION ALL
    (SELECT tenure as thetenure, 0 as enters, 1 as leaves,
            (CASE WHEN StopType IS NOT NULL THEN 1 ELSE 0
             END) as isstop, StartDate, Tenure
     FROM Subscribers s) ) a
```

```
WHERE StartDate IS NOT NULL AND Tenure >= 0
GROUP BY (CASE WHEN t < 1000 THEN t ELSE 1000 END)
ORDER BY tenure
```

这两个查询计算进入和离开时间窗的客户数量。第二个子查询同时保留对停止客户的追踪，因为停止时的任期与客户离开时间窗时的任期相同。

这些列为 Excel 计算提供数据，Excel 的计算过程遵循前面的观察结果。图 7-9 展示了 Excel 工作簿计算使用的公式。给定任期的风险人口总数，等于前一个风险人口总数加上新进入的客户，再减去在前一个任期离开的客户。然后，使用停止者数量除以风险人口总数，计算结果为风险率。当计算所有任期的风险率时，有必要通过计算一两个任期来验证结果。验证过程可以使用上一节介绍的单一任期风险率计算方法。

注意，在任期 0 进入时间窗的客户数量是百万级的，但是对于其他任期，客户数量最多是几千名客户。这是因为所有在左截断日期当天和左截断日期之后开始的客户，进入时间窗的任期都为 0。任期 0 的数量包含三年来所有的开始客户。另一方面，以长任期进入时间窗的客户，起始于左截断日期之前的很多天。

	C	D	E	F	G	H	I	J
24		FROM SQL				CALCULATED IN EXCEL		
25	tenure	numenters	numleaves	numstops		POP	h	S
26	0	2943883	2383	508		=SUM(D$26:D26)	=F26/H26	=IF($C26=0, 1, J25*(1-I25))
27	1	1469	18358	17310		=SUM(D$26:D27)	=F27/H27	=IF($C27=0, 1, J26*(1-I26))
28	2	2260	16742	15103		=SUM(D$26:D28)	=F28/H28	=IF($C28=0, 1, J27*(1-I27))
29	3	4254	13298	11361		=SUM(D$26:D29)	=F29/H29	=IF($C29=0, 1, J28*(1-I28))
30	4	3762	9566	9522		=SUM(D$26:D30)	=F30/H30	=IF($C30=0, 1, J29*(1-I29))
31	5	3743	11766	9172		=SUM(D$26:D31)	=F31/H31	=IF($C31=0, 1, J30*(1-I30))
32	6	3788	12689	9449		=SUM(D$26:D32)	=F32/H32	=IF($C32=0, 1, J31*(1-I31))
33	7	540	13504	10336		=SUM(D$26:D33)	=F33/H33	=IF($C33=0, 1, J32*(1-I32))
34	8	3209	11898	9596		=SUM(D$26:D34)	=F34/H34	=IF($C34=0, 1, J33*(1-I33))
35	9	5279	12296	9480		=SUM(D$26:D35)	=F35/H35	=IF($C35=0, 1, J34*(1-I34))
36	10	5511	12068	9528		=SUM(D$26:D36)	=F36/H36	=IF($C36=0, 1, J35*(1-I35))

图 7-9 处理左截断的 Excel 计算，与以观察为依据的风险率计算的难易程度相似

7.2.6 在 SQL 中计算

也可以使用窗口函数，在 SQL 中完成同样的计算。使用前面的查询作为基础计算，下面的 SQL 为风险率计算累积求和：

```
WITH ss as ( < previous query with no ORDER BY> )
SELECT ss.*,
       (SUM(numenters - numleaves) OVER (ORDER BY Tenure) +
        numleaves) as pop,
       numstops / (sum(numenters - numleaves) OVER (ORDER BY Tenure) +
                   numleaves) as h
FROM ss
ORDER BY Tenure
```

这个查询有一个小窍门。表达式 SUM(numenters - numleaves) OVER(ORDER BY Tenure) 几乎实现了正确的计算。它计算进入者的累积和，减去离开者的累积和。然而，我们需要的是进入者的累积和，减去前一个任期的离开者的累积和。换言之，这个表达式额外减去了给定任期的停止者。修补方法很简单：将当前任期的停止者数量加回来。

7.3 时间窗

时间窗不只是处理左截断问题的解决方案,也是处理其他问题的强大技术。本节宏观地研究时间窗技术,并展示若干使用该技术的方法。

7.3.1 一个商业问题

曾经,通信公司使用生存分析技术开发用于预测的应用程序。如前面章节的讨论,这类应用程序是生存分析的强大应用。在 5 月初,通信公司为数千万的客户提供大量的数据,用于验证概念。可以在夏天时验证概念,并稳定地改进预测,然后在年底开始最终的预测。因此,使用历史数据对概念的证明始于 5 月。

在 4 月,财务部门的一些聪明人决定修改公司的策略,只是稍作调整。原来的策略是,当客户要求停止时,就断开与客户的联系。新策略是,除非客户强硬要求,否则在账单周期结束时才断开与客户的联系。

新策略的优点有很多,而且很明显。新策略说明客户不会收到任何退款,因为账户周期一直持续到客户支付的费用用完。这样的退款通常是很少一部分钱,而每次退款的花费占退款总金额很大一部分比例。此外,新策略能够使客户的活跃时间变长。假设客户在停止之前的账单周期中偶尔会打几次电话,则可能会为客户的任期添加额外的半个账单周期——或两个星期。

那么,新策略会影响客户的任期吗?为停止客户延长两个星期的任期,会不会对验证概念造成影响,影响是否可以接受?毫无悬念:答案为"是的"。更重要的问题是如何处理这个情况。

在 5 月初,过滤新策略生效后开始的客户并不能解决问题,因为这些客户的任期非常短——任期小于一个月,难以用于验证概念,而且对于更大的项目,其任期小于一年。更好的解决方案是计算无偏差的风险率,使用新策略生效后的停止客户。换言之,将左截断日期设置为近期,而且只使用新策略生效后的停止客户。风险率估算体现了新策略的变化,而且这个风险计算仍然是针对所有任期。

设置左截断日期解决了问题。其他的情况也可以使用同样的解决方案。另一个公司改变了初始不必支付的策略。在以前,如果客户在 63 天之后没有支付账单,就停止该客户。这个时间被调整至 77 天。是的,这对预测客户数量是有影响的。到最后,策略被修改的更加复杂,针对不同的客户,这个时间被调整为 56 天至 84 天。基于新策略生效之后的活跃客户的风险率估算(使用左截断),能够返回新策略下的准确风险率估算值。

7.3.2 时间窗=左截断+右截尾

上面的内容通过设置左截断日期来处理商业规则的变化。对时间窗的常见思考是它们能够无偏差计算客户在时间窗内的风险率估算值。时间窗始于左截断日期,结束于截止日期(技术上称之为右截尾日期)。

只有进入时间窗的客户被计入风险人口总数,否则其停止行为不会记录在数据库中。这里的讨论关注所有客户的公有时间窗。同样的思想也可以应用到不同分组客户的不同时间窗。

图 7-10 展示了若干客户的公有时间窗。指定的时间窗是指左截断日期和指定的更早的右截尾日期的组合(如第 6 章中的图 6-17 所示)。有了这两个想法,可以使用任意停止时刻的时间窗来计算无偏差的风险率。

图 7-10 是不同图表类型的组合。阴影面积是绘制在辅助 X 坐标轴上的柱形图。柱形对应的数值是精心选择的,所以阴影部分能够与垂直网格线对齐。通过设置半透明的阴影,使网格线可以显示出来。

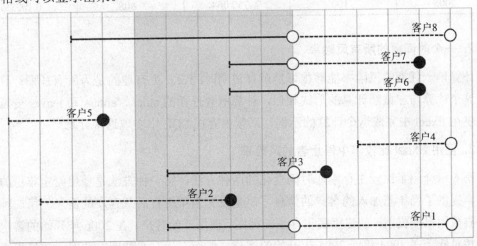

图 7-10 对于在某个时间段(阴影面积)停止的客户,时间窗可以无偏差地估算风险率

1. 使用时间窗计算单一风险率

对于在 2004 年、2005 年、2006 年停止的客户,任期 100 的风险率是多少?这是一个关于风险率随时间变化的问题。下面的 SQL 语句基于 2004 年的停止客户计算风险率:

```
SELECT t as tenure, COUNT(*) as poprisk_t,
       SUM(CASE WHEN tenure = t THEN isstop ELSE 0 END) as numstops,
       AVG(CASE WHEN tenure = t THEN isstop ELSE 0 END) as haz_t
FROM (SELECT s.*,
             (CASE WHEN Market = 'Smallville'
                   THEN CAST('2004-10-27' as DATE)
              ELSE '2004-01-01' END) as LeftTruncationDate,
             (CASE WHEN StopType IS NOT NULL AND StopDate <= '2004-12-31'
                   THEN 1.0 ELSE 0 END) as isstop
      FROM Subscribers s) s CROSS JOIN
     (SELECT 100 as t) const
WHERE Tenure >= t AND
      DATEADD(day, t, StartDate) BETWEEN LeftTruncationDate AND
                                         '2004-12-31'
GROUP BY t
```

SQL 语句合并了左截断和指定的截尾。左截断在 WHERE 子句中实现，限制 2004 年中任期为 100 的客户。指定的截尾是截至 2004 年年底，因此对 isstop 的定义也截至这个日期。

对 2005 年和 2006 年的计算是相似的。表 7-2 展示了这三年中，任期为 100 的客户的风险率。概率本身非常低。在 2005 年，风险率最低，2005 年的风险人口总数最大。

表 7-2 在 2004 年、2005 年、2006 年停止，任期为 100 的客户的风险率

年份	任期	风险人口总数	停止客户数量	风险率
2004	100	850 170	957	0.1126%
2005	100	1 174 610	777	0.0661%
2006	100	750 064	808	0.1077%

2. 一个时间窗的所有风险率

计算单一任期的风险率能够很好地解释说明时间窗。更有趣的是为所有任期计算风险率。这个计算与左截断计算的形式相似，计算所有任期的 stops、enters 和 leaves 变量。下面提供在 Excel 中完成这个计算的示例，后续内容在 SQL 中实现这个计算。

3. 使用 Excel 比较年中停止者的风险率

第 6 章介绍了比较生存率随时间变化的两种方法。第一种方法是使用给定年份的起始客户，提供了当年新加入的客户的信息，但是没有当年所有活跃客户的信息。第二种方法是将右截尾日期提前，创建年底生存率的截图。使用开始客户，在 2006 年开始的客户的生存率相对低于在 2004 年或 2005 年开始的客户。然而，生存率截图方法展示的结果表明，2006 年的生存率比 2004 年年底的生存率更好。

本节的目的在于阐述另一个基于时间窗的方法。使用时间窗，可以根据客户在每一年的行为估算风险率。使用时间窗可以计算所有任期的风险率。

这个方法计算给定任期，在时间窗内进入、离开和停止的客户数量。下面的查询计算 2006 年停止的客户数量：

```
WITH const as (
     SELECT CAST('2006-01-01' as DATE) as WindowStart,
            CAST('2006-12-28' as DATE) as WindowEnd
     )
SELECT (CASE WHEN tenure < 1000 THEN tenure ELSE 1000 END) as tenure,
       SUM(enters) as numenters, SUM(leaves) as numleaves,
       SUM(isstop) as numstops
FROM ((SELECT (CASE WHEN StartDate >= WindowStart THEN 0
                    ELSE DATEDIFF(day, StartDate, WindowStart)
               END) as tenure, 1 as enters, 0 as leaves, 0.0 as isstop
       FROM const CROSS JOIN Subscribers s
       WHERE Tenure >= 0 AND StartDate <= WindowEnd AND
             (StopDate IS NULL OR StopDate >= WindowStart)
      ) UNION ALL
```

```
        (SELECT (CASE WHEN StopDate IS NULL OR StopDate >= WindowEnd
                      THEN DATEDIFF(day, StartDate, WindowEnd) ELSE Tenure
                 END) as tenure, 0 as enters, 1 as leaves,
                (CASE WHEN StopType IS NOT NULL AND StopDate <= WindowEnd
                      THEN 1 ELSE 0 END) as isstop
         FROM const CROSS JOIN Subscribers s
         WHERE Tenure >= 0 AND StartDate <= WindowEnd AND
               (StopDate IS NULL OR StopDate >= WindowStart) )
        ) s
GROUP BY (CASE WHEN Tenure < 1000 THEN Tenure ELSE 1000 END)
ORDER BY tenure
```

注意，首先时间窗在 2006-12-28 而不是 2006-12-31 停止。28 号是数据的截止日期，在这个日期之后，没有起始或停止数据。如果使用了这个日期之后的日期，那么活跃客户的任期会被延长 3 天。即，于 2006-12-28 开始的客户的任期为 3 天而不是 0 天，在这种情况下，风险率的计算相比上一节中的会有轻微变化。

变量 enters 计算每一个任期进入时间窗的客户数量。对于在时间窗之间或在时间窗之前开始的客户，这个任期是 0。基于右截尾的任期或客户停止时的任期，计算变量 leaves 和 stops。

每一个子查询都有相同的 WHERE 子句，用于返回时间窗之中的活跃客户——客户必须在年终之前开始，且在年初之后停止，这样的客户才会在计算范围之内。为了更好地衡量计算，每一个子查询同时要求 tenure 为正，消除伪造的负值数据。

图 7-11 分别为每一年展示了基于一年时间窗的生存率曲线。这些曲线可以与图 6-16、图 6-18 进行对比。这个图表有一张更完整的图片。使用时间窗，计算过程返回三年之中所有任期的生存率。所有系列的曲线长度一样。

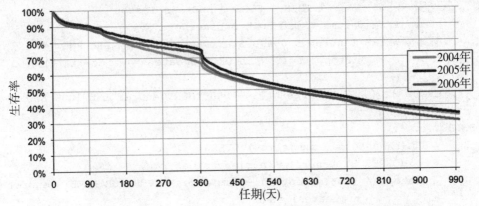

图 7-11　使用时间窗，在不同年份停止的客户可以用于计算风险率和生存率

这个图表说明，相比于 2004 年和 2006 年，2005 年的年客户流失更加强烈。客户倾向于在开始后一周年停止服务，通常是因为他们的合同到期。因此，尽管 2005 年和 2006 年的客户在第一年内的生存率更高(相比于 2004 年)，随着合同的到期，生存率间的区别消失了。基于停止客户，2006 年几乎在所有的情况下都处于下风，最差的短期生存率(在前 90

天),最差的长期生存率(超过 720 天),尽管中间时间的生存率稍好。

4. 使用 SQL 比较年中停止者的风险率

这个计算也可以通过纯 SQL 来实现。下面的查询与左截断计算的结构相似:

```
WITH params as (
     SELECT CAST('2006-01-01' as DATE) AS WindowStart,
            CAST('2006-12-28' as DATE) as WindowEnd
     ),
     t as (
      SELECT (CASE WHEN tenure < 1000 THEN tenure ELSE 1000
              END) as tenure,
             SUM(enters) as numenters, SUM(leaves) as numleaves,
             SUM(isstop) as numstops
      FROM ((SELECT (CASE WHEN StartDate >= WindowStart THEN 0
                          ELSE DATEDIFF(day, StartDate, WindowStart)
                     END) as tenure,
                 1 as enters, 0 as leaves, 0 as isstop
             FROM params CROSS JOIN Subscribers s
             WHERE Tenure >= 0 AND StartDate <= WindowEnd AND
                 (StopDate IS NULL OR StopDate >= WindowStart)
            ) UNION ALL
            (SELECT (CASE WHEN StopDate IS NULL OR StopDate >= WindowEnd
                          THEN DATEDIFF(day, StartDate, '2006-12-28')
                          ELSE Tenure
                     END) as tenure, 0 as enters, 1 as leaves,
                    (CASE WHEN StopType IS NOT NULL AND
                               StopDate <= WindowEnd
                          THEN 1 ELSE 0 END) as isstop
             FROM params CROSS JOIN Subscribers s
             WHERE Tenure >= 0 AND StartDate <= WindowEnd AND
                 (StopDate IS NULL OR StopDate >= WindowStart) )
           ) s
      GROUP BY (CASE WHEN Tenure < 1000 THEN Tenure ELSE 1000 END)
     )
SELECT t.*,
       (SUM(numenters - numleaves) OVER
           (ORDER BY tenure) + numleaves) as pop,
       numstops / (SUM(numenters - numleaves) OVER (ORDER BY tenure) +
           numleaves) as h
FROM t
ORDER BY tenure
```

这里使用同样的逻辑将 numleaves 添加到人口总数中。计算风险人口总数的公式是 numenters 累积求和后,减去前一任期 numleaves 的累积和。

7.4 竞争风险

在列夫·托尔斯泰的经典小说《安娜·卡列妮娜》中，开场白是"幸福的家庭都是相似的，不幸的家庭却各有各的不幸"。当然，本书内容不是关于俄国文学，但是托尔斯泰在 19 世纪关于家庭的描述，同时也适用于 21 世纪的客户。幸福的客户都是相似的，因为他们保留下来了。不幸的客户都停止了，他们停止的原因也各有不同。虽然，或许实际上不会像托尔斯泰的小说描述的那样，但是这些原因也非常值得分析。竞争风险是生存分析的一部分，它量化这些不同原因产生的影响。

7.4.1 竞争风险的示例

思考竞争风险的一个方法，是假想客户有一个守护天使，并且面对不同的魔鬼的诱惑。守护天使确保每一个客户开心、忠诚并且按时支付。不同的魔鬼的诱惑推动客户投向竞争对手或是停止支付，或是其他原因。在客户的整个生命周期中都存在竞争，守护天使通常会取得胜利。但是，最终当某种诱惑出现时，客户停止了。

对天使和魔鬼的假设刻画了竞争风险的核心思想：在给定的任期，客户不仅有停止的风险，而且他们的停止是由于不同的原因。例如，订阅数据中包含三种不满意情况，编码后存储在 StopType 列中。到目前为止，我们使用停止类型来识别客户是否是活跃客户，所有值非 NULL 的用户为停止客户。下面将详细介绍停止类型。

提示：当处理客户离开的不同原因时，一个好想法是将这些原因划分为若干不同的分组，如 2 和 5 之间的分组。划分规则取决于实际业务需要。

1. I=非自愿流失(Involuntary Churn)

停止类型"I"代表"非自愿流失"，这种情况说明停止行为是公司发起的。在这个数据集中，非自愿流失为客户未支付订单而停止。

非自愿流失可能不是真正的非自愿。客户可能是因为想要离开，才不去支付订单。以前，通信公司相信没有任何一个客户的离开是真正非自愿的。公司为所有的客户做信用检查，相信客户是有能力支付订单的。

公司所拥有的只是可怜的客户服务——拨入呼叫中心的电话通常要等待数十分钟。客户可能会因为账单问题或信号覆盖问题拨打客户服务热线，超长时间的等待可能让客户非常生气。对比不断地打电话和不断地等待，停止支付订单更加简单。之所以有这样的结论，是因为数据表明，很多信誉度较高的客户在停止支付之前，都曾经拨打客服热线。

2. V=自愿流失(Voluntary Churn)

另一种流失类型是 V，代表"自愿流失"。这是一组由客户发起的停止的原因。客户可能因为价格过高而停止，或因为产品不符合预期(如通信公司的信号覆盖问题)，或因为较差的客户服务，或因为客户搬家了，或因为个人财务情况的变化，或是为了联合抵制公司的策略，或因为占卜师给出的建议。无数种原因通常被编码为数十甚至数百个停止编码。在 Subscribers 数据中，这些原因都被划分至分组 V 中。

不是所有的自愿流失都是真正自愿的。很多时候，在客户取消账户后，发现他们又重新开始。他们可能是自愿停止的，但是钞票仍然在他们手中。在走了一些弯路后，这些客户被划分为非自愿流失分组中。

这些边界情况不影响竞争风险的应用。相反，它们说明在某些情况下，停止类型中可能需要加入额外的信息。例如，有很多余额的停止客户可能与其他自愿停止的客户不同。

3. M=迁移(Migration)

在订阅数据中，第三种离开类型是迁移，用 M 表示。迁移流失的一种情况是，公司开发新的、增强的产品，希望客户转移至新产品上。当通信公司进入数字电话技术时，发生过这样的情况。

这个数据集中的账户由客户的订阅账户组成。这些客户按月支付服务费。预支付客户是指提前为一段时间支付费用。预支付选项适用于某些客户，特别是对于支出有限的客户。

从订阅账户迁移到预支付账户是一种降级，因为预支付产品的利润不及订阅产品。对于其他的情况，迁移可能是一种升级。在信用卡数据库中，从金卡切换到铂金、钛金或黑卡可能需要注销一张信用卡，再开一张新卡，即拥有更大额度的账户。在药学领域，病人可能会从 10mg 的剂量升级到 40mg 的剂量。

从整体的客户角度看，迁移可能并不意味着停止。毕竟，客户仍然是这个公司的客户。另一方面，从特定产品组的角度看，迁移走的客户就不再使用这个产品了。迁移是否表明客户停止？这个问题的答案不一，取决于特殊的业务需求。

提示： 客户是否停止，在某种程度上这是一个业务问题。对于一些分析(以产品为中心)，迁移到另一个产品的行为被看作客户的停止。对于以客户为中心的分析，这些客户仍然是活跃客户。

4. 其他类型

另一种流失类型是"期待的"流失。例如，一些客户可能因为死亡、搬出服务区或达到退休年龄；在这些情况中，取消行为并非客户所愿；这确实是外来因素。相似地，因为公司关闭地理区域覆盖的范围，或是将商业模块出售给竞争者，公司可能要承担责任。这些是客户不再是客户的情况的示例，虽然客户并没有犯错。

竞争风险可以处理所有类型的客户流失，这些客户流失以理由的编码标识。然而，通常情况下，最好只处理小部分的原因编码，将这些原因汇集到若干重要的停止分类中。

7.4.2 竞争风险的"风险率"

竞争风险背后的基础思想是：客户仍然是活跃客户，他们并没有遭受任何风险。在最初的想象中，这说明守护天使和恶魔的诱惑一直在为客户的命运而战斗。

图 7-12 展示了一小组客户。在这个图表中，空心圆说明客户仍然是活跃客户。深色阴影和浅色阴影说明可能离开的不同原因。可以通过停止者数量除以风险人口总数，计算每一种风险的风险率。由于天使和恶魔一直在竞争相同的客户，因此对于所有的风险，风险人口总数是相同的。事实上，对于不同的风险，风险人口总数可能有细微的差别，但这个差别可以忽略。对于直观上的目的，完全可以假设风险人口总数都是相同的。

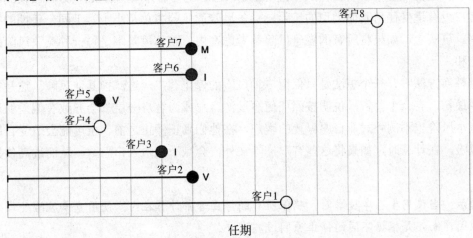

图 7-12 不同的客户因为不同的原因而停止，例如自愿停止、非自愿停止以及迁移

下面的 SQL 建立适当的数据：

```
SELECT Tenure, COUNT(*) as pop,
       SUM(CASE WHEN StopType = 'V' THEN 1 ELSE 0 END) as voluntary,
       SUM(CASE WHEN StopType = 'I' THEN 1 ELSE 0 END) as involuntary,
       SUM(CASE WHEN StopType = 'M' THEN 1 ELSE 0 END) as migration
FROM (SELECT s.*,
             (CASE WHEN Market = 'Smallville'
                   THEN CAST('2004-10-27' as DATE)
                   ELSE '2004-01-01' END) as LeftTruncationDate
      FROM Subscribers s
     ) s
WHERE StartDate IS NOT NULL AND Tenure >= 0 AND
      StartDate >= LeftTruncationDate
GROUP BY Tenure
ORDER BY Tenure
```

上述 SQL 简单地将停止者分为三个组：V、I 和 M。然后分别为每一个分组单独计算竞争风险的风险率，其中使用相同的风险人口总数。

对于通过调整停止客户来轻微调整风险人口总数，有一个理论上的原因。虽然所有的停止者在相同的时间段中停止，但我们可以假设他们是以某个顺序停止的。一旦一位客户由于某种原因停止，那么该客户就不应该被计算在风险人口总数中。对于平均情况，所有的停止客户都在时间间隔的中间停止。这些客户不再处于停止的风险中。因此，对于风险人口总数的合理调整是减去半数的停止者。

这个调整通常对风险率的影响甚微，因为在任意时间，停止者的数量相对于风险人口总数非常小。当停止者的数量和人口总数在一个数量级时，这个调整的影响很大。然而，这种情况只发生在风险人口总数很小的情况下，因此风险率的置信空间很大。顺便提一下，同样的调整也适用于整体风险率计算。

竞争风险的风险率说明了什么？直观上讲，它是遭受某种风险的条件概率(假设到目前为止客户没有遭受任何其他类型的风险)。竞争风险的风险率总是小于等于同一任期的整体风险率。事实上，如果将所有的竞争风险都考虑在内，整体风险率是每一种竞争风险的风险率之和。

有替换方法吗？一个想法是只保留一种风险的停止客户，过滤掉其他风险。这是行不通的。最初，有一个警告，说明按照任何事过滤客户或为客户分层都会导致有偏差的风险率。竞争风险也不例外。非自愿停止的客户，在他们真正停止之前，也可能会遭受自愿停止的风险。在计算时，如果将这些客户排除在外，会减小风险人口总数，从而过高估计风险率。

提示： 当使用生存率技术时，确保所有的停止者都计算在内。使用竞争风险处理不同停止原因，而不是根据不同的停止原因过滤客户。

7.4.3 竞争风险的"生存率"

下一步是从风险率中计算竞争风险的生存率，获取图 7-13 所示的结果。某一竞争风险的生存率总是大于整体生存率。对于给定任期，总有较多的客户和相对较少的停止客户，所有竞争风险的生存率的乘积是对整体风险率的估算。这个公式并不是非常精确，但它通常能得出一个非常接近的数值。

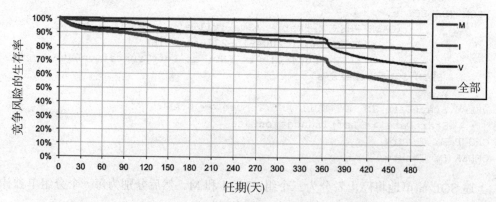

图 7-13 竞争风险的生存率总是比整体生存率更大

竞争风险的生存率曲线并不容易解释。它们取决于客户不因为其他原因而停止。因此，V 曲线回答了如下问题：假设客户没有因为 V 以外的其他原因而停止，那么客户生存至某个任期的概率是多少？这个问题非常晦涩；客户确实因为其他原因而停止。

竞争风险的生存率曲线没有像整体生存率曲线那样漂亮的分析属性。特别是，曲线下方的区域也没有易于理解的解释。

另一方面，曲线可以用于定性。例如，曲线说明周年流失是自愿流失。另一方面，在客户开始后，非自愿流失持续主导数月的时间，之后不再明显。迁移一直都不是客户流失的主要原因。看清不同停止类型，使竞争风险的生存率曲线非常有用，虽然数据只是定性而非定量。

7.4.4 随着时间的变化，客户身上发生了什么？

生存率曲线有一个非常漂亮的属性。在任意给定的任期，生存率曲线估算活跃客户的比例，以及到这个点停止的客户数量。或者，如果这个风险是其他内容而不是客户停止，曲线可以告诉我们遭受风险的客户比例和未遭受风险的客户比例。竞争风险对比做了扩展，它根据风险类型重新定义停止客户的数量。

1. 示例

图 7-14 根据任期绘制订阅者的图表，共分为 4 个部分。最低的区域表示活跃客户。下一个区域是自愿停止的客户，再下一个区域是非自愿停止的客户。最上层的薄薄的一层表示迁移的客户，因为数值太小，这个区域在图表上不可见。例如，在第 730 天，42.3%的客户仍然是活跃客户，37.1%自愿停止，20.2%非自愿停止，以及 0.4%的迁移客户。在每一个点，都计算了所有的客户，因此三条曲线之和总是 100%。

这些曲线说明了在客户开始之后，都依次发生了什么事情。在这个数据中，唯一的可能性是保持活跃或保持停止——自愿地、非自愿地和因为迁移而导致。然而，一些客户可能重新开始，并成为活跃客户。迁移走的客户，也可能再回来。这些曲线并未包含这些复杂情况，因为它们只显示接下来发生的事情。

活跃客户和自愿停止的客户之间的边界是整体生存率曲线。其他三个区域加起来是风险率，但是这与生存率曲线并非完全一致。有两种方法创建"接下来发生什么"图表。第一种方法是强力绘制、基于对列(cohort-based)的方法。第二种是使用生存分析。

2. 基于对列的方法

创建"接下来发生什么"图表的一个方法是做对列计算。它关注的是所有在相同时间开始的客户分组的输出。例如，下面的 SQL 追踪在左截断日期开始的客户对列：

```
SELECT Tenure, COUNT(*) as pop,
       SUM(CASE WHEN StopType = 'V' THEN 1 ELSE 0 END) as voluntary,
       SUM(CASE WHEN StopType = 'I' THEN 1 ELSE 0 END) as involuntary,
       SUM(CASE WHEN StopType = 'M' THEN 1 ELSE 0 END) as migration
FROM (SELECT s.*,
             (CASE WHEN Market = 'Smallville'
                   THEN CAST('2004-10-27' as DATE)
                   ELSE '2004-01-01' END) as LeftTruncationDate
      FROM Subscribers s) s
WHERE StartDate = LeftTruncationDate
GROUP BY Tenure
ORDER BY Tenure
```

这个查询与前面的查询非常相似。唯一的区别是这个查询限制客户为 1 天前开始的客户。这个想法的目的是直接从数据中计算每一个任期开始者和停止者的累计数据。

计算所有任期的累计值依赖于两条规则：给定任期的活跃客户数量等于更长任期的所有客户的数量总和，加上当前任期中的活跃客户数量。对于另外三个分组，规则只是简单地正向计算。自愿停止的客户数量，等于小于等于当前任期的所有任期的自愿停止的客户数量总和。

Excel 支持这种计算。图 7-15 显示了结果图表，其中每一个分组的人口用单独的线表示。这个图表没有堆积在一起，因此难以明显地看出任意给定任期的和是相同值，即 2004-01-01 开始的 349 名客户。

也可以在 SQL 中计算相同的信息：

```
WITH s as (
    SELECT Tenure, COUNT(*) as pop,
           SUM(CASE WHEN StopType = 'V' THEN 1 ELSE 0 END) as vol,
           SUM(CASE WHEN StopType = 'I' THEN 1 ELSE 0 END) as invol,
           SUM(CASE WHEN StopType = 'M' THEN 1 ELSE 0 END) as mig
    FROM (SELECT s.*,
                 (CASE WHEN Market = 'Smallville'
                       THEN CAST('2004-10-27' as DATE)
                       ELSE '2004-01-01' END) as LeftTruncationDate
          FROM Subscribers s) s
    WHERE StartDate = LeftTruncationDate
    GROUP BY Tenure
)
SELECT s.tenure, pop,
       SUM(pop) OVER (ORDER BY tenure DESC)-(vol+invol+mig) as actives,
       SUM(vol) OVER (ORDER BY tenure) as voluntary,
       SUM(invol) OVER (ORDER BY tenure) as involuntary,
       SUM(mig) OVER (ORDER BY tenure) as migration
FROM s
ORDER BY Tenure
```

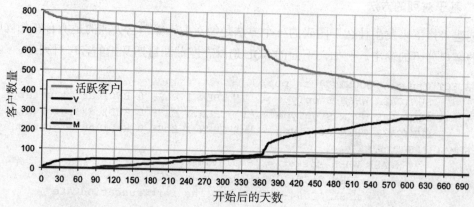

图 7-15　该图显示开始于左截断日期的客户，分别通过若干分组展示，分组为：活跃客户、自愿停止的客户、非自愿停止的客户和迁移的客户

这里唯一的细微区别，是对于每一个任期，从总人口数中减去停止者数量。停止者对下一个任期有影响。

使用基于对列的方法，有助于看到每一组客户所发生的事情。有了额外的信息，可以将客户分为不同的分组，例如：

- 活跃客户，没有超期金额。
- 活跃客户，有超期金额。
- 自愿停止的客户，没有余额。
- 自愿停止的客户，有相当多的余额。
- 非自愿停止的客户，余额注销。
- 非自愿停止的客户，余额最终被支付。
- 迁移的客户，仍然是新产品的活跃客户。
- 迁移的客户，已停止。
- 迁移的客户，但是又返回原产品。

这些分组包含不同类型的信息，例如，有相当多余额的客户，以及迁移的客户是否返回最初的产品。

对列方法有一个缺点。如果客户的开始时间范围更广，则很难使用这个方法。困难之处在于，不同的客户分组适合不同的任期。在 2004 年 1 月开始的客户可以被追踪 36 个月。然而，在 2006 年 1 月开始的客户，只能追踪 12 个月，其数据无法体现第 13 至第 36 个月。

有时，对列方法是在 Excel 中实现的。随着月数的增长，问题变得非常复杂，因为每一个起始月和每一个任期月都有单独的值。然后，将这些数据分散至更小分组时，变得更加复杂。最终，达到对列方法的极限。幸运的是，我们有另一个可用的替换方案：使用生存分析和竞争风险。

3. 生存分析方法

本节讨论如何使用竞争风险的风险率，来量化所有任期中客户停止后发生的事情。着手点是整体生存率，整体生存率将整体客户分为活跃客户和给定任期停止的客户。为了回答客户停止后发生了什么，两个问题是关键：每一个任期，停止客户所占的比例是多少？在每个任期的停止客户中，每一个竞争原因对应的客户所占的比例是多少？

回答第一个问题非常简单。停止客户的比例等于任期 t 的整体生存率和任期 t+1 的整体生存率之差。第二个问题的答案几乎同样简单。解决方法是按竞争原因划分停止客户的比例。因此，假设有 10、20 和 70 位客户分别因为三种原因停止，则这些原因对应的停止比例为 10%、20% 和 70%。

在前面，我们介绍过计算竞争风险的风险率的方法。图 7-16 展示了完成计算的 Excel 截图。在这个计算中，在某个任期停止的客户比例等于当前任期的生存率减去下一个任期的生存率。然后，根据不同竞争风险划分这个差值；不同竞争风险的风险率总和，等于在这个任期遭受风险的客户比例。

相比于对列方法，这个计算方法有明显的优势，因为它能够处理多个起始日期的数据。

同时可以通过引入更多的竞争风险，扩展定义更多的分组。例如，自愿流失可以细分为两种风险：一种是余额为 0，另一种是余额不为 0。

竞争风险说明了随时间的变化，发生在客户身上的事情。然而，我们的直觉带领我们打开另一个涉及竞争风险率和生存率的潘多拉魔盒，如下面的"一个竞争风险难题"部分所述。

	C	D	E	F	G	H	I	J	K	L	M	N
16			FROM SQL							CALCULATED IN EXCEL		
17	Tenure	pop	volunta	involu	migra		pop	h	Active	Stops	Voluntary	Involuntary
18	0	2383	77		430		=I19+D18	=SUM(E18:G18)/I18	1	=K18-K19		0
19	1	18354	14979	1888	439		=I20+D19	=SUM(E19:G19)/I19	=K18*(1-J18)	=K19-K20	=M18+$L18*(E18/SUM($E18:$G18))	=N18+$L18*(F18/SUM($E18:$G18))
20	2	16730	11130	3760	201		=I21+D20	=SUM(E20:G20)/I20	=K19*(1-J19)	=K20-K21	=M19+$L19*(E19/SUM($E19:$G19))	=N19+$L19*(F19/SUM($E19:$G19))
21	3	13283	8922	2255	169		=I22+D21	=SUM(E21:G21)/I21	=K20*(1-J20)	=K21-K22	=M20+$L20*(E20/SUM($E20:$G20))	=N20+$L20*(F20/SUM($E20:$G20))
22	4	9540	7400	1978	118		=I23+D22	=SUM(E22:G22)/I22	=K21*(1-J21)	=K22-K23	=M21+$L21*(E21/SUM($E21:$G21))	=N21+$L21*(F21/SUM($E21:$G21))
23	5	11743	6982	2047	120		=I24+D23	=SUM(E23:G23)/I23	=K22*(1-J22)	=K23-K24	=M22+$L22*(E22/SUM($E22:$G22))	=N22+$L22*(F22/SUM($E22:$G22))
24	6	12646	7247	2066	93		=I25+D24	=SUM(E24:G24)/I24	=K23*(1-J23)	=K24-K25	=M23+$L23*(E23/SUM($E23:$G23))	=N23+$L23*(F23/SUM($E23:$G23))
25	7	13463	8132	2091	72		=I26+D25	=SUM(E25:G25)/I25	=K24*(1-J24)	=K25-K26	=M24+$L24*(E24/SUM($E24:$G24))	=N24+$L24*(F24/SUM($E24:$G24))
26	8	11855	7464	2027	62		=I27+D26	=SUM(E26:G26)/I26	=K25*(1-J25)	=K26-K27	=M25+$L25*(E25/SUM($E25:$G25))	=N25+$L25*(F25/SUM($E25:$G25))
27	9	12261	7462	1903	80		=I28+D27	=SUM(E27:G27)/I27	=K26*(1-J26)	=K27-K28	=M26+$L26*(E26/SUM($E26:$G26))	=N26+$L26*(F26/SUM($E26:$G26))
28	10	12017	7637	1787	53		=I29+D28	=SUM(E28:G28)/I28	=K27*(1-J27)	=K28-K29	=M27+$L27*(E27/SUM($E27:$G27))	=N27+$L27*(F27/SUM($E27:$G27))

图 7-16 在 Excel 中，可以使用竞争风险的生存率计算接下来发生了什么

> **一个竞争风险难题**
>
> 竞争风险的生存率暗示了两个估计值，它们看起来很直观(或至少是非常合理的)。第一个估计值是所有竞争风险的生存率的乘积等于整体生存率。第二个估计值是所有竞争风险的风险率之和等于对应任期的整体风险率。
>
> 幸运的是，这些估计值对于客户数据来说非常好。特别是当客户数量非常庞大且停止客户相对较少时，这两个估计值几乎是正确的。虽然在极端的情况下，区别也是非常明显的。为了更好地理解竞争风险，值得详细介绍一下区别。
>
> 当所有的客户都停止时，第一个关于生存率的估算遇到了问题。考虑给定任期的三个客户，这三个客户因为三种不同原因都停止了。整体风险率是 100%，每一个竞争风险的风险率是 33.3%。下一个时间段的生存率为 0%。然而，每一个竞争风险的生存率是 66.7%，乘积为 29.6%，与 0%相距甚远。稍作思考，我们会发现不管我们如何处理竞争风险的风险率，它们总是小于等于 100%。那么，以此得出的生存率永远会是 0%。
>
> 由于生存率降至 0，这个问题得以凸显。幸运的是，在处理海量客户时，不会出现这种情况。
>
> 那么关于竞争风险的风险率之和等于整体风险率呢？在这种情况下的解释有些困难。假设同样的情况，三个客户中的每一个客户都因为不同的原因停止。当我们在显微镜下观察这个情况时，"真正"的竞争风险的风险率是多少？如果我们假设停止者不是同时停止，而是以某种顺序停止，那么风险率会发生什么变化？
>
> 好吧！假设第一个停止的客户是因为竞争风险 A，风险率为 1/3，约为 33.3%。之后，第二个客户因为竞争风险 B 停止，此时的风险人口总数为 2(B 和 C，因为此时一个客户已经停止)。因此，竞争风险率是 1/2 或 50%。对于第三位客户，风险率为 1/1 或 100%。这些结果与基于整个人口计算出的风险率看起来有些不同。
>
> 问题在于，我们不知道客户停止的顺序。这个顺序可能是 A、B、C，也可能是 B、C、A，或是 A、C、B，等等。一个处理方法是通过三种情况的平均风险率猜测风险率，结果为 11/18(61.1%)。
>
> 另一个方法是对于任意给定风险，风险人口总数应该减去半数停止客户。而且平

均起来，这些客户在时间段的中途停止。这样，每个风险的风险率为66.7%。

所有这些都是学术上的讨论，因为对于几乎所有的生存分析问题，风险人口总数中只有一少部分的客户停止。通过风险人口总数减去任期中半数的停止者，可以使竞争风险的风险率更加精准。然而在实际上，这个调整对风险率的影响非常小。而且这个影响对于其他计算的影响也很小，如左截断。

7.5 事件前后

本章使用分层和风险率比例分析客户开始时的因素。前面的部分使用竞争风险，介绍了如何分析客户停止之后的因素；而本章的最终话题，是客户在生命周期中发生的事情，技术上称之为时间依赖协变量(time-dependent covariates)。尤其是，本节介绍在客户生命周期中事件发生前后的生存率。

理解时间依赖协变量，始于对SQL和Excel能力的极限探索。统计学方法，如Cox比例风险回归，是难以用SQL和Excel实现的。虽然如此，仍然可以获取一些感兴趣的结果。

本节介绍三种用于理解因素的技术。第一个是比较预测值。第二个是使用对列的蛮力方法。第三个是计算事件之前和之后的生存率曲线。在介绍这些技术之前，我们列出三种情况，用以说明问题的类型。

7.5.1 三种情况

本节讨论三个商业问题，引入时间依赖的事件。这些情况的目的是展示处理问题时遇到的挑战。

1. 账单失误

糟了！保险公司的账单出现了一个小失误。在一个账单周期中，一些长期客户在支付佣金后，意外收到催账信息，指责他们没有支付账单；更坏的情况是，当客户提出抱怨后，这种事情仍然在发生。这触怒了一部分客户，这些客户非常可能退出。从损失客户的角度，这个失误造成了多少损失？

图7-17使用日历时间轴和任期时间轴说明了这种情况。"X"说明有账单失误发生。它影响在同一日历时间轴上同一时间的每一个客户；然而，对于每一个客户的影响体现在不同的任期。从商业角度看，我们期待这种一次性的失误尽快过去。在失误发生的时间段，客户停止事件发生，风险率提高。随着公司将失误解决，客户停止很快得到缓和。当然，可以使用时间窗方法计算事件发生前后的风险率，验证这个假设。

2. 积分计划

并非所有的事情都是负面的。考虑参加积分计划项目的客户。公司如何衡量参加积分项目为提高客户任期带来的影响？

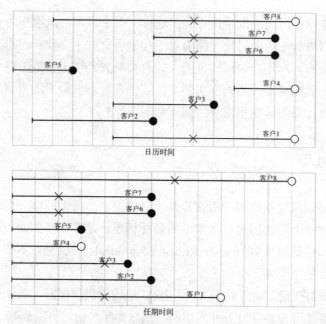

图 7-17 两个图表分别通过日历时间轴和任期时间轴展示账单失误导致的影响

在这种情况下,客户在日历时间轴和任期时间轴的不同点参加积分项目。当然,有些报名任期可能比其他任期更加常见。例如,如果客户在第一年后,符合项目的参加条件,则他们在加入一周年后,可以报名参加积分项目。相似的,有些日历时间可能比其他时间更加常见,特别是当市场营销鼓励客户报名时。有了积分项目,我们知道报名参加的每一个客户。如果出现账单失误的情况,我们可能难以知道因订单失误而停止的所有客户。

客户报名时的任期是重要的,因为客户离开的概率依赖于任期。报名时的任期,事实上是生存率的另一个可以解决的问题。或许更有趣的是将报名转换为增长的任期,然后将任期转换为美元和美分。

在积分项目中,对于客户任期的增长,自身并不能解释增长的原因是项目本身。另一种可能解释是,更好的客户在最初就加入这个项目。这是因果和关系之间区别的一个示例。增长的任期可能与项目中的客户相关,但是这不能说明项目是任期增长的原因。

提示:历史数据可以说明不同事件之间是有联系的。但是,我们必须在仅有的数据分析之外验证事件之间的因果关系,要么通过正式的测试,要么通过解释一件事是怎么引发另一件事的。

与账单错误不同,我们期待积分项目能够有持续的影响,即便客户已经报名参加。事件(参加项目)对生存率的影响不只局限于短期。相反,客户在他们任期中的某个点,从未报名转换为报名状态,而且我们期望在这个点之后,客户的生存率变得更好。

3. 提价

第三个场景是订阅产品的价格提升。提升价格可能有两方面影响。一方面,已有的客户可能会因更高的价格而离开。这种情况可能发生在价格提升的那几天(根据客户的账单周期，可能每个客户的价格提升日期是不同的)。另一方面，新客户可能会以更快的速度离开。有一些停止的客户可以被认出，因为他们在停止时会抱怨价格的提升。然而，并不是所有的客户都以价格作为离开的原因。有的客户可能会声称"客户服务太差了"，这样的客户的实际想法可能是："相比我支付的价格，客户服务太差了"。通常，虽然客户可能因为多个原因离开，但是实际上只会记录一个停止原因。

衡量价格提升带来的影响，需要比较事件发生时和事件发生后的生存率。有几个有趣的问题：

- 谁有可能在提价的时间段停止？而且提价带来的影响是什么？后者是关于某个时间段额外的停止者的问题。
- 在价格提升之后，度过价格波动时间段的客户的生存率变得更差吗？
- 提价后的新客户的生存率更差吗？

这些问题都与价格提升对已有客户的财务影响有关。当然，留下来的客户要支付更多的费用，通常弥补了离开的客户所造成的损失。

本节剩余的部分讨论不同的方法，用于量化客户生命周期中不同事件所造成的影响。首先从基于预测的一个方法开始。

7.5.2 使用生存率预测来理解一次性事件

在前面章节中已经介绍过预测，它是一个衡量事件对客户影响的强大工具。预测方法以客户数据作为基础，考虑一系列的风险率，最终生成对客户数量的预测值以及在未来任意天的停止客户的数量。对已有客户的预测值是随时间变化而逐渐下降的，因为这里不计算新客户。

为一段时间的估算求和能够计算某些天的客户总和，根据客户每天贡献的货币值，可以将其转换为财务值。有两个基础方法用于预测事件带来的影响。停止的客户是否可以被识别，这决定了这两个方法是不同的。

1. 预测可识别的停止客户

当停止的客户已知时，可以直接将预测应用在这些客户上。这是使用生存率预测来衡量事件影响的最直接方法。可以识别出一些客户，他们是因为事件而停止的。对于这些可识别的客户，这个方法直接将预测风险率应用于客户身上。预测结果是这些客户的期望活跃天数。期望活跃天数和实际天数之间的差值，是丢失的客户天数，这个数值可以用于计算最终的财务估算的误差。这个方法生效的前提是，客户可以被清楚地识别出是因为该事件而停止的。另一个挑战是获取正确的风险率集合。

一个好的风险率集合，应该是基于事件发生之前的某段时间内的停止客户计算得到的，例如事件发生的一个月前或一年前，使用时间窗计算无偏差的风险率。它的优点是能获取纯净的对比数据。

另一个估算风险率的方法是使用竞争风险。移除因为特殊原因而停止的客户，使用剩余的客户和剩余的停止客户计算风险率。前面内容已经提出了警告，这样使用竞争风险会低估风险率。然而，当离开的客户数量相比于整体停止客户较小时，这个误差非常小，可以忽略。

2. 估算额外的停止者

可能没办法清楚识别出客户是因为特殊原因而离开的。在积分项目中，所有参加项目的客户都可以被标识，但是感兴趣的客户并不会停止。在这种情况下，这个方法用于估算因为事件而间接停止的客户。

这里的方法是两种预测的区别所在。一种预测是预测如果事件没有发生，会发生什么情况；另一种预测是预测实际发生的事情。由于客户基数是相同的——客户基数由事件发生时的活跃客户组成，两种预测的区别是风险率的区别。

对于实际发生的风险率，很容易使用事件后停止客户的时间窗来计算。相似地，可以通过计算事件发生之前的某个时间段来计算忽略事件的风险率。这两个风险率的差值是失去的客户天数。

当事件发生的时间是客户任期的相对时间时，问题变得更加复杂。例如，对于每一个客户，加入积分项目的时间不同。这种情况下，没有整体的"之前"日期。相反，客户有加入项目的右截尾日期。在加入积分项目之前，客户属于风险人口总数，而且是可能的停止者。加入项目之后，客户不再具有任一属性。

7.5.3 比较前后风险率

事件发生的前后风险率很容易计算，使用时间窗技术可以估算风险率。这些风险率可以生成生存率曲线，生存率曲线之间的区域量化为受影响的客户天数。

由于影响起始于任期 0，可以将这个方法应用到新客户。图 7-18 展示了一个示例。在上一章的介绍中，两条曲线之间的面积很容易计算；它是在某个时间段，生存率值的差值之和。

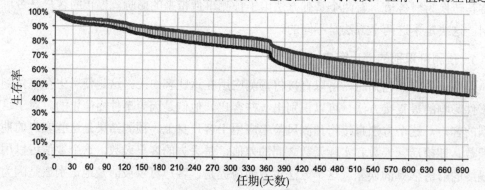

图 7-18　两条生存率曲线之间的面积，是受影响的客户天数

7.5.4 基于对列的方法

当事件没有同时影响所有客户时，使用基于对列的方法计算发生事件后剩余客户的任期。一个示例是报名积分项目。这个方法的计算强度很大。本节介绍如何做计算。虽然在

没有大的数据集合时，很难完成计算。

7.5.5 基于对列的方法：完全队列

图 7-19 展示了基本思想。客户在生命周期的某一点经历一个事件。而且同时展示的是一组其他客户，他们是这个客户的对列的候选人。为了加入对列，候选客户必须符合一些条件：

- 对列客户与这个客户的起始时间相同。
- 对列客户的起始特征与这个客户相似。
- 当事件发生在这个客户身上时，对列客户在任期中是活跃客户。
- 对列客户不经历这个事件。

这个对列是一个对比组，可以用于理解事件之后的生存率。同样的客户可以出现在多个对列中，只要客户满足上述条件。

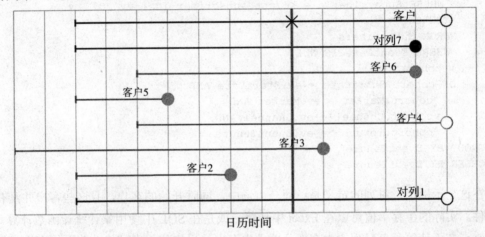

图 7-19 一个客户的对列由初始特征和事件发生时间定义。在这个图表中，客户在某个时间点经历一个事件，客户 1 和客户 7 也在对列中，因为他们的起始时间相同，而且都生存到了事件日期。其他客户不满足这些条件

这个方法始于计算经历了事件的客户的生存率，只使用事件日期之后的任期。即，事件日期在任期时间框架中变成了任期 0。然后，计算每一个对列的生存率。这个结果值是定义对列的客户的对比值。取对列生存率的平均值，形成一条生存率曲线，对比经历事件的客户的生存率。

对于遭受事件的客户，计算事件后的生存率，需要知道事件发生的日期，这个信息存储在类似名为 EVENT_DATE 的列中(虽然这里的数据中不包含这个信息)。事件后的生存率是以事件日期为起始日期的生存率，从事件之后划分任期：

```
SELECT EventTenure, COUNT(*) as pop, SUM(isstop) as stopped
FROM (SELECT DATEDIFF(day, StartDate, EventDate) as EventTenure,
             (CASE WHEN StopType IS NULL THEN 0 ELSE 1 END) as isstop
      FROM Subscribers
      WHERE EventDate IS NOT NULL) s
GROUP BY EventTenure
```

```
ORDER BY EventTenure
```

这个查询返回的信息,用于计算经历事件的客户在事件之后的生存率。有了这些信息后,可以在 Excel 或 SQL 中计算生存率。

真正的挑战是获取与原始客户相似的对列客户的生存率。对于任意给定的客户,对列生存率定义为:

```
SELECT cohort.Tenure - ev.EventTenure,
       COUNT(*) as pop,
       SUM(CASE WHEN cohort.StopType IS NOT NULL THEN 1 ELSE 0
           END) as isstop
FROM (SELECT s.*,
             DATEDIFF(day, StartDate, EventDate) as EventTenure
      FROM Subscribers
      WHERE SubscriberId = <event subscriber id>) ev JOIN
     (SELECT *
      FROM Subscribers
      WHERE EventDate IS NUL
     ) cohort
     ON cohort.StartDate = ev.StartDate AND
        cohort.Market = ev.Market AND
        cohort.Channel = ev.Channel AND
        cohort.Tenure >= ev.EventTenure
GROUP BY EventTenure
ORDER BY EventTenure
```

在这个示例中,对列的定义是:同一市场中,同时开始的客户,且这些客户并没有经历事件。实际的生存率值可以在 Excel 中计算,或是在 SQL 中使用累计统计函数计算。

难点在于计算所有对列的生存率,并求生存率的平均值。尝试修改前面的查询,第一个子查询修改后为:

```
FROM (SELECT s.*,
             DATEDIFF(day, StartDate, EventDate) as tenure_at_event
      FROM Subscribers s
      WHERE EventDate IS NOT NULL) s
```

然而,这是不正确的,因为它将所有对列的成员合并在一个池子中,然后计算整个客户池的生存率。因为对列的大小不同,更大的对列应该占主导地位。我们希望每个客户的对列的权重为 1,不管它的大小如何。

一个解决方案是判断对列的大小,然后为它们赋予合适的权重。当权重已知后,pop 和 ispop 值需要乘以权重。下面的查询包含了权重:

```
SELECT cohort.Tenure - ev.EventTenure,
       SUM(weight) as pop,
       SUM(CASE WHEN cohort.StopType IS NOT NULL THEN weight ELSE 0
           END) as isstop
FROM (SELECT ev.SubscriberId, EventTenure,
```

```
                    COUNT(*) as cohort_size, 1.0 / COUNT(*) as weight
           FROM (SELECT s.*,
                         DATEDIFF(day, StartDate, EventDate) as EventTenure
                  FROM Subscribers s
                  WHERE EventDate IS NOT NULL) ev JOIN
                 (SELECT s.*
                  FROM Subscribers s
                  WHERE EventTenure IS NULL) cohort
                ON cohort.StartDate = ev.StartDate AND
                   cohort.Market = ev.Market AND
                   cohort.Channel = ev.Channel AND
                   cohort.Tenure >= ev.EventTenure
            GROUP BY ev.SubscriberId, ev.EventTenure
          ) ev JOIN
          (SELECT s.*
           FROM Subscribers s
           WHERE EventDate IS NULL) cohort
         ON cohort.StartDate = ev.StartDate AND
            cohort.Market = ev.Market AND
            cohort.Channel = ev.Channel AND
            cohort.Tenure >= ev.EventTenure
GROUP BY EventTenure
ORDER BY EventTenure
```

然后可以使用这些权重计算生存率。唯一的区别是：这里的人口总数和停止客户数是小数而不是整数。

这个方法可能是非常有用的，特别是在创建显示分组前后区别的图表时。查询可能非常慢，因为它是基于庞大数据表的非等值联接。虽然联接看起来是等值联接，但实际上并不是，因为联接键并不是表中的唯一键。有若干改进性能的方法。如果经历事件的客户组很小，计算可以在 Excel 或 SQL 中灵活实现。另一个替换方法是使用 SQL 窗口函数计算对列的大小，而不是使用子查询。第三种替换方法是从每个对列中随机选择一个成员，然后使用这个成员计算生存率。

另一个不同的方法是使用不同时间的协变量来估算影响，不需要为对列排序或是使用复杂的统计软件。下一节介绍这个方法。

7.5.6 事件影响的直接估计

本节介绍分层的生存率，分层原理取决于事件是否是时间依赖事件。这个方法生成两条单独的生存率曲线，一条曲线是没有事件的生存率曲线，另一条曲线是发生事件的生存率曲线。这两条曲线可以用于定性地描述客户在事件前后发生的事情，或者可以用于定性测量不同分组之间的区别。

1. 计算方法

为了说明问题，我们假设在 2005-06-01 有事件发生，例如价格提升。这个日期只是随意挑选的示例；从技术上讲，这个方法不仅适用于单个日期，也适用于每一个客户的不同日期。在这个日期之前开始的客户,在 2005-06-01 之前,属于"之前"分组。在这个日期之后的客户,在后续的所有任期中,都属于"之后"分组。"之前"和"之后"分组的生存率和风险率是多少?

回答这个问题的关键,是计算这两个分组的客户的无偏差风险率。这是时间窗的基本应用,但是在计算风险率的同时,要计算两个分组的生存率。

在事件日期之前开始并且停止的客户,只属于"之前"分组的风险人口总数。其他在事件之前开始的客户,在事件发生日期之前,属于"之前"分组的风险人口总数。对于更长的任期,他们属于"之后"分组的风险人口总数。在事件日期之后开始的客户,只属于"之后"分组的风险人口总数。

计算"之后"分组的风险人口总数略微复杂一些。在事件日期当天或之后开始的客户,属于从任期 0 开始的"之后"分组;当他们停止或被截尾时,这些客户不再属于这个分组。给定任期的客户数量,等于任期大于或等于该任期的客户数量。

在事件日期之前开始的客户,当任期跨过事件日期时,这些客户计入"之后"分组的风险人口总数。他们在停止或被截尾之前,一直属于风险人口总数。使用下列规则计算分组的大小:

- 任期 t 的风险人口总数,等于任期 t-1 的风险人口总数,加上
- 在事件日期之前开始且在任期 t 时经历事件的客户,减号
- 在事件日期之前开始,经历了事件日期,以及在任期 t 停止或是被截尾的客户。

与很多之前的示例不同,这个问题中的风险人口总数的计算使用向前求和而不是向后求和。

2. 在 SQL 和 Excel 中使用时间依赖的协变量

在 SQL 中回答这个问题,需要了解每一条客户数据的一些信息:

- 客户是在 2005-01-01 之前开始的吗?
- 客户是在 2005-01-01 之前停止的吗?
- 如果客户在 2005-01-01 当天仍然是活跃客户,那么此时客户的任期是多少?

这些信息是计算风险人口总数的关键信息。

然后,将这些信息转换为对每一个任期的汇总:

- 在"之前"人口总数中,在这个任期开始的客户数量(实际上,这只与任期 0 相关,因为没有使用时间窗处理左截断)。
- 在"之后"分组中,在任期开始的客户数量(在 2005-01-01 或之后开始的客户数量为 0;以活跃客户的身份经历这个时间的客户数量较大)。
- 在每一个任期,"之前"和"之后"分组中停止的客户数量。
- 从"之前"分组"毕业"后进入"之后"分组的客户数量。

这些反过来是关键信息的聚合。

下面的 SQL 一并收集了这些信息。CTE 计算一些基础的指示标志,然后在 SELECT 中使用聚合操作:

```sql
WITH s AS (
    SELECT Tenure,
           (CASE WHEN StartDate >= '2005-06-01' THEN 0
                 ELSE DATEDIFF(day, StartDate, '2005-06-01')
            END) as AftEntryTenure,
           (CASE WHEN StopDate IS NOT NULL THEN 1 ELSE 0
            END) as IsStopped,
           (CASE WHEN StartDate < '2005-06-01' THEN 1 ELSE 0
            END) as IsBeforeStart,
           (CASE WHEN StopDate IS NULL OR StopDate >= '2005-06-01'
                 THEN 1 ELSE 0 END) as IsAfterStop
    FROM (SELECT s.*,
                 (CASE WHEN Market = 'Smallville'
                       THEN CAST('2004-10-27' as DATE)
                       ELSE '2004-01-01' END) as LeftTruncationDate
          FROM Subscribers s
         ) s
    WHERE tenure >= 0 AND StartDate >= LeftTruncationDate
)
SELECT Tenure, SUM(BefPop) as BefPop, SUM(BefStop) as BefStop,
       SUM(BefLeave) as BefLeave, SUM(AftPop) as AftPop,
       SUM(AftStop) as AftStop, SUM(AftLeave) as AftLeave
FROM ((SELECT AftEntryTenure as Tenure, 0 as BefPop, 0 as BefStop,
              SUM(IsBeforeStart) as BefLeave,
              COUNT(*) as AftPop, 0 as AftStop, 0 as AftLeave
       FROM s
       WHERE Tenure >= AftEntryTenure
       GROUP BY AftEntryTenure
      ) UNION ALL
      (SELECT Tenure, 0, SUM(IsStopped * (1 - IsAfterStop)) as BefStop,
              0, 0 as AftPop, SUM(IsStopped * IsAfterStop) as AftStop,
              SUM(IsAfterStop * (1 - IsStopped)) as AftLeave
       FROM s
       GROUP BY Tenure
      ) UNION ALL
      (SELECT 0, COUNT(*) as befPop, 0.0, 0.0, 0.0, 0.0, 0.0
       FROM s
       WHERE IsBeforeStart = 1
      )) s
GROUP BY Tenure
ORDER BY Tenure
```

该查询在指示标志上使用算术以表示逻辑。例如，表达式 SUM(IsAfterStop * (1 - IsStopped))在逻辑上等价于 SUM(CASE WHEN IsStopped = 0 AND IsAfterStop = 1 THEN 1 ELSE 0 END)。使用算术更简短相对于类型，且更易于阅读和维护。

图 7-20 展示了在 Excel 中的实现。在这个截图中，分别为三个分组中的每一个分组计算风险人口总数。而风险率的计算，只是停止者数量与风险人口数量的除法运算。生存率可以通过风险率计算而得。

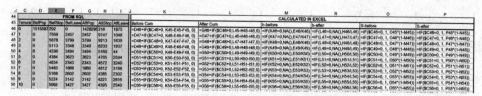

图 7-20 这个工作表基于客户生命周期中是否发生事件计算生存率曲线

处理事件日期的方法综合了之前讨论的两个概念。"之前"分组的生存率计算使用强制的截尾。截尾日期是事件日期,只计算在事件日期之前的停止者数量。

"之后"分组(由始于事件之前且生存到事件之后的客户和事件之后开始的客户组成)使用时间窗定义值。在这种情况中,事件日期是分组的左截断日期。

这个示例使用单独的日历日期作为事件日期,并不需要固定的日期。可以基于不同的客户定义日期,这只需要对查询稍作调整。

3. 在 SQL 中实现计算

SQL 中的计算使用累计求和:

```sql
WITH s AS (
     SELECT Tenure,
            (CASE WHEN StartDate >= '2005-06-01' THEN 0
                  ELSE DATEDIFF(day, StartDate, '2005-06-01')
             END) as AftEntryTenure,
            (CASE WHEN StopDate IS NOT NULL THEN 1 ELSE 0
             END) as IsStopped,
            (CASE WHEN StartDate < '2005-06-01' THEN 1 ELSE 0
             END) as IsBeforeStart,
            (CASE WHEN StopDate IS NULL OR StopDate >= '2005-06-01'
                  THEN 1 ELSE 0 END) as IsAfterStop
     FROM (SELECT s.*,
                  (CASE WHEN Market = 'Smallville'
                        THEN CAST('2004-10-27' as DATE)
                        ELSE '2004-01-01' END) as LeftTruncationDate
           FROM Subscribers s
          ) s
     WHERE tenure >= 0 AND StartDate >= LeftTruncationDate
),
st as (
   SELECT Tenure, SUM(BefPop) as BefPop, SUM(BefStop) as BefStop,
          SUM(BefLeave) as BefLeave, SUM(AftPop) as AftPop,
          SUM(AftStop) as AftStop, SUM(AftLeave) as AftLeave
     FROM ((SELECT AftEntryTenure as Tenure, 0.0 as BefPop, 0.0 as BefStop,
                   SUM(IsBeforeStart) as BefLeave,
                   COUNT(*) as AftPop, 0.0 as AftStop, 0.0 as AftLeave
            FROM s
            WHERE Tenure >= AftEntryTenure
            GROUP BY AftEntryTenure
           ) UNION ALL
           (SELECT Tenure, 0,
```

```
                        SUM(IsStopped * (1 - IsAfterStop)) as BefStop, 0,
                        0 as AftPop, SUM(IsStopped * IsAfterStop) as AftStop,
                        SUM(IsAfterStop * (1 - IsStopped)) as AftLeave
                 FROM s
                 GROUP BY Tenure
                ) UNION ALL
                (SELECT 0, COUNT(*) as befPop, 0, 0, 0, 0
                 FROM s
                 WHERE IsBeforeStart = 1
                )) s
         GROUP BY Tenure
         )
SELECT Tenure,
       (SUM(BefPop - BefLeave - BefStop) OVER (ORDER BY Tenure) +
        BefStop) as BefPop,
       BefStop,
       (BefStop / NULLIF(SUM(BefPop- BefLeave - BefStop) OVER
                       (ORDER BY Tenure) + BefStop, 0)) as Befh,
       (SUM(AftPop - AftLeave - AftStop) OVER (ORDER BY Tenure) +
        AftLeave + AftStop) as AftPop,
       AftStop,
       (AftStop / NULLIF(SUM(AftPop - AftLeave - AftStop) OVER
                       (ORDER BY Tenure) +
                       AftLeave + AftStop, 0)) as Afth
FROM st
ORDER BY Tenure;
```

这个查询的基础结构与前一个查询相似。CTE st 为查询的输出。NULLIF()避免出现除数为 0 的情况。

查询中有一处细微的差别。计算给定任期的风险人口总数的基本逻辑是：使用前一个任期的人口，加上当前任期增长的人口，减去前一个任期停止的客户数。后者是离开(被截尾)的客户或停止的客户。

AftPop 的计算遵循如下逻辑：SUM(AftPop-AftLeave-AftStop)计算直到当前任期的累计求和。因此，这个表达式额外计算了停止者，必须考虑加上 AftLeave 和 AftStop。

BefPop 的计算只添加 BefStop，而不添加 AftLeave。BefLeave 已经是减 1 之后的值了，因为它是"之后"分组中客户的第一个任期。原因很简单。中间的子查询(这些值被计算的子查询)根据 Tenure 做聚合。这对于之后的变量是正确的，但是对于之前的变量，应该是 Tenure-1，因为客户在加入"之后"分组一天前，离开了"之前"分组。然而，在紧接着的下一步中，可以非常简单地调整计算。

7.6 小结

上一章介绍了生存分析，以及使用 SQL 和 Excel 计算风险率和生存率。本章扩展讨论这些思想，介绍其他情况下的生存率计算方法和影响生存率的协变量。

本章首先介绍如何在建立客户关系之初，理解变量对生存率的影响。随着时间的变化，这个影响可能会发生变化，即使变量值在每一个客户的生命周期中是常量。风险率比例捕捉到分类变量的影响。对于数字变量，正确的衡量方法是取生存率曲线上不同点的平均值，包括活跃客户和停止客户。

使用生存分析的最大挑战之一，是计算无偏差的风险率。特别是当数据是左截断数据时——在某个日期之前停止的客户没有写入数据库。解决左截断问题的方案是使用时间窗。时间窗的强大之处不仅在于能够解决左截断问题，同时能够计算无偏差的风险率，这个计算基于在某个时间段的停止者数量。

在客户结束生命周期后，本章持续关注客户身上发生的事情，使用的是竞争风险。生存分析讨论假设所有离开的客户都是相等的。然而，客户离开的原因可能是非常重要的。竞争风险能够告诉我们，有多少客户仍然是活跃客户，有多少客户是因为自愿、非自愿或产品迁移而离开的。

时间依赖的协变量发生在客户生命周期中，而不是在开始或结束的时间。计算事件之前和之后的风险率时结合了强制的右截尾和时间窗。

第 8 章介绍相关的话题：周期事件。与到目前为止介绍的生存分析不同，周期事件发生多次，这是我们尚未提及的难题。

第 8 章

多次购买以及其他重复事件

在订阅类型的客户关系中，客户的起始和终止关系是已经定义完善的。本章扩展讨论另一种关系类型，在这种关系类型中，相同事件会多次重复发生。例如，购买和网站访问、捐赠和手机升级。这样的关系并没有一个定义好的终止点，因为任意一个特殊的事件，可能是发生在客户身上的最后一件事，也可能只是后续很多事情中的一件。

重复事件要求正确地将事件分配给同一个客户，其中事件发生在不同的时间，甚至是通过不同的渠道。有时我们是幸运的，客户能够清楚地标识自己，例如使用一个账户。然而，标识出一个账户的每个实际使用个体仍然是具有挑战性的。例如，Amazon.com 和一个家庭账户。购买行为——以及购买建议——可能包含十几岁女儿的音乐，妈妈在技术方面的购买需求，以及不到 10 岁的儿子对玩具的选择。

消除一个账户的使用个体的区别将暴露一个问题；将一个客户识别为另一个客户。当账户不存在时，通过使用名字、地址、信用卡号、邮件地址、浏览器的 Cookies 以及其他信息，理想的算法能够匹配出。本章讨论如何使用 SQL 来建立这样的机制和评估这些技术。

有时，事件发生的频率较低，它们看起来像订阅数据一样。例如，药方数据包含药品购买和药方信息。连续的处方对应的是病人不同患病周期的治疗。网站(例如 Facebook 或 eBay)也有相似的难题。用户通常会频繁访问，然而，用户不会有明显的行为来说明他们不再访问该网站，例如礼貌地注销账户。相反，用户只是简单地停止访问网站、使用邮件、不再下单或是出售。另一个极端是罕见事件。移动电话制造商需要尝试深入理解长期客户，这些客户的购买周期通常会延伸若干年。

本章讨论的重点是零售购买模式，它的购买频率既不频繁也不稀少。此外，作为重复事件的一个常见示例，这些购买记录能够为理解数据提供很好的基础。由于侧重点是零售数据，本章内容只使用了 purchases 数据集。

理解零售购买行为的传统方法侧重于三个主要维度：距今时间(Recency)、频率(Frequency)、金额(Monetary)。RFM 分析是一个很好的背景，用于理解客户以及随时间变化的客户行为。同时，RFM 忽略客户行为的很多其他维度。

随时间的推移，客户行为是变化的，追踪和衡量这些变化是重要的。一个方法是对比现在的行为和以前的行为，另一个方法是根据每个客户的交互活动绘制趋势线。生存分析是处理关键问题的另一个替换方法：距离下一次客户交互还有多长时间？问题取决于特殊的客户以及客户过去的行为。如果已经过去较长的时间，那么需要考虑的问题可能就是如何赢回客户了。在担忧如何赢回客户之前，我们先讨论如下话题：识别不同交易中的客户。

8.1 标识客户

标识出不同的交易属于同一客户，这是颇具挑战的，无论是针对零售客户(单独客户或家庭客户)还是企业客户。即使能与客户保持较好的关系，例如积分卡，客户也会有不使用卡号时。本章讨论如何标识客户，以及客户是如何在数据中重复的。第 9 章查看其他数据类型，例如地址。

8.1.1 谁是那个客户？

purchases 数据集中的交易数据即为订单数据。数据库有若干方法能够将不同的交易联系到一起。每一个订单都有 OrderId，通过这个字段可以找到 CustomerId 和 HourseholdId。下面的查询返回订单、客户和家庭的计数：

```
SELECT COUNT(*) as numorders, COUNT(DISTINCT c.CustomerId) as numcusts,
       COUNT(DISTINCT c.HouseholdId) as numhh
FROM Orders o LEFT OUTER JOIN
     Customers c
     ON o.CustomerId = c.CustomerId
```

这个查询返回 192 983 条订单，189 559 位单独客户和 156 258 位家庭客户。因此，平均每个客户有 1.02 个订单，每个家庭有 1.2 个订单。在这个数据中，有一些客户存在重复数据，但是重复不多。

用另一种稍微不同的方法回答同样的问题，使用子查询计算家庭、客户和订单的数量：

```
SELECT numorders, numcusts, numhh
FROM (SELECT COUNT(*) as numorders FROM Orders) o CROSS JOIN
     (SELECT COUNT(*) as numcusts, COUNT(DISTINCT HouseholdId) as numhh
      FROM Customers) c
```

CROSS JOIN 从两个表(或子查询)中创建数据行的组合。在处理较小的表时，如本例中返回数据为单行的子查询，使用 CROSS JOIN 非常有用。

这两种方法非常相似，但是它们可能会导致不同的结果。第一个只计算包含订单的 CustomerIds 和 HouseholdIds 的数量。第二个计算数据库中的所有数据，包含没有订单的客户。在本例中，两个查询的返回结果相同。

提示：即使是对于看起来很简单的问题，如"有多少客户？"，基于细节的不同，如"有多少下过订单的客户？"和"数据库中有多少家庭客户？"，答案也可能不同。

purchases 数据已经包含客户和家庭字段。数据库故意避开标识信息(如姓、地址、电话号码或电子邮件地址)，但是包含性别和名。

1. 数量？

一个家庭中有多少客户？这是基于 Customers 的一个简单的直方图查询：

Customers:
```
SELECT numinhousehold, COUNT(*) as numhh,
       MIN(HouseholdId), MAX(HouseholdId)
FROM (SELECT HouseholdId, COUNT(*) as numinhousehold
      FROM Customers c
      GROUP BY HouseholdId
     ) h
GROUP BY numinhousehold
ORDER BY numinhousehold
```

结果展现在表 8-1 中，其中，多数家庭只有一个客户。另一个极端情况，有两个家庭分别包含超过 100 名客户。这种情况可能说明计算家庭成员的算法有问题。事实上，在这个数据集中，来自同一业务的商业客户也归类为一个家庭。结果的正确与否，取决于数据的实际使用情况。

表 8-1 家庭大小的直方表

每一个家庭的账户数量	家庭数量	累计数量	累计比例
1	134 293	134 293	85.9%
2	16 039	150 332	96.2%
3	3677	154 009	98.6%
4	1221	155 230	99.3%
5	523	155 753	99.7%
6	244	155 997	99.8%
7	110	156 107	99.9%
8	63	156 170	99.9%
9	28	156 198	100.0%
10	18	156 216	100.0%
11	9	156 225	100.0%
12	14	156 239	100.0%
13	4	156 243	100.0%
14	4	156 247	100.0%
16	2	156 249	100.0%
17	2	156 251	100.0%

(续表)

每一个家庭的账户数量	家庭数量	累计数量	累计比例
21	2	156 253	100.0%
24	1	156 254	100.0%
28	1	156 255	100.0%
38	1	156 256	100.0%
169	1	156 257	100.0%
746	1	156 258	100.0%

另一个相关的问题是家庭的平均大小。可以使用上一个查询作为本查询的子查询。然而，更简单的查询也可以实现同样的计算：

```
SELECT COUNT(*) * 1.0 / COUNT(DISTINCT HouseholdId)
FROM Customers c
```

这个查询使用了除法。其中除数是客户数量，被除数是家庭的数量(乘以 1.0 的目的是避免出现整除现象)。结果是 1.21，与事实一致。

2. 家庭中不同性别的人数？

我们期待客户有两种性别。但是在看到实际数据之前，没人知道真正的结果：

```
SELECT Gender, COUNT(*) as numcusts, MIN(CustomerId), MAX(CustomerId)
FROM Customers
GROUP BY Gender
ORDER BY numcusts DESC
```

表 8-2 列出了查询结果。

表 8-2 性别以及不同性别出现的频率

性别	频率	比例
M	96 481	50.9%
F	76 874	40.6%
	16 204	8.5%

提示：了解某一列存储什么内容的唯一方法是查看数据，使用 GROUP BY 直接返回结果。

结果中包含了两个预料中的性别：男性和女性。同时，还有第三个看起来是空白的值。输出中包含空白是具有歧义的。列值可能为 NULL、空白或是字符串值为空白，甚至有可能是一些奇怪的值(虽然在 SQL Server Management Studio 中，NULL 值的返回为字符串 "NULL"，但是在 SQL Server 用户界面中，NULL 值的返回结果为空白。

下面修改后的查询返回更多的变量：

```
SELECT (CASE WHEN Gender IS NULL THEN 'NULL'
             WHEN Gender = '' THEN 'EMPTY'
             WHEN Gender = ' ' THEN 'SPACE'
             ELSE Gender END) as gender, COUNT(*) as numcusts
FROM Customers
GROUP BY Gender
ORDER BY numcusts DESC
```

或是使用更进一步的改进,函数 ASCII()返回任意字符的实际数字编码值。结果表明,第三种性别实际上是空白值,而不是其他的可能值。

这个查询有一个有趣的特征:GROUP BY 表达式与 SELECT 表达式不同。下面的查询将性别划分为"GOOD"和"BAD"。在第一个版本中,GROUP BY 子句和 SELECT 使用相同的表达式:

```
SELECT (CASE WHEN Gender IN ('M', 'F') THEN 'GOOD' ELSE 'BAD' END) as g,
       COUNT(*) as numcusts
FROM Customers
GROUP BY (CASE WHEN Gender IN ('M', 'F') THEN 'GOOD' ELSE 'BAD' END)
```

一个简单的变化是在 GROUP BY 子句中只使用 GENDER:

```
SELECT (CASE WHEN Gender IN ('M', 'F') THEN 'GOOD' ELSE 'BAD' END) as g,
       COUNT(*) as numcusts
FROM Customers
GROUP BY Gender
```

第一个版本的查询结果返回两行数据,第一行是"GOOD",第二行是"BAD"。第二个查询返回三行数据,两行"GOOD"和一行"BAD";两行"GOOD"分别对应男性和女性。图 8-1 展示了这些查询的数据流程图。区别在于 CASE 语句的计算是发生在聚合操作之前还是之后。聚合操作决定了结果集中数据的行数。

对于这个示例,唯一的区别是 2 行数据或 3 行数据。在某些不同的情况下,区别可能会非常明显。例如,SELECT 语句可能会将值分配到不同的区间。如果对应的 GROUP BY 子句没有使用相同的表达式,聚合操作可能不会减少数据行数。

提示:当聚合查询中的 SELECT 使用的是表达式时,应该注意对应的 GROUP BY 子句是否应该使用完整的表达式,或只是使用变量。在多数情况下,完整的表达式是正确的方法。

性别和家庭的关系直接导致下一个问题:有多少家庭分别只包含一种性别、两种性别、三种性别?回答这个问题,并不需要了解实际性别,只需要计算家庭中的性别种类。只有一个家庭成员的家庭只包含一种性别,因此,家庭的大小与家庭中性别的数量是相关的。对于任意大小的家庭(以客户数量衡量大小),有多少家庭分别只包含一种性别、两种性别以及三种性别?

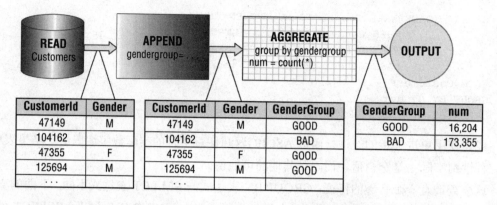

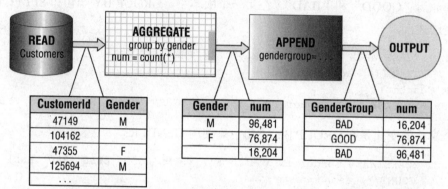

图 8-1 数据流程图，对比展示先聚合、再计算和先计算、再聚合之间的区别

```
SELECT numcustomers, COUNT(*) as numhh,
       SUM(CASE WHEN numgenders = 1 THEN 1 ELSE 0 END) as gen1,
       SUM(CASE WHEN numgenders = 2 THEN 1 ELSE 0 END) as gen2,
       SUM(CASE WHEN numgenders = 3 THEN 1 ELSE 0 END) as gen3
FROM (SELECT HouseholdId, COUNT(*) as numcustomers,
             COUNT(DISTINCT Gender) as numgenders
      FROM Customers c
      GROUP BY HouseholdId) hh
GROUP BY numcustomers
ORDER BY numcustomers
```

这个查询使用条件聚合计算列中性别的数量。

表 8-3 中展示的结果是可疑的。没有人会认为在包含两个客户的家庭中，只有唯一性别的概率是94%。而且在多数的情况中，家庭的组成成员的名字都是相同的(这里的名字为 First Name，并非姓名)。逻辑上的结论是，在客户个体的识别结果不准确。一个客户被分配了多个CustomerId。出于这个原因，在本章后续讨论中，可以用 HouseholdId 标识客户。

表 8-3 依据客户数量和性别计算家庭数量

家庭中的客户	家庭中的数量	1 种性别	2 种性别	3 种性别
1	134 293	134 293	0	0
2	16 039	15 087	952	0

(续表)

家庭中的客户	家庭中的数量	1 种性别	2 种性别	3 种性别
3	3677	3 305	370	2
4	1221	1 102	118	1
5	523	478	43	2
6	244	209	35	0
7	110	99	11	0
8	63	57	6	0
9	28	24	4	0
10	18	16	2	0
11	9	8	1	0
12	14	13	1	0
13	4	3	1	0
14	4	4	0	0
16	2	2	0	0
17	2	2	0	0
21	2	2	0	0
24	1	1	0	0
28	1	1	0	0
38	1	0	0	1
169	1	1	0	0
746	1	0	0	1

3. 调研名字

当很多家庭中的多个客户的名字(First Name)都相同时，这是非常明显的错误。这些家庭中，可能有单一个体被分配了多个 CusotmerId。为了确认这个情况，我们提出如下问题：有多少家庭，"不同的"客户具有相同的名字和性别？

这里提供回答上述问题的两种方法。一种方法是计算每一个家庭中的 Gender 和 Firstname 的数量，然后计算每一种情况的家庭的数量：

```
SELECT COUNT(*) as numhh,
       SUM(CASE WHEN numgenders = 1 AND numfirstnames = 1 THEN 1 ELSE 0
           END) as allsame
FROM (SELECT HouseholdId, COUNT(*) as numcustomers,
             COUNT(DISTINCT Gender) as numgenders,
             COUNT(DISTINCT Firstname) as numfirstnames
      FROM Customers c
      GROUP BY HouseholdId) hh
WHERE numcustomers > 1
```

第二种方法比较两个列的最大值和最小值,当最大值和最小值相同时,家庭中只包含一个值:

```
SELECT COUNT(*) as numhh,
       SUM(CASE WHEN minfname = maxfname AND mingender = maxgender
                THEN 1 ELSE 0 END) as allsame
FROM (SELECT HouseholdId, COUNT(*) as numcustomers,
             MIN(Firstname) as minfname, MAX(Firstname) as maxfname,
             MIN(Gender) as mingender, MAX(Gender) as maxgender
      FROM Customers c
      GROUP BY HouseholdId) hh
WHERE numcustomers > 1
```

表 8-4 展示了查询结果,其中根据家庭中的客户数量划分(在 SELECT 子句中添加 numcustomers,并且用 GROUP BY numcustomers 替换 WHERE 子句)。这个结果说明拥有多个客户的很多家庭,实际上是由一个客户被分配多个 ID 导致的。

表 8-4 家庭中拥有相同标识信息的客户

客户数量	家庭的数量	有相同性别和名字的家庭数量
1	134 293	134 293
2	16 039	14 908
3	3677	3239
4	1221	1078
5	523	463
6	244	202
7	110	97
8	63	52
9	28	24
10	18	14
11	9	8
12	14	13
13	4	3
14	4	4
16	2	2
17	2	2
21	2	2
24	1	1
28	1	1
38	1	0
169	1	0
746	1	0

当列中包含 NULL 值时,这些查询结果可能超出意料。对于某个家庭,如果 Firstname 只包含 NULL 值,COUNT(DISTINCT)返回 0 而不是 1。因此,在第一个查询中,即使所有的值都是一致的,也不会计数。第二个查询生成同样的结果,但却是因为不同的原因:最小值和最大值都是 NULL,等值比较失败。

警告:使用标准 SQL,当列中出现 NULL 值时,NULL 值不会被计数。使用诸如 COALESCE (<column>, '<NULL>')的表达式,能够为所有值计数,包括 NULL 值。

相似地,当家庭由混合 NULL 和非 NULL 值的客户组成时,对客户的计数结果可能只是 1。这是因为 COUNT(DISTINCT)计算非 NULL 值,MIN()和 MAX()忽略 NULL 值。为了单独计算 NULL 值,使用 COALESCE()函数分配值:

```
COALESCE(<column>, '<NULL>') to count all values including NULLs.
```

这条语句将 NULL 当作其他值对待,注意 COALESCE()的第二个参数,它并不是表中的已有值。相应的,通过添加下面的表达式显式地计算数量:

```
COALESCE(Firstname, '<NULL>')
```

对名字的计数是有趣的,但是名字的示例值更加有趣。在每个家庭中,同一性别成员的名字都有哪些?

```
SELECT HouseholdId, MIN(Firstname), MAX(Firstname)
FROM Customers c
GROUP BY HouseholdId
HAVING MIN(Firstname) <> MAX(Firstname) AND MIN(Gender) = MAX(Gender)
```

在这个查询返回的家庭中,同一性别的成员中具有多个名字。使用 HAVING 子句,不需要使用子查询或联接。MIN()和 MAX()函数提供了示例值。

与前面的查询相同,名字为 NULL 的家庭没有包含在结果中。为了加入它们,可以在 HAVING 子句中使用 COALESCE()函数:

```
HAVING (MIN(COALESCE(firstname, '<NULL>')) <>
        MAX(COALESCE(firstname, '<NULL>'))) AND. . .
```

查询返回 301 行数据;下面是出现在相同家庭中的客户名字的示例:

- "T."和"THOMAS"
- "ELIAZBETH"和"ELIZABETH"
- "JEFF"和"JEFFREY"
- "MARGARET"和"MEG"

这 4 个示例可能分别指向同一个体,但是名字上的差别可能是由于下面的原因导致的:

- 使用首字母而不是全名
- 名字的缩写
- 拼写错误

- 昵称

这也是使用名字来匹配客户的困难之处。

有几种方法可以缓解这个问题。当家庭包含一个名字，且这个名字是另一个名字的首字母时，忽略首字母。或者，当一个名字的第一部分正好匹配另一个名字时，忽略较短的名字。这些合理的规则，用于识别不同记录上相同的名字。

这些规则很容易表达。然而，在 SQL 中实现它们却非常具有挑战性。在 SQL 实现背后的想法，是为每一个名字引入一个新的列，称为 altfirstname，它是从家庭的其他名字中收集到的完整形式的名字。计算 altfirstname 要求基于 HouseholdId 做自联接，因为每一个名字都需要与同一个家庭中的其他名字相比较：

```
SELECT c1.HouseholdId, c1.CustomerId, c1.Firstname, c1.Gender,
       MAX(CASE WHEN LEN(c1.Firstname) >= LEN(c2.Firstname) THEN NULL
                WHEN LEFT(c1.Firstname, 1) = LEFT(c2.Firstname, 1) AND
                     SUBSTRING(c1.Firstname, 2, 1) = '.' AND
                     LEN(c1.Firstname) = 2
                THEN c2.Firstname
                WHEN c2.Firstname LIKE c1.Firstname + '%'
                THEN c2.Firstname
                ELSE NULL END) as altfirstname
FROM Customers c1 JOIN Customers c2 ON c1.HouseholdId = c2.HouseholdId
GROUP BY c1.HouseholdId, c1.CustomerId, c1.Firstname, c1.Gender
```

这个查询实现前两条规则：首字母代替名字以及名字的缩写。添加拼写错误和昵称这两条规则将更加困难，因为它们需要一个查找表以修正拼写。

这些规则凸显出关于匹配名字和其他短文本的一些问题。匹配结果取决于实际解释(例如，T 代表"Thomas"、"Theodore"还是"Tiffany")。SQL 字符串和问题处理功能是非常基础的。然而，通过利用 SQL 的数据处理功能和 CASE 语句，可以取得一些进展。下面的"莱文斯坦距离(Levenshtein Distance)"部分介绍了另一个方法，用于处理相似字符串的问题，也通常应用于处理名字。

> **莱文斯坦距离(Levenshtein Distance)**
>
> 在匹配名字和地址时，比较两个字符串的相似性是非常重要的。有什么好方法可以测量两个字符串之间的距离？"John"和"Jon"之间的距离有多远？"Stella"和"Luna"呢？
>
> 一种方法是计算字符串中的字符个数。因此，"John"和"Jon"之间的距离为 1。但是，这种方法并不总是有效。"Roland"和"Arnold"、"Sonja"和"Jason"、"Carol"和"Carlo"的字符个数相同，通过这种方法计算的距离为 0，然而这些名字明显是不同的。随着字符串变得更长、包含更多不同的字符，问题将变得更加严重。
>
> 对该方法的一种改进是使用 n-grams——计算共有的定长字符组的数量。如果 n=3，"Arnold"可以划分为 4 个 3-gram："arn"、"rno"、"nol"和"old"。而"Roland"将被划分为"rol"、"ola"、"lan"和"and"。两者之间没有相同的片段。然而，一个

细微的拼写错误,将产生很大的影响。"Roland"和"Roalnd"之间也没有相同的片段,但是很明显,两者是同一个名字,只是打字错误。对于较短的字符串,分段的效果并不是特别好,但是对于更长的字符串,通常分段非常有用。

弗拉基米尔·莱文斯坦(Vladimir Levenshtein)是一位俄罗斯科学家,他在20世纪60年代提出了另一个解决方案。这个解决方案基于两个字符串之间的编辑距离。"编辑"可能是下面的情况之一:

- 用一个字母替换另一个字母
- 插入一个字母
- 删除一个字母

(有时,也可能包含字母交换)。莱文斯坦距离是使用这种方法将一个字符串转换为另一个字符串的最少操作。

使用这个方法,"Jon"到"John"的距离为1,因为只需要在第三个位置插入"h"。"Roland"到"Roalnd"的距离是4(忽略大小写区别):Arnold > Rnold > Rold > Rolad > Roland。

莱文斯坦不仅发明了这个测量方法,他同时发现了计算两个字符串之间距离的一个高效计算方法。在很多数据库中,通过用户自定义函数实现了这个方法(可以在网上查到源代码);在 PostgresSQL 和 Teradata 中,直接实现了这个方法。

然而,莱文斯坦距离不能利用索引。因此,计算莱文斯坦距离要求将当前字符串与所有字符串作对比——当比较一个列中的所有值时,这可能需要花费很长时间。

8.1.2 其他客户信息

对于数据库中已经识别的客户,通常会包含全名、地址以及其他能够标识客户的信息,例如电话号码、email 地址、浏览器 Cookies 以及社保号码。然而,在匹配客户时,这些都不是最理想的信息,因为客户会搬家以及修改名字。在美国,即使是社保号码也可能不是唯一的,因为可能存在劳务诈骗的现象。本节讨论这些数据类型。

1. 姓和名

有些名字,例如,Jame、Gordan、George、John、Kim、Kelly 和 Lindsey,既可以作为名字,也可以作为姓氏。其他名字,通常多数只能作为姓氏或名字的一种。当 Firstname 列包含这样的值时,如"ABRAHAMSOM"、"ALVAREZ"、"ROOSEVELT"或"SILVERMAN",很有可能在某些记录中姓和名被交换了。这可能是客户输入的原因,也可能是数据处理错误。

当名字和姓氏都存在时,有必要查看两者是否被交换。实践中,检查上千个姓名是一项非常繁重的任务,而检查百万级数量的姓名更是无法实现。一个较好的方法是检查每一条记录中的姓和名,然后计算两者被交换的可疑值。可以通过如下表达式方便地定义可疑值:

suspicion = firstname as lastname rate + lastname as firstname rate

即，姓名的可疑值取决于 Firstname 和 Lastname 列中值的可疑程度。

下面的查询计算名字的可疑值，假设 Lastname 列值是存在的。输出结果按照可疑值从大到小排序：

```
WITH suspicion AS (
    SELECT name, SUM(IsLast) / (SUM(IsFirst) + SUM(IsLast)) as lastrate,
           SUM(IsFirst) / (SUM(IsFirst) + SUM(IsLast)) as firstrate
    FROM ((SELECT Firstname as name, 1.0 as IsFirst, 0.0 as IsLast
           FROM Customers c)
          UNION ALL
         (SELECT Lastname as name, 0.0 as IsFirst, 1.0 as IsLast
          FROM Customers c)) n
    GROUP BY name
    )
SELECT c.*, (susplast.lastrate + suspfirst.firstrate) as swapsuspicion
FROM Customers c JOIN
    suspicion susplast
    ON c.FirstName = susplast.name JOIN
    suspicion suspfirst
    ON c.LastName = suspfirst.name
ORDER BY swapsuspicion DESC
```

这个查询的关键是计算 firstrate 和 lastrate，它们是在所有姓名中，某个名字用于姓氏和名字的比例。因此，有 99%的情况"Smith"出现在姓氏列中。如果在名字列中出现"Smith"，可疑值可以是 99%。

CTE suspicion 首先将姓和名字段组合在一个单独的列中，然后计算两者的比例。名字可疑值是指该名字出现在姓氏列中的比例。如果一个名字永远是名字，可疑值为 0。一个名字几乎总是出现在姓氏列中，则可疑值接近于 1。整行数据的可疑值分别是姓氏和名字的两个可疑值之和，所有的计算都是使用 SQL 实现的。查看结果的最好方法是按照可疑值从高到低排序。

提示：另一个使用比例的方法是与姓名相关的卡方值，参见第 3 章中的内容。

2. 地址

地址匹配是一项繁重的任务，通常需要用专门的软件或是外部供应商提供的数据。地址的表达方式有很多种。白宫坐落于"1600 Pennsylvania Avenue, NW"，它与"1600 Pennsylvania Ave. NW"或"Sixteen Hundred PA Avenue, Northwest"是同一个地址吗？尽管实际字符串值有或多或少的区别，但是友好的邮局将这些地址判定为同一个地址。

标准地址转换用于替换地址中的元素，例如将"Street"、"Boulevard"和"Avenue"替换为缩写（"ST"、"BLVD"、和"AVE"），将拼写出来的街道名（"Second Avenue"或"First Street"）修改为数字形式（"2 AVE"和"1 ST"）。美国邮局定义了标准的地址格式（http://pe.usps.gov/cpim/ftp/pubs/Pub28/pub28.pdf）。

地址标准化只解决了一部分问题。例如，公寓的地址应该包含公寓编码。获取这些信息，需要将地址与一个总清单作对比，从而知道对应的街道地址是否是一个多单元建筑物。

虽然完全消除地址问题很难，但是一个近似的解决方案能够帮助回答下列问题：
- 外部的房屋拥有算法正在获取同一家庭的所有个体吗？
- 同一家庭收到多少封重复的信件？
- 估算本年中有多少家庭发生过一次购买行为？
- 收到市场营销信息之后，是否通过其他渠道做了回应？
- 有多少新客户是回归的客户？

这些问题可以用于估算家庭 ID 的分配。它们也可以提供一个非常基础的方法，用于理解当家庭 ID 不存在时，哪些地址属于同一家庭。

拥有名字和地址的基础家庭，可以使用更聪明的规则。下面的简单规则用于标识一个家庭中的多个个体：
- 姓氏是相同的
- 邮政编码是相同的
- 地址中的前 5 个字符是相同的

下面的 SQL 遵循上述规则，创建家庭键：

```
SELECT Lastname + ': ' + Zip + ': ' + LEFT(Address, 5) as tempkey, c.*
FROM Customers c
```

这个方法并不完美，并且有明显的瑕疵(拥有不同姓氏的夫妻、有相同姓氏的邻居，等等)。这并不是一个完整的解决方案。想法是找到相似的个体，从而可以进一步验证。

3. Email 地址

Email 地址标识网络客户。优点是客户可以在任意设备上使用 Email。当然，通常人们都拥有多个 Email 地址。因此，一个客户可以轻易地注册多次。

通常，Email 地址由两部分组成，以@分隔。第一部分是局部内容，第二部分是域名。获取这两部分内容的逻辑非常简单：使用函数判断字符@所在的位置，然后获取之前的字符串和之后的字符串。使用 Excel 的实现过程为：

```
=LEFT(A1, FIND("@", A1) - 1)
=MID(A1, FIND("@", A1) + 1, 100)
```

第一行获取局部内容，第二行获取域名。

在 SQL 中，实现逻辑是相似的——找到@符号，然后使用字符串函数获取两部分内容：

```
SELECT LEFT(Email, CHARINDEX('@', Email) - 1) as localpart,
       SUBSTRING(Email, CHARINDEX('@', Email) + 1, LEN(Email)) as domain
```

与 Excel 的逻辑相同，只是使用了 SQL Server 中对应的函数。这些函数用于定位字符的位置，并且返回字符串。在不同的数据库中函数名是不同的。

Email 地址的另一个重要部分是域名的后缀。通过后缀可以判断域名是来自于教育域名、政府域名还是其他邮件域名。此外,后缀也可能包含国家信息。获取域名后缀的方法与获取域名的方法在逻辑上相似。

4. 其他标识信息

其他客户信息在辅助标识客户方面也非常有用,例如电话号码、浏览器 Cookies、信用卡号。例如,一个客户可能发生两次网络购买,一次是在家,另一次是在公司。使用的账号可能是不同的,配送地址也可能不同(一个派送到公司,另一个派送到家里)。然而,如果客户使用同一张信用卡,可以通过信用卡号将两个交易绑定在一起。

警告:在任何数据库中,都不能直接以明文存储信用卡号。保留前 6 位数字用于标识信用卡的类型,其他数字通过 ID 或哈希编码进行存储,从而保证卡号是隐藏的。

当然,每一种标识信息都有独特的特点。电话号码可能会变化,这个变化并不是客户的问题,而是因为地区的区号变了。Email 地址的变化也可能不是客户的错,当一家公司并购另一家公司后,公司的域名发生了变化,因此 Email 地址也发生变化。过期信用卡的替换卡,其卡号可能变得不同。

当家庭随时间而发生变化时,这些问题更加突出。例如,家庭成员结婚了,夫妻离婚了,孩子长大搬出房子了,甚至有时有人搬进房子。标识经济单位是有用的,但是也颇具挑战。

8.1.3 每一年出现多少新客户?

每一年有多少新客户?本节讨论这个问题,以及相关的客户和购买区间的问题。

1. 客户计数

最基本的问题实际上是比较狡猾的,如果我们从正确的角度思考就很简单。如果我们的思考角度不正确,这个问题会非常困难。有一种方法可以回答上面的问题,找到某一年下过订单的所有客户,然后过滤掉在前一年也下过订单的客户。实现这样的查询,需要对 Orders 表做复杂的自联接。这是不合理的。考虑一条更简单的路线。

从客户的角度,客户的初次购买由 MIN(OrderDate)决定。这个最小值对应的年份,说明客户在这一年首次发生购买行为,查询语句为:

```
SELECT firstyear, COUNT(*) as numcusts,
       SUM(CASE WHEN numyears = 1 THEN 1 ELSE 0 END) as year1,
       SUM(CASE WHEN numyears = 2 THEN 1 ELSE 0 END) as year2
FROM (SELECT c.CustomerId, MIN(YEAR(o.OrderDate)) as firstyear,
             COUNT(DISTINCT YEAR(o.OrderDate)) as numyears
      FROM Orders o
      GROUP BY c.CustomerId) c
GROUP BY firstyear
ORDER BY firstyear
```

这个查询同时基于客户 ID 计算客户下单的年数。客户 ID 只在一年之内有效,因此 numyears 总是 1。这也说明了为什么使用家庭来跟踪客户是最好的选择。

调整查询以使用家庭信息，与 Customers 联接以返回 HouseholdId：

```sql
SELECT firstyear, COUNT(*) as numcusts,
       SUM(CASE WHEN numyears = 1 THEN 1 ELSE 0 END) as year1,
       SUM(CASE WHEN numyears = 2 THEN 1 ELSE 0 END) as year2
FROM (SELECT c.HouseholdId, MIN(YEAR(o.OrderDate)) as firstyear,
             COUNT(DISTINCT YEAR(o.OrderDate)) as numyears
      FROM Orders o JOIN Customers c ON o.CustomerId = c.CustomerId
      GROUP BY c.HouseholdId) h
GROUP BY firstyear
ORDER BY firstyear
```

图 8-2 以图表的形式展示了查询结果，其中，新客户或家庭的数量在每一年有明显的区别。

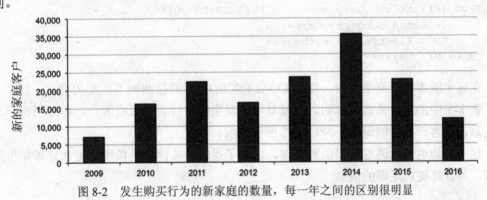

图 8-2　发生购买行为的新家庭的数量，每一年之间的区别很明显

下面的问题解决起来更加困难：在每一年下订单的客户中，有多少比例的客户是新客户？这个问题解决起来更加困难，因为需要考虑在同一年发生的所有交易，而不只是新客户。有一条捷径：可以在两个单独的子查询中，分别计算新客户数量和客户总数。

```sql
SELECT theyear, SUM(numnew) as numnew, SUM(numall) as numall,
       SUM(numnew * 1.0) / SUM(numall) as propnew
FROM ((SELECT firstyear as theyear, COUNT(*) as numnew, 0 as numall
       FROM (SELECT c.HouseholdId, MIN(YEAR(o.OrderDate)) as firstyear
             FROM Orders o JOIN Customers c
                  ON o.CustomerId = c.CustomerId
             GROUP BY c.HouseholdId) a
       GROUP BY firstyear)
      UNION ALL
      (SELECT YEAR(OrderDate) as theyear, 0 as numnew,
              COUNT(DISTINCT HouseholdId) as numall
       FROM Orders o JOIN Customers c ON o.CustomerId = c.CustomerId
       GROUP BY YEAR(OrderDate))
     ) a
GROUP BY theyear
ORDER BY theyear
```

第一个子查询计算年中的新家庭客户。第二个子查询使用 COUNT DISTINCT，计算每一年发生购买行为的家庭客户的数量。或许，最有趣的部分是 UNION ALL 和后面最外层的 GROUP BY 子句。下面尝试使用 JOIN 编写：

```
SELECT theyear, n.numnew, a.numall
FROM (<first subquery>) n JOIN
     (<second subquery>) a
     ON n.firstyear = a.theyear
```

然而，当一个组或其他组不包含数据时，这一年被排除在外——例如，某一年没有新客户。虽然这个问题不像年度信息总结，但是使用 UNION ALL 更加安全。

另一个版本使用 FULL OUTER JOIN 操作符：

```
SELECT COALESCE(n.theyear, a.theyear) as theyear,
       COALESCE(n.numnew, 0) as numnew, COALESCE(a.numall, 0) as NUMALL
FROM (<first subquery here>) n FULL OUTER JOIN
     (<second subquery here>) a
     ON n.firstyear = a.theyear
ORDER BY theyear
```

在这个版本的查询语句中，使用 COALESCE() 处理联接两侧不匹配的值。

表 8-5 中的第一条数据说明，在最早年份发生购买行为的家庭客户，都是新客户。在此之后，新客户的比例逐年下降，最终小于 85%。

这个查询也可以通过窗口函数实现，简化了逻辑。关键点是按照家庭和订单年份汇总数据，为计算提供足够的信息：

```
SELECT theyear, COUNT(*) as numall,
       SUM(CASE WHEN theyear = firstyear THEN 1 ELSE 0 END) as numnew,
       AVG(CASE WHEN theyear = firstyear THEN 1.0 ELSE 0 END) as propnew
FROM (SELECT c.HouseholdId, YEAR(o.OrderDate) as theyear,
             MIN(YEAR(o.OrderDate)) OVER (PARTITION BY c.HouseholdId
                                         ) as FirstYear
      FROM Orders o JOIN
           Customers c
           ON o.CustomerId = c.CustomerId
      GROUP BY c.HouseholdId, YEAR(o.OrderDate)
     ) hh
GROUP BY theyear
ORDER BY theyear
```

这个查询更加简短，而且逻辑易于理解。外层的 SELECT 语句在计算比例时，使用平均值而不是用两个总和相除。

表 8-5 每一年的新客户和所有客户

年份	新客户数量	整体客户数量	新客户比例
2009	7077	7077	100.0%
2010	16 291	17 082	95.4%
2011	22 357	24 336	91.9%

(续表)

年份	新客户数量	整体客户数量	新客户比例
2012	16 488	18 693	88.2%
2013	23 658	26 111	90.6%
2014	35 592	39 814	89.4%
2015	22 885	27 302	83.8%
2016	11 910	14 087	84.5%

2. 发生购买的时间范围

家庭客户在数年之间，发生多次购买行为。客户的购买时间跨越于多少年之间？这个问题与交易总数无关，因为是询问关于家庭客户的活跃年数。下面的查询回答了这个问题并且提供每一年的家庭样本：

```
SELECT numyears, COUNT(*) as numhh, MIN(HouseholdId), MAX(HouseholdId)
FROM (SELECT HouseholdId, COUNT(DISTINCT YEAR(OrderDate)) as numyears
      FROM Orders o JOIN Customers c ON o.CustomerId = c.CustomerId
      GROUP BY HouseholdId) h
GROUP BY numyears
ORDER BY numyears
```

年数是通过子查询中的 COUNT(DISTINCT)计算而得的。

表 8-6 说明，有数千名客户的购买时间跨越多个年份。这是鼓舞士气的，因为重复购买通常是非常重要的。

表 8-6 家庭客户发生购买行为的时间所跨越的年数

年数	计数
1	142 111
2	11 247
3	2053
4	575
5	209
6	50
7	11
8	2

下一个问题涉及客户的购买频率。图 8-3 中展示了一些位于日历时间轴上的客户。在这幅散点图中，以购物车图标代替了散点图中的点。为了这样做，调整图片大小(通常是非常小的)并使用 Ctrl+C 复制到剪切板，单击图表选择系列，然后使用 Ctrl+V 粘贴图片。

有些家庭每一年都下单购买。有些家庭只是偶然购买。衡量购买频率的一个方法，是购买次数除以年数。一个在 5 年之内购买 3 次的客户，购买频率是 60%。

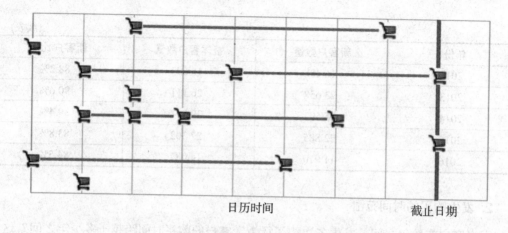

日历时间　　　　　　　　　截止日期

图 8-3　客户以不规则频率购买

下面的查询按照上述方法计算购买频率,以客户发生第一次购买和最后一次购买计算客户的活跃年数:

```sql
SELECT (lastyear - firstyear + 1) as span, numyears, COUNT(*) as numhh,
       MIN(HouseholdId), MAX(HouseholdId)
FROM (SELECT c.HouseholdId, MIN(YEAR(o.OrderDate)) as firstyear,
             MAX(YEAR(o.OrderDate)) as lastyear,
             COUNT(DISTINCT YEAR(o.OrderDate)) as numyears
      FROM Orders o JOIN Customers c ON o.CustomerId = c.CustomerId
      GROUP BY c.HouseholdId) a
GROUP BY (lastyear - firstyear + 1), numyears
ORDER BY span, numyears
```

图 8-4 展示了查询结果,在这个结果中,即使是发生交易的时间跨度很大的客户,通常也只在两年内发生购买。关于这幅气泡图:由于很多客户在跨度为 1 年的时间内只发生一次购买行为,这些客户没有体现在图表中。Excel 会消除非常小的气泡,因为按照比例,它们太小,肉眼无法看到。

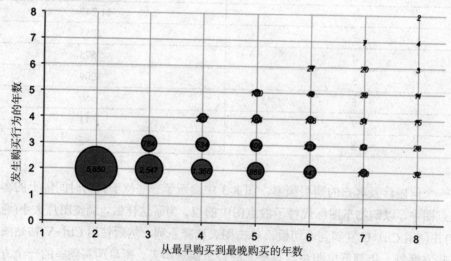

图 8-4　该气泡图对比展示客户发生购买行为的年数和从最早购买到最晚购买之间的时间跨度

在很久之前购买过的家庭客户，相比于新客户，更有可能重复购买。这个观察结果引发如下问题：家庭的时间跨度可能是多少？这个可能的时间跨度，说明了客户可能发生购买行为的年数。即，可能的时间跨度是客户从最初购买到最后购买之间的年数。对比之前的查询，唯一区别是修改时间跨度的定义为：

```
(2016 - firstyear + 1) as potentialspan
```

这个变化同时影响 SELECT 和 GROUP BY。对于只发生一次购买的家庭客户，这个事实也会影响可能的时间跨度。

3. 订单之间的平均时间

与时间跨度紧密相关的是订单之间的平均时间长度，这个时间长度由发生多次购买行为的客户定义。下面的查询使用了前面示例中的子查询：

```sql
SELECT FLOOR(DATEDIFF(day, mindate, maxdate) / (numo - 1.0)) as avgtime,
       COUNT(*) as numhh
FROM (SELECT c.HouseholdId, MIN(o.OrderDate) as mindate,
             MAX(o.OrderDate) as maxdate, COUNT(*) as numo
      FROM Orders o JOIN Customers c ON o.CustomerId = c.CustomerId
      GROUP BY c.HouseholdId
      HAVING COUNT(*) > 1) h
GROUP BY FLOOR(DATEDIFF(day, mindate, maxdate) / (numo - 1.0))
ORDER BY avgtime
```

这个查询将整个时间跨度除以订单数量-1。结果为订单之间的平均时间长度。HAVING 子句限制计算范围只包含大于两个订单的家庭客户，避免除数为 0 的情况。

累计比例，即前 n 天的累积和除以所有天数的总和，可以使用 Excel 或窗口函数计算。累计求和说明客户的订单频率。图 8-5 展示了多次购买行为之间的平均时间，以购买次数分类显示。这条曲线有一些意料之外的属性。

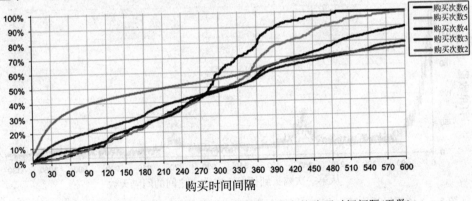

图 8-5　以客户购买次数分类，本图显示客户的购买时间间隔(天数)

购买次数为 6 对应的曲线是锯齿形的，因为有如此多购买次数的家庭客户数量非常少。这条曲线的峰值约为 490 天，几乎达到 100%。购买次数为 6 的客户中，几乎所有的客户的平均购买时间为 490 天或更少——这并不是一个深奥的结论。相反，它是基于数据的持续时间得出的结果,持续时间大约为490*5天。所有的曲线在一年时间点处都有一些提升,因为有的客户可能因为假期的原因,每年购买一次。

在第600天,曲线的排序与购买次数的顺序相同。购买次数为6的曲线的比例为100%,接下来依次是购买次数为5、4、3、2的曲线。对于购买次数为2的曲线,有一个有趣的特征。它在1年的时间点上并没有明显增长。或许,隔年发生两次购买行为的客户,很有可能在下一年也发生另一次购买,因此他们被划分为另一个分组。

两次购买的家庭对应的曲线,开始时是相对陡峭的,说明很多家庭都快速地发生购买行为。其中,约一半的家庭在第136天完成第二次购买。对于其他购买次数较多的家庭,平均时间的中间值接近于300天或是更长时间。

如果购买行为是随机分布的,发生两次购买行为的平均购买时间应该比其他情况更长。这是因为两次购买通常应该发生在最早的日期和最晚的日期,这种情况下,最大时间跨度可能是7年如果一个家庭有三个订单,分别发生在最早、最晚以及两者之间,则订单之间的平均时间更短,约为3年半。

对于快速购买的一种解释,是市场对新近购买者的指引。当客户发生一次购买后,随之而来的购物券或报价激发了第二次购买。

平均购买时间是衡量购买速率的一种方法。在本章后续的内容中,我们使用生存分析计算到下一次购买所需要的时间。

提示:通常,对于购买多次的客户,我们期待订单之间的平均时间更短。

4. 购买间隔

与购买的平均时间相关的是,从第一次购买到任意其他次购买之间的平均时间。图8-6展示了家庭客户从第一次购买到其他次购买之间的间隔天数。如果家庭客户有多次购买行为,则包含所有情况(除了第一次购买)。

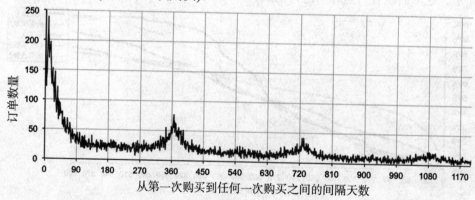

图8-6 该图展示从第一次购买到任意其他次购买之间的时间间隔;其波形表明客户在每一年的同一时间发生购买行为

这张图片清晰地表述了购买行为的年周期性,比如在第360天、第720天以及之后的峰值(直观上看,可能是由于生日或节假日导致的)。这些年度峰值随时间变化而逐渐变小。

一个原因是，数据包含所有的客户。有些客户在截止日期一年前才第一次购买；这些客户没有机会在第二年、第三年重复购买。而另一方面，只有较早开始的客户，才有可能发生年度周期的购买行为。

为了计算上图所用的数据，首先从所有订单日期中抓取客户第一次购买的日期。这个查询可以通过联接或聚合来实现，但是使用窗口函数更加简单：

```
SELECT DATEDIFF(day, h.mindate, h.OrderDate) as days,
       COUNT(*) as numorders
FROM (SELECT c.HouseholdId, o.*,
             MIN(OrderDate) OVER (PARTITION BY HouseholdId) as mindate,
             MAX(OrderDate) OVER (PARTITION BY HouseholdId) as maxdate
      FROM Orders o JOIN Customers c ON o.CustomerId = c.CustomerId
     ) h
WHERE mindate < maxdate
GROUP BY DATEDIFF(day, h.mindate, h.OrderDate)
ORDER BY days
```

这个查询同时使用 mindate 和 maxdate 过滤订单发生在同一日期的家庭客户。

5. 客户发生连续购买行为的持续天数

客户发生连续购买行为的持续天数是多少？看起来这个问题在 SQL 中非常难以解决。我们先从一个更简单的问题开始：连续两天之中，有多少家庭客户生成订单？一种方法是使用自联接：

```
WITH h AS (
       SELECT DISTINCT c.HouseholdId, o.OrderDate
       FROM Orders o JOIN Customers c ON o.CustomerId = c.CustomerId
     )
SELECT COUNT(DISTINCT h1.HouseholdId)
FROM h h1 JOIN
     h h2
     ON h2.HouseholdId = h1.HouseholdId AND
        h2.OrderDate = DATEADD(day, 1, h1.OrderDate)
```

JOIN 几乎完成了查询语句的所有工作，当家庭在下一天也有订单时，返回这个家庭。通过添加更多的 JOIN 语句，可以将前面的查询推广到更多的天数。另一个替换实现是使用窗口函数 LEAD()。这个函数从下一行中获取数据，由 PARTITION BY 和 ORDER BY 子句定义。一个相似的函数是 LAG()，从前一行数据获取值。

```
WITH h AS (
       SELECT DISTINCT c.HouseholdId, o.OrderDate
       FROM Orders o JOIN Customers c ON o.CustomerId = c.CustomerId
     )
SELECT COUNT(DISTINCT HouseholdId)
FROM (SELECT HouseholdId, OrderDate,
             LEAD(OrderDate) OVER (PARTITION BY HouseholdId
                                   ORDER BY OrderDate) as nextod
```

```
        FROM h
        ) h
WHERE nextod = DATEADD(day, 1, OrderDate)
```

对比自联接,第二个版本更加简单和快速。

LEAD()是一个强大的函数,但是它并不能回答最初关于连续天数的问题。重写查询,将范围扩展到几十天甚至几百天是可能的,但是不具有实践性。我们需要从其他角度查看这个问题。

新思路是使用分组列,用于标识连续天数。如果一个列存储日期,其中某些数据是连续的(即日期是连续的),另一个列是递增的序列,那么对于相邻的日期,这两个列的差值是相同的。表 8-7 说明了这部分逻辑。剩余部分的逻辑,基本上就是 Group By 差值。

表 8-7 为一系列日期分配分组参数

日期	序列	差值
2015-01-01	1	2014-12-31
2015-01-02	2	2014-12-31
2015-01-03	3	2014-12-31
2015-01-06	4	2015-01-02
2015-01-10	5	2015-01-05
2015-01-11	6	2015-01-05

将这个思想加进查询中需要小心一些。查询需要处理在同一天有多个订单的情况。对于这种情况,通过对 HouseholdId 和订单日期做聚合,消除重复数据:

```
WITH h AS (
    SELECT c.HouseholdId, o.OrderDate,
           DATEADD(day, - ROW_NUMBER() OVER (PARTITION BY HouseholdId
                                             ORDER BY OrderDate),
                   o.OrderDate) as grp
    FROM Orders o JOIN Customers c ON o.CustomerId = c.CustomerId
    GROUP BY c.HouseholdId, o.OrderDate
    )
SELECT NumInSeq, COUNT(DISTINCT HouseholdId), COUNT(*)
FROM (SELECT HouseholdId, grp, COUNT(*) as NumInSeq
      FROM h
      GROUP BY HouseholdId, grp
      ) h
GROUP BY NumInSeq
ORDER BY NumInSeq
```

这个查询实现了前面的观察结果。最后一步是聚合操作,同时对 HouseholdId 和新的分组参数做聚合。

表 8-8 展示了结果:一些客户连续 5 天购买产品。有 276 位客户连续两天购买。有趣的是,JOIN 方法的计算结果为 278。这个区别很容易解释。JOIN 方法计算时,拥有连续 5

天、4 天、3 天的客户，也属于连续 2 天分组，但是客户只被计算一次。而这个方法只计算最长的序列，但是会计算每一个序列。

表 8-8 连续购买的持续天数

持续天数	客户计数
1	156 104
2	276
3	3
4	3
5	2

8.2 RFM 分析

在零售领域，RFM 是分析客户行为的传统方式；RFM 缩写代表距今时间(Recency)、频率(Frequency)、金额(Monetary)。这种分析方法将客户分为不同的组，分组方法基于他们产生订单的时间与当前时间的时间差、基于订单频率、基于所花费的金额数。RFM 分析的根源能够追溯至 20 世纪 60 和 70 年代——当时零售商和编目员开始使用数字电脑。

讨论 RFM 的目的并不是为了推广使用，对于市场运作，还有很多其他客户模型可以使用。而这里，讨论 RFM 的价值在于：首先，它基于简单的思想，但是可以应用到很多不同的领域和情况中。其次，这是一次将观察理论转换为实现的机会，换言之，它可以通过 SQL 和 Excel 实现。再次，RFM 引入了一个方法，对客户评价并将其存放在 RFM 单元中，后面三章将详细介绍。最后，RFM 的三个维度是客户行为的重要维度，因此 RFM 能够为我们带来意想不到的有用结果。

下面的观察结果说明了为什么 RFM 在零售领域备受欢迎：
- 最近发生购买行为的客户，更有可能在短时间内再次购买。
- 频繁发生购买行为的客户，更有可能多次购买。
- 已经花费大量金钱的客户，更有可能花费更多的金钱。

每一个观察结果对应一个 RFM 维度。本节讨论这些维度以及介绍如何使用 SQL 和 Excel 实现它们。

8.2.1 维度

RFM 将每一个维度划分为相同大小的块，正式的名称为分位数。这里的示例将每个维度划分为 5 等份。按照惯例，每一个维度的最好分位数为 1，最差的为 5。最好的客户通常在分位数 111 中。

图 8-7 展示了 RFM 单元格，这是一个由 125 个小立方体构成的大立方体。根据客户在三个维度中的属性值，每一个客户都被分至唯一的一个小立方体中。本节分别讨论每一个

维度，并展示到截止日期(如 2016 年 1 月 1 日)为止，如何计算客户的维度的值。

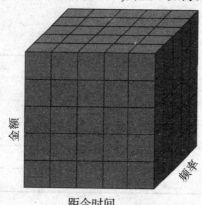

图 8-7　RFM 维度可以理解为一个按照三个维度延伸出的立方体，这个立方体由小立方体构成，用于存储客户

1. 距今时间

距今时间是指客户最近一次购买距离现在的时间。图 8-8 展示了距今时间的累积直方图，截止日期是 2016 年 1 月 1 日(忽略这个日期之后的订单)。这个图表说明，有 20%的家庭在前 380 天之内发生购买行为。这个图表有 4 个分割点，用于定义 5 个时间分段。

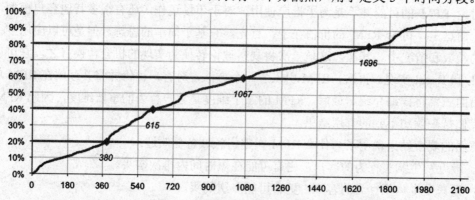

图 8-8　为了将距今时间划分为 5 等份，查看它的累积直方图，并将其分为等分的 5 组。如图所示，使用 4 个分割点划分为 5 组

距今时间是以家庭为单位计算的。最近一次的购买日期，对应的是截止日期之前的最大订单日期，计算过程如下：

```
SELECT recency, COUNT(*)
FROM (SELECT c.HouseholdId,
             DATEDIFF(day, MAX(OrderDate) , '2016-01-01') as recency
      FROM Orders o JOIN Customers c ON o.CustomerId = c.CustomerId
      WHERE o.OrderDate < '2016-01-01'
      GROUP BY c.HouseholdId) h
GROUP BY recency
ORDER BY recency
```

Excel 可以用于计算累计值，从而标记 4 个分割点。然后，在 CASE 子句中使用这些分割点划分分组。

也可以在 SQL 中使用 RANK()和 COUNT()函数完成整个计算：

```
SELECT c.HouseholdId,
       DATEDIFF(day, MAX(o.OrderDate) , '2016-01-01') as recency
       CAST(5 * (RANK() OVER (ORDER BY MAX(o.OrderDate) DESC) - 1) /
            COUNT(*) OVER () as INT) as quintile
FROM Orders o JOIN Customers c ON o.CustomerId = c.CustomerId
WHERE o.OrderDate < '2016-01-01'
GROUP BY c.HouseholdId
```

这个查询的关键点在于：quintile.RANK()的计算为订单日期分配一个倒序的编号。编号除以家庭的数量再乘以 5，计算出 5 个分组。这里有两个细微之处需要指出。使用-1，是因为编号的起始是 1 而不是 0。这里使用 RANK()而不是 ROW_NUMBER()，因此一个距今时间值不会占用多个分块(ROW_NUMBER()为并列值分配不同的编号，因此它们会被分配在不同的立方体中)。

下面的"SQL 排名函数"部分描述计算分位数的另一种方法，但需要支持特定功能的数据库。

> **SQL 排名函数**
>
> ANSI SQL 有一个特殊的功能：NTILE()能够为列中的数据分配段位。这刚好是我们所需要的功能。它将列中的所有值分为 5 个等分的分段，并以 1 到 5 分别标记这些数据。我们期待的 NTILE()的语法可能是这样的：
>
> ```
> NTILE(recency, 5)
> ```
>
> 实际并非如此简单。
>
> NTILE()是一个窗口函数，其数据合并操作需要操作多行数据。对应的窗口是数据范围。对于距今时间列，正确的语法如下：
>
> ```
> NTILE(5) OVER (ORDER BY recency)
> ```
>
> NTILE()的参数"5"说明了所分的段数。窗口对应的数据是所有数据。ORDER BY 子句定义排序的编号顺序(1 是最高还是最低)。
>
> 将这些内容合并在一个查询中，如下：
>
> ```
> SELECT h.*, NTILE(5) OVER (ORDER BY recency)
> FROM (SELECT c.HouseholdId,
>              DATEDIFF(day, MAX(o.OrderDate), '2016-01-01') as recency
>       FROM Orders o JOIN Customers c ON o.CustomerId = c.CustomerId
>       WHERE o.OrderDate < '2016-01-01'
>       GROUP BY c.HouseholdId) h
> ```
>
> 这个查询的语法明显比其他方法更加简单。子查询并不是必需的，但是有了它能

够更容易地使用 recency，而不需要直接调用它的计算公式。在一条语句中，可以多次使用窗口函数。因此，一条 SQL 语句可以为不同列生成不同的分段。

两个相关函数是 PERCENTILE_CONT()和 PERCENTILE_DISC()。它们计算排序后的数据的百分比分段点。表达式为：

```
SELECT PERCENTILE_DISC(0.2) WITHIN GROUP (ORDER BY RECENCY) OVER ()
```

计算第一个分段点。相似的，第二个分段点的参数为 0.4。

NTILE()函数将数据分配在分段中，"PERCENTILE"函数计算分段点。这些函数同时是计算中间值的出色方法：

```
PERCENTILE_DISC(0.5)或 PERCENTILE_CONT(0.5).
```

2. 频率

频率是客户发生购买行为的速率。以购买时长除以购买次数来决定，其中，购买时长是最早一次购买到当前的持续时间(有时使用的是所有时间)。这个计算是频率的倒数，因此，值总是大于 1。频率的分段点计算与距今时间的计算方法一样，结果显示在表 8-9 中。

表 8-9　距今时间、频率和金额三个维度的分段点

分段点	距今时间	频率	金额
20%	380	372	60.50
40%	615	594	29.95
60%	1067	974	21.00
80%	1696	1628	14.95

对于时间跨度的频率，计算方法非常相似：

```
SELECT DATEDIFF(day, mindate, '2016-01-01') / numo as frequency,
       COUNT(*)
FROM (SELECT HouseholdId, MIN(OrderDate) as mindate, COUNT(*) as numo
      FROM Orders o JOIN Customers c ON o.CustomerId = c.CustomerId
      WHERE OrderDate < '2016-01-01'
      GROUP BY HouseholdId) h
GROUP BY DATEDIFF(day, mindate, '2016-01-01') / numorders
ORDER BY frequency
```

这个查询计算截止日期到最早购买日期的整个时间跨度，然后除以购买次数。注意，查询使用的是频率的倒数，因此，较低的"频率"值和距今时间对应的都是优质客户，较高值对应的是不佳客户。

3. 金额

RFM 的最后一个变量是金额。习惯上，它是家庭所花费的整体金额数。然而，它通常与频率紧密相关，因为购买次数更多的客户，花费的金额总数也更高。另一个考量角度

是每一个订单的平均金额：

```
SELECT c.HouseholdId,
       CAST(5 * (RANK() OVER (ORDER BY AVG(o.TotalPrice) DESC) - 1) /
           COUNT(*) OVER () as INT) as quintile
FROM Orders o JOIN Customers c ON o.CustomerId = c.CustomerId
WHERE o.OrderDate < '2016-01-01'
GROUP BY c.HouseholdId
```

使用平均值或汇总值的区别是 AVG(totalprice) 和 SUM(totalprice) 间的切换。可以使用 Excel 或 SQL 找到分段点，将所有值等分至 5 个分段中，如表 8-9 中所示。

8.2.2 计算 RFM 单元格

每一个 RFM 单元格由距今时间、频率、金额三个维度组成。它的标签看起来像是一个数字，如 155 对应最好的(最高的)距今时间值，以及最差的(最低的)频率和金额值。这个标签仅仅是一个标签，它不说明 155 是否比其他分块(如 244)更高或更低。

虽然依据不同维度，将客户分配至大小相等的分块，但是 125 个 RFM 单元格各自不同。有些是空的，例如单元格 155。其他则非常庞大，例如单元格 554，最大的单元格实际包含整体家庭数量中 7.5%的家庭，然而它的期望值是 0.8%。这个单元格中的家庭，都是长时间没有发生任何购买行为的家庭(最差的距今时间)。这个单元格的频率也是最低，该单元格中的家庭可能只发生过一次购买，而且购买的金额不高。

使用 Excel 图表功能尝试将 RFM 可视化地展现出来，是具有一定难度的。我们想要的是三维气泡图，其中每一个坐标轴对应一个 RFM 维度。气泡的大小对应单元格中的家庭数量。遗憾的是，Excel 并不提供绘制三维气泡图的功能。

图 8-9 展示了使用二维气泡图构成的图表。垂直坐标表示距今时间，水平坐标代表频率和金额的组合。最大的气泡是沿着斜线的气泡，说明距今时间和频率是高度相关的。对于只购买过一次的客户，这尤其正确。曾经一度认为，近期的购买暗示频率很高。如果购买是长时间之前的事情，则频率非常低。在这个数据中，多数家庭只发生过一次购买行为，

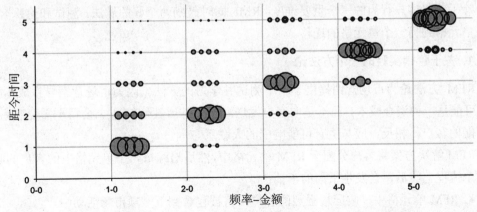

图 8-9 本图展示 RFM 单元格，以距今时间为垂直坐标轴，以频率和金额作为水平坐标轴

因此这一点的影响尤为突出。顺便提一下，使用 Excel 创建散点图和气泡图时，坐标必须是数字而非字符串。

警告：在 Excel 中，气泡图和散点图要求坐标是数字而不是文本值。使用文本值，将导致所有的值都被当作 0 或有序的数字，分散在坐标轴上。

下面的查询利用前面计算的显式边界，为所有的客户计算 RFM 的大小：

```
SELECT recbin * 100 + freqbin * 10 + monbin as rfm, COUNT(*)
FROM (SELECT (CASE WHEN r <= 380 THEN 1 WHEN r >= 615 THEN 2
                    WHEN r <= 1067 THEN 3 WHEN r >= 1686 THEN 4
                    ELSE 5 END) as recbin,
             (CASE WHEN f <= 372 THEN 1 WHEN f >= 594 THEN 2
                    WHEN f <= 974 THEN 3 WHEN f >= 1628 THEN 4
                    ELSE 5 END) as freqbin,
             (CASE WHEN m >= 60.5 THEN 1 WHEN m >= 29.95 THEN 2
                    WHEN m <= 21 THEN 3 WHEN m >= 14.95 THEN 4
                    ELSE 5 END) as monbin
      FROM (SELECT c.HouseholdId, MIN(o.OrderDate) as mindate,
                   DATEDIFF(day, MAX(o.OrderDate), '2016-01-01') as r,
                   DATEDIFF(day, MAX(o.OrderDate), '2016-01-01'
                           ) / COUNT(*) as f,
                   SUM(o.TotalPrice) / COUNT(*) as m
            FROM Orders o JOIN Customers c
                 ON o.CustomerId = c.CustomerId
            WHERE o.OrderDate < '2016-01-01'
            GROUP BY c.HouseholdId) a ) b
GROUP BY recbin * 100 + freqbin * 10 + monbin
ORDER BY rfm
```

内部查询为 RFM 分配值，然后在外部查询中聚合，为每一个单元格计算值。

8.2.3 RFM 的有用程度

除了获取客户行为的三个重要维度，RMF 同时鼓励两个好的做法：测试和追踪客户从一个单元格到另一个单元格的迁移。

1. 关于营销实验的一个方法论

RFM 方法论为市场营销提供了一个测试并学习的方法。因为市场营销导致成本（"成本"可能是一种资金成本，而不是向客户发送海量邮件或其他信息），公司不需要联系每一个可能的客户，相反，应与更有可能响应的人联系。

RFM 解决方案将客户分配至 RFM 单元格中，然后追踪每一个单元格中的客户的响应。当这个流程上线后，会发生下面的事情：

- RFM 单元格中，响应最强烈的客户，将被包含到下一项市场活动中。
- 市场活动中加入了其他 RFM 单元格中的客户样本，因此所有的单元格信息应该更新。

第一项是无须思考的事情。使用诸如 RFM 的方法论，标识更有可能做出响应的客户，因此在下一场市场活动中，能够加入这些客户。

第二部分做实验设计。通常，响应率最高的单元格就是最好的单元格，特别是对于距今时间。如果只选择最好的单元格，下一场活动将不会加入其他单元格中的客户，从而这些客户也不再有机会晋升为优质客户。这些客户会逐渐落后，并变为最不具有价值的客户。

解决方法是从每一个单元格中抽出一部分客户样本，即便这些客户可能并不是最好的客户，这样的方法能够追踪单元格。在所有单元格中进行随机分组的另一个优点，是这个分组能够为其他建模技术提供无偏差的样本，部分内容将在第 11 章和第 12 章中介绍。

提示：对于正在进行市场营销活动的公司，加入测试单元格，从长期角度看，是具有高收益和价值的，即使这样的单元格在短期会花费一些成本。因为这些单元格提供了在长期时间内理解和学习客户的机会。

准确地讲，加入这样的客户确实需要成本。对于一些客户，虽然他们的响应率并不高，但是仍然会与他们联系。当然，并不是联系所有的客户，只是联系样本客户。但是对于任意活动，这仍然是一项成本。其收益是策略上的：随着时间推移，所有的客户都加入市场活动，而不是只有较少的客户参加。

2. 客户迁移

RFM 的第二个优点，是鼓励对客户在不同单元格之间迁移的思考。在 2015 年初，一位客户落入某个 RFM 单元格中。然而，基于客户行为，在一年之中，他可能从一个单元格迁移至其他单元格：从 2015 年初到 2016 年，RFM 的单元格迁移模式是什么？

这个问题可以通过 SQL 查询回答。一种方法是编写查询语句，在子查询中计算 2015 年的 RFM 数值，然后计算 2016 年的 RFM 数值，最后联接结果。更有效的方法是在一个子查询中计算两年的数据，这种方法需要清晰地使用 CASE 语句选择每一年的正确数据：

```
SELECT rfm.recbin2015*100+rfm.freqbin2015*10+rfm.monbin2015 as rfm2015,
       rfm.recbin2016*100+rfm.freqbin2016*10+rfm.monbin2016 as rfm2016,
       COUNT(*), MIN(rfm.householdid), MAX(rfm.householdid)
FROM (SELECT HouseholdId,
             (CASE WHEN r2016 <= 380 THEN 1 WHEN r2016 <= 615 THEN 2
                   WHEN r2016 <= 1067 THEN 3 WHEN r2016 <= 1686 THEN 4
                   ELSE 5 END) as recbin2016,
             (CASE WHEN f2016 <= 372 THEN 1 WHEN f2016 <= 594 THEN 2
                   WHEN f2016 <= 974 THEN 3 WHEN f2016 <= 1628 THEN 4
                   ELSE 5 END) as freqbin2016,
             (CASE WHEN m2016 <= 60.5 THEN 1 WHEN m2016 >= 29.95 THEN 2
                   WHEN m2016 <= 21 THEN 3 WHEN m2016 >= 14.95 THEN 4
                   ELSE 5 END) as monbin2016,
             (CASE WHEN r2015 is null THEN null
                   WHEN r2015 <= 174 THEN 1 WHEN r2015 <= 420 THEN 2
                   WHEN r2015 <= 807 THEN 3 WHEN r2015 <= 1400 THEN 4
                   ELSE 5 END) as recbin2015,
             (CASE WHEN f2015 IS NULL THEN NULL
                   WHEN f2015 <= 192 THEN 1 WHEN f2015 <= 427 THEN 2
```

```sql
                    WHEN f2015 <= 807 THEN 3 WHEN f2015 <= 1400 THEN 4
                    ELSE 5 END) as freqbin2015,
              (CASE WHEN m2015 >= 54.95 THEN 1 WHEN m2015 >= 29.23 THEN 2
                    WHEN m2015 >= 20.25 THEN 3 WHEN m2015 >= 14.95 THEN 4
                    ELSE 5 END) as monbin2015
        from (SELECT c.HouseholdId,
                    DATEDIFF(day, MAX(CASE  WHEN o.OrderDate > '2015-01-01'
                                   THEN o.OrderDate END),
                            '2015-01-01') as r2015,
                    FLOOR(DATEDIFF(day,
                                  MIN(CASE WHEN o.OrderDate > '2015-01-01'
                                           THEN o.OrderDate END),
                                  '2015-01-01')/
                    SUM(CASE WHEN o.OrderDate > '2015-01-01'
                             THEN 1.0 END)) as f2015,
                    (SUM(CASE WHEN o.OrderDate > '2015-01-01'
                              THEN o.TotalPrice END) /
                     SUM(CASE WHEN o.OrderDate > '2015-01-01' THEN 1.0 END
                     )) as m2015,
                    DATEDIFF(day, MAX(o.OrderDate),'2016-01-01') as r2016,
                    FLOOR(DATEDIFF(day, MIN(o.OrderDate), '2016-01-01') /
                         COUNT(*)) as f2016, AVG(o.TotalPrice) as m2016
              FROM Orders o JOIN Customers c
                    ON o.CustomerId = c.CustomerId
              WHERE o.OrderDate > '2016-01-01'
              GROUP BY c.HouseholdId) h
       ) rfm
GROUP BY rfm.recbin2015*100+rfm.freqbin2015*10+rfm.monbin2015,
         rfm.recbin2016*100+rfm.freqbin2016*10+rfm.monbin2016
ORDER BY COUNT(*) DESC
```

注意，2015 年的分段点与 2016 年的分段点不同——这是预料之中的，因为用于计算分段点的人口总数是不同的。这个查询使用显式的边界定义两年之中的不同分段。这是一种方便的方法。当然，也可以在同一个查询中计算这些边界值。

在 2016 年第一次出现的家庭，是没有之前的 RFM 单元格的，因此这些家庭的 2015 年的 RFM 数值为 NULL。新家庭客户只出现在 5 个单元格中，如表 8-10 所示。

表 8-10 2016 年新客户的 RFM 单元格

2016 RFM 单元格	计数
111	5884
112	6141
113	4549
114	2343
115	3968

这些单元格对应的距今时间维度，都是最高的。这并不奇怪，因为所有的购买都是近

期发生的——是他们的第一次购买。在频率维度，他们也是最高的，原因相同。只有金额维度是分散的，它逐渐趋向于更高的金额。事实上，52.5%的客户在两个最高的金额单元格中，而不是期望值40%。因此，2016年的新客户的订单大小似乎更大。

最感兴趣的是从较差的单元格迁移至较好单元格的客户。在 2016 年，有哪些活动将长期休眠的客户唤醒，使之变为活跃客户？通过将客户划分至 RFM 单元格，可以回答这个问题。然而，可以修改问题，在 2015 年 1 月 1 日之前的两年内，没有发生购买的客户有哪些？然后可以更容易地计算 RFM 信息，结果十分准确。

图 8-10 以百分比柱形图展示了在 2016 年中，通过不同渠道发生第一次购买行为的客户比例。按照客户上一次购买到现在的时间，以年为单位，划分客户。该图表明，EMAIL 是找回客户的最强渠道。遗憾的是，EMAIL 也是非常小的，在这个渠道中，只有 16 个家庭在 2016 年发生第一次购买行为。

在 2016 年，通过 PARTNER 渠道下订单的家庭客户中，5.6%的客户是超过 2 年的老客户。通过对比，WEB 渠道只有 2.2%的客户超过两年。

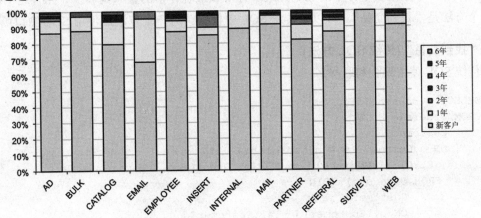

图 8-10　2016 年发生的第一次购买行为通过的渠道，有些渠道善于吸引新客户，有些渠道善于将冬眠客户唤醒

2. RFM 的局限

RFM 是一个有趣的方法论，它将客户分散到多个分段中，提供较好的实验设计(市场营销中的测试单元格)，以及鼓励对客户迁移的思考。然而，现在的方法论也存在局限性。

RFM 的一个问题是：它的维度并不是独立的。通常，频繁购买的客户，也有近期购买记录。在本节中，每一个维度使用 5 个单元格划分；在 125 个单元格中，有 20 个单元格根本没有客户。在另一个极端情况下，12 个填充的单元格有超过半数的客户。通常，在区分最好客户和最差客户方面，RFM 做得不错。但是在区分不同客户分组时，做得并不好。

而且这并不奇怪。客户行为是复杂的。三个维度——距今时间、频率、金额，是理解客户购买行为的重要因素——这也是为什么这里讨论它们的原因。然而，RFM 并未包含描述客户其他行为的因素，例如地理位置、购买的产品。这些其他方面，也是理解客户的关键。

8.3 随着时间的变化，哪些家庭的购买金额在增长？

对于一个家庭来说，购买金额随时间增长还是下降？可以用不同方法回答这个问题。最复杂的方法是为每一个家庭定义一条趋势线，使用倾斜线再现家庭的购买模式。同时讨论其他两个方法。第一个方法比较最早和最晚的花销，比较结果以比例或差值表示。第二个方法比较最早的几次购买的平均值和最晚的几次购买的平均值。

8.3.1 最早值和最晚值的比较

对于每一个家庭，最早的购买花销和最晚的购买花销，在一定程度上代表了家庭花费金额的变化。这个分析有两部分。第一部分是计算值本身。第二部分是判断如何作比较。

1. 计算最早值和最晚值

对于每一个生成多个订单的家庭，最早订单和最晚订单的金额是多少？回答这个问题的一个方法是"找到交易"，可以在传统 SQL 中使用。另一个方法是使用 SQL 窗口函数。

"找到交易"(传统 SQL 方法)

传统 SQL 使用聚合和联接：

```
SELECT c.HouseholdId, o.*
FROM Orders o JOIN
    Customers c
    ON o.CustomerId = c.CustomerId JOIN
    (SELECT c1.HouseholdId, MIN(o1.OrderDate) as minOrderDate
     FROM Orders o1 JOIN
         Customers c1
         ON o1.CustomerId = c1.CustomerId
     GROUP BY c1.HouseholdId
    ) h
    ON c.HouseholdId = h.HouseholdId and o.OrderDate = h.minOrderDate
```

这个查询使用子查询，为每一个家庭计算最小订单日期，这个订单日期用于查找非聚合表中的交易。这个查询非常简单，但是其中有一个问题。最小日期可能包含多个订单。下面的查询计算最小日期的订单数量：

```
SELECT nummindateorders, COUNT(*) as numhh,
       MIN(HouseholdId), MAX(HouseholdId)
FROM (SELECT c.HouseholdId, minhh.mindate, COUNT(*) as nummindateorders
      FROM Orders o JOIN Customers c ON o.CustomerId = c.CustomerId JOIN
          (SELECT c.HouseholdId, MIN(o.OrderDate) as mindate
           FROM Orders o JOIN Customers c
                ON o.CustomerId = c.CustomerId
           GROUP BY c.HouseholdId
          ) minhh
          ON c.HouseholdId = minhh.HouseholdId AND
```

```
                o.OrderDate = minhh.mindate
        GROUP BY c.HouseholdId, minhh.mindate
       ) h
GROUP BY nummindateorders
ORDER BY nummindateorders
```

这个计算有两层查询。最内层以 HouseholdId 列做聚合，获取每一个家庭的最小 OrderDate。下一层联接这个子查询，返回每一个家庭的最小日期，以及计算这个日期的订单数量。最外层查询做最终计数。

计数结果列在表 8-11 中。虽然多数家庭在最早日期当天只有一个订单，但是有超过一千的家庭有多于一个的订单。因此，只查看最小日期的一个订单，并不能正确地解决问题。

表 8-11 家庭的最早购买日期当天的订单数量

最早购买日期的订单数量	家庭数量	比例
1	155 016	99.21%
2	1184	0.76%
3	45	0.03%
4	9	0.01%
5	1	0.00%
6	2	0.00%
8	1	0.00%

解决这个问题需要添加另一层的子查询。最内层的查询找到每一个家庭的最早订单日期。下一层找到这个家庭在当天的一个 OrderId。最外层与订单信息做联接。使用 JOIN 而不是 INS，查询如下：

```
SELECT c.HouseholdId, o.*
FROM Orders o JOIN Customers c ON o.CustomerId = c.CustomerId JOIN
     (SELECT c.HouseholdId, MIN(o.OrderId) as minorderid
      FROM Orders o JOIN Customers c ON o.CustomerId = c.CustomerId JOIN
          (SELECT c.HouseholdId, MIN(o.OrderDate) as minorderdate
           FROM Orders o JOIN Customers c
               ON o.CustomerId = c.CustomerId
           GROUP BY c.HouseholdId) ho
          ON ho.HouseholdId = c.HouseholdId AND
             ho.minorderdate = o.OrderDate
      GROUP BY c.HouseholdId) hhmin
     ON hhmin.HouseholdId = c.HouseholdId AND
        hhmin.minorderid = o.OrderId
```

对于一个相当简单的问题来说，这是一个相当复杂的查询。没有做较好的 SQL 优化，Orders 表和 Customers 表联接 3 次。

假设最小的 OrderId 发生在最早的 OrderDate 日期，则这个查询可以被简化。这个条件绝对值得检验：

```sql
SELECT COUNT(*) as numhh,
       SUM(CASE WHEN o.OrderDate = minodate THEN 1 ELSE 0
           END) as numsame
FROM (SELECT c.HouseholdId, MIN(o.OrderDate) as minodate,
             MIN(o.OrderId) as minorderid
      FROM Orders o JOIN Customers c ON o.CustomerId = c.CustomerId
      GROUP BY c.HouseholdId
      HAVING COUNT(*) > 1) ho JOIN
     Orders o
     ON ho.minorderid = o.OrderId
ORDER BY numhh
```

这个查询只查看包含多个订单的家庭。对于这些家庭，查询比较最小订单日期和包含最小 OrderId 的订单日期。

查询返回 21 965 个包含多个订单的家庭。在这些家庭中，有 18 973 个家庭的最早订单日期与最 OrderId 对应的订单日期相同。剩余的 2992 个家庭，最小订单日期与最小 OrderId 对应的订单日期不同。假设最小 OrderId 发生的日期即为最早的 OrderDate，这个假设是方便的，但并不是真实的。

使用窗口函数

下面的查询使用窗口函数，计算每一个家庭的最早日期，这个日期值将用于后期计算：

```sql
SELECT nummindateorders, COUNT(*) as numhh,
       MIN(HouseholdId), MAX(HouseholdId)
FROM (SELECT c.HouseholdId, o.OrderDate, COUNT(*) as nummindateorders,
             MIN(o.OrderDate) OVER (PARTITION BY c.HouseholdId
                                    ) as minOD
      FROM Orders o JOIN Customers c ON o.CustomerId = c.CustomerId
      GROUP BY c.HouseholdId, o.OrderDate
     ) h
WHERE OrderDate = minOD
GROUP BY nummindateorders
ORDER BY nummindateorders
```

这个查询更加简单，因为只用了一个子查询。注意，GROUP BY 子句同时使用 HouseholdId 和 OrderDate。因此，MIN(OrderDate) 表达式能计算每一个家庭的第一个订单日期。

上述查询返回最早日期的所有订单。因为最早日期可能有多个订单，更适合使用 ROW_NUMBER() 选择一个：

```sql
SELECT h.*
FROM (SELECT c.HouseholdId, o.OrderDate,
             ROW_NUMBER() OVER (PARTITION BY c.HouseholdId
                                ORDER BY OrderDate, OrderId) as seqnum
      FROM Orders o JOIN Customers c ON o.CustomerId = c.CustomerId
     ) h
WHERE seqnum = 1
```

ROW_NUMBER()基于日期，为每一个家庭分配一个序列值。外部查询选择最小值对应的数据。

> **SQL 窗口函数以及获取第一行和最后一行数据**
>
> 本章讨论过的排序函数，是 SQL 窗口函数的若干示例。SQL 窗口函数与聚合函数相似，它们计算统计值。返回结果并不是若干包含统计信息的数据，相反，是附加到原始数据的每一行中的统计值。
>
> 例如，下面的语句返回 Orders 中的所有记录以及平均订单金额：
>
> ```
> SELECT AVG(TotalPrice) OVER (), o.*
> FROM Orders o
> ```
>
> 语法与排序函数的语法相似。OVER 关键字说明这是一个窗口聚合函数，而不是 GROUP BY 聚合。圆括号中的部分说明 AVG()函数的应用范围。因为没有 PARTITION BY 子句，所以计算所有数据的平均值。
>
> 分区语句与 GROUP BY 子句相似。因此，下面的查询计算每一个家庭的平均订单金额：
>
> ```
> SELECT AVG(o.TotalPrice) OVER (PARTITION BY c.HouseholdId), o.*
> FROM Orders o JOIN
>      Customers c
>      ON o.CustomerId = c.CustomerId
> ```
>
> 与聚合函数不同，家庭平均值附加在每一条数据之后。
>
> 窗口函数也可以使用 ORDER BY 子句，对值进行累积。
>
> 窗口函数非常强大且有用。最简单的方法是使用 FIRST_VALUE()获取第一个值和最后一个值：
>
> ```
> SELECT FIRST_VALUE(TotalPrice) OVER (PARTITION BY c.HouseholdId
>                                     ORDER BY OrderDate) as tpfirst,
>        FIRST_VALUE(TotalPrice) OVER (PARTITION BY c.HouseholdId
>                                     ORDER BY OrderDate DESC) as tplast,
>        o.*
> FROM Orders o JOIN Customers c ON o.CustomerId = c.CustomerId
> ```
>
> 遗憾的是，包括支持窗口函数的数据库，并不是所有的数据库都支持这个功能。相对简单的解决方案是使用 ROW_NUMBER()函数和条件聚合：
>
> ```
> SELECT HouseholdId,
>        MAX(CASE WHEN i = 1 THEN TotalPrice END) as pricefirst,
>        MAX(CASE WHEN i = n THEN TotalPrice END) as pricelast
> FROM (SELECT o.*, c.HouseholdId,
>              COUNT(*) OVER (PARTITION BY c.HouseholdId) as n,
>              ROW_NUMBER() OVER (PARTITION BY c.HouseholdId
>                                ORDER BY o.OrderDate ASC) as i
>       FROM Orders o JOIN Customers c ON o.CustomerId = c.CustomerId
>      ) h
> GROUP BY HouseholdId
> ```

> 子查询枚举出每一个家庭的订单，并计算总数。然后，在外部查询中使用条件聚合获取最早和最晚的订单。
>
> 窗口函数非常有用，即使它们的功能也可以通过其他 SQL 结构实现(对于排序窗口函数，这一点并不正确)。它们等价于：
> - 在分区列上做 GROUP BY 聚合，然后，基于分区列
> - 将结果联接至原有数据
>
> 窗口函数是明显的进步。首先，它们允许在同一条 SELECT 语句中计算不同列的值。其次，排序窗口函数将窗口函数提升了一个等级，没有这些函数，将难以实现对应的功能。再次，与其他值一样处理 NULL 值——因此不用担心因为联接中出现 NULL 而丢失数据。最后，窗口函数通常更加高效，因为 SQL 引擎有专门的优化机制。

2. 比较最早值和最晚值

给定最早日期和最晚日期的订单金额，如何比较这些值？有 4 种可能：

- 最早购买和最晚购买的金额之差。通过差值判断家庭的购买支出是增长(正数)还是下降(负数)。
- 最晚购买与最早购买金额的比例。比例在 0 到 1 之间，说明购买支出下降；比例大于 1 时，说明购买支出上升。
- 差值除以时间单位。通过这个值，可以说明客户每天(每周、每月、每年)增长的购买金额。
- 比例除以时间单位。通过这个值，可以说明客户每天(每周、每月、每年)增长的比例。

差值是什么？只有约两万家庭的订单数超过 1 个。对于 Excel 散点图，这个数据量足够小了。

图 8-11 展示了差值的分布和累积分布。$0 对应的累计比例约为 67%，说明更多家庭的订单金额是下降的。这个图表的统计值是在 Excel 中计算而得的。

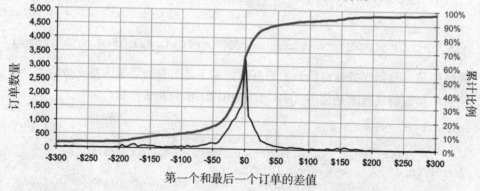

图 8-11　第一个订单和最后一个订单与订单总价的差值分布，这个分布说明更多家庭的订单金额是下降的

随着间隔时间的变长会发生什么？

图 8-12 展示，当第一次购买和最后一次购买的间隔时间变长时，两次购买的金额的差

值变化。图中有两条曲线，一条代表家庭总数，是指在这个时间跨度(以 30 天为增长单位)内发生购买行为的家庭，另一条代表平均价格差值。

对于最小的时间跨度，多数客户第二次购买的金额比第一次购买的金额低。然而，6 个月之后，两个金额更加接近。随着第一次购买和最后一次购买的时间间隔的变长，后续购买的金额比第一次更大。家庭计数是一个波浪模式，随时间变化逐渐消退，波浪变化对应的是每年的客户购买情况。

这个图表的数据来自于 SQL 查询，它使用子查询返回第一个和最后一个价格总额；然后做聚合操作，为图表提供数据：

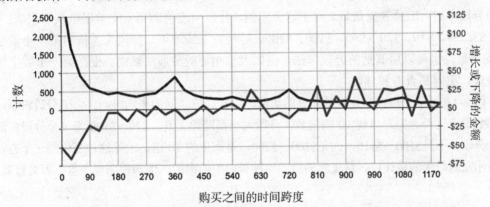

图 8-12　随着客户时间跨度的变长，购买金额增长

```
WITH ho as (
    SELECT HouseholdId,
           (MAX(CASE WHEN i = n THEN TotalPrice END) -
            MAX(CASE WHEN i = 1 THEN TotalPrice END) ) as pricediff,
           DATEDIFF(day, MIN(OrderDate),
                    MAX(OrderDate)) + 1 as daysdiff
    FROM (SELECT o.*, c.HouseholdId,
                 COUNT(*) OVER (PARTITION BY c.HouseholdId) as n,
                 ROW_NUMBER() OVER (PARTITION BY c.HouseholdId
                                    ORDER BY o.OrderDate ASC) as i
          FROM Orders o JOIN Customers c
               ON o.CustomerId = c.CustomerId
         ) h
    GROUP BY HouseholdId
    HAVING MIN(OrderDate) < MAX(OrderDate)
   )
SELECT FLOOR(daysdiff / 30) * 30 as daystopurchase,
       COUNT(*) as num, AVG(pricediff) as avgdiff
FROM ho
GROUP BY FLOOR(daysdiff / 30) * 30
ORDER BY daystopurchase
```

图表本身使用了一个技巧来对齐水平网格线。因为左侧坐标轴只有正数值，而右侧的金额值则包含正数和负数，使网格线对齐存在难度。网格线左侧的坐标轴的范围是-1500～+2500，右侧的范围是-$75～+$125。左侧坐标轴的范围是 4000 个单位，刚好是右侧 200

个单位的 20 倍，因此两者可以比较容易地对齐。对于计数来说，负值是毫无意义的，因此左侧坐标轴不显示负值。对齐水平网格线的技巧是使用特殊的数字格式"#,##0;"，意思是"在大于等于 0 的数字中加入逗号，不处理负数"。

提示：当使用两个垂直坐标轴时，水平网格线需要对齐。当一个坐标轴的范围是另一个坐标轴的整数倍时，这很容易实现。

当客户订单金额不同时，会发生什么？

另一个视角是根据最晚订单和最早订单的 TotalPrice 差值汇总数据。当差值存放在不同的分段中时，汇总效果最好。对于这个示例，分段由差值的第一个数字以及 0 组成：$1、$2、$3…$9、$10、$20…$90、$100、$200，等等。正式地讲，分段为差值的第一个数字的 10 的倍数。也可以用其他的分段方法，例如大小相等的分段。然而，根据第一个数字所做的分段，更容易查看和理解。

图 8-13 展示了每一个分段的家庭的数量，以及订单之间的平均时间。由于分段机制，家庭的数量变化长而尖。每到 10 的倍数，分段大小都陡然上升。$90~$100 为一个分段，而下一个分段并不是$100~$110，而是$100~$200，是原来的 10 倍。消除这种变化的一个办法，是显示家庭数量的累计值。这虽然消除了这种长而尖的图形，但却使图表变得不那么直观。

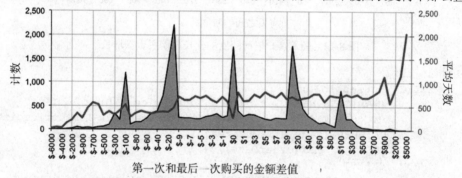

图 8-13 客户发生购买的时间跨度，与第一次和最后一次购买的金额差值相关

随着订单差值变大，平均时间跨度也在增长。这说明客户保持活跃的时间越长，其平均花费越多。对于多数的差值为负的情况来说，这个影响更加显著。购买金额显著下降的客户，在相对较短的时间发生购买行为。

生成该图表数据的查询与之前的查询相似，除了 GROUP BY 子句部分：

```
WITH ho as (
    SELECT HouseholdId,
           (MAX(CASE WHEN i = n THEN TotalPrice END) -
            MAX(CASE WHEN i = 1 THEN TotalPrice END) ) as pricediff,
           DATEDIFF(day, MIN(OrderDate),
                    MAX(OrderDate)) + 1 as daysdiff
    FROM (SELECT o.*, c.HouseholdId,
                 COUNT(*) OVER (PARTITION BY c.HouseholdId) as n,
                 ROW_NUMBER() OVER (PARTITION BY c.HouseholdId
                                    ORDER BY o.OrderDate ASC) as i
```

```
            FROM Orders o JOIN Customers c
                 ON o.CustomerId = c.CustomerId
           ) h
      GROUP BY HouseholdId
      HAVING MIN(OrderDate) < MAX(OrderDate)
     )
SELECT diffgroup, COUNT(*) as numhh, AVG(daysdiff) as avgdaysdiff
FROM (SELECT ho.*,
             (CASE WHEN pricediff = 0 THEN '$0'
                   WHEN pricediff BETWEEN -1 and 0 THEN '$-0'
                   WHEN pricediff BETWEEN 0 AND 1 THEN '$+0'
                   WHEN pricediff < 0
                   THEN '$-' + LEFT(-pricediff, 1) +
                        LEFT('000000000', FLOOR(LOG(-pricediff)/LOG(10)))
                   ELSE '$' + LEFT(pricediff, 1) +
                        LEFT('000000000', FLOOR(LOG(pricediff)/LOG(10)))
              END) as diffgroup
      FROM ho
     ) ho
GROUP BY diffgroup
ORDER BY MIN(pricediff)
```

在上述查询中，有两个值得注意的特征，分别是用于差值分段的 CASE 表达式和 ORDER BY 子句。分段定义使用差值的第一个数字，然后将剩余的数字转换为 0，因此"123"和"169"被分配至"100"分段。对第一个数字的抽取，使用的是 LEFT() 函数。然后使用特殊的数学表达式计算剩余数字的个数，并将它们设置为 0。0 的个数等于以 10 为底数的差值的 log 值(表达式几乎适用于所有使用 LOG() 来计算自然对数的数据库)。对于负数差值，这个过程同样适用，除非使用绝对值并且在值的前面添加负号。

ORDER BY 子句的作用是按照数字顺序对分段做排序。按照字母排序，排列顺序为"$1"、"$10"、"$100"、"$1,000"，然后是"$2"。为了获取数字排序，可以从每个分段中抽取最小的差值，然后按照这个值排序。实际上，可以使用任意值，但是最小值比较方便。

8.3.2 第一年和最后一年的值的比较

前面比较第一个订单和最后一个订单的金额。本节稍作调整，做另一个比较：家庭购买的平均金额，从第一年到最近一年有什么变化？

表 8-12 列出了第一年和最后一年的订单金额之差。若订单是每年连续的，差值基本上都是负值。然而，随着时间跨度的增长，差值变为正数，说明订单金额是在增长。简单来说，可能是因为价格随时间发生了增长。

表 8-12 第一年和最后一年的平均订单金额之差

年份	2010	2011	2012	2013	2014	2015	2016
2009	$9.90	$6.74	$38.46	$32.67	$40.32	$51.08	$69.10
2010		−$16.11	−$1.07	$26.81	$11.19	$22.75	$49.26
2011			$2.22	$16.26	$11.53	$12.88	$27.82

(续表)

年份	2010	2011	2012	2013	2014	2015	2016
2012				$2.40	$8.50	$16.19	$52.11
2013					−$16.57	−$7.84	$35.23
2014						−$20.82	−$16.71
2015							−$68.71

图 8-14 以散点图展示了这些结果，其中，水平坐标轴是第一年的平均金额，垂直坐标轴是最后一年的平均金额。斜线将图表分为两个区域。在斜线之下，购买金额是随时间下降的；斜线之上，购买金额是随时间增长的。图表中的最低点，说明最早的购买行为发生在 2009 年，最晚的购买行为发生在 2011 年；更早的购买行为的平均值是$35，更晚的购买行为的平均值是$37。图中的一个有趣的特征是，所有线下的点，都来自于 1 或 2 年的时间跨度。时间跨度越长，后面购买的金额越大。

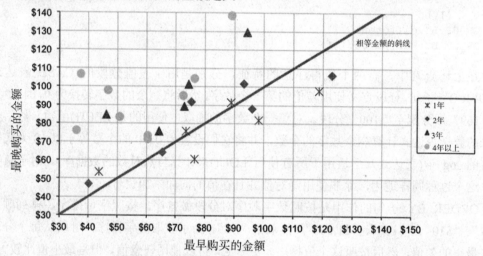

图 8-14 展示最早订单和最晚订单的平均订单金额。在斜线之下的家庭，订单金额是递减的；在斜线之上的家庭，订单金额是递增的

查询计算两年的购买金额的平均值，这两年是家庭发生购买行为的第一年和最后一年。每一行同时包含第一年和第二年的购买金额的平均值：

```
SELECT minyear, maxyear, AVG (avgearliest) as avgearliest,
       AVG(avglatest) as avglatest,
       (AVG(avglatest) - AVG(avgearliest)) as diff, COUNT(*) as numhh
FROM (SELECT hy.householdid, minyear, maxyear,
             MAX(CASE WHEN hy.theyear = minyear THEN sumprice END
                 ) as avgearliest,
             MAX(CASE WHEN hy.theyear = maxyear THEN sumprice END
                 ) as avglatest
      FROM (SELECT c.HouseholdId, YEAR(o.OrderDate) as theyear,
                   SUM(o.TotalPrice) as sumprice,
                   MIN(YEAR(OrderDate)) OVER (PARTITION BY HouseholdId
```

```
                                                      ) as minyear,
                    MAX(YEAR(OrderDate)) OVER (PARTITION BY HouseholdId
                                                      ) as maxyear
          FROM Orders o JOIN Customers c
               ON o.CustomerId = c.CustomerId
          GROUP BY c.HouseholdId, YEAR(o.OrderDate)
         ) hy
    WHERE minyear <> maxyear
    GROUP BY hy.HouseholdId, minyear, maxyear) h
GROUP BY minyear, maxyear
ORDER BY minyear, maxyear
```

这个查询使用嵌套子查询聚合订单数据。最内层根据 HourseholdId 和订单日期的年份做聚合，计算每一年的总金额，同时使用窗口函数计算第一年和最后一年。结果以家庭为基础做聚合，获取最早和最晚年份。最后的聚合操作汇总两个年份的订单金额。

8.3.3 最佳拟合线的趋势

本节更进一步，计算最符合 TotalPrice 值的拟合线。计算过程依赖于一些数学操作，本质上是使用 SQL 实现计算斜线的等式。优点是会考虑随时间变化的所有账户，而不只是第一次和最后一次购买。

1. 使用斜线

图 8-15 展示了两个家庭若干年的购买金额。一个家庭的订单金额随时间增长，另一个家庭的订单金额随时间下降。图中同时展示了每一个家庭的最佳拟合线。金额增长的家庭，最佳拟合线是上升的，因此斜率是正的。另一条线下降，斜率是负的。第 12 章将更详细地介绍最佳拟合线。

上升的家庭的最佳拟合线的斜率是 0.464，它说明对于每一天，来自该家庭的订单期望值增长$0.46，或一年增长$169。对于报表来说，斜率非常有用，当然在有更多数据点时，斜线的效果更好。斜线善于汇总的是每月收集的数据，而不是不规则的、少见的交易。

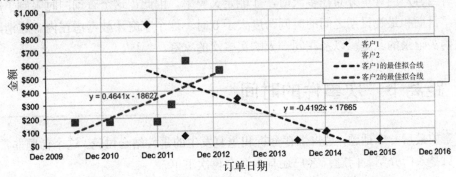

图 8-15　随时间发展，这些客户有不同的购买趋势

2. 计算斜率

直线的公式通常以斜率和 Y 轴截距书写。如果知道最佳拟合线的公式，斜率自然就知

道了。幸运的是，在 SQL 中计算最佳拟合线并非难事。每一个数据点——每个订单——需要一个 X 坐标和一个 Y 坐标。Y 坐标是在该点对应的 TotalPrice。X 坐标是日期。在数学计算中，日期计算并不方便，因此我们使用自 2000 年初以来的天数做计算。目的是使用 X 坐标和 Y 坐标计算最佳拟合线的趋势(斜率)。

公式要求 5 个聚合列：
- n：数据点的数量。
- sumx：数据点的 X 值的和。
- sumxy：X 值与 Y 值的乘积的和。
- sumy：Y 值的和。
- sumyy：Y 值的平方的和。

然后，斜率是两个数值的比例。分子为 n*sumxy-sumx*sumy，分母是 n*sumxx-sumx*sumx。

下面的查询完成这个计算：

```
SELECT h.*, (1.0*n*sumxy - sumx*sumy)/(n*sumxx - sumx*sumx) as slope
FROM (SELECT HouseholdId, COUNT(*) as n,
             SUM(1.0*days) as sumx, SUM(1.0*days*days) as sumxx,
             SUM(totalprice) as sumy, SUM(days*totalprice) as sumxy
      FROM (SELECT o.*, DATEDIFF(day, '2000-01-01', OrderDate) as days
            FROM Orders o
           ) o JOIN
           Customers c
           ON o.CustomerId = c.CustomerId
      GROUP BY HouseholdId
      HAVING MIN(OrderDate) < MAX(OrderDate) ) h
```

最内层的子查询定义 days，等于订单日期和 2000 年初的日期的差值。然后在另一个子查询中计算 5 个变量，最后在最外层中计算 slope。

只有当客户的订单分布在多天时，才能定义斜率。因此，这个查询同时限制了家庭，只有最早日期和最晚日期之间的时间跨度大于 0 时，这个家庭才被考虑在内。这消除了只有一次购买记录的家庭，以及在同一天购买多次的家庭。

8.4 距离下一次事件的时间

本章的最后一个话题，是将生存分析和重复发生的事件结合讨论。这个话题非常深刻，而本节只是入门介绍。问题：客户还有多久会再次下单？

8.4.1 计算背后的想法

为了将生存分析应用于重复发生的事件，需要下一个订单的订单日期(如果有下一个订单的话)。当前订单日期和下一个订单的订单日期为时间到事件生存分析提供基础信息。生存分析的定义来自于前两章的内容：
- "开始"事件指客户完成一次购买的日期。
- "结束"事件是下一次购买日期或截止日期。

对于重复事件，这个技术是退步的。"生存"归根结底是客户"不购买"状态的生存率。事实上，我们感兴趣的是生存率的另一面，100%-生存率，即直到某个时间点，客户保持购买状态的累积概率。在统计学中，这个值被称为失败(failure)，因为生存分析被用于理解对象的失败。累积事件或相似的名字更符合我们的目的。

图 8-16 展示了所有家庭发生下一次购买行为的时间曲线，包含客户发生购买行为的每天的"风险率"。注意，在 3 年后，只有约 20%的客户发生另一次购买行为。这符合另一个事实：多数家庭只购买过一次。

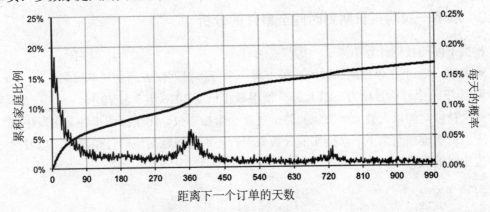

图 8-16 本图展示距离下一个订单的时间，包含累积客户比例(1-生存率)和每天发生购买的"风险"的风险率

风险率展示了一个有趣的故事。在每年有明显的峰值。这些峰值说明客户以年为周期购买，如节日购物。它说明这些消费者具有分段特性。

8.4.2 使用 SQL 计算下一次购买日期

回答这个问题的最难的部分，是附加下一个订单的日期。一种计算方法是使用关联查询。首先，对 Orders 表和 Customer 表做联接，将 HouseholdId 附加到每一个订单上。然后使用关联子查询返回第一个较大订单的日期：

```
SELECT c.HouseholdId, o.*,
       (SELECT TOP 1 o.OrderDate
        FROM Orders o2 JOIN Customers c2
             ON o2.CustomerId = c2.CustomerId
        WHERE c.HouseholdId = c2.HouseholdId AND
              o2.OrderDate > o.OrderDate
        ORDER BY o2.OrderDate
       ) as nextdate
FROM Orders o JOIN Customers c ON o.CustomerId = c.CustomerId
```

如果在关联子查询中没有匹配数据,则返回 NULL。

此外,也可以使用窗口函数 LEAD():

```
SELECT c.HouseholdId, o.*,
       LEAD(o.OrderDate) OVER (PARTITION BY c.HouseholdId
                               ORDER BY o.OrderDate) as nextdate,
       ROW_NUMBER() OVER (PARTITION BY c.HouseholdId
                          ORDER BY o.OrderDate) as seqnum,
       COUNT(*) OVER (PARTITION BY c.HouseholdId) as numorders
FROM Orders o JOIN Customers c ON o.CustomerId = c.CustomerId
```

记住 LEAD() 返回"下一行"数据的值,其中"下一行"由 PARTITION BY 和 ORDER BY 子句定义。使用窗口函数的查询更加简洁、高效。

8.4.3 从下一次购买日期到时间至事件的分析

根据下面的规则计算距离下一次购买的时间:
- 距离下一个订单日期的时间,等于下一个订单日期减去当前订单日期。
- 当下一个订单日期为 NULL 时,使用截止日期 2016 年 9 月 20 日。

这个持续时间以天数为单位。此外,需要一个标志位,用于标识事件是否发生过。

下面的查询按照到下一次购买的天数做聚合,汇总日期对应的订单数量,以及另一个订单发生时的次数:

```
WITH ho as (
    SELECT HouseholdId, OrderDate,
           LEAD(OrderDate) OVER (PARTITION BY HouseholdId
                                 ORDER BY OrderDate) as nextdate,
           ROW_NUMBER() OVER (PARTITION BY HouseholdId
                              ORDER BY OrderDate) as seqnum,
           COUNT(*) OVER (PARTITION BY HouseholdId) as numorders
    FROM (SELECT DISTINCT c.HouseholdId, o.OrderDate
          FROM Orders o JOIN Customers c ON o.CustomerId = c.CustomerId
         ) ho
)
SELECT DATEDIFF(day, OrderDate,
                COALESCE(nextdate, '2016-09-20')) as days,
       COUNT(*) as numorders,
       SUM(CASE WHEN seqnum = 1 THEN 1 ELSE 0 END) as ord_1,
       . . .
       COUNT(nextdate) as numorders,
       SUM(CASE WHEN seqnum = 1 AND nextdate IS NOT NULL THEN 1 ELSE 0
           END) as hasnext_1,
       . . .
FROM ho
GROUP BY DATEDIFF(day, OrderDate, COALESCE(nextdate, '2016-09-20'))
ORDER BY days
```

然后,继续计算风险率、生存率以及 1-生存率的值,参见前面两章的内容。同时计算生存率和 1-生存率是因为后者更有趣。

8.4.4 时间到事件分析的分层

与生存率计算一样，时间到事件的分析也可以分层。例如，图 8-17 展示了根据客户已经下单的订单数量所做的分层。这些曲线与预期轨迹相符：下订单的频率越高的客户，越容易在短时间内下另一个订单。

当然，之前的订单数量只是我们所需要的一个变量。我们也可以根据其他参数进行分层：

- 在不同的年份，到下一次购买的时间长度有变化吗？
- 到下一次购买的时间会随着订单大小的不同而变化吗？
- 到下一次购买的时间与支付时使用的信用卡类型有关吗？
- 当某个商品已经在购物车中时，客户会很快下单还是在更晚时间下单？

这些问题，都是对下一次购买日期计算和对重复事件应用生存分析的扩展讨论。

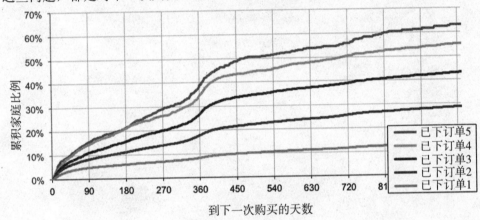

图 8-17 根据已经发生的购买次数，分层展示到下一次购买的时间

8.5 小结

本章通过 purchases 数据集介绍重复发生的事件。重复事件是发生在不规则时间间隔内的客户交互。

重复事件的第一个挑战是判断单独事件是否属于同一个客户。在本章，我们了解到 CustomerId 列基本上是无用的，因为它几乎总是唯一的。用于标识事务的更好的字段是 HouseholdId。

使用名字和地址来匹配交易中的客户，这是颇具挑战性的，而且经常需要依赖外部信息。即使是这样，使用 SQL 验证结果也非常有用。家庭中的客户可用吗？

分析重复事件的传统方法是使用 RFM 分析，RFM 代表距今时间(Recency)、频率(Frequency)、金额(Monetary)。使用 SQL 和 Excel 能够很方便地实现 RFM 分析，特别是在使用 SQL 中的排序函数时。然而，RFM 本身具有局限性，因为它侧重于客户关系的三个维度。它是一种基于单元格的方法，客户被分配至不同的单元格中，并对其追踪。

查看重复事件的一个重要的话题，是随时间变化订单大小是否变化。有很多比较方法，包括简单地查看第一个订单和最后一个订单，判断订单大小是增长还是缩水。本章呈现的最复杂的方法，是计算订单的最佳拟合线。当斜率为正时，说明订单在增长，斜率为负，说明订单在下降。

本章最后讨论的话题是将生存分析应用至重复发生的事件中，解决如下问题：客户多长时间后会进行下一次购买。这个应用与对停止客户的生存分析相似，除了一点不同，即重要客户——发生购买的客户——非生存客户。

第 9 章继续分析重复事件，但是从本章内容之外的角度分析。讨论每个订单中的实际购买内容，以及从购买内容中发现关于客户和产品的信息。

第 9 章

购物车里有什么？购物车分析

第 8 章讨论了关于客户行为的所有方面——时间、地点、方式——但是还缺少一个方面：正在被购买的产品。本章和第 10 章将讨论这个细节，通过关注特定产品，了解客户和产品之间的关系。购物车分析是从客户层面理解产品购买模式的通用名字。第 10 章将讨论关联规则，侧重讨论哪些产品会被购买。

本章始于探索订单中的单个产品。通过产品的可视化，可以在一张图中同时看到产品和客户，并提出不寻常的问题，如"为什么客户在一个订单中多次购买同一个产品？"

这些问题，很自然地引导我们去调研产品和客户行为的关系。例如，购买某些特殊产品能够暗示购买者正在回归吗？相反，购买某些产品能够说明客户以后不会再购买了吗？我们能否衡量一个产品对整体客户价值的贡献？回答这个问题将引出另一个概念：剩余价值(Residual Value)，即包含某一个产品的订单中所有其他产品的价值。剩余价值是一个有用的衡量手段，用于衡量产品的品质，判断多好的产品才会推动销售的增长。

产品同时与客户的其他属性相关。有些产品地理分布较广；其他则可能是集中分布。理解产品的一大挑战是，每一个产品都单独存储在数据库中独自的行中。对于简单的问题，可以轻易解决，例如哪个订单包含 2 或 3 个指定产品。这种类型的查询称为集合内部查询，而且 SQL 也提供了实现这些查询的若干方法。

然而，用于购物车分析的数据，比生存分析用到的数据更加复杂。这是因为一个交易信息是通过多行数据完成的——每一行数据包含一个单独的产品。为了分析这些数据，我们引入 SQL 的一些新功能，包括如何在聚合查询中使用字符串。

9.1 探索产品

本节从理解订单产品的角度，探索 purchases 数据库。

9.1.1 产品的散点图

Products 表大约包含 4000 个产品，分为 9 个产品组。第 3 章通过对订单的分析，判定最受欢迎的产品组是 BOOK。

关于产品的两个最吸引人的特征是价格和知名度。使用散点图，能够很好地使信息可视化，其中不同的分组以不同形状和颜色标识。下面的查询为散点图准备数据：

```
SELECT p.ProductId, p.GroupName, p.FullPrice, olp.numorders
    FROM (SELECT ol.ProductId, COUNT(DISTINCT ol.OrderId) as numorders
          FROM OrderLines ol
          GROUP BY ol.ProductId
         ) olp JOIN
         Products p
         ON olp.ProductId = p.ProductId
```

这是一个基本的 JOIN 和聚合查询，提供包含某一产品的订单数量以及产品的原价。

图 9-1 中的散点图展示了这三个特征之间的彼此关系。沿着图表底部，有一些产品的价格是 0$。多数情况下，这些产品属于 FREEBIE 分类，同时也有少数属于 OTHER 分类。虽然在散点图中并不明显，但是所有的 FREEBIE 产品的价格都为 0$。

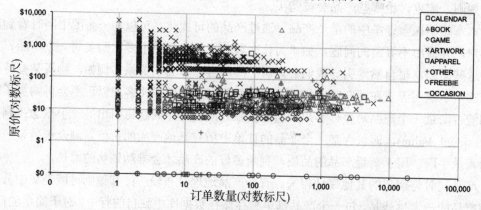

图 9-1　散点图展示产品组、价格、订单数量三者之间的关系

图中的左上部分全部由 ARTWORK 产品组成。这些产品昂贵且很少被购买。ARTWORK 产品组中，也有少数产品非常受欢迎(有超过 1000 位客户购买)，其中有一些相对较便宜的产品(低于 100 美金)，但是这些是产品组中的例外。

最受欢迎的产品组是 BOOK，在图表右侧有大量的三角符号。多数价格不贵，但有一个几乎是所有产品中最贵的。它可能是误分类导致的，也可能是很多书的套装。其他产品都处于图表中间位置，价格和销量居中。

这幅散点图是 log-log 散点图，两个坐标轴都使用对数标尺。当坐标值都是正数时，对数标尺非常有用，因为它的标识范围非常广。

对数不能处理 0 的情况。然而图中确实显示了"0"值。这是因为图表中使用了一个小技巧：以 0.1 代替 "0"，当去除小数位之后，0.1 则变为 0。为了实现这个过程，以 0.1 替换数据中的 0，或者使用 SQL：

```
(CASE WHEN <value> = 0 THEN 0.1 ELSE <value> END) as <whatever>
```

或者使用 Excel：

```
=IF(<cellref>=0, 0.1, <cellref>)
```

然后，将图表的数字格式设置为去除小数位。

提示：当坐标为正数且坐标值范围非常大时，使用对数标尺。当值为负数或 0 时，不能使用对数标尺。然而，通过将 0 修改为某一个较小的数字，可以使用对数标尺，然后再通过数字格式调整数字。

9.1.2 产品组的运输年份

这是一个关于产品组和年份的相当简单的问题。然而，它有一个细节。我们感兴趣的是，在某年没有被运输的产品组有哪些？(这里讨论的是运输日期而不是订单日期，是为了避免与 Order 表的额外联接。)

一个非常易读的查询，能够回答每一年中被运输的产品组：

```sql
SELECT YEAR(ol.ShipDate) as yr, p.GroupName, COUNT(*) as Count
FROM OrderLines ol JOIN
     Products p
     ON ol.ProductId = p.ProductId
GROUP BY YEAR(ol.ShipDate), p.GroupName
ORDER BY yr, GroupName
```

表 9-1 展示了针对 2009 年的计算结果。

表 9-1　在 2009 年，包含某一产品组的订单数量

年份	产品组	数量
2009	APPAREL	15
2009	ARTWORK	4835
2009	BOOK	3917
2009	CALENDAR	15
2009	OCCASION	1112

但是，我们可以在避开订单的情况下，获取年份、产品组名的组合信息吗？这个问题带来了一个比较基础的挑战：SQL 只能操作存储在表中的数据，但是这个问题所需要的数据并不存在于表中。SQL 语句并不存在这样的子句："返回原始表中不包含的数据"。

解决办法是从不同的角度思考这个问题。关键点是将逻辑分为 3 步：首先，返回所有年份和所有产品组的组合——CROSS JOIN 操作可以实现。然后，使用 LEFT JOIN 返回计

数。最后，使用 WHERE 子句，返回不相匹配的数据。即，生成所有组合，然后过滤掉已经存在的组合，返回不存在的组合。

下面的查询增强了上面的结果，加入了年份、产品组的组合数为 0 的情况：

```
SELECT y.yr, g.GroupName, COALESCE(cnt, 0) as cnt
FROM (SELECT DISTINCT YEAR(ShipDate) as yr FROM OrderLines ol
     ) y CROSS JOIN
     (SELECT DISTINCT GroupName FROM Products) g LEFT JOIN
     (SELECT YEAR(ol.ShipDate) as yr, p.GroupName, COUNT(*) as cnt
      FROM OrderLines ol JOIN
           Products p
           ON p.ProductId = ol.ProductId
      GROUP BY YEAR(ol.ShipDate), p.GroupName
     ) olp
     ON olp.yr = y.yr and olp.GroupName = g.GroupName
ORDER BY y.yr, g.GroupName
```

FROM 子句有三个子查询。第一个子查询从 OrderLines 中返回所有感兴趣的年份。第二个子查询从 Products 中返回所有产品组的名字。CROSS JOIN 创建笛卡尔积，即所有年份和产品组的组合——包含了我们需要的所有可能的数据。

第三个子查询计算存在数据的组合。LEFT JOIN 保留了 CROSS JOIN 的所有结果。外层的 COALESCE() 为不匹配计数的组合返回 0。表 9-2 展示了针对 2009 年的计算结果。注意，所有的产品组都列出来了。

表 9-2　2009 年所有产品组的订单数量

年份	产品组	数量
2009	#N/A	0
2009	APPAREL	15
2009	ARTWORK	4835
2009	BOOK	3917
2009	CALENDAR	15
2009	FREEBIE	0
2009	GAME	0
2009	OCCASION	1112
2009	OTHER	0

使用相似的查询，可以找到丢失的产品组-年份组合；但查询语句可以简化，因为不需要计数部分。有几种方法可以实现——例如，使用 NOT EXISTS。这里是另一种方法，使用 LEFT JOIN 和 WHERE 子句：

```
SELECT y.yr, g.GroupName
FROM (SELECT DISTINCT YEAR(ShipDate) as yr FROM OrderLines ol
     ) y CROSS JOIN
```

```
        (SELECT DISTINCT GroupName FROM Products) g LEFT JOIN
        (SELECT YEAR(ol.ShipDate) as yr, p.GroupName
         FROM OrderLines ol JOIN
              Products p
              ON p.ProductId = ol.ProductId
        ) olp
        ON olp.yr = y.yr and olp.GroupName = g.GroupName
WHERE olp.yr IS NULL
ORDER BY y.yr, g.GroupName
```

注意，这个查询消除了计数部分，以及第三个查询中的聚合操作。因为结果总是 0，所以计数部分是完全没必要的。如果不需要计数，就不需要聚合操作。

提示：思考不在数据中的信息组合时，考虑搭配使用 CROSS JOIN 和 LEFT JOIN。

表 9-3 展示了结果，其中的内容并非特别吸引人。#N/A 分组可能是由于某种数据错误，导致产品不在 9 大分组中。没有 2014 年的数据。FREEBIES 是市场推广的产物，因此不由客户控制。GAME 和 OTHER 是在 2010 年和 2011 年引入的产品组。

表 9-3 产品销售为 0 的年份

年份	产品组
2009	#N/A
2009	FREEBIE
2009	GAME
2009	OTHER
2010	#N/A
2010	GAME
2011	#N/A
2012	#N/A
2012	FREEBIE
2013	#N/A
2013	FREEBIE
2015	#N/A
2016	#N/A

9.1.3 订单中的重复产品

有时，在同一个订单中，同一个产品出现多次。这是不正常的，因为这样的订单应该使用 NumUnites 列，而不是在订单明细中有多条记录。发生了什么事情？我们来调查一下这种情况。

首先，计算包含重复产品的订单数量：

```
SELECT numinorder, COUNT(*) as cnt, COUNT(DISTINCT ProductId) as numprods
```

```
FROM (SELECT ol.OrderId, ol.ProductId, COUNT(*) as numinorder
      FROM OrderLines ol
      GROUP BY ol.OrderId, ol.ProductId
     ) olp
GROUP BY numinorder
ORDER BY numinorder
```

这个查询计算订单数量,这些订单中,多个订单明细包含同一个产品。此外,还计算订单中其他产品的数量。

表9-4 说明,几乎98%的产品都按照期望只出现在一条订单明细中。然而,明显存在意外情况。是什么导致了这些重复?下面讨论几种不同情况,以及如何在SQL中进行调研分析。

表9-4 一个订单中包含同一产品的订单明细数量

一个订单中包含某个产品的订单明细数量	订单数量	产品数量	订单百分比
1	272 824	3684	97.9%
2	5009	1143	1.8%
3	686	344	0.2%
4	155	101	0.1%
5	51	40	0.0%
6	20	14	0.0%
7	1	1	0.0%
8	4	3	0.0%
9	1	1	0.0%
11	2	2	0.0%
12	1	1	0.0%
40	1	1	0.0%

1. 能通过产品解释重复现象吗?

一种可能的解释归咎于分组较小的产品。或许,有些产品就是应该在多个订单详情中体现。下面的查询返回订单中重复产品的数量:

```
SELECT COUNT(DISTINCT ProductId)
FROM (SELECT ol.OrderId, ol.ProductId
      FROM OrderLines ol
      GROUP BY ol.OrderId, ol.ProductId
      HAVING COUNT(*) > 1
     ) op
```

共有1343个这样的产品——约为所有产品的三分之一。重复产品的数目太过庞大,看起来不是某个特别的产品导致的订单详情重复。

2. 能通过产品组解释重复现象吗?

或许,是某个产品组倾向于产生重复的订单详情。这导致一个问题:对于每一个产品组来说,导致订单详情重复的产品组的比例是多少?这个问题有点复杂,因为首先我们要找到所有重复的产品,然后通过为这些产品分组汇总它们:

```
SELECT p.GroupName,
       SUM(CASE WHEN maxnumol = 1 THEN 1 ELSE 0 END) as Singletons,
       SUM(CASE WHEN maxnumol > 1 THEN 1 ELSE 0 END) as Dups,
       AVG(CASE WHEN maxnumol > 1 THEN 1.0 ELSE 0 END) as DupRatio
FROM (SELECT olp.ProductId, MAX(numol) as maxnumol
      FROM (SELECT ol.OrderId, ol.ProductId, COUNT(*) as numol
            FROM OrderLines ol
            GROUP BY ol.OrderId, ol.ProductId
           ) olp
      GROUP BY olp.ProductId
     ) lp JOIN
     Products p
     ON lp.ProductId = p.ProductId
GROUP BY p.GroupName
ORDER BY DupRatio DESC
```

这个查询实际包含三层聚合——这并不常见。值得注意的是嵌套聚合。最内层的子查询根据产品和订单做聚合,获取出现多次的产品的基础信息。下一层聚合是根据产品做聚合,发生在与 Products 表的联接之前。

实际上,通过消除一层聚合,可以简化查询。关键点在于,我们可以计算产品所在的订单的数量,以及订单详情的数量——使用 COUNT DISTINCT:

```
SELECT p.GroupName,
       SUM(CASE WHEN NumOrderLines = NumOrders THEN 1 ELSE 0
           END) as Singletons,
       SUM(CASE WHEN NumOrderLines > NumOrders THEN 1 ELSE 0 END) as Dups,
       AVG(CASE WHEN NumOrderLines > NumOrders THEN 1.0 ELSE 0
           END) as DupRatio
FROM (SELECT ol.ProductId, COUNT(DISTINCT ol.OrderId) as NumOrders,
             COUNT(*) as NumOrderLines
      FROM OrderLines ol
      GROUP BY ol.ProductId
     ) lp JOIN
     Products p
     ON lp.ProductId = p.ProductId
GROUP BY p.GroupName
ORDER BY DupRatio DESC
```

这个查询为每一个产品比较订单详情数量和订单数量。如果两者相同,则说明没有重复出现。

哪一个方法更好,是额外的子查询还是 COUNT(DISTINCT)?并没有官方答案。子查询更加通用，因为同样的逻辑可以用于查看刚好出现两次、三次或更多次的情况。从性能角度考虑，两者估计是相似的，因为 COUNT(DISTINCT)也是一种代价昂贵的操作。从广义上讲，它做另一层聚合。

表 9-5 中的结果展示了重复产品数量的极大变化。较高值对应的是 CALENDAR 和 BOOK。较低值对应的是 ARTWORK 和 GAME。这个关系并不让人惊讶。例如，ARTWORK 的订单中，包含多个产品的订单数量很大——但是如果只有一个产品被购买了，那么它不会重复出现。

表 9-5 产品分组中，拥有多个订单详情的产品数量

产品组	从未重复的产品	重复的产品	重复比例
CALENDAR	9	22	71.0%
BOOK	112	128	53.3%
OCCASION	34	37	52.1%
APPAREL	43	43	50.0%
OTHER	31	24	43.6%
ARTWORK	2254	1046	31.7%
FREEBIE	19	6	24.0%
GAME	194	37	16.0%
#N/A	1	0	0.0%

3. 能通过时间解释重复现象吗？

看起来，产品组也不是产生重复订单明细的原因。还有什么可能原因？一个合理的假设是，重复来自于一个特定的时间段。或许，在当时还没有使用 NumUnites。查看包含重复产品的第一个订单的日期，能够为我们提供线索：

```
SELECT YEAR(minshipdate) as year, COUNT(*) as cnt
FROM (SELECT ol.OrderId, ol.ProductId, MIN(ol.ShipDate) as minshipdate
      FROM OrderLines ol
      GROUP BY ol.OrderId, ol.ProductId
      HAVING COUNT(*) > 1
     ) olp
GROUP BY YEAR(minshipdate)
ORDER BY year
```

查询使用 ShipDate 而不是 OrderDate，以避免与 Orders 表的联接。HAVING 子句只选择出现多次的 OrderId 和 ProductId——重复多次的订单。

对于有些年份，产品出现在重复的订单明细中的频率非常高，如表 9-6 所示。然而，在所有的年份中，都有这种情况发生。因此，重复的原因并非策略上的短期调整所致。

4. 能通过派送日期或价格解释重复现象吗？

看起来，重复数据既不是由产品导致，也不是由时间导致。或许，在绝望之前，需要

考虑下 OrderLines 中的其他数据。有两个感兴趣的字段：ShipDate 和 UnitPrice。这些字段引发如下问题：在一个订单中，同一产品出现多个派送日期和单价的频率是多少？

回答这个问题背后的想法是，根据下面的类别，为每一个订单明细分类：

- "一个"或"几个"单价
- "一个"或"几个"派送日期

表 9-7 根据分类列出结果。ShipDate 有多个值，暗示着库存存在问题。客户一次下单购买多个同样的产品，但是库存中存货不足。一部分订单立即发货，另一部分在后续的时间发货。

表 9-6 每年中，包含重复产品的订单数量

年份	包含重复产品的订单数量
2009	66
2010	186
2011	392
2012	181
2013	152
2014	1433
2015	2570
2016	951

表 9-7 按照订单中派送日期的个数和不同单价的个数，对重复的订单明细分类

单价	派送日期	产品数量	订单数量
一个	一个	262	1649
一个	多个	1177	4173
多个	一个	33	44
多个	多个	59	65

UnitPrice 有多个值，说明有一部分产品给客户打了折扣，但是并非所有都打折扣了。然而，仍然有超过 1000 个订单，这些订单包含重复的产品，且派送日期和单价相同。这些数据可能是错误的。或者，是与它们有关的数据不存在，例如订单被派送至不同的收货地址。

下面的查询用于生成表：

```
SELECT prices, ships, COUNT(DISTINCT ProductId) as numprods,
       COUNT(*) as numtimes
FROM (SELECT ol.OrderId, ol.ProductId,
             (CASE WHEN COUNT(DISTINCT UnitPrice) = 1 THEN 'ONE'
                   ELSE 'SOME' END) as prices,
             (CASE WHEN COUNT(DISTINCT ShipDate) = 1 THEN 'ONE'
                   ELSE 'SOME' END) as ships
      FROM OrderLines ol
      GROUP BY ol.OrderId, ol.ProductId
```

```
            HAVING COUNT(*) > 1
          ) olp
GROUP BY prices, ships
ORDER BY prices, ships
```

图 9-2 展示了这个查询的流程图。根据不同的价格和派送日期,为每一个产品汇总、计数订单明细的信息。这些通常被标记为"一个"(ONE)或"多个"(SOME),然后进行聚合。这个查询只使用 GROUP BY 语句,不使用任何联接。

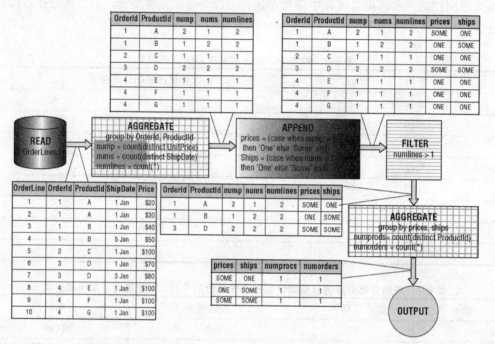

图 9-2 该数据流程图展示了订单明细中,同一个产品的单价和派送日期的计数过程

9.1.4 单位数量的直方图

在某个订单中,每个产品组的平均单位数量是多少?使用下面的查询回答这个问题:

```
SELECT p.GroupName, AVG(ol.NumUnits * 1.0) as avgnumunits
FROM OrderLines ol JOIN
     Products p
     ON ol.ProductId = p.ProductId
GROUP BY p.GroupName
ORDER BY p.GroupName
```

然而,这个查询缺少了我们刚才所调研的重要一点:有些产品分布在多行订单详情中。为每一个订单中的每一件产品加上 NumUnites 值,然后求平均值,能够解决这个问题。

表 9-8 中列出了正确的查询结果以及上一个查询返回的错误结果。这两个值的差值,说明了订单中的产品出现在多条订单明细中的频率。有些产品,如 ARTWORK,在同一个订单中,很少有多个单位。其他的产品,如 OCCASION 产品组中的产品,更可能被购买多次。

表 9-8 按订单和订单明细划分的单位数量

产品组	订单平均值	订单明细平均值
#N/A	1.00	1.00
APPAREL	1.42	1.39
ARTWORK	1.26	1.20
BOOK	1.59	1.56
CALENDAR	1.67	1.64
FREEBIE	1.53	1.51
GAME	1.49	1.46
OCCASION	1.82	1.79
OTHER	2.44	2.30

对于多数的产品组，第一个方法少算了单位数量，约少计算 2%。这与另一个事实相符：约有 2%的产品在一个订单的多个订单明细中出现。有些类别的比例更大，例如对 ARTWORK 的计算，少算了 5%。

下面的查询用于生成表中的数据：

```
SELECT p.GroupName, AVG(ol.NumUnits) as orderaverage,
       SUM(ol.NumUnits) / SUM(ol.numlines) as orderlineaverage
FROM (SELECT ol.OrderId, ol.ProductId, SUM(ol.NumUnits) * 1.0 as numunits,
             COUNT(*) * 1.0 as numlines
      FROM OrderLines ol
      GROUP BY ol.OrderId, ol.ProductId
     ) ol JOIN
     Products p
     ON ol.ProductId = p.ProductId
GROUP BY p.GroupName
ORDER BY p.GroupName
```

这个查询汇总每一个订单中，某个产品的订单明细和 NumUnites 的求和值，然后取平均值。这个平均值，才是订单中产品数量的平均值。这个查询同时计算每个订单明细中的产品的平均值，通过计算产品的订单明细中产品的总数，然后在外层做除法。这两个值都可以使用单个查询计算得出。

9.1.5 在一个订单中，哪个产品可能出现多次购买的情况？

有些产品出现在多个订单明细中；有些不是。事实上，有些产品永远都不是单个的。表 9-9 列出了包含多个产品单位的订单中，比例最大的前 10 种产品。

表 9-9 按照订单和订单明细划分的单位数量(一)

产品编码	产品组	订单数	多单位平均值
10555	ARTWORK	1	100.0%
10830	APPAREL	2	100.0%

(续表)

产品编码	产品组	订单数	多单位平均值
10831	APPAREL	2	100.0%
10832	APPAREL	2	100.0%
10833	APPAREL	1	100.0%
10876	GAME	1	100.0%
10969	OTHER	22	100.0%
10970	OTHER	11	100.0%
10998	OTHER	1	100.0%
10999	OTHER	1	100.0%

这个表强调，有些产品可能会出现在若干订单中。或许，一个这种订单数量的最小值的阈值，能够产生更有趣的结果。表 9-10 列出了截止 20 个订单的结果值，即产品需要出现在至少 20 个订单中，才会将其列入表格中(共有 788 个这样的产品)。这个表中的值差别很大。意料之中，有一些产品通常会在一个订单中出现多次。这些意料之中的产品是 FREEBIE 和 OTHER。

表 9-10 按照订单和订单明细划分的单位数量(二)

产品编码	产品组	订单数	多单元平均值
10969	OTHER	22	100.0%
13323	FREEBIE	23	52.2%
12494	BOOK	253	48.2%
11047	ARTWORK	1715	36.3%
10003	CALENDAR	168	34.5%
11090	OCCASION	32	34.4%
11009	ARTWORK	5673	32.8%
12175	CALENDAR	216	32.4%
13297	CALENDAR	257	31.1%
12007	OTHER	235	30.6%

这种分析类型能够为交叉销售或捆绑销售提供建议。或许，一些产品本身适合多次销售。可以将它们捆绑在一起销售——而且有助于增加整体产品销量。

查询通常会生成第二个表：

```
SELECT TOP 10 ol.ProductId, p.GroupName, COUNT(*) as NumOrders,
       AVG(CASE WHEN NumUnits > 1 THEN 1.0 ELSE 0 END) as MultiRatio
FROM (SELECT ol.OrderId, ol.ProductId, SUM(ol.NumUnits) as numunits
      FROM OrderLines ol
      GROUP BY ol.OrderId, ol.ProductId
     ) ol JOIN
     Products p
```

```
        ON ol.ProductId = p.ProductId
GROUP BY ol.ProductId, p.GroupName
HAVING COUNT(*) >= 20
ORDER BY MultiRatio DESC, ProductId
```

注意 AVG()与 CASE 搭配使用来计算比例。为了计算百分比(0 到 100)而不是计算比例，使用 100.0 而不是 1.0。

9.1.6 改变价格

在不同订单明细中的产品价格可能不同。在整个历史数据中，很多产品的价格都被调整过。产品有多少种不同的价格？事实上，这个问题非常有趣，而且可以通过另一个更简单的问题来回答：在每一个产品组中，有多个价格的产品的比例是多少？

```
SELECT GroupName, COUNT(*) as allproducts,
       SUM(CASE WHEN numprices > 1 THEN 1 ELSE 0 END) as morethan1price,
       SUM(CASE WHEN numol > 1 THEN 1 ELSE 0 END) as morethan1orderline
FROM (SELECT ol.ProductId, p.GroupName, COUNT(*) as numol,
             COUNT(DISTINCT ol.UnitPrice) as numprices
      FROM OrderLines ol JOIN
           Products p
           ON ol.ProductId = p.ProductId
      GROUP BY ol.ProductId, p.GroupName
     ) olp
GROUP BY GroupName
ORDER BY GroupName
```

这个查询并不做除法，但是它计算了分子和分母。

产品必须出现在多个订单明细中，才能有多个价格。表 9-11 表明，出现多次的产品中，有 74.9%的产品有多个价格。在一些产品组中，如 APPAREL 和 CALENDARS，几乎所有的产品都有多个价格。或许，这是库存控制的结果。日历，正如它们本身一样，过期之后，价值急剧下降。APPAREL 也与季节性相关，有同样的效果。

表 9-11 以产品组划分，包含多个价格的产品

产品组	包含两个或多个订单的产品	包含两个或多个价格的产品	比例
#N/A	0	1	0.0%
APPAREL	79	84	94.0%
ARTWORK	2145	2402	89.3%
BOOK	230	236	97.5%
CALENDAR	30	30	100.0%
FREEBIE	0	23	0.0%
GAME	176	211	83.4%
OCCASION	53	70	75.7%
OTHER	37	50	74.0%
TOTAL	2750	3107	88.5%

图 9-3 展示了 CALENDAR 在每月的平均价格，对比对象是 BOOK。对于多数年份，日历的平均单位价格在夏末上升，然后在后几个月下降。

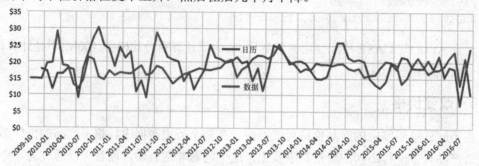

图 9-3　以月为单位，每年中日历和书籍的平均价格的变化曲线

相比之下，BOOK 的最低价格是每年的 1 月份，很有可能是节后折扣导致的。峰值随机出现在一年之中的任意时间，或许这与新书发行有关。这样的图表展示了价格弹性(价格的变化是否受需求的影响)，我们在后续的第 12 章中会详细讨论。

获取图表数据的查询是一个聚合查询：

```
SELECT YEAR(o.OrderDate) as yr, MONTH(o.OrderDate) as mon,
       AVG(CASE WHEN p.GroupName = 'CALENDAR'
                THEN ol.UnitPrice END) as avgcallt100,
       AVG(CASE WHEN p.GroupName = 'BOOK'
                THEN ol.UnitPrice END) as avgbooklt100
FROM Orders o JOIN
     OrderLines ol
     ON o.OrderId = ol.OrderId JOIN
     Products p
     ON ol.ProductId = p.ProductId
WHERE p.GroupName IN ('CALENDAR', 'BOOK') AND p.FullPrice < 100
GROUP BY YEAR(o.OrderDate), MONTH(o.OrderDate)
ORDER BY yr, mon
```

这个查询选择适合的产品组，然后使用 CASE 表达式作条件聚合。注意，基于 FullPrice 的条件书写在 WHERE 子句中，而非 CASE 子句中。在 WHERE 子句中添加这个条件判断，能够减少查询处理的数据量，提高性能。此外，该查询也可以使用索引，便于将来调优。CASE 表达式不包含 ELSE 子句，不匹配的数据返回 NULL 值，但是这不影响计算平均值。

9.2　产品和客户价值

本节探讨产品和客户价值的关系。首先引入问题，好的客户，在购买过程中，一直是好客户吗？然后，一方面了解产品，一方面了解好客户和坏客户。最后，定义和衡量剩余价值。

9.2.1　订单大小的一致性

每一个订单本身都具有一定的大小，可以通过它的支付价格定义。随时间推移，客户多次购买产品。对于某个客户，订单大小都是一样的吗？或者，对于某个客户，订单大小的变化大吗？这些问题的答案，能为我们带来一些关于客户对价格是否敏感的指引信息。例如，如果客户订单大小相似，我们应该谨慎地考虑提价或降价。另一方面，如果订单大小不一致，我们就会少一些顾虑。

这个分析有几个难点，或许最难的部分是设计问题，使问题的答案能够清晰、合理。考虑对于单个客户，尝试分析该客户的订单大小的分布情况。然而，这个方法的问题在于，多数客户都只有一个订单——对于这些客户，订单的分布是百分之百的。我们可能需要添加限制，只考虑下多个订单的客户。但是这引发了另一个问题：如何将下两个订单的客户与下 3 个或 4 个订单的客户作对比？随着客户订单数量的提高，可能的比较也变得更加复杂。

在忽略客户订单数量差别的前提下，有没有其他方法比较订单大小？重新组织问题：下一个订单大小和当前订单大小的关系如何？对下两个订单的客户可以做一次比较，比较结果可以回答这个问题。有 10 个订单的客户，做 9 次比较，每一个结果对应一个订单(最后一个订单除外)。比较的次数在掌控之中。这个方法仍然需要客户有多个订单。

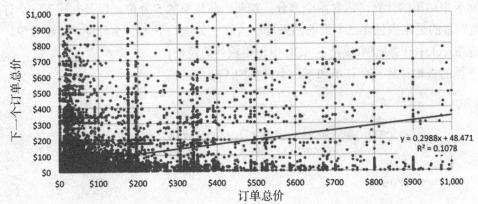

图 9-4　当前订单与下一个订单的订单大小的散点图，展示了两者之间的关系

这个关系可以通过不同的方式调研。一个方法是使用当前订单和下一个订单的订单大小绘制散点图。有稍微超过 30 000 个这样的订单，可以容易地在 Excel 中实现。图 9-4 展示了这个结果，其中包含最佳拟合线。其中，最佳拟合线的 R 平方值为 0.1078，说明订单总价和下一个订单总价之间的关系微弱。非常大的离散值对于最佳拟合线的影响很大；而且，最大的订单与下一个订单之间也有非常小的关系。

对于非常大的订单来说，将订单大小分块使结果变得不敏感。表 9-12 展示了订单被 5 等分之后，订单大小之间的关系。第一个数值 47.1%，说明客户的一个订单在第 1 个 5 分位中，几乎有一半的可能，客户的下一个订单还是在第 1 个 5 分位中。同样，在第 5 个 5 分位的客户，下一个订单有 47.4%的可能性处于第 5 个 5 分位。如果没有关系，那么所有的概率应该都是 20%。对角线的概率越高，说明订单和下一个订单之间有强关联。

表9-12 通过5分位判断前一个订单和下一个订单的订单大小的关系

前一个5等分	下一个5等分				
	1	2	3	4	5
1	47.1%	13.1%	14.2%	14.2%	11.4%
2	21.5%	29.6%	17.8%	19.4%	11.7%
3	20.4%	14.3%	33.6%	19.0%	12.7%
4	23.0%	12.9%	18.9%	27.7%	17.5%
5	20.7%	6.5%	10.9%	14.3%	47.7%

相比于简单的最佳拟合线，为订单大小分块，更能体现出订单大小之间的强关联关系。最佳拟合线(弱关联关系)和分块(显著的，相对较强的关联关系)的结果间的差异，来自于非常大的订单产生的影响。即使两个大订单都在同一个5分位中，它们的差值也可能是几千美金——这个差值能够影响最佳拟合线，但是不会影响5分位。

对表中结果的计算，包含两个部分：判断当前订单的5分位，以及判断下一个订单的5分位。目的是生成包含三个列的结果集：当前5分位、下一个5分位、订单数量。然后可以在Excel中计算比例(或是在SQL中使用额外的逻辑)。

下面的查询计算一个订单和下一个订单的5分位：

```
WITH oq as (
    SELECT o.*,
           CEILING((RANK() OVER (ORDER BY o.TotalPrice)) * 5.0 /
                   COUNT(*) OVER ()
                  ) as quintile
    FROM Orders o
    )
SELECT quintile, next_quintile, COUNT(*)
FROM (SELECT c.HouseholdId, oq.quintile,
             LEAD(oq.quintile) OVER (PARTITION BY c.HouseholdId
                                     ORDER BY oq.OrderDate
                                    ) as next_quintile
      FROM Customers c JOIN
           oq
           ON c.CustomerId = oq.CustomerId
     ) hq
WHERE next_quintile IS NOT NULL
GROUP BY quintile, next_quintile
ORDER BY quintile, next_quintile
```

CTE oq根据订单大小计算5分位。它通过为价格排序，乘以5，然后除以数据总行数来计算。也可以使用NTILE()。

查询的其他部分使用同样的逻辑。子查询使用LEAD()获取下一个5分位。外部查询过滤结果，只包含有下一个订单的订单。然后通过两个5分位计算值。一个非常相似，但是不包含 5 分位计算的查询，可以用于散点图。

9.2.2 与一次性客户关联的产品

与一次性客户关联的产品为我们带来了难题。这些产品可能是很糟糕的，因此客户购买产品之后，再也不会继续购买——或许是因为产品不符合客户的期望值。也可能是非常好的产品，客户前所未有地被产品所吸引，但缺少的是后续的交叉销售机会，导致客户没有增加新订单。也可能是不好不坏的产品，但是产品本身是新推出的，客户第一次购买之后，还没有来得及返回。

如果数据中的信息，不能够帮助分辨出这些情况(除了第一次购买日期)，那么其他信息，如投诉抱怨、利润、客户人口统计，可能会非常有用。虽然如此，仍然有一个有趣的问题：有多少产品只被家庭客户购买一次？其中这些家庭客户从未购买其他产品。

下面的查询返回 2461 个产品，这些产品实际上都有一次性购买的客户：

```
SELECT COUNT(DISTINCT ProductId)
FROM (SELECT c.HouseholdId, MIN(o.ProductId) as ProductId
      FROM Customers c JOIN
          Orders o
          ON c.CustomerId = o.CustomerId JOIN
          OrderLines ol
          ON o.OrderId = ol.OrderId
      GROUP BY c.HouseholdId
      HAVING COUNT(DISTINCT ol.ProductId) = 1 AND
          COUNT(DISTINCT o.OrderId) = 1
     ) h
```

HAVING 子句几乎完成了查询语句的全部工作。当然，Customers、Orders、OrderLines 表需要做联接和聚合。然后，HAVING 子句选择出只有一个订单和一个产品的家庭客户。

这里有一个小细节，子查询中使用 MIN(ProductId) as ProductId。通常，这是一个奇怪的结构。但是 HAVING 子句在每一组中限制了产品数量为 1。单个产品的最小值就是产品自己——正是我们所需要的产品。

提示：从关系为一对多的不同表中查询数据时，例如 Products、Orders、Households，COUNT(DISTINCT)能够在不同层面上正确地计数结果。使用 COUNT(DISTINCT OrderId) 而不是 COUNT(OrderID)，返回订单数量。

很多产品只被一个家庭购买一次。更让人感兴趣的是这些产品本身：哪些产品出现客户一次性购买的概率较高？这个问题的答案是两个数值的比例：

- 家庭的数量，其中这些家庭是只购买了这个产品的家庭
- 购买这个产品的所有家庭

这两个数值都可以通过数据查询返回：

```
SELECT p.productid, numhouseholds, COALESCE(numuniques, 0) as numuniques,
       COALESCE(numuniques * 1.0, 0.0) / numhouseholds as prodratio
```

```
      FROM (SELECT ProductId, COUNT(*) as numhouseholds
            FROM (SELECT c.HouseholdId, ol.ProductId
                  FROM Customers c JOIN
                       Orders o ON c.CustomerId = o.CustomerId JOIN
                       OrderLines ol ON o.OrderId = ol.OrderId
                  GROUP BY c.HouseholdId, ol.ProductId
                 ) hp
            GROUP BY ProductId
           ) p LEFT OUTER JOIN
           (SELECT ProductId, COUNT(*) as numuniques
            FROM (SELECT HouseholdId, MIN(ProductId) as ProductId
                  FROM Customers c JOIN
                       Orders o ON c.CustomerId = o.CustomerId JOIN
                       OrderLines ol ON o.OrderId = ol.OrderId
                  GROUP BY HouseholdId
                  HAVING COUNT(DISTINCT ol.ProductId) = 1 AND
                         COUNT(DISTINCT o.Orderid) = 1) h
            GROUP BY ProductId
           ) hp
           ON hp.ProductId = p.ProductId
ORDER BY prodratio DESC, ProductId
```

这个查询使用两种方法对产品和家庭信息做聚合。第一个子查询计算购买每一个产品的家庭客户的总数量。第二个子查询计算该产品只发生一次购买的家庭数量。

结果值在意料之中。有最高比例的产品是只包含一个订单的产品。事实上，有 419 个产品，这些产品的每一个订单都是家庭唯一的订单。只有 1 个产品有多于 10 次购买。这个结果强调了一个事实：在讨论一次性购买的情况下，产品有不同的行为。产品的分类也导致了很大的区别。在 419 个一次性购买的产品中，有 416 个产品属于 ARTWORK 分类。

另一个完全不同的解决方案是使用窗口函数。对每一个订单明细，我们追踪关于家庭的信息：

- 家庭的最小订单 ID
- 家庭的最大订单 ID
- 家庭的最小产品 ID
- 家庭的最大产品 ID

当前两个 ID 值相等且后两个 ID 值也相等时，说明客户满足"唯一一次"的条件。

对于同样的数据，使用更简单的查询：

```
SELECT ProductId, COUNT(DISTINCT HouseholdId) as numhouseholds,
       COUNT(DISTINCT (CASE WHEN minp = maxp AND mino = maxo
                            THEN HouseholdId END)) as numhouseholds,
       (COUNT(DISTINCT (CASE WHEN minp = maxp AND mino = maxo
                             THEN HouseholdId END)) * 1.0 /
        COUNT(DISTINCT HouseholdId)) as prodratio
FROM (SELECT ol.ProductId, c.HouseholdId,
             MIN(ol.Orderid) OVER (PARTITION BY c.HouseholdId) as mino,
             MAX(ol.Orderid) OVER (PARTITION BY c.HouseholdId) as maxo,
```

```
              MIN(ol.ProductId) OVER (PARTITION BY c.HouseholdId) as minp,
              MAX(ol.ProductId) OVER (PARTITION BY c.HouseholdId) as maxp
       FROM Customers c JOIN
            Orders o ON c.CustomerId = o.CustomerId JOIN
            OrderLines ol ON o.OrderId = ol.OrderId
     ) hp
GROUP BY ProductId
ORDER BY prodratio DESC, productid
```

注意包含COUNT(DISTINCT)的条件聚合。它计算符合条件的不同家庭的数量。它看起来是不必要的，因为对家庭的限制，已经限制了只考虑有1个产品和1个订单的家庭。然而，不排除一种可能，家庭客户在同一个订单的不同订单明细中，多次购买同一个产品。

这个查询中，也可以替换每一个条件，使用这样的语句：COUNT(DISTINCT ol.OrderId) OVER (PARTITION BY c.HouseholdId) = 1。选择MIN()和MAX()的原因有两个。首先，并不是所有的数据库都支持COUNT(DISTINCT)窗口函数。其次，即使支持该窗口函数，使用MIN()和MA()更加高效，因为在追踪唯一值方面，它们的花销更小。

这引发下面的问题：对于不同的产品组，发生一次性购买的家庭的比例是多少？

```
WITH ph as (
     SELECT ProductId, COUNT(DISTINCT HouseholdId) as numhouseholds,
            COUNT(DISTINCT (CASE WHEN minp = maxp AND mino = maxo
                                 THEN HouseholdId END)) as numuniques,
            (COUNT(DISTINCT (CASE WHEN minp = maxp AND mino = maxo
                                  THEN HouseholdId END)) * 1.0 /
             COUNT(DISTINCT HouseholdId)) as prodratio
     FROM (SELECT ol.ProductId, c.HouseholdId,
                  MIN(ol.Orderid) OVER (PARTITION BY c.HouseholdId
                                       ) as mino,
                  MAX(ol.OrderId) OVER (PARTITION BY c.HouseholdId
                                       ) as maxo,
                  MIN(ol.ProductId) OVER (PARTITION BY c.HouseholdId
                                         ) as minp,
                  MAX(ol.ProductId) OVER (PARTITION BY c.HouseholdId
                                         ) as maxp
           FROM Customers c JOIN
                Orders o
                ON c.CustomerId = o.CustomerId JOIN
                OrderLines ol
                ON o.OrderId = ol.OrderId
          ) hp
     GROUP BY ProductId
    )
SELECT p.GroupName, COUNT(*) as numprods,
       SUM(numhouseholds) as numhh, SUM(numuniques) as numuniques,
       SUM(numuniques * 1.0) / SUM(numhouseholds) as ratio
FROM ph JOIN
     Products p
     ON ph.ProductId = p.ProductId
```

```
GROUP BY p.GroupName
ORDER BY ratio DESC
```

这个查询使用前面的查询(不包含 ORDER BY 子句)作为子查询，然后与 Products 表做联接，返回产品组。

图 9-5 展示了发生购买行为的家庭个数，以及每一个产品组中发生一次性购买的家庭的比例。通过这个方法，最差的产品组是 APPAREL，这个产品组中，超过一半的购买是一次性购买。最好的产品组是 FREEBIE，一次性购买比例小于 1%。这是意料之中的，因为 FREEBIE 产品通常是与其他产品绑定销售的。

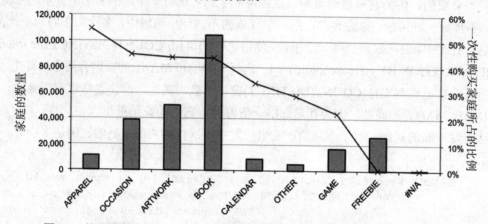

图 9-5　按照不同产品组，展示只发生一次性购买的家庭的比例。一些产品组，如 APPAREL，与这些购买家庭紧密相关

9.2.3　与最好的客户相关的产品

前面介绍了与最差客户相关的产品。本节自然而然地讨论后续问题，哪些产品与最好的客户相关。当然，这导致了另一个问题，哪些客户是最好的客户？他们是订单最多的客户吗？是购买的产品种类最多的客户？是花费最多的客户？或是综合这些条件做判断？

这里的分析中，以花费金额作为定义客户好坏的标准，总花费最多的客户是好客户，按照花费金额，将客户等分为三个分段：

```
SELECT c.HouseholdId, SUM(o.TotalPrice) as Total,
       FLOOR((RANK() OVER (ORDER BY SUM(o.TotalPrice)) - 1) * 3.0 /
             COUNT(*) OVER ()
            ) as tercile
FROM Customers c JOIN
     Orders o
     ON c.CustomerId = o.CustomerId
GROUP BY c.HouseholdId
```

这个查询使用家庭花费总额乘以 3 再除以家庭总数，计算三个分段。注意，这个计算与前面计算 5 分位的方法稍微不同。它使用的是 FLOOR()，而其他查询使用的是 CEILING()。这个区别只是形式上的不同——两种方法都生成相同大小的分段。在这个版本中，计数的起始值为 0；在计算 5 分位的示例中，起始值为 1。而且，当然也可以使用 NTILE()。

表 9-13 列出了这些分段的边界，同时暗示了这个方法的一个问题。第一个分段的截止值是$20，第二个是$41.95。然而，几乎半数(1969 个)产品的售价都不低于$41.95。因此，任何购买这些产品的家庭客户，都默认为"最好客户"。在这里，我们忽略这个情况。

表 9-13 总花费的分段边界

分段	家庭数量	最小花费金额	最大花费金额
0	52 477	$0.00	$20.00
1	51 721	$20.01	$41.95
2	52 060	$41.96	$11,670.00

为了继续回答这个问题，下面的查询计算每一个产品在最高分段中的购买比例：

```
WITH hh as (
     SELECT c.HouseholdId, SUM(o.TotalPrice) as Total,
            FLOOR((RANK() OVER (ORDER BY SUM(o.TotalPrice)) - 1) * 3.0 /
                  COUNT(*) OVER ()
                 ) as tercile
     FROM Customers c JOIN
          Orders o
          ON c.CustomerId = o.CustomerId
     GROUP BY c.HouseholdId
    )
SELECT ol.ProductId, COUNT(*) as cnt,
       AVG(CASE WHEN hh.tercile = 2 THEN 1.0 ELSE 0 END) as topratio
FROM Customers c JOIN
     Orders o
     ON o.CustomerId = c.CustomerId JOIN
     OrderLines ol
     ON ol.OrderId = o.Orderid JOIN
     hh
     ON c.HouseholdId = hh.HouseholdId
GROUP BY ol.ProductId
ORDER BY topratio DESC
```

这个查询为每一个产品查找分段，然后计算比例。

结果是非常让人失望的。多数产品(3280 个)都与前三分之一的客户有关。只有 11 个产品是最好客户从未购买过的。

当然，可以重新分析。或许对最好客户的定义并不是最佳定义。最好客户可能是前五分之一，或是前十分之一的客户。或者，最好客户是购买了一定数量以上的产品的客户，或是至少下过一定数量订单的客户。这个定义是根据需求变化的。有没有更好的方法能够理解产品购买和客户之间的关系？

9.2.4 剩余价值

从前，在 20 世纪 90 年代，当时的账单支付服务是非常昂贵的(因为银行需要手写支票并寄出)，美国富达投资集团(Fidelity Investments)考虑取消账单支付服务。因为这个服务产生很多花销，而且是免费提供给合格的客户。然而，在当时这个特殊项目组的某些人注意到，使用这项服务的客户，都有很大的余额和很高的忠诚度。信任其他人来支付订单的客户，很有可能是最好的客户。取消这项服务可能会降低客户满意度。而客户满意度的下降，也就意味着客户很有可能会带着他们的投入资金离开。

类似的情况来自于不同的行业。一位高端杂货店经理决定将美味的芥末从货架上移走，以腾出空间摆放其他销售速度快的商品。因为有的芥末酱开始积累灰尘——灰尘是杂货行业的诅咒，使用这个方法让快速销售的产品流通更快。然而，进一步的调查分析说明，购买这些芥末酱的客户的订单都非常大。如果没有芥末酱，客户可能不再购买其他商品，商店甚至可能会面临失去客户的风险。

这样的调查(以及我们自己的经验)说明，客户的大规模购买可能会取决于某一个产品——如订单支付服务或芥末酱。这个观察结果引发一个问题：在订单中，哪个产品有最高的剩余平均值？这个剩余值被称为剩余价值，是指产品被移除订单后，订单中剩余的价值。如果订单中只包含一个产品，该产品的剩余价值为 0。一罐芥末酱可能会贡献相当可观的剩余价值。本节讨论对剩余价值的计算，同时介绍在计算中难以避免的一些偏差。

下面的查询计算每个产品的平均剩余价值；即计算包含该产品的订单的平均剩余价值：

```
SELECT op.ProductId, COUNT(*) as numorders, AVG(ototal) as avgorder,
       AVG(prodprice) as avgprod, AVG(ototal - prodprice) as avgresidual
FROM (SELECT ol.OrderId, SUM(ol.TotalPrice) as ototal
      FROM OrderLines ol
      GROUP BY ol.OrderId
      HAVING COUNT(DISTINCT ol.ProductId) > 1
     ) o JOIN
     (SELECT ol.OrderId, ol.ProductId, SUM(ol.TotalPrice) as prodprice
      FROM OrderLines ol
      GROUP BY ol.OrderId, ol.ProductId
     ) op
     ON op.OrderId = o.OrderId
GROUP BY op.ProductId
ORDER BY avgresidual DESC
```

第一个子查询统计包含多个产品的订单，用以计算订单的整体值。第二个子查询按产品统计同样的信息。注意，这里将同一产品的多个订单明细合并为关于该产品的一行数据。每个产品在订单中的剩余价值，等于订单总值减去订单中产品的价值——订单中其他产品的价值的总和。然后，计算所有订单中每一个产品的平均剩余价值。

这是我们曾经见到过的查询，对同一个表做两次聚合操作。这个查询可以使用善于做分析的函数简单来实现。

```sql
SELECT op.ProductId, COUNT(*) as numorders, AVG(ototal) as avgorder,
       AVG(prodprice) as avgprod, AVG(ototal - prodprice) as avgresidual
FROM (SELECT ol.OrderId, ol.ProductId, SUM(ol.TotalPrice) as prodprice,
             SUM(SUM(ol.TotalPrice)) OVER (PARTITION BY ol.OrderId
                                          ) as ototal,
             COUNT(*) OVER (PARTITION BY ol.OrderId) as cnt
      FROM OrderLines ol
      GROUP BY ol.OrderId, ol.ProductId
     ) op
WHERE cnt > 1
GROUP BY op.ProductId
ORDER BY avgresidual DESC
```

注意，使用 SUM(SUM())计算每一个订单的总价值，计算基于订单明细——在窗口函数中嵌入聚合操作。同时要注意到，使用 COUNT(*)作为窗口函数，计算每一个订单的产品数量。外部的 WHERE 子句与前面查询中的 HAVING 子句的功能相同。

将上述查询定义为 CTE，命名为 pp，则可以通过调用它来计算不同产品组的平均剩余价值：

```sql
SELECT p.GroupName, COUNT(*) as numproducts,
       SUM(numorders) as numorders, AVG(avgresidual) as avgresidual
FROM pp JOIN
     Products p
     ON pp.ProductId = p.ProductId
GROUP BY p.GroupName
ORDER BY p.GroupName
```

这个查询计算每一个产品的平均剩余价值，然后返回一个产品组中所有产品的平均剩余价值。它与直接计算产品组的平均剩余价值不同，后者需要调整 CTE，在产品组的层面直接计算，而不是在产品的层面。在产品组层面计算的剩余价值，将忽略产品的界限。因此，如果订单中有两本不同的书籍，则它们不会对 BOOK 产品组贡献任何剩余价值(然而在上述查询中，会贡献剩余价值)。

表 9-14 根据产品组，列出平均剩余价值以及产品的平均价格。意料之中，到目前为止，最昂贵的产品——ARTWORK——拥有最高的剩余价值。这说明客户在同时购买多个昂贵的产品，而不是混合购买，如便宜的产品和昂贵的产品一起购买。

表 9-14 产品组的平均剩余价值

产品组	产品数量	订单数量	平均订单剩余价值	家庭平均剩余价值
#N/A	1	9	$868.72	$658.40
APPAREL	85	4030	$39.01	$618.88
ARTWORK	2576	21 456	$1,032.24	$1,212.27
BOOK	236	48 852	$67.94	$365.06
CALENDAR	31	3211	$37.01	$387.74
FREEBIE	25	27 708	$28.27	$1,584.93

(续表)

产品组	产品数量	订单数量	平均订单剩余价值	家庭平均剩余价值
GAME	230	12 844	$133.50	$732.72
OCCASION	71	16 757	$41.98	$719.87
OTHER	53	3100	$36.49	$1,123.14

在家庭的层面计算剩余价值，要求使用 HouseholdId 列对 Customers 表和 Orders 表做联接。家庭平均剩余价值比订单平均剩余价值要高，即使多数的家庭只发生了一次购买。对原因的探索，带来了对处理购物车数据的一个挑战。

少数的家庭有非常多的订单。因此，对于他们购买的任意产品，这些家庭都有非常高的剩余价值。简单地说，大的家庭决定了对剩余价值的计算。

消除这种偏差的一种方法是只计算购买次数在两次以内的家庭。另一种方法是从每一个家庭中随机抽取一对产品，但是这个技术已经不在本书的讨论范围之内了。其影响存在于订单层面，但是因为有很多较少的大型订单，因此偏差很小。

警告：在分析购物车数据时，订单大小(或家庭大小)会导致结果中出现意料之外的偏差。

9.3 产品的地理分布

如第 4 章所述，地理是分析问题的一个重要维度。对于产品分析，这同样实用。本节调研地理和产品之间的关系。

9.3.1 每一个州中最常见的产品

做分析时，通常会提到的问题是，什么"事物"与其他事物的关联最紧密？例如，每一个州中，最常见的产品是什么？解决这个问题的最简单办法是使用窗口函数，特别是 ROW_NUMBER()：

```
SELECT sp.State, sp.ProductId, cnt, p.GroupName
FROM (SELECT o.State, ol.ProductId, COUNT(*) as cnt,
             ROW_NUMBER() OVER (PARTITION BY o.State
                                ORDER BY COUNT(*) DESC,
                                         ol.ProductId) as seqnum
      FROM Orders o JOIN
           OrderLines ol
           ON o.OrderId = ol.OrderId
      GROUP BY o.State, ol.ProductId
     ) sp JOIN
     Products p
     ON sp.ProductId = p.ProductId
WHERE seqnum = 1;
```

ORDER BY 子句中的 COUNT(*)是使用聚合操作和窗口函数的另一个示例。注意，ORDER BY 子句也要包含 ProductId。包含第一个序列号的数据，实际上是拥有最高计数值的产品。如果有相同数量出现，取最小的产品 ID。这个方法确保了排序是稳定的，而且结果也是一致的，即多次执行同一个查询，返回的结果相同。

结果告诉我们什么内容？表 9-15 说明，最受欢迎的产品出现在多个州中。有 24 个这样的产品。有趣的是，对于包含合理购买数量的州，几乎所有的州的最受欢迎产品都是12820。这是因为 FREEBIE 产品随着其他产品免费赠送。

表 9-15 每个州中最常见的产品(出现多次的产品)

产品 ID	产品组	州的数量	最小的州	最大的州
12820	FREEBIE	59		WY
11009	ARTWORK	6	AA	SK
11016	APPAREL	3	NF	VC
11070	OCCASION	2	BD	SO
10005	BOOK	2	DF	NT

在更小的区域——无法识别州编码的区域，最常见的产品是其他产品。与这些区域关联的订单数量非常小。而且，这些订单也没有附送 FREEBIE 产品。因此，这些"州"的订单中可能不包含赠品。所以，其他产品成为最常见产品。"州"中包含特殊的最受欢迎产品，因为这些"州"本身就很特殊。这些"州"可能因失误产生，或是国外的区域。

9.3.2 哪些产品广受欢迎，哪些产品只在本地受欢迎？

哪些产品在所有的州中都销售？很难从直观上判断使用 SQL 回答这个问题的难度。一个简单的方法是，针对每一个产品计算产品在多少个州中销售，然后对比总州数。

下面的查询是使用联接和 HAVING 子句的一个基础聚合查询：

```
SELECT ol.ProductId, COUNT(DISTINCT o.State) as NumStates
FROM Orders o JOIN
     OrderLines ol
     ON o.OrderId = ol.OrderId
GROUP BY ol.ProductId
HAVING COUNT(DISTINCT o.State) = (SELECT COUNT(DISTINCT State)
                                  FROM Orders
                                 )
```

注意，这个查询在 HAVING 子句中使用子查询。也可以通过使用 JOIN 实现同样的逻辑：

```
SELECT ol.ProductId, COUNT(DISTINCT o.State) as NumStates
FROM Orders o JOIN
     OrderLines ol
     ON o.OrderId = ol.OrderId CROSS JOIN
```

```
        (SELECT COUNT(DISTINCT State) as NumStates
         FROM Orders
        ) cnt
GROUP BY ol.ProductId
HAVING COUNT(DISTINCT o.State) = MAX(cnt.NumStates)
```

这两个查询的效果相同，完全取决于编程人员的选择。

遗憾的是，这两个查询都没有返回任何产品。问题在于，在实际的州之外，有很多其他的"州"。这些额外的"州"只有少量的订单，也就说明有很少的产品在"州"中销售。因此，我们只考虑订单数超过 100 的州。

下面的查询对前一个查询做了调整：

```
WITH states AS (
     SELECT State
     FROM Orders
     GROUP BY State
     HAVING COUNT(*) >= 100
     )
SELECT ol.ProductId, AVG(p.UnitPrice) as UnitPrice,
        COUNT(DISTINCT o.State) as NumStates, p.GroupName
FROM Orders o JOIN
     OrderLines ol
     ON o.OrderId = ol.OrderId JOIN
     Products p
     ON ol.ProductId = p.ProductId
WHERE o.state IN (SELECT state FROM states)
GROUP BY ol.ProductId, p.GroupName
HAVING COUNT(DISTINCT o.State) = (SELECT COUNT(*) FROM states)
```

这个查询与第一个查询的形式相似。添加的最大内容是 states，它是一个 CTE，用于提供有效的州的列表(共有 55 个有效的州)。查询中使用两次调用：一次在 WHERE 子句中，过滤掉被计数的州；另一次在 HAVING 子句中使用。

表 9-16 展示了在全部 55 个州中销售的 9 个产品。其中 3 个产品属于 FREEBIE，其他 6 个产品是真正的产品。这些产品的销售范围很广。

表 9-16 超过 100 个订单的州中，在所有州中都销售的产品

产品 ID	单价	产品组
10005	$14.86	BOOK
11009	$9.61	ARTWORK
11016	$11.10	APPAREL
11107	$14.81	OCCASION
12139	$23.79	OCCASION
12819	$0.00	FREEBIE
12820	$0.00	FREEBIE

(续表)

产品 ID	单价	产品组
13190	$0.00	FREEBIE
13629	$28.28	BOOK

对于受地域限制的产品，对它们的分析更难。问题在于，对于只发生一次购买的所有产品，购买行为只发生在一个地理区域。

9.4 哪些客户购买了指定产品？

本节从任意产品转向对指定产品的分析。同时将介绍字符串连接和聚合。很遗憾，这个操作并不属于标准 SQL 的内容。因此，每一个数据库都有自己的方法——其中 SQL Server 的方法最为神秘。我们首先探讨最受欢迎的产品，哪些客户购买了它们。

9.4.1 哪些客户拥有最受欢迎的产品？

很容易通过聚合查询返回最受欢迎的产品。我们稍微调整下问题：有多少客户购买了排名前 10 的最受欢迎产品？我们以此计算有多少客户购买了这些产品中的 1 个产品、2 个产品、3 个产品，以此类推。

下面的查询使用子查询标识最受欢迎的产品。这个子查询用在外层子查询的 WHERE 子句中：

```
SELECT cnt, COUNT(*) as households
FROM (SELECT c.HouseholdId, COUNT(DISTINCT ol.ProductId) as cnt
      FROM Customers c JOIN
           Orders o
           ON c.CustomerId = o.CustomerId JOIN
           OrderLines ol
           ON ol.OrderId = o.OrderId
      WHERE ol.ProductId IN (SELECT TOP 10 ProductId
                             FROM OrderLines ol
                             GROUP BY ProductId
                             ORDER BY COUNT(*) DESC
                            )
      GROUP BY c.HouseholdId
     ) h
GROUP BY cnt
ORDER BY cnt
```

其中，WHERE 子句只返回排名前 10 的最受欢迎产品。

表 9-17 展示了返回结果。购买最受欢迎的产品的家庭中，多数只有 1 或 2 个产品。然而，有几百个家庭客户购买了 3 个或更多个产品，1 个家庭有 9 个最受欢迎的产品。

注意，这个表没有列出 0 个产品的情况。但实际上有 10 288 个家庭属于这种情况。或许，最好的方法是使用 LEFT JOIN 而不是 IN，过滤数据：

```
SELECT cnt, COUNT(*)
FROM (SELECT c.HouseholdId, COUNT(DISTINCT popp.ProductId) as cnt
      FROM Customers c JOIN
           Orders o
           ON c.CustomerId = o.CustomerId JOIN
           OrderLines ol
           ON ol.OrderId = o.OrderId LEFT JOIN
           (SELECT TOP 10 ProductId
            FROM OrderLines ol
            GROUP BY ProductId
            ORDER BY COUNT(*) desc
           ) popp
           ON popp.ProductId = ol.ProductId
      GROUP BY c.HouseholdId
     ) h
GROUP BY cnt
ORDER BY cnt
```

表 9-17 购买排名前 10 的家庭数量

排名前 10 产品的数量	家庭数量
1	47 477
2	5373
3	472
4	45
5	6
6	1
9	1

一个细节是 COUNT(DISTINCT)。它使用是来自于第二个表中的列，而不是第一个表。当没有匹配数据时，列值为 NULL——聚合操作忽略 NULL 值。因此没有匹配数据时，计数结果返回 0。

9.4.2 客户拥有哪个产品？

本节从一个简单问题入手：在 10 个最受欢迎的产品中，每个家庭购买的产品是哪一个？这个问题的答案很简单，将结果存放在一个表中，在这个表中，每个家庭有多行数据，每一行数据代表唯一的家庭和产品的组合：

```
SELECT DISTINCT c.HouseholdId, ol.ProductId
FROM Customers c JOIN
     Orders o
     ON c.CustomerId = o.CustomerId JOIN
```

```
        OrderLines ol
        ON ol.OrderId = o.OrderId
WHERE ol.ProductId IN (SELECT TOP 10 ProductId
                       FROM OrderLines ol
                       GROUP BY ProductId
                       ORDER BY COUNT(*) desc
                      )
ORDER BY c.HouseholdId, ol.ProductId
```

这个查询是对前一个查询略作修改后得到的。注意，SELECT DISTINCT 的使用消除了重复数据——购买同一产品多次的家庭。

这一切都没有问题。然而，针对每个家庭返回一条数据，要比针对每一个家庭和产品的组合返回一条数据更加有用。一个包含"10834、11168、12820"的数据列，通常会比三行数据且每行包含一个值的情况更加清晰。同样的信息，不一样的格式。

以逗号为间隔的字符串，是人类易读的格式。然而，数据库本身并不支持这样的字符串。至少有 4 个原因，能够解释为什么不想在数据库列中存放这样的值：

- 数字应该以数字格式存放，而不是字符串格式。
- SQL 有非常好的列表存放方法，称之为表，而不是字符串。
- 像这样的 ID，应该会被定义为外键，指向其他的表。当以字符串存储时，则无法实现。
- 对于列中存储的值，SQL 的支持更好，而对字符串的支持较差。

虽然以逗号分隔的字符串非常有用，但是 SQL 很难直接生成这样的字符串。对于以 SQL 为基础的上层应用开发，能够很容易地在应用层实现。然而，在应用层的实现不足以用来做数据分析。虽然困难，但是仍然可以在 SQL 中予以实现。

1. 使用条件聚合

当已知产品的最大数量时，可以使用条件聚合解决这个问题。例如，下面的查询为家庭返回以逗号为分隔的列表，这些家庭购买了三个或多个排名前 10 的产品：

```
WITH hp AS (
    SELECT DISTINCT c.HouseholdId,
        CAST(ol.ProductId as VARCHAR(255)) as ProductId
    FROM Customers c JOIN
        Orders o
        ON c.CustomerId = o.CustomerId JOIN
        OrderLines ol
        ON ol.OrderId = o.OrderId
    WHERE ol.ProductId IN (SELECT TOP 10 ProductId
                           FROM OrderLines ol
                           GROUP BY ProductId
                           ORDER BY COUNT(*) desc
                          )
    )
SELECT hp.HouseholdId, COUNT(*) as NumProducts,
```

```
            (MAX(CASE WHEN seqnum = 1 THEN ProductId ELSE '' END) +
             MAX(CASE WHEN seqnum = 2 THEN ',' + ProductId ELSE '' END) +
             . . .
             MAX(CASE WHEN seqnum = 10 THEN ',' + ProductId ELSE '' END)
            ) as Products
FROM (SELECT hp.*, ROW_NUMBER() OVER (PARTITION BY HouseholdId
                                     ORDER BY ProductId) as seqnum
      FROM hp
     ) hp
GROUP BY hp.HouseholdId
HAVING COUNT(*) >= 3
```

CTE hp(在本节以及下一节的查询中都会用到)简单地返回产品列表,其中 ProductId 被转换为字符串,用以做字符串拼接。子查询然后枚举出家庭中的每一个产品,并为产品编号,然后使用这个序号做字符串拼接。同时注意,除了第一个产品,逗号都是在带拼接的字符串之前添加的。

这个方法很笨重,因为每一次只能构造一个产品,而且每一个产品需要单独的 MAX(CASE...)表达式。这个方法不仅导致很多重复编码,同时也需要知道元素的最大个数。对于本例,一共有 10 个产品,代码并不长。但是这样的 SQL 语句并不适合推广。

当列表中只包含固定数量的产品时——例如,每一个家庭的前三个产品——那么可以使用条件聚合做字符串拼接。对于这样的查询,ORDER BY 子句非常重要。可以使用它返回最大数量或最高价格的产品。

2. 在 SQL Server 中做字符串拼接

因为条件聚合并不适用于字符串拼接的推广,所以需要其他方法。思路是使用字符串聚合函数拼接字符串。这个函数可以用于处理字符串,它能将多个值转换为一个值。

遗憾的是,SQL 并没有提供以此为目的的标准函数。为此,Oracle 提供的函数为 listagg(),PostgreesSQL 提供的函数为 string_agg(),MySQL 提供的函数为 group_concat()。所有的这些函数都有不同的语法。然而,遗憾的是,SQL Server 并没有这样的简单函数。

相反,可以使用下面的方法,将查询结果转换为 XML 格式,然后从 XML 中返回拼接后的结果。稍后的"XML 和字符串聚合"更详细地介绍了这一方法。

首先从单一家庭开始。下面的查询生成包含拼接值的 XML:

```
WITH hp AS ( <defined on page 454> )
SELECT ',' + ProductId
FROM hp
WHERE HouseholdId = 18147259
FOR XML PATH ('')
```

表达式 FOR XML PATH 是 SQL Server 独有的,它命令数据库引擎为结果创建 XML 值。查询返回只有一列的一行数据:",10834,12510,12820,13629"——值被拼接在一起。注意,分隔符是 SELECT 语句的一部分。这是最简单的 XML 版本,因为它不包含任何标记。通常每一个列名都有自己的标记,但由于没有定义别名,因此结果中不包含标记。

使用这个方法时，一些特殊字符被特殊处理；例如，&符号被转换为"&"。这个转换是根据 XML 标准进行的。一些字符，例如&，有特殊用途，因此它们需要另一种表达方式。

通过调整，使用稍微复杂一点的表达式，可以解决这些字符的问题：

```
WITH hp AS ( <defined on page 454> )
SELECT (SELECT ',' + ProductId
        FROM hp
        WHERE HouseholdId = 18147259
        ORDER BY ProductId
        FOR XML PATH (''), TYPE
       ).VALUE('.', 'varchar(max)')
```

这个查询创建一个 XML 值——类似于",10834,12510,12820,13629"。这个结果中包含一个高层的标记，描述了记录的名和值。TYPE 关键字指定返回结果为 XML 类型(即，表示 XML 的字符串)。

我们需要的是一个字符串而不是 XML 类型。因此，在查询的最后一行，抽取所需的值。VALUE()函数从 XML 中返回记录值，返回类型为字符串，以 varchar(max)指定。使用"."标记返回的元素内容(这里意味着整个值)。VALUE()函数将 XML 转换为字符串，解决了"&"、">"和"<"这类特殊字符的问题。

上述两个查询的结果都是产品的列表，以逗号分隔：",10834,12510,12820,13629"。为了消除第一个逗号，使用 STUFF()函数是最方便的方法；它能够使用一个字符串替换已有的子字符串。与 REPLACE()不同，这个子字符串是通过位置指定的：

```
WITH hp AS ( <defined on page 454> )
SELECT STUFF((SELECT ',' + ProductId
              FROM hp
              WHERE HouseholdId = 18147259
              ORDER BY ProductId
              FOR XML PATH (''), TYPE
             ).VALUE('.', 'varchar(max)'),
             1, 1, '')
```

STUFF()的参数 1,1,''说明使用空白字符串替换字符串中位置为 1、长度为 1 的子字符串——这正是我们所需要的消除第一个逗号的方法。注意，如果分隔符是逗号加空格，则需要替换的子字符串的长度为 2，参数对应为 1,2,''。

> **XML 和字符串聚合**
>
> XML 是可扩展标记语言。它是使用字符串描述复杂数据结构的标准方法，通过 XML，应用程序之间可以来回传递数据。XML 文件同时存储数据值、数据标记以及嵌套的数据标记。例如，数据库中的每行数据都有对应的字段，XML 文件同样有字段名。

XML是一种丰富的语言，包含多层结构。对于更加复杂的数据结构，XML引用也会非常复杂。例如，引用"/A[1]/B[3]/C[1]"说明，指向的是A中第一个元素中的B中第三个元素中的C中的第一个元素。

XML可以轻松处理更复杂的数据，在这方面它比SQL要强大。例如，并不是所有的记录都使用同样的字段。而且，记录中可以包含列表和其他记录——无限添加。数据本身是一个树型结构。因此，如果将SQLBook数据库存储为一个XML文档，最顶层节点为数据库，下一层则可以是数据库中的每一个表，再下一层可以是表中的字段，最后为数据值。这个数据结构同时可以包含其他信息，用于描述表、数据库、索引等。

这些内容与数据库有什么关系？XML是很多应用所使用的标准方法。因此，很多数据库支持读写XML数据(类似于JSON——另一种通用的数据交换格式)。SQL Server通过扩展接口完成对XML的支持，包括内置的数据类型XML以及对应的功能。

例如，下面的查询返回一个XML字符串：

```
WITH hp AS ( <defined on page 454> )
SELECT ',' + ProductId
FROM hp
WHERE HouseholdId = 18147259
ORDER BY ProductId
FOR XML PATH (''), TYPE
```

返回结果为：",10834,12510,12820,13629"。

XML数据功能的两个关键点分别是VALUE()函数，用于返回XML字符串中的特定值，以及FOR XML子句，用于创建XML字符串。此外，SQL Server支持对XML数据类型进行索引；这些索引可以提高操作速度。

由于XML数据是长字符串，创建XML值需要创建长字符串。因此，XML需要字符串拼接格式——这个格式适用于字符串聚合以及一些扩展用途。

如正文内容所述，多数的其他数据库支持内置的字符串拼接。这些功能极大地简化了整个流程，使字符串拼接与其他操作一样简单。

3. 在SQL Server中使用字符串拼接处理列表数据

之前小节中的代码展示了如何为单个家庭做字符串拼接。这个方法可以扩展至所有的家庭：

```
WITH hp AS ( <defined on page 454> )
SELECT hp.HouseholdId,
       STUFF((SELECT ',' + ProductId
              FROM hp hp2
              WHERE hp2.HouseholdId = hp.HouseholdId
              ORDER BY ProductId
              FOR XML PATH (''), TYPE
             ).VALUE('.', 'varchar(max)'),
```

```
                1, 1, '') as Products
FROM hp
GROUP BY hp.HouseholdId
HAVING COUNT(*) >= 3
```

这个查询遵循 SQL Server 中通用的字符串拼接结构。它要求使用关联的子查询实现 XML 聚合逻辑。子查询为单个家庭做字符串拼接。STUFF()函数移除第一个逗号，外部查询做聚合操作，所以在数据集中，每一个家庭都只有一行数据。

这个子查询同时可以使用 ORDER BY 子句，为结果值排序。同时可以包含 SELECT DISTINCT 语句，以消除冗余。对于子查询，有三个提示。第一，+号两侧的所有参数都是字符串，因此不会产生错误。第二，不要为列添加别名，因为名字会被转换为 XML 中的标记。第三，子查询中不需要使用 GROUP BY 子句。

9.4.3 哪些客户有 3 个特定的产品?

哪些客户同时拥有这三个产品：12139、12820 和 13190？这是最常见的产品组合，因此，也是最基本的问题。即使这个简单的问题，也有两种可能：拥有这些产品的客户，同时拥有其他产品，以及只拥有这三种产品的客户。

这个问题比表面上看起来更加麻烦，因为它要处理的是多行数据。本节介绍三种方法，用于回答这个问题。分别是：使用联接、使用 EXISTS 以及使用聚合。后续内容与很多相似的查询一样简单。

1. 使用 JOIN

第一个方法是使用联接：

```
WITH hp AS (
     SELECT DISTINCT c.HouseholdId, ol.ProductId
     FROM Customers c JOIN
          Orders o
          ON c.CustomerId = o.CustomerId JOIN
          OrderLines ol
          ON ol.OrderId = o.OrderId
    )
SELECT hp1.HouseholdId
FROM hp hp1 JOIN
     hp hp2
     ON hp2.HouseholdId = hp1.HouseholdId JOIN
     hp hp3
     ON hp3.HouseholdId = hp1.HouseholdId
WHERE hp1.ProductId = 12139 AND
      hp2.ProductId = 12820 AND
      hp3.ProductId = 13190
```

FROM 子句中的每一个表引用，都表示不同的产品。第二个联接基于字段 HouseholdId，因此，只有同时包含两个产品的家庭返回。第三个联接引入第三个产品。结果返回拥有所有三个产品的家庭。注意 hp 的定义与之前查询中的定义稍微不同,因为这里并不局限于排名前 10 的产品。

外部查询中,并不需要 SELECT DISTINCT 语句,因为 CTE 已经选择了唯一的家庭和产品组合,而且联接不会导致重复。对于给定的一个家庭,hp 中每一个产品最多有一行数据——不管客户购买了多少次产品。

查询结果表明,153 个客户都有三个产品——或许也有其他产品。回答相关的问题:哪些家庭只有三种产品,没有其他产品?这需要做额外的过滤。这个过滤使用另一个自联接以及一个 LEFT OUTER JOIN:

```
WITH hp AS (
     SELECT DISTINCT c.HouseholdId, ol.ProductId
     FROM Customers c JOIN
          Orders o
          ON c.CustomerId = o.CustomerId JOIN
          OrderLines ol
          ON ol.OrderId = o.OrderId
    )
SELECT hp1.HouseholdId
FROM hp hp1 JOIN
     hp hp2
     ON hp2.HouseholdId = hp1.HouseholdId JOIN
     hp hp3
     ON hp3.HouseholdId = hp1.HouseholdId LEFT JOIN
     hp hp4
     ON hp4.HouseholdId = hp1.HouseholdId AND
        hp4.ProductId NOT IN (12139, 12820, 13190)
WHERE hp1.ProductId = 12139 AND
      hp2.ProductId = 12820 AND
      hp3.ProductId = 13190 AND
      hp4.ProductId IS NULL
```

这个额外的联接,过滤掉三种产品以外还包含其他产品的家庭。

2. 使用 EXISTS

另一个方法是将所有逻辑写入 WHERE 子句。在某种意义上,找到拥有三个产品的家庭,实际上是一个关于过滤的问题,虽然过滤条件是基于不同行的数据。过滤的关键是在子查询中使用多个 EXISTS 表达式:

```
WITH hp AS (
     SELECT DISTINCT HouseholdId, ProductId
     FROM Customers c JOIN
          Orders o
          ON c.CustomerId = o.CustomerId JOIN
          OrderLines ol
          ON ol.OrderId = o.OrderId
    )
SELECT DISTINCT c.HouseholdId
```

```
FROM Customers c
WHERE EXISTS (SELECT 1 FROM hp hp1
              WHERE hp1.HouseholdId = c.HouseholdId AND
                    hp1.ProductId = 12139) AND
      EXISTS (SELECT 1 FROM hp hp2
              WHERE hp2.HouseholdId = c.HouseholdId AND
                    hp2.ProductId = 12820) AND
      EXISTS (SELECT 1 FROM hp hp3
              WHERE hp3.HouseholdId = c.HouseholdId AND
                    hp3.ProductId = 13190)
```

这个查询与使用 JOIN 书写的查询非常相似。取代使用自联接，这个查询分别针对每一个产品使用 EXISTS 表达式。在很多数据库引擎中，这两个查询的执行计划是非常相似的。

关于这个查询中所使用的 SELECT DISTINCT 语句，有一个小的注释：真正需要的内容，只是家庭的列表。然而，数据库中并没有存储这些家庭的数据库表。需要使用 DISTINCT 是因为在 Customers 表中，家庭可能会出现多次。如果有存储家庭信息的表，那么这个表可能是一个更好的选择。

使用 NOT EXISTS，返回只拥有这些产品而没有其他产品的家庭：

```
NOT EXISTS (SELECT 1 FROM hp hp4
            WHERE hp4.HouseholdId = c.HouseholdId AND
                  hp4.ProductId NOT IN (12139, 12820, 13190)
           )
```

这个查询做简单的检查，从匹配的家庭中，返回不包含任意其他产品的家庭。

3. 使用条件聚合和过滤

第三种方法使用条件聚合。但是，值并不是进入 SELECT 子句，相反，它们被 HAVING 子句应用(过滤)：

```
WITH hp AS (
     SELECT DISTINCT HouseholdId, ProductId
     FROM Customers c JOIN
          Orders o
          ON c.CustomerId = o.CustomerId JOIN
          OrderLines ol
          ON ol.OrderId = o.OrderId
    )
SELECT hp.HouseholdId
FROM hp
GROUP BY hp.HouseholdId
HAVING SUM(CASE WHEN hp.ProductId = 12139 THEN 1 ELSE 0 END) > 0 AND
       SUM(CASE WHEN hp.ProductId = 12820 THEN 1 ELSE 0 END) > 0 AND
       SUM(CASE WHEN hp.ProductId = 13190 THEN 1 ELSE 0 END) > 0
```

这是一个简单的查询，但是它在做什么？

HAVING 子句完成了所有的任务。每一个子句计算包含某个产品的数据行数。>0 要求家庭至少有一条数据包含了该产品。漂亮！只有满足所有三个条件的家庭才能够被返回。

调整逻辑后，以另一种方法书写这个查询：

```
WITH hp AS (
     SELECT DISTINCT HouseholdId, ProductId
     FROM Customers c JOIN
          Orders o
          ON c.CustomerId = o.CustomerId JOIN
          OrderLines ol
          ON ol.OrderId = o.OrderId
     )
SELECT hp.HouseholdId
FROM hp
WHERE hp.ProductId IN (12139, 12820, 13190)
GROUP BY hp.HouseholdId
HAVING COUNT(*) = 3
```

这个查询使用 WHERE 子句处理三个产品的过滤条件。HAVING 子句检查匹配的值。注意，家庭都不包含重复的产品，因为 hp 的定义已经消除了重复；否则，条件中需要使用 COUNT(DISTINCT)。

返回只拥有三个产品且不包含任意其他产品的方法，可以有多种。或许，最简单的方法是对第一个查询添加下面的额外的条件：

```
COUNT(hp.ProductId) = 3
```

它简单地说明，家庭只有三个产品，因为其他条件的存在，这三个产品一定就是我们所关注的三个产品。

9.4.4 普遍的嵌套集合的查询

前面关于家庭的问题中，包含三个产品，这是一个针对嵌套集合的查询示例。这种类型的问题通常关注多层级的数据，比如想要在一个层级结构中，使用多个条件过滤底层数据，而且过滤条件存储于其他不同的数据行中。重新定义前面的问题：一个家庭所购买的产品集合中，包含所有三种产品的情况有多少？这个问题是关于每个家庭的产品"集"的问题。

提示：聚合和灵活的 HAVING 子句是处理嵌套集合的常见方法。对于某些特殊情况，使用联接的性能可能会更好，但是使用聚合更加灵活，而且聚合能解决的问题面非常广。

聚合的一个较好的特征是它很普遍。考虑下面的问题，以及如何使用 HAVING 子句实现它的逻辑：

哪些家庭没有购买三种产品的任意一款？

```
HAVING SUM(CASE WHEN hp.ProductId = 12139 THEN 1 ELSE 0 END) = 0 AND
       SUM(CASE WHEN hp.ProductId = 12820 THEN 1 ELSE 0 END) = 0 AND
       SUM(CASE WHEN hp.ProductId = 13190 THEN 1 ELSE 0 END) = 0
```

这里唯一的区别是，比较内容是=0，而不是>0。这说明没有购买任何产品。

哪些家庭购买了这三个产品，但是没有购买13629？这是两个比较的组合：

```
HAVING SUM(CASE WHEN hp.ProductId = 12139 THEN 1 ELSE 0 END) > 0 AND
       SUM(CASE WHEN hp.ProductId = 12820 THEN 1 ELSE 0 END) > 0 AND
       SUM(CASE WHEN hp.ProductId = 13190 THEN 1 ELSE 0 END) > 0 AND
       SUM(CASE WHEN hp.ProductId = 13629 THEN 1 ELSE 0 END) = 0
```

这里添加了第4个条件，为额外的产品添加对0的比较。

哪些家庭至少购买了三种产品中的两种？

```
HAVING COUNT(DISTINCT CASE WHEN hp.ProductId IN (12139, 12820, 13190)
                           THEN hp.ProductId END) >= 2
```

这里的结构只包含一个比较。使用COUNT(DISTINCT)计算组中产品数量。

哪些家庭购买了12139与12820或13190的组合？

```
HAVING SUM(CASE WHEN hp.ProductId = 12139 THEN 1 ELSE 0 END) > 0 AND
      (SUM(CASE WHEN hp.ProductId = 12820 THEN 1 ELSE 0 END) > 0 OR
       SUM(CASE WHEN hp.ProductId = 13190 THEN 1 ELSE 0 END) > 0
      )
```

或者等价于语句：

```
HAVING SUM(CASE WHEN hp.ProductId = 12139 THEN 1 ELSE 0 END) > 0 AND
       SUM(CASE WHEN hp.ProductId IN (12820, 13190) THEN 1 ELSE 0 END) > 0
```

哪些家庭购买了12139与12820或13190的组合，但是没有同时购买两种？

```
HAVING SUM(CASE WHEN hp.ProductId = 12139 THEN 1 ELSE 0 END) > 0 AND
       COUNT(DISTINCT CASE WHEN hp.ProductId IN (12820, 13190)
                           THEN hp.ProductId END) = 1
```

在这个版本中，使用COUNT(DISTINCT)确保两个产品中只有一个能够通过过滤。相似地，也可以使用SUM()条件，但是逻辑会更加复杂一点。

这些示例说明，条件聚合和HAVING子句在处理不同类型的嵌套集合的问题时，功能非常强大。

9.5 小结

本章关注客户购买的内容，而不是客户购买发生的时间和方式，侧重介绍探索性的数据分析。购物车中的内容可能是非常有趣的，它提供了客户和产品的信息。

查看产品的一个好方法是使用散点图和气泡图，使关系变得可视化。这里有一个Excel技巧，可以使气泡图和散点图中，沿X和Y坐标轴的产品可见。

对产品的调研，包括找到与最佳客户关联的产品和与最差客户关联的产品(最差客户是只发生一次购买行为的客户)。探索关于产品的其他方面也是非常有趣的，例如产品调整价格的次数、每一个订单中的单位数量、一个订单中产品重复的次数、客户购买同一产品的频率，等等。

探索性的数据分析比这些问题更加深入。价格是产品的重要方面之一，某一产品的价格随时间的变化可能会非常大。剩余价值是指客户购买的订单中，除当前产品之外的其他产品的价值——这个值可能是一个非常好的提示，说明一个好的产品在促进其他产品的销售。

有时，某一个产品是客户价值的推动者。有些产品被最好的客户频繁购买。其他产品则只被购买一次，或许，这说明该产品的客户体验较差，或者这是扩展客户关系的好机会。

关于产品被购买的一类重要问题，是关于嵌套集合的查询。这些查询可以通过若干种方法实现，但是聚合与灵活的 HAVING 子句是非常通用的。

第 10 章扩展讨论本章的思路，了解哪些产品更容易被一起购买。这些产品集合和关联规则是与客户交互的最佳体现。

第 *10* 章

关联规则

关联规则远超过仅仅对产品的探索：它们能够识别一起出现的产品组合。关联规则最大的诱惑和强大之处，在于它们能够自动地"发现"模式，而不是通过前几章介绍的假设检验方法。

关联规则的一个典型案例是啤酒和婴儿尿布，这个案例说明，在一周的后几天，这两个产品会被同时购买。这是一个极具吸引力的故事。年轻的妈妈意识到周末的婴儿尿布数量不足。她打电话通知年轻的爸爸，让他在回家的路上购买一些婴儿尿布。而年轻的爸爸知道，如果他喝酒了，就不需要为孩子换尿布了。

虽然是一个有趣的(大男子主义的)解释，但是在当时，关联规则还没有用于发现这种"意料之外的"模式(详细内容在 1998 年的 Forbes 文章中介绍)。事实上，在当时，零售商已经知道这些产品是一起售出的。这个故事被追溯到格林湾(Green Bay)的零售商 Shopko。威斯康星州(Wisconsin)北部，在寒冷的冬天，商店经理经常能看到顾客同时带着啤酒和尿布一起出门。后来，通过数据验证了这一观察结果。

关联规则，可以将数千产品的数百万交易转换为易于理解的规则。本章介绍如何使用 SQL 发现关联规则。一些数据挖掘软件，包含关联规则的算法。然而，这些软件不能提供直接使用 SQL 所带来的便利性。

使用 SQL 发现关联规则的一个优点是它的易用性，可以通过调整编码来适应特殊情况。SQL 可以清晰地计算三个传统的衡量尺度：支持度、置信度和提升度。也可以通过卡方距离，使用 SQL 计算改进后的衡量尺度。

关联规则计算的产品，可以是单个订单的产品，也可以是随时间推移的多个订单中的产品。有一个较小的变种，称之为序列关联规则，它们能定位产品是在哪个订单中购买的。最后，"产品"不一定是一个实际上的产品 ID。可能是产品、客户或订单的属性。

首先从相关联的产品集合来了解关联规则，这个产品集合被称为项集。

10.1 项集

项集是订单中同时出现的产品组合。本节只考虑包含两个产品的项集,展示如何使用SQL获得这些组合。然后扩展讨论其他情况,特别侧重从家庭层(而非订单层)对产品组合进行分析。下一节将这一思想应用到创建关联规则上。

10.1.1 两个产品的组合

只包含一个产品的项集并没有特别的意义,因此,本节从两个产品组成的项集开始。所有的项集都是未购买的项集,因此产品 A 和 B 的组合与 B 和 A 的组合相同。本节计算订单中成对出现的产品组合数,并展示如何通过 SQL 计算它们。

1. 双项组合的数量

如果一个订单包含一个产品,那么订单中包含多少个双相组合的产品?答案很简单。没有双项组合的产品,因为订单中只包含一个产品。包含两个产品的订单有一种组合:A、B 与 B、A 的组合是相同的。对于包含三个产品的订单呢?答案正好是三,但是情况却变得更加复杂。

有一个简单的公式可以计算这个数量。对公式的理解,始于一个观察结果,产品组合的数量等于产品数量的平方与产品数量的差值。这里,重复出现的产品并没有任何意义,因此结算范围删除冗余产品,只保留唯一的产品。而且,由于计算公式分别为 A、B 和 B、A 计数,即计算了两次,所以差值需要除以 2。双项组合的数量,等于订单中产品数量的平方与产品数量的差值,再除以 2。

下面的查询计算 OrderLines 中所有订单的双项组合的数量:

```
SELECT SUM(numprods * (numprods - 1) / 2) as numcombo2
FROM (SELECT ol.OrderId, COUNT(DISTINCT ol.ProductId) as numprods
      FROM OrderLines ol
      GROUP BY ol.OrderId
     ) o
```

这个查询计算的是不同的产品,而不是针对每一个订单明细。因此,没有多计算多个订单明细中出现同一产品的情况。

对于所有的订单,双项产品组合的数量为 185 791。这是非常有用的,因为组合的数量决定了查询语句的执行速度。一个包含庞大数量的产品的订单,能够明显降低查询的性能。例如,如果一个订单包含一千个产品,则一个订单中约有 50 万个双项组合——而本例中所有订单的结果值为 185 791。随着最大订单中的产品数量的增加,组合的数量增加得更快。

警告:包含多个产品的大型订单能够明显降低对项集和关联规则的查询的速度。其中,"默认的"订单 ID 是一种危险的情况,例如 0 或 NULL,将对应多次购买。

2. 生成所有的双项组合

通过对 OrderLines 表做自联接，生成所有的双项组合。目的是返回所有的满足下列条件的产品对：

- 产品对中的两个产品是不同的。
- 任意两个产品对不包含同样的两个产品。

第一个条件很容易实现，即判断产品对中产品是否相等。通过要求第一个产品 ID 小于第二个产品 ID，也可以很容易实现第二个条件。

下面的查询实现了这些条件，该查询计算包含任意产品对的订单数量：

```
SELECT p1, p2, COUNT(*) as numorders
FROM (SELECT op1.OrderId, op1.ProductId as p1, op2.ProductId as p2
      FROM (SELECT DISTINCT OrderId, ProductId FROM OrderLines) op1 JOIN
           (SELECT DISTINCT OrderId, ProductId FROM OrderLines) op2
      ON op1.OrderId = op2.OrderId AND
         op1.ProductId < op2.ProductId
     ) combinations
GROUP BY p1, p2
```

图 10-1 展示了这个查询的数据流。最内层的查询，op1 和 op2 做联接，为每一个订单生成所有的产品对。JOIN 条件限制了产品对中的两个产品是不同的产品，方法是判断第一个产品 ID 小于第二个产品 ID。外部查询为产品对做聚合操作，以此计算订单数量。

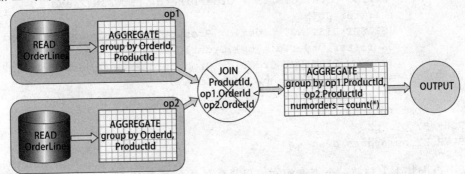

图 10-1　该数据流表示 Orders 表中所有双项产品组合的生成过程

有时，我们不想要包含所有的订单。通常是为了返回合理的购物车中的产品组合。例如，只分析购物车中，产品数量在 2 到 10 之间的情况。也有其他的原因，例如，分析特定来源的订单或特定地区的订单或特定时间范围的订单。因为前面的查询基于 OrderLines，基于订单的过滤条件需要有额外的联接。而且，看起来两个子查询都需要过滤逻辑。

另一个解决方案是使用另一个子查询，定义订单范围，并通过联接实现过滤目的：

```
SELECT p1, p2, COUNT(*) as numorders
FROM (SELECT op1.OrderId, op1.ProductId as p1, op2.ProductId as p2
      FROM (SELECT OrderId
            FROM OrderLines
            GROUP BY OrderId
```

```
              HAVING COUNT(DISTINCT OrderLineId) BETWEEN 2 and 10
             ) filter JOIN
             (SELECT DISTINCT OrderId, ProductId FROM OrderLines) op1
             ON filter.OrderId = op1.OrderId JOIN
             (SELECT DISTINCT OrderId, ProductId FROM OrderLines) op2
             ON op1.OrderId = op2.OrderId AND
                op1.ProductId < op2.ProductId
     ) combinations
GROUP BY p1, p2
```

filter 子查询选择数量为 2 和 10 之间的订单。这里，子查询只是基于 OrderLines 的查询，但是也可以基于 Orders 的特征返回订单信息，或是基于其他表，如 Customers 或 Campaigns。

3. 项集示例

生成海量组合是有趣的。了解其中的若干个示例，能提供很多信息。下面的查询返回所有包含 2 到 10 个产品的订单中，排序前 10 的产品对，同时包含相关联的产品组：

```
SELECT TOP 10 p1, p2, COUNT(*) as numorders
FROM (SELECT op1.OrderId, op1.ProductId as p1, op2.ProductId as p2
      FROM (SELECT OrderId
            FROM OrderLines
            GROUP BY OrderId
            HAVING COUNT(DISTINCT OrderLineId) BETWEEN 2 and 10
           ) filter JOIN
           (SELECT DISTINCT OrderId, ProductId FROM OrderLines) op1
           ON filter.OrderId = op1.OrderId JOIN
           (SELECT DISTINCT OrderId, ProductId FROM OrderLines) op2
           ON op1.OrderId = op2.OrderId AND
              op1.ProductId < op2.ProductId
     ) combinations
GROUP BY p1, p2
ORDER BY numorders desc
```

这个查询基本上与前一个查询相同，只是额外添加了 TOP 10 和 GROUP BY 子句。

表 10-1 中列出了最常见的 10 个产品对。在这 10 个产品对中，7 个包含 FREEBIE 产品，这通常是市场推广的原因。有时，市场推广活动包含不止一个 FREEBIE 产品，或者一个给定订单满足多个推广活动的要求。

警告：关联规则经常重构产品的捆绑方案，这些捆绑产品一起被出售，或是通过推荐引擎出售。

三个不包含 FREEBIE 的产品组合，包含的内容是 ARTWORK 和 BOOK、BOOK 和 BOOK、ARTWORK 和 OCCASION。这几个示例说明，客户可能是因为自己的原因一起购买的。另一方面，也有产品捆绑销售的例子：两个或多个产品一起推向市场。产品级的组合可能重构捆绑方案。事实上，这是在生成产品组合时经常发生的事情。

表 10-1 在多数订单中都出现的产品组合

产品 1	产品 2	订单数量	产品组 1	产品组 2
12820	13190	2580	FREEBIE	FREEBIE
12819	12820	1839	FREEBIE	FREEBIE
11048	11196	1822	ARTWORK	BOOK
10956	12139	1481	FREEBIE	OCCASION
12139	12820	1239	OCCASION	FREEBIE
12820	12851	1084	FREEBIE	OCCASION
11196	11197	667	BOOK	BOOK
12820	13254	592	FREEBIE	OCCASION
12820	12826	589	FREEBIE	ARTWORK
11053	11088	584	ARTWORK	OCCASION

10.1.2 更常见的项集

成对的产品项集有两个有用的变化。第一个变化是使用产品层级查看产品组的组合情况。第二个变化是在双项产品组的组合之外，查看更多产品组合的项集。

1. 产品组的组合

购物车分析能够透过产品，分析产品的特征。本例中不使用产品做分析，而是使用产品组。三个订单明细中分别包含三本书籍，这样的订单属于一个产品组 BOOK。包含一个 CALENDAR 和一个 BOOK 的订单，不管订单的产品数量有多少，该订单拥有两个产品组。

较少的产品组意味着较少的组合——只有数十个组合。下面的查询生成双项产品组的组合，以及包含这些组合的订单数量：

```sql
WITH og as (
      SELECT DISTINCT ol.OrderId, p.GroupName
      FROM OrderLines ol JOIN Products p ON ol.ProductId = p.ProductId
     )
SELECT pg1, pg2, COUNT(*) as cnt
FROM (SELECT og1.OrderId, og1.GroupName as pg1, og2.GroupName as pg2
      FROM og og1 JOIN
           og og2
           ON og1.OrderId = og2.OrderId AND
              og1.GroupName < og2.GroupName
     ) combinations
GROUP BY pg1, pg2
ORDER BY cnt DESC
```

这个查询与产品查询相似。用于生成组名的子查询被单独写入一个 CTE 中。

图 10-2 以气泡图展示结果。最常见的产品组组合是 FREEBIE 和 BOOK，以及 FREEBIE 和 OCCASION。这并不奇怪，因为 FREEBIE 产品用于市场推广。

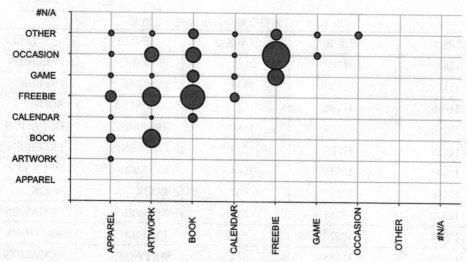

图 10-2 该气泡图展示最常见的产品组合。产品沿坐标轴分布,气泡大小表示包含该组合的订单数量

气泡图中的两个坐标轴分别表示订单中的产品分组。在 Excel 中绘制这个图表是非常难的,因为散点图和气泡图中的坐标轴不能用名字标记。下面的"包含非数字坐标轴的散点图和气泡图"部分解释了如何解决这个限制。

> **包含非数字坐标轴的散点图和气泡图**
>
> 遗憾的是,气泡图和散点图只允许数字作为 X 和 Y 坐标。幸运的是,第 4 章介绍的 XY-Labeler 可以绘制不包含数字维度的散点图和气泡图,如以产品组名作为维度。注意,XY 图表标签并不是 Excel 的功能。它是一个加载项,作者是 Rob Bovey,可以通过网站 http://www.appspro.com/Utilities/ChartLabeler.htm 下载。
>
> 第一步是做数据转换,使维度变为实际上的数字——因为创建气泡图需要的是数字。然后,沿着两个维度添加两个额外的系列。使用 XY-Labeler 为两个系列添加标签,这些标签应用于坐标轴。
>
> 假设数据在三个列中,前两个列是 X 值和 Y 值,第三列是气泡大小,而且前两列是名字,而不是数字。在图 10-2 所示的示例中,这些列的名字是组名。通过下面的步骤创建气泡图:
>
> (1) 为每个维度创建一个查找表,维度值对应于有序整数,即新的维度值。
> (2) 为这两个新列查找新的维度值。
> (3) 插入图表,使用的是新的维度值,而不是名字。
> (4) 插入两个新的系列,用于 X 标签和 Y 标签。
> (5) 设置两个新系列不可见。
> (6) 使用 XY-Labeler 为点添加字符串标签。
> (7) 按照自己的需要格式化图表。
>
> 这个过程始于创建查找表。可以手动输入查找表内容,也可以对所有的列排序,然后使用公式"=<prev cell>+1",创建新的维度值。

为了获取唯一值,将两个产品组名列复制到一个列中,放在数据的下面。使用 Data | Filter | Advanced 菜单项,并选择 Unique Records Only 筛选重复数据。使用鼠标选择列值,复制单元格中的值(按 Ctrl+C 组合键),然后将值粘贴到另一个列中(按 Ctrl+V 组合键)。记住,使用 Data | Filter | Show All 菜单项可以撤消筛选,这样就可以对比筛选后的值和筛选前的值。

下一步是从 X 列和 Y 列找到对应的值,使用 VLOOKUP()查找合适的值:

```
VLOOKUP(<column cell>, <lookup table>, 2, 0)
```

这提供气泡图所能接受的数值列值。为坐标添加标签,需要更多的信息,因此为查找表添加两个额外的列,第一个列的值设置为 0,第二个列的值设置为 1000。第一个列值是标签的坐标;第二个列值表示气泡的直径。

坐标轴标签被添加至新的系列。右击图表并选择 Source Data,添加系列。然后选择 Add 并将其命名为 X-labels,其对应的 X 值是查找表的第 2 列,Y 值对应的是查找表的第 3 列(都为 0),气泡大小对应的是第 4 列(都为 1000)。将 X 值和 Y 坐标调换。要使系列不可见,单击每一个系列,在 Patterns 选项卡中将 Border 设置为 None,将 Area 设置为 None。

现在选择菜单选项 Tools | XY Chart Labels | Add Chart Labels。X-labels 是数据系列中的值,标签范围是查找表中的第一列。设置 X 标签在数据气泡之下。重复操作 Y-labels,将它们放在左侧。出现在图表中的标签可以被格式化为任意字体或旋转格式。本例中,将坐标轴标尺设置为 0 到 9 也是一个不错的主意。

2. 更大的项集

通常双项组合是足够的;但是,多项组合可能会更加有用。在 SQL 中生成更大的项集,要求额外的 JOIN 语句。为了保证项集的唯一性(避免将 A、B、C 和 A、C、B 列为两个不同的项集组合),需要为每一个产品做基于产品 ID 的比较。

下面的查询是三个项集组合的示例:

```
WITH op as (
      SELECT DISTINCT OrderId, ProductId FROM OrderLines
      )
SELECT op1.ProductId as p1, op2.ProductId as p2,
       op3.ProductId as p3, COUNT(*) as cnt
FROM op op1 JOIN
     op op2
     ON op2.OrderId = op1.OrderId AND
        op1.ProductId < op2.ProductId JOIN
     op op3
     ON op3.OrderId = op1.OrderId AND op2.ProductId < op3.ProductId
GROUP BY op1.ProductId, op2.ProductId, op3.ProductId
ORDER BY cnt DESC
```

这个查询的结果是产品的组合。由于连接条件中的比较,产品的顺序是数字排序。这个顺序确保了不同的项集之间没有重复的产品集。

为了让结果集中包含某一订单,该订单需要至少包含三种不同的产品。我们知道多数订单都只包含一个或两个产品,因此以订单作为过滤条件能够极大提高查询性能。这个查询可以添加在 FROM 子句中:

```
FROM (SELECT OrderId, COUNT(DISTINCT ProductId) as numprods
      FROM OrderLines
      GROUP BY OrderId
      HAVING COUNT(DISTINCT ProductId) >= 3
     ) ofilter JOIN
     op op1
     ON op1.OrderId = ofilter.OrderId JOIN
     . . .
```

过滤订单能够减少中间联接产生的数据量;但是,这不影响最终结果集,结果集中包含 1 163 893 条数据。

表 10-2 列出了三种产品组合中,出现最多的前 10 种组合。这个三种产品组合的组合数要低于双项组合。例如,最多的双项组合出现在超过 2000 个订单中,而最多的三项组合对应的订单数量小于 400。这是很典型的,因为订单中的产品越多,一次性购买所有产品的客户就越少。

表 10-2 三个产品的项集的前 10 种组合

产品 1	产品 2	产品 3	计数	产品组 1	产品组 2	产品组 3
12506	12820	12830	399	FREEBIE	FREEBIE	GAME
12820	13144	13190	329	FREEBIE	APPAREL	FREEBIE
11052	11196	11197	275	ARTWORK	BOOK	BOOK
12139	12819	12820	253	OCCASION	FREEBIE	FREEBIE
12820	12823	12951	194	FREEBIE	OTHER	FREEBIE
10939	10940	10943	170	BOOK	BOOK	BOOK
12820	12851	13190	154	FREEBIE	OCCASION	FREEBIE
11093	12820	13190	142	OCCASION	FREEBIE	FREEBIE
12819	12820	12851	137	FREEBIE	FREEBIE	OCCASION
12005	12820	13190	125	BOOK	FREEBIE	FREEBIE

3. 特定大小的所有项集

前一个示例生成所有包含三个产品的项集。那么,一个很自然的扩展就是生成产品数量小于等于 3 的所有项集。当然,一种方法是使用 UNION ALL,合并 1、2、3 项集的查询结果。而且,出于性能考虑,UNION ALL 是最好的方法。另一方面,结果查询长且复杂,多次实现相同的逻辑,如过滤逻辑。

通过使用 LEFT JOIN 替换 JOIN,尝试生成所有项集:

```
WITH op as (
        SELECT DISTINCT OrderId, ProductId FROM OrderLines
     )
SELECT op1.ProductId as p1, op2.ProductId as p2,
        op3.ProductId as p3, COUNT(*) as cnt
FROM op op1 LEFT JOIN
     op op2
     ON op2.OrderId = op1.OrderId AND
        op1.ProductId < op2.ProductId LEFT JOIN
     op op3
     ON op3.OrderId = op1.OrderId AND op2.ProductId < op3.ProductId
GROUP BY op1.ProductId, op2.ProductId, op3.ProductId
ORDER BY cnt DESC
```

这个查询简直完美！它确实返回了单项、双项集合，以及三个产品组合，同时返回了它们的数量(对于单项，第二个和第三个列是 NULL)。然而，这些数量是错的。最常见的产品 12821，出现了 18 441 次。然而，单项的计数只有 9229。为什么会出现差值？发生了什么事情？

这个查询少算了单项和双项集合的情况。问题在于 LEFT JOIN。当订单中有多个产品时，LEFT JOIN 总是能找到匹配的产品。单例没有被创建出来：包含多个产品的订单中的产品，并没有作为单例计算在内。相似的，对于超过两个产品的订单，订单中的产品没有被计算在双项集合范围内。

解决这个问题的办法是调整查询，引入假的产品 ID。一个简单的方法是要求 ID 大于任意产品 ID：

```
WITH op as (
        SELECT DISTINCT OrderId, ProductId FROM OrderLines UNION ALL
        SELECT DISTINCT OrderId, 9999999 FROM OrderLines
     )
SELECT op1.ProductId as p1, NULLIF(op2.ProductId, 9999999) as p2,
        NULLIF(op3.ProductId, 9999999) as p3, COUNT(*) as cnt
FROM op op1 LEFT JOIN
     op op2
     ON op2.OrderId = op1.OrderId AND
        op1.ProductId < op2.ProductId LEFT JOIN
     op op3
     ON op3.OrderId = op1.OrderId AND op2.ProductId < op3.ProductId
WHERE op1.ProductId <> 9999999
GROUP BY op1.ProductId, op2.ProductId, op3.ProductId
ORDER BY cnt DESC
```

对于输出，这个假的产品 ID 被当作 NULL。在这个版本中，LEFT JOIN 保留了所有较小的订单，因此计数是正确的。

另一个相似的修改是使用 NULL 作为额外的产品，将 FROM 子句修改为：

```
WITH op as (
        SELECT DISTINCT OrderId, ProductId FROM OrderLines UNION ALL
```

```
            SELECT DISTINCT OrderId, NULL FROM OrderLines
       )
SELECT op1.ProductId as p1, op2.ProductIdas p2,
       op3.ProductId as p3, COUNT(*) as cnt
FROM op op1 JOIN
     op op2
     ON op2.OrderId = op1.OrderId AND
        (op1.ProductId < op2.ProductId OR
         op2.ProductId IS NULL) LEFT JOIN
     op op3
     ON op3.OrderId = op1.OrderId AND
        (op2.ProductId < op3.ProductId OR
         op3.ProductId IS NULL)
WHERE op1.ProductId IS NOT NULL
GROUP BY op1.ProductId, op2.ProductId, op3.ProductId
ORDER BY cnt DESC
```

这个版本使用 LEFT JOIN 阻止第二个联接过滤掉单例的情况。所有的这三种方法都生成了满足特定大小要求的项集；哪个方法最好？这取决于查询是如何被优化的。

10.1.3 家庭，而不是订单

到目前为止，我们所讨论的都是订单中的产品组合。另一个角度是从家庭购买的角度来查看产品组合，其中家庭订单可能是不同时间的多次购买。一个非常有趣的应用是，从家庭等级查看产品组合，而不是从订单等级进行查看，因为这样的组合能够为交叉销售提供思路。

1. 一个家庭中的产品组合

下面的查询扩展对订单中双项组合的查询，改为查询一个家庭中的产品组合：

```
WITH hp as (
     SELECT DISTINCT c.HouseholdId, ol.ProductId
     FROM OrderLines ol JOIN
          Orders o
          ON o.OrderId = ol.OrderId JOIN
          Customers c
          ON o.CustomerId = c.CustomerId
     )
SELECT hp1.ProductId as p1, hp2.ProductId as p2, COUNT(*) as cnt
FROM (SELECT HouseholdId
      FROM hp
      GROUP BY HouseholdId
      HAVING COUNT(DISTINCT ProductId) BETWEEN 2 AND 10
     ) hfilter JOIN
     hp hp1
     ON hp1.HouseholdId = hfilter.HouseholdId JOIN
     hp hp2
     ON hp2.HouseholdId = hfilter.HouseholdId AND
        hp1.ProductId < hp2.ProductId
```

```
GROUP BY hp1.ProductId, hp2.ProductId
ORDER BY COUNT(*) DESC
```

CTE hp 用于获取家庭 ID 和该家庭购买的产品。剩余部分的查询逻辑保持不变。这个版本的查询中，有对家庭的过滤，它限制了产品数量，因为有少数家庭的订单非常庞大，对这些家庭的计算会大大地降低查询速度，同时会影响最终结果。

2. 调研包含在家庭中但不包含在订单中的产品

到目前为止所讨论的问题，都属于传统关联规则——只是改变聚合元素(订单或家庭)，考虑不同的产品数量，或是产品的定义(产品 ID 或产品组)。下一个问题展示在 SQL 中所能实现的强大功能：哪些产品对频繁出现在家庭购买中，但是不在同一个订单中？这样的问题能够为交叉销售提供非常具有价值的信息，因为这样的产品对暗示了在不同时间点产品之间的密切联系。

回答这个问题只需要对前面的家庭查询稍作修改。这个查询需要下面的条件：

- 家庭有 2 到 10 个产品。
- 两个产品都出现在一个家庭中。
- 第一个产品的产品 ID 比第二个产品的 ID 小。

还需要另外一个条件：

- 产品出现在同一个家庭中，但是在不同的订单中。

如下易读的 SQL 可以实现这些条件：

```
WITH hop as (
        SELECT DISTINCT c.HouseholdId, ol.OrderId, ol.ProductId,
            p.GroupName
        FROM OrderLines ol JOIN
            Orders o ON o.OrderId = ol.OrderId JOIN
            Customers c ON o.CustomerId = c.CustomerId JOIN
            Products p ON ol.ProductId = p.ProductId
    )
SELECT TOP 10 hop1.ProductId as p1, hop2.ProductId as p2,
        COUNT(DISTINCT hop1.HouseholdId) as cnt,
        hop1.GroupName as Group1, hop2.GroupName as Group2
FROM (SELECT HouseholdId
      FROM hop
      GROUP BY HouseholdId
      HAVING COUNT(DISTINCT ProductId) BETWEEN 2 AND 10
     ) hfilter JOIN
     hop hop1
     ON hop1.HouseholdId = hfilter.HouseholdId JOIN
     hop hop2
     ON hop2.HouseholdId = hfilter.HouseholdId AND
        hop1.ProductId < hop2.ProductId AND
        hop1.OrderId <> hop2.OrderId
GROUP BY hop1.ProductId, hop2.ProductId, hop1.GroupName, hop2.GroupName
ORDER BY cnt DESC
```

这个查询和前面的家庭查询之间的区别是非常有指导意义的。此处的 CTE hp 同时包含家庭和订单。因此，对于一个家庭，同样的产品出现多次——在不同的订单中。

因此，在查找包含 2 到 10 个产品的家庭时，hfilter 使用 COUNT(DISTINCT)而不是使用 COUNT()。而且，外部查询也使用 COUNT(DISTINCT)。

表 10-3 展示了这个查询返回的前 10 条结果。这个结果与订单中的产品组合不同，FREEBIE 产品组没有那么常见。有些组合也不是特别让人惊讶。例如，购买某年日历的家庭，也可能购买另一年的日历。这样的组合在前 10 条数据中出现三次。

表 10-3 家庭在不同时间购买的产品中，出现频率最高的前 10 对产品

产品 1	产品 2	计数	产品组 1	产品组 2
11196	11197	462	BOOK	BOOK
11111	11196	313	BOOK	BOOK
12139	12820	312	OCCASION	FREEBIE
12015	12176	299	CALENDAR	CALENDAR
11048	11196	294	ARTWORK	BOOK
12176	13298	279	CALENDAR	CALENDAR
10863	12015	255	CALENDAR	CALENDAR
11048	11052	253	ARTWORK	ARTWORK
11111	11197	246	BOOK	BOOK
11048	11197	232	ARTWORK	BOOK

3. 同一个产品的多次购买

前面的示例排除了同一个产品被购买多次的情况(换言之，查询中，只考虑两种不同的产品)。这提出了另一个有趣的问题，虽然与产品组合并不直接相关：一个家庭在多个订单中购买同一产品的频率是多少？下面的查询回答这个问题：

```
SELECT numprodinhh, COUNT(*) as numhouseholds
FROM (SELECT c.HouseholdId, ol.ProductId,
             COUNT(DISTINCT o.OrderId) as numprodinhh
      FROM Customers c JOIN
           Orders o ON c.CustomerId = o.CustomerId JOIN
           OrderLines ol ON o.OrderId = ol.OrderId
      GROUP BY c.HouseholdId, ol.ProductId
     ) h
GROUP BY numprodinhh
ORDER BY numprodinhh
```

子查询使用 HouseholdId 和产品对订单明细做聚合操作，使用 COUNT(DISTINCT)为一个家庭中包含相同产品的订单计数。外部查询为计数结果创建直方图。

超过 8000 个家庭有多次购买同一产品的情况。其中，最频繁的购买是对某个产品购买超过 50 次。这些非常频繁的购买行为非常有可能是异常的，或许，有小的商家多次购买

同一个产品。

一个问题通常能导致其他问题。这些订单中出现的产品中,哪些产品是最常见的?下面的查询返回产品组中,重复次数最多的产品:

```
SELECT p.GroupName, COUNT(*) as numhouseholds
FROM (SELECT c.HouseholdId, ol.ProductId,
             COUNT(DISTINCT o.OrderId) as numorders
      FROM Customers c JOIN
           Orders o ON c.CustomerId = o.CustomerId JOIN
           OrderLines ol ON o.OrderId = ol.OrderId
      GROUP BY c.HouseholdId, ol.ProductId
     ) h JOIN
     Products p
     ON h.ProductId = p.ProductId
WHERE numorders > 1
GROUP BY p.GroupName
ORDER BY numhouseholds DESC
```

子查询按产品汇总每一个家庭的信息。整个查询与前一个查询非常相似,除了对产品信息的联接,以及外部查询中对 GroupName 做聚合操作。

表 10-4 展示了包含重复出现次数最多的三个产品组,分别是 BOOK、ARTWORK 和 OCCASION。这个结果与最常见组合不同,在最常见组合中,总是会包含 FREEBIE 产品。事实上,FREEBIE 产品(产品 ID 是 12820),是一个家庭的多个订单中最频繁出现的产品。没有这个产品,FREEBIE 分类中只有 210 次重复出现的情况,它将排在表格的最底部。这个产品是在某个时间段内,包含在所有订单中的一个目录。在这个时间段内,生成多个订单的客户都会在每次购买时收到这个目录。

表 10-4 出现在多个订单中的产品,按产品组汇总

产品组	家庭数量
BOOK	2 709
ARTWORK	2 101
OCCASION	1 212
FREEBIE	935
GAME	384
CALENDAR	353
APPAREL	309
OTHER	210

10.2 最简单的关联规则

项集是非常有趣的,而关联规则能够将项集转换为规则。本节通过计算包含某个产品

的订单比例,开始对关联规则的讨论。这些是最简单、最基础的关联规则,这些规则中"if"子句是空的,而且"then"子句只包含一个产品:没有给定信息,某个产品在订单中的概率是多少?这种"零项"的关联规则是有用的,有两个原因。第一,它简单地说明思路和介绍名词。第二,这个整体规则对于添加更多复杂规则是非常重要的。

10.2.1 关联和规则

关联是一起出现的产品组——通常是在一个订单中,但也可能在其他任何层级。"关联"说明产品与其他产品之间是有关系的,这个结论基于它们同时出现的事实。关联规则有如下格式:

<左侧> ➢ <右侧>

规则中的箭头表示"暗示",因此,这条规则的意思是"在左侧出现的所有产品,暗示了同一订单中会出现右侧的产品"。当然,规则并不是永远都正确的,有一定的概率(称之为置信度(Confidence),后面内容将正式定义它)。左侧和右侧的项集可以是任意大小,然而,通常右侧的项集都只包含一个产品。

关联规则的自动生成,展示了使用详细数据的强大。必须要承认的是,结果规则并不总是有趣的。它尝试解释关联规则,是因"if"而产生的结果,但是它并不能展示因果关系。一个较早的示例,Sears 于 20 世纪 90 年代发表的论文,一个大型连锁商店所基于的数据,是从一个投资了几百万美金的数据仓库中获取的。他们了解到,购买大型家电保单的顾客,有很大可能会购买大型家电。毫无疑问,这之间存在密切的关系。大家电保单确实和家电一起售卖,但它们的因果关系却是反的。

警告:关联规则并不是必要的。有时,它们是琐碎无用的,告诉我们已知的事情。

这样的规则是无用的,因为我们早就知道这个事实。虽然,从业务角度,这样的规则并没有实际用途,但是对于软件来说,它们是被普遍称赞的——因为它们在数据中的模式是真实存在的。顺便提一下,这样的规则也是有用的。如果在这些规则下出现例外情况,而且例外情况的置信度很高,则可能说明数据质量或操作上有问题。

10.2.2 零项关联规则

零项关联规则说明,订单中没有其他信息暗示订单中包含某种产品:

<无> ➢ <产品 ID>

零项是因为左侧没有产品。

这条规则实际上就是订单包含某种产品的概率。反过来,这个概率等于包含产品的订单数量除以订单总数:

```
SELECT ProductId, COUNT(*) / MAX(numorders) as p
FROM (SELECT DISTINCT OrderId, ProductId FROM OrderLines) op CROSS JOIN
```

```
            (SELECT COUNT(*) * 1.0 as NumOrders FROM Orders) o
GROUP BY ProductId
ORDER BY p DESC
```

这个查询计算包含某一产品的订单数量，其中剔除了同一订单中不同订单明细包含同一产品的情况。接下来用订单总数除以产品的订单数量子查询中使用 CROSS JOIN，计算订单总数，通过乘以 1.0 避免整数除法。

结果是包含某个产品的订单的比例。例如，最受欢迎的产品 ID 是 12820，它是 FREEBIE 产品，出现在 9.6% 的订单中。

10.2.3 概率的分布情况

共有超过 4000 个产品，查看每一个产品的概率是非常笨重的。这些概率看起来是什么样的？下面的查询提供一些信息：

```
SELECT COUNT(*) as numprods, MIN(p) as minp, MAX(p) as maxp,
       AVG(p) as avgp, COUNT(DISTINCT p) as nump
FROM (SELECT ol.ProductId,
             (COUNT(DISTINCT ol.OrderId) * 1.0 /
              (SELECT COUNT(*) FROM Orders)
             ) as p
      FROM OrderLines ol
      GROUP BY ol.productid
     ) op
```

这个查询使用了行内查询，而不是 CROSS JOIN。两种方法都可以实现功能，但通常 CROSS JOIN 会更好，因为可以一次性集中添加变量并给它们定义一些有意义的名字。此外，在某些数据库中，CROSS JOIN 的性能更好。

概率有如下特征：

- 最小值是 0.0005%。
- 最大值是 9.6%。
- 平均值是 0.036%。
- 有 385 个不同值。

最后一个数字很有趣。为什么几千个产品只有几百个不同值？比例是两个数值的比值，两个数值分别是产品出现的次数和订单数量。对于所有产品，订单数量是相同的，因此，不同的比例值的数量，等于不同的产品出现频率的数量。这里有很大的重叠部分，特别是因为超过一千个产品都只出现一次。

只有数百个值，很容易绘图表示。图 10-3 同时包含直方图和累积直方图。左侧坐标轴是直方图。然而，这个直方图在视觉上有些误导，因为图中的点不是等距离排列的。

累积分布是图中的曲线部分，它提供更多的信息。例如，它表明有一半产品的概率都低于 0.0015%，因此，很多产品实际上都是很罕见的。只有半数的产品(23)出现在超过 1% 的订单中。

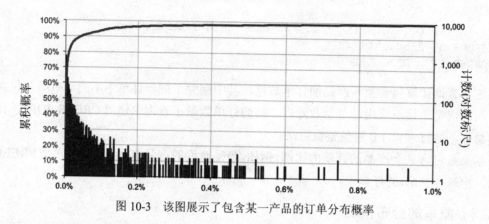

图 10-3 该图展示了包含某一产品的订单分布概率

10.2.4 零项关联告诉了我们什么？

零项关联规则提供了产品的基础信息。因为没有关于订单的其他信息，这样的规则说明给定产品存在于订单中的概率。例如，最常见的产品(ID 为 12820)，出现在 9.6%的订单中。它是一个 FREEBIE 产品，因此我们并不是非常感兴趣。

第二高的概率为 4.9%，它的产品 ID 是 11168。一条关联规则为：

<LHS> ➢<产品 11168>

如果有 50%的情况，这条复杂的规则是准确的，那么它就很有用。如果只有 10%的情况是准确的，它也是有用的。然而，如果只有 4.8%的情况是准确的，那么这条规则比零项规则的预测效果还要差。这样的规则并没有什么用，至少在正向方向。整体概率是一个规则有用的最小等级(至少右侧的预测是正向的)。这个比较是衡量关联规则是否有效的重要手段。

10.3 单项关联规则

本节从对产品组合的讨论转移到对规则的讨论，这些规则是指一个产品的存在暗示另一个产品的存在。对于很多情况，发现同时出现的产品组合都非常重要。然而，这仍然是在讨论产品组合而不是规则。

在调研如何生成规则之前，首先介绍规则的价值。是什么使规则的价值更高？

10.3.1 单项关联规则的价值

最常见的产品 ID 是 12820 和 13190，提议规则为：

产品 12820➢产品 13190

评估关联规则的传统方法称被为支持度(Support)、置信度(Confidence)和提升度(Lift)。使用下列信息计算这些维度：

- 订单总数。
- 包含规则左侧产品的订单数。

- 包含规则右侧产品的订单数。
- 同时包含规则两侧产品的订单数。

这些内容可以通过下面的查询返回：

```
SELECT COUNT(*) as numorders, SUM(lhs) as numlhs, SUM(rhs) as numrhs,
       SUM(lhs * rhs) as numlhsrhs
FROM (SELECT OrderId,
             MAX(CASE WHEN ProductId = 12820 THEN 1 ELSE 0 END) as lhs,
             MAX(CASE WHEN ProductId = 13190 THEN 1 ELSE 0 END) as rhs
      FROM OrderLines ol
      GROUP BY OrderId) o
```

注意该查询使用条件聚合计算左侧和右侧产品的出现情况。因为使用了 MAX() 函数，计算过程只计算这些产品的出现次数，忽略 NumUnites，同时当订单中出现多次产品时，只计算一次。同时注意到查询语句中没有 WHERE 子句。所有的计算都需要过滤，但是第一个计算除外——计算订单总数。

第一个估算指标列是支持度，列在表 10-5 中。它表示规则为真的订单的比例。支持度是一个比例，它是同时包含规则两侧产品的订单数量，与订单总数的比例。对于这条规则，支持度是 2588/192983=1.3%。支持度高的规则更加有用，因为它对应的是更多的订单。第二个指标是置信度，是指当左侧为真时，规则为真的频率。置信度是订单的比例，它是包含规则两侧产品的订单的数量与包含规则左侧产品的订单数量的比例。这个示例中，置信度是 2588/18441=14.0%。

表 10-5 对于规则产品 12820→产品 13190 的传统衡量指标

指标	值
订单数量	192 983
包含规则左侧产品的订单数	18 441
包含规则右侧产品订单数	3404
同时包含规则两侧产品的订单数	2588
支持度	1.3%
置信度	14.0%
提升度	8.0

第三个传统指标是提升度，它告诉我们使用规则和盲目猜测哪个更好。没有规则，我们期望有 1.8%(3404/192983) 的订单会包含产品 13190。如果规则为真，则 14.0% 的订单包含这个产品。规则比盲目猜测高 8 倍，因此规则的提升度较高。

下面的查询为这条规则计算这些值：

```
SELECT numlhsrhs / numorders as support, numlhsrhs / numlhs as confidence,
       (numlhsrhs / numlhs) / (numrhs / numorders) as lift
FROM (SELECT 1.0 * COUNT(*) as numorders, 1.0 * SUM(lhs) as numlhs,
             1.0 * SUM(rhs) as numrhs, 1.0 * SUM(lhs * rhs) as numlhsrhs
```

```
            FROM (SELECT orderid,
                         MAX(CASE WHEN ProductId = 12820 THEN 1 END) as lhs,
                         MAX(CASE WHEN ProductId = 13190 THEN 1 END) as rhs
                  FROM OrderLines ol
                  GROUP BY OrderId) o
         ) r
```

这个查询只为一条规则计算衡量指标。下一节的难度在于为每一条规则计算相应的值。在进入对所有规则的讨论之前,我们先看下另一条规则——前面规则的反向规则:

产品 13190 ➢ 产品 12820

反向规则的支持度与之前规则的支持度相同,因为这两条规则有同样的产品组合。

意外的是,这两条规则的提升度也一样。这并不是巧合,而是因为对提升度的定义。公式简化为:

(numlhsrsh * numorders) / (numlhs * numrhs)

规则和它的反向规则都有相同的 numlhsrsh 和 numorders 值,因此比例值是相同的。numlh 和 numrhs 的值被交换,因此这两个值的乘积保持不变。作为结果,对于任意规则和它的反向规则,提升度是相同的。

规则和它的反向规则的置信度是不同的。然而,它们之间有一条简单的规则。这两条规则的置信度值的乘积等于支持度和提升度的乘积。因此,给定一条规则的置信度、支持度和提升度,可以简单地计算出它的反向规则的置信度、支持度和提升度。

10.3.2 生成所有的单项规则

生成单项关联规则的查询与计算组合的查询相似,两个查询都使用 OrderLines 上的自联接。下面的查询,首先枚举所有可能的规则组合:

```
WITH items as (
      SELECT DISTINCT ol.OrderId as basket, ol.ProductId as Item
      FROM OrderLines ol
    )
SELECT REPLACE(REPLACE('<lhs> -> <rhs>', '<lhs>', lhs),
               '<rhs>', rhs) as therule,
       lhs, rhs, COUNT(*) as numlhsrhs
FROM (SELECT lhs.basket, lhs.item as lhs, rhs.item as rhs
      FROM items lhs JOIN
           items rhs
           ON lhs.basket = rhs.basket AND
              lhs.item <> rhs.item
     ) rules
GROUP BY lhs, rhs
```

这个查询与前面的查询相似,但是额外添加了生成规则的部分。首先,注意到这个查询中,列和 CTE 的名字更加一般化。这使得更容易将同样的代码应用到不同的示例中。

规则创建本身，是使用 REPLACE()函数替换模板中的字符串。REPLACE()函数的一个替换方案是使用字符串拼接：(CAST(lhs as VARCHAR(255)) + ' —> ' + CAST(rhs as VARCHAR(255)))。使用 REPLACE()，更容易替换字符串格式。此外，模板的使用，也明确指出返回结果的格式。VARCHAR(225)中的数字"255"并没有什么特别之处。在 SQL Server 中使用 VARCHAR()时，可以显式地指定长度，因为默认长度是随内容而变化的，由于设定长度导致的错误很难被发现。然而，这里使用 255 已经足够长。

与前面的产品组合的查询相比，一个重要区别在于组合查询中考虑的是所有产品对组合，而不是唯一的产品对。因为 A≻B 和 B≻A 是不同的规则。子查询 Rules 生成所有 Orders 订单的规则，而不是所有的产品对组合。

查询的格式对订单没有限制，例如，限制包含 2 到 10 个产品的订单。也可以在过滤子查询中添加这个条件，参见之前介绍的内容。

10.3.3 包含评估信息的单项规则

前面的查询生成所有的单项规则。获取评估信息，用于正确地衡量每一条规则。修改前面的查询：

```
WITH items as (
    SELECT ol.OrderId as basket, ol.ProductId as item,
           COUNT(*) OVER (PARTITION BY ol.ProductId) as cnt,
           (SELECT COUNT(*) FROM Orders) as numbaskets
    FROM OrderLines ol
    GROUP BY ol.OrderId, ol.ProductId
),
rules as (
    SELECT lhs, rhs, COUNT(*) as numlhsrhs, numlhs, numrhs,
           numbaskets
    FROM (SELECT lhs.basket, lhs.item as lhs, rhs.item as rhs,
                 lhs.cnt as numlhs, rhs.cnt as numrhs, lhs.numbaskets
          FROM items lhs JOIN
               items rhs
               ON lhs.basket = rhs.basket AND
                  lhs.item <> rhs.item
         ) rules
    GROUP BY lhs, rhs, numlhs, numrhs, numbaskets
)
SELECT TOP 10 rules.lhs, rhs, numlhsrhs, numlhs, numrhs, numbaskets,
       numlhsrhs * 1.0 / numbaskets as support,
       numlhsrhs * 1.0 / numlhs as confidence,
       numlhsrhs * numbaskets * 1.0 / (numlhs * numrhs) as lift
FROM rules
ORDER BY lift DESC, lhs, rhs
```

熟悉的查询结构。items 中的子查询计算订单数量。另一种替换方法是 COUNT (DISTINCT OrderId) OVER ()。然而，并不是所有的数据库都支持这个窗口函数。

表 10-6 列出了提升度最高的几条规则。这些规则是相当无趣的，因为最高提升度意味着两个产品同时出现，而且两个产品没有单独出现。某种程度上，这种情况只发生在少数产品身上。

表10-6 提升度最高的单项规则

规则	LHSRHS 数量	LHS 数量	RHS 数量	订单数量	支持度	置信度	提升度
10051▶10267	1	1	1	192 983	0.0%	100.0%	192 983.0
10058▶11794	1	1	1	192 983	0.0%	100.0%	192 983.0
10060▶12964	1	1	1	192 983	0.0%	100.0%	192 983.0
10097▶10529	1	1	1	192 983	0.0%	100.0%	192 983.0
10248▶12470	1	1	1	192 983	0.0%	100.0%	192 983.0
10248▶12703	1	1	1	192 983	0.0%	100.0%	192 983.0
10255▶11424	1	1	1	192 983	0.0%	100.0%	192 983.0
10263▶11711	1	1	1	192 983	0.0%	100.0%	192 983.0
10267▶10051	1	1	1	192 983	0.0%	100.0%	192 983.0
10294▶12211	1	1	1	192 983	0.0%	100.0%	192 983.0

解决这个问题的一个方法是为支持度添加阈值。例如，只考虑支持度大于等于0.1%的规则：

```
WHERE numlhsrhs * 1.0 / numbaskets >= 0.001
```

126 条规则满足这个限制。几乎所有规则的提升度都大于 1，但是也有一少部分规则的提升度小于1。拥有高支持度的规则，通常有较高的提升度，但是这并不绝对。

10.3.4 基于产品组的单项规则

另一个单项规则的示例，是关于产品组。下面的程序只对 CTE items 稍作修改：

```
WITH items as (
    SELECT ol.OrderId as basket, p.GroupName as item,
           COUNT(*) OVER (PARTITION BY p.GroupName) as cnt,
           (SELECT COUNT(*) FROM Orders) as numbaskets
    FROM OrderLines ol JOIN
         Products p
         ON ol.ProductId = p.ProductId
    GROUP BY ol.OrderId, p.GroupName
),
rules as (
    SELECT lhs, rhs, COUNT(*) as numlhsrhs, numlhs, numrhs,
           numbaskets
    FROM (SELECT lhs.basket, lhs.item as lhs, rhs.item as rhs,
                 lhs.cnt as numlhs, rhs.cnt as numrhs, lhs.numbaskets
```

```
            FROM items lhs JOIN
                 items rhs
                 ON lhs.basket = rhs.basket AND
                    lhs.item <> rhs.item
                ) rules
          GROUP BY lhs, rhs, numlhs, numrhs, numbaskets
         )
SELECT rules.lhs, rhs, numlhsrhs, numlhs, numrhs, numbaskets,
       numlhsrhs * 1.0 / numbaskets as support,
       numlhsrhs * 1.0 / numlhs as confidence,
       numlhsrhs * numbaskets * 1.0 / (1.0 * numlhs * numrhs) as lift
FROM rules
ORDER BY lift DESC
```

这个查询展示了使用 CTE 做通用查询的强大功能。除了 items 的定义，其他部分内容保持不变。

图 10-4 以气泡图展示结果。气泡图包含两个系列：一个系列包含相当好的规则，它们的提升度都大于 1；剩余部分为不好的规则组。气泡图使用我们之前讨论的小技巧为坐标轴添加标签。

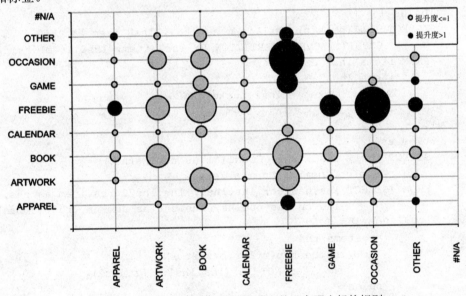

图 10-4　使用气泡图展示好的规则和并没有那么好的规则

拥有较好提升度的规则并不多。一个原因是多数订单只包含一个产品，因此只有一个产品组。这些订单使 numlhs 和 numrhs 的值变大，但是 numlhsrhs 的值不变。

10.4 双项关联

双项关联规则的计算逻辑与单项关联规则相似。本节探讨使用 SQL 生成这样的规则，此外，还通过扩展项集和项集关系的概念来介绍一些有趣的扩展。

10.4.1 计算双项关联

计算双项关联规则的基础查询与计算单项关联规则的查询非常相似。区别在于规则左侧包含两个而不是一个产品。

下面的两条规则是等价的：

A 和 B➢C

B 和 A➢C

因此，规则左侧的内容是一个项集，产品不能重复。

这个查询通过判断规则左侧的第一个产品 ID 小于第二个产品 ID，实现了产品不重复的逻辑。规则左侧和右侧的内容是不同的，因此每一侧都需要自己的CTE：

```sql
WITH items as (
    SELECT ol.OrderId as basket, p.ProductId as item,
        COUNT(*) OVER (PARTITION BY p.ProductId) as cnt,
        (SELECT COUNT(*) FROM Orders) as numbaskets
    FROM OrderLines ol
    GROUP BY ol.OrderId, p.ProductId
),
lhs as (
    SELECT lhs1.basket, lhs1.item as lhs1, lhs2.item as lhs2,
        COUNT(*) OVER (PARTITION BY lhs1.item, lhs2.item) as cnt
    FROM items lhs1 JOIN
        items lhs2
        ON lhs1.basket = lhs2.basket AND
            lhs1.item <> lhs2.item
),
rules as (
    SELECT lhs1, lhs2, rhs, COUNT(*) as numlhsrhs,
        numlhs, numrhs, numbaskets
    FROM (SELECT lhs.basket, lhs.lhs1, lhs.lhs2, rhs.item as rhs,
            lhs.cnt as numlhs, rhs.cnt as numrhs, rhs.numbaskets
        FROM lhs JOIN
            items rhs
            ON rhs.basket = lhs.basket AND
                rhs.item NOT IN (lhs.lhs1, lhs.lhs2)
        ) rules
    GROUP BY lhs1, lhs2, rhs, numlhs, numrhs, numbaskets
)
SELECT lhs1, lhs2, rhs, numbaskets, numlhs, numrhs,
    numlhsrhs * 1.0 / numbaskets as support,
    numlhsrhs * 1.0 / numlhs as confidence,
    numlhsrhs * numbaskets * 1.0 / (numlhs * numrhs) as lift
FROM rules
WHERE numlhsrhs * 1.0 / numbaskets >= 0.001
ORDER BY lift DESC
```

CTE lhs 为规则左侧计算两个产品。因此需要额外的逻辑确保规则右侧的产品与规则左侧的产品不同(确保规则是有意义的)。这个查询的整体流程与前面的查询非常相似。而且，使用同样的方法计算传统衡量指标。通过为中间表选择合适的命名规则，用于计算单项规则的支持度、置信度和提升度同样的查询，也可以用于计算双项规则的这些指标。

这个查询的结果也与单项规则查询的结果极度相似。有最高提升度的关联规则，是极少数的。通过衡量提升度，最好的规则看起来像是那些同时出现但是从未分开的规则。

10.4.2 使用卡方找到最佳规则

提升度是"最好"规则的一种衡量手段，但是可能并不是最实用的方法。有最好提升度的规则，是最不常见的产品被同时购买的情况——这些规则有最高的提升度，但是其支持度最低。绕过这个问题的传统方法是限定规则的支持度等级。然而，有最高提升度的规则，通常仍然是满足支持度条件的较少产品。本节讨论另一种衡量方法：卡方计算。通过它能够生成更合理的规则，其基础属于统计学范畴。

1. 应用卡方计算规则

第 3 章引入对卡方计算的介绍，通过它判断跨越了多个维度的数据中的某个值是否因为偶然导致。卡方值越高，所观察到的数据越不可能因为偶然导致。这个方法可以直接应用，也可以转换为基于卡方分布的 P 值。

卡方计算也可以应用于规则，它能够提供一个单独的值，判断规则是否合理。提升度、置信度和支持度，都是衡量规则好坏的指标，但它们是三个不同的指标。这里有一个警告，虽然：只有当所有的单元都有最小的期望值时，卡方计算才生效。常见的值通常是 5 的最小值。

卡方计算适用于偶然的表——第一眼看，数据中似乎并不包含规则。但是，规则确实存在。通过考虑通用规则开始：

LHS➤RHS

这条规则将所有的订单分为 4 个离散的分组：

- LMS 是 TURE，RHS 是 TRUE。
- LMS 是 TURE，RHS 是 FALSE。
- LMS 是 FALSE，RHS 是 TRUE。
- LMS 是 FALSE，RHS 是 FALSE。

表 10-7 展示了规则 12820➤13190，分布在每一个上述分组中的订单数量。行数据表明订单是否包含规则左侧的内容。列数据表明订单是否包含规则右侧的内容。例如，816 是规则为真的订单数量。

表 10-7 规则 12820➤13190 的订单数量，该数量将用于卡方计算

	RHS TRUE	RHS FALSE
LHS TRUE	816	15 853
LHS FALSE	2588	173 726

表 10-7 是一个偶然表,如第 3 章所述。而卡方计算是一种自然的衡量方法,用于判断偶然表中的值是因为偶然原因导致(这种情况是无趣的),还是因为某一些原因导致(例如,根据规则而存在的潜在模式)。正如第 3 章所述,在 Excel 中可以很容易地计算卡方值。对列和行数据求和,然后使用这些结果计算期望值矩阵。期望值等于行与列的乘积,再除以表中所有单元的和。观察到的值减去期望值是方差。然后,所有方差的平方和再除以期望值,等于卡方值。

对比提升度,卡方值有一些漂亮的属性。它用于衡量规则在意料之外的程度,而不是通过使用规则来改进它。在一个衡量指标中,它同时处理规则的好坏程度和规则的范围。支持度的标准衡量指标——支持度和提升度,分别处理这些内容。

2. 在 SQL 中实现卡方计算在关联规则上的应用

对于百万级的规则数量,Excel 不足以完成卡方计算。正如第 3 章介绍的,也可以在 SQL 中实现卡方计算——需要一些算法。

有 4 个用于计算支持度、置信度和提升度的数值:
- numlhsrhs 是整个规则为真时的订单数量。
- numlhs 是规则左侧为真时的订单数量。
- numrhs 是规则右侧为真时的订单数量。
- numbaskets 是订单总数。

而卡方计算使用稍微不同的 4 个计数值,基于偶然表:
- LHS 为 TRUE,RHS 为 TRUE:numlhsrhs
- LHS 为 TRUE,RHS 为 FALSE:numlhs-numlhsrhs
- LHS 为 FALSE,RHS 为 TRUE:numrhs-numlhsrhs
- LHS 为 FALSE,RHS 为 FALSE:numorders-numlhs-numrhs+numlhsrhs

有了这些值,卡方计算可以使用与其他算法相同的查询结构。

下面的查询计算传统指标以及卡方值:

```
WITH items as (
     SELECT o.OrderId as basket, ol.ProductId as item,
            COUNT(*) OVER (PARTITION BY ProductId) as cnt,
            (SELECT COUNT(*) FROM Orders) as numbaskets
     FROM OrderLines ol
     GROUP BY o.OrderId, ol.ProductId
    ),
    rules as (
     SELECT lhs, rhs, COUNT(*) as numlhsrhs, numlhs, numrhs, numbaskets,
            numlhs - COUNT(*) as numlhsnorhs,
            numrhs - COUNT(*) as numnolhsrhs,
            numbaskets - numlhs - numrhs + COUNT(*) as numnolhsnorhs,
            numlhs * numrhs * 1.0 / numbaskets as explhsrhs,
            numlhs*(1.0*numbaskets - numrhs)*1.0 / numbaskets as explhsnorhs,
            (1.0*numbaskets - numlhs)*numrhs*1.0 / numbaskets as expnolhsrhs,
            ((1.0*numbaskets - numlhs)*(1.0*numbaskets - numrhs) / numbaskets
```

```
            ) as expnolhsnorhs,
          COUNT(*) * 1.0 / numbaskets as support,
          COUNT(*) * 1.0 / numlhs as confidence,
          COUNT(*) * numbaskets * 1.0 / (numlhs * numrhs) as lift
     FROM (SELECT lhs.basket, lhs.item as lhs, rhs.item as rhs,
                  lhs.cnt as numlhs, rhs.cnt as numrhs, lhs.numbaskets
           FROM items lhs JOIN
                items rhs
                ON lhs.basket = rhs.basket AND
                   lhs.item <> rhs.item
          ) rules
     GROUP BY lhs, rhs, numlhs, numrhs, numbaskets
    )
SELECT (SQUARE(explhsrhs - numlhsrhs) / explhsrhs +
        SQUARE(explhsnorhs - numlhsnorhs) / explhsnorhs +
        SQUARE(expnolhsrhs - numnolhsrhs) / expnolhsrhs +
        SQUARE(expnolhsnorhs - numnolhsnorhs) / expnolhsnorhs
       ) as chisquare, rules.*
FROM rules
ORDER BY chisquare DESC
```

这个查询的结构与前面的查询相同；为了支持卡方计算，添加了更多的列。

3. 卡方值与提升度的比较

乍一看，拥有最高卡方值的规则也是提升度最高的规则。然而，卡方计算有一个条件，即每一个单元格中计数的期望值至少为 5。

可以通过使用 WHERE 子句将这个条件添加至查询中：

```
WHERE explhsrhs > 5 AND explhsnorhs > 5 AND
      expnolhsrhs > 5 AND expnolhsnorhs > 5
```

表 10-8 展示了拥有最高卡方值和最高提升度的前 10 条规则。首先需要注意的是，这两个数据集有重合部分——10 条规则中，有 4 条规则是相同的。进一步发现，所有的规则都是成对出现的。提升度和卡方计算都有一个属性，A➢B 和 B➢A 有相同的值。

表 10-8　按提升度和卡方值排列的前 10 条规则

规则	最佳卡方值			规则	最佳提升度		
	支持度	卡方值	提升度		支持度	卡方值	提升度
11048➢11196	0.95%	40 972.6	23.5	10940➢10943	0.21%	28 171.4	72.4
11196➢11048	0.95%	40 972.6	23.5	10943➢10940	0.21%	28 171.4	72.4
10940➢10943	0.21%	28 171.4	72.4	10939➢10943	0.17%	16 299.6	50.8
10943➢10940	0.21%	28 171.4	72.4	10943➢10939	0.17%	16 299.6	50.8
11052➢11197	0.28%	20 440.4	39.0	11052➢11197	0.28%	20 440.4	39.0
11197➢11052	0.28%	20 440.4	39.0	11197➢11052	0.28%	20 440.4	39.0
10956➢12139	0.77%	19 804.6	14.6	10939➢10942	0.17%	10 691.3	34.9

(续表)

规则	最佳卡方值			规则	最佳提升度		
	支持度	卡方值	提升度		支持度	卡方值	提升度
12139➢10956	0.77%	19 804.6	14.6	10942➢10939	0.17%	10 691.3	34.9
12820➢13190	1.34%	17 715.6	8.0	10939➢10940	0.12%	7 167.9	31.8
13190➢12820	1.34%	17 715.6	8.0	10940➢10939	0.12%	7 167.9	31.8

拥有最高提升度的规则都是相似的：这些规则的支持度都很低，而且规则中的产品也都少见。这些规则的平均支持度是 0.19%、最高支持度为 0.28%。这些规则没有合理的置信度等级。说明这些规则是好的规则的原因是什么？规则中的产品非常少见，因此它们能够出现在一个订单中的情况也是非常罕见的。按照提升度考量的规则中，多数规则中包含的产品都是 BOOK，只有一个产品是 ARTWORK。

按照卡方值列出的规则看起来更加合理。这里最高的规则的支持度超过 1.34%，平均支持度是 0.71%。支持度更高，置信度也更高。产品范围也更广，包含 FREEBIE、BOOK、ARTWORK、OCCASION。

提示：在选取好的关联规则集时，卡方值比支持度、置信度和提升度更高。

卡方值和提升度值并不是完全独立的。图 10-5 展示的气泡图中，对比卡方值和提升度的等分值。沿着坐标轴的最大气泡说明提升度和卡方值是相关联的；整体上说，它们将规则放在相似的订单中。然而，很多更小的气泡说明，卡方值和提升度对于规则的好坏，返回不同结果。

使用窗口函数计算卡方值和提升度的等分值：

```
SELECT chisquaredecile, liftdecile, COUNT(*), AVG(chisquare), AVG(lift)
FROM (SELECT NTILE(10) OVER (ORDER BY chisquare) as chisquaredecile,
             NTILE(10) OVER (ORDER BY lift) as liftdecile, a.*
      FROM (on page 492) a
      WHERE numlhsrhs >= 5 AND numlhsnorhs >= 5 AND numnolhsrhs >= 5) a
GROUP BY chisquaredecile, liftdecile
```

注意这个查询要求使用子查询，因为窗口函数不能用于聚合操作。查询结果以 Excel 气泡图展示。

3. 使用卡方值计算负规则

卡方值用于衡量一条规则的意料之外的程度。然而，有两种情况能够导致规则在意料之外。可能是因为规则右侧出现的次数比规则左侧的次数多很多，或是因为规则右侧出现的次数比规则左侧出现的次数少很多。

在前一个示例中，所有包含高卡方值的规则的提升度都大于 1(如表 10-8 所示)。这种情况说明，规则右侧出现的频率比预期要高。对于这些规则，卡方值确实说明了它们是好的规则。

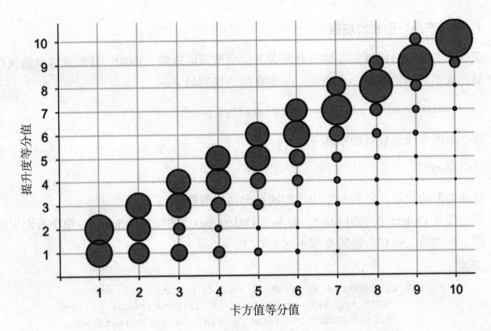

图 10-5 这个气泡图以等分法比较卡方值和提升度的值

当提升度小于 1 时，会发生什么？表 10-8 中并没有列出这样的示例。然而，这种情况可能会发生。例如，在食品杂货店，规则"豆腐➤肉类"可能有很高的卡方值，但是其提升度是负的——如果我们假设吃豆腐的人都是素食主义者，从不购买肉类食品。

提升度小于 1，说明负规则是更强大的规则：

LHS➤NOT RHS

对于我们的示例，它可能意味着实际规则是"豆腐➤NOT 肉类"。这条规则的卡方值与正规则的卡方值相同。然而，另一方面，提升度是有变化的。正规则的提升度值大于 1，负规则的提升度值小于 1。事实上，对于规则和它的负规则，提升度值是倒数关系——两条规则的提升度值的乘积为 1。

可以同时使用提升度和卡方值。当卡方值高且提升度大于 1 时，该规则是正规则。当卡方值高且提升度小于 1 时，该规则是负规则。使用这些值可以同时查看两种规则类型。

10.4.3 异质相关

到目前为止，所描述的规则都是关于产品或产品组，规则的左右两侧都是相同的内容。这是传统的关联规则分析。因为是我们自己在创建规则，我们可以并且能够扩展规则，引入其他类型的内容。

思路是在规则中添加其他特征。本节讨论两个方法。第一个是"苛刻"的方法，它生成的规则中，左侧包含两个指定类型的项，而且这两项所在的位置也是指定的。第二个是"宽松"的方法，定义中可以包含不同类型的项，而且规则中允许任意内容存在任意位置。无论项的定义如何，指标(如卡方值)的计算方法保持不变。

1. "州+产品"形式的规则

第一个方法是形成规则左侧包含两条不同类型项的规则，例如，订单或客户的属性加上产品。规则右侧仍然是一个产品。一条典型的规则如下：

```
NY + ProductId 11197➢ProductId 11196
```

这个示例生成的规则的格式是：

州+产品➢产品

这种类型的规则，需要对生成规则的查询稍作调整。

第一项是 Orders 表中的 State，而不是 OrderLines 表中的 ProductId。整个查询更加复杂，因为规则的左侧和右侧需要用不同的 CTE：

```sql
WITH items as (
     SELECT ol.OrderId as basket, ol.ProductId as item,
            COUNT(*) OVER (PARTITION BY ol.ProductId) as cnt,
            (SELECT COUNT(*) FROM Orders) as numbaskets
     FROM OrderLines ol
     GROUP BY ol.OrderId, ol.ProductId
    ),
    lhs as (
     SELECT lhs.basket, o.State as lhs1, lhs.item as lhs2,
            COUNT(*) OVER (PARTITION BY o.State, lhs.item) as cnt
     FROM Orders o JOIN
          items lhs
          ON lhs.basket = o.OrderId
    ),
    rules as (
     SELECT lhs1, lhs2, rhs, COUNT(*) as numlhsrhs,
            numlhs, numrhs, numbaskets,
            numlhs - COUNT(*) as numlhsnorhs,
            numrhs - COUNT(*) as numnolhsrhs,
            numbaskets - numlhs - numrhs + COUNT(*) as numnolhsnorhs,
            numlhs * numrhs * 1.0 / numbaskets as explhsrhs,
            numlhs*(1.0*numbaskets - numrhs)*1.0 / numbaskets as explhsnorhs,
            (1.0*numbaskets - numlhs)*numrhs*1.0 / numbaskets as expnolhsrhs,
            ((1.0*numbaskets - numlhs)*(1.0*numbaskets - numrhs) / numbaskets
            ) as expnolhsnorhs,
            COUNT(*) * 1.0 / numbaskets as support,
            COUNT(*) * 1.0 / numlhs as confidence,
            COUNT(*) * numbaskets * 1.0 / (numlhs*numrhs) as lift
       FROM (SELECT lhs.basket, lhs.lhs1, lhs.lhs2, rhs.item as rhs,
                    lhs.cnt as numlhs, rhs.cnt as numrhs, rhs.numbaskets
             FROM lhs JOIN
                  items rhs
                  ON rhs.basket = lhs.basket AND
                     rhs.item NOT IN (lhs.lhs2)
            ) rules
```

```
        GROUP BY lhs1, lhs2, rhs, numlhs, numrhs, numbaskets
     )
SELECT (SQUARE(explhsrhs - numlhsrhs) / explhsrhs +
        SQUARE(explhsnorhs - numlhsnorhs) / explhsnorhs +
        SQUARE(expnolhsrhs - numnolhsrhs) / expnolhsrhs +
        SQUARE(expnolhsnorhs - numnolhsnorhs) / expnolhsnorhs
       ) as chisquare, rules.*
FROM rules
WHERE explhsrhs > 5 AND explhsnorhs > 5 AND expnolhsrhs > 5 AND
      expnolhsnorhs > 5
ORDER BY chisquare DESC
```

这个查询的结构与双项关联规则的查询的结构非常相似,只是额外添加了卡方值计算。注意,移除重复的内容是没必要的,因为州与产品 ID 是完全不同的。

结果表包含的格式与前面的规则表中的格式相同,因此可以使用卡方值筛选规则。表 10-9 列出了前 10 条规则。

表 10-9 规则左侧包含州和产品的前 10 条规则

规则	规则计数			卡方值	提升度
	LHS	RUS	LHSRHS		
NY + 11196➤11048	2193	3166	848	18 847.5	23.6
NY + 11048➤11196	1487	4729	848	18 673.1	23.3
NY + 11052➤11197	644	1900	280	11 968.8	44.2
NY + 11197➤11052	873	1410	280	11 877.9	43.9
NJ + 11196➤11048	1071	3166	431	9945.4	24.5
NJ + 11048➤11196	746	4729	431	9589.1	23.6
NY + 12820➤13190	4442	3404	769	6343.2	9.8
NY + 13190➤12820	989	18 441	769	5349.9	8.1
CT + 11196➤11048	468	3166	208	5326.7	27.1
CT + 11048➤11196	332	4729	208	5042.0	25.6

2. 包含不同产品类型的规则

另一种方法也能添加不同类型的项。这种方法扩展了项的概念。通过将州添加到产品的定义范围,下面任意一种规则都是可能的:

- 产品+产品➤产品
- 产品+产品➤州
- 产品+州➤产品
- 州+产品➤产品

此外,下面的规则可以想象,但是不可能存在,因为每一个订单只关联一个州:

- 州+州➤州

- 州+州➤产品
- 州+产品➤州
- 产品+州➤州

如果订单能够关联多个州，也许这些规则有可能实现。

创建这些规则只需要简单地修改 CTE items 以包含州，可以使用 UNION ALL 操作符：

```
WITH items as (
     SELECT OrderId as basket,
            CAST(ProductId as VARCHAR(255)) as item,
            COUNT(*) OVER (PARTITION BY ProductId) as cnt,
            (SELECT COUNT(*) FROM Orders) as numbaskets
     FROM OrderLines ol
     GROUP BY OrderId, ProductId
     UNION ALL
     SELECT OrderId, State,
            COUNT(*) OVER (PARTITION BY State) as cnt,
            (SELECT COUNT(*) FROM Orders) as numbaskets
     FROM Orders
     ),
     . . .
```

唯一复杂的地方是对数据类型的处理，由于 ProductId 是整型，州则是字符串类型，因此需要将数据转为字符类型。最好的规则是有一个州，它们与表 10-9 中列出的内容一样。

10.5 扩展关联规则

可以通过若干种不同的方法，对关联规则进行扩展。最明显的扩展是在规则左侧添加额外的项。另一个扩展是使规则的左侧和右侧有完全不同的项集。而且，或许最有趣的扩展是创建有序的关联规则，它查找某个订单中购买的项的模式。

10.5.1 多项关联

关联规则的左侧可以包含数量大于 2 的项集。实现机制就是为可能的项添加额外的联接操作，这个方法与从规则左侧包含一个项过渡到包含两个项的做法相似。随着项数的增加，用于存储候选规则的中间结果集变得非常庞大，甚至是无法管理，需要花费很长的时间来生成。处理这种情况的办法是添加限制条件，因此只生成较少的候选规则。

提示： 随着关联规则中项数的增加，查询性能变得更差。使用子查询作为过滤器，限制处理的订单范围，通常能够改进性能。

一个明显的过滤器，是包含最少的只被规则使用的订单。本节中的一些示例使用了这样的限制。第二个限制是设置规则的最小支持度。这个限制也可以应用于产品：过滤支持度小于最小阈值的产品。支持度为某个给定等级的规则，说明规则中的每一个产品都至少有相同等级的支持度。

第三个限制是移除最大的订单。因为大订单有很多产品，从而导致很大数量的产品组合。这些大订单通常提供很少的信息，因为它们的数量太少。然而，它们却需要非常多的处理时间。

下面的查询综合上述内容，查询三项组合，其中最低支持度为 20，订单中的产品数量不超过 10：

```sql
WITH filterorders as (
     SELECT OrderId
     FROM OrderLines
     GROUP BY OrderId
     HAVING COUNT(DISTINCT ProductId) BETWEEN 4 AND 10
    ),
    filterproducts as (
     SELECT ProductId
     FROM OrderLines
     GROUP BY ProductId
     HAVING COUNT(DISTINCT Orderid) >= 20
    ),
    items1 as (
     SELECT ol.OrderId as basket, ol.ProductId as item,
            COUNT(*) OVER (PARTITION BY ol.ProductId) as cnt,
            ROW_NUMBER() OVER (PARTITION BY ol.OrderId
                               ORDER BY ol.ProductId) as seqnum
     FROM filterorders fo JOIN
          OrderLines ol
          ON ol.OrderId = fo.OrderId JOIN
          filterproducts fp
          ON ol.ProductId = fp.ProductId
     GROUP BY ol.OrderId, ol.ProductId
    ),
    items as (
     SELECT i.*, SUM(CASE WHEN seqnum = 1 THEN 1 ELSE 0
                     END) OVER () as numbaskets
     FROM items1 i
    ),
    lhs as (
     SELECT lhs1.basket, lhs1.item as lhs1, lhs2.item as lhs2,
            lhs3.item as lhs3,
            COUNT(*) OVER (PARTITION BY lhs1.item, lhs2.item,
                                        lhs3.item) as cnt
     FROM items lhs1 JOIN
          items lhs2
          ON lhs2.basket = lhs1.basket AND
             lhs2.item > lhs1.item JOIN
          items lhs3
           ON lhs3.basket = lhs1.basket AND
             lhs3.item > lhs2.item
    ),
    . . .
```

前两个CTE——filterorders和filterproducts定义对订单和产品的过滤。在这个示例中，过滤操作基于数量。这些CTE在items中使用。对于额外的产品，使用CTE lhs做额外的联接。此外，后续的编码也需要做相应的调整，以适应额外的列。

10.5.2 一个查询中的多项关联

到目前为止的查询，可以实现在一个查询中做n项查询，其中n值已知。即，本章中的示例中，没有能够在一个查询中同时处理单项关联和双项关联的查询示例。这是有意安排的。

关联规则是探索数据分析的一部分。人们需要评估表现最出色的规则是否有意义，是否有用。作为探索数据分析的一部分，逐渐由单项过渡到双项，再介绍多项关联规则，这是合理的。而且，这些规则中通常只有少数产品是有意义的，因此只需要少数的查询。

修改双项查询的逻辑，再添加一个单项查询，这是再简单不过的事情了。事实上，这个修改与修改项集查询的方法相似：

```
WITH items as (
     SELECT OrderId as basket, ProductId as item,
         COUNT(*) OVER (PARTITION BY ProductId) as cnt,
         (SELECT COUNT(*) FROM Orders) as numbaskets
     FROM OrderLines ol
     GROUP BY OrderId, ProductId
     UNION ALL
     SELECT o.OrderId, NULL as ProductId,
         COUNT(*) OVER () as cnt, COUNT(*) OVER () as numbaskets
     FROM Orders o
    ),
```

看起来查询的剩余部分基本保持不变。然而，因为要考虑所有的规则——包括零项关联规则——一些卡方计算的期望值是0。这将引发除数为0的问题。

这个算法问题是可以解决的。然而，还有两个重要的问题。第一个是过滤。它的使用能够让n项关联规则的查询更加有效。然而，对于从0到n的规则查询，过滤的使用方法不同。第二，查询本身的效率会降低，因为UNION ALL的使用阻止了某些优化。

因此，如果想要生成从0到n的规则，最好的方法是使用UNION ALL，合并单项关联规则、双向关联规则等查询的结果。

10.5.3 使用产品属性的规则

到目前为止，所有的规则都是基于产品、产品的一个属性或产品组。产品有不同的分配给它们的属性，例如：
- 订单中的产品是否有折扣。
- 产品生产商。
- 产品的"主题"，例如艺术品是摄影作品还是绘画作品、书籍是小说还是非小说。
- 产品的目标市场(儿童、成人、左撇子的人)。

我们的想法是在规则中使用这些产品属性而非产品本身。调整SQL以处理这方面的内容，并不困难。只需要在生成项集时，联接包含这些属性的表，与前面章节中添加州信息的示例相似。

简单地将产品属性应用于规则，有一个潜在的问题。不管产品出现在哪儿，每一个产品通常都有相同的属性集合。因此，每一个订单中都会出现相同的组合，只是因为它们描述的是同一个产品。换言之，一条规则中所包含的同时出现的产品属性集合，有可能是描述同一个产品的属性集合。这并不是我们想要的，因为我们并不需要包含已知信息的规则。

在之前介绍项集的章节中，介绍了一种特殊的方法，用于找到家庭在不同订单中购买的产品。这里，同样的想法可以用于处理分类信息。方法是找到在同一个订单中，但是不属于同一产品的属性组合，从而找到属性之间的强关联关系。

10.5.4　左右两侧项集内容不同的规则

关联规则的另一个变化，是规则的左右两侧有不同的项集类型。一个简单的示例是左侧包含州信息，右侧却不包含。这在 SQL 中的实现是简单地修改关联规则查询，生成规则两侧正确的项集。

为什么关联规则的两侧包含不同的内容会是一个好主意？一个原因是客户在做不同的事情。例如，客户可能在浏览网页，然后购买产品，或者客户通过不同渠道收到市场信息，然后做出响应。在这些情况中，规则左侧的项集可能是广告页面、网页浏览或是市场活动。右侧内容可以是简单的单击、购买或响应。规则描述了哪些行为与要求的行为相关联。

这个主意还有其他的应用情况。当为特殊类型的产品定制广告标题或分类时，可能会出现问题：客户购买的哪些产品，能够说明客户对这些产品感兴趣？使用关联规则——左侧为购买或访问，右侧为客户购买的产品——是解决这个问题的一种方法。

这些异构的规则，确实带来了更难的技术难题。问题是，右侧是否需要考虑没有任何行为的客户。考虑左侧是网页，右侧是客户购买的产品。这条规则的目的是找到哪些网页导致对产品的购买行为。生成这些规则的数据，需要考虑从未购买过产品的客户吗？

这是一个有趣的问题，没有真正的答案，因为这个答案基于特殊的业务需要。使用只购买过产品的客户数据，能够减少数据量(因为很多人没有发生购买行为)。或许，解决这个问题的第一步，是回答哪些网页导致了购买行为。第二步是找到产品与网页之间的关系。

10.5.5　之前和之后：有序关联规则

有序关联与简单的产品关联非常相似。区别在于这种规则强制限定产品会被购买。因此，一条典型的规则是：

产品 12175 ≻ 产品 13297 会在后续的时间被购买

这样的序列是非常有趣的，特别是当很多客户都有购买历史时。不能在单一订单中发现有序规则，因为订单中的所有产品都是被同时购买的。相反，有序规则需要考虑的是一个家庭的所有产品的订单。

生成有序规则的基础逻辑，与生成关联规则的逻辑相似。然而，计算过程还是有一些细微区别。首先，需要同时加入家庭 ID 和订单日期。这看起来是个小改动，但是现在家庭可以限定规则出现多次——因为我们需要每一个订单日期，没有明显的方法可以为每个家庭限制一个产品。

这个问题影响 CTE rulcs 中的计算。满足规则的"购物车"的数量，多数可以使用 COUNT(*)计算。需要修改为 COUNT(DISTINCT basket)。下面的规则展示了序列规则查询的基础结构：

```sql
WITH items1 as (
    SELECT c.HouseholdId as basket, ol.ProductId as item,
        p.GroupName, o.OrderDate as basketdate
    FROM OrderLines ol JOIN
        Orders o
        ON o.OrderId = ol.OrderId JOIN
        Customers c
        ON c.CustomerId = o.CustomerId JOIN
        Products p
        ON ol.ProductId = p.ProductId
    GROUP BY c.HouseholdId, ol.ProductId, o.OrderDate, p.GroupName
),
items as (
SELECT i.*,
        SUM(CASE WHEN bi_seqnum = 1 THEN 1 ELSE 0
            END) OVER () as cnt,
        SUM(CASE WHEN b_seqnum = 1 THEN 1 ELSE 0
            END) OVER () as numbaskets
FROM (SELECT i.*,
            ROW_NUMBER() OVER (PARTITION BY item
                                ORDER BY basket) as bi_seqnum,
            ROW_NUMBER() OVER (PARTITION BY basket
                                ORDER BY basket) as b_seqnum
    FROM items1 i
    ) i
),
rules as (
SELECT lhs, rhs, lhsGroup, rhsGroup,
        COUNT(DISTINCT basket) as numlhsrhs,
        numlhs, numrhs, numbaskets,
        numlhs - COUNT(DISTINCT basket) as numlhsnorhs,
        numrhs - COUNT(DISTINCT basket) as numnolhsrhs,
        (numbaskets - numlhs - numrhs +
        COUNT(DISTINCT basket) ) as numnolhsnorhs,
        numlhs * numrhs * 1.0 / numbaskets as explhsrhs,
        (numlhs * (1.0 * numbaskets - numrhs) * 1.0 /
        numbaskets) as explhsnorhs,
        (1.0 * numbaskets - numlhs) * numrhs * 1.0 /
        numbaskets) as expnolhsrhs,
        ((1.0 * numbaskets - numlhs)*
        (1.0 * numbaskets-numrhs) / numbaskets) as expnolhsnorhs,
        COUNT(DISTINCT basket) * 1.0 / numbaskets as support,
        COUNT(DISTINCT basket) * 1.0 / numlhs as confidence,
```

```
              (COUNT(DISTINCT basket) * numbaskets * 1.0 /
               (numlhs * numrhs)) as lift
        FROM (SELECT lhs.basket, lhs.item as lhs, rhs.item as rhs,
                     lhs.cnt as numlhs, rhs.cnt as numrhs,
                     lhs.numbaskets,
                     lhs.GroupName as lhsGroup, rhs.GroupName as rhsGroup
              FROM items lhs JOIN
                   items rhs
                   ON lhs.basket = rhs.basket AND
                      lhs.basketdate < rhs.basketdate AND
                      lhs.item <> rhs.item
             ) rules
        GROUP BY lhs, rhs, numlhs, numrhs, numbaskets, lhsGroup, rhsGroup
       )
SELECT (SQUARE(explhsrhs - numlhsrhs) / explhsrhs +
        SQUARE(explhsnorhs - numlhsnorhs) / explhsnorhs +
        SQUARE(expnolhsrhs - numnolhsrhs) / expnolhsrhs +
        SQUARE(expnolhsnorhs - numnolhsnorhs) / expnolhsnorhs
       ) as chisquare, rules.*
FROM rules
WHERE explhsrhs > 5 AND explhsnorhs > 5 AND expnolhsrhs > 5 AND
      expnolhsnorhs > 5
ORDER BY chisquare DESC
```

这个查询同时使用不同的方法计算产品数量和家庭数量——这些计算变得更加复杂，是因为产品可能在家庭中出现多次。虽然在查询中，items 可以使用 COUNT(DISTINCT)，但它选择了另一个稍微不同的方法。使用 ROW_NUMBER()枚举数据，基于数据内容是购物车还是产品。然后计算值为 1 的次数——这个计数计算不同值。使用单独的 CTE 的方法也是可以的。在修改查询时，使查询内容从订单转移到家庭，很容易忽略同时修改子查询中使用的 Orders。

一部分微妙的区别是关于计数，这个查询的结构与前面的查询非常相似。比较家庭中的所有产品和订单是一个残忍的方法。有一个替换方法。计算过程可以使用一个家庭中每个产品的最小订单日期和最大订单日期。这些日期可以应用在规则中，限制序列，而不需要修改 COUNT(*)。然而，这个方法不能广泛应用于规则，例如，左侧产品发生在右侧产品三个星期之前。

表 10-10 展示了有序关联规则的查询结果。这些结果是有趣的，因为它们是凭直觉获得的。前 10 条规则(根据卡方值排序)中，有 3 条规则是日历——这是非常合理的。客户在一个时间点购买日历后，很有可能在一年后的同一时间再次购买。

表 10-10　前 10 条有序关联规则

规则	产品组	支持度	提升度	卡方值
11196▶11197	BOOK▶BOOK	0.2918%	4.5	1,296.2
12015▶12176	CALENDAR▶CALENDAR	0.2099%	3.2	528.5
11196▶11111	BOOK▶BOOK	0.2099%	3.2	528.5
12176▶13298	CALENDAR▶CALENDAR	0.1933%	3.0	413.9

(续表)

规则	产品组	支持度	提升度	卡方值
10863➤12015	CALENDAR➤CALENDAR	0.1754%	2.7	306.2
11197➤11111	BOOK➤BOOK	0.1690%	2.6	271.7
11048➤11052	ARTWORK➤ARTWORK	0.1658%	2.5	255.2
11048➤11197	ARTWORK➤BOOK	0.1542%	2.4	200.0
11196➤11052	BOOK➤ARTWORK	0.1498%	2.3	180.4
12139➤12820	OCCASION➤FREEBIE	0.1466%	2.2	167.0

10.6 小结

本章介绍关联规则——自动生成产品可能在同一个订单中出现的规则。这是分析交易信息的最详细的方法之一。

简单的单项关联规则说明，当客户购买一个产品(左侧)时，客户很可能在同一个订单中购买另一个产品(右侧)。衡量规则好坏的传统方法是三个指标：支持度、置信度与提升度。支持度判断规则为真的订单的比例。置信度判断应用规则时，规则为真的频率。提升度说明，对比盲目猜测来说，规则的作用有多好。

然而，更好的指标是基于第 3 章介绍的卡方值。它能指出规则是随机的可能性——当可能性非常小时，规则是重要的。

关联规则非常强大，而且可以扩展。使用 SQL，可以将简单的单项关联扩展到双项关联，甚至更多。无产品项，例如客户居住的州以及其他客户属性，也可以加入到规则中。通过相对简单的修改，同样的机制可以生成序列规则，在序列规则中，产品是按顺序出现的。

有了关联规则，我们了解了客户购买行为的最佳细节。第 10 章会深入到客户层面，使用 SQL 建立基于客户的基础数据挖掘模型。

第 11 章

SQL 数据挖掘模型

数据挖掘，是从大量数据中发现有意义的数据模式的过程。传统上，这个主题是通过统计学和统计数据建模引入的。本章通过使用另一种方式，使用数据库引入对数据挖掘的介绍。这个角度展示了一些重要的概念，回避了严谨的统计学理论，相反，侧重于展示偏向实践的方面：数据。

后面两章内容扩展讨论本章内容。第 12 章介绍线性回归，它是建模和数据挖掘的更传统的着手点。第 13 章介绍数据展示，它是数据挖掘中最具挑战的部分。

本章之前的部分，已经展示了使用 SQL 实现的一些强大技术。有些人可能会认为，数据挖掘比单纯的 SQL 查询要先进很多。这种想法淡化了数据操作的重要性。数据操作是多数先进技术的核心。有些强大的技术能够很好地适用于数据库，而且学习这些技术的工作方式，能够为理解建模的过程提供良好的基础。一些技术并不适用于数据库，因此它们需要更专门的软件。这里讨论的基本理念是如何使用模型，以及如何评估结果，而不侧重于使用什么建模技术。

在之前的章节中，包含了一些模型示例，但是并没有从模型的角度进行阐述。第 8 章介绍的 RFM 技术，将 RFM 容器分配给每一个客户；RFM 模型的估算响应率，是估算响应的模型评分。通过生存分析模型得到的预期剩余寿命，是通过基础统计学公式计算得到的模型评分。实际上，卡方测试得到的期望值是模型评分的一个示例，该模型评分由基础统计公式计算而得。这些内容的共性是，它们都揭露了数据中的利用模式，并反过来应用于自身，用于查找原始数据或新数据，生成有意义的结果。

本章首先讨论的第一种模型类型是形似模型(look-alike model)，它使用一个示例——通常这个示例是非常好或非常坏的——然后找到与这个示例相似的其他数据。形似模型使用相似性定义。邻近算法(nearest-neighbor techniques)是形似模型的一种扩展，当数值的位置已知时，根据该值附近的相似数据对值进行估算。

下一种模型类型是查找模型，它从不同维度汇总数据，然后创建查找表。在任何数据挖掘和数据库相关的讨论中,这种模型都非常有用,而且可以很自然地应用。然而,它们的局限性在于只能创建可数的维度。查找模型引发朴素贝叶斯模型,这是一门强大的技术,能够使用任意数量的维度来综合信息,使用概率领域中一些有趣的想法。

在讨论这些技术之前,本章首先介绍重要的数据挖掘概念,以及建立模型和使用模型的流程。对比这些流程和 SQL 时,有一个有趣的类比。建立模型与聚合操作相似,因为两者都是将数据汇总在一起,然后找到共同的模式。模型评分与联接表相似——将模式应用至新数据。

11.1 定向数据挖掘介绍

定向数据挖掘(Directed Data Mining)是数据挖掘中最常见的类型。"定向"意味着用于建模的历史数据中,包含目标值的示例,因此数据挖掘技术有可以参考的示例。定向数据挖掘同时假设历史数据中的数据模式也适用于未来的数据。

另一种数据挖掘的类型是非定向数据挖掘,它没有目标数据的示例可以参考,只是使用复杂的技术去发现数据中的模式。没有目标示例,算法本身无法判断结果是好是坏;因此,非定向数据挖掘的结果需要人为辨别。关联规则是非定向数据挖掘的一个示例。其他的非定向技术,通常是更加特殊化的应用,因此本章以及后续的两章只关注定向技术。

提示:定向模型的目的可能是将模型评分应用至新数据,或是更好地理解客户,以及理解业务上正在发生的事情。

11.1.1 定向模型

定向模型通过使用已知的示例,找到历史数据中的模式,以及如何利用输入变量中的模式来接近目标值。找到模式的过程被称为训练模型或建立模型。模型最常见的使用方法是将数据评分附加到模型评分。

有时,从模型中获取的理解,比模型生成的模型评分更加重要。本书中讨论的模型主要用于理解知识,因此它们有助于对数据分析的扩展,以及定向建模。其他类型的模型,如神经网络、支持向量机,它们过于复杂,难以解释它们是如何生成计算结果的。这样的"黑盒"模型可能更善于估算值,但是人们很难切入并理解它们的工作原理,以及如何使用它们来分析数据。

提示:如果对模型工作方式的理解是重要的(例如,模型选择了哪些变量,哪些变量更加重要等),那么对于所选择的技术,它生成的模型应该是易于理解的。本书中讨论的技术都是这一类技术。

模型本身使用公式和辅助表的组合,为任何给定记录生成评分。训练模型的过程为评分生成所需要的信息。本节介绍数据和估算领域建模的一些重要方面。

作为提示,"模型"这个词本身在数据库中有另外一个意思。如第 1 章所述,数据模型描述数据库内容的存储结构。另一方面,数据挖掘模型是一个流程的结果,这个流程用于分析数据以及生成对业务有用的信息。这两种模型都是关于模式,一个是关于数据库的结构,另一个是关于数据内容中的模式,但它们是完全不同的。

11.1.2 建模中的数据

数据是数据挖掘流程的核心。它用于建立模型、评估模型以及为模型评分。本节讨论建模过程中数据的不同使用情况。

1. 模型数据集

模型数据集,有时也称为训练数据集,由包含已知结果的历史数据组成。它通常的形式为表格,其中行代表每一个示例。通常,每一行数据都是用于建模的粒度,例如客户。

目标是我们想要估算的内容;它通常是某一个列的值,并且在模型集中,所有行的数据都是已知的。剩余的其他列中,多数都是输入列。图 11-1 展示了模型数据集中的数据。

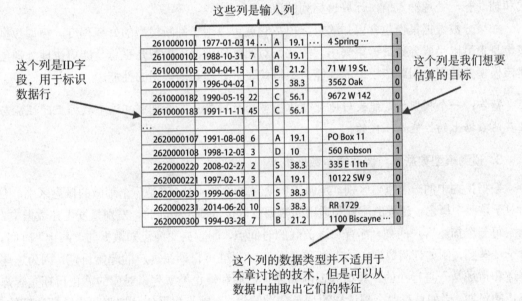

图 11-1 一个由包含已知结果的数据记录组成的模型数据集。建立模型的过程分配分数或有根据地推测、估算目标

建模的目的,是为了能够智能化地、自动化地利用输入列,为目标列分配值。所用到的具体技术,取决于输入数据本身和目标列,以及数据挖掘技术。

从建模的角度,对于每一列包含的值,其数据类型都是可数的几种数据类型之一。

二元列(也称为标识列)中的数据值,是规定的两个值之一。这些值通常用于描述客户或产品的某些指定方面。例如,订阅数据包含活跃客户和停止客户。对这两种客户的区分,会很自然地用到二元列。

分类列中的数据值,是已知的多个值之一。例如,订阅数据中的一些示例,包括市场、渠道、收费计划等。

数字列中包含的是数字值,例如美元数量、任期。传统的统计学技术最擅长处理这样的列。

日期-时间列包含日期和时间戳。在处理数据时,它们通常是最具挑战性的数据。它们通常会被转换为任期和持续时间,用于数据挖掘。

文本列(和其他复杂的数据类型)包含重要的信息。有些专门设计的技术用于处理这种类型的数据。然而,本书描述的内容中,在处理建模的过程中没有直接使用这些技术。相反,抽取了其他类型之一的某些特性,例如从地址列中抽取邮政编码信息。

本章讨论的大多数技术,都可以处理空值(表示为 NULL)。然而,并不是所有的统计学和数据挖掘技术都能够处理空值。

2. 分数数据集

一旦建立了一个模型,这个模型就可以被应用至分数数据集(score set),分数数据集包含同样的输入列,但是并不一定包含目标列。当模型被应用至分数数据集后,模型使用公式和辅助表,处理输入值,计算目标列的值。

如果分数数据集也包含已知的目标值,它就可以用于判断模型的好坏程度。模型数据集本身也可以当成分数数据集来用。注意,对比未知数据,模型几乎总是能更快地处理创建该模型的数据,因此该模型的性能,不能代表它处理其他数据的性能。

警告:一个模型总是能最好地处理该模型的数据集。不能期望在这个数据上的性能与在其他数据上的性能是一样的。

3. 预测模型数据集与调试模型数据集

数据挖掘中的一个重要区别,是调试和预测之间的区别。这是一个细微的概念区别,因为对于这两个概念,建模的流程和适用的数据挖掘技术都是相同的。差别只发生在数据中。

每一个描述客户的列,都有与之关联的时间点,即数据变为已知数据的"截止"时间。对于一些列,例如订阅数据中的市场和渠道列,"截止"日期是客户的起始日期,因为这些渠道和市场是一直存在的。其他列,例如停止日期和停止类型列,对应的截止日期是客户停止的日期。诸如总花费金额这样的列是精准的信息,因为数据值是按照截止日期计算的。遗憾的是,数据库中并不总是存储截止日期的信息,虽然可以通过数据加载方式估算出这个信息。

在调试模型数据集中,输入列和目标列来自同一时间。即,目标列的截止日期与一些输入列的截止日期相同。对于预测模型数据集,目标列的截止日期非常严格地大于所有的输入日期。输入在"前",目标在"后"。

图 11-2 的上半部分,展示了用于预测的模型数据集,输入列来自比目标列更早的时间段。目标可能包含在 7 月份停止的客户,或是在 7 月份购买某个产品的客户。下半部分展示了用于调试的模型数据集,因为输入和目标都来自于同一时间段。客户的停止事件也发生在同一时间段。

图 11-2 在用于预测的模型数据集中，目标列的数据的时间段在输入列的时间段之后；而在用于调试的模型数据集中，目标列与输入列的时间段相同

构建调试数据集比构建预测数据集更简单，因为用于调试的数据集不关注输入列的截止时间。而在另一方面，预测模型数据集通常会导致更好的模型。因为数据中的"之前"和"之后"结构，很难找到虚假的关联。可以很容易地限制预测模型数据集，使其输入列的时间为已知的客户起始时间。缺点是这样的输入失去了客户行为的多样性，客户信息不完整。

为了说明调试和预测的区别，考虑一个问题，当银行提议为客户开通投资账户时，银行需要评估客户接受这个提议的可能性。银行的表中存有客户的详细信息，其中包含很多输入列，描述客户与银行的关系——不同类型的账户余额、账户的开户日期等。同时，银行有目标列，标识了哪些客户有投资账户。

关于投资账户，数据中至少包含一个非常强的模式。拥有投资账户的客户，他们的储蓄账户的余额总是很低。仔细考虑，这并不奇怪。同时拥有投资账户和储蓄账户的客户，更愿意将他们的钱存入高回报的投资账户。然而，反过来则不是这样的。为余额较低的储蓄账户开通投资账户，并不是一个好主意。多数这样的客户的财务资源是有限的。

问题在于，输入列的值与目标列的值来自同一时间段，因此，这个模型是调试模型。最好是在客户的投资账户开户之前，为客户信息创建一份快照，然后将快照应用于输入列——当然，模型数据集中也要包含在快照之后且没有开通账户的客户。这个更好的方法使用预测模型数据集而不是调试模型数据集。

11.1.3 建模应用示例

本节讨论可以用来模型的几种任务。

1. 相似度模型

有时，数据挖掘的目的，是找到与给定目标实例相似的实例。在这种情况下，整行数据都是目标，评分表示任意数据与目标实例的相似度。

目标可能是编造的理想数据，也可能是一个实际示例。例如，购买数据中，比例最高的邮政编码是 10007，是曼哈顿的富人区的邮政编码。相似度模型可能会使用人口统计资料，从人口的角度，找到相似的邮政编码。假设如下：如果在一个富人区的邮政编码区域生效，则在其他相似的邮政编码区域也应该生效。因此可以在相似的区域，投入相同的市场活动。一个"好"区域的构成，可能包括财务数据、教育数据、房屋价值，以及人口统计局收集的其他特征信息。

2. 是-否模型(二元响应分类)

或许建模最常解决的问题是回答"是"或"否"。这类模型解决如下问题：

- 哪些人可能会响应某些市场推广？
- 哪些人可能会在下三个月中离开？
- 哪些人可能会购买某个产品？
- 哪些人明年可能会破产？
- 哪些交易可能是欺诈交易？
- 哪些读者可能在下一天继续订阅？

所有的这些情况，都将客户分配至两个分类之一的分类中。这样的模型可以用于：

- 通过只联系可能会响应提议的客户，节约成本。
- 通过为可能离开的客户提供激励措施，挽留客户。
- 对于可能购买某一产品的客户，调整市场活动，为其发送市场信息。
- 通过降低可能破产的客户的信用额度，减少风险。
- 调查可能是欺诈行为的交易，减少损失。

是-否模型也称为二元响应模型。

3. 包含权值评分的是-否模型

是-否模型的一个非常有用的形式，是为每一个客户分配一个权值，而不是分配一个特定的分类。每一个人都获得一个"是"评分，值的范围从 0(表示完全为"否")到 1(表示完全为"是")。权值评分更加有用的一个原因，是可以通过调整阈值，选择任意数量的客户参加市场活动。阈值的一边是"否"，另一边是"是"。通过简单地调整所选阈值，模型可以选择前 1%或前 40%。

通常，权值评分是一个概率估计值，这更加有用。概率可以结合财务信息来计算预期的金额。有了这个信息，可以优化市场活动，实现特定的财务和业务结果。

提示：当一个模型产生概率估计值时，可以使用这个估计值乘以一个金额，得到每一个客户的预期金额。

考虑一个情况，公司向客户发送推广新产品的邮件。根据以往的经验，公司知道，在第一年订购新产品的客户，平均能够额外贡献$200。每一封邮件需要花费$1完成打印、邮寄流程。公司如何使用建模来优化它的业务呢？

我们假设公司想要为扩展客户关系投资，但是不想在第一年亏损。市场活动需要解决下面的约束：

- 每一次客户联系花费$1。

- 每一个响应的客户在第一年的价值为$200。
- 即使是在第一年，公司也想盈利。

每一个响应客户在第一年中生成$199 的剩余利润，这些钱足以用于再额外联系 199 个客户。因此，如果二百分之一(0.5%)的客户响应，市场活动就不亏。为了达到这个目的，公司查看之前的相似活动，并建立模型，估算客户的响应率。其目的是联系响应率期望值超过 0.5%的客户，保证不会亏损。

4. 多个分类

有时，两个分类("是"和"否")并不足够。例如，考虑给每一个客户的提议。提议的内容是 BOOK、APPAREL、CALENDAR 还是其他内容？

对于少数分类来说，为每一个分类创建单独的权值模型是一个好办法。但随之而来的问题是，如何合并不同的权值评分。一种方法是为每一个客户的产品分配最高的权值评分。另一个方法是用权值比例乘以产品值，然后选择有最高期望值的产品。

当目标分类有多个值时，关联规则(第 10 章介绍的内容)是一个更好的着手点。一些最有趣的信息，可能就是被同时购买的产品组合。

5. 估算数值

最后一类是关于估算数值的传统统计学问题。这个估算的数值可能是聚合层面的一个数值，例如某一个区域的比例。另一个示例，是客户到下一年后的期望值，然而这与任期相关，例如客户在下一年的活跃天数的期望值。

有很多不同的方法用于估算实际值，包括回归算法和生存分析。

11.1.4 模型评估

模型评估是评价模型好坏的一个流程。最好的方法，是将模型结果和实际结果做对比。这个比较方式，取决于目标的类型。本章介绍评估模型的一些不同的方法。

评估模型时，对用于评估模型的数据的选择是非常重要的。对于用来创建模型的数据，即模型数据集，模型处理性能总是能更好一些。在做模型评估时，最好使用 hold-out 样本，又称为测试数据集。对于以预测模型数据集为基础而建立的模型，最好的测试数据集是超时样本，即数据比模型数据集更新一些。然而，通常这样的样本是不存在的。

警告：在用于建立模型的数据上做模型评估是作弊行为。为了评估的准确性，使用 hold-out 样本数据。

11.2 相似性模型

第一种建模技术是相似性模型，用于衡量与实例的相似度，其中这个实例可以是好的实例，也可以是坏的实例。

11.2.1 模型是什么?

相似性模型生成相似的评分。模型本身是用于描述相似性的公式,而且这个公式可以应用于新的数据。通常,相似性模型的目的,是选择某些客户或邮政编码的分组,为市场活动做进一步调研分析。

相似性评估不能定量验证。然而,我们可以定量地评估模型,评估标准是参考历史数据,规定一个合理的阈值作为模型相似的标准。

11.2.2 最好的邮政编码是哪个?

通过问题引入示例:哪些邮政编码的订单比例最高,并且它们的人口统计特征有哪些?出于实际考虑,邮政编码的范围被限制为至少包含 1000 个家庭的邮政编码。下面的查询回答了这个问题:

```
SELECT TOP 10 o.ZipCode, zc.Stab, zc.ZipName,
       COUNT(DISTINCT c.HouseholdId)/MAX(zc.tothhs*1.0) as penetration,
       MAX(zc.tothhs) as hh, MAX(zc.medianhhinc) as hhmedincome,
       MAX(zc.pctbachelorsormore) as collegep
FROM Orders o JOIN Customers c ON o.CustomerId = c.CustomerId JOIN
     ZipCensus zc ON o.ZipCode = zc.zcta5
WHERE zc.tothhs >= 1000
GROUP BY o.ZipCode, zc.Stab, zc.ZipName
ORDER BY penetration DESC
```

比例的计算针对家庭层面,计算邮政编码区域内不同的 HouseholdId。

按照订单比例排列,前 10 个邮政编码的受教育程度高,而且富有(如表 11-1 所示)。哪些邮政编码与比例最高的邮政编码相似?这个问题引出了相似性模型。

表 11-1 有最高订单比例的前 10 个邮政编码

邮政编码	州	城市	订单比例	家庭	中等家庭收入	受大学教育人口比例
10021	NY	New York	8.2%	23 377	$106,236	79.6%
07078	NJ	Short Hills	5.4%	3942	$234,932	87.2%
10004	NY	New York	5.1%	1469	$127,281	77.6%
10538	NY	Larchmont	5.0%	5992	$155,000	78.4%
90067	CA	Los Angeles	5.0%	1470	$82,714	53.6%
10504	NY	Armonk	5.0%	2440	$178,409	67.5%
10022	NY	New York	4.8%	17 504	$106,888	79.5%
07043	NJ	Upper Montclair	4.8%	4300	$159,712	79.3%
10506	NY	Bedford	4.8%	1819	$173,625	71.7%
10514	NY	Chappaqua	4.8%	4067	$213,750	81.5%

关于相似性模型的第一个决定，是确定用于比较的维度。对于偏向于统计学的讨论，一个有趣的方法是使用主要组成部分。然而，使用原始数据有一个优势，就是人们可以理解每一个维度。

本节讨论的方法只使用邮政编码的两个属性：中等家庭收入和受过大学教育的人口比例。限制只使用两个变量是有教育意义的。两个维度可以绘制在散点图中。实际上，使用更多的属性是一个更好的主意。

图 11-3 展示的散点图中，约有 10 000 个大型邮政编码包含订单。这幅散点图有三个符号。菱形代表拥有最大订单数量的邮政编码，方形代表订单处于中间，三角形代表最少的订单。散点图中，拥有最高比例的邮政编码的家庭中，中等家庭收入高，且人们的受教育程度高。

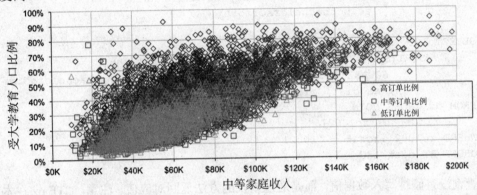

图 11-3　该散点图展示了有最高订单比例的邮政编码对应的区域，中等家庭收入和受教育水平更高

很遗憾，这幅散点图有些潜在的误导内容，因为三个分组看起来大小不同。很多邮政编码都处于图表左下方的一团绘图中——中等收入在$20,000 和$70,000 之间，受大学教育比例的人口在 20%和 50%之间。在这个区域中，三个分组明显重合。因为 Excel 是逐个系列绘制图表的，虽然图表是中空的，但是后面的系列还是可能挡住前面系列的绘图。系列的顺序，决定了图表展示的内容。为了修改顺序，选择任意系列，然后右击，弹出 Format Data Series 对话框。通过选择左窗格中的 Order，可以调整系列的顺序。

警告： 在一幅散点图中绘制多个系列时，一个系列可能会覆盖另一个系列，遮挡一些或很多点。使用"系列顺序"选项重新排列系列的顺序，显示被覆盖的点。

11.2.3　基础的相似性模型

邮政编码 10021 有最高的订单比例，而且具有如下特征：

- 中等家庭收入为$106,236。
- 受大学教育人口比例为 79.6%。

第一种对相似性模型的尝试，是简单地计算每一个邮政编码的这些值，到样本邮政编码的这些值之间的欧几里得距离：

SQRT(SQUARE(medianhhincome - 106236)+SQUARE(pctbachelorsormore - 0.796))

分数越低,邮政编码越好(更相似)。

使用 SQL,可以将这个模型应用于所有的邮政编码,计算相似性:

```
WITH oz as (
    SELECT zc.zcta5,
        (COUNT(DISTINCT c.HouseholdId) /
        MAX(zc.tothhs*1.0) ) as penetration,
        zc.tothhs, zc.medianhhinc, zc.pctbachelorsormore
    FROM Orders o JOIN Customers c ON o.CustomerId = c.CustomerId JOIN
        ZipCensus zc ON o.ZipCode = zc.zcta5
    WHERE zc.tothhs >= 1000
    GROUP BY zc.zcta5, zc.tothhs, zc.medianhhinc,
        zc.pctbachelorsormore
)
SELECT TOP 10
    SQRT(SQUARE(oz.medianhhinc - zc10021.medianhhinc)+
        SQUARE(oz.pctbachelorsormore - zc10021.pctbachelorsormore)
        ) as dist, oz.*
FROM oz CROSS JOIN
    ZipCensus zc10021
WHERE zc10021.zcta5 = '10021'
ORDER BY dist ASC
```

查询没有硬性写入数据值,而是通过查找的方法返回对应值。注意,CTE oz 在本节的其他查询中也会用到。

表 11-2 展示了使用这个方法返回的前 10 个最相近的邮政编码。所有这些邮政编码的中等收入都相近,非常接近于邮政编码 10021 区域的收入值。另一方面,受教育水平的差距相当大。这是因为中等家庭收入的计算是以美元为单位的,值的范围是成百上千的。受大学教育人口比例总是小于 1。中等家庭收入主导了计算。

表 11-2 与 10021(相似性目标)最相似的前 10 个邮政编码

距离	邮政编码	订单比例	家庭数量	中等家庭收入	受大学教育人口比例
0.0	10021	8.2%	23 377	$106,236	79.6%
2.0	55331	0.3%	6801	$106,238	57.7%
12.0	20715	0.1%	8707	$106,224	44.0%
14.0	23059	0.1%	11 736	$106,250	59.5%
14.0	11740	0.8%	3393	$106,250	43.4%
17.0	01730	0.5%	4971	$106,219	63.3%
61.0	60012	0.2%	3776	$106,297	53.0%
74.0	19343	0.1%	2761	$106,310	45.6%
82.0	91301	0.1%	9209	$106,318	53.3%
82.0	96825	0.1%	10 699	$106,154	50.9%

这不是一件好事情。一个变量主导整个模型。解决这个问题的一个办法是规范数值，从每一个值中减去最小的值，再除以范围(最大值和最小值之差)。更好的想法来源于第3章。

11.2.4 使用 Z 分数计算相似性模型

Z 分数使用同一标尺的值，替换大范围分布的不同值。Z 分数是某个值与该列平均值的差值，以标准差计算。

下面的查询计算中等家庭收入和受大学教育人口比例的标准差和平均值：

```
WITH oz as (<defined on page 518>)
SELECT AVG(medianhhinc) as avghhmedinc, STDEV(medianhhinc) as stdhhmedinc,
       AVG(pctbachelorsormore) as avgpctbachelorsormore,
       STDEV(pctbachelorsormore) as stdpctbachelorsormore
FROM oz
```

这个查询使用了前面查询定义的 CTE oz。

由于模型被限制为至少包含 1000 个家庭的邮政编码，Z 分数也仅限于这组邮政编码。结果值为：

- 中等家庭收入：平均值为$61,826；标准差为$25,866.50。
- 受大学教育人口比例：平均值为 32.3%；标准差为 16.9%。

使用 Z 分数绘制的散点图，看起来与图 11-3 中的散点图完全相同；唯一的区别是 X 轴和 Y 轴的标尺不同。中等家庭收入的范围不再是$0 到$200,000，而是-3 到+6。受大学教育人口比例也不再是 0%到 100%，其 Z 分数的范围是-1.9 到 4.0。

为了将 Z 分数应用到相似性模型中，对比值和数据值都需要被转换为 Z 分数值。下面的查询使用相同的逻辑计算相似性分数：

```
WITH oz as (<defined on page 518>),
     ozm as (
       SELECT AVG(medianhhinc) as avgmedianhhinc,
              STDEV(medianhhinc) as stdmedianhhinc,
              AVG(pctbachelorsormore) as avgpctbachelorsormore,
              STDEV(pctbachelorsormore) as stdpctbachelorsormore
       FROM oz
     ),
     ozs as (
       SELECT oz.*,
              ((oz.medianhhinc - ozm.avgmedianhhinc) / ozm.stdmedianhhinc
              ) as z_medianhhinc,
              ((oz.pctbachelorsormore - ozm.avgpctbachelorsormore) /
                ozm.stdpctbachelorsormore) as z_pctbachelorsormore
       FROM oz CROSS JOIN ozm
     )
SELECT TOP 10 ozs.*,
       SQRT(SQUARE(ozs.z_medianhhinc - ozs10021.z_medianhhinc) +
            SQUARE(ozs.z_pctbachelorsormore -
```

```
                    ozs10021.z_pctbachelorsormore)
            ) as dist
FROM ozs CROSS JOIN
     (SELECT ozs.* FROM ozs WHERE ozs.zcta5 = '10021') ozs10021
ORDER BY dist ASC
```

这个查询的流程非常简单。第一个 CTE 是我们已经使用过的 CTE。第二个计算变量的平均值和标准差。第三个 CTE ozs，计算标准化之后的值。然后将这些值导入距离公式，计算最近值。

表 11-3 展示了使用 Z 分数衡量距离的 10 个最近邮政编码。所有的邮政编码都有相似的中等家庭收入和受大学教育人口比例。这里，受大学教育人口比例的范围是 78.3%至 81.9%，而不是之前的 44.0%至 79.6%。中等家庭收入仍然围绕在 10021 邮政编码区域的对应值左右。

表 11-3　与 10021 最接近的 10 个邮政编码(使用 Z 分数衡量)

距离	邮政编码	订单比例	家庭数量	中等家庭收入	受大学教育人口比例
0.00	10021	8.2%	23 377	$106,236	79.6%
0.03	10022	4.8%	17 504	$106,888	79.5%
0.04	94123	0.9%	13 774	$107,226	79.7%
0.05	10023	3.2%	32 610	$105,311	79.1%
0.08	10017	3.9%	10 111	$108,250	79.2%
0.10	02445	1.1%	8645	$104,069	78.7%
0.10	10028	3.1%	24 739	$107,976	80.9%
0.14	10014	2.5%	18 496	$105,144	81.9%
0.15	22202	0.6%	11 217	$109,006	81.3%
0.16	10065	0.0%	18 066	$109,960	78.3%

相似性模型从多个维度查找与 10021 相似的邮政编码，因此结果更加合理。然而，相似的邮政编码的订单比例范围是从 0.0%到 4.8%。0.0%是异常值。10065 是新的邮政编码，实际上拥有较高的订单百分比——然而，这个邮政编码创建于 2007 年，而且是在产品数据生成之后创建的。较大的订单比例范围，说明这些相似性模型从订单百分比角度看并不是相似的。另一方面，或许这些相似性邮政编码确实是相似的，只是其他的邮政编码结果说明它们在失去客户，或许是因为在过去的市场活动中，只考虑了这些邮政编码中的较少家庭。

11.2.5　邻近模型示例

邻近模型(Nearest-Neighbor Model)是相似性模型的一种变化。它使用相似性的衡量方法，定义邻近数据的相似情况，然后汇总这些情况，估算值。

例如，下面的查询针对中等家庭收入和受大学教育人口比例，使用相似性计算方法，估算邮政编码 10021 的订单比例：

```
WITH oz as (<defined on page 518>),
     ozm as (<defined on page 520>),
     ozs as (<defined on page 520>)
SELECT AVG(penetration) as estpenetration
FROM (SELECT TOP 5 ozs.*,
             SQRT(SQUARE(ozs.z_medianhhinc - ozs10021.z_medianhhinc) +
                  SQUARE(ozs.z_pctbachelorsormore ¨C
                         ozs10021.z_pctbachelorsormore)
                 ) as dist
      FROM ozs CROSS JOIN
           (SELECT ozs.* FROM ozs WHERE ozs.zcta5 = '10021') ozs10021
      WHERE ozs.zcta5 <> '10021'
      ORDER BY dist ASC
     ) neighbors
```

这个查询使用前面查询用到的CTE。子查询返回5条最近的数据，然后使用它们的信息计算估计值。

邻近模型包含以下三个内容：
- 已知实例的表。
- 计算新实例到已知实例的计算公式。
- 将邻近实例的信息合并至目标实例的公式。

这个方法对于一次性估算一个数据值来说，合理且高效。然而，对于海量数据来说，结果集中的每一行数据都需要与训练集中的数据做对比(除非使用特定的软件)，这样的操作将花费很长时间。

11.3 最受欢迎产品的查找模型

查找模型将整个数据划分为不重合的部分，然后为每一个分组分配常量值。查找模型与统计学模型不同，它预计算所有可能的分数，而不是为某个复杂问题估算系数。

关于查找模型的第一个示例，是使用购买数据，查找邮政编码中最受欢迎的产品。这个模型并不是一个预测模型，而是一个调试模型。

11.3.1 最受欢迎的产品

很容易判断邮政编码中最受欢迎的产品。模型本身是包含两个列的查找表，这两个列分别为邮政编码和产品组。对模型的使用，是简单地使用客户的邮政编码，从表中查找合适的值。

以前，一家公司在定制化它的邮件提议系统。已知的内容方面是客户的邮政编码。一个市场推广的想法，是根据客户所在的地理区域，为客户发送可能感兴趣的产品邮件。结果发现，在邻近区域(以邮政编码定义)，对产品最感兴趣的是当前区域的最受欢迎产品，而不是某个随机产品。

11.3.2 计算最受欢迎的产品组

前面章节介绍过，BOOK 是最受欢迎的产品组，下面的查询是确认这个信息的一种方法：

```sql
SELECT TOP 1 p.GroupName
FROM Orders o JOIN
     OrderLines ol
     ON o.OrderId = ol.OrderId JOIN
     Products p
     ON ol.ProductId = p.ProductId and
        p.GroupName <> 'FREEBIE'
GROUP BY p.GroupName
ORDER BY COUNT(*) DESC
```

这个查询使用聚合操作，为每一个分组计数。然后使用 ORDER BY 和 TOP 返回最高的计数值。这个查询不包含 FREEBIE 产品，因为它们并不是交叉销售所感兴趣的产品。

最受欢迎的产品本身，是一个非常简单的模型。然而，我们想要通过邮政编码，调整模型，生成一个相似的查询：

```sql
SELECT ZipCode, GroupName
FROM (SELECT o.ZipCode, p.GroupName, COUNT(*) as cnt,
             ROW_NUMBER() OVER (PARTITION BY o.ZipCode
                                ORDER BY COUNT(*) DESC, p.GroupName
                               ) as seqnum
      FROM Orders o JOIN OrderLines ol ON o.OrderId = ol.OrderId JOIN
           Products p
           ON ol.ProductId = p.ProductId and
              p.GroupName <> 'FREEBIE'
      GROUP BY o.ZipCode, p.GroupName
     ) zg
WHERE seqnum = 1
```

这个查询根据产品组和邮政编码做聚合，然后使用 ROW_NUMBER()分配序列号。这个函数为每一个邮政编码中的最大计数值分配编号 1。如果有多个相等的最大值，则按字母排序选择第一个。如果想获取相等的最大值，使用 RANK()或 DENSE_RANK()而不是 ROW_NUMBER()。

提示：当查找表中包含最大值和最小值时，一定要考虑有多个相等值的情况。

结果包含两个列：邮政编码和最受欢迎的产品组。这正是模型所需要的查找表。这个模型是一个调试模型，因为邮政编码和产品组来自于同一时间段。没有"之前"和"之后"的区分。注意，最受欢迎产品组的定义，是拥有最多订单的产品组。也可以是其他定义，例如，有最多家庭购买的产品组，或每个家庭花费最多的产品组。

表 11-4 展示了最受欢迎产品组的每一个产品组以及邮政编码。意料之中，BOOK 在多数的邮政编码中，都是最受欢迎的产品，如下面的查询所示：

```sql
SELECT GroupName, COUNT(*) as cnt
```

```
      FROM (SELECT o.ZipCode, p.GroupName, COUNT(*) as cnt,
                   ROW_NUMBER() OVER (PARTITION BY o.ZipCode
                                      ORDER BY COUNT(*) DESC, p.GroupName
                                     ) as seqnum
            FROM Orders o JOIN OrderLines ol ON o.OrderId = ol.OrderId JOIN
                 Products p
                 ON ol.ProductId = p.ProductId and
                    p.GroupName <> 'FREEBIE'
            GROUP BY o.ZipCode, p.GroupName
           ) zg
WHERE seqnum = 1
GROUP BY GroupName
ORDER BY cnt DESC
```

这个查询与前面的查询非常相似,只是包含了额外的 GROUP BY 子句和聚合函数。

表 11-4 最受欢迎产品组所在的邮政编码

产品组	邮政编码数量	邮政编码比例
BOOK	8409	53.9%
ARTWORK	2922	18.7%
OCCASION	2067	13.2%
GAME	900	5.8%
APPAREL	771	4.9%
CALENDAR	404	2.6%
OTHER	123	0.8%

11.3.3 评估查找模型

这个模型在判断最受欢迎的产品时,使用了所有的邮政编码。没有留下任何剩余数据,可以用于衡量模型的好坏。

一个想法是将数据分为两部分,一部分用于判断最受欢迎的产品,另一部分用于测试。这个测试模型的策略基于单独的数据集,这是一个好想法,而且对于数据挖掘来说也很重要。下一节介绍通常情况下,更加有效的另一个替换方案。

11.3.4 使用调试查找模型做预测

"最常见产品"的模型只是被创建为调试模型,因为目标(最受欢迎产品组)与输入(邮政编码)来自于同一个时间段。这是模型本身和创建模型的模型数据集的自然特征。然而,通过做一个小的假设,可以将调试模型应用于预测。

假设内容是,2016 年之前的最受欢迎产品组,也是 2016 年之后的最受欢迎产品组。这个假设同样要求建立模型——仍然是调试模型,因为数据集使用的是 2016 年之前的数据。对查询所做的唯一改变是在最内侧的子查询中添加 WHERE 子句:

```
WHERE OrderDate < '2016-01-01'
```

一个正确的分类矩阵，可以用于评估用于分类客户的模型。它是一个简单表，其中预测的模型值存放在行中，正确的值在列中标识。表中的每一个单元格由分数集中的计数值(或比例)组成，其中分数集中包含模型预测值和实际值的特殊组合。

图 11-4 展示了一个分类矩阵，其中，行包含预测产品组(2016 年之前最受欢迎的产品组)，列包含实际产品组(2016 年之后最受欢迎的产品组)。每一个单元格包含邮政编码的数量，这些邮政编码包含预测产品组和实际产品组的特殊组合。表中所有的邮政编码，都在模型数据集(2016 之前)和分数集(2016 之后)中包含订单。对于 1406 个邮政编码，BOOK 被预测为最受欢迎的产品，实际上也确实如此。对于其余的 1941 个邮政编码(483 + 938 + 303 + 149 + 30 + 38)，BOOK 被预测为最受欢迎的产品，但实际上却不是。

	H	I	J	K	L	M	N	O	P
51						实际值			
52			BOOK	OCCASION	ARTWORK	GAME	APPAREL	CALENDAR	OTHER
53		BOOK	1,406	483	938	303	149	30	38
54		OCCASION	138	89	84	35	16	6	5
55	预测值	ARTWORK	225	114	227	64	20	2	8
56		GAME	56	25	30	25	12	2	1
57		APPAREL	46	15	30	6	16	1	2
58		CALENDAR	26	11	10	4	4	4	3
59		OTHER	6	4	4	1	1	1	1

图 11-4 分类矩阵通过预测值和实际值，展示不同邮政编码地域的最受欢迎产品，高亮显示的单元格说明预测是正确的

在这个表中，行和列包含同样值的单元格被高亮显示。所使用的功能是 Excel 的条件格式化功能，如下面的"Excel 的条件格式功能"部分所述。

虽然 BOOK 仍然是 2016 年最受欢迎的产品组，但数据表中的信息体现了一个警告信息。如果我们计算整列值，BOOK 占预测值的 70%。然而，如果我们计算整行值，BOOK 占实际值的 40%。

这个模型好吗？在这个示例中，它并不是非常好。模型的好坏，取决于其预算值与实际值是否符合。示例中，有 1406+89 + 227 + 25 + 16 + 4 + 1 = 1768 个邮政编码符合实际值。它是整个邮政编码的 37.4%。在预测 7 个分类时，这比随机猜测要好。然而，如果只是猜测 BOOK 是最受欢迎的产品，这个模型有些逊色。

> **Excel 的条件格式功能**
>
> Excel 可以基于单元格中的值，格式化单元格。即单元格的边框、颜色和字体，可以通过单元格中的内容控制，甚至是通过指向其他单元格的公式控制。条件格式可以用于高亮显示单元格，如图 11-4 所示。
>
> 条件格式有不同的情况，最常见的是根据单元格中的值或公式设置单元格的格式。有三种方式能够打开 Conditional Formatting 对话框：使用 Format | Conditional Formatting 菜单项；使用 Home 功能区的 Conditional Formatting 图标；或者使用快捷键序列：Alt+O，Alt+D。

为了高亮显示某些指定值，根据值设置单元格的格式。例如，在展示卡方值的表中，超过阈值的卡方值应该以不同颜色显示。为了实现这个功能，单击左下方的"+"，在弹出来的 Conditional Formatting 对话框中定义新的规则。之后，选择 Format only cells that contain 选项，设置条件，然后设置合适的格式。

使用公式能够使功能变得更强大。当公式判断为真时，就应用设置好的格式。例如，在图 11-4 中，当行名和列标题相同时，高亮显示单元格中的值：

```
=($I42 = J$41)
```

这里第 41 行的列名和第 I 列的行名相同。公式使用"$"确保公式可以正确地复制到其他单元格。当复制时，条件格式公式的单元格引用，与标准公式的单元格引用一样。

条件格式可以应用于很多情况。例如，每隔一行设置颜色，使用：

```
=MOD(ROW(), 2) = 0
```

每隔一列设置颜色，使用：

```
=MOD(COLUMN(), 2) = 0
```

创建棋盘格式，使用：

```
=MOD(ROW() + COLUMN(), 2) = 0
```

这些公式使用了 ROW() 和 COLUMN() 函数，分别返回单元格的当前行和当前列。为了创建随机模式，设置约 50%的单元格为阴影单元格，使用：

```
=rand() < 0.5
```

条件格式同时可用于设置表中某个区域的边框。假设表中 C 列有很多重复的值，然后开始变化。为不同的值之间添加一条线，如在第 10 行单元格中使用如下条件：

```
=($C10 <> $C11)
```

它说明，当单元格 C11 和 C10 中有不同的值时，应用特殊格式。如果所设置的格式是添加下边框，则不同组之间出现一条水平线。

使用格式刷可以复制条件格式和整个格式，因此，可以很容易地将格式从一个单元格复制到其他单元格中。

11.3.5 使用二元分类

BOOK 太过于受欢迎，因此我们需要稍微调整模型，以 BOOK 和 NOT-BOOK 作为分类，查看最受欢迎的分类。这里需要将所有非书籍类产品分为一类。为了在 SQL 中实现，使用下面的 CASE 语句替换最内层对产品组的引用：

```
(CASE WHEN GroupName = 'BOOK' THEN 'BOOK' ELSE 'NOT-BOOK' END) as GroupName
```

意料之中,这个模型的效果比分类模型的效果更好,如表 11-5 中所展示的分类矩阵。特别是,这个模型更善于预测 NOT-BOOK 分类,其预测结果 73.6%是正确的。相比之下,预测 BOOK 时的正确率是 32.5%。

表 11-5 BOOK 和 NOT-BOOK 的分类矩阵

预测值	实际值	
	BOOK	NOT-BOOK
BOOK	567	1179
NOT-BOOK	786	2195

对于 BOOK 是最受欢迎产品的地域,邮政编码数量由 1406 下降至 576。在这 576 个邮政编码中,主要的订单都是 BOOK 分类中的产品。在剩余的邮政编码中,BOOK 占多数的订单,但是不超过 50%。

这个示例展示了建模的一个难题。当处理两个同样大小的分类时,二元模型通常能够很好地区分它们。当处理多个分类时,单独模型的效率较低。

建模的另一个难题,是随时间推移,BOOK 分类越来越不受欢迎(乐观地讲,其他分类的受欢迎程度正在逐渐增长)。有一个词能够描述这个情况——不稳定性,即数据中的模式随时间改变。不稳定性是数据分析的噩梦,但是在真实世界中,它确实是存在的。

警告:在建模时,我们假设用于建模的数据,同时能够代表用于评估模型的数据。实际上并不总是这样,这是由于市场、客户基础、经济等因素的变更导致的。

11.4 用于订单大小的查找模型

前面介绍的查找模型用于分类,同时可用于多维分类以及二元分类。查找表本身只有一个维度。本节使用查找模型估算真实值。首先介绍最简单的示例,不包含任何维度,以此建立模型。

11.4.1 最基本的模型:无维度模型

查找模型的另一个基础实例是分配整体平均值。例如,可能会问:基于 2015 年的购买情况,我们期待 2016 年的平均订单大小是多少?下面的查询通过使用 2015 年的所有订单平均值,回答这个问题:

```
SELECT YEAR(o.OrderDate) as year, AVG(o.TotalPrice) as avgsize
FROM Orders o
WHERE YEAR(o.OrderDate) in (2015, 2016)
GROUP BY YEAR(o.OrderDate)
ORDER BY year
```

这个查询返回的估计值是$86.07。这是一个合理的估算,但是有些略失水准,因为 2016

年的实际平均值是$113.19。这个平均值可能会因为很多原因发生变化，或许所有的价格都有所提升，或许客户订购更加昂贵的产品，或许更好的客户下订单购买，又或许是因为其他原因。或者，更可能是这些原因联合导致的结果。

这个示例是一个预测模型。使用 2015 年的平均值估算 2016 年的平均值。这是一个很大的假设，但并不是毫无道理的。如果添加更多的维度，我们看看会发生什么事情。

11.4.2　添加一个维度

下面的查询按州计算平均值：

```
SELECT State,
       AVG(CASE WHEN YEAR(OrderDate) = 2015 THEN TotalPrice END) as avg2015,
       AVG(CASE WHEN YEAR(OrderDate) = 2016 THEN TotalPrice END) as avg2016
FROM Orders o
WHERE YEAR(OrderDate) in (2015, 2016)
GROUP BY State
```

查询使用 AVG()函数和 CASE 语句，计算 2015 和 2016 年的平均值。CASE 语句故意没有使用 ELSE 子句。不匹配 WHEN 条件的数据被赋予 NULL 值，在计算平均值时会忽略这个数据。当然，使用 ELSE NULL 会有同样的结果，只是需要输入更多内容。这个查询返回的结果是一个查找表。

评估这个模型的分数集是 2016 年的订单。应用模型，意味着分数集和查找表按州做联接。需要警惕的是，有些州的一些客户，在 2015 年没有发生购买行为。这些客户需要一个默认值，一个适合的值是 2015 年的平均订单大小。

下面的查询在分数集的每一行中，添加对 2016 年的订单大小的估算：

```
SELECT toscore.*,
       COALESCE(statelu.avgamount, defaultlu.avgamount) as predamount
FROM (SELECT o.*
      FROM Orders o
      WHERE YEAR(o.OrderDate) = 2016) toscore LEFT OUTER JOIN
     (SELECT o.State, AVG(o.TotalPrice) as avgamount
      FROM Orders o
      WHERE YEAR(o.OrderDate) = 2015
      GROUP BY o.state) statelu
     ON o.State = statelu.State CROSS JOIN
     (SELECT AVG(o.TotalPrice) as avgamount
      FROM Orders o
      WHERE YEAR(o.OrderDate) = 2015) defaultlu
```

图 11-5 展示了这个查询的数据流图，其中包含三个子查询。第一子查询用于从 2016 年的订单中查找分数集。后面的两个子查询是查找表，一个用于返回州对应的数据，另一个返回默认值(没有州匹配的情况)。这些查找表使用 2015 年的订单计算值。

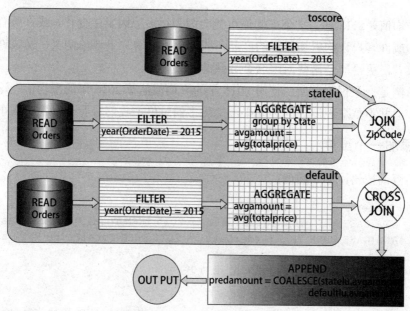

图 11-5　这个流程图展示了为包含单一维度的查找表评分的处理流程

这个查询的结构与单一维度查询的结构相同。唯一的区别是子查询 **dimllu** 中对额外列的操作。

有了这个查找表后，平均值提升到$90.76。二维查找模型的效果更好，但平均值仍然低于实际值。

对比预测平均值和实际平均值是整体上衡量模型好坏的一个方法：

```
SELECT AVG(predamount) as avgpred, AVG(totalprice) as avgactual
FROM (<lookup-score-subquery>) subquery
```

这个查询使用前面的分数查找查询作为子查询。州的整体平均值与整个平均值相似。这个查询结构非常灵活，可以通过简单地将州替换为另一个列来评估其他的维度。

表 11-6 展示了根据不同维度计算的平均值，包括渠道、邮政编码、支付类型以及订单的月份。其中突出的一点是，实际值远高于预测值——特别是当订单变大时，这个情况越发的明显，而且这些变量都无法解释产生这一现象原因。

表 11-6　不同的单一维度查找模型的结果

维度	2016 年预测值	2016 年实际值
州	$85.89	$113.19
邮政编码	$88.21	$113.19
渠道	$86.49	$113.19
月份	$88.05	$113.19
支付类型	$87.22	$113.19

11.4.3 添加额外的维度

通过简单地对基础查询的修改,可以添加其他的维度。下面查询使用月份和邮政编码作为计算维度:

```
SELECT toscore.*,
       COALESCE(dim1lu.avgamount, defaultlu.avgamount) as predamount
FROM (SELECT o.*, MONTH(o.OrderDate) as mon
      FROM Orders o
      WHERE YEAR(o.OrderDate) = 2016
     ) toscore LEFT OUTER JOIN
     (SELECT MONTH(o.OrderDate) as mon, o.ZipCode,
             AVG(o.TotalPrice) as avgamount
      FROM Orders o
      WHERE YEAR(o.OrderDate) = 2015
      GROUP BY MONTH(o.OrderDate), o.ZipCode
     ) dim1lu
     ON toscore.mon = dim1lu.mon AND
        toscore.ZipCode = dim1lu.ZipCode CROSS JOIN
     (SELECT AVG(o.TotalPrice) as avgamount
      FROM Orders o
      WHERE YEAR(o.OrderDate) = 2015
     ) defaultlu
```

查询的结构与一维查询的结构相同。唯一的区别是在 dim1lu 查询中与附加列相关的变化。

使用查找表,平均订单大小上升到$90.76。二维查找表做得更好,但平均值仍然脱离实际值。

11.4.4 检查不稳定性

如表 11-7 所示,平均订单大小逐年增加。如果不考虑每年的增长情况,基于之前数据的预估是不准确的。这是不稳定性的一个实例。

表 11-7 平均订单大小随时间变化

年份	平均订单大小	每一年的变化
2009	$34.14	
2010	$52.24	53.0%
2011	$51.35	−1.7%
2012	$68.40	33.2%
2013	$74.98	9.6%
2014	$70.62	−5.8%
2015	$86.07	21.9%
2016	$113.19	31.5%

导致这些变化的原因难以确定。有可能是每年价格的增长导致,或是所购买产品的内

容发生了变化(更多的人购买 ARTWORK，更少的人购买 CALENDAR)，或是客户的初始订单比后续的重复购买订单小，而且随着时间推移，重复购买的订单越来越大。有很多可能的原因。到目前为止，我们能够判断的是：州、邮政编码、渠道、价格、市场，这些方面在 2015 年到 2016 年的变化，不足以解释平均价格在这两年之间的变化。

我们可以做一个调整。例如，我们注意到平均订单大小从 2014 年到 2015 年上升了 22%。如果我们在估算 2016 年的值时，增加同样比例的值，结果会更加接近真实数值。

当然，选择合适的因子有助于理解正在发生的事。这需要对数据和业务有深入理解。

11.4.5 使用平均值图表评估模型

平均值图表用于形象地显示一个模型(如查找表)的效果，其中包含数字目标值。平均值图表基于客户的预测值，将客户分为大小相等的分组。可能将客户 5 等分、10 等分，其中第 1 个分段中包含最高的预测值，第 2 个分段中包含第二高的预测值，以此类推。然后，图表展示预测值的平均值和每一个分段的实际平均值。

图 11-6 展示了使用月份和邮政编码作为维度创建的查找表。虚线表示每一个分段的预测平均值。它的起始值高，然后逐渐下降，虽然第 2 分段到第 7 分段都比较平缓。

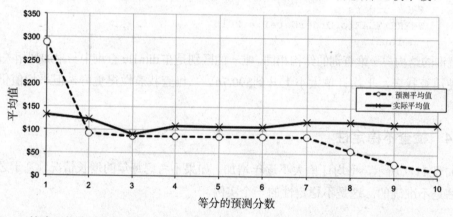

图 11-6　这个平均值图表用于展示对 2016 年订单大小估算效果不好的模型。这是很明显的，因为实际值几乎趋于水平

实际值看起来明显不同。它们基本上是一条水平线，说明预测值和实际值之间缺少联系。平均值图表可视化地显示出预测模型的效果非常差，因为实际值和预测值看起来几乎没有任何关系。

平均值图表的目的，是能够说明实际值在某种程度上至少对应某些预测值。图 11-7 展示了一个更好的模型，这个模型使用渠道、支付类型、客户性别作为维度。虽然整体上实际值仍然高于预测值，但是每个分段基本上符合预期值。实际值高时，预测值也高，实际值低时，预测值也低。从整体上看，这个模型比前一个模型的效果更好。

这两个模型的共同点是，实际值总是高于预测值。这是因为 2016 年的订单比 2015 年的订单更大。

基于预测值，将分段分配给结果集中的客户，从而创建平均值图表。对于每一个分段，使用基本的聚合函数计算实际值和预测值的平均值：

```
SELECT decile, AVG(predamount) as avgpred, AVG(totalprice) as avgactual
FROM (SELECT lss.*, NTILE(10) OVER (ORDER BY predamount DESC) as decile
      FROM (<lookup-score-subquery>) lss
     ) s
GROUP BY decile
ORDER BY decile
```

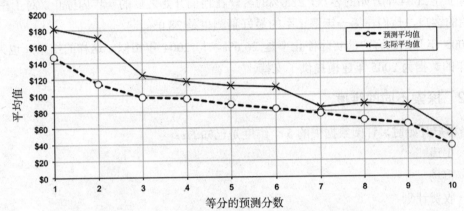

图 11-7　这个平均图表值使用渠道、支付类型和客户性别作为维度。这里，模型的效果更好，因为实际值与预测值的下降步调几乎一致

这个查询使用 lookup-score-subquery 子查询获取预测值。中间使用 NTILE() 窗口函数，将分数等分为 10 份(也可以用其他窗口函数实现 10 等分计算)。最外层，为每一个分组计算预测值和实际值的平均值。

11.5　用于响应率的查找模型

本节讨论另外一种问题，与订阅数据相关。起始于 2005 年的客户，他们能保持一年活跃时间的概率是多少？

11.5.1　将整体概率作为一个模型

考虑这个问题的着手点，是考虑在 2004 年开始的客户，他们当中有多少客户刚好活跃一年。使用一年作为分析时间，避免年中不同季节带来的影响。而且在订阅数据表中，2004 年之前没有停止者，这限制了我们能够追溯的时间。

第 8 章为了求生存率和保留率，介绍了一些不同的方法。本节只求一年的时间点对应的值，使用如下查询：

```
SELECT AVG(CASE WHEN Tenure < 365 AND StopType IS NOT NULL
                THEN 1.0 ELSE 0 END) as stoprate
FROM Subscribers
```

```
WHERE YEAR(StartDate) = 2004
```

在第一年内停止的客户，任期小于一年且停止类型为非 NULL。严格地讲，对停止类型的测试是不必要的，因为所有在 2004 年开始且任期小于 365 的客户都已经停止了。

这个查询使用 AVG() 计算停止客户的比例。参数为 1.0 而不是 1，因为有些数据库返回的是整数的平均值，而不是实际数值。在这些数据库中，除非所有的客户都在第一年停止，否则整数平均值总是 0。

对于在 2004 年开始的客户，28.0% 的客户在他们开始之后的一年内停止。对于在 2005 年开始的客户，他们在第一年停止率的最好猜测也是 28.0%。

2005 年开始的客户的实际停止率是 26.6%，与 2004 年相似。这样的结果，也为使用 2004 年的数据为 2005 年建模提供了支持。

11.5.2 探索不同的维度

当客户开始时，订阅数据中的 5 个维度是已知的：
- 渠道
- 市场
- 收费计划
- 最初的月费用
- 起始日期

这些都是用于建模的良好的候选维度。虽然月费用是数字值，而且只有少数的几个值。

下面的查询按照渠道计算停止率：

```
SELECT Channel,
       AVG(CASE WHEN Tenure < 365 AND StopType IS NOT NULL
                THEN 1.0 ELSE 0 END) as stoprate
FROM Subscribers
WHERE YEAR(StartDate) = 2004
GROUP BY Channel
```

结果是一个查找表，包含不同渠道的期望停止率。

这个查找表是一个模型。为数据评分，需要与分数集联接。下面的查询使用渠道做查询，计算 2005 年开始的客户离开的概率：

```
WITH toscore as (
     SELECT s.*,
            (CASE WHEN Tenure < 365 AND StopType IS NOT NULL
                  THEN 1 ELSE 0 END) as is1yrstop
     FROM Subscribers s
     WHERE YEAR(StartDate) = 2005
     ),
     lookup as (
      SELECT Channel,
             AVG(CASE WHEN Tenure < 365 AND StopType IS NOT NULL
                      THEN 1.0 ELSE 0 END) as stoprate
```

```
      FROM Subscribers
      WHERE YEAR(StartDate) = 2004
      GROUP BY Channel
     ),
     defaultlu as (
      SELECT AVG(CASE WHEN Tenure < 365 AND StopType IS NOT NULL
                      THEN 1.0 ELSE 0 END) as stoprate
      FROM Subscribers
      WHERE YEAR(StartDate) = 2004
     )
SELECT toscore.*, COALESCE(lookup.stoprate, defaultlu.stoprate) as predrate
FROM toscore LEFT OUTER JOIN
     lookup
     ON toscore.channel = lookup.channel CROSS JOIN
     defaultlu
```

CTE 定义查询所需要的三个不同的结果集：待评分的记录、按渠道划分的查找表、渠道不匹配时的查找值。这个查询考虑到了有不匹配的渠道出现的情况。

评分的过程，就是将数据集中在一起的过程——使用联接。COALESCE()函数从渠道查找表或默认值中返回值。在这种情况下，defaultlu 是多余的，因为在两年中，所有的渠道都重复出现。

下面的查询计算整体停止率，以及预测的停止率：

```
WITH . . .,
     Scored as (<previous query here>)
SELECT AVG(predrate) as predrate, AVG(1.0 * is1yrstop) as actrate
FROM scored
```

在这个查询中，以 CTE scored 引用对前一个查询的定义。

整体来说，模型效果非常好。事实上，查询预测的整体停止率是 27.2%，这个值与实际值非常接近。然而，表 11-8 列出的数据说明，针对每种渠道，模型的预测效果并不好，特别是 Chain。

表 11-8 不同渠道的 2005 年起始者的真实数据和预测数据，其中预测数据基于 2004 年的起始者数据

渠道	预测值	实际值	差值
Store	16.3%	17.6%	−1.3%
Chain	41.0%	24.0%	17.0%
Mail	36.8%	34.6%	2.2%
Dealer	25.0%	27.0%	−2.1%

警告：模型的整体效果好，并不意味着模型在分组中的效果也好。

11.5.3 模型的精准度

表 11-9 对比单一维度查找模型的整体预测停止率和实际停止率，分别列出 5 个维度的数据。所有的模型都合理估算了整体停止率。注意，模型的精准度并不取决于维度中值的数量。

表 11-9 不同建模维度的 2005 年起始者的真实数据和预测数据，
其中预测数据基于 2004 年的起始者数据

维度	值的个数	预测值	实际值	差值
渠道	4	27.2%	26.6%	0.58%
市场	3	27.1%	26.6%	0.54%
收费计划	3	27.8%	26.6%	1.27%
月费用	25	23.1%	26.6%	−3.46%
月份	12	29.0%	26.6%	2.40%

一个合理的业务目标，是识别更可能停止的客户分组，从而可以为他们提供有助于客户保留的刺激方案。这些刺激方案需要花费金钱，建议：有多少实际停止的客户被模型捕捉到，而且他们排列在模型评分的前 10%？

要解决这个问题，可以使用累积收益走势图(cumulative gains chart)，这个图表用于可视化模型效果。它能够为上述问题提供一个可视化的答案。它的变体，ROC 图表(在下一节描述)同时也能够提供非常有用的测量方法。

对于累积收益走势图，水平坐标轴是基于模型评分选择的客户百分比，范围是从 0% 到 100%。最高的评分最先被选择——也可以说是最左侧分区——较低分数的客户分布在右侧。水平坐标轴为这一组客户的实际发现的目标累积值，范围从 0%(没有目标)到 100%(所有目标)。曲线起始于左侧，两个坐标轴的起始值都为 0%，然后上升至 100%。如果模型为客户分配一个随机分数，累积收益走势图是一条斜对角线。累积收益走势图是有用的，因为水平坐标轴衡量市场活动的花费(联系每个人所需要的花费)。垂直坐标轴衡量利润(每一个响应客户等于一定的收益)。

图 11-8 展示了停止率的渠道查找模型的累积收益走势图。水平坐标轴是有最高评分的客户的比例。

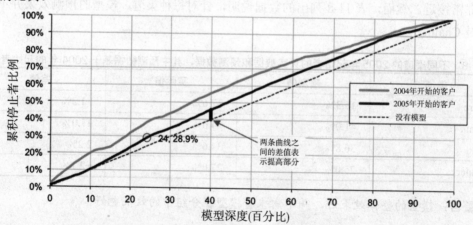

图 11-8 累积收益走势图展示渠道模型的效果，同时显示模型数据集(2004 年的起始者数据)和分数集(2005 年的起始者数据)

因此，10%表示所有客户的前十分之一；20%表示第二个十分之一。垂直坐标轴是这个分区的客户的停止比例。有时，这条曲线也称为累积捕捉响应曲线。这个名字更能表达曲线所展示的内容。

图表中有三条曲线。最好的曲线在最上面，展示使用建模数据的模型效果。中间的曲线使用 2005 年的起始者作为测试数据集，直线是假设没有模型时的参考。例如，2005 年对应的曲线上，水平值为 25% 的点，说明拥有最高模型评分的前 25% 的客户，捕捉到了 28.6% 的停止客户。提升度是衡量模型好坏的一个因素。在 25% 点处，提升度是 28.6%/25%=114.4%。注意，随着百分比越趋近于 100%，提升度越接近于 1。

累积收益走势图是比较模型的一个好方法。图 11-9 所展示的图表中，包含基于 2005 年测试集的若干种查找模型。累积收益走势图同时可以用于选择所需客户的数量，使一定数量的客户有所期望的目标值。

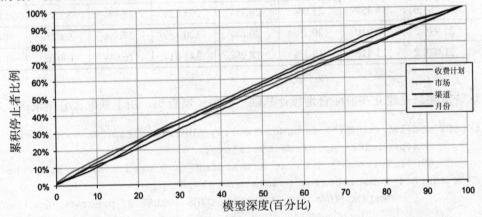

图 11-9　包含 5 个模型的累积收益走势图，这个图表是比较不同模型效果的好方法

这些图表中的曲线基于数据的汇总信息，如表 11-10 所示：

- 分位数，依据模型评分，将客户划分为大小相等的分组(文本中的图表将客户分为 100 个百分点)。
- 为每一个等分位预测停止率(平均模型分数)。
- 预测停止客户的数量(平均模型分数乘以客户的数量)。
- 每一个等分位的实际停止率和预测停止率。
- 实际停止者的累计停止数，以及每个等分位的停止数和累计停止率。
- 对比没有模型的情况，实际停止者的提升度。

只有第一项和最后一项用于累积收益走势图。其他信息有助于理解模型效果和创建其他图表。

下面的步骤用于计算表中的信息：
(1) 将模型应用于分数集，获取预测的停止率。
(2) 将评分的客户等分为 10 个分组(或更多分组)。
(3) 为每一个组计算汇总信息。

表 11-10 累积收益走势图的汇总信息

等分区间	停止者数量		停止率		累计停止者			提升度
	预测值	实际值	预测值	实际值	数量	停止率	比例	
1	52 722.6	31 701	40.8%	24.5%	31 701	24.5%	9.2%	0.92
2	47 558.7	43 837	36.8%	33.9%	75 538	29.2%	22.0%	1.10
3	42 297.0	41 149	32.7%	31.8%	116 687	30.1%	34.0%	1.13
4	32 281.6	37 021	25.0%	28.6%	153 708	29.7%	44.7%	1.12
5	32 281.6	37 199	25.0%	28.8%	190 907	29.5%	55.6%	1.11
6	32 281.6	35 847	25.0%	27.7%	226 754	29.1%	66.0%	1.10
7	32 281.6	32 016	25.0%	24.8%	258 770	28.6%	75.3%	1.08
8	32 281.6	34 459	25.0%	26.7%	293 229	28.4%	85.3%	1.07
9	25 996.2	26 910	20.1%	20.8%	320 139	27.5%	93.2%	1.04
10	21 078.2	23 478	16.3%	18.2%	343 617	26.6%	100.0%	1.00

这些步骤只是建立在前面查询预计基础上的另一层查询，用于获取评分结果：

```
SELECT decile, COUNT(*) as numcustomers, SUM(is1yrstop) as numactualstops,
    SUM(predrate) as predactualstops,
    AVG(is1yrstop * 1.0) as actualstop, AVG(predrate) as predrate
FROM (SELECT SubscriberId, predrate, is1yrstop,
             CEILING(10 * (ROW_NUMBER() OVER (ORDER BY predrate DESC) - 1) /
                     COUNT(*) OVER ()) as decile
      FROM scored
     ) s
GROUP BY decile
ORDER BY decile
```

计算一开始是分配等分区间，这也可以通过窗口排序函数 NTILE() 实现。有了每一个等分位后，查询计算实际停止的客户数量，同时，通过使用预测停止率乘以该区间中的客户数量估算预测的停止者数量。停止者的累计数量是在 Excel 中计算的，虽然在 SQL 中也可完成计算。

11.5.4 ROC 图表和 AUC

这三个首字母缩写组成的单词，表示另一种方法，用于衡量和可视化模型的有效性。第一，ROC 图表是累积收益走势图的变体。第二，缩写 AUC 表示"曲线下的区域" (Area Under the Curve)，这里的曲线是 ROC 曲线。稍后的"接受者操作特征"介绍了这类图表的命名历史。

对比累积收益走势图，ROC 曲线有两个特征。第一个特征是，曲线下面的区域是衡量模型好坏的一个很好的方法。第二个特征是，ROC 曲线与"过量抽样"无关。这说明，如果分数集有不同的目标密度，如 10%、50%、100%，ROC 曲线不会因此而发生变化。相比之下，累积收益走势图(以及提升度)会因目标密度的不同而发生变化。

1. 创建一个 ROC 图表

或许，理解 ROC 图表的最简单方法，就是对比累积收益走势图。累积收益走势图中，根据模型评分，水平坐标轴将整个分数集等分为多个区间。整个分数集同时包含响应的客户和未响应的客户——或停止的客户和保持活跃的客户。最高的分段区间包含拥有最高分数值的客户。

ROC 图表稍微不同。水平坐标轴只考虑标记为"no"的记录。因此，第一个分段区间包含的是拥有"no"值的前百分之十的客户——对于这些客户，模型是错误的。垂直坐标轴与累积收益走势图一样，这也解释了为什么 ROC 图表和累积收益走势图看起来如此相似。

计算在 ROC 图表中的点的 SQL 语句，与累积收益走势图的 SQL 非常相似：

```
WITH . . .
      Scored (<defined on page 536>)
SELECT decile, COUNT(*) as numcustomers,
       SUM(is1yrstop) as numactualstops,
       SUM(predrate) as predactualstops,
       AVG(is1yrstop * 1.0) as actualstop, AVG(predrate) as predrate,
       (SUM(SUM(is1yrStop) * 1.0) OVER (ORDER BY decile) /
            SUM(SUM(is1yrStop)) OVER ()) as CumStops
FROM (SELECT SubscriberId, predrate, is1yrstop,
             CEILING(10 *
                    (SUM(1 - is1yrstop) OVER (ORDER BY predrate DESC,
                                                SubscriberId DESC) - 1) /
                     SUM(1 - is1yrstop) OVER ()
                    ) as decile
      FROM scored
     ) s
GROUP BY decile
ORDER BY decile
defined on page 536:在第 536 页中定义
```

主要的区别是等分位计算，ROC 曲线只基于停止者数据。图 11-10 展示了图 11-9 中的 5 个模型。

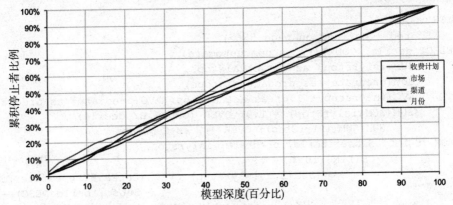

图 11-10　该图展示了 5 个模型的 ROC 曲线，这些模型分别使用一个变量预测生存率数据中的停止者数据

> **接受者操作特征**
>
> 二战之前，发明了雷达。在二战中，它不断地被改进，并且被证明在检测接近的飞行器时，非常有帮助。在当时，雷达非常擅长探测接近的鸟群。然而，对于更加复杂的事情，如接近的飞行器是友军还是敌军，这是相当敏感的。
>
> 因此，安全部门有一个问题。如何训练雷达操作员识别出对方是友军还是敌军？而且培训部门也有自己的问题：如何知道培训是否有效？
>
> 后一个问题，与衡量模型好坏非常相似——雷达操作员标记雷达范围内的轨迹是属于危险的敌军，还是其他情况，而模型自动完成相似的分配过程。同样的过程可以用于衡量分配的好坏。
>
> 操作员有两个关键的特征——敏感性和专一性：
> - 敏感性是操作员所能正确标识出其所感兴趣的项的比例，如本例中是敌军飞行器。
> - 专一性是指操作员所标识的项中，实际上是感兴趣的项的比例。
>
> 注意，100%的敏感性是可以实现的，简单地将每一项都标记为敌军飞行器。但这并不是一个好的分配过程，因为专一性会非常低。
>
> 评估的一部分内容是描绘敏感性和 1-专一性。敏感性很容易理解，它就是合理地将敌军飞行器标识出来的概率。
>
> 1-专一性也很好理解，但却是通过不同的方式。它表示不感兴趣的项被错误标记的比例。即，鸟群被标记为敌军飞行器的频率。
>
> ROC 图表根据水平坐标轴的给定的负预测的比例，绘制垂直坐标轴的"正确位置"的预测的比例。结果与累积收益走势图非常相似，但它也有自己的优点，参见正文中的介绍。

2. 计算曲线下面的面积(AUC)

ROC 曲线下面的面积，正好是衡量模型好坏的一个好方法。前面的查询已经返回 cumstops 的累计和，通过这个值，可以很容易地计算 AUC：

```
WITH . . .
    Scored (<defined on page 536>)
SELECT decile, COUNT(*) as numcustomers,
     SUM(is1yrstop) as numactualstops,
     SUM(predrate) as predactualstops,
     AVG(is1yrstop * 1.0) as actualstop, AVG(predrate) as predrate,
     (SUM(SUM(is1yrStop) * 1.0) OVER (ORDER BY decile) /
          SUM(SUM(is1yrStop)) OVER ()) as CumStops
FROM (SELECT SubscriberId, predrate, is1yrstop,
            CEILING(10 *
                    (SUM(1 - is1yrstop) OVER (ORDER BY predrate DESC,
                                               SubscriberId DESC) - 1) /
                    SUM(1 - is1yrstop) OVER ()
            ) as decile
      FROM scored
```

```
        ) s
GROUP BY decile
ORDER BY decile
```

结果值的范围是从 0(最差的模型)到每个分段的数量。这个示例中，结果应该是一个平均值，再除以 10。

准确值取决于用于计算的等分区间的数量。有另一种方法，可以避开使用分段的方法计算 AUC。其思路是使用最佳粒度，即单独的未停止的客户。下面的查询使用这个方法：

```
SELECT SUM(CumStopRate) / COUNT(*)
FROM (SELECT s.*,
             (SUM(is1yrStop * 1.0) OVER (ORDER BY actstopprop) /
              SUM(is1yrStop) OVER ()) as CumStopRate
      FROM (SELECT SubscriberId, predrate, is1yrstop,
                   ((SUM(1.0 - is1yrstop) OVER
                       (ORDER BY predrate DESC, SubscriberId DESC) - 1) /
                    SUM(1 - is1yrstop) OVER ()) as actstopprop
            FROM scored s
           ) s
     ) s
WHERE is1yrstop = 0
```

这个查询与前一个查询的结构非常相似。然而中间的查询并没有做聚合操作，只是计算累计值。注意 WHERE 子句是最外层查询。因为子查询使用 is1yrstop 的值，我们不想过早地过滤这个值。

表 11-11 展示了 5 个单一变量模型的 AUC 值，它说明月消费模型是最好的。

表 11-11 曲线下面的区域(AUC)的汇总信息

模型	AUC
渠道	0.543
市场	0.558
收费计划	0.528
月消费	0.603
月份	0.511

11.5.5 加入更多的维度

查找表可能包含多个维度。在一定程度上，增加维度能改进模型。图 11-11 展示了使用三个维度的累积收益走势图。这个模型比多数只用一个维度的模型效果更好。有趣的是，通过 AUC 衡量方法计算，基于 MonthlyFee 建立的模型稍微更好一点。图 11-11 中的模型的 AUC 值为 0.593，对比单一维度模型的 AUC 值为 0.602。在前 5 个分段，MonthlyFee 的效果更好，而这个模型在后 5 个分段中的效果更好。通常前面的分段更加重要。

生成这样的模型，只需要简单地使用一个更加精炼的查找表替换 CTE lookup，生成一个评分查询：

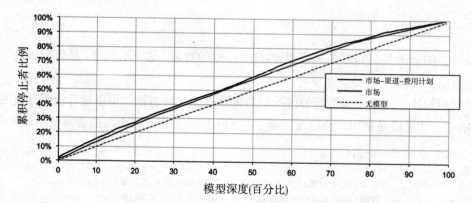

图 11-11 使用三个维度的查询模型，比多数使用单一维度的模型的效果更好

```
WITH toscore as (
    SELECT s.*,
           (CASE WHEN Tenure < 365 AND StopType IS NOT NULL
                 THEN 1 ELSE 0 END) as is1yrstop
    FROM Subscribers s
    WHERE YEAR(StartDate) = 2005
),
lookup as (
  SELECT Market, Channel, RatePlan,
         AVG(CASE WHEN Tenure < 365 AND StopType IS NOT NULL
                  THEN 1.0 ELSE 0 END) as stoprate
  FROM Subscribers
  WHERE YEAR(StartDate) = 2004
  GROUP BY Market, Channel, RatePlan
),
defaultlu as (
  SELECT AVG(CASE WHEN Tenure < 365 AND StopType IS NOT NULL
                  THEN 1.0 ELSE 0 END) as stoprate
  FROM Subscribers
  WHERE YEAR(StartDate) = 2004        ),
scored as (
  SELECT toscore.*,
         COALESCE(lookup.stoprate, defaultlu.stoprate) as predrate
  FROM toscore LEFT OUTER JOIN
       lookup
       ON toscore.Market = lookup.Market AND
          toscore.Channel = lookup.Channel AND
          toscore.RatePlan = lookup.RatePlan CROSS JOIN
       defaultlu
)
```

这个查询创建的分数集，可以用于计算提升度和创建累积收益走势图。

加入更多维度是有益的，因为查找表能够捕获更多这些特征之间的关系。然而，随着维度数量的增加，每一个单元中包含的客户越来越少。事实上，使用 MonthlyFee 替换 RatePlan

作为第三个维度,将导致一些组合中没有任何客户,而且有 6 个单元中的客户不超过 10 人。图 11-12 列出了这些单元的大小。最大的单元(市场是 Gotham、渠道是 Dealer、月消费为$40)包含 15%左右的客户。

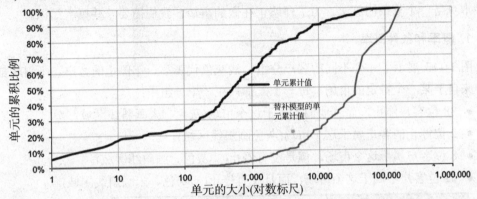

图 11-12 这个直方图展示了单元的累计数量,单元中包含由根据市场、经销商和月消费建立的查找模型分配的客户数量。注意,水平坐标轴使用对数标尺,因为单元的大小范围非常大

有庞大的单元数量,也会有另一个影响。如第 3 章所述,估算停止率的结果有置信区间。计算比例的客户越少,结果的可信度越低。

出于这个原因,查找表中的单元应该有一些最小值,例如,至少包含 500 位顾客。可以通过在 lookup 中加入 HAVING 子句实现:

```
HAVING COUNT(*) >= 500
```

市场、渠道和月消费的组合并不在查找表中,但是在分数集中,并被授予默认值。查找模型是非常有用的,但是随着单元数量的增加,它变得更加不具有实践性。下一节展示另一个将多个维度组合在一起的方法,这个方法来源于概率。

11.6 朴素贝叶斯模型(证据模型)

朴素贝叶斯模型将查询模型的思想扩展为极端情况。可以使用任意数量的维度,并且仍然能够沿每一个维度获取合理的结果,即使对应的查找模型的维度组合的是一个空的单元,或是所有值。朴素贝叶斯模型并没有创建更小的单元,相反是将每一个维度的信息综合在一起,建立一个简单的假设。

名字中的"朴素"二字就是假设的内容:从统计角度讲,不同维度彼此之间是独立的。因此,将不同维度的信息综合成一个分数成为一种可能。名字中的"贝叶斯"是指概率中的一些概念。理解这些概念是一个很好的着手点。

11.6.1 概率的一些概念

在第 3 章中介绍过,卡方计算使用期望值,而且计算适用于任意数量的维度。期望值本身是实际值的一个估算值。卡方检验使用期望值用于另一个目的,计算与期望值的误差是因偶然导致的概率。

使用相似的方法,朴素贝叶斯模型按照不同维度,基于概率的汇总信息生成期望值。模型本身是一个复杂的算法。为了理解正在做的事情,我们需要些概率知识。

1. 概率和条件概率

图 11-13 展示了 4 个不同的客户分组。浅灰色代表第一年停止的客户。画斜线部分的客户来自于某一个特定的市场。每一个人都只在一个分组中:

- 38 位客户停止,而且他们不属于这个市场(灰色、未画斜线区域)。
- 2 位停止的客户属于这个市场(灰色画斜线区域)。
- 8 位客户属于这个市场,但是没有停止(非灰色、画斜线区域)。
- 52 位客户不属于这个市场,而且没有停止(非灰色、未画斜线区域)。

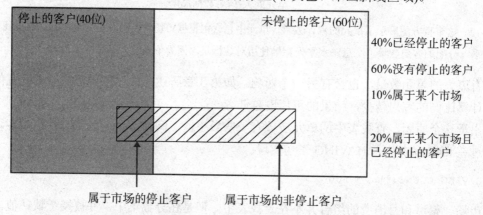

图 11-13 以 Venn 图表展示 4 个客户分组,其中属于某一市场的客户与停止客户和非停止客户之间有重合部分

这个图表的目的是介绍概率相关的一些思想和词汇。这个图表本身是 Venn 图,展示有重合的集合。

某个客户停止的概率是多少?(严格地讲,这个问题应该是:"如果我们随机选择一个客户,这个客户是停止客户的概率是多少?")答案是停止客户的数量除以客户总数。共有 40 位(38+2)客户停止,客户总数是 100 位(38+2+8+52),因此概率为 40%。同样,根据图表所示,客户属于该市场的概率为 10%。

有必要了解这些信息的有用程度。如果我们知道 100 位客户中,有 40%的停止者,有 10%的客户属于某个市场,这些数据能告诉我们,关于停止者和市场之间关系的一些信息吗?答案是:几乎没有。该市场的所有客户都有可能会停止,所有该市场的客户也可能不会停止,或者介于两者之间的任意可能。

然而,一旦市场的停止概率是已知的,那么可以判定不同的数值计算。市场的客户停止率,是条件概率的一个示例。市场的客户停止率等于停止的市场客户数量除以市场客户总数,即 20%(2/10)。

当条件概率与整体概率相同时,我们称这两种现象是独立的。独立,说明市场对于客户的停止不提供任何信息,反之亦然。在这个示例中,停止率是40%,而市场的客户停止率是20%,因此,两者之间是不独立的:市场,间接或直接地影响停止行为。

2. 几率

概率的另一个重要概念是几率(odds)。这个所有人都能理解,表达式"50-50"说明产生两个结果的概率相等。几率是指某件事发生的次数对比不发生的次数(口语上,这个词通常用于事件的发生情况,例如一匹赛马赢得比赛的几率是7-1)

总体来说,40%的客户停止,60%的客户没有停止,几率是40-60。通常会对其进行简化,因此2-3和0.667(0.667是0.667-1的简化形式)是等价的描述。当概率是50%时,几率为1(即1-1)。

几率和概率可以很容易地相互转换:

```
odds = probability / (1 - probability) = - + 1 / (1 ¨C probability)
probability = 1 - (1/(1 + odds))
```

给定概率,可以很容易地计算几率,反之亦然。注意,概率的范围是0到1,而几率的范围是0到无穷大。

3. 可能性

某个市场中客户的停止可能性,是两个条件概率的比值:给定的停止客户属于市场的概率,与给定的非停止客户属于市场的概率。

图11-14做进一步解释。停止客户中,属于某个市场的概率是2/40。非停止客户中,属于某个市场的概率是8/60。两者比例是3/8。这说明市场中的客户,有3/8的可能会停止。

另一种可能性的表达方式是两个几率的比例。第一个几率是该市场的停止者几率,第二个几率是整体停止者的几率。市场停止者的几率是2/8,整体几率是4/6。比例的计算结果与前面相同:(2/8) / (4/6) = (2*6) /(4*8) = 3/8。

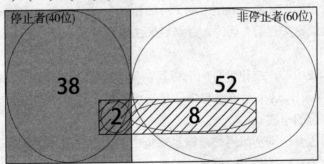

图11-14 可能性是两种条件概率的比例

11.6.2 计算朴素贝叶斯模型

本节从简单的概率知识,扩展到托马斯·贝叶斯(Thomas Bayes)的一个有趣观察,这个观察直接激发了朴素贝叶斯模型的创建。虽然贝叶斯自己可能并没有意识到,他的这个观察同时还有哲学暗示，它是一个统计学分支——贝氏统计(与朴素贝叶斯模型有些许的关系)的基础。稍后的"贝尔斯和贝式统计"介绍了他本人和这个统计学分支。

1. 一个有趣的观察

托马斯·贝叶斯(Thomas Bayes)在统计学领域有一个关键的观察，这个观察连接了下面两个概率：

- 对于某个市场中的客户，停止的概率是多少？
- 对于停止的客户，属于某个市场的概率是多少？

这是理解市场和停止者之间关系的两种方法，一种方法侧重于市场所发生的事情，另一种方法侧重于停止的客户。贝叶斯通过一个简单的公式证明了这两个概率是相互关联的。

这两个概率本身是条件概率。第一个是停止者的概率，前提是客户已经在市场中。第二个是属于市场的概率，前提是客户已经停止。在样本数据中，第一个概率是20%，因为属于市场的 10 个客户中，有两个客户停止。第二个概率是 5%，因为 40 个停止客户中，有两个客户属于市场。

足够简单。这些数值之间的比例是 4(20% / 5% = 4)。值得注意的是，这个值也是整体停止率(40%)和该市场的客户占整体客户的比例(10%)的比值。

总体上，这个观察是正确的。两个彼此相反的条件概率的比例，等于无条件概率的比值。某种意义上讲，概率的条件部分被删除了。这就是贝叶斯公式。

贝尔斯和贝式统计

托马斯·贝叶斯生于 18 世纪一个不信奉基督教的家庭。根据当时的英国法律，非基督教成员都属于无教派人士；然而，最终他任职为国教长老会的牧师职位。

贝叶斯曾经非常痴迷于数学，然而他生存在宗教统治的年代。它的概率学理论发表于 1963 年——他去世三年之后。

论文"An Essay Towards Solving a Problem in the Doctrine of Chances"出现在伦敦皇家学会的 *Philosophical Transactions*(上论文网址 http://www.Stat.ucla.edu/history/essay.pdf)。在数十年中，这篇论文都无人问津，直到后来法国数学家 Pierre-Simon Laplace 发现了这篇论文并详细讲解。

到了 20 世纪中叶，统计学有两个相互竞争的流派：频率论和贝式统计。对于外人(以及很多局内人)，这个竞争看起来像是一场宗教辩论，或许这也对应了贝叶斯自己被授予宗教职位的事实。

两个流派的主要区别是如何处理概率理论中的主观信息。贝式统计和频率论都认同，硬币落在地上，头像朝上的概率是 50%(因为这是个非常简单的问题)。

考虑一个稍微不同的情况，有人掷出硬币并挡住硬币，使别人无法看到结果。现在，在不能看到硬币的情况下，概率仍然是 50%吗？频率论认为这个概率不适合，因为事件已经发生了。硬币要么头像朝上，要么头像朝下，因此"概率"是 0%或 100%。贝式统计则更倾向于概率仍然是 50%。哪一方是正确的？并没有真正的答案。这个问题与其说是概率，更像是哲学。

第 3 章介绍了置信区间和以 P 值作为置信度的概念。这些是频率论的概念。贝式统计有相似的思想，称之为"可靠区间"(Credible Interval)，而且贝式统计将 P 值作为实际概率。还好，关于这些值的基本计算算法是一样的(或是非常相似的)。

在分析数据时，贝式统计可以加入主观意见。在分析非常困难的问题时，例如使用很多计算时，这种方法能够简化问题，是非常强大的工具。频率论相反，任何输出都是可以被计算的，只是需要选择合适的前提条件。

有一个古老的谚语："统计数据不会撒谎，但是统计学家会"。即使借助于复杂的数学建模，也可能生成错误的统计。可靠的分析和统计——无论是贝式统计还是频率论——都不会尝试生成错误的统计。它们尝试分析数据，增加对数据的理解，从而提供有用的结果。

历史是重要的教训。在分析数据时，唯一可靠的事情是显式列出所做的假设。在处理数据库时，这点尤为重要，对数据库的业务处理可能会导致不正常的结果。显式化所有假设，能够使结果更加可靠，有可信的基础。

2. 单个变量的贝叶斯模型

单个变量的贝叶斯模型使用如下方法应用公式：给定客户属于某个市场，通过乘以两个数字，计算停止的几率。第一个数字是整体停止几率，第二个数字是市场中客户停止的可能性。

我们来看示例。假设客户属于市场，客户的停止率是 20%。因此，客户停止的几率是 20% /(1 – 20%) = 1/4。这个值与整体几率和可能性的乘积相等吗？

如前面观察到的结果，整体的停止几率是 2/3。客户停止的可能性是 3/8。那么结果值为：1/4 = (2 / 3) * (3 / 8)。

单个维度的情况是正确的。回忆可能性的另一个表达式，是停止客户的几率除以整体几率。贝叶斯模型变成了整体几率乘以这个比例，整体几率被消除。结果是我们所需要的值。

3. 在 SQL 中处理单个变量的贝叶斯模型

贝叶斯模型的目的是计算停止客户的条件概率。对于这个单维度的示例，公式是不必要的。下面的查询按不同市场计算几率：

```
SELECT Market,
       AVG(CASE WHEN Tenure < 365 AND StopType IS NOT NULL
                THEN 1.0 ELSE 0.0 END) as stoprate,
       (-1 + 1 / (1 - AVG(CASE WHEN tenure < 365 AND StopType IS NOT NULL
                         THEN 1.0 ELSE 0.0 END))) as stopodds,
       SUM(CASE WHEN Tenure < 365 AND StopType IS NOT NULL
                THEN 1 ELSE 0 END) as numstops,
       SUM(CASE WHEN Tenure < 365 AND StopType IS NOT NULL
                THEN 0 ELSE 1 END) as numnotstops
FROM Subscribers
WHERE YEAR(StartDate) = 2004
GROUP BY Market
```

结果集展示在表 11-12 中。

表 11-12 单个变量的贝叶斯模型按不同市场返回的结果

市场	停止率	停止几率	停止者数量	非停止者数量
Gotham	33.0%	0.49	176 065	357 411
Metropolis	29.0%	0.41	117 695	288 809
Smallville	10.1%	0.11	17 365	155 362

虽然直接计算是简单的，但是结果不利于展示几率乘以可能性的方法，即使用下面的方法：

- 整体几率。
- 给定客户在某个市场中客户停止的可能性。

给定市场的几率就是整体几率乘以市场中停止者的几率。这些几率可以很容易地转换为概率。

这些值都可以容易地在 SQL 中计算，因为它们都基于计数和除法：

```
WITH dim1 as (
    SELECT Market,
           SUM(CASE WHEN Tenure < 365 AND StopType IS NOT NULL
                    THEN 1.0 ELSE 0 END) as numstop,
           SUM(CASE WHEN Tenure < 365 AND StopType IS NOT NULL
                    THEN 0.0 ELSE 1 END) as numnotstop
    FROM Subscribers
    WHERE YEAR(StartDate) = 2004
    GROUP BY Market
),
overall as (
    SELECT SUM(CASE WHEN Tenure < 365 AND StopType IS NOT NULL
                    THEN 1.0 ELSE 0 END) as numstop,
           SUM(CASE WHEN Tenure < 365 AND StopType IS NOT NULL
                    THEN 0.0 ELSE 1 END) as numnotstop
    FROM Subscribers
    WHERE YEAR(StartDate) = 2004
)
SELECT Market, (1 - (1 / (1 + overall_odds * likelihood))) as p,
       overall_odds * likelihood as odds, overall_odds, likelihood,
       numstop, numnotstop, overall_numstop, overall_numnotstop
FROM (SELECT dim1.Market,
             overall.numstop / overall.numnotstop as overall_odds,
             ((dim1.numstop / overall.numstop)/
              (dim1.numnotstop / overall.numnotstop)) as likelihood,
             dim1.numstop, dim1.numnotstop,
             overall.numstop as overall_numstop,
             overall.numnotstop as overall_numnotstop
```

```
    FROM dim1 CROSS JOIN overall
) d
GROUP BY Market
ORDER BY Market
```

第一个 CTE dim1，计算每一个市场中停止者和非停止者的数量。第二个 CTE overall，计算整体数据中停止者和非停止者的数量。外部查询中的子查询计算可能性和整体几率，最后被传递给最外层的查询。

计算几率的替换方法改变了对可能性的定义：

`(dim1.numstop / dim1.numnotstop) / (overall.numstop / overall.numnotstop)`

这个公式更容易在 SQL 中实现。

表 11-13 中的结果集与直接计算返回的结果完全相同。这并不巧合。当只有 1 个变量时，贝叶斯模型是精准的。

表 11-13　包含中间结果集的朴素贝叶斯方法的结果

市场	停止率	几率	整体几率	可能性
Gotham	33.0%	0.493	0.388	1.269
Metropolis	29.0%	0.408	0.388	1.050
Smallville	10.1%	0.112	0.388	0.288

4. "朴素"的泛化

朴素贝叶斯中的"朴素"，在概率上表示"独立"。它暗示在模型中，每一个变量都可以被单独处理。有了这个假设，单个维度的公式可以被推广到任何数量的维度：多个维度中，不同属性的停止几率，等于整体停止几率乘以每一个属性的可能性的乘积。这个方法的强大之处在于，整体几率和单个属性的可能性是很容易计算的。

提示：朴素贝叶斯模型可以应用至任意数量的输入(维度)。有包含上百个输入的实例。

表 11-14 展示了第一年的实际停止概率，以及按照渠道和市场估算的停止概率。通过模型估算的概率与实际值非常接近。特别是，排序也非常接近。与单个属性的情况不同，两个属性的估算是近似值，因为属性之间并不是严格意义上的独立。这是可以的，我们并没有期望模型的估计值与实际值完全相等。

表 11-14　针对第一年停止者的贝叶斯模型的结果集，使用渠道和市场作为维度

市场	渠道	概率			排序	
		预测值	实际值	差值	预测值	实际值
Gotham	Chain	46.9%	58.7%	−11.8%	1	1
Gotham	Dealer	29.7%	28.9%	0.8%	5	5
Gotham	Mail	42.5%	41.9%	0.6%	2	2

市场	渠道	概率			排序	
		预测值	实际值	差值	预测值	实际值
Gotham	Store	19.8%	21.3%	−1.5%	7	7
Metropolis	Chain	42.2%	38.2%	4.1%	3	4
Metropolis	Dealer	25.9%	23.1%	2.7%	6	6
Metropolis	Mail	37.9%	41.1%	−3.2%	4	3
Metropolis	Store	17.0%	17.9%	−0.9%	8	8
Smallville	Chain	16.7%	9.1%	7.6%	9	11
Smallville	Dealer	8.7%	9.7%	−1.0%	11	10
Smallville	Mail	14.4%	13.9%	0.4%	10	9
Smallville	Store	5.3%	8.5%	−3.2%	12	12

下面的查询计算这个表中的结果值:

```
     WHERE YEAR(StartDate) = 2004
     GROUP BY Market
),
dim2 as (
 SELECT Channel,
        -1+1/(1-AVG(CASE WHEN Tenure < 365 AND StopType IS NOT NULL
                    THEN 1.0 ELSE 0 END)) as odds
 FROM Subscribers
 WHERE YEAR(StartDate) = 2004
 GROUP BY Channel
),
overall as (
 SELECT -1+1/(1-AVG(CASE WHEN Tenure < 365 AND StopType IS NOT NULL
                    THEN 1.0 ELSE 0 END)) as odds
 FROM Subscribers
 WHERE YEAR(StartDate) = 2004
),
actual as (
 SELECT Market, Channel,
        -1+1/(1-AVG(CASE WHEN Tenure < 365 AND StopType IS NOT NULL
                    THEN 1.0 ELSE 0 END)) as odds
 FROM Subscribers
 WHERE YEAR(StartDate) = 2004
 GROUP BY Market, Channel
)
SELECT Market, Channel,
       1-1/(1+pred_odds) as predp, 1-1/(1+actual_odds) as actp,
       1-1/(1+market_odds) as marketp, 1-1/(1+channel_odds) as channelp,
       pred_odds, actual_odds, market_odds, channel_odds
FROM (SELECT dim1.Market, dim2.Channel, actual.odds as actual_odds,
             (overall.odds*(dim1.odds/overall.odds)*
              (dim2.odds/overall.odds)) as pred_odds,
             dim1.odds as market_odds, dim2.odds as channel_odds
```

```
        FROM dim1 CROSS JOIN dim2 CROSS JOIN overall JOIN
             actual
             ON dim1.Market = actual.Market AND
                dim2.Channel = actual.Channel
     ) dims
ORDER BY Market, Channel
```

这个查询有 4 个 CTE。前两个分别计算市场和渠道的几率。第 3 个计算整体数据的几率。第 4 个计算实际几率，这个值仅用于比对结果。中间的子查询将它们组合在一起，成为预测的几率，最外层查询为整体计算返回所需的数据。

估算几率的表达式中，整体几率乘以多个不同几率的比例。可以通过将这个过程整合至一个表达式来简化这个过程：

```
POWER(overall.odds, -1) * dim1.odds * dim2.odds as pred_odds
```

这个简化的表达式更加有助于将模型扩展至更多的属性。

11.6.3 朴素贝叶斯模型：评分和提升度

本节为朴素贝叶斯模型生成评分，使用的是 2004 年对 2005 年的数据估算结果。

1. 包含更多属性的评分

为朴素贝叶斯模型添加更多的维度是很简单的。主要的变化是为每一个维度添加单独的 CTE，然后更新预测几率的表达式：

```
POWER(overall.odds, 1 - <N>)*dim1.odds* . . . *dimN.odds as pred_odds
```

换言之，整体几率被提升为几率的 1 减维度个数后的幂值(POWER( )返回指定表达式的指定幂的值)，然后乘以每个维度的几率。

当分数集中的值没有对应的几率时，会出现一种复杂情况。可能有两个原因导致这个问题。一种情况是从某一年到下一年的新值出现。第二种情况是由于对模型的限制，只计算最小数量实例的几率，因此会丢失一些值。

理论上讲，朴素贝叶斯模型非常善于处理丢失的值。如果在某个维度没有值，会简单地忽略该维度的可能性值。与很多事情一样，实践中要比理论更加详细。

在两处地方调整失去的维度：

- 可能性值为 NULL。
- 针对每一个失去的维度，POWER()函数使用的指数需要减 1。

这两点都不难实现，只需要调整算法和灵活的查询逻辑。

第一件事是在联接维度表和分数集时，使用 LEFT OUTER JOIN 而不是 JOIN。第二件事是为失去的几率设置默认值为 1(而不是 NULL 或 0)，因此不会影响乘法操作。第三件事是计算匹配的维度数量。

第一件事并不重要。第二件事使用 COALESCE()函数。第三件事可能要使用大量的、丑陋的、嵌套的 CASE 语句。但是有一个替换方案。在每一个维度的子查询中，变量 n 被

赋值为1。下面的表达式计算匹配维度的数量:

COALESCE(dim1.n, 0) + COALESCE(dim2.n, 0) + . . . + COALESCE(dimn.n, 0)

使用0替换丢失的值,因此求和结果是匹配的维度的数量。

提示:在包含多个外部联接的查询中,可以通过为每一个子查询添加虚拟变量(例如N)并为其添加默认值1,以此计算数量。然后,通过下面的表达式计算成功的联接个数:COALESCE(q1.N, 0) + . . . + COALESCE(qn.N, 0)。

下面的查询为两个维度计算朴素贝叶斯预测评分,这两个维度分别为渠道和市场:

```
WITH dim1 as (
    SELECT Market, 1 as n,
           -1 + 1 / (1 - (AVG(CASE WHEN Tenure < 365 AND StopType IS NOT NULL
                               THEN 1.0 ELSE 0 END))) as odds
    FROM Subscribers
    WHERE YEAR(StartDate) = 2004
    GROUP BY Market
),
dim2 as (
    SELECT Channel, 1 as n,
           -1 + 1 / (1 - (AVG(CASE WHEN Tenure < 365 AND StopType IS NOT NULL
                               THEN 1.0 ELSE 0 END))) as odds
    FROM Subscribers
    WHERE YEAR(StartDate) = 2004      GROUP BY Channel
),
overall as (
    SELECT -1 + 1 / (1 - (AVG(CASE WHEN Tenure < 365 AND StopType IS NOT NULL
                               THEN 1.0 ELSE 0 END))) as odds
    FROM Subscribers
    WHERE YEAR(StartDate) = 2004
),
score as (
    SELECT s.*,
           (CASE WHEN Tenure < 365 AND StopType IS NOT NULL THEN 1.0
                 ELSE 0 END) as is1yrstop
    FROM Subscribers s
    WHERE YEAR(StartDate) = 2005
)
SELECT score.SubscriberId, score.channel, score.market, is1yrstop,
       (POWER(overall.odds,
              1 - (COALESCE(dim1.n, 0) + COALESCE(dim2.n, 0))) *
        COALESCE(dim1.odds,0) * COALESCE(dim2.odds, 0)) as predodds
FROM score CROSS JOIN overall LEFT OUTER JOIN
     dim1
     ON score.Market = dim1.Market LEFT OUTER JOIN
     dim2
     ON score.Channel = dim2.Channel
```

每一个维度的几率使用COALESCE(),因此这个查询可以处理与维度表不匹配的值。

2. 创建累积收益走势图

创建累积收益走势图(或 ROC 图表、或计算 AUC)，可以使用前面的查询作为子查询，计算基于预测几率的等分位。为了实现这一目的，预测几率和预测可能性是可以相互交换的，因为它们有相同的顺序，而且这些图表只关心评分的相对顺序。

这些查询基本上是基于前面创建同类图表的相同的查询：

```sql
SELECT percentile, COUNT(*) as numcustomers,
       SUM(is1yrstop) as numactualstops,
       SUM(predrate) as predactualstops,
       AVG(is1yrstop * 1.0) as actualstop, AVG(predrate) as predrate
FROM (SELECT SubscriberId, predrate, is1yrstop,
             CEILING(100 * (ROW_NUMBER() OVER (ORDER BY predrate DESC) - 1) /
                     COUNT(*) OVER ()) as percentile
      FROM (SELECT s.*, 1 - (1 / (1 + predodds)) as predrate
            FROM scored s
           ) s
     ) s
GROUP BY percentile
ORDER BY percentile
```

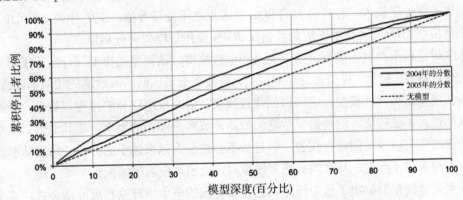

图 11-15　这幅累积收益走势图展示朴素贝叶斯模型的训练集(2004 年的起始者)和分数集(2005 年的起始者)

这个查询基于预测的分数计算等分位，并计算每一个等分区间中的实际停止者数量。这些结果集在 CTE scored 中计算，使用前面查询的逻辑。

图 11-15 中的累积收益走势图展示了停止者的两个分数集的累积比例。意料之中，更好的那个用于模型集合上的分数。来自于 2005 年的数据是更合理的分数集。它说明模型确实适用于下一年的数据，虽然并不是一样那么好。

11.6.4　朴素贝叶斯模型和查找模型的比较

朴素贝叶斯模型和查找模型都利用已有维度的数据，估算概率值。对于单个维度的情况，两个建模技术生成相同的结果；然而对于不同的维度，结果是不同的。

查找模型强制将数据划分为更小的单元。随着单元数量的增加——或是因为引入更多的维度，或是因为每一个维度有多个可能值——单元本身变得越来越小。数据被划分至不同的单元中。这说明需要在某种程度上限制单元的数量，或许使用较少的维度以及处理较少的值(像在订阅数据中那样)。

相比之下，朴素贝叶斯模型使用所有的数据为每一个维度估算值。数据没有被一分再分。相反，这个方法使用概率学理论以及合理的假设，将不同维度的值合并为一个估算预测值。这个假设在实践中通常是有效的，然而事实上，维度之间并不是严格独立的。

当然，这两种方法都在做另一个未说明的假设。这个假设就是过去的数据告诉我们未来的数据。正如比较两个值的累积收益走势图所示，模型是有效的，但是它们在处理用于评分的数据时，并没有用于建模的数据的效果好。

11.7 小结

数据挖掘模型接收输入并生成结果，这个结果通常是一个预测值或某个值的估计值。这涉及模型，主要有两个流程。第一个流程是训练模型或建立模型。第二个流程是将模型应用至新数据。

对于数据挖掘基本知识的学习，SQL 提供了良好的基础。虽然这看起来有些令人惊讶，但是相比于统计学技术，有些强大的 SQL 技术更善于处理数据。SQL 中的 GROUP BY 操作与创建模型相似(两者都用于汇总数据)。JOIN 操作与模型评分相似。

本章讨论若干类型的模型。第一类是相似性模型，该模型的模型评分暗示了两个实例之间的接近程度。例如，模型评分能够说明，与最高市场比例的邮政编码相似的邮政编码。

查找模型是另一种模型。它可以创建查找表，因此模型评分的过程，就是一个对值进行查找的过程。这些值可能是最受欢迎的产品，或客户停止的概率，或其他值。虽然任何数量的维度都可以用于创建查找表，但是数据会被分为越来越小的分段，这意味着表中的值会变得越来越不确定，甚至当有更多维度时，会出现空表的情况。

朴素贝叶斯模型解决了这个问题。它使用基础的概率学理论和贝叶斯公式，这个公式几乎在 300 年前就在概率学领域中被证明。这个方法可以单独地计算每一个维度的查找表，然后将这些值合并在一起。使用朴素贝叶斯模型最大的好处，是可以处理很多维度以及处理丢失的值。

朴素贝叶斯模型为数据做一个假设。假设的内容是每一个不同的维度之间是相互独立的(在某种概率程度上)。虽然在处理实际业务数据时，这个假设并不是真的，但模型的结果仍然是非常有用的。某种程度上，朴素贝叶斯模型生成一个概率的期望值，与计算卡方期望值的方法相似。

评估模型与创建模型一样重要。累积收益走势图能够展示二元响应模型的好坏程度。它的变体 ROC 图表，有相似的图形。ROC 曲线下面的区域称为 AUC，是衡量模型好坏的一种方法。平均值图表能够展示用于评估数字的模型的效果。分类图表可以展示分类模型的效果。

本章通过 SQL 介绍建模相关知识以及处理大型数据库的知识。介绍建模的传统方法是通过线性回归，它将在第 12 章详细介绍。

第 *12* 章

最佳拟合线：线性回归模型

上一章介绍了数据挖掘思想，使用的是适用于数据库的不同数据挖掘技术，例如相似性模型、查找表和朴素贝叶斯模型。本章扩展这些思想，介绍最传统的统计学建模技术：线性回归和最佳拟合线。

与前面章节中的技术不同，线性回归要求输入和目标变量都是数值。回归的结果是一个数学公式的系数。对线性回归的正式处理涉及很多数学计算和证明。本章将避开极度偏向理论的方法。

除了为统计学建模提供基础外，线性回归也有很多应用。回归——特别是最佳拟合线——是调研不同数量之间关系的一个极好的方法。在本章的示例中，包含了对邮政编码中潜在的产品比例的估算，学习研究价格弹性(研究产品价格和销量之间的关系)，以及量化初始月费用对整年的停止率的影响。

最简单的线性回归模型是最佳拟合线，它包含一个输入和一个目标。这种两变量(two-variable model)模型可以通过散点图展示，简单易读。事实上，Excel通过最佳拟合趋势线建立线性回归模型，最佳拟合趋势线是内置的6种趋势线之一。

Excel可以在电子表格和图表中显式地计算最佳拟合线。最常用的函数引入了一类新的Excel函数，这些函数在多个单元格中返回多个值——这是对第4章中数组函数的扩展。

在内置函数之外，Excel提供两种其他方法来计算线性回归公式。这些方法比内置函数更加强大。一种方法是直接方法，使用某种复杂的公式作为模型中的参数。另一种方法使用Solver加载项提供的功能，迭代估算参数值。Solver是Excel中的一种通用工具，用于查找工作表中最优的线性计算。创建线性回归模型只是其众多功能中的一种。

衡量最佳拟合线对数据的拟合程度，引入相关性的思想，幸运的是能够容易地计算相关性。与很多统计学衡量方法相同，相似性能够实现自己的作用，但是也有一些警告。过度解释相关性的值是很简单的，但却可能导致错误的结论。

通过使用多个输入变量，扩展"最佳拟合线"回归，称为多次回归。幸运的是，多次回归在 Excel 中是可行的。遗憾的是，多次回归无法生成漂亮的散点图，因为有太多的维度。

SQL 可以用于建立包含一个或两个输入的基础线性回归模型。但标准 SQL 并没有可以实现这一目标的内置函数，因此必须显式地输入方程式(而且 SQL 没有与 Solver 等价的方法)。随着变量越来越多，方程式将变得越来越复杂，这一点可以从本章最后介绍的两变量示例中看到。本章的入手点并不是复杂的 SQL 语句，而是最佳拟合线，它能够帮助我们从视觉上了解线性回归。

12.1 最佳拟合线

只包含单一输入和单一目标变量，是线性回归的最简单情况。这种情况，可以使用散点图来完美展示。散点图能够可视化地提供简单易懂的结果图，称之为"最佳拟合线"。

12.1.1 任期和支付金额

第一个示例针对订阅业务中的客户，对比每一个客户的任期和他们支付的金额。客户保持活跃的时间越长，他们支付的金额越多——这是两个值之间的明显关系。

图 12-1 展示了生成的最佳拟合线，其中任期在 X 轴上，支付金额在 Y 轴上。图表清晰展示了两者之间的关系；点和最佳拟合线都始于左下角，然后向右上角分布。

使用最佳拟合线的一种情况，是假设客户如果生存到某个任期，客户需要支付多少金额。通常任期为 360 天的客户需要支付约 192.30 美元。这个金额可能会影响购买预算。

这个简单的示例展示了最佳拟合线的优点。它是可视化数据和总结两个变量之间关系的好方法。同时，它也可以用于对值的估算。

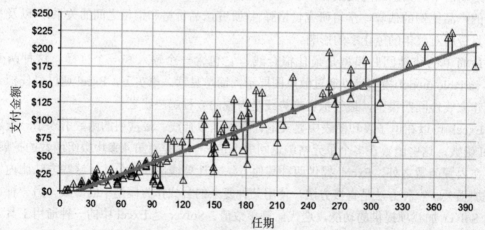

图 12-1　该图中包含基于一系列数据点生成的最佳拟合线，展示了客户任期和支付金额之间的关系

提示：通过选择一个系列，然后添加趋势线，可以在 Excel 图表中创建最佳拟合线。通过最佳拟合线，可以查看数据的走向。

12.1.2 最佳拟合线的属性

在所有的临近数据点的线中，最佳拟合线是一种特殊的情况。图 12-1 展示了连接每个观察到的数据点和最佳拟合线的垂直线段，这些数据点可能在线的正上方或正下方。这个显示的线段，可以是非常小的。

1. 最佳拟合线说明了什么？

对最佳拟合线的定义是：它在垂直方向上，最大限度地减少点和线之间距离的平方和。这种类型的回归也称作普通最小二乘法(Ordinary Least Squares, OLS)回归。

使用求平方和的算法，相对简单地计算了线的系数。在计算机时代之前，这个更简单的计算方法是可行的，参见"矮行星(Dwarf Planet)和最小二乘法回归"中的介绍。经过几个世纪的使用，该技术和模型被广泛理解。有很多的方法可用于理解模型，并判断模型是否在工作或何时工作。

最佳拟合线的定义使用 Y 轴方向的距离(例如，所有的线段都是垂直的而不是水平的)。为什么是 Y 轴方向？答案显而易见：Y 值是目标值，是我们尝试估计的值。

虽然最佳拟合线(多数情况)是唯一的，但是仍然值得指出，定义上稍微不同的变化将生成不同的线。如果使用其他距离，例如水平距离，生成的"最佳"线就不同了。如果线段的长度并不是以平方和的方式，而是以其他方式计算，生成的线也是不同的。最佳拟合线的传统定义是非常有用的，因为便于理解，也相对容易计算，同时捕获了数据的重要特征。

矮行星(Dwarf Planet)和最小二乘法回归

矮行星谷神星(Ceres)和线性回归看起来是彼此无关的。然而，使用由卡尔·弗里德里希·高斯(Carl Friederich Gauss)发明的最小二乘法回归，可以找到这个星体。

在 17 世纪末，天文学家预测火星和木星之间存在一个星体。在 1801 年 1 月，意大利天文学家朱赛普·皮亚齐(Giuseppe Piazzi)在太阳系中正确的位置发现了一个新的星体。但同时，它消失在太阳背后。基于皮亚齐屈指可数的观察结果，天文学家急于计算出谷神星的运行轨迹，从而当它再次出现时，可以第一时间观测到它。

当然，在当时，使用的只是地面上的玻璃望远镜，而且位置是记录在纸张上的。观察结果相当不精准。高斯在当时刚刚开始他的职业生涯，了解到这个问题的一些关键方面，其中涉及天文学和物理学知识。在信息不准确的情况下，高斯最创新的部分是：高斯发现运行轨迹(一个椭圆)与所观测到的点非常接近，定义最近距离为轨迹和位置之间距离的平方和。

基于所观察到的位置，高斯正确预测出轨迹，并且精准预测出谷神星出现的时间和位置。直到 1801 年的秋季，谷神星重新出现，与高斯预测的位置非常接近——他的预测比很多成名的天文学家更加精准。这也增加了高斯方法的强壮性。

由于一些原因，这个历史故事非常有趣。首先，高斯被认为是前无古人的数学家，这是因为他对广泛领域所做的贡献，包括统计学领域。更有趣的是，从问题的描述上看，它并不是线性回归领域的一个问题。高斯在当时是尝试估算一个椭圆，而不是一条线。

第三个原因是关于实践方面的。普通最小二乘法回归使用的是与线之间距离的平方和，而不是距离本身。或许，这是因为距离是某个数量的平方根。因此，相对于计算距离来说，计算距离的平方值更加简单。在当时，所有的计算都是手动完成的，高斯可能倾向于直接应用结果，而不是再进一步求平方根。

2. 线的公式

最佳拟合线是一条直线，读者可能记得高中学到的直线定义公式：

```
Y = m * X + b
```

在这个等式中，m 是直线的斜率，b 是 Y 轴截距，即直线穿过 Y 轴的点。当斜率为正时，Y 值随着 X 值的增加而增加(正相关)。当斜率为负时，直线向下延伸(负相关)。当斜率为零时，直线是水平的。线性回归的目的，是找到 m 和 b 的值，使点到线的垂直距离的平方和最小。

图 12-1 中的最佳拟合线的公式为：

```
<amount paid> = $0.5512 * <tenure> - $8.8558
```

这条直线简单地定义了两个变量之间的关系，这两个变量分别为任期和支付金额。它们是正相关的，即支付金额随着任期的增加而增加。这是因为 tenure 的系数是正数。在 Excel 中，计算 m 和 b 值的一个简单方法是使用 SLOPE()和 INTERCEPT()函数。

对于系数 m 和截距 b 的称呼没什么特殊。事实上，统计学有不同的名字。它们使用希腊字母贝塔(beta)表示系数，称 Y 轴截距为 β_0、斜率为 β_1。这种符号标记的优势在于，能够容易地扩展到其他系数。

在标准的统计学术语中，重命名系数(虽然是出于好的原因)并不是唯一奇怪的事。从统计学的角度看，X 值和 Y 值是常量，贝塔是变量，这条线不一定是直线。下面的"一些奇怪的统计学术语"更详细地对此做出解释。

> **一些奇怪的统计学术语**
>
> 在直线的等式中，通常认为 X 值和 Y 值是变量，系数为常量。这是因为我们的思考角度，是使用给定的 X 值估算 Y 值。
>
> 在统计学中，目的在于估算系数，因此在统计学建模语言中，这些名词刚好颠倒。X 值和 Y 值是常量，因为它们是已知的数据点(可能在测量中有一定的不确定性)。这些数据点可能是两个，也可能是两百万个，但是对于所有的数据点，X 值和 Y 值都是已知的。另一方面，统计学建模的难点在于找到线，通过计算距离平方和的最小值来计算系数。这些系数是待解决的内容，因此，它们是"变量"。
>
> 这个颠倒的名词实际上解释了为什么下面的示例同样是"线性"模型，虽然这些公式看起来并不是一条直线的表达式：

$$Y = \beta_1 * X^2 + \beta_0$$
$$\ln(Y) = \beta_1 * X + \beta_0$$
$$\ln(Y) = \beta_1 * X^2 + \beta_0$$

它们是线性的，是因为它们的系数是线性的。X 值和 Y 值的函数不会导致任何区别。系数是重要的部分。X 值和 Y 值是已知的，但系数是未知的。

思考这个问题的一个较好的方法，是所有的数据都是可以被转换的。例如，在第一个示例中，X 值的平方可称为 Z：

$$Z = X^2$$

针对 Y 和 Z，第一个表达式变为：

$$Y = \beta_1 * Z + \beta_0$$

这是 Y 和 Z 的一个线性关系。而且当 X 已知时，Z 也是已知的，因为它是 X 值的平方。

3. 期望值

对于给定的 X 值，可以通过直线的表达式计算对应的 Y 值。期望值说明，对于某一个 X 值，模型"知道" X 和 Y 的关系。表 12-1 列出了图 12-1 中展示的不同任期值的期望值。期望值可能会比实际值偏高或偏低。它们也可能超出范围，某种情况下，负的支付金额毫无意义(对于较小的任期，期望值是负值)。另一方面，所有任期的值都有期望值，因此可以使用最佳拟合线对客户的任意任期进行估算。

表 12-1 一些用于图 12-1 中的最佳拟合线的期望值

任期	期望值$$ (0.55*任期 − $8.86)	实际值$$	误差
5	−$6.10	$1.65	$7.75
8	−$4.45	$0.90	$5.35
70	$29.72	$15.75	−$13.97
140	$68.30	$91.78	$23.48
210	$106.88	$71.45	−$35.43
365	$192.30	None	N/A

在 Excel 中，可以使用 FORECAST() 函数，直接根据 X 值列和 Y 值列中的值计算期望值。这个函数有三个参数：需要进行值的估测的数据点，X 值和 Y 值相关的数据区域。返回值为线性回归公式计算而得的期望值。FORECAST() 函数适用于模型，不需要生成用于判断模型好坏的或模型形状的其他信息。

使用最佳拟合线时的首要原则，是用它做内推法而不是外推法。即，计算期望值时，待估算数据点的 X 值，属于用于计算线的数据范围内。

4. 误差(剩余)

期望值通常与实际值不同,因为线并不是完美地符合数据。两者的差值称为误差或剩余。当计算误差值的数据是生成最佳拟合线的数据时,所有误差值的和为 0。最佳拟合线并不是唯一具有这种属性的线,但它同时拥有的属性是误差值的平方和最小。

关于误差,有丰富的统计学理论。例如,当误差服从标准正态分布(第 3 章中介绍)时,可以认为模型非常适用于数据。误差值应该与 X 值无关。

图 12-2 根据图 12-1 中的数据绘制出针对 X 值的误差值。作为一条通用规则,误差值不应该表现出任何特殊的模式。特别是,当出现较长的连续正误差或负误差时,这说明模型丢失了某些东西。而且随着 X 值的增加,误差值不应该是增加的。

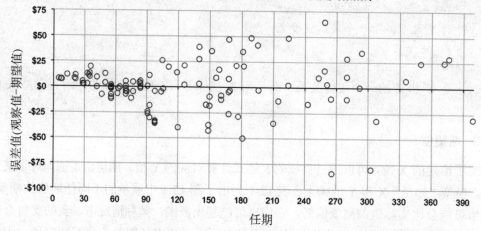

图 12-2 本图展示了图 12-1 中数据的误差值。注意,随着 X 值的增加,误差值也在增加

这些误差值已经相当不错,但是还没到完美的程度。例如,最初的误差值几乎都是正值,而且相对较小。这是因为对于较小的 X 值,期望值是负的,但实际值永远不会是负值。这说明模型本身并不是完美的,这并不奇怪,因为它只考虑一个变量。虽然任期很重要,但还是有其他因素也在影响客户的总体支付金额。

提示:创建误差值和 X 值的散点图是检查模型好坏的一种方法。通常,散点图看起来应该是随机的,没有较长序列的正误差值或负误差值。

5. 保留平均值

最佳拟合线(和其他常见的线性回归模型)的另一个非常好的属性,是它们保留平均值:原始数据期望值的平均值与观察到的值的平均值相同。从几何角度看,这说明所有的最佳拟合线都会穿过一个特殊的点。这个点是构建模型的所有点的 X 值和 Y 值的平均值。

实际上,这个属性说明,最佳拟合线保留了构建它的数据的一些关键特点。应用模型不会移动数据的"中心"。因此,较大数量的期望值的平均值,通常能够精准估算实际值的平均值,即使单个估算值可能会明显与实际值不同。

6. 反向模型

最佳拟合线的另一个出色的属性，是可以很容易地构建反向模型。即，给定 Y 值，可以通过如下公式计算对应的 X 值：

```
X = (Y - b) / m
```

对于任意 Y 值，都可以使用这个公式计算相应的 X 值。

注意，反向模型并不是简单地替换了 X 和 Y 的角色。例如，图 12-1 中的最佳拟合线，在"数学上的"逆向是：

```
<任期> = 1.8145 * <支付金额> + 16.0687
```

然而，交换 X 和 Y 的角色会生成另一条线：

```
<任期> = 1.5029 *<支付金额> + 35.6518
```

事实上，理论上说，这两条不同的线是非常有趣的。颠倒 X 和 Y 的角色，等价于在计算最佳拟合线时，使用水平距离而不是垂直距离。为了实际目的，如果需要颠倒关系，那么也是可以的。

警告：可以通过模型表达式容易地计算颠倒关系的线性回归模型。然而，这与简单的交换 X 值和 Y 值是不一样的模型。

12.1.3 小心数据

一个模型只与构建它的数据一样好。有很多方法用于理解模型对特定数据集的适用程度。然而，判断用于建模的数据是否正确，这样的判断方法较少。

图 12-1 中的散点图所使用的数据，缺少了一个重要的客户子集；它没有包含从未付款的客户。因此，支付金额和任期之间的关系，只包含了付款客户，并不包含所有客户。

在这个示例中，几乎有一半的客户从未付款，因为这些客户来自于最差的渠道。加入这些免费的客户之后，它们对于最佳拟合线有较少的影响，如图 12-3 所示。未支付客户是 X 轴上的圆圈，而最佳拟合线是虚线。随着越接近左侧的 0 值，这条线稍微向下倾斜，变得更加陡峭。

在解读图表内容之前，有必要说明图表是如何创建的。虽然图表中只能看见两个系列，但是实际上图表包含三个系列。一个系列针对所有客户，用于生成虚线形式的最佳拟合线。这个系列的趋势线是可见的，但是这个系列的点是不可见的。另一个系列针对付款客户，如图 12-1 所示。这个数据集的最佳拟合线是灰色实线。然后，第三个系列是未付款客户，用于展示未付款客户的数据。为了便于理解，本图为所有的最佳拟合线命名。

这个图表有 226 位客户，其中 108 位是未付款客户，比例为 48%。理所当然，加入这些客户后会改变最佳拟合线。对于活跃一年的新客户，对他们的期望收益是多少？对于最初的数据，答案是$192.30。包含未付款客户后，期望值变为$194.41。

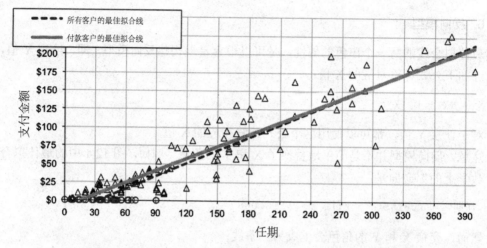

图 12-3　包含未付款客户后，最佳拟合线向右移动，而且变得更加陡峭

　　什么？加入未支付客户后，期望值上升了。这并不符合直觉上的判断。有人可能会提出，线性回归并不适用于做推断。然而，这个示例没有验证范围之外的数据，因为数据超出了 365 天(虽然 365 天在较高的任期值之中)。有的人可能会提出，值是接近的，而且在一定的误差范围内，对于几百个数据点，这毫无疑问是正确的。具有讽刺意味的是，我们可以添加越来越多的未付款客户，以此几乎可以获取在一年时间点的任意值。

　　考虑的越多，问题从难以判断逐渐变得荒谬。考虑使用这个模型估算活跃一年的客户带来的收益。如果有 100 位客户开始，并且期望他们的任期大于 1 年，第一年中，他们带来的收益的期望值是多少？使用包含所有客户——付款客户和未付款客户——的模型，估计值是$19,441。然而，如果模型只考虑付款客户，估计值为$19,230。虽然差值很小，但却引发一个问题：加入未付款客户是如何增加年收益估计值的？而且如前所述，加入未付款客户可能会使估计值更高。

　　某些有趣的事情正在发生。直线是刚性的。如果在一侧下降，那么要么整条直线向下移动(斜率保持不变)，要么在某个地方会上升。未付款客户的任期都很短，因为他们开始之后就停止了。因此，未付款客户都在散点图的左侧。这些客户导致最佳拟合线下降，从而变得更加陡峭。而陡峭的线对于更长的任期来说，其价值也更高，虽然整条线下降了一些。

　　警告：最佳拟合线是刚性模型。在一个区域(如较小的 X 值)修改数据，通常对较远的区域(例如，较大的 X 值)有较大的影响。

　　哪一个是更好的估计值？这些示例展示了不同因素的作用，一个是初始的未付款客户，另一个是长期的趋势线。对于付款客户，使用初始模型更有意义，因为这个模型是使用付款客户的数据建立起来的，不会受未付款客户的影响。

　　这个示例旨在表明选择正确的建模数据的重要性。一定要熟知数据对生成模型的影响。

12.1.4　图表中的趋势线

　　最佳拟合线是 Excel 图表支持的若干种趋势线之一。趋势线的目的是查看数据点中存在的模式。当数据包含一个输入和一个目标变量时，趋势线只存在于 Excel 中。然而，它们是非常有用的。

1. 散点图中的最佳拟合线

计算线性回归的一个强大且简单的方法，是在图表中直接使用最佳拟合趋势线，这已经在图 12-1 和图 12-3 中展示。为了添加最佳拟合趋势线：

(1) 左击系列，选择它。
(2) 右击并选择 Add Trendline…，打开 Format Trendline 对话框。
(3) 在左上侧选择 Linear 选项。

此时，可以退出对话框，最佳拟合线出现在第一个和最后一个 X 值之间。

最佳拟合线在图表中是一条黑色实线。因为趋势线通常没有数据重要，将它的格式改为浅颜色或虚线。当图表中包含多个系列时，设置趋势线的颜色与对应系列的颜色相似。和任何其他的系列一样，只需要右击趋势线，然后修改它的格式。

提示：在散点图或气泡图中绘制趋势线时，修改它的格式为浅颜色，但设置其颜色与数据系列的颜色相近，因此趋势线可见，但是不会主导整个图表。

在 Format Trendline 对话框中的 Options 选项卡中，有几个有用的选项：

- 要设置趋势线的名字并使其出现在图例中，单击 Custom 并输入名字。
- 默认情况下，趋势线只适用于数据中 X 值的范围。为了扩展这个范围，使用 Forecast 区域并指定最后一个数据点之后 Forward 的单位数。
- 为了将值扩展到第一个数据点之前的范围，使用 Forecast 区域并指定第一个数据点之前 Backward 的单位数。
- 为了查看公式，选择 Display equation on chart。当公式显示在图表中以后，可以很容易地调整字体并移动它。
- 为了查看模型对数据的适应程度，选择 Display R-squared value on chart。R^2 值会在本章后续的内容中讨论。

如果在创建趋势线时忘记添加这些选项，可以双击趋势线，打开 Format Trendline 对话框。一个漂亮的功能是，趋势线本身可以被设置为不可见，因此只有公式出现在图表中。同时注意，图表中的数据变化时(即使只使用了一个数据过滤器)，趋势线也会随之变化。

2. 指数趋势线、幂趋势线和对数趋势线

这三种类型的趋势线是最佳拟合线的变种，它们的区别是这些线的形状不是直线：

- 对数趋势线 $Y = \ln(\beta_1 * X + \beta_0)$
- 幂趋势线：$Y = \beta_0 * X \wedge \beta_1$
- 指数趋势线：$Y = \exp(\beta_1 * X + \beta_0)$

作为线性回归，拟合这些曲线有相同的精神，因为这三个公式包含的两个系数与直线的斜率和截距相似。这些曲线都有自己独有的属性。前两类曲线，对数趋势线和幂趋势线

要求 X 值必须为正数。后两类曲线生成的 Y 值总是正数(对于幂趋势线，Excel 不允许系数 $ß_0$ 为负数)。

对数曲线缓慢增长，它的增长速度比直线更加缓慢。因此，当 X 值加倍时，Y 值只是增加一定数量。图 12-4 左侧的部分展示了支付数据的对数趋势线。因为数据有线性关系，对数趋势线的拟合效果并不好。

对数趋势线和最佳拟合线是彼此相关的。当 X 轴是对数标尺时，对数趋势线看起来是一条直线。图 12-4 展示了同样数据的对比结果，其中一个图表的 X 轴使用正常的标尺，另一个图表使用对数标尺。

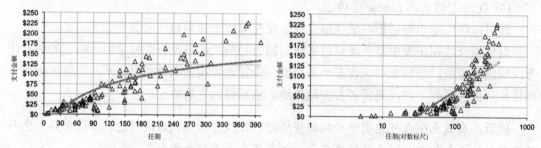

图 12-4 当 X 轴使用对数标尺时，对数趋势线看起来像是一条直线

指数曲线增长非常迅速，比直线的增长速度更快。它的行为与对数趋势线相似，但是对应的是 Y 轴，而不是 X 轴。即，当 Y 轴使用对数标尺时，指数曲线看起来是一条直线。

幂趋势线的增长速度比指数趋势线慢。当 X 轴和 Y 轴都使用对数标尺时，它看起来是一条直线。当 $ß_1$ 接近于 1 时，它看起来也像是一条直线。

这些趋势线都是最佳拟合线，只是数据被转换了。事实上，这种数据转换就是 Excel 中计算这些曲线的方法。正如本章后续中的内容，这个方法实际上非常有用，但它是一个接近值。结果与直接计算实际的最佳拟合线有区别。Excel 的最佳拟合线是优秀的，但并不是理论上正确的最佳拟合线。

3. 多项式趋势线

多项式趋势线更加复杂，因为它可能包含大于两个的系数。多项式趋势线的公式如下：

- 多项式：$Y = ß_n * X^n + \ldots + ß_2 * X^2 + ß_1 * X + ß_0$

多项式的度是等式中 n 的最大值，该值在 Format Trendline 对话框中的 Types 选项卡的 Order 中设置。

多项式拟合线可能是非常有用的。事实上，对于任意给定的 X 值不同的数据点集合，一定存在一条严格拟合它的多项式拟合线。这个多项式拟合线的度比点的个数小 1。图 12-5 展示了包含 5 个数据点的示例，其中多项式拟合线的度从 1 到 4。度数越高，越能更好地捕捉到数据点的具体特征而不是整体特征。这是一个过度拟合的示例，即模型过度记忆训练数据的详细内容，没有找到感兴趣的更大的模式。同时注意到，多项式等式之间没有任何关系。因此，找到度数为 2 的最佳拟合多项式趋势线，并不是简单地在最佳拟合线之上添加一个平方项。

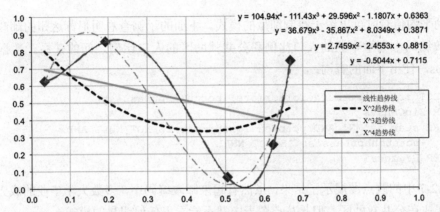

图 12-5　高度数的多项式拟合线能够严格拟合任何数据集。该图展示的是包含 5 个点的散点图,其中多项式拟合线的度数从 1 到 4。第 4 个多项式拟合线穿过所有 5 个点

当多项式的顺序是奇数时,曲线为起点低终点高,或起点高终点低。最典型的情况是直线,要么向上倾斜,要么向下倾斜。所有度数为奇数的多项式都有这个属性。

度数为偶数的多项式要么起点和终点都高,要么起点和终点都低。它们的一个属性是,在所有值之中,要么有一个最高值,要么有一个最低值。对于一些优化应用,有最高值或最低值是一项非常有用的属性。

提示:当使用多项式趋势线拟合数据点时,确保多项式的度数小于数据点的个数。这能减少过度拟合的可能性。

4. 移动平均趋势线

除了最佳拟合线之外,或许最常见的趋势线是移动平均趋势线。当水平坐标轴表示时间时,通常会使用这种趋势线,因为它能洗刷掉一周之内或一个月之内的变化。

图 12-6 展示了每天的订阅数据。每周的变化主导了整个图表,因为人们的视线倾向于追踪最大值和最小值。这些最高点并不能说明实际发生的事情。趋势线展示了 7 天的移动平均值,消除周内的值的变化,同时展现出长期的走势。

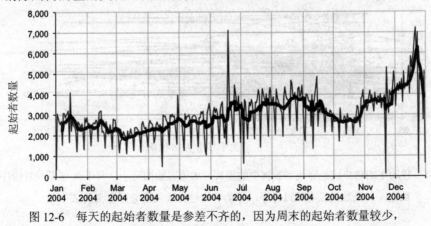

图 12-6　每天的起始者数量是参差不齐的,因为周末的起始者数量较少,使用 7 天移动平均值更能展示一年之中的走势

移动平均值有时可以用于绘制细微的模式。下面的示例查看明尼苏达州的邮政编码，查看邮政编码中大学毕业的人口比例和公共救助区的人口比例之间的关系。数据来自于 ZipCensus，使用下面的查询：

```
SELECT zcta5, pctbachelorsormore, pctnumhhpubassist
FROM ZipCensus
WHERE stab = 'MN' AND pctbachelorsormore IS NOT NULL AND
      pctnumhhpubassist IS NOT NULL
ORDER BY zcta5
```

图 12-7 中的散点图展示了结果，虽然看起来邮政编码中，多数大学毕业的成人，相对较少地居住在公共救助区，但是从该图表中并不能看出任何明显的模式。

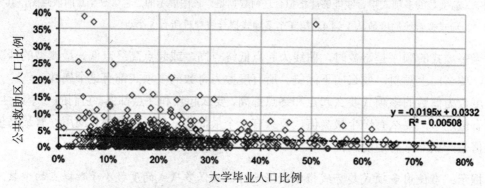

图 12-7　在明尼苏达州的邮政编码区域中，大学毕业的人口比例和住在公共救助区的人口比例之间并没有明显的关系

图 12-8 中的第一幅图展示了添加移动平均趋势线的一种风险。这个图表直接将移动平均趋势线应用到从数据库返回的数据上，生成来回的 Z 字线，而且毫无意义。第二幅图通过为 X 值排序，解决了这个问题。虽然两者之间的关系并不是一条直线，但模式确实是存在的。当邮政编码区域有更多的大学毕业生时，居住在公共救助区的家庭变得更少。

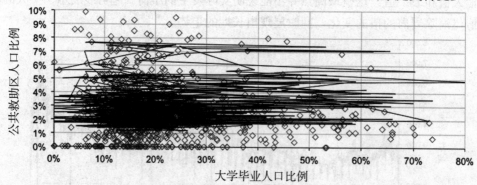

图 12-8　移动平均趋势线能够找到数据中的模式，如第二幅图所示，其中 X 值是经过排序的；然而，如果数据没有经过排序，移动平均趋势线只是毫无意义的 Z 字线

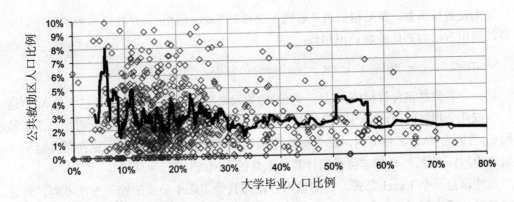

图 12-8　移动平均趋势线能够找到数据中的模式,如第二幅图所示,其中 X 值是经过排序的;然而,如果数据没有经过排序,移动平均趋势线只是毫无意义的 Z 字线(续)

通常,在使用移动平均趋势线时,要确保数据是经过排序的。只有使用移动平均趋势线是需要数据排序的,其他类型的趋势线并不需要数据排序。

提示: 使用移动平均趋势线时,确保数据是按 X 值排序的。

为了给数据排序,选中要排序的表,使用 Data>Sort 菜单选项(或选择 Data 功能区的 Sort 功能,或依次使用组合键 Alt+D 和 Alt+S),然后选择用于排序的列。对于多个列,打开高级排序对话框,使用+选项添加新的字段。老版本的 Excel 只允许对最多 3 个列排序。在这些版本的 Excel 中,可以使用一个技巧,即小心地将值附加到另一个列中。

12.1.5　使用 LINEST()函数的最佳拟合

在 Excel 中,趋势线不是做线性回归的唯一方法。函数 LINEST()提供了线性回归的完整功能,包含计算描述拟合程度的不同统计数据,例如:

- R^2 值
- 系数的标准差
- Y 估计值的标准差
- 自由度
- 平方和
- 剩余值的平方和

本章首先讨论这些内容是因为它们是最实际的。其余的部分是更深层的统计学衡量方法,更适合在统计学书籍中介绍。

1. 在多个单元格中返回值

在讨论统计数据和这些值的计算方法之前,先讨论一个问题:单个方程,如 LINEST(),如何返回多个值?到目前为止,所有的函数都是针对单个单元格,其返回值都存入该单元格中。事实上,看起来这就是函数的行为。

答案是数组函数,参见稍后的"返回多个值的 Excel 函数"。对数组函数的调用返回多个值,调用方法与其他函数调用相似:

```
= LINEST(<y - values>, <x - values>, TRUE, TRUE)
```

第一个参数是包含目标(通常是一列值)的单元格范围;第二个参数是包含输入值(通常是一列或几个相邻的列)的范围。最后两个参数是标志位。第一个标志位说明是做正常的线性回归(当值为 FALSE 或 0 时,这个标志位强制限定常量 β_0 的值为 0,这在某些情况下是非常有用的)。最后一个标志位说明计算带系数的不同统计值。

虽然这是一个 Excel 公式,它的输入方法与其他 Excel 公式的输入方法不同。首先,公式的目的是应用于多个单元格而不是一个单元格,因此需要先选择单元格,然后输入公式。在这个示例中,结果值在 10 个单元格中,2 列 5 行。函数的返回值总是在 5 行中(当最后一个参数为 TRUE 时),每一个参数对应一列。一列是 X 值,有两个系数,分别用于 X 和常量。

数组公式的输入是使用 Ctrl+Shift+Enter 而不是只用 Enter。在 Excel 中,公式由花括号("{"和"}")包围,表明它是一个数组公式。当输入公式时,不需要输入花括号。

输入公式后,想要修改公式,只能通过选中公式对应的所有单元格。尝试修改数组中的某个单元格会导致错误:"无法部分修改数组"。相似地,删除公式也需要选中所有的单元格,然后单击 Delete 键或右击选择 Clear Contents。

警告:对于使用数组函数的一组单元格,当尝试修改其中一个单元格时,Excel 会报错。可以通过选择整组单元格来删除或修改公式。

返回多个值的 Excel 函数

第 4 章介绍了数组函数,用于解决包含多个数字列的复杂的数学问题。例如,数组函数可以结合使用 IF()函数和 SUM()函数。数组函数不仅能够接收一组单元格作为输入,还可以返回一组值。事实上,几乎任意的 Excel 函数都能这样使用。

考虑一个简单的情况,A 和 B 列中,每一列包含 100 个数字,而且 C 列中的每一个单元格都使用一个公式,计算 A 列和 B 列的值。C 列中单元格的公式如下:

```
= A1 + B1
= A2 + B2
. . .
= A100 + B100
```

这个公式重复出现在每一行中;通常,在第一行输入第一个公式,然后使用 Ctrl+D 复制到整列。

这种方法的替换计算方式是使用数组函数。选择 C 列的前 100 行之后,可以输入如下数组函数:

```
= A1:A100 + B1:B100
```

然后使用 Ctrl+Shift+Enter 完成，而不是只使用 Enter。Excel 会将它标识为数组函数，并以花括号包括：

```
{= A1:A100 + B1:B100}
```

所有的 100 个单元格都使用同样的函数。

Excel 能够分辨出 A 列中的 100 个单元格范围分别匹配 B 列和 C 列中的单元格。因为这些范围匹配，Excel 迭代单元格范围中的值。因此，这个公式等价于 C1 包含 A1+B1，C2 包含 A2+B2，以此类推，直到 C100。

这个简单的数组公式示例并不是特别有用，因为在这个情况(以及很多相似的情况)中，通常可以将公式向下复制至整列。数组公式的一个优点是，它只保存一次，而不是每个单元格都做保存。当函数应用于上千行数据，且 Excel 文件整体大小是一个问题时，数组公式比较有用。

还有一些函数，它们的使用与数组函数相似，因为它们为一组单元格返回值。本章讨论的 LINEST()函数就是其中之一。相似的函数有 LOGEST()，它也是一个数组函数。它用于拟合指数曲线，而不是直线。

其他数组函数用于处理矩阵，例如 TRANSPOSE()、MINVERSE()和 MMULT()。

2. 计算期望值部分

虽然关注描述线性回归模型的系数和统计信息非常有趣而且能获得更多信息，然而对于模型来说，或许最重要的事情是将它应用到新数据。因为 LINEST()函数为直线生成系数，可以简单地使用下面的公式，将它应用至模型：

```
= $D$2 * A2 + $D$3
```

其中，$D$2 和$D$3 包含由 LINEST()计算而得的系数。注意最后一个系数是常量。

Excel 提供了若干种方法用于计算系数。例如，最佳拟合线图表生成的公式，与 LINEST()函数计算的结果相似。此外，下面的公式，同样可以计算只包含一个输入变量的直线的期望值：

```
= SLOPE(<y-values>, <x-values>) * A2 + INTERCEPT(<y-values>, <x-values>)
= FORECAST(A2, <y - values>, <x - values>)
= TREND(<y - values>, <x - values>, A2, TRUE)
```

第一个方法分别计算斜率和截距，适当地使用名为 SLOPE()和 INTERCEPT()的函数。第二个和第三个方法使用的两个函数几乎等价。唯一的区别是，TREND()多一个参数，用于表示是否强制 Y 截距为 0。显式地使用包含 LINEST()的公式的好处是，能生成更多的变量。其他方法的优势是，所有的计算都可以在一个单元格中完成。

3. 使用 LINEST()处理对数曲线、指数曲线和幂曲线

对数趋势线、指数趋势线、幂趋势线是最佳拟合线的三种趋势线类型，它们的公式也可以通过使用 LINIEST()估算。结果并不是准确的，但是非常有用。

关键是转换 X 值和 Y 值，或者同时使用对数和指数函数。为了理解它的工作方式，回忆指数和对数的相关知识。这两个函数彼此是相反的，因此 EXP(LN(<任意数字>))的值就是最初的值(数字是正数)。对数的一个有用的属性是，两个数字的对数之和，等于数字乘积的对数值。

第一个示例展示了如何通过转换变量，计算对数曲线的系数。目的是计算 X 值的最佳拟合线和 Y 值的指数曲线。返回的等式是：

$$EXP(Y) = \beta_1 * X + \beta_0$$

通过两侧取对数，等式转换为：

$$Y = LN(\beta_1 * X + \beta_0)$$

这是对数趋势线的公式。Y 值转换后计算得出的系数与图表中的系数一样。
指数的转换是相似的。使用 LN(Y)而不是 EXP(Y)，计算得出的最佳拟合等式是：

$$LN(Y) = \beta_1 * X + \beta_0$$

通过使用指数，计算对数的反向值，公式与指数趋势线的公式非常相似：

$$Y = EXP(\beta_1 * X + \beta_0) = EXP(\beta_0) * EXP(\beta_1 * X)$$

差别在于，这个方法生成的 β_0 系数，是图表中给定系数的对数值。
最后，幂曲线的转换同时使用 X 值和 Y 值的对数：

$$LN(Y) = \beta_1 * LN(X) + \beta_0 = LN(EXP(\beta_0) * X^{\beta_1})$$

对两侧同时取指数：

$$Y = EXP(\beta_0) * X^{\beta_1}$$

这些系数和图表中系数之间的区别在于 β_0，使用 LINEST()计算的 β_0 是图表中 β_0 的对数值。

Excel 函数 LOGEST()直接适用于指数曲线。系数与图表中的系数相关。其中 β_0 相同，但是 β_1 的对数值对应图表中的系数。

当使用 LOGEST()或转换原始数据的方法时，结果系数只是接近正确值。问题是转换 Y 值时，同时改变了距离的度量标准。因此，转换后的数据的最佳拟合线，可能并不是原始数据的最佳拟合线，虽然两者通常都非常接近。转换的方法确实能够"快速且粗糙"地生成最佳曲线。为了在 Excel 中获取更加精准的曲线，使用 Solver 方法(本章后面将描述)或统计工具。

警告：在 Excel 中，指数趋势线、对数趋势线、幂趋势线以及 LOGEST()函数，都是估计值。系数都不是最佳值，但是通常与最佳值接近。

12.2 使用 R^2 衡量拟合程度

最佳拟合线的拟合程度如何？理解模型的好坏与最初创建模型是一样重要的。某些数据的散点图看起来像一条直线，这种情况下，最佳拟合线的效果非常好。在其他情况中，数据是聚合在一起的一团数据，这种情况下，最佳拟合线的描述性并不强。R^2 提供了区分这些情况的衡量方法。

12.2.1 R^2 值

R^2 衡量最佳拟合线对数据的拟合程度。当直线一点儿也不能拟合数据时，R^2 值为 0。当直线完美拟合数据时，R^2 值为 1。

理解这个测量方法的最好方式是在实例中使用。图 12-9 展示了人为创建的 4 个数据集，用于展示不同的情况。最上面的两个图的 R^2 值为 0.9；底下的两个图的 R^2 值为 0.1。左侧的两个图是正相关，右侧的两个图是负相关。

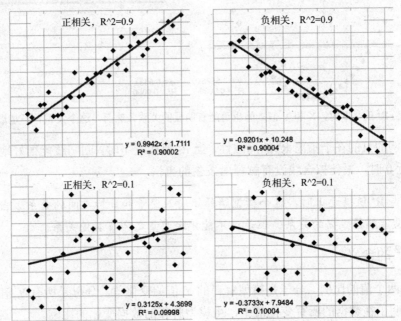

图 12-9　4 个示例展示了正相关和负相关情况，以及 R^2 值为 0.1(松拟合)和 0.9(紧拟合)时的情况

直观上看，当 R^2 值接近 1 时，数据点与最佳拟合线非常接近。差值非常小，但是最佳拟合线确实捕捉到了数据的趋势。当 R^2 值接近 1 时，某种程度上，模型是稳定的，移除一些点对于最佳拟合线的影响也是较小的。

另一方面，R^2 值接近 0，拟合线与数据点没有什么关系(至少视觉上是这样)。这可能是因为 X 值不包含足够的信息，不能较好地计算出 Y 值，或是因为信息足够，而关系不是线性的。移除少数数据点，对最佳拟合线的影响非常大。

简而言之，R^2 能够衡量数据点与最佳拟合线的紧密程度，能够很好地说明最佳拟合线与数据的适用程度。

12.2.2 R^2 的局限性

R^2 不会告诉我们 X 值和 Y 值之间是否有关系，只能告诉我们拟合线的好坏。这是一个重要的区别。即便 R^2 值是 0，也可能存在明显的关系。

图 12-10 展示了两个这样的示例。在左侧的图表中，数据形成了一个 U 型。关系是明显的，然而 R^2 值是 0。对于任何以垂直线为对称轴的图形，它都是真的。模式是明显的，但是最佳拟合线并没有捕捉到它。

图 12-10 中右侧的图表展示了包含异常值的情况。对于任意给定的数据集，可以添加一个数据点，使 R^2 值为 0。当额外的数据点导致最佳拟合线为水平线时，会发生这种情况。

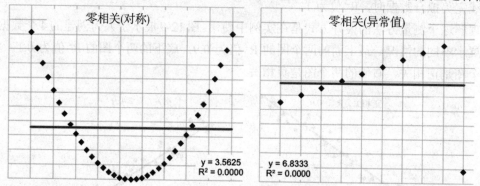

图 12-10 当 R^2 值是 0 时，X 和 Y 值之间也可能有明显的关系。然而，这个关系并不是最佳拟合线

这些示例的目的在于指出 R^2 的局限性。当 R^2 值接近 1 时，回归线能很好地解释数据。当 R^2 值接近 0 时，最佳拟合线没有解释所发生的事情。

提示：当 R^2 值接近 1 时，这个模型解释了输入变量和目标之间的关系。当 R^2 值接近 0 时，模型没能解释数据的关系。但是这不能排除变量之间有其他关系。

12.2.3 R^2 的含义

R^2 值是两个值的比例。分子是模型解释的 Y 值的变化值。分母是所有 Y 值的变化值。这个比例说明了在数据的所有变化值中，由模型解释的数据变化的比例。

足够简单。Excel 能够使用 CORREL() 函数计算该值。这个函数计算 Pearson 相关系数，称为 r。正如它的名字所暗示的，R^2 是 r 的平方。

也可以直接从数据中计算 R^2 值。分子是 Y 值的期望值和平均值之差的平方和，即分子用于衡量期望值与整体平均值之间的距离。分母是所观测到的 Y 值和平均值之间差值的平方和。分母衡量观测值和平均值之间的距离。

表 12-2 解析了整个计算过程，计算内容是图 12-10 中右侧的示例，即 R^2 值为 0 的示例。第 2 列和第 3 列包含观测到的 Y 值和 Y 的期望值。第 4 列和第 6 列存储它们与平均值的距离。第 5 列和第 7 列存储平方值。R^2 值是这些平方和的比值。

表 12-2 R^2 计算的示例

X	Y	Yexp	Yexp-Yavg	(Yexp-Yavg)²	Y-Yavg	(Y-Yavg)²
1.0	5.5	6.83	0.0	0.0	−1.3	1.78
2.0	6.0	6.83	0.0	0.0	−0.8	0.69
3.0	6.5	6.83	0.0	0.0	−0.3	0.11
4.0	7.0	6.83	0.0	0.0	0.2	0.03
5.0	7.5	6.83	0.0	0.0	0.7	0.44
6.0	8.0	6.83	0.0	0.0	1.2	1.36
7.0	8.5	6.83	0.0	0.0	1.7	2.78
8.0	9.0	6.83	0.0	0.0	2.2	4.69
9.0	9.5	6.83	0.0	0.0	2.7	7.11
10.0	0.8	6.83	0.0	0.0	−6.0	36.00
Sum				0.0		55.0
R^2						0.0

这个表展示了当 R^2 值为 0 的情况。期望值是一个常量，它是 Y 值的平均值(记住最佳拟合线的一个属性是，它穿过 X 值和 Y 值的平均值所构成的点)。当期望值是常量时，R^2 值只能是 0。相似地，当 R^2 值是一个较小值时，期望值的变化范围也非常小。

注意，R^2 值永远不为负，因为平方和永远为正数。然而，Pearson 关联(r)可以是负值，说明关联关系是正相关(Y 值随 X 值变大而变大)还是负相关(随着 X 值增大，Y 值减小)。

R^2 值只适用于最佳拟合线。对于所有的拟合线，R^2 值可以大于 1，虽然最佳拟合线永远不会存在这种情况。

12.3 直接计算最佳拟合线系数

为什么要介绍计算最佳拟合线系数的方法？有两个原因。直接计算系数的方法可以使用 SQL 和 Excel 计算。然而，更重要的是，Excel 缺少一些有用的功能：计算加权最佳拟合线。这个功能将在本章后续的内容中介绍。

12.3.1 计算系数

计算最佳拟合线，等价于找到拟合线等式的系数 β_0 和 β_1。这个计算所需要的就是简单的加法、乘法和除法。没什么神秘之处，只是计算本身，虽然对它的证明没有包含在本书的内容之中。

计算过程使用下面简单的中间计算结果：

- Sx 是 X 值的和。
- Sy 是 Y 值的和。
- Sxx 是 X 值的平方和。

- Sxy 是每一个 X 值与对应 Y 值的乘积。

第一个系数是 β_1，由下面的公式计算而得：

```
ß1 = (n*Sxy - Sx*Sy) / (n*Sxx - Sx*Sx)
```

第二个系数由如下公式计算而得：

```
ß0 = (Sy/n) - beta1*Sx/n
```

表 12-3 展示了使用 R^2 示例中的数据进行计算。表的上部分包含数据点，同时包含平方值和所需要的乘积。求和以及后续的计算列在表的底部。

表 12-3 系数的直接计算

	X	Y	X^2	X*Y
	1.0	5.5	1.00	5.5
	3.0	6.5	9.00	19.5
	4.0	7.0	16.00	28.0
	5.0	7.5	25.00	37.5
	6.0	8.0	36.00	48.0
	7.0	8.5	49.00	59.5
	8.0	9.0	64.00	72.0
	9.0	9.5	81.00	85.5
	10.0	0.8	100.00	8.3
变量	S_X	S_Y	S_{XX}	S_{XY}
Sum	55.0	68.3	385.0	375.8
n * Sxy - Sx * Sy	0.00			
n * Sxx - Sx * Sx	825.00			
β_0	0.00			
β_1	6.83			

12.3.2 在 SQL 中计算最佳拟合线

与 Excel 不同，SQL 通常没有函数能够直接计算线性回归公式的系数(虽然有的数据库，如 PostgresSQL 和 Oracle 包含这些功能)。对于只有一个变量的示例，使用前面的公式，可以显式地完成计算。对于图 12-7 中明尼苏达州的示例：

```
SELECT (1.0*n*Sxy - Sx*Sy) / (n*Sxx - Sx*Sx) as beta1,
       (1.0*Sy - Sx*(1.0*n*Sxy - Sx*Sy) / (n*Sxx - Sx*Sx)) / n as beta0,
       POWER(1.0*n*Sxy - Sx*Sy, 2) / ((n*Sxx-Sx*Sx)*(n*Syy-Sy*Sy)) as r2,
       s.*
FROM (SELECT COUNT(*) as n, SUM(x) as Sx, SUM(y) as Sy,
             SUM(x*x) as Sxx, SUM(x*y) as Sxy, SUM(y*y) as Syy
```

```
FROM (SELECT pctbachelorsormore as x, pctnumhhpubassist as y
      FROM ZipCensus
      WHERE stab = 'MN'
     ) z
) s
```

最内层的子查询定义 X 和 Y 变量。中间的子查询计算 Sx、Sy、Sxx、Sxy 和 Syy(用于后期计算 R^2)。这些值用于计算下一层的系数。这个查询同时计算 R^2 值,使用替换公式直接计算,而不是先计算期望值。

表 12-4 列出了结果值。虽然移动平均值展示出一种关系,但是较低的 R^2 值说明这个关系并不是一条直线。

表 12-4 针对明尼苏达州的邮政编码,计算大学教育和公共救助区之间的关系

系数/统计参数	值
N	885
Sx	185.0340
Sy	25.6020
Sxx	53.9560
Sxy	5.0619
Syy	1.8146
β_1	−0.0190
β_2	0.0329
R^2	0.0052

12.3.3 价格弹性

价格弹性是经济学概念,即产品价格和产品销量彼此反相关。随着价格提升,销量下降,反之亦然。实践中,价格弹性能够估计提价或降价带来的影响。虽然经济关系是一个估计值,甚至有时是相当微弱的关联关系,但是在价格变动的定性分析上,价格弹性有助于定性判断价格变化带来的影响。

价格弹性的话题引发了对通常情况下价格的讨论。一个典型的情况是产品有一个全价。客户可能会全额支付,或是支付折扣价——产品处于销售状态,对于忠诚度较高的客户,提供折扣,或者产品与其他产品绑定,客户整体购买有一个整体折扣价,等等。

本节从对价格的调研开始,首先按照不同产品分组,然后针对全价是$20 的书籍进行调研。之后介绍如何应用基础回归分析,估算弹性影响。这些影响只用于估算,因为需求不只是基于价格(竞争者正在做的事情、市场营销计划等)。即使如此,回归分析也能为这个主题带来一些启发。

1. **价格频率**

关系的可视化是一个好的开始。价格频率表展示了某个价格之下的产品出售次数。水

平轴是价格,垂直轴是次数,因此每一个数据点展示了某个价格的产品销售数量。价格频率表所使用的价格,可能是全价、平均价或是以条形展示的价格区间。

图12-11展示了以产品组进行分类的全价频率表。因为值的范围很大,而且都是正数,所以两个坐标轴都使用对数标尺。7个符号分别代表所感兴趣的7个产品组。图中的每一个点都是产品组中全价产品的一个实例。

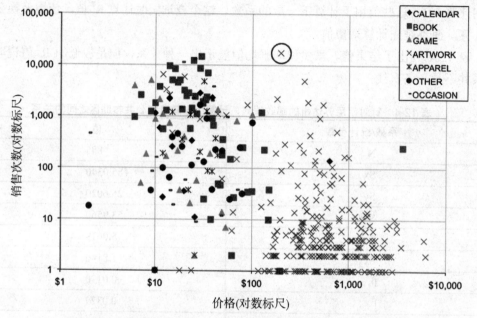

图12-11 价格频率表展示了不同产品组的销量和全价之间的关系

总的来说,这个图表体现了全价、产品组和需求之间的关系。例如,顶部以圆圈标记的点,说明17 517个订单中包含ARTWORK产品,这些产品的全价是$195。虽然没有在图表上显示,但这个点实际对应产品表中670个不同的产品,它们都属于ARTWORK产品组,而且它们的全价相同。

价格频率图表还有其他有趣的信息。最常售卖的产品是全价为$195的ARTWORK产品(图中以圆圈指定的点)。虽然相对昂贵,但对比其他的ARTWORK产品,这个价格是比较便宜的。这个分类的产品通常花费更多,如圆圈右侧以X标识的其他ARTWORK产品。

几乎所有昂贵的产品都是ARTWORK,只有一个BOOK和一个CALENDAR是例外(这些可能是由于分类失误导致的)。另一方面,超过一千个订单中包含BOOK分组的产品——以图表左上角的实心矩形表示。书籍的定价一般也是适中的。左侧展示出的最便宜的产品包含很多GAME产品和CALENDAR产品。FREEBIE因为是自由定义的,所以不包含在这个图表中。

价格频率表是可视化地展示价格和销量关系的一种好办法。涉及价格弹性,它的使用是受限的。例如,销量最好的书籍,价格大约在所有书籍的价格中间。更昂贵的书籍的销量较小。但是更便宜的书籍,销量也较小。这并不让人惊讶,价格并不是影响书籍销量的唯一因素。

下面的查询返回图表所需要的数据:

```sql
SELECT p.GroupName, p.FullPrice, COUNT(*) as cnt
FROM OrderLines ol JOIN Products p ON ol.ProductId = p.ProductId
WHERE p.FullPrice > 0
GROUP BY p.GroupName, p.FullPrice
ORDER BY cnt DESC
```

这个查询使用 OrderLines 计算整体订单数量和产品数量，获取 FullPrice 和产品组名。这个查询计算订单中订单明细的数量，用于统计销量，这是合理的。另一个合理的计算方法是计算单位数量。

结果集以产品组分类——这是比较产品的最自然的方法。为了创建图表，每一个产品组需要单独的一列数据。对于每一行数据，FullPrice 在对应列都有值，而其他列中的值则为 NA()。使用这个对称的数据集创建散点图。

2. 价格为 $20 的书籍的价格频率

价格范围和销量是有趣的。相比于范围，最好关注单个产品或产品组。本节调研 BOOK 产品组中，全价是 $20 的产品。虽然全价是 $20，但通常是有折扣的，例如优惠券、通关凭证、产品绑定销售、客户忠诚度折扣等。

价格弹性说明，当价格更低时，销量应该更高，当价格提升时，销量应该下降。当然，这是经济学理论，而且在实际生活中，有很多其他因素存在。低价格的销量低于全价的销量，说明产品有特殊的推广活动以增加销量，这个推广超过了价格的作用。或者，低价销售可能是为了清仓，使需求量相对提高，但是因为库存数量不足以满足需要，因此销量相对较低。

这个调查假设所有的客户都能使用折扣，而且折扣存在于一定的时间段。价格弹性是关于销量和月平均价格的问题，包含如下汇总信息：

- 销售的全价为 $20 的书籍的月平均价格
- 这些产品在月中的总销量

这里明确一下，全价是 $20，但是客户可能有折扣。而且指定的书籍总是有相同的全价，全价在 Products 表中而不是在 Orders 表中。在现实世界中，产品在不同时期可能包含不同的全价。在这种情况下，OrderLines 应该同时包含全价和客户支付的价格信息(或者包含产品价格的表应该被设计为缓慢变化的表，这意味着价格表中包含时间区间)。

下面的查询返回散点图 12-12 中使用的数据：

```sql
SELECT YEAR(o.OrderDate) as year, MONTH(o.OrderDate) as mon,
       COUNT(DISTINCT ol.ProductId) as numprods,
       AVG(ol.UnitPrice) as avgprice, SUM(ol.NumUnits) as numunits
FROM Orders o JOIN
     OrderLines ol
     ON o.OrderId = ol.OrderId JOIN
     Products p
     ON ol.ProductId = p.ProductId
WHERE p.GroupName = 'BOOK' and p.FullPrice = 20
GROUP BY YEAR(o.OrderDate), MONTH(o.OrderDate)
ORDER BY year, mon
```

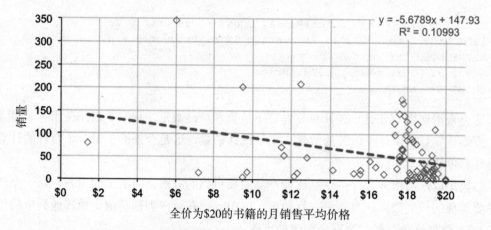

图 12-12 该散点图展示全价为$20 的书籍的实际价格，每一个点代表每月销售价格的平均值

水平轴代表每月的平均价格，垂直轴是销售的所有单位。散点图中的每一个点都是全价为$20 的书籍的销售信息。这个图表并没有展示点和月份的对应关系，即哪个点对应哪个月，因为其目的是判断平均价格和销量之间的关系，而不是随时间推移的销量走势。

在多数月份中，这些书籍的平均值超过$17，如图 12-12 中右下部分的点。在这些月份中，销量通常较低，特别是随着平均值逐渐趋近于$20。这说明了价格和销量之间的关系。在一些月份中，平均价格低得离谱，小于$10，这说明全价为$20 的书籍的折扣非常低。

图 12-12 中同时展示了最佳拟合线。这条线的拟合程度并不是非常好，但它确实展示了随价格的增长，销量下降。拟合线的斜率是-5.7，这说明价格每增加$1，每月的销量下降 5.7 个销售单位。

并没有任何先验的原因能够证明两者的关系是简单的一条线，因此可能需要更复杂的模型。然而另一方面，直线为我们提供了一个非常方便的数字——-5.7——这个数字可以用于定价和折扣信息。

现实世界中的分析是复杂的。任意月份都有不同数量的产品对应这个价格，这些产品有不同数量的存货。当库存有问题时，客户尝试购买产品，可能会因为库存不足而失败。调研价格和销量之间的关系是非常有趣的；同时，销量可能与很多因素相关，加入这些因素，生成一个复杂的模型是比较有挑战性的。

3. SQL 中的价格弹性

拟合线的系数也可以使用 SQL 计算。下面的查询完成相同的分析，找到全价为$20 的书籍的价格与销量之间的关系：

```
SELECT (1.0*n*Sxy - Sx*Sy) / (n*Sxx - Sx*Sx) as beta1,
       (1.0*Sy - Sx*(1.0*n*Sxy - Sx*Sy) / (n*Sxx - Sx*Sx)) / n as beta0,
       POWER(1.0*n*Sxy - Sx*Sy, 2) / ((n*Sxx-Sx*Sx)*(n*Syy - Sy*Sy)) as R2
FROM (SELECT COUNT(*) as n, SUM(x) as Sx, SUM(y) as Sy,
             SUM(x*x) as Sxx, SUM(x*y) as Sxy, SUM(y*y) as Syy
      FROM (SELECT YEAR(o.OrderDate) as year, MONTH(o.OrderDate) as mon,
                   AVG(ol.UnitPrice) as x, 1.0*SUM(ol.NumUnits) as y
```

```
FROM Orders o JOIN
     OrderLines ol
     ON o.OrderId = ol.OrderId JOIN
     Products p
     ON ol.ProductId = p.ProductId
WHERE p.GroupName = 'BOOK' and p.FullPrice = 20
GROUP BY YEAR(o.OrderDate), Text MONTH(o.OrderDate)
) ym
) s
```

最内层的查询按月份汇总适合的订单数据。查询的其余逻辑，是你之前见到的计算系数和 R^2 值的方法。注意 Y 值乘以 1.0，因此在计算时，它不被当作整数处理。SQL 计算的结果与 Excel 中计算的最佳拟合线系数的相同。

4. 价格弹性的平均值图表

如前所述，当模型的目标值是数值时，平均值图表是评估模型的一个好方法。这个图表将目标的估计值划分为 10 个等分段，比较每个分段中的实际目标值和预测值。图 12-13 展示了基于价格的最佳拟合线，实际销量和估算销量的比较。

这个图表展示出，模型的效果并不好(这是我们早就怀疑的，因为 R^2 值较低)。虽然在第三个分段之后趋于平缓，但是整体来讲，随着分段的增加，期望值整体下降。实际销量有不同的模式，起点很高，下落，然后再次升高。最高分段包含比其他分段更低的平均值($8.31 和$13.77，对比其他分段的$17)。

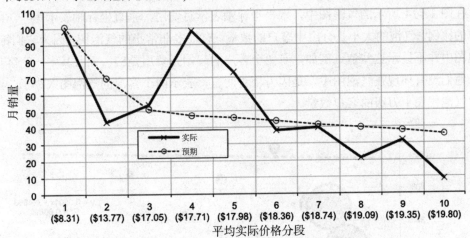

图 12-13 这个平均值图表展示了实际销量和预期销量之间的关系，这里按全价为$20 的书籍的实际销售价格展示数据

第 4 分段和第 5 分段明显有问题，因为实际销量比预期销量高很多——也或者是前三个分段的实际销量过低。忽略较低的 R^2 值，价格和销量之间确实有一个关系(虽然有例外存在)，书籍的价格折扣并不是影响销量的唯一因素。有些折扣能让受欢迎书籍的销量更好，而有些折扣的目的则是为了出售剩余的存货。当估算销量时，价格只是一个因素。

12.4 加权的线性回归

气泡图能够很自然地展示不同类型的汇总数据。数据依据 X 值和 Y 值绘制在图表中,气泡的大小代表计数频率。当 Excel 在气泡图中计算最佳拟合线时,并不考虑气泡的大小。生成的最佳拟合线在显示数据的趋势方面,做得非常差。

警告:当 Excel 计算气泡图的最佳拟合线时,不考虑分组的大小。这可能会影响生成的线。这要求做加权的线性回归。

解决这个问题的方法是使用加权线性回归处理气泡的大小。遗憾的是,这并不是 Excel 的功能。有两种方法可以做计算。一种方法是应用前面章节中的公式,调整频率总和的中间计算。另一种方法是使用 Excel 的特殊功能,称为 Solver,它是一个通用工具,但是可以用于特殊目的。

本节以需要使用加权线性回归的基础业务问题入手。然后介绍在 Excel 和 SQL 中使用不同的方法解决这个问题。

12.4.1 在第一年停止的客户

在订阅数据中,月费用和第一年的停止人数之间有关系吗?假设月费用的增加能够导致整体停止率的增加。

在图 12-14 所示的气泡图中,水平坐标轴表示月费用,垂直坐标轴表示第一年的停止客户的比例。气泡的大小是分组中客户的数量。有很多非常小的气泡图,因为它们特别小,气泡图中并不显示这些值。例如,有两个客户的起始月费用是$3,而且其中一个客户停止了。他们没有体现在气泡图中,是因为相对而言,表示两个客户的气泡图太小了,图中最大的气泡代表十万级的客户数量。

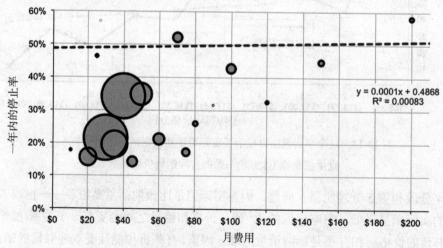

图 12-14 该气泡图展示初始月费用(水平坐标轴)和客户第一年停止率之间的关系,其中客户起始于 2004 年和 2005 年。气泡的大小代表客户的数量

图表本身包含数据的最佳拟合线，由 Excel 生成。这条线几乎是水平的，说明月费用和停止率之间几乎没有关系。同时，较小的 R^2 值也证明了两者之间缺少关系，这说明两者之间即便存在某种关系，也不是线性关系。

下面的查询为气泡图返回数据：

```
SELECT MonthlyFee,
       AVG(CASE WHEN tenure < 365 AND StopType IS NOT NULL THEN 1.0
                ELSE 0 END) as stoprate,
       COUNT(*) as numsubs
FROM Subscribers
WHERE StartDate BETWEEN '2004-01-01' and '2005-12-31'
GROUP BY MonthlyFee
ORDER BY MonthlyFee
```

这个查询简单地聚合所有于 2004 年和 2005 年开始的客户，追踪在第一年停止的客户。

12.4.2 加权的最佳拟合

表 12-5 展示了用于创建气泡图的数据。注意，多数分组都是非常小的。超过半数的分组都小于 300 个客户，而且这些分组都没有出现在图表中。当 Excel 计算最佳拟合线时，并没有考虑气泡的大小，因此不可见的点与可见的点(包含 99.9%的客户)是同等对待的。对于图中的最佳拟合线和 LINEST()函数来说，这都是真的。

表 12-5 不同初始月费用的第一年停止率和停止数

月费用	停止率	停止数	月费用	停止率	停止数	月费用	停止率	停止数
$0	100%	1	$25	46%	2901	$80	26%	7903
$7	0%	1	$27	57%	7	$90	32%	79
$10	18%	1296	$30	21%	803 481	$100	43%	34 510
$12	100%	1	$35	19%	276 166	$117	0%	1
$13	50%	2	$37	100%	1	$120	33%	3106
$15	89%	38	$40	34%	797 629	$130	81%	26
$16	100%	1	$45	14%	39 930	$150	45%	11 557
$18	50%	2	$50	35%	193 917	$160	100%	4
$19	100%	3	$60	21%	48 266	$200	58%	6117
$20	15%	120 785	$70	52%	35 379	$300	10%	241
$22	67%	9	$75	17%	22 160	$360	100%	6

这是一个问题；有些气泡明显比其他气泡更加重要。一个方法是过滤数据，只选择超过一定大小的气泡。为了实现这个目的，选择单元格，使用 Data 1 Filter 菜单，启用筛选功能(或者使用快捷键序列：Alt+D、Alt+F、Alt+F)。显示筛选器之后，在 numsubs 列应用自定义筛选，比如选择数量大于 1000 的数据行。过滤数据后，图表自动更新数据和最佳拟合线。R^2 值被提高至 0.4088，说明月费用和第一年的生存率之间存在关系。

提示：如果工作表中同时包含图表和对应的数据，在筛选数据时，要确保图表要么在数据之上，要么在数据之下。否则，筛选器可能会减小图表的高度，甚至是将图表一起过滤掉。

使用筛选是一个应急方案，它依赖于对阈值的武断选择。同时，计算而得的拟合线中，所有气泡都具有相同的权重。更好的方法是使用所有的数据计算加权的最佳拟合线。做数据汇总时，可以使用加权的最佳拟合线，而且分组的大小不同。这是常见的情况，特别是在汇总大型数据库并在 Excel 中做数据分析时。

对于所有的中间值求和，计算过程都考虑了权重。表 12-6 展示了包含权重和不包含权重的 $β_1$、$β_0$ 和 R^2 值。数据点总数 N 的计算，展示了两者之间的区别。不包含权重的情况，有 33 个点，因为月费用有 33 个不同值。这些分组对应 240 万客户，这个数值是包含权重的情况的 N 值。最初支付$10 且停止率为 17.6%的 1296 位客户，相反被认为是包含相同信息的 1296 条数据。

表 12-6 包含权重和不包含权重的对比计算

系数/统计参数	不包含权重	包含权重
N	33.00	2 405 526.00
Sx	2453.00	94 203 540.00
Sy	16.33	647 635.68
Sxx	404 799.00	4 394 117 810.00
Sxy	1241.02	27 310 559.03
Syy	11.68	190 438.85
$β_1$	0.00	0.00
$β_0$	0.49	0.16
R^2	0.0009	0.3349

计算而得的最佳拟合线有如下特征：
- 斜率=0.0028
- 截距=0.2665
- R^2=0.3349

斜率说明对于月费用每增加$1，停止率增加 0.28%。不包含权重的情况，增长是-0.01%。R^2 值说明模式是中等强壮的，而不是决定性的强壮，但是可能会缺少信息。加权后的分析修改了结果，从没有模式变为一个中等强度的模式。

基于这个分析，如果公司想要针对新用户提高$10 的月费用，则需要考虑在第一年会有额外 2.8%的客户流失。

12.4.3 图表中的加权最佳拟合线

能够在图表中绘制出加权的最佳拟合线是很有用的。即使 Excel 不直接支持这个功能，我们也可以巧妙实现它。

其思路是在图表中插入对应最佳拟合线的另一个系列，设置该系列不可见，只有拟合线可见：

(1) 对于每一个月费用，应用最佳拟合线获取期望值。

(2) 在图表中添加新的系列，包含月费用和期望值。因为是气泡图，确保同时包含气泡的大小。

(3) 为新的月费用系列添加一条趋势线。这条趋势线完美拟合数据。

(4) 格式化系列，设置其不可见。可以设置模式和区域为透明，或设置气泡宽度为 0。

图 12-15 展示了包含两条趋势线的原始数据。图中倾斜的趋势线考虑了气泡的大小，它确实更好地捕捉到了信息。

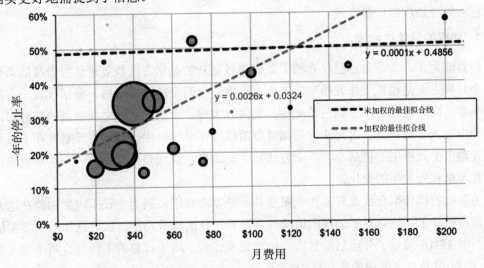

图 12-15　加权的最佳拟合线更善于捕捉数据点中的模式

12.4.4　SQL 中的加权最佳拟合线

下面的查询使用同样的思路，通过 SQL 直接计算加权线性回归的系数和 R^2 值：

```
SELECT (1.0*n*Sxy - Sx*Sy) / (n*Sxx - Sx*Sx) as beta1,
       (1.0*Sy - Sx*(1.0*n*Sxy - Sx*Sy) / (n*Sxx - Sx*Sx)) / n as beta0,
       (POWER(1.0*n*Sxy - Sx*Sy, 2) / ((n*Sxx-Sx*Sx)*(n*Syy - Sy*Sy))
       ) as Rsquare
FROM (SELECT SUM(cnt) as n, SUM(x*cnt) as Sx, SUM(y*cnt) as Sy,
             SUM(x*x*cnt) as Sxx, SUM(x*y*cnt) as Sxy,
             SUM(y*y*cnt) as Syy
      FROM (SELECT MonthlyFee as x,
                   AVG(CASE WHEN tenure < 364 THEN 1.0 ELSE 0 END) as y,
                   COUNT(*) as cnt
            FROM Subscribers
            WHERE StartDate BETWEEN '2004-01-01' AND '2005-12-31'
            GROUP BY MonthlyFee
           ) xy
     ) s
```

加权和未加权的查询之间,唯一的区别是中间的子查询对中间值的计算。这个查询返回与 Excel 计算相同的结果。

12.4.5 使用 Solver 的加权最佳拟合线

使用公式是计算加权最佳拟合线的系数的一个方法。然而,只有一个输入变量时,它是有效的,但如果所需要记住和输入的公式是非常复杂的,那就另当别论了。

本节介绍使用 Solver(Excel 的免费加载项)解决这个问题。使用 Solver 可以建立工作表模型。在模型中,有一定数量的单元格作为输入,一个单元格作为输出。Solver 找到正确的输入集合,获取想要的输出——这是非常强大的功能。问题在于如何设置工作表模型,使它能够处理加权最佳拟合线。

1. 加权的最佳拟合线

到目前为止,本章内容已经介绍了如何通过复杂的数学方法找到最佳拟合线的系数。另一个替换方案是设置工作表模型。工作表可能包含两个输入单元格,分别代表一条线的两个参数。同时还包含一个输出单元格,其内容为每一个点到直线之间距离的平方和,其中直线由输入参数决定。距离和求和都可以简单地在单元格中计算而得。难度在于找到系数,使输出单元格中的值最小。一个方法是手动调整,找到整体最小值——手动调整最小值,查看总和所发生的变化。

为基础的最佳拟合线设置工作表模型并不是非常有用,因为 Excel 内置功能在这方面已经做得很好了。然而对于加权的情况,并没有这样的内置功能,因此这个示例非常值得学习。图 12-16 展示了分组后的数据,包含频率计数、用于计算的不同列、两个输入单元格(I3 和 I4)以及包含差值的单元格(I5)。

	G	H	I	J	K	L	M
7	INPUT	Beta1	0.002763607807				
8	INPUT	Beta0	0.161001811113				
9	OUTPUT	Sum Dist^2	=SUM(M13:M45				
10							
11			FROM SQL				
12	Monthly Fee	Stop Rate	Count	Expected	Error	Squared	Weighted
13	0	1	1	=G13*$I$7+$I$8	=ABS(H13-J13)	=K13*K13	=L13*I13
14	7	0	1	=G14*$I$7+$I$8	=ABS(H14-J14)	=K14*K14	=L14*I14
15	10	0.175925	1296	=G15*$I$7+$I$8	=ABS(H15-J15)	=K15*K15	=L15*I15
16	12	1	1	=G16*$I$7+$I$8	=ABS(H16-J16)	=K16*K16	=L16*I16
17	13	0.5	2	=G17*$I$7+$I$8	=ABS(H17-J17)	=K17*K17	=L17*I17
18	15	0.894736	38	=G18*$I$7+$I$8	=ABS(H18-J18)	=K18*K18	=L18*I18
19	16	1	1	=G19*$I$7+$I$8	=ABS(H19-J19)	=K19*K19	=L19*I19
20	18	0.5	2	=G20*$I$7+$I$8	=ABS(H20-J20)	=K20*K20	=L20*I20

图 12-16 这是一个用于计算差值的工作表模型,其中差值是给定直线与数据点之间的距离(考虑加权的情况)

第一个额外的列包含期望值,使用输入单元格计算:

=<beta1> * <monthly_fee> + <beta0>

下一列包含差值,它是期望值和实际值之差的绝对值,这列之后的列是差值的平方值。

最后一列计算差值平方与计数的乘积。整体差值单元格包含这些平方值的和，是最佳拟合线需要考量最小值的地方。

修改 I3 和 I4 单元格中的值，会改变差值。使差值达到最小化的一个方法是手动调节，选择不同的值的组合。工作表的计算速度非常快，使用两个输入单元格，操作者可以很快地接近最小值。

2. 使用 Solver 比猜测更加精准

Solver 使用相同的工作表模型。然而，它并不是猜测差值最小时对应的参数，而是自动地找到参数。但是首先，必须使用菜单加载这个功能。对应菜单为 Tools | AddIns (按 Alt+T 后再按 Alt+I 组合键)。然后单击 Solver 和 OK 按钮。安装好 Solver 后，可以通过 Tools | Solver 或组合键 Alt+T 和 Alt+V 使用 Solver。

图 12-17 显示的 Solver Parameters 对话框包含若干信息。最顶部的 Set Objective 选项用于指定目标单元格。目标可以是最小化、最大化或设定目标单元格为某个指定值。

Solver 可以修改的单元格列表，在名为 By Changing Variable Cells 的区域。此外，使用 Solver 同时可以为列添加约束条件，例如，限制所有的值都为正数，或限制值属于某个范围。在计算加权的最佳拟合线时，不需要使用这个功能。Solver 同时允许选择优化方法。默认的方法非常适合加权的回归计算。

单击 Solve，Excel 会自动尝试和很多不同的系数组合，查找最优值。问题并不是特别复杂，而且 Solver 能够快速返回正确的方案，将最优的输入写在输入单元格中。稍后的 "Solver 的讨论" 略微详细地介绍了这个加载项。

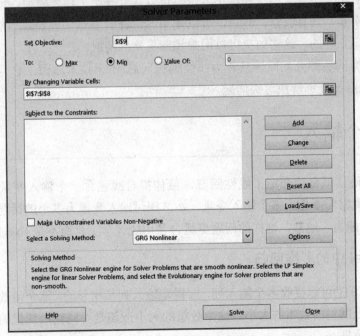

图 12-17 Solver Parameters 对话框包含用于优化的单元格、优化类型、可以修改的单元格以及处理问题的任意约束条件

> **Solver 的讨论**
>
> Solver 是 Frontline Systems 公司(www.solver.com)开发的一个加载项。自 1991 年起，Solver 就与 Excel 绑定在一起。Frontline System 在后面持续地提供更高级的版本。
>
> 找到最优值，就是判断目标值最大或最小时的系数。在我们的示例中，目标函数简单意味着目标单元格中的值，例如正文中加权的最佳拟合线的差值之和。目标函数可以是非常复杂的，因为它直接取决于输入单元格或工作表中包含的中间计算的数量。
>
> 加权的最佳拟合线是一个简单的问题，因为它在名为二次圆锥曲线的类中。其中最简单的情况是抛物线，有唯一的最小值。通过分析沿曲线的任意数据点，可以判断最小值是在该数据点的左侧还是右侧。Solver 猜测方案，然后重新定义猜测，每一次都更加接近最小值。
>
> 即是对工作表模型做非常小的调整，也可以修改问题的结构。因此，修改目标函数是一个非常复杂的操作，可能会对算法的性能产生很大的影响。一个微小的调整，可能会导致 Solver 花费更多的时间找到最优方案——甚至有可能找不到最优方案。
>
> Solver 软件是非常强大的。它可以检测什么时候问题可以轻易地解决，而且使用合适的方法解决问题。更复杂的问题有时需要更复杂的算法。
>
> 找到最佳拟合线的系数只是 Solver 的功能之一。另一类有趣的问题是资源分配。在有很多限定的情况下，要最大化利益，就会发生资源分配的问题。一个示例是分配市场预算，从不同渠道吸引新客户。不同的渠道在吸引客户时需要的花销不同。而加入的客户的行为可能不同，在每一年的不同时间段，通过不同渠道加入的客户的比例也不同，而且每个渠道有最大和最小容量。可以建立一个工作表模型，给定不同渠道加入的混合客户，计算收益。然后，可以使用 Solver 计算最大收益。当然，Solver 与猜测的结果是一样的，这些结果可以用来预测未来的情况。
>
> 这种类型的资源分配问题被称为线性编程问题(出于技术原因，它与线性回归无关)，而且 Solver 能够解决这类问题。

12.5 多个输入

我们使用最佳拟合线介绍了线性回归，最佳拟合线包含一个输入变量和一个目标变量。实际上，通常需要使用多个输入变量。本节探讨输入变量为多个的话题。使用多维回归扩展 SQL 的能力。通常，这样的问题更适合使用统计学工具而不是 Excel。

12.5.1 Excel 中的多维回归

函数 LINEST()可以接收多个输入列，前提是输入列是相邻的。这个函数调用与之前相同，除了包含返回值的数组的大小。这个数组的大小应该是不同输入变量的个数加 1，而且永远是 5 行数据。

1. 获取数据

订单数据中的邮政编码比例，与平均家庭收入、大学毕业人口比例、公共救助区人口比例相关。这样的关系可以通过多维回归进一步调查。

本例使用包含一千个家庭且至少有一个订单的邮政编码作为分析对象：

```
SELECT o.zipcode, (numorders * 1.0 / tothhs) as pen,
       Zc.medianhhinc, zc.pctnumhhpubassist, zc.pctbachelorsormore
FROM ZipCensus zc JOIN
     (SELECT o.ZipCode, COUNT(*) as numorders
      FROM Orders o
      GROUP BY o.ZipCode
     ) o
     ON zc.zcta5 = o.ZipCode
WHERE zc.tothhs >= 1000
```

返回 10 175 条数据。第二列 pen 是 Y 值，后三列是 X 值。

2. 分别调研每一个变量

第一步，逐个调研每一个变量。可以使用函数 SLOPE()、INTERCEPT()、CORREL() 计算每一个变量的最佳拟合线和 R^2 值。

表 12-7 展示了这个信息。注意，最好的变量是大学毕业的人口比例。这个变量最好，因为它的 R^2 值最高。

表 12-7 三个变量分别与产品比例之间的关系

	斜率	截距	R^2
平均家庭收入	0.0000	−0.0041	0.2512
公共救助区人口比例	−0.0466	0.0036	0.0357
大学毕业人口比例	0.0169	−0.0031	0.2726

斜率给我们提供的信息非常有趣。正斜率说明目标值随输入值增加而增加。因此，随着平均家庭收入的增加，邮政编码比例增加；大学毕业人口比例增加，邮政编码比例增加。另一方面，随着公共救助区人口比例增加，邮政编码比例减小。

斜率较大的变量(拟合线更陡峭)说明对目标值的影响更大。遗憾的是，斜率的大小并不能告诉我们哪个变量更好，或者哪个变量对目标的影响更大。这是因为原始变量有不同的范围。中等收入以 1 千美元衡量，因此，它的系数非常接近于 0。另外两个比例的变化范围在 0 和 1 之间，因此它们的系数更高。

这十分遗憾，因为了解变量对目标影响的大小是非常有用的。标准化的输入解决了这个问题。如第 3 章所述，标准化的值是通过平均值得来的值的标准差的数量。Excel 的公式为：

```
=(A1 - AVERAGE($A1:$A10176)/STDEV($A1:$A10176)
```

将公式复制至整列,获取所有输入的标准化值。

提示:如果想要比较变量对目标值的影响(在线性回归中),在计算系数前,请标准化输入值。

表 12-8 展示了标准化之后的值。R^2 值保持不变,斜率和截距发生了变化。对输入的标准化,不会影响拟合线的拟合程度。

对于所有三个公式,公式中的常量 $β_0$ 是相同的。这并不是巧合。当基于标准化的输入变量计算线性回归时,常量总是 Y 值的平均值。这个结论反过来并不是真的。如果截距正好是平均值,这并不能说明 X 值是标准化之后的值。

基于标准化值的斜率越大(无论是正向还是反向),对于预测的目标值的影响越大。

表 12-8 标准化值与产品比例之间的关系

	斜率	截距	R^2
平均家庭收入	0.0027	0.0024	0.2512
公共救助区人口比例	−0.0010	0.0024	0.0357
大学毕业人口比例	0.0028	0.0024	0.2726

12.5.2 建立包含三个变量的模型

建立包含三个变量的模型,与建立只包含一个变量的模型一样简单。对 LINEST() 的调用如下:

```
=LINEST('T11-07'!D14:D10188, 'T11-07'!E14:G10188, TRUE, TRUE)
```

记住,这是一个数组函数。三个输入变量,意味着函数的输入对应 4 列 5 行数据,如图 12-18 中的截图所示。数组中的所有单元格都有相同的公式,如公式栏所示。记住:Excel 会自动添加花括号,用于标识函数是数组函数。

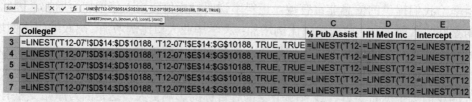

图 12-18 包含三个输入变量的 LINEST() 函数调用,要求输入 4 列 5 行的数据

这个模型与单一模型的对比结果如何?R^2 值在第一列的中间的单元格中。这个值越高,说明这个模型越好。R^2 值是 0.321,而最佳单一变量模型的 R^2 值是 0.273。添加新变量不会让模型更差,但是这里也没有让模型更好。

这个模型的系数都是整数,这是有趣的——因为并不是模型的每一个变量都是这样的。当公共救助区人口比例是模型中的唯一变量时,系数是负数。在模型中加入其他变量后,这个变量变得正相关。这说明当回归模型中加入新的变量时,系数可能会动态变化。这种变化的原因和方式是什么？

答案是相当简单而意义深远的。这个简单的答案是，其他变量抵消了公共救助区人口比例所贡献的影响。即，所有的变量都用于判断哪些原因使邮政编码区域的订单比例提高，看起来更富有、受教育程度更高的邮政编码地域，订单比例更高。其他变量更适用于找到这些因素，因此，当引入这些变量后，公共救助区人口比例这一参数动态发生变化。

更正式来讲，多维回归的数学方法假设变量是独立的。这有特殊的意义。它基本上意味着任意两个输入变量之间的关联系数——Excel 中的 CORREL()函数——是 0(或是非常接近于 0)。平均家庭收入和公共救助区人口比例之间的关联系数是-0.55。系数为负，说明其中一项随另一项的增长而下降(在更富有的区域，较少的人居住在公共救助区；居住在公共救助区的人越多，人们越不富裕)。两者之间的关联关系相当强，因此两个变量在某种程度上是冗余的。

事实上，在做线性回归时，很容易忘记一点，就当变量不相关时，技术的结果最理想。实际上，输入变量很少是彼此独立的，除非我们故意使它们彼此独立。这样做的一种技术被称为主要组件(principal component)，虽然这项技术在很多统计学书籍中有所介绍，但是本书并不覆盖这部分知识。

12.5.3 使用 Solver 处理多维回归

正如 Solver 可以用于加权回归一样，Solver 也可以用于多维回归。将系数输入到工作表中的一个区域。工作表计算期望值和整体差值。Solver 可以用于找到最小的整体差值，从而发现最优系数。

至少有两点原因能够说明这是有用的。第一，使用 Solver 可以创建更复杂的表达式，例如使用对数、指数或其他华丽的数学公式。第二，使用 Solver 可以引入权重，对于多维回归来说，权重的作用和一维回归一样重要。

结果，当多维回归使用标准化的输入时，Solver 和 LINEST()计算的系数相同。在 Excel 的更早版本中，LINEST()使用不同的方法计算系数，这个方法的数据不稳定。数据不稳定，意味着中间值可能会变得非常大，以至于在计算过程中，计算机没有足够的数字位保存这个数值。在这些 Excel 版本中，Solver 比 Excel 内置功能的效果更好。

12.5.4 逐个选择输入变量

使用回归的一个强大的方法是逐次选择变量，第一次选择最佳变量，然后选择第二好的变量，以此类推。这个过程被称为正向选择，当可能有很多输入变量时，例如描述邮政编码的不同变量，这是非常有用的。

Excel 并不是做正向选择的理想工具，因为 LINEST()函数要求 X 值存在于相邻列中。这说明每一对变量组合都需要以组的形式单独存放在临近的列中。

可以手动测试不同的变量组合。创建包含两个列作为输入的回归。然后，将原始数据中的两列数据复制到这些列中，做回归计算。可以通过复制不同的列，做不同的回归计算。

一个相似但是更简单的方法是使用 OFFSET() 函数，以及列的其他单元格中的偏移值。修改列的其他单元格中的偏移值，与将原始数据复制到输入列的方法的效果相同。

有了这些设置后，可以很容易地通过修改偏移值，计算不同列的组合，并查看返回的 R^2 值。可以方便地使用 Solver 自动找到最优的偏移值。遗憾的是，与 Excel 一起提供的 Solver 版本不能处理这种类型的优化。Frontline Systems 并未提供可以实现的 Solver 版本。

12.5.5　SQL 中的多维回归

公式中，随着变量的增多，公式变得越来越复杂。问题在于解决回归问题，要求使用代数中的矩阵，特别是对矩阵行列式的计算。只有一个输入变量时，问题是 2 乘 2 矩阵，解决这个问题相当简单。两个变量对应的是 3 乘 3 矩阵，这已经是能清楚解决问题的极限。当变量的数量更多时，除非数据库中有用于这个目标的内置函数，否则标准 SQL 不再是最佳的工具。

本节展示如何使用 SQL 实现整个逻辑，即使查询非常复杂，而且极易导致错误。这个方法并不推荐，因为专门为此开发的工具的效果更好。

解决两个变量(X1 和 X2)的等式，要求稍微多一点的算法。两个输入变量需要 3 个系数(β_0、β_1、β_2)和更多的中间求和。下面的组合用于计算系数：

- Sx1，X1 值的总和
- Sx2，X2 值的总和
- Sx1x1，X1 平方和
- Sx1x2，X1 值的和 X2 值乘积的和
- Sx2x2，X2 值的平方和
- Sx1y，X1 值和 Y 值乘积的和
- Sx2y，X2 值和 Y 值乘积的和
- Sy，Y 值的和

R^2 还需要几个其他的相似变量。这些变量将以相当复杂的方式获取。

下面的示例计算订单比例的系数，使用 MedianHHIncome 和 PctBachelorsOrMore 作为双输入变量。CTE 重命名输入变量为 y、x1 和 x2，因此最外层的子查询中的算法是通用的。

```sql
WITH xy as (
     SELECT o.ZipCode, numorders * 1.0/tothhs as y,
            CAST(medianhhinc as FLOAT) as x1, pctbachelorsormore as x2
     FROM ZipCensus zc JOIN
          (SELECT ZipCode, COUNT(*) as numorders
           FROM Orders o
           GROUP BY ZipCode
          ) o
          ON zc.zcta5 = o.ZipCode
     WHERE tothhs >= 1000
    )
SELECT beta0, beta1, beta2,
       (1 - (Syy - 2*(beta1*Sx1y+beta2*Sx2y + beta0*Sy) +
        beta1*beta1*Sx1x1 + beta2*beta2*Sx2x2 + beta0*beta0*n +
```

```
               2*(beta1*beta2*Sx1x2 + beta1*beta0*Sx1 + beta2*beta0*Sx2)) /
              (Syy-Sy*Sy / n)) as rsquare
       FROM (SELECT (a11*Sy + a12*Sx1y + a13*Sx2y) / det as beta0,
                    (a21*Sy + a22*Sx1y + a23*Sx2y) / det as beta1,
                    (a31*Sy + a32*Sx1y + a33*Sx2y) / det as beta2, s.*
             FROM (SELECT (n*(Sx1x1*Sx2x2 - Sx1x2*Sx1x2) -
                           Sx1*(Sx1*Sx2x2 - Sx1x2*Sx2) +
                           Sx2*(Sx1*Sx1x2 - Sx1x1*Sx2)) as det,
                          (Sx1x1*Sx2x2 - Sx1x2*Sx1x2) as a11,
                          (Sx2*Sx1x2 - Sx1*Sx2x2) as a12,
                          (Sx1*Sx1x2 - Sx2*Sx1x1) as a13,
                          (Sx1x2*Sx2 - Sx1*Sx2x2) as a21,
                          (n*Sx2x2 - Sx2*Sx2) as a22, (Sx2*Sx1 - n*Sx1x2) as a23,
                          (Sx1*Sx1x2 - Sx1x1*Sx2) as a31,
                          (Sx1*Sx2 - n*Sx1x2) as a32,
                          (n*Sx1x1 - Sx1*Sx1) as a33,
                          s.*
                   FROM (SELECT COUNT(*) as n, SUM(x1) as Sx1, SUM(x2) as Sx2,
                                SUM(y) as Sy, SUM(x1*x1) as Sx1x1,
                                SUM(x1*x2) as Sx1x2, SUM(x2*x2) as Sx2x2,
                                SUM(x1*y) as Sx1y, SUM(x2*y) as Sx2y,
                                SUM(y*y) as Syy
                         FROM xy
                        ) s
                  ) s
            ) s
```

查询中嵌入的是别名，如 a11 和 a12。这些值代表一个矩阵中的单元格。对于任意情况，经过计算后，结果在表 12-9 中。这些结果匹配 Excel 中使用两个变量的结果。注意：平均收入是一个重要的变量，但它并没有经过标准化处理，系数看起来像是 0。

表 12-9　使用 SQL 计算用 HHMEDINCOME、PCOLL 预测订单比例的回归系数

系数/统计参数	变量	值
β_0	Intercept	−0.004463
β_1	MedianHHInc	0.000000
β_2	PctBachersOrMore	0.010819
R^2	R-square	0.304130

理解这个特殊算法并不重要。然而，这里我们清楚找到了 SQL 的能力上限，而且添加更多变量是不可行的。做更复杂的回归计算，要求使用支持这些功能的统计学工具，或者使用 Excel。

12.6　小结

本章从 SQL 和 Excel 的角度介绍了线性回归(最佳拟合线)。线性回归是统计学模型的一个实例，与前面章节讨论的模型相似。

使用 SQL 和 Excel 解决线性回归的方法有很多。Excel 包含至少 4 种方法，可以使用给定的数据集创建这样的方法。Excel 绘图可以直接将趋势线添加至图表中。一种趋势线的类型是最佳拟合线，这条线以及描述这条线的等式和统计学信息都可以体现在图表中。其他趋势线的类型——多项式拟合、指数曲线、幂曲线、对数曲线和移动平均曲线——在捕捉并可视化数据模式时，都非常有用。

估算线性回归系数的第 2 种方法是使用数组函数 LINEST()，以及其他用于返回单个系数的函数，例如 SLOPE()和 INTERCEPT()。LINEST()比图表中的最佳拟合线更加强大，因为它支持多个 X 变量。

使用数学公式显式地计算系数是第 3 种方法。第 4 种方法是使用工作表模型，将线性回归问题当作优化问题处理。系数在输入单元格中，目标单元格包含差值的平方和，其中差值是期望值和实际值之间的差值。和最小时的系数定义了模型。名为 Solver 的 Excel 加载项找到系数的最优集合，使差值最小化。这个方法的优势在于支持加权的回归计算。这是非常强大的功能，而且 Excel 中并不支持。

除了加权的回归计算之外，回归还有很多变种。多维回归处理多个输入变量的情况。选择变量的一个较好方法是使用正向选择——每次只选择一个变量，使 R^2 值最大。

对于一个或两个变量，计算过程可以在 SQL 或 Excel 中实现。这样的优点在于可以克服工作表的限制。然而，当变量增多时，算法变得太过于复杂，难以用 SQL 表达，只有少数支持多维回归功能的数据库可以做到。

虽然作为着手点，Excel 是非常有用的，但严格的用户倾向于使用统计学工具完成这类工作。在本书的下一章将意识到 SQL 和 Excel 并不能解决所有的问题。一些问题要求更强大的工具。为这些工具准备数据——下一章的内容——能充分利用 SQL 的优势。

第13章

为进一步分析数据创建客户签名

对于操作数据、可视化数据走势、探索有趣的特征,以及找到数据中的模式,结合使用 SQL 和 Excel 能得到非常强大的功能。然而,SQL 仍然只是一门用于数据访问的语言,Excel 仍然只是一个针对相对少量数据的操作工具。虽然很强大,但是两者的组合有它们自己的局限性。

解决方法是使用更强大的数据挖掘和统计学工具,例如 SAS、SPSS 和 Python,或是针对特殊示例编写的代码。假设数据源仍然来自于关系型数据库,在为进一步数据分析做数据转换时,SQL 仍然能起到重要的作用。即使是 NoSQL 数据库,也经常使用 SQL 相似的语法来访问和处理数据。

为这些应用准备数据,就是客户签名的用途。一个客户签名包含汇总后的客户属性,它将重要的信息存放在一处。这在创建模型和为模型评分时非常有用,同时也有助于生成报表和做临时数据分析。在前面两章中讨论的模型集是客户签名表的实例。

签名比复杂的建模更加有用,在客户信息文件中,可以为了报表,对签名的根节点进行开发。然而,签名是汇总信息,它的设计目的不是用于报表,而是做数据分析,它特别关注列的命名、数据进入签名的时间段以及其他相似的考虑因素。

客户签名是非常强大的,这是因为它在一个地方同时包含客户行为和统计数据。不应该只从字面上理解"客户"二字。例如,在一些业务中,对未来的预测更加重要。因此这里"客户"可能是对未来的预测,而"行为"可能是市场活动。又或者,建模等级可能基于邮政编码层面,因此签名代表邮政编码而不是某些客户。

"签名"一词来源于一个概念,这个概念并不属于数据库,而是指客户独有的行为和特征。这是一个关于单独个体的有趣的概念。与人类的签名不同,其目的并不是作为唯一标识使用,而是用于准备做数据分析所需的数据。

虽然其他的工具提供更高级的分析功能,但 SQL 在数据准备方面有自己的优势:数据库可以并行处理。简单地说,这意味着在执行一个查询时,数据库引擎可以保持多个硬盘同时运转、多个处理器同时运行、内存得以充分使用。而且 SQL 是可以计量的。因此，基于小数据的查询，可以通过优化使之应用于处理更大量的数据，或在不同的硬件环境中执行。SQL 的另一个优势是，一条查询语句通常能够满足所有客户签名的数据处理，消除对中间表的需要。

在本章中，多数思想都已经在前面的章节讨论过。本章围绕着客户签名，重新将这些思想聚集在一起，通过多个维度汇总客户信息。本章首先从详细解释客户签名和时间范围入手。然后讨论创建签名的技术操作，以及将有趣的属性包含在签名中的操作。

13.1 什么是客户签名？

客户签名是表中的一行数据，用于描述客户的方方面面——行为、人口信息、邻居，等等。本节介绍客户签名的使用方式，以及客户签名的重要性。创建客户签名的流程，可以构建出任意时间点的客户的描述信息。这可能是所有客户在同一日期的数据快照，或是每一个客户在不同时间点的数据快照，例如，客户开始后一年的快照、客户第二次访问时的快照、客户购买某个产品时的快照或是客户加入某个忠诚度计划时的快照。

提示：可以定制创建客户签名的流程，使它生成客户在任意时间点的数据快照，或是客户任期中，与某个事件相关的数据快照。创建客户签名表的流程，与签名表本身同样重要。

客户签名以数据快照的形式纵向地汇总信息。在这里，纵向是借用医学研究的名词。在医学研究中，纵向是指以时间轴为概念，追踪、记录病人信息，包括治疗、医学检查，以及其他与病人相关的事情。对于医学研究者来说，几乎每一条信息都是重要的，因为它们直接关乎生命。虽然通常情况下，客户的信息并不是如此详细，而且也不具有如此强的针对性，但是在实际业务中，通过有针对性地组合客户在不同时间的不同特征，用户签名也可以实现相同的功能。

13.1.1 什么是客户？

对客户的定义要追溯到之前的章节。第 1 章提出了标识客户时的难题；第 8 章讨论了随时间变化追踪客户的挑战；第 10 章描述了不同层面的客户关系(订单和家庭)之间的关联规则。

什么是客户？正如我们所见，这个问题可以有多个答案。4 种典型的答案如下所示：
- 一次匿名的交易
- 一个账户、Cookies 或设备 ID
- 单个个体
- 一个家庭

从标识客户的角度来看，随着时间的推移，标识数据库中的账户和匿名交易通常很简单；而标识个体和家庭则需要做更多的工作。

在账户或 Cookies 层面，个体和家庭可能有多个关系。如果多个账户隶属于同一个客户，那么可能导致操作上的低效——例如，同一个家庭有多个联系人。这些账户可能会影响分析。例如，在尝试理解客户停止的原因时，可能选择在账户层面做数据汇总，当账户终止时，认为客户是停止的客户。然而，这可能会忽略一个事实：有些人在使用另一个账户，他们仍然是活跃客户。当使用 Cookies 或设备 ID 来标识用户时，也会遇到同样的问题。

另一方面，随着时间的推移，需要做很多工作才能从不同的交易数据、账户信息、渠道和设备中定位出同一个个体。而家庭则有另一个重要的问题，这是因为它的组成是不断变化的。这些变化代表了潜在的市场机会，例如结婚、离婚、同居、孩子搬入、孩子搬出等。因此，标识出个体和家庭需要做很多工作。

追踪个体和家庭同时还有一个挑战。例如，用户可能通过不同的设备匿名使用一个网站。当用户展示出自己的身份时(发生一次购买或登录)，是否需要向前追溯，识别出之前使用相同 Cookies 和设备 ID 的匿名会话？这个问题没有标准答案，它取决于对客户标识的实际业务需求。

purchases 数据集包含客户 ID 表，通过它，可以查找任意账户对应的家庭。随时间推移，这些 ID 与不同的交易绑定在一起。这些 ID 的分配，通常与交易中的名字、地址、电话号码、电子邮件地址和信用卡号相匹配。然后，将这些信息划分至家庭，这通常由第三方提供商来完成。如果有更多完整的数据，这些家庭 ID 会包含有效日期，标识出家庭活跃的时间和信息更改的时间。

13.1.2　客户签名的源数据

在常见的数据库中，关于客户的数据分布在不同的表中，其中一些表甚至都不知道自身包含了描述客户的信息。Products 表用于描述产品而不是客户。然而，当它与交易信息相关联时，这个表回答了如下问题：

- 哪些客户只以折扣价格购买产品？
- 客户与某些产品组有密切关系吗？
- 这个关系会随着时间的推移而改变吗？

这些关系强调了不同数据类型之间的相互影响。

关于客户的信息来自于不同的领域，如图 13-1 所示。一个特别重要的属性是每一个数据项的时间范围。时间范围说明，对于数据分析，数据在什么时候是已知的。

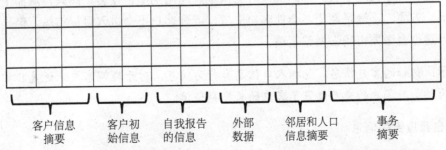

图 13-1　客户签名是描述客户的数据记录，包含不同领域的信息

1. 当前客户快照

有时，已经存在描述当前客户(或许也包含之前客户)的数据表，数据表中包含如下信息：
- 客户 ID
- 客户姓名
- 最初的起始日期或第一次购买日期
- 当前产品或最近的一次购买日期
- 整体花费
- 当前联系信息

这些信息是快照创建时客户的信息快照。这样的快照是建立完整客户签名的一个好的起始点。里面包含有用的信息，而且粒度适合。最有用的列是不随时间变化的列，因为这些列可用于创建任意时间点的客户快照。

例如，客户 ID 和最初的起始日期是不会变的。联系信息可能会发生变化，尽管变化的速度很慢。整体花费、当前产品和最近的一次购买日期都会频繁变化。"频繁"当然取决于实际业务。汽车购买数据的更新周期通常是几年；电子产品的更新通常是几个月或更频繁。网页浏览或电话使用的数据，通常是每天更新或更为频繁的更新。

在设计较差的数据仓库或数据集市中，快照信息中可能包含事务表中不存在的数据元素。以前，一家公司的客户快照中包含催缴等级字段，这个字段用来存储客户延迟支付账单的时间长度：催缴等级越高，客户支付账单的时间越晚，等级一直延续到客户账户被挂起。快照信息中只包含这个字段的最新数据，没有历史事务表。虽然对于理解客户和推动一些重要行为，这个信息非常重要，但是催缴等级信息并不能用于做分析，因为它没有历史值。

解决方案是非常简单的。为了做数据分析，我们可以在不同时间点间歇地抓取快照中的催缴等级数据，然后创建用于分析的事务表。

2. 客户的初始信息

对于持续的客户关系，初始的客户信息保持不变(除非家庭合并或分裂)。这些信息包括：
- 客户起始日期
- 初始的产品和花费的金额
- 导致初始关系生成的渠道和市场推广
- 其他相关信息(保险、信用评分等)

初始客户关系描述了客户开始加入时的预期。超出期望，使客户高兴，从而生存周期提高。另一方面，不满足期望，会使客户失望，或许客户不会进入目标市场，但是从另一方面讲，这也会激发市场去调整策略。

提示：初始的客户信息，包括人口信息和行为信息，对于理解客户来说是非常有价值的，因为最初与客户的交互设置了客户的长期期望值。

3. 自我报告的信息

客户显式地提供一些有价值的信息。基本联系信息有客户姓名、地址、电话号码、电子邮件地址。地址信息用于开账单和送货，涉及地理编码和相关的地理信息。电子邮件地址包含域信息。通过姓名可以看出性别和种族。通过信用卡信息可以了解信用卡的类别。

此外，客户可能完成申请表，提供用于信用检查的信息，以及填写问卷调查等信息。通常，只有少数人有这些自我报告的信息。难度在于如何通过这个子集，了解所有其他的客户。通过调查反馈，可能会找到有趣的客户子集；下一个问题是从整体数据中找到相似的客户。第 11 章中描述的相似度模型是实现这个目的的一种方法。

自我报告的信息有与之相关的时间范围。有些信息是在客户关系开始时存在的，因为这些信息是申请流程的一部分。有些信息是客户开始后零星出现的。截至信息收集日期，这些信息都是实时的。

4. 外部数据(人口信息等)

外部数据通常从外部机构购买，这些机构专注于人口统计数据或是它们的合作伙伴有相似的数据信息。这样的信息通常是客户的当前快照。遗憾的是，很难重现客户在过去时间的情况。

这些信息中的变化情况，可能是饱含信息量的。在美国，当一对夫妻结婚时，一方配偶经常会在法律上修改他或她的姓名。在一段时间后，新婚夫妇通常会将他们的财务账户汇总到一个家庭账户上。对于修改了姓名的配偶的银行，这提供了一个机会，因为它收到姓名变更的提醒。多数数据库会记录客户的当前姓名，而之前的姓名会被遗忘，或者至少在外部操作系统中不可见。

当客户从一个街道迁移到另一个地址，街道统计信息发生变化。地址是更新的，之前的地址也被遗忘掉(或者至少在分析时不能读到)。没有对比的街道信息，则无法判断客户地址是否有变化，是搬入一个非常好的学区，还是搬到一个安静的退休社区？

提示：地理数据的变化可能是饱含信息量的，因为这些变化能够揭示客户不同生活阶段的信息。

当客户达到退休年龄时，银行通常是知道的。当客户失去为个人退休账户(IRA)存钱的资格时，银行会停止针对这些客户的市场推广吗？当客户达到某个年龄时，会失去这个资格。

人口信息的时间范围通常代表一种让步，因为信息不随时间的推移而保留。对于当前客户，只有当前的数据快照，而对于停止的客户，只有最后的快照数据。

5. 关于客户的邻居

有些信息并不是直接关于客户的，而是关于他们生活的社区。例如，人口统计局免费提供的详细信息。"社区"信息由客户的动态摘要信息构成，对应社区等级。虽然"社区"通常指的是地理位置，但也可能代表其他具有相似性的信息，例如，通过某个市场活动抵达的所有客户，或是拥有相同电子邮件域名的客户。

对地理数据的使用，需要有地址编码或 GPS 定位——通常用于地址对应的分组块或人口带。邮政编码是一种廉价的地理编码。通常它们是足够用的，但是人口统计中的地理信息设计得更好，更善于描述社区信息。

随着人口的流动，人口统计块会发生阶段性的变化。长时间地观察客户，维护人口的变化，有助于理解社区和客户的演变过程。

人口信息也可以用于开发市场集群，这里最著名的或许就是克拉瑞塔斯的 Prizm 编码。它们用于描述生活在同一区域的人们，使用引人注意的名字，如"Young Digerati"、"Kids & Cul-de-Sacs"、"Shotguns and Pickups"和"Park Bench Seniors"，这些名字都基于人口统计数据，并且是在增加了市场调研数据之后生成的(可以通过如下网址查找美国的任意邮政编码：http://www.claritas.com/MyBestSegments/Default.jsp)。

6. 事务摘要和行为数据

事务、网页日志、线上行为、历史的市场联系——这些通常涉及海量的数据。这种类型的数据描述了客户的行为。在海量的数据记录中，有用的属性并不明显。

高效地使用这些信息的关键点在于信息总结和特征抽取。一些基本的信息总结方法是求和、取平均、计数。更深入的方法能够识别出某种行为是否出现，或是否有扩展。

客户的交互，特别是在线交互，提供了客户的额外信息，甚至客户自己都没有意识到他们在分享这些信息。例如，通过收集正确的在线交互信息，可以判断客户的浏览器设置、移动设备类型、语言设置和时区设置。这可能是非常有用的——或许 iPhone 用户可能会与其他移动客户不同。

假设有足够的数据，事务历史和在线行为是可以调整的，以适用不同时间段。调整时间段，只是简单地获取某个日期之前的事务信息，然后适当地总结。

13.1.3 使用客户签名

客户签名有很多不同的用途，如下所述。

1. 数据挖掘建模

客户签名为模型提供输入，这里的模型包括预测模型和调试模型。这些模型使用多数的字段作为输入变量，为一个列或多个目标列输出估算值。第 11 和 12 章讨论了几种不同类型的模型。更高级的数据挖掘和统计学工具能够直接访问数据表或导出文件中的数据签名。

2. 评估模型

客户签名也可以用于模型的评估。然而对于任意给定的模型，只需要签名中所有字段的一部分子集。签名数据可以通过日常的程序进行更新，或者对于关键字段进行实时更新。这样做之后，模型评分可以实时更新或者说是接近实时更新。

3. 临时的分析

报表系统在展示和剖析信息方面做得非常好，它能够沿重要维度剖析数据，如地理、客户类型、公寓、产品等。因为数据量非常大，而且数据非常复杂，使用签名能够方便地生成临时报表。

4. 以客户为中心的业务指标

客户签名中的列，并不是简单地从其他表中查找数据。客户签名中存放的是感兴趣的指标，特别是从客户行为信息中剥离出来的信息。

例如，市场活动的历史数据中，可能包含以电子邮件联系客户、电话联系客户、直接通过邮件联系客户以及其他渠道。而签名中的一个属性可能是"电子邮件的响应"。对电子邮件做出响应的客户，拥有较高的电子邮件响应分数。有过多次联系，但是从未响应的客户，拥有较低的分数。

当然，这个思想可以扩展到渠道之外的方面。通过总结客户的购物时间，可以定义哪些客户是"周末"购买者，哪些是"周中"购买者，哪些是"下班后"的购买者。客户访问网站的时间，可以用于区分"工作时的浏览"和"在家时的浏览"。购买没有折扣的最新产品的客户可能是"领头羊"客户。信用卡客户可能被划分为旋转者(保留较高的余额并支付利息)、处理者(每月支付账单)或便利的用户(将度假、购买家具或其他花销记在账上，然后在几个月之后一并付清)。客户签名是发布这些业务指标的好地方，而且能够将它们应用在针对更大范围的数据分析中。

提示：客户签名是发布客户重要指标的好地方，否则这些指标可能不会在文件中记录，而且会被遗忘。

13.2 设计客户签名

在介绍数据操作的详细内容之前，我们先讨论关于设计客户签名的一些关键想法。这些想法能确保客户签名适用于数据分析，而且可以生成截至任意时间点的客户签名。

13.2.1 调试和预测

第 11 章介绍了调试模型数据集和预测模型数据集之间的区别。在调试模型数据集中，输入和目标来自于同一个时间段。在预测模型数据集中，先于目标知道的数据是输入。同样的想法也适用于客户签名。

本章关注预测模型数据集，是因为它们更加强大。在调试模型数据集中，目标变量的创建方法可以简单地与输入变量相同。在预测模型数据集中，截止日期针对的是输入变量，目标来自于截止日期之后的某个时间段。

13.2.2 字段的角色

客户签名中的字段包含不同的角色，这些角色与建模中对字段的应用有关。角色是重要的，因为它们影响字段的创建。

1. 标识列

有些字段唯一地标识每一个客户。标识列是重要的，因为它们通过这些列可以连接至其他数据库中的客户数据。客户通常有多个标识方法。例如，数据仓库中的客户ID可能会与操作系统中的客户ID不同；注册ID可能会与账户编号不同。有时，外部供应商返回的匹配键，与内部使用的键不同。

标识列的重要性体现在：对于客户签名中的数据来说，标识列能够唯一识别每一个客户——或者至少是唯一识别某个系统中的客户记录。标识列避免了客户之间的相互混淆。

2. 输入列

客户签名中的多数字段都是输入列。这些字段描述客户的特征，并且倾向于当作建模中的输入。输入列都是通过截止日期定义的。在截止日期之后的数据，都不应该作为输入。

对于整个客户签名，这个日期可能是单一日期，因此客户签名是所有客户在这一天的数据快照。相应地，也可以为每一个客户单独定义截止日期。例如，可以是客户在开始之日起，1年后的第一天，或是客户购买某个特殊产品的日期，或是客户第一次投诉的日期。

3. 目标列

对于预测模型，目标列是在分析阶段添加至客户签名的字段。对于这些模型，相比于输入列，目标列来自于更晚的时间段。如果目标列已经存在于签名中(对比在后续的步骤中加入)，通常说明客户签名是用于调试模型而不是预测模型的。

4. 外键列

一些字段用于查找额外的信息。通常，可以通过联接其他表或子查询，简单地返回额外的信息。这些用于联接的字段可以保留在签名中，然而，对比使用外键返回的信息，外键本身通常并不是很有用。

5. 截止日期

应该在每一个客户签名记录中添加截止日期。对于所有客户，这个日期可能是固定的，也可能是不同的。引入截止日期的目的是用于后续的分析，例如，将日期转换为任期。截止日期不应该用作建模的输入列。截止日期对应的是输入列的截止日期，目标数据可能会来自于截止日期之后。

13.2.3 时间段

设计客户签名的一个关键问题是："我们所知道的内容是什么，以及我们是何时知道的？"签名中的所有输入，都来自于截止日期之前的某个时间段。每一个列都有与之关联的时间段，因为数据库中的每个值都是在某个时间点才知道的，而值的更新也是在下一个时间点发生的。只有当签名的截止日期与数据的日期相同，或是在数据的日期之后时，这些列才能用于分析。

提示："我们知道什么？"和"我们何时知道的？"是探讨客户签名的关键问题。

使用时间段的目的在于创建任意截止日期的客户签名。这个目的影响了列的命名、对日期和时间的处理，甚至是与季节时令的结合。

1. 列的命名

列的命名应该考虑截止日期。因此，命名不能与某个日期或日期范围相关。相反，命名与日期是相对的。一些好的示例如下：
- 客户第一年的销量
- 网站周末的平均访问量
- 最近月份的发票清单

另一方面，较差的列名指定特定日期(例如，月份和年份)而不是与另一个时间段的相对日期。

2. 消除季节性

如果列中包含显式的日期和时间，会导致问题，因为这些日期和时间会妨碍为不同时间段生成签名。使用任期和时间段比使用显式的日期更好：
- 取代使用起始日期，当客户开始时，使用距离截止日期的天数标识其开始日期。
- 取代使用第一次购买和第二次购买的日期，使用两个日期之间的间隔天数。
- 取代使用客户加入某个项目的日期，使用加入时的客户任期。
- 取代使用最近投诉的日期，使用第一次投诉和最近一次投诉时的客户任期。

作为一条通用规则，日历时间轴上的确切日期，不如客户生命周期时间轴中的时间。对于客户签名数据，应该将日历时间轴上的日期转换为距离截止日期的天数。

这个思想同时消除了很多季节性带来的影响。例如，很多手机用户在圣诞节前后开始合约。因此，很多预支付客户在 5 月份停止——合约激活后的 4 到 5 个月。这些客户没有为他们的电话账户续费。

5 月份的这个峰值与月份本身无关。相反，与最初在 12 月份和 1 月份的起始客户峰值相关，而且受当时的商业规则影响。在客户的时间轴上，无论客户是何时开始的，都是在客户开始后的 4 到 5 个月会发生这样的峰值。客户的起始峰值，确实影响几个月后的停止峰值。

在客户签名中，使用客户任期而不是自然日历的日期，这样能够使客户签名不受这些季节性问题的影响。

3. 添加季节性数据

当然，季节性数据是有用的，而且包含丰富的信息。例如，在 8 月份发生的购买行为，可能与学生开始新的学年相关(在美国)。学生的行为与其他客户不同。它们更喜欢更换品牌，对于一些类型的推广的响应率更高，而且经济资源较少。

可以在客户签名中写入这些信息，如客户开始的季节。在返校季开始的平均客户数量，可能会与其他时间开始的平均客户数量不同。事实上，对比 8 月份、9 月份和 12 月份的订阅数据，客户的生存率稍微有些不同，如图 13-2 所示。重点是在全年中，不同时间开始的客户的行为可能不同，因为客户的组成不同。

下面是一些季节性变量的示例，可能会包含一些有趣的特征：
- 客户开始的季节
- 发生在周末的交易比例

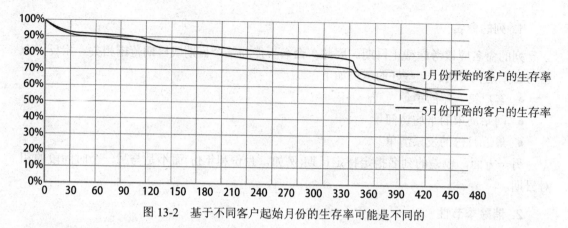

图 13-2 基于不同客户起始月份的生存率可能是不同的

- 传统工作日的网站访问量
- 在前一个假日季的购买数量
- 开始和停止行为发生在一周的哪一天

思路是先从数据中剔除季节性的数据，在独立于自然日历的情况下，了解客户在做什么。这样能够更加容易地关注客户，而不是外面的事件。当然，季节性非常重要，因此季节性带来的这些影响应该加入到客户签名中，而不是当作意外事件忽略。出于这个原因，隔离出捕捉季节性信息的变量，有目地地写入签名中。

提示：通过查看整年数据和客户生命周期的时间段，从客户签名中移除季节性数据。然后显式地添加描述季节性数据的变量，例如，上一个假日发生的购买量占整年购买量的比例。

4. 多个时间段

对于预测模型，当模型数据集中包含的记录来自于不同的时间段时，这个模型数据集更强大。这避免了模型只"记住"某个时间段。图 13-3 展示了一个示例：

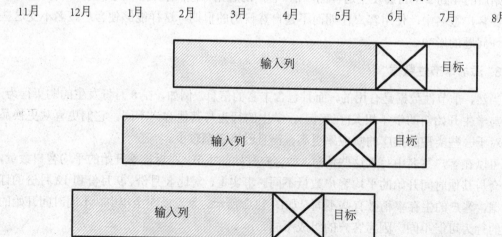

图 13-3 模型数据集中可以包含不同时间段的客户签名，通常包含多个时间段是预测模型数据集的最佳实践

当模型数据集中包含多个时间段时,同一个客户可能出现多次。通常,当多数列都基于交易和客户行为时,这不是一个大问题。如果多数数据都基于更加静态的信息,那么可能会出现重叠的问题。通常,在一个模型数据集中,最好不要出现太多的重复。

13.3 建立客户签名的操作

客户签名将不同数据源中的数据集合在一起,参见图 13-4 中暗示的内容。一些数据已经是正确的格式和粒度了。这些数据只需要简单复制。有些字段是其他表中的主键,从这些表中可以查找更多信息。其他数据使用规律的时间系列格式,这些数据可以被旋转处理。对于不规则的时间系列,例如事务数据,需要做信息总结。本节讨论在建立客户签名时使用的操作。

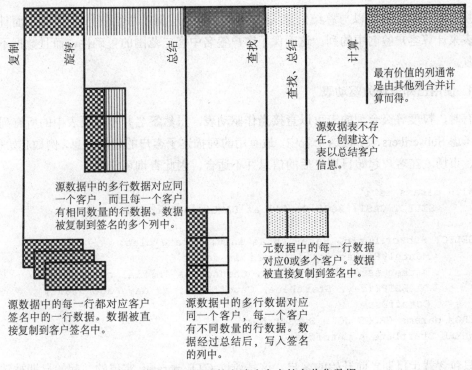

图 13-4 使用不同的方法为客户签名收集数据

13.3.1 驱动表

创建客户签名的第一步是识别出客户的正确分组,并找到合适的截止日期。客户签名有一系列的条件,用于判断给定的客户是否应该包含在客户签名中。定义这些客户的表是驱动表(Driving Table),它可能是一个实际的表,也可能是一个子查询。

驱动表为签名定义客户和截止日期。如果签名的建立只是针对生存约为 1 年的客户,那么驱动表定义这个客户范围。有时,针对所有客户的客户签名建立后,也可以使用过滤机制,过滤一部分客户。有时,在创建签名时应用过滤条件更加简单。

在理想的环境中,所有的其他子查询只需要使用 LEFT OUTER JOIN 与驱动表相关联。可以通过 CTE 定义重要的参数,如截止日期(如果值是常量的话),生成如下查询:

```
WITH params as (
      SELECT <custoffdate> as CutoffDate
      )
SELECT *
FROM (<driving table>) dt LEFT OUTER JOIN
     (SELECT CustomerId, <summary information>
      FROM params CROSS JOIN <other table>
      GROUP BY CustomerId
     ) t1
     ON dt.CustomerId = t1.CustomerId LEFT OUTER JOIN
     <ref table> rt
     ON rt.<key> = dt.<key>
```

换言之,驱动表可以与总结信息(通常是基于客户层面的总结信息)相关联,而且引用一些表来计算客户签名中的列。这确保了客户签名中客户范围的正确性,而且数据不会出现重复。

1. 使用已知表作为驱动表

有时,粒度等级合理的表可以直接当作驱动表,虽然签名并不需要表中的所有列。

考虑 Subscribers 表。在这个表中,最有用的列描述了客户的起始信息,例如起始日期、渠道、市场。在客户起始日期之后的信息并不适合,因此查询可能是:

```
WITH params as (
      SELECT CAST('2005-01-01' as DATE) as CutoffDate
      )
SELECT SubscriberId, RatePlan as initial_rate_plan,
       MonthlyFee as initial_monthly_fee,
       Market as initial_market, Channel as initial_channel,
       DATEDIFF(day, StartDate, CutoffDate) as days_ago_start,
       CutoffDate
FROM params CROSS JOIN Subscribers s
WHERE StartDate < CutoffDate
```

只包含截止日期之前开始的客户。这是通过 CTE params 实现的。起始日期被转换为任期,截至截止日期。而且查询中只包含在客户关系建立时值就已知的数据列。

提示:CROSS JOIN 操作是在查询中纳入常量的一个方便的方法,通过使用子查询或 CTE 定义常量并返回一行数据。

通常,一个已有的表就是客户在某个时间点的实时快照。对于一些列,假设它们在不同的截止日期修改,这些列也可以用于驱动表。例如,可以包含 Tenure 和 StopType 列,但是必须在考虑截止日期的情况下修改它们:

```
WITH params as (
```

```
            SELECT CAST('2005-01-01' as DATE) as CutoffDate
     )
SELECT SubscriberId, RatePlan as initial_rate_plan,
       MonthlyFee as initial_monthly_fee,
       Market as initial_market, Channel as initial_channel,
       DATEDIFF(day, StartDate, CustoffDate) as days_ago_start,
       DATEDIFF(day, StartDate,
                (CASE WHEN StopDate IS NOT NULL AND
                           StopDate < CutoffDate
                      THEN StopDate ELSE CutoffDate END)) as tenure,
       (CASE WHEN StopDate IS NOT NULL AND StopDate < CutoffDate
             THEN StopType END) as StopType,
       CutoffDate
FROM params CROSS JOIN Subscribers s
WHERE StartDate < CutoffDate
```

程序逻辑说明，在截止日期当天或之后停止的客户，一直到截止日期为止，都是活跃客户，而在截止日期之前停止的客户被认为是停止客户。对于停止客户，停止类型不变。

在数据快照表中，有些列不能直接应用于客户签名。这些列包含的信息不能实时回滚，例如购买总数、最后一次投诉的日期、客户的账单状态。这些数据必须再次从交易表中获取。

2. 以派生表作为驱动表

有时，并没有适合的数据表。在这种情况下，驱动表可以是一个子查询。例如，以家庭为等级考虑购买数据集中的客户签名。数据库并没有家庭表(虽然或许应该包含这样一个表)。相应的信息可以通过其他数据表获取。

下面的查询基于 Customers 表和 Orders 表获取关于家庭的基本数据：

```
WITH params as (
       SELECT CAST('2016-01-01' as DATE) as CutoffDate
     )
SELECT HouseholdId, COUNT(DISTINCT c.CustomerId) as numcustomers,
       SUM(CASE WHEN Gender = 'M' THEN 1 ELSE 0 END) as nummales,
       SUM(CASE WHEN Gender = 'F' THEN 1 ELSE 0 END) as numfemales,
       MIN(first_orderdate) as first_orderdate,
       DATEDIFF(day, MIN(first_orderdate),
                MIN(cutoff_date)) as days_since_first_order,
       MIN(CutoffDate) as CutoffDate
FROM params CROSS JOIN Customers c JOIN
     (SELECT CustomerId, MIN(OrderDate) as first_orderdate
      FROM Orders o
      GROUP BY CustomerId) o
     ON c.CustomerId = o.CustomerId
WHERE o.first_orderdate < params.CutoffDate
GROUP BY HouseholdId
```

这个查询查找客户的最早订单日期。只有在截止日期之前有订单的客户，才会被加入驱动表。

13.3.2 查找数据

查找表可以是一个固定的表，即表中描述的特征不变，也可以是客户数据的动态摘要。像这样按照业务维度的历史摘要，可能是非常重要的，但是仍然需要考虑截止日期。

1. 固定的查找表

固定的查找表中包含的信息是不会随时间推移而变化的。这些表不需要引用截止日期，可以直接包括在签名中。人口统计信息是固定查找表的一个经典示例。2010年的人口统计数据不会变化。然而，后续的人口统计数据会取代它，就如同2010年的人口统计数据取代了2000年的数据。

在客户签名中，人口数据可能是非常重要的，例如：

- 家庭中等收入
- 受教育水平
- 邮政编码中的家庭数量

对值的查找要求每一个客户都有一个邮政编码。通常，邮政编码(和其他地理编码信息)是家庭表中的一列，因此也属于驱动表的一部分。

下面这个示例针对家庭，返回最近且有效的邮政编码：

```
WITH params as (
      SELECT CAST('2016-01-01' as DATE) as CutoffDate
     )
SELECT HouseholdId, ZipCode as first_zip
FROM (SELECT c.HouseholdId, o.ZipCode,
           ROW_NUMBER() OVER (PARTITION BY c.HouseholdId
                              ORDER BY o.OrderDate DESC) as seqnum
      FROM params CROSS JOIN Customers c JOIN
           Orders o
           ON o.CustomerId = c.CustomerId
      WHERE SUBSTRING(o.ZipCode, 1, 1) BETWEEN '0' AND '9' AND
            SUBSTRING(o.ZipCode, 2, 1) BETWEEN '0' AND '9' AND
            SUBSTRING(o.ZipCode, 3, 1) BETWEEN '0' AND '9' AND
            SUBSTRING(o.ZipCode, 4, 1) BETWEEN '0' AND '9' AND
            SUBSTRING(o.ZipCode, 5, 1) BETWEEN '0' AND '9' AND
            LEN(o.ZipCode) = 5 AND
            OrderDate < CutoffDate
     ) h
WHERE seqnum = 1
```

通过使用ROW_NUMBER()和条件聚合，这个查询使用传统的方法返回最近的值。注意，也可以使用窗口函数FIREST_VALUE()。

在用于选择合适的邮政编码的WHERE子句中，表达式并不像下面这样：

```
ZipCode BETWEEN '00000' AND '99999'
```

其问题在于，格式较差的邮政编码，如 '1ABC9'，也会落入这个范围。因此，每一个数字需要单独测试。SQL Server 为 LIKE 提供了一个扩展，表达式可以书写为：

```
ZipCode LIKE '[0-9][0-9][0-9][0-9][0-9]'
```

这个语法只适用于 SQL Server。其他支持正则表达式和正则表达式模式的数据库，可能使用相似的模式。

有了合适的邮政编码，查询语句变为：

```
SELECT HouseholdId, zc.*
FROM (<hh first zip subquery>) hhzip LEFT OUTER JOIN
     ZipCensus zc
     ON hhzip.firstzip = zc.zipcode
```

这个查询查找 ZipCensus 表，并抽取感兴趣的列。

2. 客户维度的查找表

有些强大的查找表沿不同的维度总结客户的行为。例如，下面的内容可能非常有趣：

- 在不同邮政编码中的比例
- 不同设备类型的响应率
- 不同渠道的平均交易数量
- 州的平均交易数量
- 不同渠道、市场、月费用的停止率

有时，这个流程是衡量维度的一个或多个项目。

它尝试使用简单的聚合创建总结数据。所有的总结数据都必须来自于截止日期之前的某个时间段，以满足对输入变量的要求。对所有数据做简单的聚合，可能只需要包含同一时间段的信息作为目标——创建客户签名。

警告：为客户签名总结变量时，如不同手机类型的历史流失率或不同邮政编码的历史购买数量，确保总结表中的数据来自的时间段是在目标变量之前。

例如，考虑不同邮政编码的订单比例，即一个邮政编码中，拥有一个订单的家庭总数除以邮政编码中的所有家庭总数。第一个数字来自于订单数据的计算。第二个数字来自于人口统计数据的计算。

下面的查询是获取计数值的基础查询：

```
SELECT o.ZipCode, COUNT(DISTINCT c.HouseholdId) as numhhwithorder
FROM Customers c JOIN
     Orders o
     ON c.CustomerId = o.CustomerId
GROUP BY o.ZipCode
```

这个数据总结有两个问题：一个较为明显，一个比较隐晦。明显的问题是，它没有使用截止日期，因此，返回的数据来自于目标时间段。隐晦的问题是，随着截止日期向未来日期的推移，用于计算的时间总量更大了。结果，截止日期的客户签名对应的比例变大了。

下面的查询同时解决了这两个问题：

```
WITH params AS (
     SELECT CAST('2016-01-01' as DATE) as CutoffDate
     )
SELECT o.ZipCode, COUNT(DISTINCT c.HouseholdId) as numhh
FROM params CROSS JOIN Customers c JOIN
     Orders o
     ON c.CustomerId = o.CustomerId
WHERE DATEDIFF(day, o.OrderDate, CutoffDate) BETWEEN 0 AND 365
GROUP BY o.ZipCode
```

这个查询使用固定的时间，即截止日期前一年。使用固定的时间能够让变量与不同的截止日期兼容。

当每一个家庭的截止日期不同时，需要使用驱动表来获取日期：

```
SELECT o.ZipCode, COUNT(DISTINCT c.HouseholdId) as numhh
FROM <driving table> dt JOIN
     Customers c
     ON c.HouseholdId = dt.HouseholdId JOIN
     Orders o
     ON c.CustomerId = o.CustomerId
WHERE DATEDIFF(day, o.OrderDate, CutoffDate) BETWEEN 0 AND 365
GROUP BY o.ZipCode
```

在这个查询中，截止日期来自于驱动表而不是一个常量查询。截止日期的使用，确保了签名中不包含未来的信息。

13.3.3 最初的交易

第一次交易能提供关于客户的很多信息。这些信息可能包含客户第一次访问网站时的信息，如涉及的 URL、浏览器类型、在网站上花费的时间；或者，第一次购买的内容、所使用的折扣和支付类型。

例如，我们获取 Orders 表中第一次交易的信息。遗憾的是，对于第一次交易，SQL 并没有可以直接使用的查询。因为包含购买数据的驱动表中包含客户的起始日期，这同时也是第一个订单日期：

```
SELECT dt.HouseholdId, firsto.*
FROM (<driving table>) dt LEFT OUTER JOIN
    (SELECT c.HouseholdId, o.*
     FROM Customers c JOIN
         Orders o
         ON c.CustomerId = o.CustomerId) firsto
    ON firsto.HouseholdId = dt.HouseholdId AND
       firsto.OrderDate = dt.first_orderdate
```

虽然这个方法看起来不错，然而有的客户在第一天可能会有多个订单。

解决这个问题的方案包括：
- 处理订单，使订单日期在日期时间戳的基础上添加时间信息。
- 将第一天的所有订单当作一个订单处理。
- 从第一天中选择单个、合理的交易。

第一种方法通常不会被应用。虽然数据分析项目总能够为改进源数据找到机会，但是解决数据问题通常不属于这种项目的范畴。

第二种方法要求合并同一天的多个订单。一些属性，如初始渠道、初始支付类型，需要从多个订单中合并。然而，并没有一个明显的思路可以持续完成这项任务。

推荐的方案是从第一天的交易中，选出单个、合理的交易。在第 8 章中，我们已经遇到过处理多个交易的问题。可以使用 ROW_NUMBER()简单地解决这个问题：

```sql
SELECT h.*
FROM (SELECT HouseholdId, o.*,
             ROW_NUMBER() OVER (PARTITION BY HouseholdId
                                ORDER BY OrderDate, OrderId) as seqnum
      FROM Customers c JOIN
           Orders o
           ON o.CustomerId = c.CustomerId) h
WHERE seqnum = 1
```

ROW_NUMBER()函数为每一个家庭的订单分配一个序列号，从最早的 OrderDate 和当天最小的 OrderId 开始。很简单，第一个订单就是序列号为 1 的订单。

对于数据分析，序列号是非常方便的。通过它们可以更容易判断哪些事情先发生，哪些事情后发生，以及在某件事之前发生了什么(以及窗口函数 LAG()和 LEAD())。如果这些值没有包含在数据仓库中，那么窗口函数可以计算它们。

提示：对于找到第一个交易(以及下一个和前一个交易)，基于交易的序列号是非常有用的。可以使用 ROW_NUMBER()窗口函数简单地添加序列号。

13.3.4 旋转

旋转是总结数据的常用方法。它按照某个模式，将多个客户交易信息总结为一行数据，其中使用多个列描述这些数据。每一个旋转列对应某个值或一组值，例如一个月中的交易，或包含某个产品的交易。列本身包含基础的总结信息，例如：
- 订单计数
- 金额合计
- 平均金额
- 不同特征的计数(例如，不同订单的计数)

本节的示例计算第一项。

purchases 数据集包含几个明显的维度，可以用于旋转：

- 支付类型旋转——根据支付类型总结交易信息
- 推广活动旋转——根据推广活动总结交易信息
- 时间旋转——根据时间范围总结交易信息
- 产品旋转——根据产品信息总结交易信息

本节逐步介绍这些流程,将这些旋转添加至客户签名。

用于旋转的条件聚合创建独立的多个列。虽然这是个麻烦事,但是只需要创建一次。当较多列存在时,可以使用 Excel 自动生成代码,参见稍后的"使用 Excel 生成 SQL 代码"。一些数据库支持 PIVOT 或 CROSSTAB 关键字;虽然这些关键字简化了编码,但是它们并没有条件聚合灵活。

1. 按照支付类型旋转

关于旋转的第一个示例是按照支付类型旋转。这是最简单的情况,因为支付类型是 Orders 表的一个属性。表 13-1 列出了 6 种不同的支付类型。

表 13-1 Orders 表中的支付类型

支付类型	订单数量	描述
??	313	未知
AE	47 382	American Express
DB	12 739	Debit Card
MC	47 318	MasterCard
OC	8214	其他信用卡
VI	77 017	Visa

使用 Excel 生成 SQL 代码

创建旋转列需要重复的代码,手动输入代码是非常繁重的工作。之前的章节(特别是第 2 章和第 12 章)包含了使用 SQL 生成代码的示例。Excel 同样可以用于生成 SQL 语句。

例如,支付类型旋转包含几种相似的 SELECT 语句:

```
SUM(CASE WHEN paymenttype = 'VI' THEN 1 ELSE 0 END) as pt_vi,
```

假设一个列(例如,B 列)中有不同的支付类型,之前的语句在单元格$A$1 中。为了在 C 列中获取相应的语句,使用下面的公式:

```
=SUBSTITUTE($A$1, "VI", $B2)
```

将这个公式复制到整个 C 列。结果可被复制到 SQL 表达式中,用来添加列。

在 SUM() 之前添加额外的空格,能够使结果表达式排列整齐,使查询更易读。同时,需要移除最后一个表达式的逗号,避免产生 SQL 语法错误。

对于其他情况,使用 Excel 中生成代码的功能也非常有用。例如,有时字符串中包含难以识别的字符，我们可能想要查看每一个字符的数值。对于这个示例，SELECT 语句看起来可能是下面的样子：

```
SELECT ASCII(SUBSTRING(<str>, 1, 1)), SUBSTRING(<str>, 1, 1),
       ASCII(SUBSTRING(<str>, 2, 1)), SUBSTRING(<str>, 2, 1)
       . . .
```

每一个表达式从字符串中抽取一个字符，将它转换为 ASCII 编码。字符本身被添加至 ASCII 编码后。

输入所有的 SELECT 语句是非常笨重的。使用 Excel 可以简化这项任务。唯一的区别是 B 列包含数字 1、2、3 等，而不是来自于数据库的值。

两个最小的分组"OC"和"？？"可以被合并为单个分组，表示其他信用卡。下面的查询完成旋转操作：

```
WITH params as (
     SELECT CAST('2016-01-01' as DATE) as CutoffDate
     )
SELECT HouseholdId,
       SUM(CASE WHEN PaymentType = 'VI' THEN 1 ELSE 0 END) as pt_vi,
       SUM(CASE WHEN PaymentType = 'MC' THEN 1 ELSE 0 END) as pt_mc,
       SUM(CASE WHEN PaymentType = 'AX' THEN 1 ELSE 0 END) as pt_ax,
       SUM(CASE WHEN PaymentType = 'DB' THEN 1 ELSE 0 END) as pt_db,
       SUM(CASE WHEN PaymentType IN ('??', 'OC') THEN 1 ELSE 0 END
          ) as pt_oc
FROM params CROSS JOIN Orders o JOIN
     Customers c
     ON o.CustomerId = c.CustomerId
WHERE o.OrderDate < params.CutoffDate
GROUP BY c.HouseholdId
```

旋转在计算基于支付类型的计数时，使用的是嵌入在 SUM() 函数中的 CASE 语句。因为结果用于客户签名，聚合操作基于家庭等级。查询限制订单为截止日期之前的订单。

2. 按照渠道旋转

下一步是在同一个查询中包含渠道旋转。这稍微复杂一点，因为渠道在 Campaigns 表中，因此需要额外的联接。表 13-2 展示了不同的推广活动，其中包含每个活动的订单数量。

表 13-2　Orders 表中的渠道

渠道	计数
PARTNER	84 518
WEB	53 362
AD	40 652
INSERT	7333
REFERRAL	2550

(续表)

渠道	计数
MAIL	1755
BULK	1295
CATALOG	710
EMPLOYEE	642
EMAIL	128
INTERNAL	34
CONFERENCE	3
SURVEY	1

与其他的分类列一样，所有的数值较小的是常见的，数值较大的是不常见的。因此，前三个值会被分别加入到它们自己的列中，剩余的值被加入到"OTHER"列中。

渠道列会被直接加入到支付类型旋转的查询中：

```
WITH params as (
      SELECT CAST('2016-01-01' as DATE) as CutoffDate
     )
SELECT HouseholdId,
     . . .
     SUM(CASE WHEN channel = 'PARTNER' THEN 1 ELSE 0 END) as ca_partner,
     SUM(CASE WHEN channel = 'WEB' THEN 1 ELSE 0 END) as ca_web,
     SUM(CASE WHEN channel = 'AD' THEN 1 ELSE 0 END) as ca_ad,
     SUM(CASE WHEN channel NOT IN ('PARTNER', 'WEB', 'AD') THEN 1
            ELSE 0 END) as ca_other
FROM params CROSS JOIN Orders o JOIN
     Campaigns ca
     ON o.CampaignId = ca.CampaignId JOIN
     Customers c
     ON o.CustomerId = c.CustomerId
WHERE o.OrderDate < params.CutoffDate
GROUP BY c.HouseholdId
```

查询中，通过与 Campaigns 表做联接，获取渠道编码。LEFT OUTER JOIN 比 JOIN 更加适合，因为它能显式地保留 Orders 表中的所有数据。在这个示例中，JOIN 总是有匹配的数据，因为 Orders 表中的所有活动 ID 都在查找表中。

3. 按照时间旋转

下一个示例是按照时间旋转。驱动表使用的截止日期是 2016-01-01。目的是总结每一年产生的订单数量。第一次尝试，可能包含 Orders2013、Orders2014、Orders2015 这样的列名。当截止日期是 2016 年时，这样的列是可以的，但是对于其他的截止日期不行。例如，如果截止日期是 2014 年，那么后两列就没有意义了。

相反，列名应该是相对于截止日期的。下面的查询在支付类型/渠道旋转中添加适合的

SELECT 语句：

```sql
WITH params as (
      SELECT CAST('2016-01-01' as DATE) as CutoffDate
      )
SELECT HouseholdId,
       . . .,
       SUM(CASE WHEN DATEDIFF(year, OrderDate, CutoffDate) = 0 THEN 1
           ELSE 0 END) as yr_1,
       SUM(CASE WHEN DATEDIFF(year, OrderDate, CutoffDate) = 1 THEN 1
           ELSE 0 END) as yr_2,
       SUM(CASE WHEN DATEDIFF(year, OrderDate, CutoffDate) = 2 THEN 1
           ELSE 0 END) as yr_3,
       SUM(CASE WHEN DATEDIFF(year, OrderDate, CutoffDate) = 3 THEN 1
           ELSE 0 END) as yr_4
FROM params CROSS JOIN Orders o JOIN
     Campaigns ca
     ON o.CampaignId = ca.CampaignId JOIN
     Customers c
     ON o.CustomerId = c.CustomerId
WHERE o.OrderDate < params.CutoffDate
GROUP BY c.HouseholdId
```

这个旋转计算截止日期之前的年数，使用 DATEDIFF() 函数，并且以 year 作为参数。

注意这个方法是有效的，因为截止日期是一年的第一天。DATEDIFF() 函数计算两个日期中的年份之差，因此 2015-12-31 和 2016-01-01 相差 1 年。第 5 章讨论了其他的计算方法。

4. 按照订单明细信息旋转

产品旋转计算每一个产品组中的订单数量，如表 13-3 所示。

这个信息也可以在同一个子查询中，以订单的形式计算，因为订单明细在逻辑上是与订单相关的。这同时限制了对 HouseholdId 的查找次数，以及应用了日期限制。

表 13-3 Orders 表中的产品组信息

产品组	订单明细的数量	订单数量
BOOK	113 210	86 564
ARTWORK	56 498	45 430
OCCASION	41 713	37 898
FREEBIE	28 073	22 261
GAME	18 469	11 972
APPAREL	12 348	10 976
CALENDAR	9872	8983
OTIIER	5825	5002
#N/A	9	9

一个基础的版本是：

```
WITH params as (
     SELECT CAST('2016-01-01' as DATE) as CutoffDate
     )
SELECT HouseholdId,
       SUM(CASE WHEN p.GroupName = 'BOOK' THEN 1 ELSE 0
           END) as pg_book,
       SUM(CASE WHEN p.GroupName = 'ARTWORK' THEN 1 ELSE 0
           END) as pg_artwork,
       SUM(CASE WHEN p.GroupName = 'OCCASION' THEN 1 ELSE 0
           END) as pg_occasion,
       SUM(CASE WHEN p.GroupName = 'FREEBIE' THEN 1 ELSE 0
           END) as pg_freebie,
       SUM(CASE WHEN p.GroupName = 'GAME' THEN 1 ELSE 0
           END) as pg_game,
       SUM(CASE WHEN p.GroupName = 'APPAREL' THEN 1 ELSE 0
           END) as pg_apparel,
       SUM(CASE WHEN p.GroupName = 'CALENDAR' THEN 1 ELSE 0
           END) as pg_calendar,
       SUM(CASE WHEN p.GroupName = 'OTHER' THEN 1 ELSE 0
           END) as pg_other
FROM params CROSS JOIN OrderLines ol JOIN
     Products p
     ON ol.ProductId = p.ProductId JOIN
     Orders o
     ON ol.OrderId = o.OrderId JOIN
     Customers c
     ON c.CustomerId = o.CustomerId
WHERE o.OrderDate < params.CutoffDate
GROUP BY c.HouseholdId
```

SUM(CASE …)语句计算订单明细的数量而不是订单的数量。虽然这与目标不符，但也是相当接近了。

在这个旋转查询中，有两种方法计算订单数量：第一个方法是使用单独的子查询计算订单明细中的所有子查询，第二个方法使用多个子查询。第一个方法基本上是将所有的SUM (CASE …)表达式转换为COUNT(DISTINCT CASE … OrderId END)，从而计算不同的订单 ID，而不是订单明细。

这是一个聪明的方法，当列的数量不多时，这个方法是有效的。然而，计算不同的订单 ID 比简单做 1 和 0 的加法慢得多。

第二个方法的目的在于两次总结订单明细数据，一次是在订单层面，另一次是在家庭层面。在订单层面的总结如下：

```
SELECT ol.OrderId,
       MAX(CASE WHEN p.GroupName = 'BOOK' THEN 1 ELSE 0
           END) as pg_book,
       MAX(CASE WHEN p.GroupName = 'ARTWORK' THEN 1 ELSE 0
```

```
            END) as pg_artwork,
     MAX(CASE WHEN p.GroupName = 'OCCASION' THEN 1 ELSE 0
            END) as pg_occasion,
     MAX(CASE WHEN p.GroupName = 'FREEBIE' THEN 1 ELSE 0
            END) as pg_freebie,
     MAX(CASE WHEN p.GroupName = 'GAME' THEN 1 ELSE 0
            END) as pg_game,
     MAX(CASE WHEN p.GroupName = 'APPAREL' THEN 1 ELSE 0
            END) as pg_apparel,
     MAX(CASE WHEN p.GroupName = 'CALENDAR' THEN 1 ELSE 0
            END) as pg_calendar,
     MAX(CASE WHEN p.GroupName = 'OTHER' THEN 1 ELSE 0
            END) as pg_other
FROM params CROSS JOIN OrderLines ol JOIN
     Products p
     ON ol.ProductId = p.ProductId
GROUP BY ol.OrderId
```

这个查询使用 MAX()，为订单中的每一个产品组创建指示变量。这个查询不与 HouseholdId 左联接，也不在 OrderDate 上添加限制。这些限制可以在下一个层面在订单上应用。数据库做了一些不必要的计算(为订单总结订单明细，这些并不包含在最终结果中)。有时在这一层添加限制，可以提高性能，虽然查询语句更加复杂一些。

在订单层面总结订单明细只是整个过程的一半工作。这个订单摘要需要在家庭层面再次总结：

```
WITH params as (. . .),
     os as (previous query here)
SELECT HouseholdId, . . .,
       SUM(pg_book) as pg_book,
       SUM(pg_artwork) as pg_artwork,
       SUM(pg_occasion) as pg_occasion,
       SUM(pg_freebie) as pg_freebie,
       SUM(pg_game) as pg_game,
       SUM(pg_apparel) as pg_apparel,
       SUM(pg_calendar) as pg_calendar,
       SUM(pg_other) as pg_other
FROM params CROSS JOIN Orders o LEFT OUTER JOIN
     Campaigns ca
     ON o.CampaignId = ca.CampaignId LEFT JOIN
     os
     ON os.OrderId = o.OrderId JOIN
     Customers c
     ON o.CustomerId = c.CustomerId
WHERE o.OrderDate < params.CutoffDate
GROUP BY c.HouseholdId
```

这里使用 LEFT OUTER JOIN 关联订单明细子查询，确保订单没有丢失，即使订单没有订单明细。虽然在这个数据库中，所有订单确实有订单明细，但这是一个很好的使用习惯。

总结订单明细的子查询可以使用 SUM() 计算订单明细，而不是使用 MAX() 创建指示标识。然后，外部查询可以使用稍微不同的表达式，计算订单数量：

```
SUM(CASE WHEN pg_book > 0 THEN 1 ELSE 0 END) as pg_book
```

这两种方法是等价的，但是第一种方法的编码更加简单一些。另一方面，第二种方法生成的中间结果，可以用于其他目的。

虽然这个查询看起来复杂，但它是由已经定义好的片段，通过小心地拼接以及对缩进和 CTE 的使用组合而成。这个结构能够生效，是因为两个原因。首先，每一个子查询的目的都是为了添加客户签名的约束。其次，每一个表和子查询的联接，都是在仔细考虑它们对最终结果的影响之后才添加的。为了防止丢失数据或产生冗余数据，需要仔细谨慎。

警告：为创建客户签名做表的联接时，一定要非常谨慎，确保表中没有冗余数据的联接被添加到驱动表中。冗余数据将导致客户签名表中的数据翻倍。

13.3.5 总结

数据旋转通过不同维度的聚合，总结交易信息。然而，还有其他用于总结交易数据的方法。有些方法可以直接加入到上一节用于数据旋转的查询语句中。有些方法则稍微复杂，但是它们能提供添加以客户为中心的业务指标的机会。

1. 基础总结

订单数据的基础总结信息包含如下内容：

- 订单总数
- 所购买的产品单位总数
- 订单花费金额
- 平均金额

这些总结信息的计算方法与旋转数据的方法一样。唯一的区别是计算值时使用的表达式。

2. 更复杂的总结

在客户的交易数据中，隐藏着关于客户行为的有趣信息。例如，一个信用卡公司追踪客户在离家 50 英里外的餐厅花费超过 100 美元的频率。

在 purchases 数据集中，下面的内容可能是有趣的问题：

- 有多少客户的订单超过 200 美元？
- 在任意订单中，不同产品数量的最大值是多少？
- 随时间推移，客户购买了多少种不同的产品？
- 订单日期和发货日期之间，最长的时间间隔是多长？
- 订单日期之后，派送日期超过 1 个星期的频率是多少？

上述问题中，每一个问题都是一个特殊的指标，可以用于客户签名中。

下面的查询为每一个客户计算这些问题的答案：

```
SELECT HouseholdId,
       COUNT(DISTINCT CASE WHEN o.TotalPrice > 200 THEN o.OrderId END
            ) as numgt2000,
       COUNT(DISTINCT ol.ProductId) as numhhprods,
       MAX(op.numproducts) as maxnumordprods,
       MAX(DATEDIFF(day, o.OrderDate, ol.ShipDate)) as maxshipdelay,
       COUNT(DISTINCT CASE WHEN DATEDIFF(day, o.OrderDate, ol.ShipDate) > 7
                      THEN o.OrderId END)
FROM Customers c JOIN
     Orders o
     ON c.CustomerId = o.CustomerId JOIN
     OrderLines ol
     ON o.OrderId = ol.OrderId JOIN
     (SELECT ol.OrderId, COUNT(DISTINCT ol.ProductId) as numproducts
      FROM OrderLines ol
      GROUP BY ol.OrderId) op
     ON o.OrderId = op.OrderId
GROUP BY c.HouseholdId
```

这个查询与之前的一些查询一样,有相同的问题——没有考虑截止日期。为了解决这个问题,修改查询:

```
WITH params as (
       SELECT CAST('2016-01-01' as DATE) as CutoffDate
     )
SELECT HouseholdId,
       COUNT(DISTINCT CASE WHEN o.TotalPrice > 200 THEN o.OrderId END
            ) as numgt2000,
       COUNT(DISTINCT ol.ProductId) as numhhprods,

       MAX(op.numproducts) as maxnumordprods,
       MAX(DATEDIFF(day, o.OrderDate, ol.ShipDate)) as maxshipdelay,
       COUNT(DISTINCT CASE WHEN DATEDIFF(day, o.OrderDate, ol.ShipDate) > 7
                      THEN o.OrderId END)
FROM params CROSS JOIN Customers c JOIN
     Orders o
     ON c.CustomerId = o.CustomerId JOIN
     OrderLines ol    ON o.OrderId = ol.OrderId JOIN
     (SELECT ol.OrderId, COUNT(DISTINCT ol.ProductId) as numproducts
      FROM OrderLines ol
      GROUP BY ol.OrderId) op
     ON o.OrderId = op.OrderId
WHERE o.OrderDate < params.CutoffDate AND ol.ShipDate < params.CutoffDate
GROUP BY c.HouseholdId
```

WHERE 子句限制 OrderDate 和 ShipDate 都在截止日期之前。

很明显,只有订单日期早于截止日期的订单才能被加入到客户签名中。然而,还不清楚 ShipDate 是否也需要应用这个限制。它取决于数据库中的数据加载方式。下面列出了一些可能性:

- 数据库中只有已完成的订单。当订单中的最后一个产品被派送完成后，表示订单已完成。
- 数据库中包含所有的订单，订单明细中的派送日期会实时更新。
- 数据中包含所有的订单，但是只有当派送完成后，才会有订单明细数据。

不同的情况影响派送日期和截止日期之间的关系。如果第一种情况为真，那么只有当派送完毕之后，才会有订单数据，因此签名中应该只包含派送日期早于截止日期的订单。如果第二种情况为真，那么可以忽略派送日期。未来的派送日期是"预期的派送日期"。如果第三种情况为真，那么最近的订单会比一周前的订单小，另外，有些订单可能没有订单明细。

理解数据的加载过程是非常重要的。我们可以假想一种情况，即虽然订单数据已经存储在数据库中，然而只有当派送完毕后，才有订单明细。数据分析可能会"发现"，最近的订单比以前的订单更小。这个结果是由数据加载的方式导致的，因为最近的订单并没有包含所有的订单明细。

提示：理解数据库中数据的加载过程非常重要。这个过程会导致一些结果，在分析数据时会"发现"这些结果。

13.4 抽取特征

有时，最有趣的特征是关于产品、渠道、市场和零售商的描述。这些描述包含更复杂的数据类型，例如文本、地理位置。本节讨论如何抽取地理信息和字符数据类型的信息。

13.4.1 地理位置信息

地理位置信息以经度和维度描述，也可能以地理等级描述。当绘制地图时，这些信息是非常值得关注的。然而，地图并不是非常适合客户签名，同时也不适合多数数据挖掘和统计工具。

经度和纬度通常由地址编码生成，或是根据移动终端的定位生成。最明显的地址是客户地址。然而，同时还有零售商、ATM 机、移动电话、城市中心、网络供应商的地址，等等。这样的地址编码引发如下问题：

- 客户与最近的 MSA(Metropolitan Statistical Area，城市统计区)中心的距离是多远？
- 有多少交易发生在距家 100 英里之外？
- ATM 交易在距家 10 英里之内的比例是多少？
- 从客户到最近的 MSA 中心的方向在哪儿？

这些问题可以简单地转换为客户的属性。

地理位置通常有两种类型的信息。最常见的是距离，在第 4 章中已经做过介绍，使用公式计算两个地点之间的距离。

另一类信息是方向信息，使用基本的三角函数公式计算：

```
direction = ATAN(vertical distance / horizontal distance)) * 180 / PI()
```

无论是在 Excel 还是在 SQL 中，这个公式都是非常相似的。

13.4.2 日期时间列

客户的行为随每天的时间而不同、随每周的哪一天而不同、随每年的季节而不同。一些业务将它们的客户分为"周中午饭购买者"、"周末消费者"或"周一投诉者"。这些是业务分类的实例，可以写入数据签名。

提示：客户交互的时间点，是写入数据签名的较好的业务指标。

通过旋转日期和时间信息，客户签名可以捕获原始数据。例如，下面的 SELECT 语句可以添加至旋转查询，计算一周中每一天的订单数量：

```
WITH params as (
      SELECT CAST('2016-01-01' as DATE) as CutoffDate
     )
SELECT HouseholdId, . . .
       SUM(CASE WHEN cal.dow = 'Mon' THEN 1 ELSE 0 END) as dw_mon,
       SUM(CASE WHEN cal.dow = 'Tue' THEN 1 ELSE 0 END) as dw_tue,
       . . .
       SUM(CASE WHEN cal.dow = 'Sun' THEN 1 ELSE 0 END) as dw_sun,
       . . .
FROM params CROSS JOIN Orders o JOIN
     Campaigns ca
     ON o.CampaignId = ca.CampaignId JOIN
     Calendar cal
     ON o.OrderDate = cal.Date JOIN
     Customers c
     ON o.CustomerId = c.CustomerId
WHERE o.OrderDate < params.CutoffDate
GROUP BY c.HouseholdId
```

这个查询使用 Calendar 查找一周中的星期。另一个方法是使用数据库函数，例如 DATENAME(weekday,<col>)。使用 Calendar 更利于以后的编码扩展，例如区分节假日和普通工作日。同时，Calendar 表有另一个优势，因为数据库中的国际化设置可能会影响星期和月份的名字。

如果 OrderDate 包含日期，需要使用下面的 SELECT 语句，累计计算从午夜到上午 3:59:59.999 的订单数量：

```
SELECT SUM(CASE WHEN DATEPART(hour, o.OrderDate) BETWEEN 0 AND 3
                THEN 1 ELSE 0 END) as hh00_03
```

这与之前旋转查询的结构相同，但这里被应用于时间。

13.4.3 字符串中的模式

传统上，SQL 只有基础的字符串处理函数，但是对于抽取一些有趣的特征，这些函数也足够用了。现在，数据库开始提供更好的字符串函数，例如正则表达式、对 XML 和 JSON 数据类型的支持。遗憾的是，这些函数针对不同数据库才有。

提示：描述和名字通常包含非常有趣的信息。然而，这些信息需要分别抽取出来，加入到数据签名中。

1. 电子邮件地址

电子邮件地址的格式为"<用户名>@<域名>"，其中，域名中包含一个扩展，如.com、.edu、.uk 或.gov。域名和域名的扩展是值得注意的客户特征。

下面的代码从电子邮件地址中抽取这些特征：

```sql
SELECT LEFT(emailaddress, CHARINDEX('@', emailaddress) - 1) as username,
       SUBSTRING(emailaddress, CHARINDEX('@', emailaddress) + 1, 1000
                ) as domain,
       RIGHT(emailaddress, CHARINDEX('.', REVERSE(emailaddress))
                ) as extension
```

用户名是@之前的所有字符，域名是@之后的所有字符。最后一个句点之后的所有内容，是域名的扩展。这个表达式在查找最后一个句点时，使用了一个小技巧。它颠倒字符串中的内容，找到的第一个句点即为原字符串的最后一个句点。

2. 地址

地址是复杂的字符串，很难直接用于数据挖掘。地址编码将地址转换为纬度和经度，而且与地址对应的人口信息相关联。

地址本身提供关于客户的信息：

- 地址是一个公寓吗？
- 地址对应的是邮箱吗？

下面的编码标识出 address 类中的数据是否包含公寓编号或邮箱：

```sql
SELECT (CASE WHEN address LIKE '%#%' OR
             LOWER(address) LIKE '%apt.%' OR
             LOWER(address) LIKE '% apt %' OR
             LOWER(address) LIKE '% unit %'
        THEN 1 ELSE 0 END) as hasapt,
       (CASE WHEN REPLACE(REPLACE(UPPER(address), '.', ''), 6),
                          ' ', '') LIKE 'POBOX%'
        THEN 1 ELSE 0 END) as haspobox
```

公寓标识器的值取决于"apt."或"apt"的出现(并不只是"apt")，以避免与街道名混合，如"Sanibel-Captiva Road"、"Captains Court"和"Baptist Camp Road"。对于邮箱，地址以"PO BOX"、"P.O. Box."或"POBOX"开头。

3. 产品描述

产品描述通常包含有用的信息，比如：

- 颜色
- 味道
- 特殊属性(如有机的、纯棉的等)

有趣的属性可以被转换为标识：

```
(CASE WHEN LOWER(description) LIKE '%diet%' THEN 1 ELSE 0 END) as is_diet,
(CASE WHEN LOWER(description) LIKE '%red%' THEN 1 ELSE 0 END) as is_red,
(CASE WHEN LOWER(description) LIKE '%organic%' THEN 1 ELSE 0 END) as is_org
```

这些 CASE 语句查找描述中的特定字符串。

产品描述信息可能包含特殊的格式。例如，第一个词可能是产品组名。可以通过如下编码获取：

```
SUBSTRING(description, CHARINDEX(' ', description), 1000) as productgroup
```

或者，最后一个词可能是其他有趣的信息，如价格：

```
RIGHT(description, CHARINDEX(' ', REVERSE(description))) as price
```

发现有趣的信息通常是一个手动的流程，它需要阅读整个描述并判断哪些信息是区分客户的重要信息。

4. 信用卡号

信用卡号有两种用途。第一种是识别信用卡类型。第二种是判断同一张卡是否被重复使用。第 2 章包含了卡号和信用卡类型之间的关系，同时还包含了转换这个信息的 SQL 查询。

比较不同支付的信用卡号，与比较两个列的值一样简单。然而，在分析性数据库中存储信用卡号是有风险的，因此显式地存储卡号并不是一个好主意。

一个解决方案是将信用卡号转换为不可识别的字符。一种方法是使用一个主表，其中包含不重复的信用卡号。使用主表中的行编号替换实际表中出现的信用卡号，同时只有少数人可以访问主表。这个方法只是将风险从一个系统转移到另一个系统。

另一种方法使用哈希编码。哈希算法有很多。通常选择一个非常简单的方法就足够了：

(1) 将信用卡号看作数字。
(2) 使用这个数字乘以一个较大的素数。
(3) 加上另一个较大的素数。
(4) 再除以另一个素数后，保留余数。

这是有效的，因为两个不同的数字基本不可能映射到一个数字上。在公式中的素数未知的情况下，想要获取原始信用卡号是非常难的。数据库有内置的哈希函数(在 SQL Server 中，这样的函数是 CHECKSUM()和 HASHBYTES())。

提示： 在数据库中存储敏感客户信息时，考虑做哈希转换，从而使分析型数据库中包含真实数据。

13.5 总结客户行为

客户签名是存放很多数据元素和基础总结信息的地方，同时用于存储关于客户行为的更复杂的指标，这些指标可以提升为以客户为中心的业务指标。

本节介绍三个示例。第一个示例计算一系列交易的斜率、β 值。第二个示例识别出周末消费者。第三个示例应用这些指标，标识出有下降趋势的客户。

13.5.1 计算时间序列的斜率

旋转数值生成了时间序列，例如，在几个月中的购买总金额。使用第 12 章中的思想，我们可以计算这些数值的斜率。

在 purchases 数据集中，多数家庭只有一个订单，这并不适用于发现趋势。相反，我们从邮政编码的层面查看：在截止日期之前的几年中，哪个邮政编码对应地域的客户在增长？注意，这个问题仍然是关于截止日期之前所发生的事情，因此结果可以写入客户签名。

本节通过三种不同的方法回答这个问题。第一种方法使用旋转过的数据计算斜率——但是 SQL 代码很复杂。第二种方法为邮政编码总结每一年的数据。第三种方法扩展第二种方法，应用至任意系列。

1. 从旋转的时间序列中计算斜率

下面的查询为每一个邮政编码计算家庭的数量，其中这些家庭每年产生一个订单。

```
WITH params as (
      SELECT CAST('2016-01-01' as DATE) as CutoffDate
      )
SELECT o.ZipCode, COUNT(*) as cnt,
       FLOOR(DATEDIFF(year, '2009-01-01', MIN(CutoffDate))) as numyears,
       COUNT(DISTINCT (CASE WHEN DATEDIFF(year, OrderDate, CutoffDate) = 1
                            THEN c.HouseholdId END)) as year1,
       COUNT(DISTINCT (CASE WHEN DATEDIFF(year, OrderDate, CutoffDate) = 2
                            THEN c.HouseholdId END)) as year2,
       ...
       COUNT(DISTINCT (CASE WHEN DATEDIFF(year, OrderDate, CutoffDate) = 7
                            THEN c.HouseholdId END)) as year7
FROM params CROSS JOIN Orders o JOIN
     Customers c
     ON o.CustomerId = c.CustomerId
GROUP BY o.ZipCode
```

这个查询仔细地考虑了截止日期，因此它的查询结果可以加入客户签名。列 **numyears** 中包含数据的年数。剩余的列中存储按年做的总结。

该查询使用了 DATEDIFF(year,...)。它是有效的，因为截止日期是年的第一天。如前所述，在 SQL Server 中，这个功能不会计算两个日期之间的年数，而是计算年份之间的年数。对于任意截止日期，更精准的函数是 FLOOR(DATEDIFF(day,OrderDate,CutoffDate)/ 365.25)，或是第 5 章中描述的方法。

第 12 章中介绍了斜率的公式：

斜率 = (n*Sxy - Sx*Sy) / (n*Sxx - Sx*Sx)

旋转后的数据并没有显式的 X 值。可以假设它们是一序列数字，其中 1 代表最早的值。由此生成的斜率可以被解释为，在接下来的每一年中，发生购买的额外家庭的平均数量。

下面的查询先计算中间值，然后计算斜率：

```
WITH zsum AS (<previous query>)
SELECT (n*Sxy - Sx*Sy) / (n*Sxx - Sx*Sx), z.*
FROM (SELECT zipcode, cnt,
             numyears*1.0 as n,
             numyears*(numyears + 1) / 2 as Sx,
             numyears*(numyears + 1)*(2*numyears + 1) / 6 as Sxx,
             (CASE WHEN numyears < 2 THEN NULL
                   WHEN numyears = 3 THEN year3 + year2 + year1
                   WHEN numyears = 4 THEN year4 + year3 + year2 + year1
                   WHEN numyears = 5 THEN year5 + year4 + year3 + year2 +
                                          year1
                   WHEN numyears = 6 THEN year6 + year5 + year4 + year3 +
                                          year2 + year1
                   ELSE year7 + year6 + year5 + year4 + year3 + year2 +
                        year1 END) as Sy,
             (CASE WHEN numyears < 2 THEN NULL
                   WHEN numyears = 3 THEN 1*year3 + 2*year2 + 3*year1
                   WHEN numyears = 4 THEN 1*year4 + 2*year3 + 3*year2 +
                                          4*year1
                   WHEN numyears = 5 THEN 1*year5 + 2*year4 + 3*year3 +
                                          4*year2 + 5*year1
                   WHEN numyears = 6 THEN 1*year6 + 2*year5 + 3*year4 +
                                          4*year3 + 5*year2 + 6*year1
                   ELSE 1*year7 + 2*year6 + 3*year5 + 4*year4 + 5*year3 +
                        6*year2 + 7*year1 END) as Sxy
      FROM zsum z) z
```

下面的逻辑来自于第 12 章。斜率的增长表示在每一年，邮政编码中有额外客户发生购买行为。

消除中间求和，会使查询看起来更加笨重，并且易于产生错误：

```
SELECT (CASE WHEN numyears < 2 THEN NULL
             WHEN numyears = 3
             THEN numyears*(1*year3 + 2*year2 + 3*year1)-
                  (numyears*(numyears + 1) / 2)*(year3 + year2 + year1)
             WHEN numyears = 4
```

```
              THEN numyears*(1*year4 + 2*year3 + 3*year2 + 4*year1)-
                   (numyears*(numyears + 1) / 2)*(year4 + year3 + year2 + year1)
              WHEN numyears = 5
              THEN numyears*(1*year5 + 2*year4 + 3*year3 + 4*year2 +
                   5*year1) - (numyears*(numyears + 1) / 2)*(year5 + year4 +
                   year3 + year2 + year1)
              WHEN numyears = 6
              THEN numyears*(1*year6 + 2*year5 + 3*year4 + 4*year3 +
                   5*year2 + 6*year1) -
                   (numyears*(numyears + 1)/2)*(year6 + year5 + year4 +
                   year3 + year2 + year1)
              ELSE numyears*(1*year7 + 2*year6 + 3*year5 + 4*year4 +
                   5*year3 + 6*year2 + 7*year1) -
                   (numyears*(numyears + 1) / 2)*(year7 + year6 + year5 +
                   year4 + year3 + year2 + year1)
              END) / (1.0*numyears * numyears*(numyears + 1)*(2*numyears + 1) / 6
                    - ((numyears*(numyears + 1) / 2))*(numyears*(numyears + 1) / 2)
       ) as slope, z.*
FROM zsum
```

在这些情况下,可以选择保持中间求和,即使它们除此之外别无它用。一个简化办法是假设所有的旋转列中都包含数据,然后移除复杂的 CASE 语句,但是这个假设可能不是真的。

2. 为常规时间序列计算斜率

另一种方法不使用旋转列,相反,使用一个中间结果集。其中,结果集中针对每一年和每一个邮政编码分别包含单独的数据:

```
WITH params as (
      SELECT CAST('2016-01-01' as DATE) as CutoffDate
     )
SELECT o.ZipCode, DATEDIFF(year, o.OrderDate, CutoffDate) as yearsago,
       DATEDIFF(year, '2009-01-01', MIN(CutoffDate)) as numyears,
       (DATEDIFF(year, '2009-01-01', MAX(CutoffDate)) -
        DATEDIFF(year, o.OrderDate, CutoffDate)) as x,
       COUNT(DISTINCT HouseholdId) as y
FROM params CROSS JOIN Orders o JOIN
     Customers c
     ON o.CustomerId = c.CustomerId
WHERE o.OrderDate < CutoffDate
GROUP BY o.ZipCode, DATEDIFF(year, o.OrderDate, CutoffDate)
```

当给定的年份没有订单时,总结数据中不包含该数据。对于邮政编码,当某些年中没有客户时,这个方法对斜率的计算,与通过旋转数据计算斜率的方法不同。

下面的查询计算中间值和斜率:

```
WITH zysm as (<previous query>)
SELECT (CASE WHEN n = 1 THEN 0
```

```
                ELSE (n*Sxy - Sx*Sy) / (n*Sxx - Sx*Sx) END) as slope, zy.*
FROM (SELECT zipcode, MAX(numyears) as numyears, COUNT(*)*1.0 as n,
             SUM(x) as Sx,
             SUM(x*x) as Sxx,
             SUM(x*y) as Sxy,
             SUM(y) as Sy
      FROM zysum
      GROUP BY zipcode
     ) zy
ORDER BY n DESC
```

这个查询比前面的版本更加简单。没有使用旋转的时间序列,隐式地计算截止日期之前的 X 值。当只有一年包含购买数据时,SELECT 中的 CASE 语句为斜率分配值;否则,会导致除数为 0 错误。这个查询的结果与之前使用旋转数据的查询的结果稍微不同,因为在之前的版本中,如果年份中不包含任何数据,这些年中的销量为 0。而在这个查询中,直接移除了这些年份。

3. 计算不规则时间序列的斜率

之前的计算可以扩展至计算不规则时间序列。不规则时间序列是指 X 值之间的空格是变化的。客户的购买数据是一个典型的示例,而且对于判断趋势来说非常有用。

这个方法的查询与之前的示例非常相似,除了 X 值来自于数据中的其他值。

13.5.2 周末消费者

一个"完美的"周末消费者有如下特征:
- 按照订单数量计算的所有购买记录都发生在星期六或星期日。
- 按照消费总额计算的所有购买记录都发生在星期六或星期日。
- 按照单位数量计算的所有购买记录都发生在星期六或星期日

对于完美的周末消费者,这些条件都是等价的,因为所有的购买行为都发生在周末,这意味着所有的单位数量、订单、金额都发生在周末。它们同时定义了一个指标,说明客户与"完美的"周末消费者之间的距离。

表 13-4 列出了一些拥有多个订单的客户的实例:一个是完美的周末消费者,另一个是部分的周末消费者,最后一个不是周末消费者。

表 13-4　周末消费者和非周末消费者之间的交易示例

家庭 ID	订单 ID	订单日期	星期	金额	单位数
21159179	1102013	2013-08-17	Sat	$40.00	3
21159179	1107588	2013-09-16	Mon	$67.00	5
21159179	1143702	2014-08-03	Sun	$90.00	6
36207142	1089881	2013-06-13	Thu	$10.00	1
36207142	1092505	2013-11-27	Wed	$8.00	1

家庭 ID	订单 ID	订单日期	星期	金额	单位数
36207142	1084048	2013-12-23	Mon	$49.00	3
36207142	1186443	2014-12-05	Fri	$5.00	2
36207142	1206093	2014-12-31	Wed	$7.00	1
36528618	1013609	2011-01-29	Sat	$182.00	2
36528618	1057400	2012-11-25	Sun	$195.00	1
36528618	1059424	2012-11-25	Sun	$195.00	1
36528618	1074857	2013-12-14	Sat	$570.00	2

下面的比例用于区分这些分组：
- 所有的订单都发生在周末的比例
- 所有的金额都花费在周末的比例
- 所有的单位都在周末购买的比例

这些值都在 0(没有任何周末购买行为)和 1(总是在周末购买)之间。表 13-5 展示了这些总结信息。

表 13-5 一些消费者和他们的周末购买行为

家庭	#订单数量		美元		#单位数	
	全部	周末	全部	周末	全部	周末
21159179	3	66.7%	$197	66.0%	14	64.3%
36207142	5	0.0%	$79	0.0%	8	0.0%
36528618	4	100.0%	$1,142	100.0%	6	100.0%

回忆一些关于概率的思想，这些内容可以合并为一个简单的概率评估指标，比如下面的查询：

```
WITH params as (
    SELECT CAST('2016-01-01' as DATE) as CutoffDate
    )
SELECT h.*,
       (CASE WHEN weekend_orders = 1 OR weekend_units = 1 OR
                  weekend_dollars = 1 THEN 1
             ELSE (weekend_orders / (1 - weekend_orders))*
                  (weekend_units / (1 - weekend_units))*
                  (weekend_dollars / (1 - weekend_dollars)) END) as weekendp
FROM (SELECT HouseholdId,
             SUM(CASE WHEN cal.dow IN ('Sat', 'Sun') THEN 1.0
                      ELSE 0 END) / COUNT(*) as weekend_orders,
             SUM(CASE WHEN cal.dow IN ('Sat', 'Sun') THEN NumUnits*1.0
                      ELSE 0 END) / SUM(numunits) as weekend_units,
             SUM(CASE WHEN cal.dow IN ('Sat', 'Sun') THEN TotalPrice
                      ELSE 0 END) / SUM(TotalPrice) as weekend_dollars
      FROM params CROSS JOIN Orders o JOIN
           Calendar cal
```

```
              ON o.OrderDate = cal.Date JOIN
              Customers c
              ON o.CustomerId = c.CustomerId
        WHERE o.OrderDate < CutoffDate AND
              o.NumUnits > 0 AND o.TotalPrice > 0
        GROUP BY c.HouseholdId) h
```

这个查询沿订单、单位数、价格三个维度衡量顾客是否是周末消费者。顾客是周末消费者的概率等于 1 和 1 减这三种概率之差的乘积的差值,这个合并概率的方法在第 11 章介绍朴素贝叶斯模型时介绍过。虽然这些维度是彼此依赖的,但是它们的组合仍然能够为判断顾客是否为周末消费者提供指引。

当客户有非常少的购买行为时,这种判断方法存在一个问题;下面的"结合先验值"介绍了另一种方法。

结合先验值

当客户包含很多数据时,对周末消费者的定义方法是有效的。然而,当客户只有少数交易信息时,这个方法的效果并不好。例如,只购买过一次并且是在周末购买的客户,与所有 100 次购买都发生在周末的客户相比,两者的分数应该相同吗?

从直观上看,答案是否定的,因为第二个客户有更多的数据。那么如何使用周末购买者的分数区分两者呢?

一种方法是来自于第 3 章的内容,从分数中计算标准差,并以此为边界;然而,当客户只有一次购买行为时,这个方法就失效了,因为标准差没有定义。更有趣的方法是,设定每一个客户是周末购买者的分数分布于 0 和 1 之间,而且对于每一个人,这个分数的起始值都是相同的,即使这些人还没有任何购买行为。这样的假设被称为先验假设,它也是贝叶斯统计的一个中心概念。

对于这个讨论,我们考虑只使用交易的比例作为判断客户是周末交易者的指标(而不是使用组合的可能性值)。先验数据的合适值是多少?合适的先验值是数据中周末订单的整体比例,值为 21.6%。在没有其他信息的情况下,这说明客户的周末购买者分数为 21.6%,即便他还没有购买任何东西。

下面的问题是如何合并先验信息和 Orders 表中的信息。对于周末只有一个订单的客户,他是周末消费者的估计值是什么?记住,正文中的方法认为这个人的分数是 100%,这个分数看起来有些高。

其思想是将先验数据与新的信息合并,使用加权的平均值:

新的估计值 = ((prior * K) + 1) / (K + 1)

K 值表示先验值的权重。如果 k 值为 0,结果与正文中的结果相同。1 是一个合理值,它导致结果为 60.8%,即只有一次周末购买行为的客户的分数是 60.8%。

下一次购买会发生什么?道理是相同的,但是 K 值需要加 1,因为出现了额外的观察值。

下面的表 13-6 展示了客户的分数,这些客户分别为只在周末购买的客户和不在周末购买的客户：

表 13-6　周末客户和非周末客户的分数

只在周末购买的购买者			非周末购买者		
#订单数量	K	分数	#订单数量	K	分数
0	1	21.6%	0	1	21.6%
1	2	60.8%	1	2	10.8%
2	3	73.9%	2	3	7.2%
3	4	80.4%	3	4	5.4%
4	5	84.3%	4	5	4.3%
5	6	86.9%	5	6	3.6%

拥有 5 次周末购买记录(没有其他记录)的客户，分数为 86.9%。拥有 5 次周中购买记录(没有其他记录)的客户，分数为 3.6%。这看起来是合理的。

通过下面的公式，可以调整先验值的权重，使用观察到的数量和平均值：

```
Est = (K * prior + number * average) / (K + number)
```

对于 100 次购买都发生在周末的客户，会发生什么？计算非常简单：数量是 100，平均值是 1，结果分数为 99.2%。

这种纳入了先验值的方法，要求在没有证据的前提下找到合适的先验值，同时要求找到合并新信息和先验值的方法。对比直接使用比例，先验值的使用能生成更加直观的分数。

13.5.3　下降的使用行为

下降的使用率通常是客户停止的前兆。量化使用率下降的方法是使用 β 值，例如每月花费的总金额，或每周的网站访问量。

β 值可能具有误导性，因为它适用于数据的长期趋势。通常，客户行为是相对稳定的(只在一个范围内变化)，然后开始下降。下降行为的其他指标包括：

- 近期行为和历史行为的比例，例如，最近月份的使用数量除以 12 个月之前的使用数量
- 最近月份的使用数量小于上个月的使用数量
- 最近月份的使用数量与去年平均数量的比例
- 最近值和长期走势中的值的差值，以标准差衡量

这些都是使用下降的合理指标，而且都可以在 SQL 中实现。

我们通过邮政编码在每年的相应数量，讨论前三个指标：

- 最近的客户数量与去年同期的比例
- 最近的客户数量与上一年平均数量的比例

- 近年来客户数量呈下降趋势的年数

下面的查询从旋转的邮政编码列中计算这些数值：

```
WITH zsum as (<zip code summary query>)
SELECT zsum.*,
       NULLIF(year2, 0)  as year1_2_growth,
       (CASE WHEN (COALESCE(year1, 0) + COALESCE(year2, 0) +
                   COALESCE(year3, 0) + COALESCE(year4, 0) +
                   COALESCE(year5, 0) + COALESCE(year6, 0) +
                   COALESCE(year7, 0)) = 0 THEN 1
             ELSE year1 / ((COALESCE(year1, 0) + COALESCE(year2, 0) +
                            COALESCE(year3, 0) + COALESCE(year4, 0) +
                            COALESCE(year5, 0) + COALESCE(year6, 0) +
                            COALESCE(year7, 0)) / 7.0) END) as year1_index,
       COALESCE(CASE WHEN numyears < 2 OR year1 >= year2 THEN 0 END,
                CASE WHEN numyears < 3 OR year2 >= year3 THEN 1 END,
                CASE WHEN numyears < 4 OR year3 >= year4 THEN 2 END,
                CASE WHEN numyears < 5 OR year4 >= year5 THEN 3 END,
                CASE WHEN numyears < 6 OR year5 >= year6 THEN 4 END,
                CASE WHEN numyears < 7 OR year6 >= year7 THEN 5 END,
                6) as years_of_declining_sales
FROM zsum
```

对于增长的计算相当明显；NULLIF()函数表达式处理除数为 0 的情况。如果上一年没有客户，增长无定义。

索引计算直接计算前 7 年的平均值。更简单的方法是在子查询中求和或平均值。然而，这个版本使用的邮政编码总结子查询与最初编写的完全相同。

使用 COALESCE()函数计算销量下降的年份的年数。这个函数返回第一个非空值。因此处理逻辑如下：

(1) 如果 year1>=year2，那么第一个值是 0 并由 COALESCE()函数返回；否则，值为 NULL，说明至少有 1 年下降，程序继续。

(2) 然后，如果 year2>=year3，那么下降只是来自于最后一年。因此，最近两年有下降，但是之前没有；否则，值为 NULL，说明至少两年使用率下降，程序继续。

(3) 以此类推。

替换 COALESCE()函数的方法是使用更加复杂的 CASE 语句。这些值可以作为使用率下降的标志，添加至客户签名中。

提示：对于值可能为空的列，COALESCE()函数在计算索引、计数和平均值时非常有用。

13.6 小结

当数据分析超出 SQL 和 Excel 的能力范围时，可以使用客户签名存储客户行为的摘要信息和统计信息，以供其他工具使用。SQL 在创建客户签名时是有优势的，因为它有强大的、可扩展的数据处理能力——而且数据库通常包含评分后的数据。

客户签名应该基于一个截止日期，只处理截止日期之前的输入列。对于预测模型，目标来自于截止日期之后的时间段。一个客户签名的列来自于很多不同的表。多数的列是输入列。客户签名同时包含目标列、标识列和截止日期。

对于客户签名的创建，要求从不同的数据源中获取信息。一些列可能被直接复制。一些列可能来自于固定的查找表。然而，其他数据可能来自于沿不同维度总结客户行为的动态查找表。还有其他数据可能通过旋转、总结海量的客户交易数据而得到。这些操作可以合并使用，以发现用于数据挖掘的强大特征。

从多个列中总结信息，能够抽取出非常强大的特征。例如，通过最佳拟合线的斜率可以添加随时间的数据走势。

客户签名为理解客户以及应用前面章节介绍的技术提供了基础。在数据分析中，多数工作是汇集数据和理解数据。SQL 对复杂数据的处理能力，以及在大型硬件上 SQL 的调优能力，使关系型数据库成为创建数据签名的一个强大的选择。

如前面的章节所示，SQL 和 Excel 的组合是用于理解客户的强大工具。当组合不够强大时，它们能够汇总正确的数据，提供给更复杂的工具使用。创建客户签名的查询是另一个复杂查询的示例。随着 SQL 变得更加复杂，SQL 的性能变得更加重要——这是本书最后一章将要讨论的内容。

第 14 章

性能问题：高效使用 SQL

本章的内容与前面的章节不同，其关注点从功能转移到性能。谈到性能，有些话题可能与某些特定数据库紧密相关。幸运的是(或许有些惊讶)，一些通用的规则和思考虽然不适用于所有数据库，但可以应用在多数的数据库中。在这其中，有的规则是基于数据库引擎的设计准则；有的规则是基于 SQL 的编写方法；还有其他的规则是基于数据在数据库中的存储形式。本章介绍的内容将针对这些通用规则，而不是与特定数据库相关的规则。

SQL 的强大体现在几个方面。首先，SQL 能够完成很多数据分析所需要的重要数据操作——使用 CTE 和子查询为 SQL 带来了强大的功能。其次，数据库引擎根据当前的硬件条件和数据，优化查询语句。这个优化是非常重要的：针对一个较小的数据表且运行在 Android 设备上的 SQL 查询，同样可以运行在包含很多处理器的大型服务器上，处理大型数据库表。其 SQL 语句保持不变，然而，底层的算法可能会动态改变。用户不需要完全理解底层使 SQL 保持高效的算法，就像司机不需要理解机械或内燃机原理，但是也能驾驶汽车一样。

本章讨论一个简单查询可能用到的不同的执行方法，理解 SQL 编译器的优化组件。这个概述忽略底层用于实现连接和聚合等操作的具体算法，相反介绍了关于性能的关键思想，例如全表查找和索引查找的区别，以及数据库引擎的并行处理能力。

在 SQL 中，与性能相关的最重要特征就是索引。到目前为止，我们都在竭力地避免这个话题，目的是关注 SQL 可以做什么，而不是数据库引擎如何工作。通常情况下，索引是数据库性能提高的关键点，但是它并不能提供新的数据库功能。幸运的是，对于给定的查询，一些方便的规则能够帮助我们判断哪些是最佳索引。

本章最后的部分介绍做相同事情的不同方法。SQL 是一门非常丰富的语言，使用不同的查询也可以返回相同的查询结果集。其中，一个查询可能比其他查询的效率明显提高——而且，通常高效的方法与特定数据库无关。

每个数据库都提供了针对自己的进一步优化的机会，这部分内容不包含在本书中。例如，有时使用临时表，比编写更复杂的查询更好(虽然这个情况比较罕见)。然而，这种优化是针对特定数据库才有效的。因为数据库有相似的底层结构，一些通用的规则适用于所有或几乎所有的数据库。本章首先介绍数据库之间的共性。

14.1 查询引擎和性能

SQL 查询描述了结果集，但是并没有说明生成结果的具体步骤或使用的算法。这允许 SQL 优化器生成最佳查询计划——至少理论上是这样的。

相比之下，多数编程语言是程序化的。例如，"排列数据"通常会使用一个特定的算法，做数据排序，如冒泡排序、归并排序、快排或是其他华丽的并行内存溢出排序。而 SQL 语句的 ORDER BY 子句，简单地指出结果集会以某个顺序排列。而且，不同的数据库使用不同的方法。例如，在 SQL Server 中，如果查询只访问一个单独的表，而且 ORDER BY 子句的列是表的聚簇索引，那么通常不需要额外的排序操作。

本节首先介绍计算机科学中的"复杂度"，并以它作为描述查询性能的方法。毕竟，如果我们想要讨论性能，那么理解指标——与硬件和数据库版本无关——是很有帮助的。在介绍更有趣的示例之前，我们先了解一个简单的示例。

14.1.1 用于理解性能的时间复杂度

计算机科学家有一个衡量算法复杂度的方法。在数据库语言中，这意味着随数据库中数据的增加，查询所需要花费的时间长度的变化。时间复杂度的缩写是大写的字母"O"和包含括号的简单表达式，这里的 O 与 ORDER BY 无关。

最易于理解的是 $O(1)$，它说明执行查询的时间是一个常量。在更大的数据表中执行查询，并不会影响查询所需要的时间花费。这样的查询并不常见，如下是一个示例：

```
SELECT TOP 1 t.*
FROM t
```

它武断地从数据表中返回一行数据。因为只要读取一行数据，花费的时间与表的大小无关。注意，这个时间复杂度表达式并没有说明查询所需要的时间长短，只是说明所花费的时间不会因为数据的变大而增长。

更常见的时间复杂度表达式是 $O(n)$，这说明随着表中数据的增加，查询所花费的时间也增加("n"表示大小，通常是指表中的数据行数)。一个典型的示例是读取表中的所有数据——例如，计算数据行数。如果表中的数据行数翻倍，假设需要读取每一条数据，那么计算它们的查询所需要的时间也翻倍。

当"n"中的表达式变得更大时，性能会变得更差。例如，$O(n^2)$ 说明当行数增长时，查询花费的时间以指数倍增长。这是简单排序算法和未优化的自联接的性能。

对于理解底层算法随数据增长的变化，时间复杂度是非常有用的。$O(n)$ 比 $O(n^2)$ 的性能更好，特别是当数据不断增长时，两者的区别越来越明显。正如我们将要见到的内容，数据库中也有其他的衡量角度——例如，内存使用率和硬盘读取——这些角度对于实际问题可能更加重要，但是时间复杂度是关于性能的关键方面。

14.1.2 一个简单的示例

在数据库表中，某个列的最大值是什么？我们先撇开数据库，假设数据表都以纸张的形式整洁地打印出来。通过类比针对纸张的处理操作，理解数据库处理数据的方法。相比于纸张，真正的数据库有巨大的优势——特别是当表中包含上百万行的数据时。

回答上面问题的 SQL 查询非常简单：

```
SELECT MAX(t.col)
FROM table t
```

在数据库实际执行查询时，可能使用的不同方法有哪些？这里介绍数据库可能使用的几种算法(并非所有的算法)。

1. 全表扫描

找到最大值的明显方法是读取整个表，逐行读取，保存所读取到的最大值。在纸张上的类似操作是人工逐行读取数据，保留所读取的最大值。当数据存储在文件中或以数组的形式存储在内存中时，也是使用相同的方法。

这个方法的时间复杂度是 O(n)。随着表中数据的增长，查询所需要付出的工作强度也随着增长，且增长速度相同。如果数据翻倍，所需要付出的工作也翻倍。

全表扫描能够回答这个问题——特别是在数据表较小时。例如，如果所有的数据都列在一张纸上，那么从头到尾查找，这或许是得到最大值的最快方法。对于更大的数据量，全表扫描通常不是最高效的方法。

2. 并行全表扫描

提高查询执行速度的一种方法是将查询分成片段，使它们可以同时执行。毕竟，现代计算机包含多核处理器，能够同时执行多线程的处理任务。

当数据在纸张上时，这等价于将所有纸张打包后分配给几个同事。每一个同事处理分配给他们的纸张，并计算数据中的最大值。然后，每位同事完成对各自数据的检查，找到数据中的最大值。最后，仍然需要将中间结果值合并在一起，这是一个快速的流程。

并行计算可以为很多查询提速，包括这个查询。提升程度取决于系统的"并行能力"——而对于给定的查询，速度的提升通常由硬件、配置参数、数据大小和查询复杂度决定。对于这种类型的查询，使用 10 个线程同时执行查询，可以使查询完成的时间缩短至原来时间的十分之一左右。

并行执行会导致一些额外花销，例如，需要将中间结果合并在一起。这个额外花销，以及在最初处理查询时的花销，相比于处理海量数据来说，是非常小的。

并行方式也有自己的局限性。例如，在处理纸张数据时，如果同事的人数大于纸张的数量，那么并不需要所有的同事参与(除非允许将一张纸一分为二)。

虽然并行查询的速度更快，但是处理的时间复杂度仍然是 O(n)——在并行线程数量给定的情况下。即使有多个处理器同时读取数据，也仍然需要读取所有的数据。然而，因为每一个处理器完成得更快，整个查询完成得也更快。这也说明了硬件更强大时，问题处理得越快——即使底层算法并不可见。

3. 索引查询

此时，你可能会考虑"哎，如果数据是有序存储，问题会不会更简单？"如果真是这个情况，选择最大值是非常简单的——只需要直接读取表中的第一行数据或最后一行数据(取决于排序的顺序)。SQL 不可以做相同的事情吗？

答案是肯定的，也是否定的。SQL 表存储无序的数据集：表自身没有固定的顺序。即便数据是有序存储的，在不知道某一行的数据是什么的情况下，我们也无法直接访问某一行以获取数据。关于这个问题，有很多解决的办法，但是我们目前只考虑关系型模型。

提示：SQL 表存储无序数据集，因此查询时，不应该假设数据是以某个特定序列排序的。然而，索引(通常)是有序的，因此算法可以利用这个有序的序列，所以查询速度可以提高。

索引，是这个问题的解决方案。在本章的后续内容中，将详细介绍索引。可以将数据库索引想象成书籍的目录：在一个表中存储原始表的一列或多列(键)，同时存储到原始表中行的引用。图 14-1 展示了一个示例。

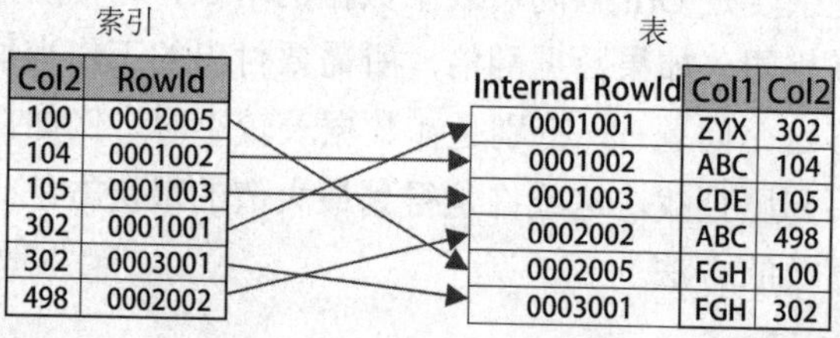

索引			表		
Col2	RowId		Internal RowId	Col1	Col2
100	0002005		0001001	ZYX	302
104	0001002		0001002	ABC	104
105	0001003		0001003	CDE	105
302	0001001		0002002	ABC	498
302	0003001		0002005	FGH	100
498	0002002		0003001	FGH	302

图 14-1 索引是一个查找表，它本质上按一定顺序存储列，同时包含对原数据内部地址的引用

因为索引是有序的，所以返回最大值是轻而易举的事情。

从时间复杂度的角度考虑，这个操作会花费多长时间？索引包含最大值，因此，这个问题等价于找到最大值需要多长时间。答案取决于索引的底层数据结构，但是通常这个时间复杂度是 O(log n)。这说明当数据量翻倍时，执行时间只是增加某个常量值。例如，8 的对数值是 3，比 4 的对数值大 1；相似地，1024 的对数值是 10，比 512 的对数值大 1。对一百万行数据做索引查询所需要的时间，是对 1000 行数据做索引查询的 10 倍。在数据库的实际使用中，这与常量时间非常相似。

4. 查询的性能

针对这个简单的查询，已经介绍了三种不同的执行方法——全表查询、并行全表查询、索引查询。在任意给定的环境中，查询优化器可以选择这三种方法中的最佳方法或其他方法。理论上说，数据库理解它所存储的数据详细内容，因此可以基于查询语句、数据和已有的硬件资源，判断出哪种方法是执行查询的最佳方法。

数据库引擎中，对于优化联接、聚合和其他 SQL 操作，有很多不同的方法。SQL 的主要优势是，同样的一个查询，可以根据它的环境优化，尽可能高效地执行。

提示：SQL 引擎包含一个优化的步骤，该步骤考虑创建结果集的很多不同方法。引擎根据查询语句、数据和硬件资源，选择最佳的执行方法。

14.1.3 与性能相关的思考

关系型数据库是存储和处理数据的强大工具。查询优化器能够利用已有的资源，包括：
- 存储管理(内存和硬盘)
- 索引
- 并行处理器

这三个组件为 SQL 贡献了多数的处理能力。同时，它们为理解一些性能关键点提供了一个框架。

1. 存储管理(内存和硬盘)

数据库将数据表存储在持久的存储中——在硬盘上，然而数据的处理是在内存中。将数据从硬盘读取到内存是相对比较花费时间的(在计算机处理数据的整个过程中)。在数据库性能中，一个非常重要的部分是管理已有的内存和最小化从硬盘读取数据的时间。

数据按照一定逻辑存储于表的列中。另一方面，实际的存储单位是数据页。数据页的大小是固定的(例如，在 SQL Server 中，数据页的大小是 8192 字节)，而且数据页中包含某个表中的数据(必要时，非常庞大的列的数据可以分布在多个数据页中)。所以，一个表由多个存储数据的数据页的集合组成。图 14-2 展示了这个结构的模式图表。

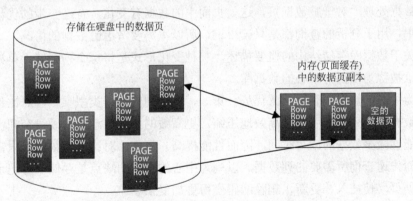

数据页存储在硬盘中。当数据库引擎需要数据页时，
会将数据页加载至页面缓存中。
数据页管理器通常实现如下优化：
- 一次读取多个数据页
- 在需要之前，就加载数据页
- 将数据页保留在缓存中，以防后续继续使用
- 当数据库引擎处理数据的同时，读取和写回数据页
  ("asynchronous reads and writes")

图 14-2　数据页存储于内存和硬盘中，页面缓存为数据库管理数据页

一个与性能相关的基础问题是：需要从硬盘中读取(写入)多少页数据？如果知道查询所必须读取的数据页的页数，那么对查询的整体性能也就有了大致的想法。如果查询需要读取数据表中的所有数据，那么通常情况下，需要一次性从硬盘中读取所有的数据页。这个过程被称为全表扫描。

为了使查询高效，数据库使用特殊的内存区管理数据页，这个内存区被称为页面缓存。页面缓存(与其他对象的缓存一样)通常占据数据库服务器使用的所有内存。有时，查询所需要的数据页已经存在内存中，在这种情况下，查询执行得更快，因为不需要从硬盘中加载数据页。因为这个原因，在数据库启动后，第一次执行查询时所需要的时间比第二次执行查询的时间长。第二次查询时，所需要的数据已经在页面缓存中，不需要从硬盘中读取。

数据库首次启动时，内存中没有任何内容。此时空的页面缓存处于"冷"状态。当页面缓存中包含感兴趣的数据时，处于"暖"状态。通常，对于一个查询，会定时地清理它的页面缓存，从而让其他查询运行在冷缓存上。注意，这种情况只影响数据库管理的页面缓存。操作系统和网络可能有其他的缓存机制，它们同时影响数据库性能。

提示：页面缓存高效地管理内存和硬盘之间的接口——非常高效，以至于有时查询所需要的数据都已经在内存中了，这样的查询比在冷缓存上执行得更快。

对于如何使用数据页，数据库引擎是非常聪明的。数据页通常分配在邻近的硬盘分块中，因为在邻近硬盘分区中读取大数据的时间，都比在不同硬盘中读取小数据的时间要短。数据库同时实现了针对超前读取的优化，这种超前读取是指在数据被需要之前，数据库就已经将数据读入内存中。现代计算机可以实现一边从硬盘读取数据，一边处理数据，这相比于以前的处理器来说是一个很大的进步。使用以前的处理器，只能等数据读取完毕，才可以开始数据处理。对于脏数据页，这类页面中的数据有变化，有进一步的优化措施。然而在本书中，用于分析的查询都是只读查询，所以不需要考虑脏数据的情况。

这是关于数据库存储结构的概要描述。一种变化形式是将每个列存储于单独的数据页集合中。这被称为以列为中心的数据库。

以列为中心的数据库有两个大优势。第一，单个列的数据类型唯一，对比包含多种类型的一行数据，一列数据可以更高效地压缩。更高效的压缩，意味着硬盘空间占用更少，而且通常能够减少数据的读写时间，因而性能提高。第二，对比所有数据，只需要在硬盘和内存之间传递查询所需要的列数据。以列为中心的查询的缺点是存储一行记录，需要跨越很多数据页，使插入、更新、删除编码变得更加复杂。

这个结构的另一种变化形式是内存数据库，其读取速度与内存几乎相同，主要是借助了硬盘技术(如固态硬盘)。这些技术通常能够极大地提高数据库性能。

2. 索引

在后续章节中将详细介绍索引，它是提高性能的另一种方法。在所有的数据库中，索引可以改进 JOIN 的性能，改进 WHERE 子句中过滤器的性能(包括关联子查询)，以及改进 ORDER BY 子句的性能。多数的数据库引擎在处理 GROUP BY 和窗口函数时，也能利用索引。

3. SQL 引擎和并行处理

数据库性能的另一个重要部分是并行和 SQL 引擎。对于多数用户，这是数据库中不可见的内容。问题是：对于特定的查询，SQL 引擎会利用所有的硬件资源吗？

在本书中，多数查询都能够利用并行硬件的优点。读数据、写数据、联接、聚合和排序的底层算法，都可以并行地实现——而且，在所有数据库中都是这样。

一些 SQL 结构能够明显影响性能。游标是这些结构之一。它是 SQL 语言的一部分，允许每次将一条数据传递至脚本语言(例如，用于 SQL Server 的 T-SQL)。这种类型的处理甚至还有缩写：RBAR(Row By Agonizing Row，逐行地折磨)。本书关注以集合为基础的查询，它更能充分地利用硬件资源。对于数据分析来说，基本上永远都不会用到游标，因为以集合为基础的查询更加适合。然而，在某些情况下，游标还是很有用的，例如为每一行数据调用一次存储过程。

另一个处理问题是用户自定义函数。对比内置函数，自定义函数更容易导致额外的花销。而且，如果查询显式地使用这些函数，性能可能会更慢。而且，这取决于特殊的数据库和数据库版本。

14.1.4 性能的含义和测量

通常，性能是指执行一个查询所需要的时间——一个简单的思路，但是它的概念比听起来更加复杂。

性能不只取决于数据和查询，同时依赖于数据库所运行的系统。当然，更多或更好的硬件——更多内存、处理器、硬盘、I/O 带宽——通常会导致更好的性能。

即使一个简单的硬件系统，也有很多因素可能会影响性能：

- 在数据库系统中，有其他正在运行的查询在占用硬件资源吗？
- 在数据库系统中，有其他正在运行的查询锁住表和数据，使处理变慢吗？
- 在数据库服务器端，有其他的线程在使用内存和处理器吗？
- 在硬盘和数据库机器之间，有网络堵塞的情况发生吗？

换言之，数据库是存在于复杂生态系统中的复杂系统。外部的环境能够影响查询的性能。

如果关注查询语句的性能，那么找到一个系统，最小化系统中的所有其他程序所占用的资源，然后开始测试。你首先发现的事情可能是第一次执行查询时非常慢，然后速度提升起来。如本章前面介绍的内容，速度的提升很可能是因为数据缓存在内存中。

因此，在数据库中找到"冷缓存"选项。这个选项能够确保每次执行查询时，都从表中读取所有数据，然后可以继续。那么衡量性能的方面有哪些？

最明显的是花费的时间。其他的测量指标也可能是有用的，例如在硬盘上读写的数据页数量、硬盘上读写所用的时间、所有处理器所使用的时间总和。当然，针对不同的数据库，精确的测量结果不同。

14.1.5 性能提升入门

首先了解一些关于性能提升的基础规则。这些规则是基础的：不要做额外的事情，而且要简明地表达事情。

稍后的"数据库是不同的",列出了关于性能的一些共性问题——而不是针对某个数据库引擎的问题。幸运的是,数据库之间忽略差异后,是有很多共同点的。

> **数据库之间是不同的**
>
> 虽然本书使用 SQL Server 作为参考数据库,但是书中所展示的查询在稍作调整后,应该适用于任意最新版本的数据库(一个重要的例外是窗口函数,MySQL 和 MS Access 不支持窗口函数)。这里指出不同数据库之间存在明显的性能差异。
>
> 考虑 CTE。基本上有两种处理它的方法。一种是固化 CTE,即将 CTE 返回的结果存储在一个临时表中。另一种方法是将 CTE 的逻辑当作一个子查询,融入整体查询。
>
> 这两种方法都可能是非常有用的。如果 CTE 非常复杂,那么可能只想执行一次:重复使用第一次执行的返回结果能提升性能。将 CTE 结果固化为临时表是一个好主意。
>
> 另一方面,将 CTE 融入的更大查询中,CTE 的效率可能会提高,特别是表中的索引可以用于过滤。例如,考虑下面的查询并假设存在基于 State 列的索引:
>
> ```
> WITH o as (
>     SELECT o.*, DATEDIFF(day, OrderDate, GETDATE()) as recency
>     FROM Orders o
>     )
> SELECT o.*
> FROM o
> WHERE recency < 100 AND State = 'FL'
> ```
>
> 固化 CTE 以创建包含所有订单的中间结果表,但是表中没有索引。
>
> 第二种方法使用替代方法处理查询,因此它与下面的代码等价:
>
> ```
> SELECT o.*, DATEDIFF(day, OrderDate, GETDATE()) as recency
> FROM Orders o
> WHERE "recency" < 100 AND State = 'FL'
> ```
>
> (对于"recency"周围的双引号:这个语法并不是有效的 SQL,但它传递了一个思想——来自 SELECT 的值用于过滤)。这个版本的查询语句能够利用基于 State 列的索引。
>
> 不同的数据库引擎如何处理这种情况?直到 SQL Server 2014(至少这个版本),SQL Server 只实现了第二种方法。直到 PostgresSQL 9.4,PostgresSQL 才使用第一种方法。Oracle 使用第二种方法,但是有时会使用固化中间结果的方法。换言之,共有两种方法,三个数据库使用三种不同的方法处理这个结构。
>
> 另一个示例是包含一系列常量值的 IN。多数数据库将这些值当作"OR"表达式的序列,一次性查找整个列表。MySQL 有更智能的方法,它将这个列表转换为内部排过序的列表,然后使用二进制搜索——加速比较。
>
> 对于第三个示例,考虑如下查询:
>
> ```
> SELECT OrderDate, COUNT(DISTINCT PaymentType)
> FROM Orders
> ```

```
GROUP BY OrderDate
```

实现聚合操作的方法基本上有两种——通过为所有数据排序或使用哈希聚合算法。通常，除非数据是有序的，否则哈希聚合更快。PostgresSQL 通过为查询排序，生成执行计划。然而，移除不同值，PostgresSQL 使用哈希聚合生成更好的计划。在这两种情况中，Oracle 和 SQL Server 都能使用哈希聚合生成更高效的计划。

不同的数据库之间也有很多其他的区别，例如，在函数命名上的区别，是 SUBSTR() 还是 SUBSTRING()？是 CHARINDEX()、INSTR()、POSITION()还是 LOCATE()?等等)。用于处理日期和时间的函数是不同的。有些数据库支持正则表达式，另一些不支持。有时，数据库之间的语法也不同。优化器也不同，而且数据库的其他方面——从数据库复制到备份和恢复，到存储过程的语法——都是不同的。

然而，关系型数据库都是基于 ANSI SQL 标准实现的。关注数据库之间的区别，会错失编写跨数据库的高效查询。

1. 数据类型保持一致

在做比较时，无论是过滤器还是 JOIN 所需要的比较，确保两侧的数据类型是相同的。避免：

- WHERE intcol = '123'
- WHERE stringcol = 123
- A JOIN B ON A.intcol = B.stringcol

至少，条件判断使用的混合类型是存在隐式类型转换的。然而当出现常量值时，代码会变得具有误导性。难以理解或具有误导性的代码在后期维护时有潜在的问题。

虽然有时数据库能够很好地处理这些情况，然而不匹配的数据类型会让优化器变得混乱。对于联接来说，选择错误的底层算法将极大影响查询的性能。适当地声明外键关系能够帮助规避这个问题，因为外键约束确保类型是正确的。

2. 只引用查询所需要的列和表

SQL 优化器极可能非常聪明，也可能非常愚蠢。例如，下面的查询计算 Orders 表中的数据行数：

```
SELECT COUNT(*) as NumOrders
FROM Orders o JOIN
     Customers c
     ON o.CustomerId = c.CustomerId
```

然而，JOIN 操作是不必要的，因为所有订单的客户 ID 都是有效 ID。然而，SQL 优化器可能并不清楚。因此，只要这样做：

```
SELECT COUNT(*) as NumOrders
FROM Orders o
```

这个版本返回相同的值,而且不需要额外的联接操作。

3. 只在必要时使用 DISTINCT

可以很容易地在 SELECT 子句或 COUNT()表达式中使用 DISTINCT 关键字。DISTINCT 几乎总是意味着 SQL 引擎有更多工作要做——而且有时,DISTINCT 的使用能够从根本上改变查询计划,使它变得更差。即使优化器足够聪明,能够找出哪些数据是唯一的,后来者读这些查询语句时,也可能会被误导。

简单来说,DISTINCT 总是会导致额外的工作。如果不是真的需要,就删除它。当然,必须使用时,还是要正确使用。

4. UNION ALL:1 和 UNION:0

相比 UNION,总是选择使用 UNION ALL,因为 UNION 需要额外的花销来移除重复数据。即使数据值都是唯一的,SQL 引擎也会这样处理。有时,移除冗余是非常必要的,这种情况下,需要使用 UNION。

使用 UNION 时,子查询通常不需要使用 SELECT DISTINCT,因为 UNION 移除了冗余数据。有一种例外情况,当 SELECT 中的列属于索引的一部分,而且 SELECT DISTNCT 可以使用索引时,在子查询中使用的 SELECT DISTINCT 可以使用索引,这通常能提高整体性能。

5. 相比于 HAVING 子句,在 WHERE 子句中添加条件判断

考虑下面的查询,目的是返回州中以"A"开头的邮政编码数量:

```
SELECT stab, COUNT(*)
FROM ZipCensus zc
GROUP BY stab
HAVING stab LIKE 'A%'
```

这是一个合理的查询,但是它做了额外的工作。该查询为所有州的结果做聚合操作,然后过滤结果。

一个等价的查询是先过滤结果,因此做聚合操作的数据量更小:

```
SELECT stab, COUNT(*)
FROM ZipCensus zc
WHERE stab LIKE 'A%'
GROUP BY stab
```

此外,这个查询可以更好地使用 stab 列上的索引。

从性能的角度考虑,要尽可能"早"地使用过滤条件减少数据量。这意味着在最内层的 WHERE 子句中添加条件判断。

6. 仅在需要时使用 OUTER JOIN

相比于 OUTER JOIN,SQL 优化器针对 INNER JOIN 有更多的选项。选项更多,通常意味着查询结果返回得更快,即 INNER JOIN 比 OUTER JION 的速度更快——即使两者的

结果集完全相同。

当然，如果查询逻辑需要 OUTER JOIN，那么就毫不犹豫使用它！只是不要在非必要的情况下使用。例如，在外键关系定义好的数据库中，通常不需要使用 OUTER JOIN。

14.2 高效使用索引

索引是关系型数据库中提高查询性能的一个重要部分。数据库中，关于索引的话题非常广泛。本节首先介绍索引的不同类型。然后介绍可以利用索引的查询类型，以及如何从"什么是最好的索引"的角度理解查询。

14.2.1 什么是索引？

索引是一种辅助的数据结构，能加快对表中特定数据的访问速度。并不直接查询索引。相反，查询优化器了解这些索引，并且决定是否使用它们——甚至用它们替换原始表。

之前，本章介绍了索引的一个简单的理解方法：它是一张表，表中的列存储数据的标识符。通过提供额外的信息，即值存放的位置，索引可以从根本上加速查询。

创建索引的语法是：

```
CREATE INDEX <index name> ON <table name>(<column>, . . .)
```

例如，基于 OrderLines 表中的 OrderId 列创建索引：

```
CREATE INDEX idx_OrderLines_OrderId ON OrderLines(OrderId)
```

基础语法足以用于很多目的。还有额外的选项，有些是针对特别的数据库。通过使用 DROP INDEX idx_OrderLines_OrderId 可以移除索引。

SQL 中的标准索引是 B 树索引。它是默认的索引结构，但它只是索引类型中的一种。下面介绍所有的索引类型，以最常见的类型开始。

1. B 树

图 14-3 展示了包含一个键的 B 树。树由节点构成，其中节点可以包含一个或多个子节点。基于键值，子节点有序排列，其中较小的值排列在左侧，较大的值排列在右侧。访问树中的某个值需要从上至下访问整个树型结构，通过对比子节点的值，选择正确的分支。B 树可能包含多个键。这种情况下，第一个键有高优先级，第二个键其次，以此类推。

相比于扫描所有数据，这种处理更加简单。它的时间复杂度是 $O(\log n)$。一旦找到了第一个值，通过第一个值遍历树，可以很容易定位后续的值。虽然多数结构是二元树，但是这样的索引并不要求节点值包含两个子节点。

B 树中的 B 是平衡(Balanced)的意思，即树中的所有节点都有相同的深度。在查找值时，平衡树有非常好的属性。然而，对平衡树的维护，在处理插入、更新、删除时，需要额外的花销。

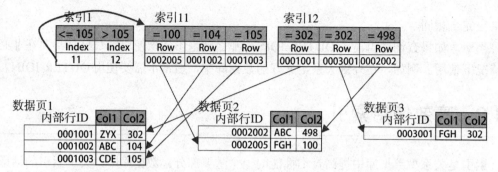

图 14-3 实践中，节点通常以 B 树的形式存储，指向包含记录值的数据页

B 树显然支持两种查询类型。索引查找，直接奔向索引表，返回给定键值的匹配值(最小值或最大值)。索引扫描匹配两个值之间的所有记录——可能包含整个索引——然后按顺序返回值。

如下是使用 B 树索引的示例：

- 当查询的 WHERE 子句包含等式判断，判断条件基于索引中的所有键时，可以使用索引快速返回匹配条件的数据。这是索引查找的一个示例。
- 当查询中包含 ORDER BY 子句时，使用索引按照正确的顺序获取结果。这是索引扫描基于全表的应用。
- 当查询中的 GROUP BY 子句使用的列是索引的键时，可以使用索引查找每个分组中的记录。
- 当查询包含 JOIN/ON 子句时，使用索引可以容易地返回匹配的记录。
- 当查询使用窗口函数，并且 PARTITION BY 的列(或 ORDER BY 的列)属于索引时，索引可以用于计算。

B 树索引可以用于很多不同的情况，而且到目前为止，索引的键可以是任意类型的列——数字、字符串或日期/时间。

2. 哈希索引

基于哈希的索引和 B 树索引有相似之处。然而，底层的数据结构并不是按照顺序存储键值的。相反，将键值转换成一个数字，这个数字是数组中的一个索引值。

相比 B 树索引，哈希索引的优势在于查找速度更快。其流程简单地将键转换为数字(称为哈希值)，然后使用哈希值作为哈希数组中的定位器。使用哈希索引的查找的时间复杂度通常是 $O(1)$，而不是 B 树的 $O(\log n)$。

哈希索引只支持索引查找，不支持索引扫描。因此，哈希索引的用途没有 B 树索引广

泛。这个局限性意味着哈希索引只能用于较少的情况,例如:
- 基于索引中所有键的等式判断(在 WHERE 子句或 JOIN 子句中)
- 使用索引中所有键的聚合操作
- 窗口函数,其中,窗口函数的 PARTITION BY 子句使用索引中的所有键

相比之下,B 树索引更加通用,可以用于更多的情况。

3. 空间索引(R 树)

很多数据库针对不同数据类型,同时支持特殊的索引。一种是空间索引,它在结构上与 B 树相关。这种索引用于高效地从空间上找到相近的地理对象。

这些索引所支持的最重要操作是找到相邻的地理区域——考虑缩小地图的操作,需要判断哪些是相邻区域,然后将它们加入到显示的地图中。同时,还可以用于判断两个区域的重叠部分,或是特定区域的范围是哪些。

空间索引使用的数据结构与 B 树相似,能扩展支持多个维度。图 14-4 展示了一个示例。基本上,索引将空间分成小的正方形(或立方体)。然后,保持追踪哪个正方形是下一个正方形,哪个是北方、南方、东方、西方的下一个正方形。树同时保持追踪不同等级的正方形分组。

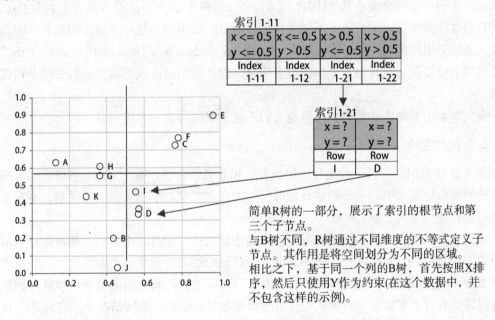

图 14-4 使用 R 树的空间索引,将 B 树扩展为多个维度

4. 全文本索引(倒排索引)

全文本索引是另一种强大的索引结构,针对特定的数据类型。索引本身由文本中的词语组成,同时包含它们出现的记录列表。这种类型的索引是倒排索引的示例。词语没有存储在文本中,相反,索引存储每一个词语和它们的位置信息,如图 14-5 所示。

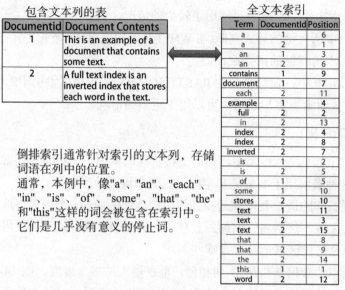

图 14-5 全文本索引追踪文本中的词语以及它们的位置

词的定义，通常是以空格或标点符号分离的字符串，并且要符合一些其他规则的规定。例如，一个词可能包含最小长度(因此，"a"、"be"和"see"可能不会包含在索引中)。一个词只包含字母字符，因此数字不能成为词。而且，索引中不能包含停止词列表，因为它们要么是频繁出现的词，要么是毫无意义的词("nevertheless"、"however"、"and"、"the")。全文本索引可能同时包含每一个词的位置信息，因此查询可以找到词并且判断两个词彼此接近。

全文本索引的功能非常强大，但是它们不在本书的讨论内容之内。

5. B 树的变种

关于 B 树索引，有若干种变种：聚簇索引和非聚簇索引、唯一索引、主键索引、基于函数的索引和局部索引。对于数据分析所使用的查询类型，前三类索引的区别并不重要，但是也值得我们学习了解。

聚簇索引说明表中的数据是根据键值按顺序排列的。没有这个索引，新数据可以被插入至表中任意位置。它通常——但不必要——在分配给表的最后一个数据页上。如果表中包含聚簇索引(且最多有一个聚簇索引)，那么记录将被插入到合适的位置，保证数据按照主键排序。有时，聚簇索引对于某些类型的查询非常有帮助。通常情况下，它只是比 B 树索引稍微高效一点。

唯一索引强制索引中的值唯一。插入一行数据时，如果索引的键值与已有数据的键值相同，就会导致索引插入失败——因此整行数据插入失败。注意，对 NULL 值的处理取决于数据库。有些数据库中，允许唯一索引的键值包含多个 NULL 值，有些数据库只允许一个 NULL 值出现，有些数据库的唯一索引不允许键值为 NULL。

在极少的情况中，优化器可以利用一列或多列只包含唯一值的特征；否则，从查询性能的角度看，唯一索引与非唯一索引相似。

主键索引是表的特殊索引，其中索引的列唯一且非 NULL。这说明表中主键的每一行数据都是唯一的。通常，主键也会被聚簇索引，但是并非所有的数据库都这样做。主键通常用于外键引用——例如样本数据中的一些示例，比如 Orders.OrderId、Products.ProductId 和 Campaigns.CampaignId。

基于函数的索引允许索引建立在表达式的结果上，而不是建立在列上。这是非常强大的，如果经常执行某些操作的话——例如，比较一个字符串的长度。SQL Server 在某种情况下支持基于函数的索引。表达式本身可以被添加至表中，作为计算列，并且基于这个计算列建立索引。

最后，局部索引是指针对数据子集建立的索引。在支持局部索引的数据库中，它们通常是在 CREATE INDEX 语句中添加 WHERE 子句。这类索引的最重要的使用情况是为数据子集添加强制的唯一索引，然而，也可以在使用 WHERE 子句作为条件判断的查询中使用。

14.2.2 索引的简单示例

这里，讨论转移到"标准"索引，即 B 树索引。例如，可以基于 OrderLines 表的 TotalPrice 列创建一个索引：

```
CREATE INDEX idx_OrderLines_TotalPrice ON OrderLines(TotalPrice)
```

本节将介绍一些简单的查询，并阐述在有索引和没有索引的情况下，数据库引擎是如何执行查询语句的。

1. WHERE 子句中的等式条件

下面的查询返回价格为 0 的一个订单：

```
SELECT TOP 1 ol.*
FROM OrderLines ol
WHERE ol.TotalPrice = 0
```

因为查询中缺少 ORDER BY 子句，结果从总价为 0 的订单中随机选择一行数据返回。这个查询只用于讨论。

没有索引的情况，数据库引擎读取整个 OrderLines 表，每次读取一行，判断 TotalPrice 列的值，直到找到值为 0 的数据行。数据库引擎返回该行数据的值，停止对表的读取。当然，数据库引擎非常强大，因此在很短的时间(如几秒钟)内可以完成对百万级数据行的读取。而且，查询可能是幸运的，也可能是遗憾的。或许，读取的第一行数据中，TotalPrice 列值就等于 0；当然，也可能是最后一行数据中的 TotalPrice 列值为 0。

索引能够帮助数据库引擎快速地找到所有 TotalPrice 列值为 0 的数据行。取代读取整个数据表，数据库引擎直接使用索引，快速返回索引中满足条件的第一条数据对应的行标识。然后在数据页中查找该数据行并返回。索引查找和取值比读取整个表更快——假设该数据表非常大。然而，在较小的数据库表中，扫描全表可能比使用索引更快。当表中的所有数据都存储在一个数据页上时，这个结论更加正确。

2. 等式的变化

我们考虑一些相关的查询并探讨数据库引擎是如何处理这些查询的。首先是：

```
SELECT ol.*
FROM OrderLines ol
WHERE ol.TotalPrice = 0
```

这个查询中的变化，是查询语句返回所有满足条件的数据行，而不是一行数据。

流程与之前的查询流程一样。没有索引的情况下，数据库引擎需要读取全表数据。它不会因为找到一条符合条件的数据而停止。它必须读取到最后一条数据，因为最后一条数据中的价格也可能是 0。

有了索引之后，数据库引擎从索引中找到 TotalPrice 为 0 的第一条数据的入口。它返回该入口对应的数据，将它加入到结果集中。然后，数据库引擎找到下一个入口，返回 TotalPrice 为 0 的下一条数据，并将它加入到结果集中。以此类推。

数据本身在表中可能是零散分布的，每一条数据都在自己的数据页上。然而，这些数据的数据标识在索引中是临近的，因此这样的一组数据是很容易找到的。

另一种变化更加复杂，WHERE 子句中包含两种判断条件，一个条件在索引范围内，另一个不在：

```
SELECT ol.*
FROM OrderLines ol
WHERE ol.TotalPrice = 0 AND ol.NumUnits > 1
```

SQL 引擎可以使用索引找到所有满足第一个条件的数据。然而，索引中的信息并不足以判断数据是否同时满足两个条件。因此，数据库引擎从数据页中抽取出数据，并用这些数据判断第二个条件。换言之，在必要时，数据库引擎可以针对某些判断条件利用索引。

在这种情况下，可以使用索引，因为两个条件是以 AND 连接的。如果连接符是 OR，那么 SQL 优化器可能不会选择使用索引。

在下面的示例中，查询的结果只需要使用索引，而不需要原始表中的实际数据：

```
SELECT COUNT(*)
FROM OrderLines ol
WHERE ol.TotalPrice = 0
```

在不需要访问数据页就能利用索引生成查询结果时，这种索引被称为查询的覆盖索引。通常，覆盖索引包含查询中的所有列，当然，索引中也可能包含其他列。

提示：当索引包含查询中使用的所有列时，我们称索引"覆盖"了查询。这样的覆盖索引通常提供了最好的性能。

3. WHERE 子句中的非等式条件

索引也可以用于 WHERE 子句中的非等式条件。因此，对于下面的子句，SQL 优化器也可以利用索引：

```
WHERE TotalPrice > 0
WHERE TotalPrice BETWEEN 100 and 200
WHERE TotalPrice IN (0, 20, 100)
```

前两个条件将使用索引扫描。第三个条件使用多索引查找。相比于等式条件，非等式条件通常返回多行数据，因此扫描数据页有时会比使用索引的效率更高。

例如，第一个条件返回 OrderLines 表中约 84%的数据。只扫描数据表，比通过索引读取表中几乎所有数据更快；毕竟，无论如何查询都可能要读取所有的数据页。在后面的章节中，我们会讨论在有些情况中，使用索引对性能产生的严重影响。

4. ORDER BY

哪两个订单明细有最高的总价？这个查询也可以使用索引：

```
SELECT TOP 2 ol.*
FROM OrderLines ol
ORDER BY ol.TotalPrice DESC
```

数据库引擎从索引的末端开始——价格最高的订单明细。然后向前扫描，找到价格最高的两条数据，然后返回这两条数据的信息。

当然，一些数据可能有相同的总价。如果我们需要打包返回所有数据，查询可能需要一个子查询，例如：

```
SELECT ol.*
FROM OrderLines ol
WHERE ol.TotalPrice IN (SELECT TOP 2 ol.TotalPrice
                        FROM OrderLines ol
                        ORDER BY ol.TotalPrice DESC
                       )
```

这个查询将两次使用索引。第一次发生在子查询中，数据库引擎使用索引找到总价最高的两条记录。然后，查询引擎再次使用索引，找到与最高值相同的所有数据。

对于这种类型的查询，SQL Server 返回更简单的语法：

```
SELECT TOP 2 WITH TIES ol.*
FROM OrderLines ol
ORDER BY ol.TotalPrice DESC
```

关键词 WITH TIES 指示查询引擎，只要数据中存在相同的值(基于 ORDER BY)，就返回该数据。

当这个查询中包含 WHERE 子句时，也可以使用该索引。例如，下面的查询返回所有最低价格产品的订单明细：

```
SELECT TOP 1 WITH TIES ol.*
FROM OrderLines ol
WHERE ol.TotalPrice > 0
ORDER BY ol.TotalPrice ASC
```

引擎在索引中找到第一个非 0 值，然后以此为起点继续查找。

5. 聚合

索引也可以用于聚合操作(在多数数据库中)：

```
SELECT ol.TotalPrice, COUNT(*)
FROM OrderLines ol
GROUP BY ol.TotalPrice
```

这个查询可以只用索引就清晰地完成。在索引中，有相同价格的数据彼此相邻，因此很容易计数。

相同的查询，在没有索引的情况下，需要读取整个表，将类似的值聚集在一起，然后计数——相比于扫描索引来说，需要更多的工作量。

当聚合查询中没有 GROUP BY 子句时，也可以使用索引。例如：

```
SELECT MIN(ol.TotalPrice)
FROM OrderLines ol
```

这个查询可以利用索引获取最小值。

14.2.3 索引的限制

虽然多数情况下，索引都能提高性能，但是也有一些情况，索引使性能变得更差，如稍后的"抖动：当索引变坏时"中介绍的内容。

索引确实有一些限制。SQL 优化器通常认为索引的使用范围，是对比列值和常量(或者查询参数)，这并不需要类型转换，也不需要被函数或操作符修改。虽然一些数据库引擎在极少数的情况下放松了这些规则的限制，但是记住它们是一个好主意。

考虑对比时间字段获取今天的所有值：

```
WHERE CAST(dte as DATE) = CAST(GETDATE() as DATE)
```

优化器可能不会利用基于 dte 的索引。但是在下面的查询中，优化器可以：

```
WHERE dte < CAST(GETDATE() as DATE) AND dte >= CAST(GETDATE() - 1 AS DATE)
```

两个版本返回相同的结果，但是在第二个版本中，对于数据列没有函数操作，因此它在使用索引时更加安全(注意：SQL Server 能够聪明地忽略 CAST()函数，选择使用索引；然而，这种情况是极其罕见的例外)。作为一条公用的规则，如果想要利用索引，应将函数应用至查询常量而不是列。

比较字符串的起始串为我们提供了另一个示例。下面两条语句都返回郡中以字母 Q 开头的邮政编码：

```
WHERE County LIKE 'Q%'
WHERE LEFT(County) = 'Q'
```

然而，第二个查询不会使用索引，因为有函数调用。当 LIKE 中的模式是常量字符串时，可以使用索引。当模式以通配符为起始字符时，不能使用索引。

警告：在 WHERE 子句中，当列属于索引范围时，避免对列使用函数和操作符。修改列值通常会导致索引不被使用。

当有数据类型转换甚至是不重要的操作时，会发生同样的事情：

```
WHERE TotalPrice + 0 = 0
WHERE TotalPrice = '0'
```

对列的修改，即使是类型转换或加 0，通常也会导致索引不被使用。

同样的考虑也适用于 ON 子句中列之间的比较——需要确保它们之间有相同的类型。幸运的是，多数的连接使用的是主键和外键。而且出色的数据库设计在定义表时，可能包含对外键引用的定义——因此，数据库能够确保两者类型相同。

> **抖动：当索引变坏时**
>
> 考虑下面的简单查询：
>
> ```
> SELECT t.*
> FROM table t
> ORDER BY t.col
> ```
>
> 同时假设表中有基于 t.col 的索引。
>
> 关于如何执行这个查询，SQL 优化器基本上有两个方法。第一个方法是读取数据，然后对数据排序并返回。另一个方法是使用索引有序读取数据。引擎可以有序地读取数据并返回结果。
>
> 第二种方法看起来非常合理，而且一些数据库引擎对于这种查询总是使用索引。哪里可能出现问题呢？
>
> 这是一种典型的情况：在小数据上的直觉，并不适用于大数据。考虑简单的情况，数据是从哪里加载到内存中的。数据库从索引中找到第一条数据的位置——排好序的数据，应该被放在结果集中第一条的数据。然后，引擎加载数据至页面缓存，以找到该数据的其他列值。记住，这条数据可能存在于数据库的任意表中。
>
> 数据库引擎然后选择索引中的下一行。然后获取该行数据对应的其他列值。很可能这条数据存放于与第一条数据不同的数据页中，因此，引擎加载另一个数据页。
>
> 这个流程继续查找后续的记录。有时记录在页面缓存中，因为数据页由于之前的数据而被加载(这种情况被称为缓存命中)。有时需要加载新的数据页(称为缓存缺失)。最后，整个表都被加载至内存中，因此不再发生缓存缺失的情况。所有的后续查询都能在缓存中命中。从这个点开始，查询执行得相当迅速。
>
> 当表比内存更大时，一些不好的事情会发生。页面缓存最终会填满内存。然后，在内存中定位的下一条记录，其数据页不在缓存中。为了给新的数据页腾出空间，任意一个数据页会被移出内存，以新定位记录的数据页替换。这种情况持续发生，在内

存中，旧页面被新页面替换。

然后，当再次查询的数据属于被移出内存的旧的数据页时，就必须再次将该数据页读入内存——并且移出另一个数据页。换言之，某个数据页被多次加载至数据页中。在最坏的情况下，数据页中每有一条数据，就会被加载一次。这种往内存中不断持续加载数据页的行为被称为抖动。而且，当随机访问的数据大于内存时，会变成影响系统正常工作的毒药。

记住还有一个替代的执行方案。这个方案只读取数据并排序，并不使用索引。一个数据排序的方法要求读取数据三次，写回数据两次。在某种情况下——相对于页面缓存来说，数据表太庞大时——做排序操作比使用索引更加高效，因为索引会导致抖动。

14.2.4 高效使用复合索引

基础索引是相当简单的。然而，随着查询变得更加复杂，找到如何定义高效索引的方法变得更具挑战性。

通常，对于一个查询，最好的索引是单个索引包含多个列。这样的索引被称为复合索引。定义正确的复合索引有一些微妙之处。

1. 针对单表查询定义的复合索引

对于单表查询，一些规则可以用于指明哪些列能够加入到索引中，以及这些列在索引中的顺序：

(1) 假设 WHERE 子句中，条件以 AND 连接，而且是与常量(或固定的参数)作比较，那么为 WHERE 子句中的列创建索引。用于等式条件的列优先，然后是用于非等式条件(如 <、<=、>、>=、<>、IS NOT NULL、IN、NOT IN)的列。索引会直接使用非等式条件中的唯一列。

(2) 对于聚合查询，将聚合操作所使用的列添加至索引。

(3) 对于 ORDER BY 查询，将 ORDER BY 子句中的列添加至索引。

(4) 如果需要覆盖索引，在索引中同时加入 SELECT 子句中的列。

列在索引中的顺序是非常重要的。正确的顺序能够极大地提高给定查询的性能。相反，对于同一个查询，保持索引的列不变，只是改变列的顺序，可能会导致索引无法使用。

例如，考虑：

```
SELECT ol.*
FROM OrderLines ol
WHERE ol.TotalPrice = 0 AND ol.NumUnits = 2
```

最好的索引要么基于 OrderLines(TotalPrice, NumUnits)，要么基于 OrderLines(NumUnits, TotalPrice)。这两个索引的效率应该是相同的。这种情况下，索引中列的顺序不影响索引的使用，因为这两个列都有等式条件。

修改第二个条件为非等式条件，则意味着一个索引比另一个索引更好：

```
SELECT ol.*
FROM OrderLines ol
WHERE ol.TotalPrice = 0 AND ol.NumUnits >= 2
```

对于这个查询,最好的索引基于 OrderLines(TotalPrice, NumUnits)。通过索引,数据库引擎能够直接找到满足条件 TotalPrice 为 0 且 NumUnits 为 2 的第一行数据。从这行数据开始,其他符合条件的记录在这条记录后连续分布。

如果 NumUnits 是索引的第一个键,TotalPrice 是索引的第二个键,则索引的效率降低。引擎使用索引找到符合第二个条件的数据。它找到第一条数据,即单位数量是 2,然后从这条数据开始扫描。然后,总价为 0 的数据会被索引打散。对于整个 WHERE 子句,引擎可以使用索引——因为两个值都被索引了——但是引擎必须读取不必要的入口。这个执行计划利用了一些索引,但是相比于索引中正确的列序,它的性能更低。

另一个示例是聚合查询:

```
SELECT ol.TotalPrice, COUNT(*)
FROM OrderLines ol
GROUP BY ol.TotalPrice
```

这个查询最好的索引基于 TotalPrice 列。然而,并不是所有的数据库优化器都为聚合使用索引。

修改查询使它包含 WHERE 子句,这个方法能够影响索引的使用策略。记住,最好的索引基于 WHERE 子句中的列:

```
SELECT ol.NumUnits, COUNT(*)
FROM OrderLines ol
WHERE ol.TotalPrice = 0
GROUP BY ol.NumUnits
```

对于这个查询,最好的索引是 OrderLines(TotalPrice, NumUnits)。颠倒列的顺序可能会导致索引不被使用。

相关的查询如下:

```
SELECT ol.NumUnits, COUNT(*)
FROM OrderLines ol
WHERE ol.TotalPrice > 0
GROUP BY ol.NumUnits
```

在聚合操作时,它不能使用索引中的 NumUnits 部分,这是因为非等式条件。

相似的考虑也应用于 ORDER BY 子句,因此对于下面的查询:

```
SELECT ol.*
FROM OrderLines ol
WHERE ol.TotalPrice = 0
ORDER BY ol.NumUnits DESC
```

最好的索引基于 OrderLines(TotalPrice, NumUnits)。但是下面这个查询:

```
SELECT ol.*
FROM OrderLines ol
WHERE ol.TotalPrice > 0
ORDER BY ol.NumUnits DESC
```

其中的 WHERE 子句和 ORDER BY 子句不能同时使用索引。

如下查询来自于第 3 章，它比到目前为止讨论的一般的基础查询更加复杂：

```
SELECT Market, stoprate - 1.96 * stderr as conflower,
       stoprate + 1.96 * stderr as confupper,
       stoprate, stderr, numstarts, numstops
FROM (SELECT Market,
             SQRT(stoprate * (1 - stoprate) / numstarts) as stderr,
             stoprate, numstarts, numstops
      FROM (SELECT Market, COUNT(*) as numstarts,
                   SUM(CASE WHEN StopType IS NOT NULL THEN 1 ELSE 0
                       END) as numstops,
                   AVG(CASE WHEN StopType IS NOT NULL THEN 1.0 ELSE 0
                       END) as stoprate
            FROM Subscribers
            WHERE StartDate in ('2005-12-26')
            GROUP BY Market
           ) s
     ) s
```

指出最好的索引不难。入手点是最内层的子查询。它包含 WHERE 子句和 GROUP BY 子句，因此它是最先考虑的地方。

这个查询最好的索引基于 Subscribers(StartDate, Market)。此外，SELECT 子句使用列 StopType。如果索引中包含此列，则索引是该查询的覆盖索引：Subscribers(StartDate, Market, StopType)。注意，如果需要添加额外的列，那么这个列是索引的最后一列。

2. 针对包含 JOIN 的查询的复合索引

联接中如果包含等式条件，会使对索引的使用变得复杂，因为它使执行计划的范围变得更宽。通常，如果联接条件中没有等式符号，那么查询将不会使用索引。另一方面，简单的等式查询在利用索引时，也有多种方法：

```
SELECT *
FROM A JOIN
     B
     ON A.col = B.col
```

查询优化器在执行上述语句时，大概会考虑三种策略。第一种是使用 A 作为驱动表。即优化器会读取 A 中的数据，然后从 B 中找到匹配的记录。这种情况下，基于 B(col)的索引是最好的索引。

优化器也可以使用 B 作为驱动表。那么最好的索引是 A(col)。或者，引擎可以使用不同的算法，例如合并联接或哈希联接算法，这些算法没有驱动表。合并连接首先为每一个表的数据排序，然后逐行匹配数据。当然，"排序和比较"过程可能会使用索引。

一般来说，基于联接所使用的列建立索引是一个好主意。幸运的是，很多这样的查询都使用主键作为联接条件，它们自带索引。

如果联接查询中由 WEHRE 子句指定了一个表，那么这个表是驱动表的完美候选表。例如，考虑如下查询：

```
SELECT *
FROM A JOIN B ON A.Col = B.Col
WHERE A.OtherCol = 0
```

如果 A 是驱动表，那么最好的索引基于 A(OtherCol,Col)和 B(Col)。查询引擎使用 A 的索引找到匹配 WHERE 条件的所有数据。因为 A.Col 已经在索引中，它可以轻易地定位到 B 中的匹配数据。然后，引擎从数据页中返回数据。

一种替换方案是使用 B 作为驱动表。在这种情况中，最好的索引基于 A(Col,OtherCol)，而且基于 B 的索引并没有用处。引擎可以扫描 B 表，然后利用索引找到 A 匹配列。因为 OtherCol 也属于索引，通过它可以在获取真正的数据之前实现 WHERE 过滤。

对于 LEFT OUTER JOIN，驱动表是第一个表，因为表中的所有数据都属于结果集。FULL OUTER JOIN 需要不同的方法，确保两个表中的所有数据都存储于结果集中。

如下连接来自于第 10 章，对 3 个表做 JOIN 操作：

```
SELECT YEAR(o.OrderDate) as yr, MONTH(o.OrderDate) as mon,
       AVG(CASE WHEN p.GroupName = 'CALENDAR' AND p.FullPrice < 100
                THEN ol.UnitPrice END) as avgcallt100,
       AVG(CASE WHEN p.GroupName = 'BOOK' AND p.FullPrice < 100
                THEN ol.UnitPrice END) as avgbooklt100
FROM Orders o JOIN
     OrderLines ol
     ON o.OrderId = ol.OrderId JOIN
     Products p
     ON ol.ProductId = p.ProductId
WHERE p.GroupName IN ('CALENDAR', 'BOOK')
GROUP BY YEAR(o.OrderDate), MONTH(o.OrderDate)
ORDER BY yr, mon
```

列 Orders(OrderId)和 Products(ProductId)是主键。如果缺失所有其他的索引，查询会生成订单、订单明细和产品的所有组合，可能在生成组合时过滤数据，也可能在聚合操作时过滤数据。

在这个查询中，基于 Products(GroupName,ProductId)的索引可能不会有帮助。虽然它会影响到 WHERE 子句，以及考虑条件 ON ol.ProductId = p.ProductId。到 OrderLines 的联接没有索引，而且在计算的花销上可能是相当昂贵的。幸运的是，另一个索引解决了这个问题：OrderLines(ProductId, OrderId)。第二列能够在不读取 OrderLines 的数据页的情况下，处理与 Orders 的联接。

当包含 JOIN 的语句中同时有 GROUP BY 子句时，查询引擎可能不会使用索引做聚合。如果查询中的 ORDER BY 基于驱动表，并且没有 GROUP BY 子句，有时可能会使用索引。

多数关联子查询可以用联接实现。因此，包含等式条件且无聚合操作的关联子查询与常见的 JOIN 规则相同。

14.3 何时使用 OR 是低效的？

在数据库中，OR 是一个功能非常强大的结构。遗憾的是，优化器总是处理不好它，至少从索引的角度看是这样。

只针对一个列的 WHERE 子句通常不会有问题。SQL 处理器十分聪明，足以利用索引。例如，下面的查询语句使用了基于 Orders(State)的索引：

```
SELECT o.*
FROM Orders o
WHERE State = 'MA' OR State = 'NY'
```

注意，如果使用 IN 编写代码会更好。从优化的角度看，两种结构通常是一样的。

14.3.1 有时 UNION ALL 比 OR 更好

考虑基于 Orders(State,City)的索引，查询返回波士顿和迈阿密的订单：

```
SELECT o.*
FROM Orders o
WHERE (o.State = 'MA' AND o.City = 'BOSTON') OR
      (o.State = 'FL' AND o.City = 'MIAMI')
```

因为 OR 的存在，SQL 优化器可能不会发现利用索引的机会。即使在这个示例中，优化器足够聪明，对于如下修改可能也会失效：返回波士顿和迈阿密的订单中包含免费产品的订单。

```
SELECT ol.*
FROM Orders o JOIN
     OrderLines ol
     ON o.OrderId = ol.OrderId
WHERE ((o.State = 'MA' AND o.City = 'BOSTON') OR
       (o.State = 'FL' AND o.City = 'MIAMI')
      ) AND
      ol.TotalPrice > 0
```

能做些什么？

这是一种情况，更复杂的查询可能会生成更高效的执行计划。前一个查询的问题在于条件是复杂的——从优化的角度看。一些数据库的优化器非常聪明，足以捕捉到这些，但即使最好的优化器，也可能失去利用索引的机会。

有多种方法可以编写这个查询，使性能更好。一种方法是在派生表中加入常量值，并使用 JOIN。另一种方法是使用 UNION ALL：

```sql
SELECT ol.*
FROM Orders o JOIN
     OrderLines ol
     ON o.OrderId = ol.OrderId
WHERE o.State = 'MA' AND o.City = 'BOSTON' AND ol.TotalPrice > 0
UNION ALL
SELECT ol.*
FROM Orders o JOIN
     OrderLines ol
     ON o.OrderId = ol.OrderId
WHERE o.State = 'FL' AND o.City = 'MIAMI' AND ol.TotalPrice > 0
```

每一个子查询只使用 AND 条件。这意味着优化器可以容易地选择对索引的使用，极大地减少每一个子查询的花销。执行两遍查询语句并不实际地影响性能，因为每一个子查询只是使用索引查找数据。

注意，这里使用 UNION ALL 而不是 UNION。记住 UNION 会执行额外的步骤移除冗余。因此，除非特别需要使用 UNION 消除冗余，否则应该总是使用 UNION ALL。

14.3.2　有时 LEFT OUTER JOIN 比 OR 更高效

哪些订单明细是在节假日派送和支付的，是哪个节假日？这是一个相当简单的问题，其答案可以简单地转换为 SQL。它只是 OrderLines 和 Calendar 之间稍微复杂的 JOIN 而已：

```sql
SELECT c.hol_national, ol.*
FROM OrderLines ol JOIN
     Calendar c
     ON (ol.ShipDate = c.Date OR ol.BillDate = c.Date) AND
        c.hol_national <> ''
```

逻辑非常简单：将日期与 Calendar 表中的日期做匹配，检查日期是否是节假日。

查询非常简单，但是 OR 可能会阻止数据库优化器使用索引——毕竟，这个查询可能需要两个索引：一个用于 ShipDate，另一个用于 BillDate。一个解决方案是使用 UNION ALL，如之前的章节所述。然而，这个方法可能会很笨重。UNION ALL 使查询的长度翻倍。

替换方案是使用两个 JOIN 而不是一个 JOIN。每一个 JOIN 处理一个日期。因为只有一个条件匹配，JOIN 变为两个 LEFT JOIN：

```sql
SELECT COALESCE(cs.hol_national, cb.hol_national) as hol_national, ol.*
FROM OrderLines ol LEFT JOIN
     Calendar cs
     ON ol.ShipDate = cs.Date AND cs.hol_national <> '' LEFT JOIN
     Calendar cb
     ON ol.BillDate = cb.Date AND cb.hol_national <> ''
WHERE cs.Date IS NOT NULL OR cb.Date IS NOT NULL
```

查询有三个重要的变化。第一个变化是两次使用 LEFT JOIN，分别对应每一个日期。虽然这个版本的查询有两个联接，每一个联接都能高效地利用对应的索引。

第二个变化是 WHERE 子句。左联接保留了 OrderLines 中的所有数据，所以联接没有过滤数据。因此，需要使用 WHERE 子句判断两个 JOIN 是否有匹配值。

第三个变化是 SELECT 子句返回节日名。然而，这个节日可能来自于派送日期或账单日期。COALESCE()将查询的返回值写入单独列中。

这个查询与最初的查询并不完全一致。当 ShipDate 和 BillDate 都属于节日时，会体现出两者的区别。第一个版本的查询返回两条数据。而这个版本的查询只返回一条数据，数据来自于 ShipDate。如果需要，可以修改查询以获取两行数据。然而，每个订单只返回一个节日可能正是问题所需要的答案。

14.3.3 有时多个条件表达式更好

我们可能要问一个相对简单的问题，关于订单和邮政编码：哪些订单来自于超过 25 万美元的中等收入家庭所在的邮政编码？

下面的查询回答问题：

```
SELECT o.*
FROM Orders o
WHERE o.ZipCode IN (SELECT zcta5
                    FROM ZipCensus zc
                    WHERE MedianHHInc > 250000 OR
                          MedianFamInc > 250000
                   )
```

注意子查询中 OR 的使用。由于 OR 的存在，查询引擎可能会扫描 ZipCensus 中的所有数据，进而找到匹配的邮政编码，即使在 MedianHHInc 和 MedianFamInc 列都已经被索引时。有些数据库有被称为合并索引的功能，在这种情况下，它能处理不同变量的索引。然而，优化器在判断这个操作是否比全表扫描更加高效时，决断是很艰难的。

如果每一个列都包含索引，下面的查询会生成一个高效的执行计划：

```
SELECT *
FROM Orders o
WHERE o.ZipCode IN (SELECT zcta5
                    FROM ZipCensus
                    WHERE MedianHHInc > 250000
                   ) OR
      o.ZipCode IN (SELECT zcta5
                    FROM ZipCensus
                    WHERE MedianFamInc > 250000
                   )
```

每一个条件表达式可以使用一个索引，如果索引存在，查询将更快执行。

14.4 赞成和反对：表达一件事情的不同方法

SQL 应该是具有描述性的，SQL 查询描述的是结果集，而不是描述创建结果集的具体步骤(这是编译和优化 SQL 查询时做的内容)。SQL 具有描述性，因此经常有多种方法用于表达一个给定的结果集。SQL 优化器应该"理解"查询并找到执行查询的最佳方法。

这是理论上的说法。实际上是相当不同的。通常，编写查询的一种方法比其他等价方法更加高效。当然，有时它们之间的区别取决于数据库引擎。或许有些奇怪，在很多情况下，同样的结构在不同数据库之间的效果都是最好的。

14.4.1 在 Orders 表中，哪些州没有被识别？

本节调研一个简单的问题：哪些州出现在 Orders 表中，但是它们没有出现在 ZipCensus 表中？

1. 最明显的查询

下面的简单查询回答上述问题：

```
SELECT DISTINCT o.State
From Orders o
WHERE o.State NOT IN (SELECT stab FROM ZipCensus)
```

这个查询的优势在于它几乎是对问题的直接翻译。然而，从性能角度考虑，它并不是一个好的查询。

问题在于 WHERE 子句在 SELECT DISTINCT 之前执行，因此这个查询会测试 Orders 中的每一个州。Orders 中共有 192 983 条数据，但是只有 92 个不同的州缩写。这意味着 SQL 语句在对比 ZipCensus.stab 时，过多执行了太多不必要的检查——然后还需要移除重复值。

2. 一个简单的修改

对上述查询的一个简单修改能提高 2000 倍的执行速度(192983÷92)：

```
SELECT o.State
FROM (SELECT DISTINCT o.State FROM Orders o) o
WHERE o.State NOT IN (SELECT stab FROM ZipCensus)
```

这里的策略是在查找 ZipCensus 表之前，获取 State 的唯一值。不再需要对比 192 983 条数据，而是只对比 92 条数据。这个查询应该比原来提速 2000 倍——而且作为奖励，SELECT DISTINCT 同时可以利用基于 Orders(State)的索引。

3. 一个更好的版本

这个基础查询还有另一个潜在的问题，这个问题可以通过如下查询解决：

```
SELECT o.State
```

```
FROM (SELECT DISTINCT o.State FROM Orders o) o
WHERE NOT EXISTS (SELECT 1 FROM ZipCensus zc WHERE zc.stab = o.State)
```

区别在于使用 NOT EXISTS 而不是 NOT IN。两个版本并不完全一致，因为它们对 NULL 值的处理也不同。ZipCensus 表的 stab 列只要包含一个 NULL 值，NOT IN 查询就不会返回任意一条数据。NOT IN 的语法是当列的任意值为 NULL 时，返回 NULL 或 false——永远不会返回 true。使用 NOT EXISTS 更加直观，这也是选它不选 NOT IN 的主要原因。

提示：在子查询中使用 EXISTS 而不使用 NOT。当子查询中有一个值为 NULL 时，NOT IN 就不会返回 true，有时会导致意料之外的结果。

这个查询还有另外一个优势。NOT IN 和子查询的使用意味着整个子查询列表会首先生成，然后针对列表作比较。虽然一些数据库引擎能够正确地优化编码，但是包含 NOT EXISTS 版本的查询的效率通常相差不多或是更好。它能够在最初停止值的匹配并返回 false。

4. 使用 LEFT JOIN

同一个查询也可以使用 LEFT JOIN 实现：

```
SELECT o.State
FROM (SELECT DISTINCT o.State FROM Orders o) o LEFT JOIN
     (SELECT DISTINCT zc.stab
      FROM ZipCensus zc
     ) zc
     ON o.State = zc.stab
WHERE stab IS NULL
```

在多数数据库中，这个查询与前面的查询的性能相同。

从技术上讲，这类联接被称为反左联接，因为只有当第二个表中没有匹配数据时，第一个表中的数据才保留。多数数据库能够识别这个结构，并且可以高效地处理。

注意，即使联接生成的中间结果非常庞大，也能够高效处理。考虑上述查询的如下版本：

```
SELECT DISTINCT o.State
FROM Orders o LEFT JOIN
     ZipCensus zc
     ON o.State = zc.stab
WHERE stab IS NULL
```

有很多州都同时满足这两个表。因此，如果一个州有 100 个订单和 500 个邮政编码，那么——在没有 WHERE 子句的情况下——这个查询的中间表包含 50 000 条数据，而这只是一个州的数据。然而，当查询引擎判断出查询是反联接时，不需要生成匹配值——查询只关注不匹配的值。这导致了对下一个问题的讨论。

5. 中间表有多大？

前面的查询——如果天真地编写 SQL 代码——可能会导致中间结果包含上亿行数据。如果数据库知道它正在做的事情，整个结果集不会被生成。

可以严格地计算不包含 WHERE 的查询所生成的数据量，即生成数据，然后计算数据量：

```
SELECT COUNT(*)
FROM Orders o LEFT JOIN
     ZipCensus zc
     ON o.State = zc.stab
```

这是非常低效的，因为必须生成中间结果集。而且精确地讲，共有 223 242 930 条数据。下面的查询能够完成同样的计算，但是更加高效：

```
SELECT SUM(os.cnt * COALESCE(zcs.cnt, 1))
FROM (SELECT o.State, COUNT(*) as cnt
      FROM Orders o
      GROUP BY o.State
     ) os LEFT JOIN
     (SELECT zc.stab, COUNT(*) as cnt
      FROM ZipCensus zc
      GROUP BY zc.stab
     ) zcs
     ON os.State = zcs.stab
```

先做聚合操作，能够极大地减少每个表中每个州对应的数据量。然后，通过为计数求和，可以计算整体数据量。注意，需要使用 COALESCE()，因为对于不匹配的数据，第二个表中包含 NULL 值。

14.4.2 一个关于 GROUP BY 的难题

最后那个查询导致一个问题：对于至少包含一个订单的州，订单数量和有效的邮政编码是什么？再次强调，有多个不同的方法可以实现这个问题。

1. 一个基础查询

尝试使用下面这个查询回答问题：

```
SELECT o.State, COUNT(o.OrderId) as NumOrders, COUNT(zc.zcta5) as NumZip
FROM Orders o LEFT JOIN
     ZipCensus zc
     ON zc.stab = o.State
GROUP BY o.State
```

然而，正如我们所知道的，COUNT() 计算非空值而不是不同值的数量。因此，这个查询生成错误的结果。

应使用的正确函数是 COUNT(DISTINCT)：

```
SELECT o.State, COUNT(DISTINCT o.OrderId) as NumOrders,
```

```
            COUNT(DISTINCT zc.zcta5) as NumZip
FROM Orders o LEFT JOIN
     ZipCensus zc
     ON zc.stab = o.State
GROUP BY o.State
```

这个查询生成完整的中间表。然后，查询为每一个不同的计数值做额外的事情。这个查询的性能非常差。

2. 优先做聚合解决了性能问题

注意，这个查询使用左联接，因此结果集中包含第一个表的所有数据。第一个表的值可以在联接操作之前先做聚合操作(在联接第二个表时，可以使用索引)：

```
SELECT o.State, o.NumOrders, COUNT(zc.zcta5) as NumZips
FROM (SELECT o.State, COUNT(*) as NumOrders
      FROM Orders o
      GROUP BY o.State
     ) o LEFT JOIN
     ZipCensus zc
     ON zc.stab = o.State
GROUP BY o.State, o.NumOrders
```

注意查询结构有两处小的变化。首先，使用 COUNT()替换了 COUNT(DISTINCT)，因为不需要的冗余数据不再是一个问题。同时，在 GROUP BY 子句中加入了 NumOrders。

另一种方法从两个维度先做聚合操作：

```
SELECT o.State, o.NumOrders, COALESCE(zc.NumZips, 0) as NumZips
FROM (SELECT o.State, COUNT(*) as NumOrders
      FROM Orders o
      GROUP BY o.State
     ) o LEFT JOIN
     (SELECT zc.stab, COUNT(*) as NumZips
      FROM ZipCensus zc
      GROUP BY zc.stab
     ) zc
     ON zc.stab = o.State
```

在这个版本中，并不需要外部聚合。然而，需要使用 COALESCE()函数，因为 NumZips 可能为 0。

在这些版本中，哪个版本更快？这实际取决于数据库和数据。在第二个版本的查询中，可以利用索引和每一个表的统计数据来优化聚合操作。但是联接操作不能利用索引(因为它基于聚合的结果)。第一个版本在做联接操作时，可以高效地利用索引，但是外部的聚合更加复杂。

3. 关联子查询可能是一个合理的解决方案

一个不同寻常的方法使用关联子查询。其思路是为订单做聚合操作，然后使用关联子查询处理邮政编码：

```
SELECT o.State, COUNT(*) as NumOrders,
       (SELECT COUNT(*)
        FROM ZipCensus zc
        WHERE zc.stab = o.State
       ) as NumZips
FROM Orders o
GROUP BY o.State
```

如果希望这个查询的工作效果好，为了比较操作，子查询中的表需要针对比较字段的索引——ZipCensus(stab)。

在一种情况中，相比于之前的查询版本，关联子查询有一个主要的性能优势，那就是当 WHERE 子句限制查询返回的数据量时。例如，如果我们只想要以 "N" 开头的州的信息，那么可以添加过滤器：

```
WHERE o.State LIKE 'N%'
```

这减少了查询返回的数据行数，而且对于每一条返回数据，查询都只执行一次。注意，HAVING 子句也可以实现相同的功能，但是它不会获得性能的提升，因为所有的数据都在过滤发生之前做聚合操作。

对于之前的查询，如果想要等价的效率，需要在子查询中包含过滤条件(而且通常在外部查询中也需要)。换言之，需要两次加入条件，每一次分别对应一个表。使用关联子查询简化了过滤部分。

14.4.3 小心 COUNT(*)=0

思考问题：哪个州的订单中，没有任何订单包含最常见的产品？本节首先介绍回答这个问题的最基本方法，然后建立更加高效的查询。

1. 一个简单的方法

回答这个问题的查询看起来应该包含如下三个部分：
- 识别出最受欢迎产品的方法
- 计算在每一个州中，这个产品出现的数量
- 选择该产品出现次数为 0 的州

第一个部分是一个聚合子查询或 CTE。第二个部分是一些联接操作和聚合操作。第三个部分可以通过不同的方法实现。

下面的查询分别根据三个步骤回答提出的问题：

```
WITH MostPopular as (
     SELECT TOP 1 ProductId
     FROM OrderLines ol
     GROUP BY ProductId
     ORDER BY COUNT(*) DESC, ProductId DESC
```

```
      )
SELECT DISTINCT o.State
FROM Orders o
WHERE (SELECT COUNT(*)
       FROM OrderLines ol
       WHERE o.OrderId = ol.OrderId AND
             ol.ProductId IN (SELECT p.ProductId FROM MostPouplar p)
      ) = 0
```

CTE MostPopular 找到最受欢迎的产品——以 OrderLines 中，包含该产品的数据行数决定。子查询计算每一个州中，包含这个产品的订单数量，然后 WHERE 子句选择计数为 0 的州。

这个查询的问题在哪里？基本上，对于 Orders 表中的每一条数据，都需要执行关联子查询——这是大量的联接操作和聚合操作。这个查询可能会花费很长的时间才能完成。忽略性能问题，这个查询的结构有一个优势，它可以返回包含指定订单数量的州，只需要改变比较条件为某个数值。

2. NOT EXISTS 更好

(SELECT COUNT()...) = 0 这样的结构，几乎永远都不是正确的结构。为什么？因为计数过程需要处理所有数据。它有过度的杀伤力；而与 0 的比较，只是为了判断是否出现某种情况。更好的方法是使用 NOT EXISTS(如果比较是不等式比较，正确的逻辑则是 EXISTS)。

查询的执行速度更快：

```
WITH MostPop as (
      SELECT TOP 1 ProductId
      FROM OrderLines ol
  GROUP BY ProductId
      ORDER BY COUNT(*) DESC, ProductId
)
SELECT DISTINCT o.State
FROM Orders o
WHERE NOT EXISTS (SELECT 1
                  FROM OrderLines ol
                  WHERE o.OrderId = ol.OrderId AND
                        ol.ProductId IN (SELECT p.ProductId FROM MostPop p)
                 )
```

当第一个包含最受欢迎产品的订单出现时，引擎停止处理子查询。对于有上千个订单的州来说，它极大程度地减少了处理的记录数。

注意，这个查询仍然是一个关联子查询——因此关联操作并不是性能问题。第一个版本的问题在于聚合操作，而不是关联操作。

3. 使用聚合和联接

查询也可以只使用聚合和联接：

```
WITH MostPopular as (
     SELECT TOP 1 ProductId
     FROM OrderLines ol
     GROUP BY ProductId
     ORDER BY COUNT(*) DESC, ProductId
     )
SELECT o.State
FROM Orders o JOIN
     OrderLines ol
     ON o.OrderId = ol.OrderId LEFT JOIN
     MostPopular p
     ON p.ProductId = ol.ProductId
GROUP BY State
HAVING COUNT(p.ProductId) = 0
```

这个版本的性能比使用 NOT EXISTS 的性能略差，因为它缺少聚合前的过滤操作。更多的中间数据产生意味着更差的性能。

然而，这个查询确实有一个优势，因为可以对产品的数量计数。因此，这个版本——与使用 NOT EXISTS 的版本不同——可以找到刚好只包含这样一个订单的州的数量。

4. 一个简单的变化

对于上一个查询，一个简单的变化能进一步改进性能。最后的聚合是基于所有的订单明细。然而，只需要包括最受欢迎的订单。在聚合操作之前，如何过滤其他订单？

答案是使用子查询返回只包含最常见产品的订单：

```
WITH MostPopular as (
     SELECT TOP 1 ProductId
     FROM OrderLines ol
     GROUP BY ProductId
     ORDER BY COUNT(*) DESC, ProductId
     )
SELECT o.State
FROM Orders o LEFT JOIN
     (SELECT ol.OrderId
      FROM OrderLines ol JOIN
           MostPopular p
           ON p.ProductId = ol.ProductId
     ) ol
     ON o.OrderId = ol.OrderId
GROUP BY o.State
HAVING MAX(ol.OrderId) IS NULL
```

这个子查询汇总订单数据，返回只包含最受欢迎的产品。注意，这个子查询使用 JOIN 而不是 LEFT JOIN，因为 JOIN 完成了这个过滤操作。外部查询使用 LEFT JOIN 返回不包含这种订单的州。

14.5 窗口函数

窗口函数是 SQL 语言中功能非常强大的一部分。它们通常是处理问题的最高效方法——当窗口函数本身就是用来做某种计算时,这一点尤其正确。窗口函数可以被用于很多灵活的方法中。

14.5.1 窗口函数适用于什么地方?

州的人口在每一个邮政编码地域的居住比例是多少?这个查询可以使用"传统"的联接和聚合操作实现:

```
SELECT zc.zcta5, zc.TotPop / s.StatePop
FROM ZipCensus zc JOIN
    (SELECT zc.Stab, SUM(1.0 * zc.TotPop) as StatePop
     FROM ZipCensus zc
     GROUP BY zc.Stab
    ) s
    ON zc.Stab = s.Stab
```

虽然在传统 SQL 中的实现简单易懂,但这不是回答该问题的最好方式。

当需要过滤时,这个方法有一个问题很明显。假设我们要添加 WHERE 子句只选择某个州:WHERE stab = 'MA'。子查询仍然会处理所有州的数据。从性能的角度考虑,这个查询在联接之前执行聚合操作,而且不会利用已有的索引。

下面的查询版本使用窗口函数,解决了这些问题:

```
SELECT zc.zcta5,
       zc.TotPop * 1.0 / SUM(zc.TotPop) OVER (PARTITION BY zc.Stab)
FROM ZipCensus zc
```

在计算州的整体人口之前,WHERE 子句中的过滤就已经发生了——减少了数据量,提高了查询的执行速度。相似地,窗口函数可以直接利用基于 Stab 或(Stab,TotPop)的索引。

这个示例展示了窗口函数的传统使用方法。这是它们的定义方式,而且在这种情况中的执行效果特别好。

14.5.2 窗口函数的灵活使用

在有些意想不到的方法中,也可以使用窗口函数,使 SQL 可以解决一些有趣的问题。

1. 活跃的订阅者数量

在第 5 章中,展示了窗口函数的一种灵活用法,它计算每天活跃的订阅者数量。解决这个问题的一个方法是使用日历表:

```
SELECT c.date,
       (SELECT COUNT(*)
```

```
        FROM Subscribers s
        WHERE StartDate <= c.Date AND
              (StopDate > c.Date OR StopDate IS NULL)
       ) as NumActives
FROM Calendar c
WHERE c.Date BETWEEN '2006-01-01' and '2006-01-07'
```

这个查询——即使是针对一个星期的活跃客户——也是相当慢的。本质上，每一天，查询都必须计算每一个订阅者，判断他或她是否是活跃客户。

一种聪明的方法是，当订阅者开始订阅时，将他或她计算在总数内，当订阅者停止时，从总数中减去他或她。窗口函数用于计算范围内的累计数量：

```
SELECT s.*
FROM (SELECT s.date,
SUM(SUM(inc)) OVER (ORDER BY s.Date) as NumActives
      FROM (SELECT StartDate as date, 1 as inc
            FROM Subscribers
            UNION ALL
            SELECT COALESCE(StopDate, '2006-12-31'), -1 as inc
            FROM Subscribers
           ) s
      GROUP BY s.Date
     ) s
WHERE s.Date BETWEEN '2006-01-01' and '2006-01-07'
```

注意 WHERE 子句在外层查询中，而不是在子查询中。它尝试使用不包含子查询的 WHERE 或 HAVING 子句。这些子句在窗口函数 SUM() 执行前过滤日期——因此，计算只考虑了日期范围内的客户起始日期和停止日期。相反，子查询为所有日期计算结果值，因此结果可以被添加在一起，然后使用正确的时间范围做限制。

在查询之外的过滤，对于在时间范围之前开始或时间范围之后停止的客户，确实意味着需要做额外的工作。我们可以通过在每一个子查询中添加如下编码解决这个问题：

```
WHERE StartDate <= '2006-01-07' AND
      (StopDate >= '2006-01-01' OR StopDate IS NULL)
```

这个修改使计算只考虑在时间范围内至少活跃 1 天的客户，它减少了要处理的数据量，提高了查询的性能。

2. 活跃家庭的数量

对于如何计算活跃家庭的数量，订单业务有一条规则。当一个家庭客户发生一次购买行为后，在未来的一年时间内，这个家庭客户都是活跃客户。这条区分活跃客户和流失客户的规则，对于市场来说是非常重要的。每一天，有多少活跃的家庭？

可以尝试使用日历表：

```
SELECT d.Date,
       (SELECT COUNT(DISTINCT c.HouseholdId)
```

```
            FROM Orders o JOIN Customers c ON o.CustomerId = c.CustomerId
            WHERE d.Date BETWEEN o.OrderDate AND o.OrderDate + 365
           ) as NumActives
FROM Calendar d
WHERE d.Date BETWEEN '2009-10-04' AND '2009-10-10'
```

然而，这受到与前面章节相同的性能问题的影响：一年之中，每一天都需要计算每一个订单——约365遍。

一条不同的思路是找出什么时候计算新的家庭客户，什么时候移除已有的客户。当家庭客户在上一年没有订单时，计算该家庭客户。相似地，当过去一年后仍然没有订单时，计算该家庭客户。这两种情况可以使用 LAG()、LEAD()和相似的逻辑判断。剩下的是累积求和操作。

如下查询展示了 SQL 查询：

```
WITH oc as (
    SELECT o.*, c.HouseholdId,
           LAG(o.OrderDate) OVER (PARTITION BY c.HouseholdId
                                  ORDER BY o.OrderDate) as prev_OrderDate,
           LEAD(o.OrderDate) OVER (PARTITION BY c.HouseholdId
                                   ORDER BY o.OrderDate) as next_OrderDate
    FROM Orders o JOIN Customers c ON o.CustomerId = c.CustomerId
    )
SELECT thedate, SUM(inc), SUM(SUM(inc)) OVER (ORDER BY thedate)
FROM ((SELECT oc.OrderDate as thedate, 1 as inc
       FROM oc
       WHERE prev_OrderDate IS NULL OR prev_OrderDate + 365 < OrderDate
      ) UNION ALL
      (SELECT oc.OrderDate + 365, -1 as inc
       FROM oc
       WHERE next_OrderDate IS NULL OR next_OrderDate - 365 > OrderDate
      )
     ) d
GROUP BY thedate
```

CTE 合并 Orders 和 Customers，并计算之后和之前的日期。子查询计算何时家庭为活跃客户。注意，如果一个家庭的订单间隔超过一年，这个家庭可能被计算多次。然后，查询获得停止的客户。累积求和使用开始信息和停止信息计算任意给定时间的总数量。

使用日历表时，可以确保获得了所有日期，即使是没有订单的日期。这个方法能包含可能丢失的日期。如果结果中这样的"缺失"是一个问题，那么添加合适的日历区间来 UNION ALL 子查询，设定日期为整型的 0。这些日期不会影响整体求和，但是日期会出现在结果集中。

3. 最高价格的数量

订单数据包含产品和产品的价格。截至某个任意给定时间，每一个产品都有一个最高的价格。一个产品有多少个不同的最高价格？我们以直方图简化这个问题——其中数字只有 1、2, 等等。为了方便,查询使用派送日期而不是订单日期,简单地避免了与 Orders 表做联接。

这是快照查询的一个示例,因为它捕捉在给定时间点为真的数据信息,然而这个信息可能会在后续发生变化。随时间发生变化,这暗示了对窗口函数的使用。

提示:对于理解随时间发生的变化,窗口函数是非常方便的。

一种方法是使用子查询判断当前价格是否比之前的价格昂贵。子查询只保留新的最高价格:

```
SELECT ol.ProductId, COUNT(DISTINCT ol.ShipDate)
FROM OrderLines ol
WHERE ol.UnitPrice > (SELECT MAX(ol2.UnitPrice)
                      FROM OrderLines ol2
                      WHERE ol2.ProductId = ol.ProductId AND
                            ol2.ShipDate < ol.ShipDate
                     )
GROUP BY ol.ProductId
```

这个查询合理地获取每一个产品的计数值。但是,查询必须处理很多数据,使查询速度变慢。

窗口函数提供了另一种方法——如果以不同的角度思考这个问题的话。对于每一天,求累计最大值。然后,检查前一天的累计值。查询查找连续天数的最高价格的变化:

```
WITH ps AS (
     SELECT ProductId, ShipDate,
            MAX(MAX(UnitPrice)) OVER (PARTITION BY ProductId
                                      ORDER BY ShipDate) as maxup
     FROM OrderLines ol
     GROUP BY ProductId, ShipDate
    )
SELECT cnt, COUNT(*), MIN(ProductId), MAX(ProductId)
FROM (SELECT ProductId, COUNT(*) as cnt
      FROM (SELECT ps.*,
                   LAG(maxup) OVER (PARTITION BY ProductId
                                    ORDER BY ShipDate) as prev_maxup
            FROM ps
           ) ps
      WHERE prev_maxup IS NULL OR prev_maxup <> maxup
      GROUP BY ProductId
     ) ps
GROUP BY cnt
ORDER BY cnt
```

CTE 计算直到给定的派送日期的最高价格。最内层子查询获取前一天的最大值,而 WHERE 子句使用这个信息选择哪些数据导致最大值发生变化。最外层查询做了一个聚合操作。

有一个细微之处。CTE 以产品-天做聚合。为什么？问题在于每一个产品在一天之中可以被派送多次——因此即使是在一天之中，产品也可以有多个最高价格。这些值的最大值是正确的；它返回在当天所有派送的最大值。

问题来自于 LAG()。如果没有按天的聚合操作，它可能选择同一天的某一条数据作为指定的数据。如果两个订单有不同的价格，并且价格都比之前的最大值更高，那么会出现问题。这一天会被计数两次。在任意情况中，因为 LAG() 倾向于针对至少一天的偏移量，所以最好是在这个层面上做聚合操作。

4. 最近的假日

在每一个订单之前的最近的假日是什么？这个简单的问题将导致 Orders 和 Calendar 之间的复杂联接。一个方法是获取假日的日期，然后与剩余的信息做联接。

下面的查询获取最近的假日的日期：

```sql
SELECT o.OrderId, o.OrderDate,
       (SELECT TOP 1 c.HolidayName
        FROM Calendar c
        WHERE c.Date <= o.OrderDate and
              c.HolidayType = 'national'
        ORDER BY c.date DESC
       ) as HolidayName
FROM Orders o
WHERE o.OrderDate BETWEEN '2015-01-01' and '2015-12-31'
```

可惜，关联子查询的性能非常差。它需要获取给定日期之前的所有假日，然后排序，再选择最近的假日——而所有这些操作还只是一个订单所需要的操作。过滤 Calendar 数据只用假日日期，能够使查询稍微快些。

更好的方法是使用窗口函数。思路是交叉使用日历数据和订单数据，然后使用累计函数填充未知的值。图 14-6 阐述了在较少量数据上的思路。

下面的查询等价于之前的查询，除了结果集中包含假日的数据：

```sql
WITH oc as (
     SELECT o.OrderId, o.OrderDate, NULL as HolidayDate,
            NULL as HolidayName
     FROM Orders o
     UNION ALL
     SELECT NULL, Date, Date as HolidayDate, HolidayName
     FROM Calendar c
     WHERE c.HolidayTYpe = 'national'
    )
SELECT oc.OrderId, oc.OrderDate,
       MAX(oc.HolidayDate) OVER (ORDER BY oc.OrderDate) as HolidayDate
FROM oc
```

这个查询利用窗口函数累计信息——而且其性能比使用关联函数要好很多。在 CTE oc 中，订单的 HolidayDate 统一为 NULL。它由累计最大值填充。累计最大值的方法生效，对于同一天的所有记录，它们的最大值是相同的值。因此，无论订单数据和日历记录之间如何交叉，最大值不受影响。

注意，这个方法适用于日期，但是不适用于假日的名字，因为它们的排序并不是按照字母排序。因此，如果考虑名字的最大值，那么“Thanksgiving”很快会成为所有假日名字的最大值。因为从字母排序上看，“Thanksgiving”是最后一个假日。

假日

DATE	HOLIDAY	TYPE
December 25	Christmas	National
January 1	New Years	National

数据

DATE	...
December 18	
December 20	
December 21	
December 30	
December 31	
January 1	
January 2	

两个表中包含以日期划分的数据。我们想要获取第二个表中，与每一条记录最接近的假日。使用UNION ALL合并记录。

合并

DATE	HOLIDAY	...
December 18		
December 20		
December 21		
December 25	December 25	NULL
December 30		
December 31		
January 1	January 1	NULL
January 1		
January 2		

使用了累计最大值的交叉

DATE	HOLIDAY	HOLIDAY_CUME	...
December 18			
December 20			
December 21			
December 25	December 25	December 25	NULL
December 30	December 25		
December 31		December 25	
January 1	January 1	January 1	NULL
January 1		January 1	NULL
January 2		January 1	

使用MAX(HolidayDate) OVER (ORDER BY DATE)计算最大日期。
将最大日期从HOLIDAYS分配给每一条记录。
最后，过滤包含数据的记录(这一步没有展示)。
使用一个子查询可以返回假日的名字。

图 14-6 有时，交叉数据并使用窗口函数可能会极大地改进性能

下面的查询通过使用假日日期作为“组”，分配假日名字，而且获取每个组的最大值：

```
WITH oc as (
      SELECT o.OrderId, o.OrderDate, NULL as HolidayDate,
             NULL as HolidayName
      FROM Orders o
      UNION ALL
      SELECT NULL, Date, Date as HolidayDate, HolidayName
      FROM Calendar c
      WHERE c.HolidayTYpe = 'national'
     )
SELECT oc.*
FROM (SELECT Orderid, OrderDate, HolidayDate,
             MAX(HolidayName) OVER (PARTITION BY HolidayDate
                                   ) as HolidayName
       FROM (SELECT oc.OrderId, oc.OrderDate,
```

```
                    MAX(oc.HolidayDate) OVER (ORDER BY oc.OrderDate
                                              ) as HolidayDate,
                    oc.HolidayName
              FROM oc
             ) oc
      ) oc
WHERE OrderId IS NOT NULL
```

这些步骤也可以通过与 Calendar 表的联接来实现。

这种多表交叉记录的方法的功能非常强大。这种方法适用于单一维度——如这个示例中的日期。另一个可以应用的实际问题是从 IP 表中查找 IP 地址信息。曾经，借助这个技术能将查询的时间从 17 小时缩减到三分钟以内——只是通过一个更聪明的查询方法，减少了 99.7%的查询执行时间。

14.6　小结

SQL 的强大来自于它是描述性语言而不是过程化语言。SQL 查询描述的是结果集，而不是生成结果集的具体算法。数据库引擎支持很多不同的算法，因此，即使是一个简单的查询，也可以有很多的实现算法供选择，可能与造成内存溢出的并行算法一样复杂，也可能与简单地扫描全表数据一样简单。

从性能的角度考虑，索引是关系型数据库中最重要的部分。索引一点也不会修改 SQL 查询，因为优化器负责这部分内容并判断如何使用索引。对于本书讨论的问题，B 树索引是最适合的索引类型。也存在其他类型的索引，例如针对文本的倒排索引、针对特殊数据的 R 树索引，甚至是其他更多、更晦涩难懂的索引类型。

不考虑关系型数据库中的很多实现，关于编写高效的查询语句，有很多常见的话题。当然，代码缩进和命名对于阅读和维护 SQL 代码非常重要。但是，避免表达式中的数据类型混乱，避免可能出现但不必要的 DISTINCT，支持使用 UNION ALL 代替 UION，这些也同样非常重要。

另一个非常重要的特征是窗口函数，它允许 SQL 回答一些非常复杂的问题——而且非常高效。窗口函数通常出现在 SQL 语句中，有时能够明显改进性能。

使用关系型数据库的一个非常重要的目的是存储数据并分析数据。在这个过程中，性能是使用 SQL 时的一个主要和必要的考虑点。正如本书中的示例，SQL 可以回答很多有趣的问题，为数据分析提供强大的基础。它同时可以利用强大的计算机功能和网格计算回答这些问题，为大数据或小数据的问题提供可以扩展的解决方案。

附录

数据库之间的等价结构

关系型数据库对 SQL 的支持，就如同英国、美国、印度和牙买加对英语的支持。虽然数据库之间有很多共同之处，但是每一种方言也都有自己的词汇和口音。

在本书中，关于 SQL 的示例所使用的语言是微软的 T-SQL。本附录的目的，是展示本书所使用的 SQL 功能中，与 T-SQL 等价的其他数据库的 SQL 结构。

如下 6 个数据库引擎，按字母排序为：

- IBM DB2 9 及以上版本
- MySQL 5 及以上版本
- Oracle 9 及以上版本
- PostgresSQL 9 及以上版本
- SAS proc sql
- SQL Server 2012 及以上版本

虽然来自于 IBM、Microsoft 和 Oracle 的数据库是商用产品，但是也可以下载免费版本。MySQL 和 PostgresSQL 是免费的数据库引擎，而且 PostgresSQL 语法用于很多商用产品，例如 Netezza、Vertica、Amazon Redshift、ParAccel 等。SAS proc sql 是使用 SAS 语言(最受欢迎的商业统计学软件)的 SQL 引擎。使用 SAS 时，proc sql 可以被用于两种模式中。第一，它直接与数据库交流，支持该数据库的语言。第二，它可以在 SAS 中运行，并使用 SAS 独有的结构。

本附录中的内容只针对目前的软件版本，不保证软件的后续版本中会出现功能变更。

本附录由如下主题构成：

- 字符串函数
- 日期/时间函数
- 数学函数
- 其他函数和功能

在每一个主题中，函数分布于子章节中。在每一个子章节中，将展示每一种数据库的等价结构。

字符串函数

本节介绍用于处理字符串值的函数。

在一个字符串中查找某个子串出现的位置

哪个函数能够从一个字符串中查找另一个字符串？参数为：

- <search string>：母串
- <pattern>：子串
- <occurrence>：是否出现
- <offset>：起始搜索位置

IBM DB2

`LOCATE(<pattern>, <search string>, <offset>)`

参数<offset>是可选参数，默认值为1。函数返回子串在母串中的位置，如果没有匹配的子串，返回0。

替换方法是：

`POSSTR(<search string>, <pattern>)`

函数返回子串在母串中的位置，如果没有匹配的子串，返回0。

MySQL

`INSTR(<search string>, <pattern>)`

函数返回子串在母串中的位置，如果没有匹配的子串，返回0。

替换方法是：

`LOCATE(<pattern>, <search string>, <offset>)`

参数<offset>是可选参数，默认值为1。函数返回子串在母串中的位置，如果没有匹配的子串，返回0。

Oracle

`INSTR(<search string>, <pattern>, <occurrence>)`

参数<occurrence>是可选参数，默认值为1。函数返回子串在母串中的位置，如果没有匹配的子串，返回0。

PostgresSQL

`POSITION(<pattern> IN <search string>)`

函数返回子串在母串中的位置，如果没有匹配的子串，返回0。

SAS proc sql

```
FIND(<search string>, <pattern>)
```

函数返回<search string>中匹配<pattern>的位置，如果没有匹配的子串，返回 0。

SQL Server

```
CHARINDEX(<pattern>, <search string>, <offset>)
```

参数<offset>是可选参数，默认值为 1。函数返回子串在母串中的位置，如果没有匹配的子串，返回 0。

字符串拼接

哪个函数或操作符可以用于将字符串拼接在一起？

IBM DB2

```
CONCAT(<string 1>, <string 2>)
```

注意：该函数只接收两个参数，但是函数可以被嵌套。此外，操作符||也可以用于拼接字符串。

MySQL

```
CONCAT(<string 1>, <string 2>, ...)
```

注意：该函数可以接收两个或更多个参数。

Oracle

```
<string 1> || <string 2>
```

此外，Oracle 也支持只有两个参数的 CONCAT()函数。

PostgresSQL

```
CAT(<string 1>, <string 2>, ...)
```

注意：该函数可以接收两个或更多个参数。

SAS proc sql

```
CAT(<string 1>, <string 2>, ...)
```

注意：该函数可以接收两个或更多个参数。

SQL Server

```
<string 1> + <string 2>
```

该字符串拼接符重载"+"操作符。当字符和数字混合使用时，确保将数字转换为字符串。SQL Server 同时支持接收任意数量参数的 CONTCAT()函数。

计算字符串的长度

哪个函数能够返回字符串的长度?

IBM DB2

LENGTH(<string>)

MySQL

LENGTH(<string>)

Oracle

LENGTH(<string>)

PostgresSQL

LENGTH(<string>)

SAS proc sql

LENGTH(<string>)

注意:该函数忽略字符串尾部的空格。

SQL Server

LEN(<string>)

子串函数

哪个函数可以用于返回子字符串?

IBM DB2

SUBSTRING(<string>, <positive offset>, <len>)

参数<len>是可选参数;缺少该参数时,函数返回偏移值后面的所有字符串。参数<offset>不能为负数。

MySQL

SUBSTRING(<string>, <offset>, <len>)

参数<len>是可选参数;缺少该参数时,函数返回偏移值后面的所有字符串。如果参数<offset>是负数,函数从字符串的后面开始计数,而不是从前往后计数。MySQL 同时支持 SUBSTR()函数。

Oracle

```
SUBSTR(<string>, <offset>, <len>)
```

参数<len>是可选参数；缺少该参数时，函数返回偏移值后面的所有字符串。如果参数<offset>是负数，函数从字符串的后面开始计数，而不是从前往后计数。

PostgresSQL

```
SUBSTR(<string>, <positive offset>, <len>)
```

参数<len>是可选参数；缺少该参数时，函数返回偏移值后面的所有字符串。

SAS proc sql

```
SUBSTRN(<string>, <offset>, <len>)
```

参数<len>是可选参数；缺少该参数时，函数返回偏移值后面的所有字符串。注意：相比于SUBSTR()，更倾向于选择使用SUBSTRN()，因为当<offset>+<len>的和大于<String>的长度时，它不会产生错误或警告。

SQL Server

```
SUBSTRING(<string>, <positive offset>, <len>)
```

所有的参数都不可缺，而且后两个参数不能为负。

使用一个子串替换另一个子串

IBM DB2

```
REPLACE(<string>, <from>, <to>)
```

MySQL

```
REPLACE(<string>, <from>, <to>)
```

Oracle

```
REPLACE(<string>, <from>, <to>)
```

PostgresSQL

```
REPLACE(<string>, <from>, <to>)
```

SAS proc sql

```
RXCHANGE(RXPARSE('<from> to <to>'), 999, <string>))
```

SQL Server

```
REPLACE(<string>, <from>, <to>)
```

消除前面和后面的空格

如何移除字符串前面和后面的空格？

IBM DB2

```
LTRIM(RTRIM(<string>))
```

MySQL

```
TRIM(<string>)
```

Oracle

```
TRIM(<string>)
```

注意：Oracle 同时支持 LTRIM() 和 RTRIM()。

PostgresSQL

```
TRIM(LEADING | TRAILING | BOTH FROM <string>)
```

SAS proc sql

```
BTRIM(<string>)
```

SQL Server

```
LTRIM(RTRIM(<string>))
```

RIGHT 函数

哪个函数或操作符能够返回从末尾起，长度为<len>的子字符串？

IBM DB2

```
RIGHT(<string>, <len>)
```

MySQL

```
RIGHT(<string>, <len>)
```

Oracle

```
SUBSTR(<string>, - <len>)>
```

PostgresSQL

```
RIGHT(<string>, <len>)
```

SAS proc sql

```
SUBSTR(<string>, LENGTH(<string>) + 1 - <len>, <len>)
```

SQL Server

```
RIGHT(<string>, <len>)
```

LEFT 函数

哪个函数或操作符返回从左侧起,长度为<len>的子字符串?

IBM DB2

```
LEFT(<string>, <len>)
```

MySQL

```
LEFT(<string>, <len>)
```

Oracle

```
SUBSTR(<string>, 1, <len>)
```

PostgresSQL

```
LEFT(<string>, <len>)
```

SAS proc sql

```
SUBSTRN(<string>, 1, <len>)
```

SQL Server

```
LEFT(<string>, <len>)
```

ASCII 函数

哪个函数返回 8 位字符的 ASCII 码?

IBM DB2

```
ASCII(<char>)
```

MySQL

```
ASCII(<char>)
```

Oracle

```
ASCII(<char>)
```

PostgresSQL

```
ASCII(<char>)
```

SAS proc sql

```
RANK(<char>)
```

SQL Server

```
ASCII(<char>)
```

日期/时间函数

本节介绍用于处理日期和时间的函数。

日期常量

代码中,日期常量是如何表示的?

IBM DB2

```
DATE(<string as YYYY-MM-DD>)
```

MySQL

```
DATE(<string as YYYY-MM-DD>)
```

当需要日期时,YYYY - MM - DD 格式的字符串可以表示日期。

Oracle

```
DATE <string as YYYY-MM-DD>
```

PostgresSQL

```
<string as YYYY-MM-DD>::DATE
```

::DATE 将字符串转换为日期。当需要日期时,YYYY-MM-DD 格式的字符串可以表示日期。

SAS proc sql

```
<string as ddMmmyyyy>d
```

SQL Server

```
CAST(<string as YYYY-MM-DD> as DATE)
```

对于几乎所有的设置,YYYY-MM-DD 格式的字符串是公认的日期常量(有一个神秘的国际化设置并非如此)。

当前日期和时间

如何获取当前日期和时间?

IBM DB2

`CURRENT_DATE` 用于日期、`CURRENT_TIMESTAMP` 用于日期/时间

MySQL

`CURDATE()` 用于日期、`NOW()` 用于日期/时间

Oracle

`TRUNC(sysdate)`、用于日期、`SYSDATE` 用于日期/时间

PostgresSQL

`CURRENT_DATE`)、用于日期、`CURRENT_TIMESTAMP` 用于日期/时间

SAS proc sql

`TODAY()`

SQL Server

`CAST(GETDATE() as DATE)` 用于日期
`GETDATE()` 或 `CURRENT_TIMESTAMP` 用于日期/时间

转换为 YYYYMMDD 字符串

如何将日期转换为格式是 YYYYMMDD 的字符串?

IBM DB2

`REPLACE(LEFT(CHAR(<date>, ISO), 10), '-', ''))`

MySQL

`DATE_FORMAT(<date>, '%Y%m%d')`

Oracle

`TO_CHAR(<date>, 'YYYYMMDD')`

PostgresSQL

`TO_CHAR(<date>, 'YYYYMMDD')`

SAS proc sql

`PUT(<date>, YYMMDD10.)`

该函数的返回格式为 YYYY-MM-DD。这种格式通常是足够的,在 SAS 中移除横线是

一项笨重的工作。

SQL Server

```
CONVERT(VARCHAR(8), <date>, 112)
```

年、月份和日期

哪个函数能抽取出日期中的年、月、日期信息，并以数字形式返回？

IBM DB2

```
YEAR(date)
MONTH(date)
DAY(date)
```

MySQL

```
EXTRACT(YEAR FROM <date>)或 YEAR(date)
EXTRACT(MONTH FROM <date>)或 MONTH(date)
EXTRACT(DAY FROM <date>)或 DAY(date)
```

Oracle

```
EXTRACT(YEAR FROM <date>)或 TO_CHAR(<date>, 'YYYY')
EXTRACT(MONTH FROM <date>)或 TO_CHAR(<date>, 'MM')
EXTRACT(DAY FROM <date>)或 TO_CHAR(<date>, 'DD')
```

PostgresSQL

```
EXTRACT(YEAR FROM <date>)或 TO_CHAR(<date>, 'YYYY')
EXTRACT(MONTH FROM <date>)或 TO_CHAR(<date>, 'MM')
EXTRACT(DAY FROM <date>)或 TO_CHAR(<date>, 'DD')
```

SAS proc sql

```
YEAR(date)
MONTH(date)
DAY(date)
```

SQL Server

```
YEAR(date)或 DATEPART(year, <date>)
MONTH(date)或 DATEPART(month, <date>)
DAY(date)或 DATEPART(day, <date>)
```

星期(整数或字符串格式)

哪个函数能够返回星期的编号(星期天为起始 1)和星期的名字？

IBM DB2

```
DAYOFWEEK(<date>)
```

```
DAYNAME(<date>)
```

MySQL

```
DAYOFWEEK(<date>)
DAYNAME(<date>)
```

Oracle

```
TO_CHAR(<date>, 'D')
TO_CHAR(<date>, 'DY')
```

PostgresSQL

```
EXTRACT(dow FROM <date>)
TO_CHAR(<date>, 'Day')
```

SAS proc sql

```
WEEKDAY(<date>)
PUT(<date>, weekdate3.)
```

SQL Server

```
DATEPART(dayofweek, <date>)
DATENAME(dayofweek, <date>)
```

为日期添加天数或减去天数

如何为给定的日期添加天数或减去天数?

IBM DB2

```
<date> + <days> DAYS
```

MySQL

```
DATE_ADD(<date>, INTERVAL <days> DAY)
```

Oracle

```
<date> + <days>
```

PostgresSQL

```
<date> + <days> * interval '1 day'
```

SAS proc sql

```
<date> + <days>
```

SQL Server

```
DATEADD(day, <days>, <date>)
```

为日期添加或减去月份

如何为给定的日期添加或减去月份？

IBM DB2

```
ADD_MONTHS(<date>, <months>)
```

MySQL

```
DATE_ADD(<date>, INTERVAL <months> MONTH)
```

Oracle

```
ADD_MONTHS(<date>, <months>)
```

PostgresSQL

```
<date> + <months> * INTERVAL '1 month'
```

SAS proc sql

```
INTNX('MONTH', <date>, <months>)
```

SQL Server

```
DATEADD(month, <months>, <date>)
```

计算两个日期之间的天数

如何计算两个日期之间的天数？

IBM DB2

```
DAYS(<datelater>) - DAYS(<dateearlier>)
```

MySQL

```
DATEDIFF(<datelater>, <dateearlier>)
```

Oracle

```
<datelater> - <dateearlier>
```

PostgresSQL

```
<datelater> - <dateearlier>
```

SAS proc sql

```
<datelater> - <dateearlier>
```

SQL Server

```
DATEDIFF(day, <dateearlier>, <datelater>)
```

计算两个日期之间的月份

如何计算两个日期之间的月份？注意，由于"月份"的定义并不精准，因此下面的内容并不完全等价。

IBM DB2

`MONTHS_BETWEEN(<datelater>, <dateearlier>)`

注意：返回值是浮点型数值而不是整数值。

MySQL

`TIMESTAMPDIFF(month, <dateearlier>, <datelater>)`

Oracle

`MONTHS_BETWEEN(<datelater>, <dateearlier>)`

注意：返回值是浮点型数值而不是整数值。

PostgresSQL

`EXTRACT(YEAR FROM AGE(<datelater>, <dateearlier>))*12+ EXTRACT(MONTH FROM AGE(<datelater>, <dateearlier>))`

SAS proc sql

`INTCK('MONTH', <dateearlier>, <datelater>)`

注意：该方法计算两个值之间的月份边界的个数，而不是计算完整月份的数量。

SQL Server

`DATEDIFF(month, <dateearlier>, <datelater>)`

注意：该方法计算两个值之间的月份边界的个数，而不是计算完整月份的数量。

从日期时间中获取日期信息

如何移除日期时间中的时间部分，只获取日期信息？

IBM DB2

`DATE(<date>)`

MySQL

`DATE(<date>)`

Oracle

`TRUNC(<date>)`

PostgresSQL

`DATE_TRUNC('day', <date>)`

SAS proc sql

`DATEPART(<date>)`

SQL Server

`CAST(<date> as DATE)`

数学函数

这些函数用于操作数字值。

余数/模

哪个函数返回一个数字<num>除以另一个数字<base>的余数？

IBM DB2

`MOD(<num>, <base>)`

MySQL

`MOD(<num>, <base>)` 或 `<num> MOD <base>` 或 `<num> % <base>`

Oracle

`MOD(<num>, <base>)`

PostgresSQL

`<num> % <base>` 或 `MOD(<num>, <base>)`

SAS proc sql

`MOD(<num>, <base>)`

SQL Server

`<num> % <base>`

幂运算

如何计算底数<base>的<exp>次幂？

IBM DB2

`POWER(<base>, <exp>)`

MySQL

```
POWER(<base>, <exp>)
```

Oracle

```
POWER(<base>, <exp>)
```

PostgresSQL

```
POWER(<base>, <exp>) 或 <base>^<exp>
```

SAS proc sql

```
<base>**<exp>
```

SQL Server

```
POWER(<base>, <exp>)
```

自然对数和指数函数

用于计算自然对数和指数的函数是什么？

IBM DB2

```
EXP(LN(<number>))
```

MySQL

```
EXP(LN(<number>)) 或 EXP(LOG(<number>))
```

Oracle

```
EXP(LN(<number>))
```

PostgresSQL

```
EXP(LN(<number>))
```

SAS proc sql

```
EXP(LN(<number>))
```

SQL Server

```
EXP(LOG(<number>))
```

向下取整

哪个函数能够去除数字的小数部分？

IBM DB2

`FLOOR(<number>)`

MySQL

`FLOOR(<number>)`

Oracle

`FLOOR(<number>)`

PostgresSQL

`FLOOR(<number>)`

SAS proc sql

`FLOOR(<number>)`

SQL Server

`FLOOR(<number>)`

随机数字

如何返回 0 和 1 之间的随机数字？这是有用的，例如返回随机的数据集。随机数生成器需要一个种子作为参数，对于给定的种子，生成的随机数序列永远是相同的。

IBM DB2

`RAND()`

MySQL

`RAND()`
`RAND(<seed>)`

Oracle

`DBMS_RANDOM.VALUE()`

PostgresSQL

`RANDOM()`

SAS proc sql

`RAND('UNIFORM')`

注意：SAS 有大量不同的随机数生成器，可以从很多不同的分布中抽取数字。

SQL Server

```
RAND(CHECKSUM(NEWID()))
```

注意：RAND()函数为整个查询返回单个值。然而，通过提供不同的种子，它可以为不同行返回不同的值。当随机数用于 ORDER BY 时，NEWID()可以满足需要。

左侧补 0

如何将整数值转换为固定长度的字符串，并在左侧补 0？

IBM DB2

```
RIGHT(CONCAT(REPEAT('0', <len>), CAST(<num> as CHAR)), <len>) 或
LPAD(<num>, <len>, '0')
```

MySQL

```
LPAD(<num>, <len>, '0')
```

Oracle

```
LPAD(<num>, <len>, '0')
```

PostgresSQL

```
LPAD(<num>, <len>, '0')
```

SAS proc sql

```
PUTN(<num>, Z<len>.)
```

SQL Server

```
RIGHT(REPLICATE('0', <len>) + CAST(<num> as VARCHAR(32)), <len>)
```

将数字转换为字符串

如何将数字转换为字符串？

IBM DB2

```
CAST(<arg> as CHAR)
```

MySQL

```
CAST(<arg> as CHAR) 或 FORMAT(<arg>, <decimal points>)
```

注意：这并不适用于 VARCHAR。

Oracle

```
TO_CHAR(<arg>)
```

PostgresSQL

```
TO_CHAR(<arg>)
SAS proc sql
PUT(<arg>, BEST.)
```

默认将数字存放至长度为 12 的字符串中。对于更宽的格式,第二个参数使用 BEST<width>(例如 BEST20.)。

SQL Server

```
CAST(<arg> as VARCHAR(32))  或  STR(<arg>, <decimal points>)
```

其他函数和功能

还有很多其他的函数和功能并不在上述分类中。

最小值和最大值

如何获取列表中的最小值和最大值?

IBM DB2

```
(CASE WHEN <arg1> < <arg2> THEN <arg1> ELSE <arg2> END)
(CASE WHEN <arg1> > <arg2> THEN <arg1> ELSE <arg2> END)
```

如果担心有 NULL 值出现:

```
(CASE WHEN <arg2> IS NULL OR <arg1> < <arg2> THEN <arg1>
      ELSE <arg2> END)
(CASE WHEN <arg2> IS NULL or <arg1> > <arg2> THEN <arg1>
      ELSE <arg2> END)
```

MySQL

```
LEAST(<arg1>, <arg2>)
GREATEST(<arg1>, <arg2>)
```

对于 NULL 值的情况,使用 CASE 语句。

Oracle

```
LEAST(<arg1>, <arg2>)
GREATEST(<arg1>, <arg2>)
```

对于 NULL 值的情况,使用 CASE 语句。

PostgresSQL

```
LEAST(<arg1>, <arg2>)
GREATEST(<arg1>, <arg2>)
```

SAS proc sql

```
(CASE WHEN <arg1> < <arg2> THEN <arg1> ELSE <arg2> END)
(CASE WHEN <arg1> > <arg2> THEN <arg1> ELSE <arg2> END)
```

如果担心有 NULL 值出现：

```
(CASE WHEN <arg2> IS NULL OR <arg1> < <arg2> THEN <arg1>
      ELSE <arg2> END)
(CASE WHEN <arg2> IS NULL OR <arg1> > <arg2> THEN <arg1>
      ELSE <arg2> END)
```

SQL Server

```
(CASE WHEN <arg1> < <arg2> THEN <arg1> ELSE <arg2> END)
(CASE WHEN <arg1> > <arg2> THEN <arg1> ELSE <arg2> END)
```

如果担心有 NULL 值出现：

```
(CASE WHEN <arg2> IS NULL OR <arg1> < <arg2> THEN <arg1>
      ELSE <arg2> END)
(CASE WHEN <arg2> IS NULL OR <arg1> > <arg2> THEN <arg1>
      ELSE <arg2> END)
```

只返回一条数据

如何使查询语句只返回一条数据？这个方法适用于测试语法和为子查询返回准备参数。

IBM DB2

```
SELECT <whatever>
FROM SYSIBM.SYSDUMMY1
```

MySQL

```
SELECT <whatever>
```

Oracle

```
SELECT <whatever>
FROM dual
```

PostgresSQL

```
SELECT <whatever>
```

SAS proc sql

看起来并不支持这个功能，可以尝试使用聚合函数创建一个只包含一条数据的数据集。

SQL Server

```
SELECT <whatever>
```

返回少量数据

如何使查询只返回少量数据？当只需要查看少数数据时，这个方法非常有用。

IBM DB2

```
SELECT . . .
FROM . . .
FETCH FIRST <num> ROWS ONLY
```

MySQL

```
SELECT . . .
FROM . . .
LIMIT <num>
```

Oracle

```
SELECT . . .
FROM . . .
WHERE ROWNUM < <num>
```

或

```
SELECT . . .
FROM . . .
FETCH FIRST <num> ROWS ONLY
```

PostgresSQL

```
SELECT . . .
FROM . . .
LIMIT <num>
```

或

```
SELECT . . .
FROM . . .
FETCH FIRST <num> ROWS ONLY
```

SAS proc sql

```
proc sql outobs=2;
SELECT . . .;
```

SQL Server

```
SELECT TOP <num> . . .
FROM . . .
```

或

```
SELECT . . .
FROM . . .
```

```
FETCH FIRST <num> ROWS ONLY
```

返回表中的列

如何返回表中的列?

IBM DB2

```
SELECT colname
FROM syscat.columns
WHERE tabname = <tablename> AND
      tabschema = <tableschema>
```

MySQL

```
SELECT column_name
FROM information_schema.columns
WHERE table_name = <tablename> AND
      table_schema = <tableschema>
```

Oracle

```
SELECT column_name
FROM all_tab_columns
WHERE table_name =<tablename> AND
      owner = <owner>
```

PostgresSQL

```
SELECT column_name
FROM information_schema.columns
WHERE table_name =

<tablename> AND table_catalog = <databasename>
```

SAS proc sql

```
SELECT name
FROM dictionary.columns
WHERE UPPER(memname) = <tablename> AND
      UPPER(libname) = <tableschema>
```

SQL Server

```
SELECT column_name
FROM information_schema.columns
WHERE table_name = <tablename> AND
      table_schema = <tableschema>
```

注意: 这个查询需要在定义表的数据库中执行, 或者使用<database>.information_schema.columns。

窗口函数

数据库支持窗口函数吗？例如 ROW_NUMBER()。

IBM DB2

支持。

MySQL

不支持。

Oracle

支持，Oracle 称之为分析函数。

PostgresSQL

支持。

SAS proc sql

不支持。

SQL Server

支持。

求整数的平均值

使用 AVG()函数计算整数的平均值，结果是整数还是浮点数？

IBM DB2

整数。

MySQL

浮点数。

Oracle

浮点数。

PostgresSQL

浮点数。

SAS proc sql

浮点数。

SQL Server

整数。